PROJECTE
SABER
FER

W0470317

Matemàtiques
aplicades a les Ciències Socials I

SÈRIE **RESOL**

BATXILLERAT 1

El llibre **Matemàtiques aplicades a les Ciències Socials I**, per al 1r curs de Batxillerat, és una obra col·lectiva concebuda, dissenyada i creada al Departament d'Edicions Educatives de Santillana Educación, S. L., dirigit per **Teresa Grence Ruiz** i **Pere Macià Arqué**.

A l'elaboració ha participat l'equip següent:
César de la Prida Almansa
Ana María Gaztelu Villoria
Augusto González García
José Lorenzo Blanco
Carlos Pérez Saavedra
Domingo Sánchez Figueroa

EDICIÓ
Gemma Comas Cortijo
César de la Prida Almansa
Virgilio Nieto Barrera

EDICIÓ EXECUTIVA
Carlos Pérez Saavedra

DIRECCIÓ DEL PROJECTE
Domingo Sánchez Figueroa

Les activitats d'aquest llibre no s'han de fer en cap cas en el mateix llibre. Les taules, els esquemes i els altres recursos que s'hi inclouen són models perquè l'alumne els traslladi a la llibreta.

SANTILLANA
GRUP PROMOTOR

Índex

SABER FER

- Racionalitzar binomis amb arrels quadrades
- Operar amb nombres decimals periòdics
- Realitzar operacions combinades amb potències
- Fer servir la propietat distributiva per treure factor comú
- Efectuar la unió de dos intervals
- Efectuar la intersecció de dos intervals
- Calcular intervals encaixats que continguin un nombre irracional
- Sumar i restar nombres en notació científica
- Escriure certes expressions mitjançant un sol radical
- Introduir factors en un radical
- Racionalitzar fraccions amb un producte de radicals en el denominador
- Reconèixer nombres representats en la recta real
- Resoldre operacions entre fraccions amb radicals

- Calcular l'interès en terminis diferents de l'anual
- Calcular el temps d'inversió a interès compost
- Resoldre problemes d'interès compost amb augments anuals de capital
- Calcular el temps en anualitats de capitalització
- Calcular anualitats de capitalització en terminis diferents de l'anual
- Elaborar una taula d'amortització per mesos
- Calcular anualitats d'amortització en terminis diferents de l'anual
- Calcular la TAE per a períodes superiors a un any
- Calcular la TAE si els interessos no són anuals
- Analitzar quantitats a partir de la inflació
- Calcular la variació de nivell adquisitiu

- Determinar un coeficient perquè una equació de segon grau tingui un nombre de solucions
- Resoldre equacions del tipus $ax^{2n} + bx^n + c = 0$
- Resoldre equacions del tipus $P(x)/Q(x) = R(x)$
- Resoldre equacions del tipus $P(x)/Q(x) = R(x)/S(x)$
- Resoldre equacions del tipus $\sqrt{P(x)} = Q(x)$
- Resoldre equacions del tipus $\sqrt{P(x)} + \sqrt{Q(x)} = R(x)$
- Resoldre equacions mitjançant la factorització
- Resoldre expressions del tipus $\log_a x = c$ o $\log_x b = c$
- Resoldre problemes mitjançant l'ús d'equacions
- Resoldre equacions del tipus $\sqrt{P(x)} = a$
- Resoldre equacions exponencials mitjançant un canvi de variable

- Expressar totes les solucions d'un sistema d'equacions compatible indeterminat amb dues incògnites
- Resoldre sistemes en funció d'un paràmetre
- Resoldre problemes amb un sistema d'equacions
- Determinar el nombre de solucions d'un sistema d'equacions amb dues incògnites
- Expressar totes les solucions d'un sistema d'equacions compatible indeterminat amb tres incògnites
- Resoldre sistemes d'equacions lineals amb tres incògnites en funció d'un paràmetre
- Resoldre problemes amb un sistema d'equacions lineals amb tres incògnites
- Resoldre sistemes no lineals que contenen expressions radicals
- Resoldre sistemes no lineals que contenen fraccions algebraiques
- Escriure un sistema compatible determinat amb una solució donada
- Resoldre un sistema de quatre equacions i tres incògnites

- Trobar els valors de les operacions amb funcions
- Compondre funcions
- Calcular el domini de funcions no elementals
- Calcular el període de les funcions trigonomètriques
- Representar funcions del tipus $f(x) = ax^n$ en què $n \geq 2$
- Determinar la gràfica d'una funció a partir de transformacions
- Representar funcions del tipus $kf(x)$ coneguda la gràfica de $f(x)$
- Representar funcions del tipus $f(x) = \frac{k}{x+a}$ i $f(x) = \frac{ax+b}{x+c}$
- Representar la gràfica d'una funció inversa
- Representar funcions del tipus $f(x) = a^{kx}$
- Representar funcions del tipus $f(x) = a^{x+b} + c$
- Representar funcions del tipus $f(x) = \log_a kx^b$
- Representar funcions del tipus $g(x) = |f(x)|$
- Representar funcions en les quals intervé el valor absolut
- Expressar una funció com a composició d'altres funcions
- Determinar el període d'una funció
- Representar funcions del tipus $f(x) = \frac{k}{x^n}$
- Representar funcions del tipus $f(x) = \frac{k}{\sqrt[n]{x}}$

- Calcular les asímptotes obliqües d'una funció
- Estudiar la continuïtat d'una funció elemental
- Determinar el límit d'un quocient de polinomis amb radicals
- Resoldre límits del tipus $(a_n/b_n)^{c_n}$ que presenten la indeterminació 1^∞
- Calcular el límit d'una funció en un punt
- Calcular un límit que presenta una indeterminació del tipus 0/0 quan hi ha radicals
- Representar una funció sabent-ne les asímptotes i els punts de tall
- Determinar el signe de les branques infinites d'una funció racional
- Determinar si una funció racional té asímptotes horitzontals i obliqües
- Estudiar la continuïtat d'una funció definida a trossos
- Calcular el valor d'un paràmetre perquè una funció sigui contínua
- Calcular el límit en un punt d'un quocient de polinomis
- Determinar les asímptotes d'una funció

Índex

SABER FER

- Calcular la tangent d'una funció en un punt fent servir les tècniques de derivació
- Determinar els punts amb tangent horitzontal en una funció
- Calcular la tangent a un punt d'un lloc geomètric
- Trobar el valor d'un paràmetre en una funció coneixent-ne algunes tangents
- Calcular una derivada successiva
- Calcular la derivada d'una funció del tipus $f(x) = g(x)^n$
- Calcular la derivada d'una funció del tipus $f(x) = a^{g(x)}$
- Calcular la derivada d'una funció del tipus $f(x) = \ln g(x)$
- Calcular la derivada d'una funció del tipus $f(x) = \sin g(x)$
- Calcular la derivada d'una funció del tipus $f(x) = \text{arc cos}\, g(x)$
- Calcular la derivada d'una funció del tipus $f(x) = g(x)^{h(x)}$
- Calcular la derivada de la composició de tres funcions
- Determinar la tangent d'una funció en un punt que compleix una sèrie de condicions
- Calcular la recta normal a una corba
- Calcular el valor de diversos paràmetres d'una funció coneixent-ne algunes característiques
- Calcular la velocitat d'un mòbil

- Resoldre problemes mitjançant l'estudi del creixement d'una funció
- Determinar els paràmetres d'una funció de la qual es coneixen un màxim o un mínim
- Determinar una funció coneixent algun punt per on passa i un màxim o un mínim
- Estudiar el creixement i el decreixement en una funció a partir de la gràfica de la derivada
- Representar la derivada d'una funció a partir de la gràfica de la funció en qüestió
- Determinar la concavitat i la convexitat d'una funció definida a trossos
- Estudiar la concavitat i la convexitat en un punt a partir de la representació gràfica de la funció
- Estudiar la posició de la gràfica respecte d'una asímptota horitzontal
- Estudiar la posició de la gràfica respecte d'una asímptota vertical
- Resoldre problemes d'optimització
- Representar funcions exponencials
- Representar funcions logarítmiques

- Elaborar una taula d'una variable discreta quan el nombre de dades és gran
- Construir un diagrama de barres adossades
- Interpretar piràmides de població
- Analitzar dades mitjançant mesures de posició
- Treballar l'estadística unidimensional amb calculadora
- Interpretar les mesures estadístiques en una variable unidimensional
- Interpretar la mitjana i la desviació típica conjuntament
- Calcular mesures estadístiques a l'ordinador
- Fer gràfics estadístics a l'ordinador
- Afegir o suprimir dades per obtenir una mesura estadística determinada
- Variar la mitjana d'un conjunt de dades en sumar una quantitat fixa a totes les dades

- Agrupar dades de variables bidimensionals en intervals
- Construir les taules de freqüències marginals a partir de la taula de doble entrada
- Interpretar una taula de doble entrada
- Calcular la recta de regressió amb la calculadora
- Determinar la mitjana d'una de les variables a partir de la recta de regressió
- Determinar i interpretar el signe del coeficient de correlació a partir de la recta de regressió
- Dibuixar gràfics estadístics bidimensionals amb ordinador
- Fer una recta de regressió amb ordinador
- Representar variables bidimensionals
- Calcular el coeficient de correlació en taules de doble entrada agrupades en intervals

- Trobar l'espai mostral d'un experiment amb una taula de doble entrada
- Calcular probabilitats experimentalment
- Calcular probabilitats fent servir les seves propietats
- Resoldre problemes de probabilitat amb esdeveniments compostos
- Calcular la probabilitat de la intersecció d'esdeveniments amb un diagrama d'arbre
- Fer servir la regla del producte en experiments amb reemplaçament
- Calcular probabilitats d'esdeveniments compostos
- Calcular probabilitats condicionades d'esdeveniments compostos
- Calcular el contrari de la unió o de la intersecció
- Expressar esdeveniments utilitzant les seves operacions
- Trobar la probabilitat d'esdeveniments no equiprobables
- Calcular una probabilitat condicionada
- Utilitzar la regla del producte en experiments sense reemplaçament

- Calcular probabilitats per mitjà de taules en variables aleatòries que segueixen una distribució normal
- Calcular probabilitats en una variable aleatòria binomial aproximant-la a una de normal
- Calcular els paràmetres d'una variable aleatòria que segueix una distribució binomial
- Determinar un paràmetre perquè una funció sigui funció de densitat
- Calcular la probabilitat que $Z \equiv N(0, 1)$ sigui més gran que un valor positiu
- Calcular la probabilitat que $Z \equiv N(0, 1)$ estigui entre dos valors
- Calcular la probabilitat que $Z \equiv N(0, 1)$ sigui més petit o més gran que un valor negatiu
- Calcular un punt coneixent-ne la probabilitat
- Tipificar una variable aleatòria
- Calcular un dels paràmetres, coneixent l'altre paràmetre i una probabilitat
- Calcular la mitjana i la desviació típica, coneixent-ne dues probabilitats
- Calcular probabilitats en variables aleatòries que segueixen una distribució binomial amb n gran
- Determinar els extrems de l'interval simètric respecte a la mitjana, μ, que conté un percentatge de les observacions de la distribució $N(\mu, \sigma)$
- Aproximar una distribució binomial a una distribució normal i calcular probabilitats

Esquema de la unitat

L'estructura de les unitats didàctiques és molt senzilla, perquè es tracta de facilitar la localització dels continguts fonamentals, dels exemples resolts i de les activitats proposades.

Al llarg de tota la unitat marquem amb icones aquells continguts o aquelles activitats en les quals es treballen de manera particular les competències bàsiques.

Introducció a la unitat: un text que motiva l'estudi dels continguts.

S'especifiquen els continguts (**Saber**) de la unitat.

El text inicial presenta un aspecte de la vida real en el qual es fan servir els continguts que s'estudiaran en la unitat.

Pàgines finals de la unitat: un pas més en l'aplicació dels continguts apresos.

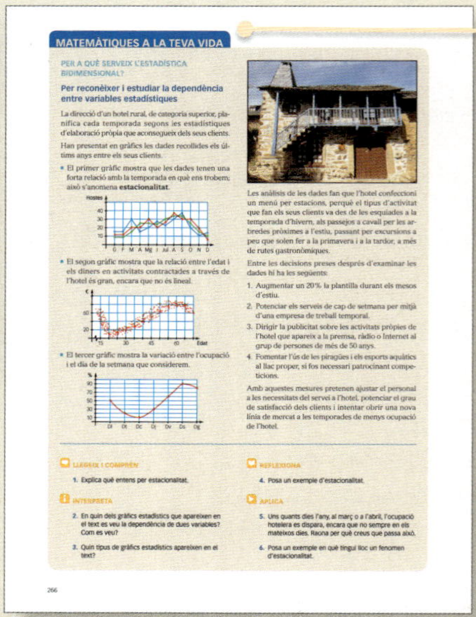

Aquesta pàgina, que et mostra com les **matemàtiques** intervenen **a la teva vida**, respon la pregunta de la pàgina inicial de la unitat. A més, proposa una sèrie d'activitats que et permetran aprofundir en l'aspecte de la vida real que es mostra.

Pàgines de continguts: SABER i SABER FER com un tot integrat.

La nostra proposta per a **Saber** són uns textos clars i estructurats. Els **Exemples** t'ajudaran a consolidar aquests sabers.

Juntament amb els textos explicatius trobaràs **informacions complementàries** que et seran molt útils per a la comprensió dels conceptes i dels procediments.

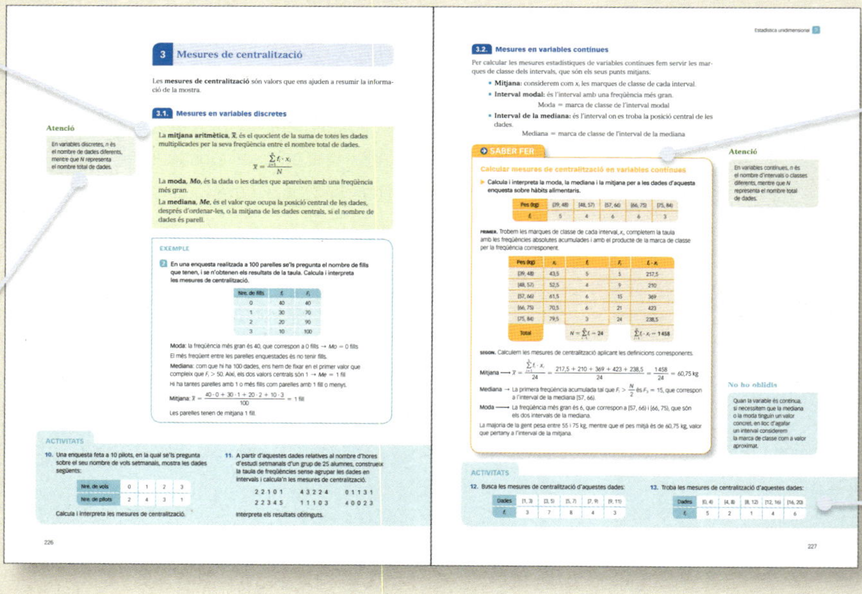

A la part **Saber fer** aprendràs, pas a pas, els procediments necessaris per al teu desenvolupament matemàtic.

Les **Activitats** d'aquestes pàgines t'ajudaran a practicar els coneixements adquirits.

A més, la seva seqüenciació et permetrà arribar a dominar-los.

Pàgines de SABER FER: per aprendre a fer matemàtiques.

En aquestes pàgines es mostren els procediments bàsics (**Saber fer**) de la unitat.

Cada procediment s'introdueix mitjançant la resolució d'una activitat en la qual es mostra, pas a pas, un mètode general de resolució.

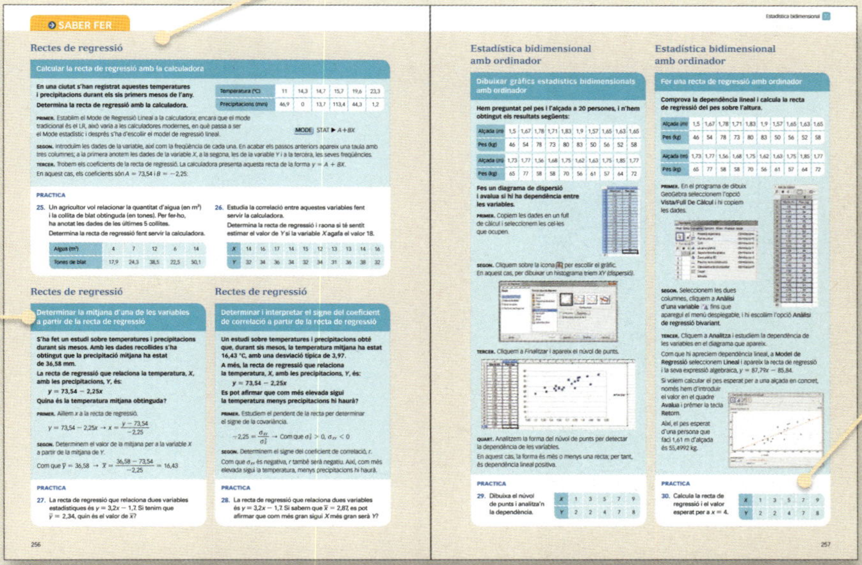

Les activitats que acompanyen cada procediment et permetran **practicar** i dominar aquests continguts.

Pàgines de SABER FER: per aprendre a fer matemàtiques.

Les nostres **Activitats finals** estan **seqüenciades** perquè aprofitis de la millor manera possible l'aplicació dels continguts estudiats.

Cada activitat et mostra la **dificultat** que té.

Els **Saber fer** t'ajudaran a continuar aprofundint en els procediments.

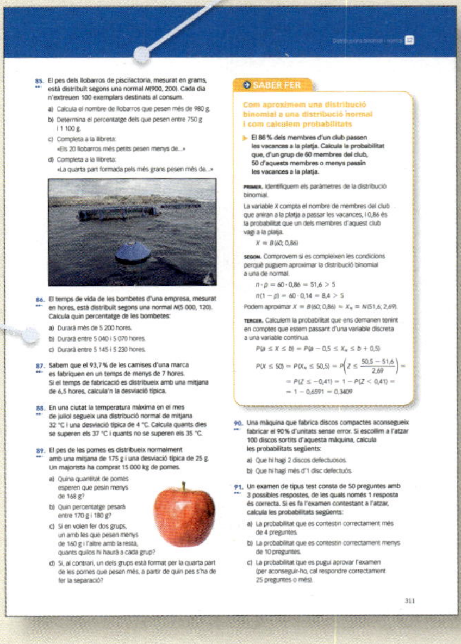

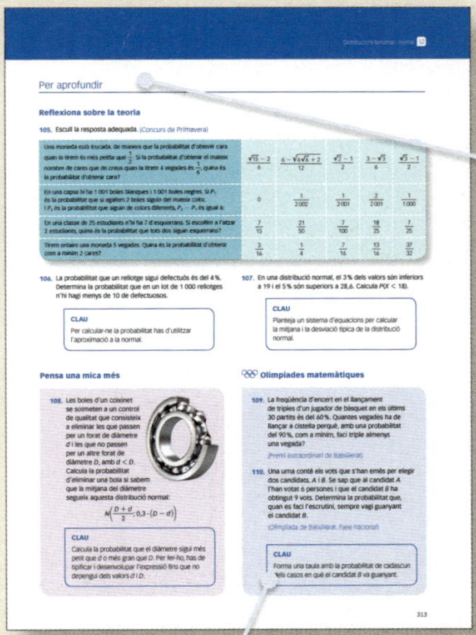

Aquesta pàgina serveix **per aprofundir** en l'aprenentatge dels continguts de la unitat. Les activitats que oferim et faran **reflexionar sobre la teoria** i **pensar una mica més**.

En els problemes de les **Olimpíades matemàtiques** hauràs d'aplicar tots els teus coneixements i tot el teu enginy per descobrir regularitats i propietats dels continguts que acabes d'estudiar.

1 Nombres reals

CONTINGUTS

- **Nombres racionals i irracionals**
- **Nombres reals**
- **Intervals**
- **Aproximacions i acotació d'errors**
- **Notació científica**
- **Radicals**
- **Logaritmes**

En general, associem els cotxes i el fet de conduir-los a situacions agradables; d'això s'han encarregat la publicitat, els venedors...

La realitat és que en la majoria dels casos aquestes situacions idíl·liques no ho són gens i la conducció passa a ser estressant i perillosa, ja que s'hi ha de prestar la màxima atenció per evitar accidents.

La prevenció dels accidents de trànsit és fonamental; per millorar-la s'han fet campanyes que portin a la conducció responsable: respecte als senyals de circulació, adequació de la velocitat a la via per la qual se circula, prohibició expressa de consumir substàncies que influeixin negativament en la conducció, com ara les drogues o l'alcohol...

Aquestes mesures no són capritxoses, s'han establert després d'analitzar milions d'accidents i determinar les causes que els han provocat. Els estudis afirmen que la velocitat és responsable en la majoria dels casos, però...

Com podem saber a quina velocitat anava un vehicle abans de l'accident?

1 Nombres racionals

El conjunt $\mathbb{Q}$ dels **nombres racionals** està format per tots els nombres que es poden escriure com una fracció $\frac{a}{b}$, en què a i b són nombres enters i b és diferent de 0.

Quan calculem l'expressió decimal d'un nombre racional, si dividim el numerador entre el denominador obtenim un nombre enter o un nombre decimal exacte o periòdic. Recíprocament, qualsevol nombre decimal d'aquest tipus el podem escriure en forma de fracció i, per tant, és un nombre racional.

EXEMPLE

1 Classifica els nombres racionals i posa'n exemples.

Nombres racionals
- Nombres enters
  - Nombres naturals: 1, 2, 3, ...
  - El nombre zero: 0
  - Enters negatius: −1, −2, − 3, ...
- Nombres decimals
  - Decimals exactes: 0,1; −2,33; ...
  - Decimals periòdics: $1,\widehat{6}$; $-3,1\widehat{45}$; ...

Recorda

Dues fraccions $\frac{a}{b}$ i $\frac{c}{d}$ són equivalents quan tenen el mateix valor numèric:

$$\frac{a}{b} = \frac{c}{d} \rightarrow a \cdot d = b \cdot c$$

Cada conjunt de fraccions equivalents representa el mateix nombre racional.

Qualsevol fracció del conjunt és un **representant** del nombre racional, i la fracció irreductible amb denominador positiu és el **representant canònic**.

EXEMPLE

2 El nombre racional $\frac{3}{5}$ està format per la fracció $\frac{3}{5}$ i totes les seves fraccions equivalents. Quin n'és el representant canònic?

$$\frac{3}{5} = \left\{\ldots, \frac{-9}{-15}, \frac{-6}{-10}, \frac{-3}{-5}, \frac{3}{5}, \frac{6}{10}, \frac{9}{15}, \ldots\right\}$$

La fracció irreductible amb denominador positiu és $\frac{3}{5}$;
per tant, és el representant canònic del conjunt de fraccions.

ACTIVITATS

1. Calcula el representant canònic d'aquests nombres:

a) $\frac{-16}{24}$ b) $\frac{18}{39}$ c) $\frac{-24}{-60}$

2. Escriu dos representants d'aquests nombres racionals:

a) $\frac{7}{12}$ b) $\frac{9}{2}$ c) $\frac{8}{25}$

3. Determina quants nombres racionals diferents hi ha en aquesta seqüència:

$\frac{5}{3}$ $-\frac{5}{3}$ $\frac{-5}{3}$ $\frac{5}{-3}$ $\frac{10}{6}$ $1,\widehat{6}$

4. Una fracció que tingui un terme negatiu i una altra que tingui els dos termes positius, poden ser representants del mateix nombre racional?

2 Nombres irracionals

El conjunt $\mathbb{I}$ dels **nombres irracionals** està format pels nombres que no es poden expressar com a fracció. La seva expressió decimal té una quantitat infinita de xifres que no es repeteixen de manera periòdica.

Hi ha infinits nombres irracionals, alguns dels quals són aquests:

- Les arrels no exactes, com ara $\sqrt{2}$, $\sqrt{3}$, $-\sqrt{7}$, $\sqrt{1492}$... En general, si n és un nombre natural que no és un quadrat perfecte, $\sqrt{n}$ és irracional.
- Nombres especialment importants:

$$\pi = 3{,}1415926\ldots;\ \Phi = \frac{1+\sqrt{5}}{2} = 1{,}6180339\ldots;\ e = 2{,}71828182\ldots$$

No te n'oblidis

Si a és un nombre racional i b és un nombre irracional:

$a + b$ és irracional

$a \cdot b$ és irracional

EXEMPLE

3 **Demostra que $\sqrt{7}$ no és un nombre racional.**

Si $\sqrt{7}$ fos racional $\rightarrow \sqrt{7} = \frac{a}{b}$, amb $\frac{a}{b}$ irreductible $\rightarrow \sqrt{7} = \frac{a}{b} \rightarrow 7 = \frac{a^2}{b^2}$

Així, a^2 és divisible entre b^2, cosa que és impossible, ja que a i b són primers entre ells.

SABER FER

Com escrivim nombres irracionals

▶ **Escriu uns quants nombres irracionals i indica com ho fas.**

PRIMER MÈTODE. Escrivim el nombre decimal fins a una xifra determinada i indiquem com continua.

Nombre	Regla de formació
0,1234567891011...	Després de la coma se situen tots els nombres naturals.
1,2468101214...	Després de la coma se situen tots els nombres parells.

SEGON MÈTODE. Si un nombre irracional el sumem a un nombre racional o bé el multipliquem per un nombre racional, el resultat és un nombre irracional.

Per exemple, $\sqrt{5}$ és irracional $\rightarrow \frac{1+\sqrt{5}}{2}$, $1+\sqrt{5}$, $3\cdot\sqrt{5}$, $-\frac{\sqrt{5}}{3}$, ..., són irracionals.

ACTIVITATS

5. Escriu quatre nombres irracionals i especifica'n la regla de formació.

6. Determina si els nombres següents són irracionals:

a) 0,51015202530... b) $\frac{3\pi}{4\pi}$ c) $2-\pi$ d) $\frac{10}{17}$

7. Sense fer operacions amb decimals, escriu un nombre irracional inclòs entre $-\sqrt{2}$ i $\sqrt{2}$.

8. Justifica si les afirmacions següents són certes o no:

a) L'arrel d'un nombre irracional és irracional.

b) Un nombre irracional al quadrat no és racional.

3 Nombres reals

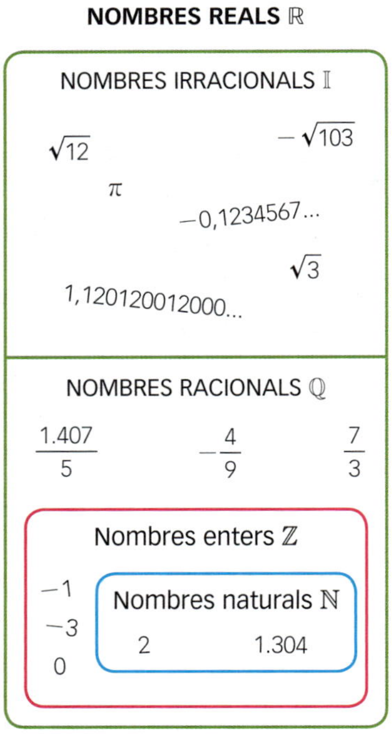

El conjunt dels **nombres reals** està format pels nombres racionals i els irracionals, i es representa $\mathbb{R}$.

3.1 Recta real

La recta numèrica en la qual es representen tots els nombres reals s'anomena **recta real**.

SABER FER

Com representem en la recta real els nombres de la forma $\sqrt{n}$

▶ Representa $\sqrt{12}$ en la recta real.

PRIMER. Descomponem *n* com una suma de quadrats perfectes.

$$\sqrt{12} \rightarrow 12 = 3^2 + 3 = 3^2 + 1^2 + 2 = 3^2 + 1^2 + 1^2 + 1^2$$

SEGON. Utilitzem els dos primers quadrats perfectes per construir els catets d'un triangle rectangle sobre la recta real.

Les longituds dels catets són 3 i 1.

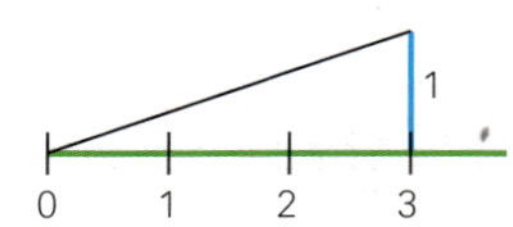

TERCER. Utilitzem el quadrat perfecte següent per construir un altre triangle sobre la hipotenusa del triangle anterior.

La longitud és 1.

QUART. Continuem construint triangles de la mateixa manera fins a fer-ho amb tots els quadrats.

CINQUÈ. Amb centre a 0 i radi la hipotenusa de l'últim triangle, tracem un arc que talli la recta real.

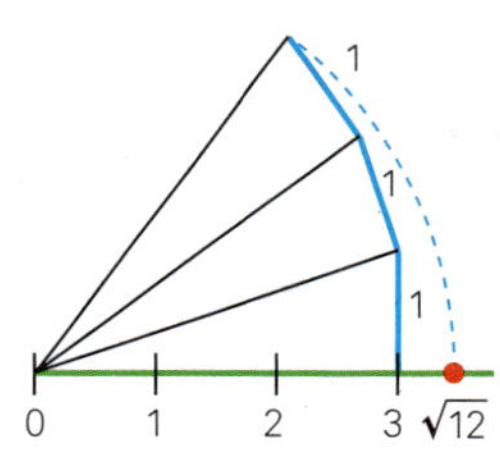

No te n'oblidis

Els nombres reals *omplen* completament la recta.

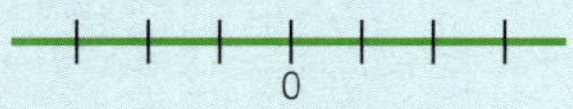

Cada punt de la recta es correspon amb un nombre real, sigui racional o irracional.

ACTIVITATS

9. Indica el conjunt numèric mínim al qual pertanyen aquests nombres:

a) 8,0999...
b) 1,223334444...
c) $\sqrt{15}$
d) $6{,}1\overset{\frown}{26}$
e) 2,5
f) -11

10. Represienta les arrels següents:

a) $\sqrt{11}$ b) $\sqrt{101}$ c) $\sqrt{5}$ d) $\sqrt{36}$

11. Col·loca aquest nombre en la recta real:

$$\Phi = \frac{1+\sqrt{5}}{2}$$

12. Representa els nombres 1 i 2 en la recta real següent:

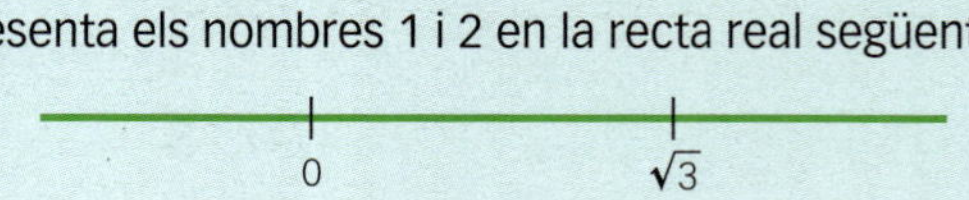

3.2 Propietats

Les propietats que compleixen els nombres reals són les mateixes que en el cas dels nombres racionals.

Propietats	Suma	Multiplicació
Associativa	$(a+b)+c=a+(b+c)$	$(a\cdot b)\cdot c=a\cdot(b\cdot c)$
Element neutre	$a+0=a$	$a\cdot 1=a$
Element oposat/invers	$a+(-a)=0$	$a\cdot\left(\frac{1}{a}\right)=1$
Commutativa	$a+b=b+a$	$a\cdot b=b\cdot a$
Distributiva	$a\cdot(b+c)=a\cdot b+a\cdot c$	

No te n'oblidis

- L'element oposat i l'element invers són únics per a cada nombre real.
- El nombre 0 no té invers, és a dir, no hi ha cap nombre real que multiplicat per 0 sigui igual a 1.

EXEMPLE

4 Aplica la propietat distributiva a aquestes expressions:

a) $-\frac{2}{3}\cdot\frac{1}{5}+\frac{1}{7}\cdot\left(-\frac{2}{3}\right)=-\frac{2}{3}\cdot\left(\frac{1}{5}+\frac{1}{7}\right)=-\frac{2}{3}\cdot\frac{12}{35}=-\frac{24}{105}=-\frac{8}{35}$

b) $\frac{7}{2}\cdot\frac{4}{5}-\frac{3}{8}\cdot\frac{7}{2}+\frac{3}{4}\cdot\frac{7}{2}=\frac{7}{2}\cdot\left(\frac{4}{5}-\frac{3}{8}+\frac{3}{4}\right)=\frac{7}{2}\cdot\frac{47}{40}=\frac{329}{80}$

3.3 Relació d'ordre

Donats dos nombres reals a i b, diem que:

- a és **més petit que** b, i ho escrivim $a<b$, quan $b-a$ és positiu.
- a és **més gran que** b, i ho escrivim $a>b$, quan $b-a$ és negatiu.

La relació d'ordre entre nombres reals compleix les propietats següents:

Transitiva

Si $a\leq b$ i $b\leq c$, es compleix que $a\leq c$.

Relació total

S'estableix un ordre entre tots els nombres: $a<b$, $a=b$ o $a>b$.

Monòtona respecte de la suma

Si $a\leq b$, donat un valor de c, es compleix que $a+c\leq b+c$.

Respecte del producte

Si $a\leq b$ i $c>0$, es compleix que $a\cdot c\leq b\cdot c$.
Si $a\leq b$ i $c<0$, es compleix que $a\cdot c\geq b\cdot c$.

ACTIVITATS

13. Aplica la propietat distributiva i opera:

a) $\frac{3}{4}\cdot\left(\frac{2}{7}-\frac{2}{5}\right)$ b) $\frac{3}{4}\cdot\frac{2}{7}-\frac{2}{5}\cdot\frac{2}{7}+3\cdot\frac{2}{7}$

14. Escriu tres nombres situats entre aquests:

a) $\frac{301}{200}$ i $\frac{302}{200}$ b) $\sqrt{5}$ i $\sqrt{5}+\frac{1}{10}$

15. Ordena de més petit a més gran els nombres racionals i irracionals següents:

$3 \quad \frac{22}{7} \quad \pi \quad \frac{2\,827}{900}$

16. Per mitjà de la propietat distributiva, calcula sense efectuar els quadrats:

a) 99^2 b) 999^2

4 Intervals

Un **interval** és un conjunt de nombres reals que es correspon amb els punts d'un segment o una semirecta de la recta real.

Cada interval està determinat pels extrems corresponents: dos extrems, en el cas dels segments, i un extrem, en el cas de les semirectes.

Segons si inclouen o no inclouen els punts extrems, els intervals poden ser **oberts**, **semioberts** o **tancats**.

Interval obert	(a, b)	$\{x: a < x < b\}$	
Interval tancat	$[a, b]$	$\{x: a \le x \le b\}$	
Interval semiobert	$(a, b]$	$\{x: a < x \le b\}$	
Interval semiobert	$[a, b)$	$\{x: a \le x < b\}$	
Semirecta oberta	$(a, +\infty)$	$\{x: a < x\}$	
Semirecta tancada	$[a, +\infty)$	$\{x: a \le x\}$	
Semirecta oberta	$(-\infty, b)$	$\{x: x < b\}$	
Semirecta tancada	$(-\infty, b]$	$\{x: x \le b\}$	

Recorda

Valor absolut

$$|a| = \begin{cases} a & \text{si } a \ge 0 \\ -a & \text{si } a < 0 \end{cases}$$

$|3| = 3 \quad |-3| = 3 \quad |-7| = 7$

EXEMPLE

5 Representa els conjunts que tens a continuació de totes les maneres possibles:

a) Nombres més petits que 6

b) $\{x: 2 \le x < 9\}$

c) $\{x: -5 < x < 8\}$

d) $\{x: |x| \le 5\}$

a) $\{x: x < 6\} = (-\infty, 6)$

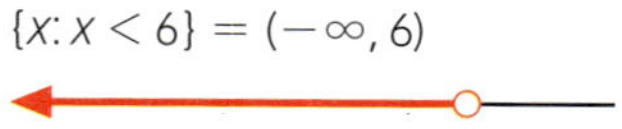

b) $\{x: 2 \le x < 9\} = [2, 9)$

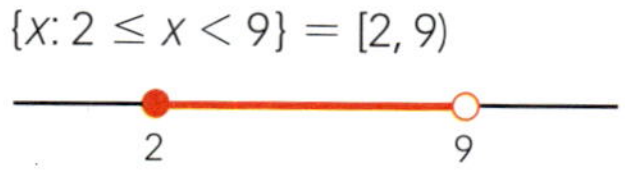

c) $\{x: -5 < x < 8\} = (-5, 8)$

d) $\{x: |x| \le 5\} = [-5, 5]$

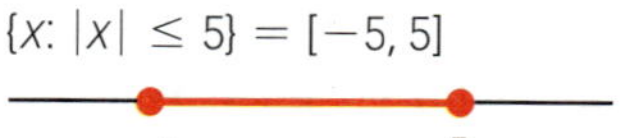

En l'últim apartat, la condició $\{|x| \le 5\}$ equival al fet que la distància fins al nombre 0 és més petita o igual que 5 unitats.

ACTIVITATS

17. Representa els conjunts numèrics següents de totes les maneres que coneguis:

a) Nombres més petits que π.

b) Nombres més grans que $\sqrt{3}$ i més petits o iguals que 7.

c) Nombres més petits o iguals que 2 i més grans que -2.

d) Nombres compresos entre els dos primers nombres parells, tots dos inclosos.

e) Nombres inclosos entre $\sqrt{2}$ i $\sqrt{3}$.

18. Escriu aquests intervals de la recta real de totes les maneres que coneguis:

a) 

b) 

c) 

d) 

19. Representa el conjunt $\{x: |x - 3| \le 1\}$ de totes les maneres que coneguis.

5 Aproximacions i errors

5.1 Aproximacions

De vegades és impossible treballar amb alguns nombres, per exemple: π, $\sqrt{3}$, 2,737... En aquests casos utilitzem valors exactes que siguin pròxims al nombre i que simplifiquin els càlculs. Aquests valors s'anomenen **aproximacions**.

Aquests són els tipus més importants de les diferents aproximacions que hi ha:

- **Aproximació per defecte o truncament.** Consisteix a eliminar les xifres a partir de l'ordre considerat.
- **Aproximació per excés.** Eliminem les xifres a partir de l'ordre considerat i augmentem d'una unitat l'última xifra que deixem.

Arrodoniment: és la millor aproximació de les dues anteriors.

EXEMPLE

6 Aproxima 3,258, $2,\widehat{21}$ i $\sqrt{7}$ als centèsims.

	3,258	$2,\widehat{21}$	$\sqrt{7} = 2,6457...$
Arrodoniment als centèsims	3,26	2,21	2,65
Truncament als centèsims	3,25	2,21	2,64

Calculadora

Amb el mode FIX de la calculadora podem fixar la quantitat de decimals amb els quals treballem.

Per exemple, si fixem tres decimals, el resultat de fer: $\sqrt{7} = 2,645751311...$ serà:

$\sqrt{\square}$ 7 = 2.646

5.2 Errors

L'**error absolut**, E_a, és la diferència en valor absolut entre el valor real i l'aproximació.

$$E_a = |V_{\text{real}} - V_{\text{aproximat}}|$$

L'**error relatiu**, E_r, és el quocient entre l'error absolut i el valor real.

$$E_r = \left|\frac{E_a}{V_{\text{real}}}\right|$$

EXEMPLE

7 Calcula els errors que s'han comès per arrodonir 2,561 als centèsims.

$$2,561 \xrightarrow{\text{Arrodoniment}} 2,56 \qquad E_a = |2,561 - 2,56| = 0,001 \qquad E_r = \left|\frac{0,001}{2,561}\right| = 0,00039$$

ACTIVITATS

20. Amb una calculadora, escriu $\sqrt{3}$ en forma decimal i les aproximacions corresponents per excés i per defecte als deumil·lèsims i als centmil·lèsims.

21. Pensa en una situació en la qual dos mesuraments tinguin els mateixos errors absoluts però diferents errors relatius.

6 Acotació d'errors

Una cota és un valor que limita una quantitat desconeguda:

- Una cota de l'estatura és 2,8 m, perquè no hi ha persones amb més alçada.
- La cota d'edat màxima per gaudir dels avantatges del carnet jove és 30 anys, ja que a partir d'aquesta edat no es pot obtenir aquest carnet.

Quan arrodonim un nombre fins a un ordre n cometem un error absolut que compleix que:

$$E_{\text{absolut}} < \frac{1}{2 \cdot 10^n} \rightarrow \textbf{Cota d'error absolut}$$

EXEMPLE

8 Calcula una cota d'error absolut de l'arrodoniment del nombre π als centèsims.

$$\pi = 3{,}14159265... \xrightarrow{\text{Arrodoniment}} 3{,}14$$

$$E_a = |V_{\text{real}} - V_{\text{aproximat}}| = |\pi - 3{,}14| < \frac{1}{2 \cdot 10^2} = 0{,}005$$

Una cota d'error absolut d'aquesta aproximació és 0,005.

Podem dir que l'error absolut és més petit que mitja unitat de l'ordre al qual hem aproximat el nombre.

Aproximació als dècims $\longrightarrow E_a < 0{,}05$

Aproximació als centèsims $\rightarrow E_a < 0{,}005$

...

Si ε és una cota d'error absolut, $E_{\text{absolut}} < \varepsilon$, es compleix que:

$$E_{\text{relatiu}} < \frac{\varepsilon}{V_{\text{aproximat}} - \varepsilon} \rightarrow \textbf{Cota d'error relatiu}$$

EXEMPLE

9 Calcula una cota d'error relatiu de l'arrodoniment del nombre π als centèsims.

$$\pi = 3{,}14159265... \xrightarrow{\text{Arrodoniment}} 3{,}14 \rightarrow E_a < 0{,}005$$

$$\frac{\varepsilon}{V_{\text{aproximat}} - \varepsilon} = \frac{0{,}005}{3{,}14 - 0{,}005} = 0{,}0016 \rightarrow E_r < 0{,}0016$$

La cota d'error relatiu en tant per cent és del 0,16 %.

ACTIVITATS

22. Indica dos exemples de mesurament i dóna'n les cotes d'error corresponents.

23. Calcula les cotes d'error absolut i relatiu quan arrodonim el nombre $\sqrt{2}$:

a) Als centèsims. b) Als mil·lèsims.

24. Una localitat té 310 habitants, xifra arrodonida a les desenes. En pots indicar els errors? Sabries assenyalar les cotes d'error comès?

25. Calcula una cota d'error absolut quan trunquem un nombre als dècims. I si fos als centèsims?

7 Notació científica

Un nombre en notació científica té la forma $\boldsymbol{a \cdot 10^b}$, en què $|a|$ és un decimal exacte de l'interval [1, 10) i b és un nombre enter.

El terme a s'anomena **mantissa** del nombre i b és l'**ordre de magnitud**.

La notació científica s'utilitza per abreujar quantitats grans o petites.

SABER FER

Com escrivim un nombre en notació científica

▶ **Escriu −1 258 000 i 0,00000432 en notació científica.**

PRIMER. Si el nombre té la part entera diferent de zero, l'exponent de la potència de 10 serà positiu, i si la part entera és zero, l'exponent serà negatiu.

−1 258 000 → Exponent positiu   0,00000432 → Exponent negatiu

SEGON. Comptem les xifres que té el nombre des de la primera xifra diferent de zero fins a arribar a les unitats. La xifra de les unitats no es compta. El resultat, tret del signe, coincideix amb l'exponent de la potència de 10.

Unitats

−1 258 000 (6 xifres)   0,00000432 (6 xifres)

TERCER. Escrivim el nombre amb una sola xifra entera, que no sigui zero, i la potència de 10 corresponent.

$-1\,258\,000 = -1{,}258 \cdot 10^6$ (6 xifres) $0{,}00000432 = 4{,}32 \cdot 10^{-6}$ (6 xifres)

Calculadora

Per expressar un nombre en notació científica amb la calculadora utilitzem les tecles [×], [$x^\square$] i [(−)].

Per introduir el nombre $7{,}352 \cdot 10^9$ teclegem:

7,352 [×] 10 [$x^\square$] 9

I per introduir $8{,}64 \cdot 10^{-3}$ hem de teclejar:

8,64 [×] 10 [$x^\square$] [(−)] 3

Operacions amb nombres en notació científica

- Per sumar i restar, els nombres han de tenir el mateix ordre de magnitud.
- Per multiplicar i dividir, multipliquem o dividim les mantisses, d'una banda, i les potències de 10, de l'altra.

Fixa-t'hi

El resultat d'algunes sumes o restes pot ser un nombre que no està escrit en notació científica.

$7{,}06 \cdot 10^{11} + 5{,}2 \cdot 10^{11} = 12{,}26 \cdot 10^{11}$

$12{,}26 \cdot 10^{11}$ → La part entera té dues xifres.

$12{,}26 \cdot 10^{11} = 1{,}226 \cdot 10^{12}$

EXEMPLE

10 Efectua aquestes operacions:

a) $3{,}24 \cdot 10^2 - 1{,}32 \cdot 10^3 + 9{,}2 \cdot 10^{-1} = 0{,}324 \cdot 10^3 - 1{,}32 \cdot 10^3 + 0{,}00092 \cdot 10^3 =$
$= (0{,}324 - 1{,}32 + 0{,}00092) \cdot 10^3 =$
$= -0{,}99508 \cdot 10^3 = -9{,}9508 \cdot 10^2$

b) $(3{,}2 \cdot 10^{-3} \cdot 2{,}3 \cdot 10^2) : (1{,}6 \cdot 10^{-2}) = [(3{,}2 \cdot 2{,}3) : 1{,}6] \cdot [(10^{-3} \cdot 10^2) : 10^{-2}] =$
$= 4{,}6 \cdot 10^{(-3+2-2)} = 4{,}6 \cdot 10^{-3}$

ACTIVITATS

26. Escriu els nombres següents en notació científica:

a) 0,0000085   c) 31 940 000 000

b) 5 000 000 000 000   d) 0,000000000479

27. Opera i expressa el resultat en notació científica:

a) $(5{,}2 \cdot 10^3 + 4{,}75 \cdot 10^{-2}) : 8{,}05 \cdot 10^{-4}$

b) $3{,}79 \cdot 10^8 \cdot (7{,}73 \cdot 10^4 - 6{,}54 \cdot 10^{-2})$

8 Radicals

Índex

$$\sqrt[n]{a} = b$$

Radicand — Arrel

Donat un nombre real a, s'anomena **arrel n-èsima** de a qualsevol nombre real b que verifiqui que $b^n = a$. Es representa $\sqrt[n]{a} = b$.

El símbol $\sqrt[n]{a}$ s'anomena **radical d'índex n de a**.

La radicació és una operació relacionada amb la potenciació.

Potenciació	Radicació
Coneixem la base, b, i l'exponent, n, i calculem la potència. $b^n = a$	Coneixem la potència, a, i l'exponent, n, i calculem la base. $\sqrt[n]{a} = b$

8.1 Valor numèric d'un radical

Quan calculem el valor numèric d'un radical, hem de tenir en compte si l'índex és parell o imparell i, també, el signe del radicand.

S'anomena **valor numèric del radical** $\sqrt[n]{a}$ tot nombre real b tal que $b^n = a$.

	Radicand	Índex	Nre. d'arrels reals
$\sqrt[n]{a}$	$a > 0$	n imparell	1 arrel positiva
		n parell	2 arrels, una de positiva i la seva oposada
	$a = 0$	n parell o imparell	1 arrel → $\sqrt[n]{0} = 0$
	$a < 0$	n imparell	1 arrel negativa
		n parell	Cap arrel

Calculadora

La calculadora científica ens permet calcular arrels amb les tecles SHIFT i $\sqrt[\square]{\square}$; hem de situar el cursor en l'espai corresponent i escriure, primer, l'índex i, després, el radicand.

$\sqrt[3]{-4}$ → SHIFT $\sqrt[\square]{\square}$ 3 ▶ (−) 4 = -1.587401052

$\sqrt[4]{20}$ → SHIFT $\sqrt[\square]{\square}$ 4 ▶ 20 = 2.114742527

EXEMPLE

11 Donades les equivalències següents, dedueix-ne la quantitat d'arrels:

a) $5^2 = 25 \rightarrow \sqrt{25} = 5$
$(-5)^2 = 25 \rightarrow \sqrt{25} = -5$
→ Diem que 25 té dues arrels quadrades.

b) $5^3 = 125 \rightarrow \sqrt[3]{125} = 5$ → 125 té una arrel cúbica, 5
$(-5)^3 = -125 \rightarrow \sqrt[3]{125} = -5$ → −125 té una arrel cúbica, −5

ACTIVITATS

28. Determina si les igualtats següents són certes. Justifica la resposta.

a) $\sqrt[4]{-16} = -2$
b) $\sqrt[8]{256} = \pm 4$
c) $\sqrt[3]{1\,000\,000} = \pm 1000$
d) $\sqrt[5]{32} = \pm 2$

29. Calcula el valor numèric, si existeix, dels radicals següents:

a) $\sqrt[4]{16}$
b) $\sqrt[3]{-8}$
c) $\sqrt[4]{-10\,000}$
d) $\sqrt[5]{243}$

8.2 Potències d'exponent fraccionari

Una **potència d'exponent fraccionari** $a^{\frac{m}{n}}$ és un radical d'índex n i radicand a^m, és a dir, $a^{\frac{m}{n}} = \sqrt[n]{a^m}$.

Dos **radicals** són **equivalents** quan, si els expressem en forma de potència amb exponent fraccionari, les seves bases són iguals i les fraccions dels seus exponents són equivalents.

$a^{\frac{m}{n}}$ és equivalent a $a^{\frac{p}{q}}$ si $\dfrac{m}{n} = \dfrac{p}{q}$.

EXEMPLES

12 Expressa en forma de potència amb exponent fraccionari:

a) $\sqrt[5]{2^3} = 2^{\frac{3}{5}}$ b) $\sqrt[3]{-5} = (-5)^{\frac{1}{3}}$ c) $\sqrt{6^8} = 6^{\frac{8}{2}}$

13 Expressa els radicals següents com a potència i troba'n radicals equivalents:

a) $\sqrt[3]{4} = 4^{\frac{1}{3}}$ $4^{\frac{1}{3}} = 4^{\frac{2}{6}} \rightarrow \sqrt[3]{4} = \sqrt[6]{4^2}$

b) $\sqrt[5]{(-3)^4} = (-3)^{\frac{4}{5}}$ $(-3)^{\frac{4}{5}} = (-3)^{\frac{8}{10}} \rightarrow \sqrt[5]{(-3)^4} = \sqrt[10]{(-3)^8}$

Fixa-t'hi

Quan calculem radicals equivalents, la quantitat d'arrels pot variar.

$\sqrt[3]{-1}$ i $\sqrt[6]{(-1)^2}$ són equivalents, però no tenen les mateixes arrels.

$\sqrt[3]{-1} = -1$

$\sqrt[6]{(-1)^2} = \begin{cases} 1 \\ -1 \end{cases}$

8.3 Simplificació de radicals

Simplificar radicals consisteix a extreure de l'arrel tots els factors possibles.

SABER FER

Com simplifiquem radicals

▶ Simplifica tant com puguis els radicals $\sqrt[6]{25}$ i $\sqrt[3]{81}$.

PRIMER. Expressem l'arrel com a potència d'exponent fraccionari.

$\sqrt[6]{25} = \sqrt[6]{5^2} = 5^{\frac{2}{6}}$ $\sqrt[3]{81} = \sqrt[3]{3^4} = 3^{\frac{4}{3}}$

SEGON. Calculem la fracció irreductible de l'exponent. Si és una fracció impròpia, la transformem en la suma d'un nombre enter i una fracció pròpia.

$\dfrac{2}{6} = \dfrac{1}{3}$ $\dfrac{4}{3} = 1 + \dfrac{1}{3}$

TERCER. L'expressem com a producte de potències, si es pot, i la tornem a transformar en radical.

$5^{\frac{1}{3}} = \sqrt[3]{5}$ $3^{\left(1+\frac{1}{3}\right)} = 3^1 \cdot 3^{\frac{1}{3}} = 3\sqrt[3]{3}$

Recorda

Una fracció és impròpia quan el denominador és més petit que el numerador.

$\dfrac{16}{3} \rightarrow$ Fracció impròpia

Qualsevol fracció impròpia es pot expressar com la suma d'un nombre enter i una fracció.

16 | 3, residu 1, quocient 5 $\rightarrow \dfrac{16}{3} = 5 + \dfrac{1}{3}$

ACTIVITATS

30. Transforma aquests radicals en potències, i viceversa:

a) $3^{\frac{1}{4}}$ c) $2^{\frac{1}{6}}$ e) $10^{\frac{2}{7}}$

b) $5^{\frac{2}{3}}$ d) $7^{\frac{3}{5}}$ f) $\sqrt[4]{5^7}$

31. Indica si els radicals següents són equivalents:

a) $\sqrt[4]{3^6}$ i $\sqrt{3^3}$ c) $\sqrt[4]{36}$ i $\sqrt{6}$

b) $\sqrt[5]{2^{10}}$ i $\sqrt{2}$ d) $\sqrt[4]{5^{10}}$ i $\sqrt{5^4}$

9 Operacions amb radicals

9.1 Reducció de radicals a índex comú

Reduir radicals a índex comú consisteix a trobar altres radicals equivalents que tinguin el mateix índex.

SABER FER

Com reduïm radicals a índex comú

▶ Redueix a índex comú $\sqrt[5]{2}$, $\sqrt[3]{5}$ i $\sqrt{3}$.

PRIMER. Expressem els radicals com a potències d'exponent fraccionari.

$$\sqrt[5]{2} = 2^{\frac{1}{5}} \qquad \sqrt[3]{5} = 5^{\frac{1}{3}} \qquad \sqrt{3} = 3^{\frac{1}{2}}$$

SEGON. Reduïm els exponents a comú denominador i els tornem a expressar com a radical.

MCM (2, 3, 5) = 30

$$2^{\frac{1}{5}} = 2^{\frac{6}{30}} = \sqrt[30]{2^6} \qquad 5^{\frac{1}{3}} = 5^{\frac{10}{30}} = \sqrt[30]{5^{10}} \qquad 3^{\frac{1}{2}} = 3^{\frac{15}{30}} = \sqrt[30]{3^{15}}$$

9.2 Operacions amb radicals

- Per sumar o restar radicals, han de tenir el mateix índex i el mateix radicand.
- Per multiplicar o dividir radicals, han de tenir el mateix índex o bé el mateix radicand. Si els radicals no tenen el mateix índex, els reduïm a índex comú.
- Per calcular la potència o l'arrel d'un radical, transformem els radicals en potències i operem amb aquestes potències.

No te n'oblidis

- $\sqrt[n\cdot p]{a^p} = a^{\frac{p}{n\cdot p}} = a^{\frac{1}{n}} = \sqrt[n]{a}$
- $b\sqrt[n]{a} + c\sqrt[n]{a} = (b+c)\sqrt[n]{a}$
- $b\sqrt[n]{a} - c\sqrt[n]{a} = (b-c)\sqrt[n]{a}$
- $\sqrt[n]{a}\cdot\sqrt[n]{b} = \sqrt[n]{a\cdot b}$
- $\dfrac{\sqrt[n]{a}}{\sqrt[n]{b}} = \sqrt[n]{\dfrac{a}{b}}$
- $(\sqrt[n]{a})^m = \sqrt[n]{a^m}$
- $\sqrt[m]{\sqrt[n]{a}} = \sqrt[n\cdot m]{a}$

EXEMPLE

14 Efectua aquestes operacions:

a) $5\sqrt[5]{2} - 3\sqrt[5]{2} + 4\sqrt[15]{2^3} = 5\sqrt[5]{2} - 3\sqrt[5]{2} + 4\sqrt[5]{2} = 6\sqrt[5]{2}$ (Simplifiquem el radical)

b) $(\sqrt[3]{3^2} : \sqrt{3})\cdot\sqrt[3]{2^2} = (3^{\frac{2}{3}} : 3^{\frac{1}{2}})\cdot 2^{\frac{2}{3}} = 3^{\left(\frac{2}{3}-\frac{1}{2}\right)}\cdot 2^{\frac{2}{3}} = 3^{\frac{1}{6}}\cdot 2^{\frac{2}{3}}$ (Quocient de potències de la mateixa base)

Reduïm a comú denominador les fraccions dels exponents i les expressem com a potència d'un producte.

$$3^{\frac{1}{6}}\cdot 2^{\frac{2}{3}} = 3^{\frac{1}{6}}\cdot 2^{\frac{4}{6}} = (3\cdot 2^4)^{\frac{1}{6}} = \sqrt[6]{3\cdot 2^4} = \sqrt[6]{48}$$

c) $\sqrt[3]{\sqrt[5]{2}} = \sqrt[3]{2^{\frac{1}{5}}} = \left(2^{\frac{1}{5}}\right)^{\frac{1}{3}} = 2^{\frac{1}{5}\cdot\frac{1}{3}} = 2^{\frac{1}{15}} = \sqrt[15]{2}$

ACTIVITATS

32. Efectua aquestes operacions:

a) $\sqrt{20} - 3\sqrt{125} + 2\sqrt{45}$

b) $7\sqrt[3]{81} - 2\sqrt[6]{3^2} + \dfrac{\sqrt[3]{3}}{5}$

33. Opera i simplifica:

a) $4\sqrt{27}\cdot 5\sqrt{6}$

b) $\left(\dfrac{\sqrt[6]{32}}{\sqrt{8}}\right)^3$

c) $\sqrt[3]{2}\cdot\sqrt{3}$

d) $\dfrac{\sqrt{3}\cdot\sqrt[3]{3}}{\sqrt[4]{3}}$

10 Racionalització

La **racionalització** consisteix a transformar fraccions que tinguin radicals en el denominador en altres fraccions equivalents que no en tinguin.

10.1 Fraccions del tipus $\frac{a}{\sqrt[n]{b}}$

Perquè desaparegui el radical del denominador en les fraccions del tipus $\frac{a}{\sqrt[n]{b}}$, multipliquem el numerador i el denominador per $\sqrt[n]{b^{n-1}}$.

Fixa-t'hi

$$\frac{a}{\sqrt[n]{b}} = \frac{a \cdot \sqrt[n]{b^{n-1}}}{\sqrt[n]{b} \cdot \sqrt[n]{b^{n-1}}} = \frac{a \cdot \sqrt[n]{b^{n-1}}}{b}$$

SABER FER

Com racionalitzem expressions del tipus $\frac{a}{\sqrt[n]{b}}$

▶ Racionalitza l'expressió $\frac{12}{\sqrt[5]{2^3}}$.

PRIMER. Multipliquem el numerador i el denominador per $\sqrt[n]{b^{n-1}}$.

$$\frac{12}{\sqrt[5]{2^3}} = \frac{12\sqrt[5]{(2^3)^4}}{\sqrt[5]{2^3} \cdot \sqrt[5]{(2^3)^4}} = \frac{12\sqrt[5]{2^{12}}}{2^3}$$

SEGON. Simplifiquem l'expressió que en resulta.

$$\frac{12\sqrt[5]{2^{12}}}{2^3} = \frac{12 \cdot 2^2 \cdot \sqrt[5]{2^2}}{2^3} = 6\sqrt[5]{2^2}$$

10.2 Fraccions amb un binomi en el denominador

Els denominadors tenen sumands que inclouen arrels quadrades.

$$\frac{a}{b+\sqrt{c}} \qquad \frac{a}{b-\sqrt{c}} \qquad \frac{a}{\sqrt{b}-\sqrt{c}}$$

Per eliminar-les, multipliquem el numerador i el denominador pel conjugat del denominador.

SABER FER

Com racionalitzem binomis amb arrels quadrades

▶ Racionalitza i simplifica $\frac{3}{\sqrt{2}-\sqrt{5}}$.

PRIMER. Multipliquem el numerador i el denominador pel conjugat del denominador.

$$\frac{3 \cdot (\sqrt{2}+\sqrt{5})}{(\sqrt{2}-\sqrt{5}) \cdot (\sqrt{2}+\sqrt{5})} = \frac{3 \cdot (\sqrt{2}+\sqrt{5})}{2-5}$$

SEGON. Simplifiquem l'expressió que en resulta, si és possible.

$$\frac{3 \cdot (\sqrt{2}+\sqrt{5})}{2-5} = -(\sqrt{2}+\sqrt{5})$$

Recorda

El conjugat de $(a+b)$ és $(a-b)$ i, a la inversa, el conjugat de $(a-b)$ és $(a+b)$.

Per exemple:

$3+\sqrt{4} \xrightarrow{\text{Conjugat}} 3-\sqrt{4}$

$2\sqrt{3}-\sqrt[4]{3} \xrightarrow{\text{Conjugat}} 2\sqrt{3}+\sqrt[4]{3}$

ACTIVITATS

34. Racionalitza les expressions següents:

a) $\frac{2}{\sqrt{5}}$ b) $\frac{-3}{5\sqrt[4]{2^3}}$ c) $\frac{2+\sqrt{3}}{6\sqrt[5]{7^3}}$

35. Racionalitza i opera:

a) $\frac{1}{1+\sqrt{2}}$ b) $\frac{8\sqrt{2}}{\sqrt{3}+7}$ c) $\frac{5\sqrt{3}}{9-\sqrt{5}}$

11 Logaritmes

Fixa-t'hi

Podem considerar que el logaritme és l'operació inversa de l'exponencial.

$$c \underset{\log_a b}{\overset{c^a}{\rightleftarrows}} b$$

Donats dos nombres reals positius a i b ($a \neq 1$), el **logaritme en base a de b** és l'exponent al qual hem d'elevar a perquè el resultat sigui b.

$$\log_a b = c \rightarrow a^c = b$$

Quan els logaritmes són en base 10 s'anomenen **logaritmes decimals**, i no se n'escriu la base.

$\log 100 = 2$ perquè $10^2 = 100$

$\log 1\,000 = 3$ perquè $10^3 = 1\,000$

$\log 0{,}1 = -1$ perquè $10^{-1} = \dfrac{1}{10} = 0{,}1$

$\log 0{,}01 = -2$ perquè $10^{-2} = \dfrac{1}{100} = 0{,}01$

Si la base és el nombre $e = 2{,}7182...$, s'anomenen **logaritmes neperians** o logaritmes naturals, i es representen $\ln b$.

Calculadora

La calculadora científica ens permet obtenir logaritmes decimals amb la tecla log i logaritmes neperians o naturals amb la tecla ln.

EXEMPLE

15 Calcula els logaritmes que tens a continuació:

a) $\log_2 32$ **b)** $\log 0{,}0001$ **c)** $\ln e^6$ **d)** $\log_5 0{,}00032$

a) Si $\log_2 32 = x \rightarrow 2^x = 32$

Expressem 32 com a potència de 2.

$$32 = 2^5 \rightarrow 2^x = 2^5 \rightarrow x = 5$$

$$\log_2 32 = 5$$

b) Si $\log 0{,}0001 = x \rightarrow 10^x = 0{,}0001$

Expressem 0,0001 com a potència de 10.

$$0{,}0001 = \frac{1}{10\,000} = \frac{1}{10^4} = 10^{-4} \rightarrow 10^x = 10^{-4} \rightarrow x = -4$$

$$\log 0{,}0001 = -4$$

c) Si $\ln e^6 = x \rightarrow e^x = e^6 \rightarrow x = 6$

$$\ln e^6 = 6$$

d) Si $\log_5 0{,}00032 = x \rightarrow 5^x = 0{,}00032$

Expressem 0,00032 com a potència de 5.

$$0{,}00032 = \frac{32}{100\,000} = \frac{32}{10^5} = \frac{2^5}{10^5} = \frac{2^5}{2^5 \cdot 5^5} = 5^{-5}$$

$$\log_5 0{,}00032 = -5$$

ACTIVITATS

36. Calcula aquests logaritmes mitjançant la definició:

a) $\log_2 8$
b) $\log_3 81$
c) $\log 1000$
d) $\log 0{,}0001$
e) $\ln e^{33}$
f) $\ln e^{-4}$
g) $\log_4 16$
h) $\log_4 0{,}25$

37. Determina aquests logaritmes per mitjà de la definició:

a) $\log_3 243$
b) $\log_9 81$
c) $\log 1\,000\,000$
d) $\log 0{,}00001$
e) $\ln e^2$
f) $\ln e^{-14}$
g) $\log_7 343$
h) $\log_4 0{,}0625$

Propietats dels logaritmes

- El **logaritme d'1** sempre és 0, i el logaritme de la base és 1.

  $\log_a 1 = 0 \qquad \log_a a = 1$

- El **logaritme d'un producte** és la suma dels logaritmes dels factors.

  $\log_a (b \cdot c) = \log_a b + \log_a c$

- El **logaritme d'un quocient** és el logaritme del numerador menys el logaritme del denominador.

  $$\log_a\left(\frac{b}{c}\right) = \log_a b - \log_a c$$

- El **logaritme d'una potència** és igual a l'exponent multiplicat pel logaritme de la base de la potència.

  $\log_a b^n = n \cdot \log_a b$

- **Canvi de base** en els logaritmes.

  $$\log_a b = \frac{\log_c b}{\log_c a}$$

EXEMPLES

16 Resol aquestes operacions amb logaritmes:

a) $\log_2 64 = \log_2 2^6 = 6 \cdot \log_2 2 = 6 \cdot 1 = 6$

b) $\log 2{,}5 + \log 40 = \log (2{,}5 \cdot 40) = \log 100 = \log 10^2 = 2 \cdot \log 10 = 2$

c) $\log_9 243 = \log_9 (9^2 \cdot 3) = \log_9 9^2 + \log_9 3 = 2 \cdot \log_9 9 + \log_9 3 =$

$$= 2 + \log_9 \sqrt{9} = 2 + \log_9 9^{\frac{1}{2}} = 2 + \frac{1}{2}\log_9 9 = 2 + \frac{1}{2} = \frac{5}{2}$$

17 Mitjançant la calculadora, determina els logaritmes següents:

a) $\log 645$ **b)** $\log e^2$ **c)** $\log_2 10$ **d)** $\ln 10$

a) [log] 645 [=] 2,8095...

b) [log] [SHIFT] [$e^{\blacksquare}$] 2 [=] 0,8685...

c) [$\log_{\blacksquare}\blacksquare$] 2 ▶ 10 [=] 3,3219...

d) [ln] 10 [=] 2,3025...

18 Expressa $\log_3 100$ amb logaritmes decimals.

$$\log_3 100 = \frac{\log 100}{\log 3} = \frac{2}{\log 3}$$

ACTIVITATS

38. Calcula aquests logaritmes:

a) $\log_4 32$

b) $\log_2 32$

c) $\log_3 100$

d) $\log_5 32$

e) $\log_{32} 4$

f) $\log_2 304$

39. Si sabem que log 2 = 0,3010, log 3 = 0,4771 i log 7 = 0,8451, determina els logaritmes decimals dels 10 primers nombres naturals. Amb aquestes dades, sabries calcular log 3,5? I log 1,5?

40. Sense fer servir la calculadora, determina $\log_2 5$ i $\log_5 2$. Comprova que el seu producte és 1.

41. Calcula el valor de x en les igualtats següents:

a) $\log_x 256 = -8$

b) $\log_3 x = \dfrac{2}{3}$

c) $\log_5 \sqrt[6]{625} = x$

d) $\log_x 3 = 2$

42. Calcula quant val $\log_a b \cdot \log_b a$.

➔ SABER FER

Nombres racionals

Com operem amb nombres decimals periòdics

Calcula les sumes següents de nombres decimals periòdics:

a) $2,\widehat{4} + 6,\widehat{5}$

b) $10,\widehat{3} - 7,2\widehat{5}$

PRIMER. Expressem els nombres en forma de fracció.

a) $2,\widehat{4} = \dfrac{24-2}{9} = \dfrac{22}{9}$ $\qquad 6,\widehat{5} = \dfrac{65-6}{9} = \dfrac{59}{9}$

b) $10,\widehat{3} = \dfrac{103-10}{9} = \dfrac{93}{9}$ $\qquad 7,2\widehat{5} = \dfrac{725-72}{90} = \dfrac{653}{90}$

SEGON. Efectuem les operacions indicades.

a) $2,\widehat{4} + 6,\widehat{5} = \dfrac{22}{9} + \dfrac{59}{9} = \dfrac{81}{9} = 9$

b) $10,\widehat{3} - 7,2\widehat{5} = \dfrac{93}{9} - \dfrac{653}{90} = \dfrac{930-653}{90} = \dfrac{277}{90} = 3,0\widehat{7}$

PRACTICA

43. Suma i resta:

a) $2,\widehat{7} + 4,\widehat{3}$

b) $20,2\widehat{1} - 7,\widehat{5}$

c) $6,\widehat{13} + 5,\widehat{2}$

d) $5,\widehat{4} + 7,\widehat{6}$

e) $6,\widehat{34} + 4,2\widehat{13}$

f) $1,\widehat{23} - 1,0\widehat{12}$

44. Multiplica i divideix:

a) $1,2 \cdot 2,\widehat{1}$

b) $1,2 : 2,\widehat{1}$

c) $6,3\widehat{7} \cdot 8,\widehat{4}$

d) $6,3\widehat{7} : 8,\widehat{4}$

Nombres racionals

Com efectuem operacions combinades amb potències

Efectua aquesta operació:

$$\left(\frac{3}{2}-\frac{5}{4}\right)^{-2} \cdot \left(\frac{-1}{3}\right)^{-1} - \left(\frac{11}{4}-2\right)^{-2}$$

PRIMER. Comencem amb les operacions que hi ha dintre dels parèntesis.

$$\left(\frac{3}{2}-\frac{5}{4}\right)^{-2} \cdot \left(\frac{-1}{3}\right)^{-1} - \left(\frac{11}{4}-2\right)^{-2} = \left(\frac{1}{4}\right)^{-2} \cdot \left(\frac{-1}{3}\right)^{-1} - \left(\frac{3}{4}\right)^{-2}$$

SEGON. Continuem operant amb les potències.

$$\left(\frac{1}{4}\right)^{-2} \cdot \left(\frac{-1}{3}\right)^{-1} - \left(\frac{3}{4}\right)^{-2} = 16 \cdot (-3) - \frac{16}{9}$$

TERCER. Efectuem les operacions amb les fraccions; primer fem les multiplicacions i les divisions en l'ordre en què apareixen i, després, les sumes i les restes d'esquerra a dreta.

$$16 \cdot (-3) - \frac{16}{9} = -48 - \frac{16}{9} = \frac{-432-16}{9} = \frac{-448}{9}$$

PRACTICA

45. Fes les operacions següents:

a) $\left(\dfrac{5}{6}+\dfrac{4}{5}\right)^{-2} \cdot \left(\dfrac{3}{2}\right)^{-1} + \left(\dfrac{2}{3}\right)^{2}$

b) $\left(\dfrac{5}{6}-\dfrac{4}{5}\right)^{2} : \left(\dfrac{3}{2}\right)^{-1} + \left(\dfrac{2}{3}\right)^{-2}$

Nombres reals

Com utilitzem la propietat distributiva per extreure factor comú

Extreu factor comú d'aquesta expressió:

$$\frac{15}{64} - \frac{45}{56} + \frac{135}{88}$$

PRIMER. Factoritzem, d'una banda, els numeradors i, de l'altra, els denominadors.

$15 = 3 \cdot 5$ $\qquad 45 = 3^2 \cdot 5$ $\qquad 135 = 3^3 \cdot 5$

$64 = 2^6$ $\qquad 56 = 2^3 \cdot 7$ $\qquad 88 = 2^3 \cdot 11$

SEGON. Seleccionem en el numerador i en el denominador els factors que es repeteixen en tots els sumands elevats a l'exponent més petit amb què apareixen.

Numerador: $3 \cdot 5$ $\qquad$ Denominador: 2^3

TERCER. Extraiem com a factor comú la fracció que té el numerador i el denominador que acabem de calcular.

$$\frac{15}{64} - \frac{45}{56} + \frac{135}{88} = \frac{3 \cdot 5}{2^6} - \frac{3^2 \cdot 5}{2^3 \cdot 7} + \frac{3^3 \cdot 5}{2^3 \cdot 11} =$$

$$= \frac{3 \cdot 5}{2^3}\left(\frac{1}{2^3} - \frac{3}{7} + \frac{3^2}{11}\right) = \frac{15}{8}\left(\frac{1}{8} - \frac{3}{7} + \frac{9}{11}\right)$$

PRACTICA

46. Factoritza aquestes expressions:

a) $\dfrac{6}{35} - \dfrac{30}{105} + \dfrac{54}{245}$

b) $\dfrac{9}{4} + \dfrac{45}{32} + \dfrac{81}{100}$

Intervals

Com efectuem la unió de dos intervals

Calcula les unions d'intervals següents:

a) $[-1, 5] \cup (2, 7)$

b) $[-1, 2] \cup (5, 7)$

c) $[-1, 7] \cup (2, 5)$

PRIMER. Dibuixem els dos intervals en la mateixa recta real.

a) $[-1, 5]$ i $(2, 7)$

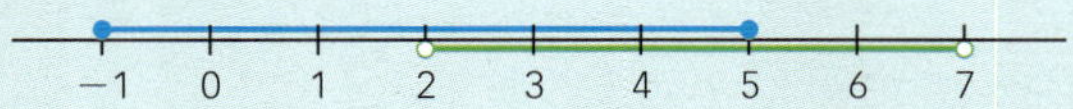

b) $[-1, 2]$ i $(5, 7)$

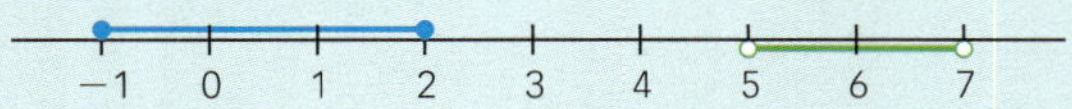

c) $[-1, 7]$ i $(2, 5)$

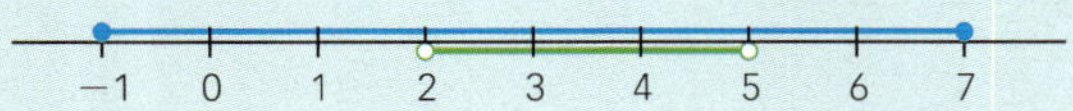

SEGON. Observem els intervals dibuixats i expressem gràficament la unió.

a) $[-1, 5] \cup (2, 7)$

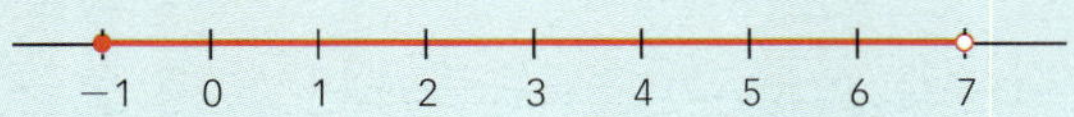

b) $[-1, 2] \cup (5, 7)$

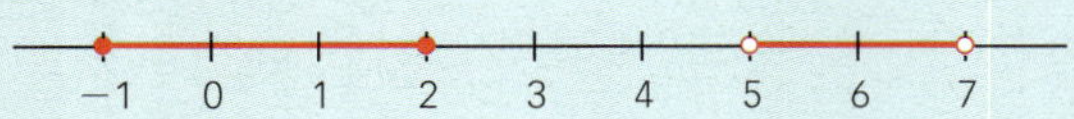

c) $[-1, 7] \cup (2, 5)$

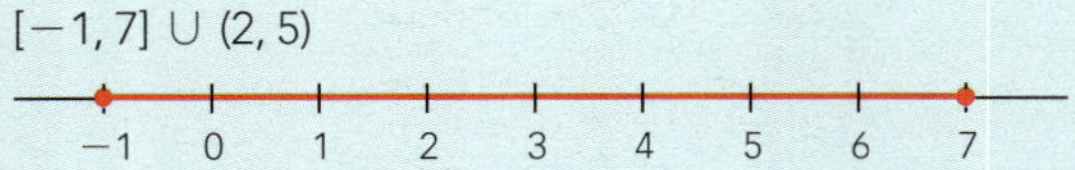

TERCER. Escrivim el resultat en forma algèbrica o numèrica, i ens fixem si els extrems pertanyen a la unió dels intervals.

a)

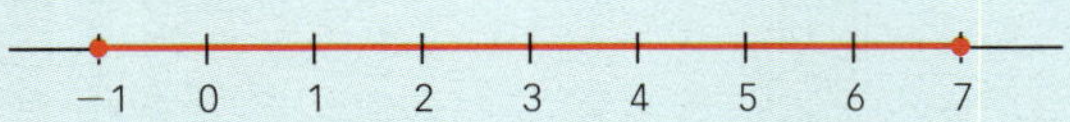

Ho podem escriure com un interval ja que hi ha una sola línia ressaltada, l'extrem inferior pertany a l'interval i l'extrem superior, no.

$[-1, 5] \cup (2, 7) = [-1, 7)$

b)

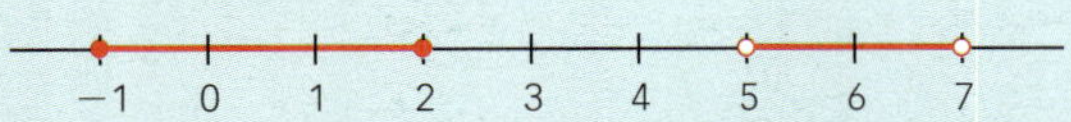

No ho podem escriure com un interval i, per tant, ho deixem indicat.

$[-1, 2] \cup (5, 7)$

c)

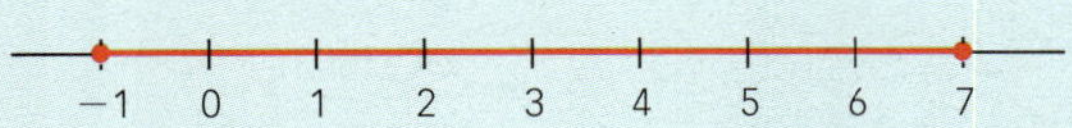

Ho podem escriure com un interval i tots dos extrems pertanyen a l'interval.

$[-1, 7] \cup (2, 5) = [-1, 7]$

PRACTICA

47. Calcula la unió d'aquests intervals:

a) $(-4, -2] \cup (-3, 0)$

b) $(2, 8] \cup [-2, 0)$

Intervals

Com efectuem la intersecció de dos intervals

Calcula les interseccions d'intervals següents:

a) $[-4, 2] \cap (-2, 4)$

b) $[1, 5] \cap (7, 9)$

c) $[-1, 3] \cap (-3, 5)$

PRIMER. Dibuixem els dos intervals en la mateixa recta real.

a) $[-4, 2]$ i $(-2, 4)$

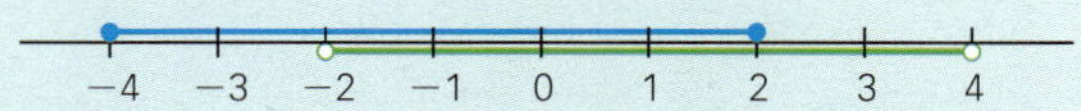

b) $[1, 5]$ i $(7, 9)$

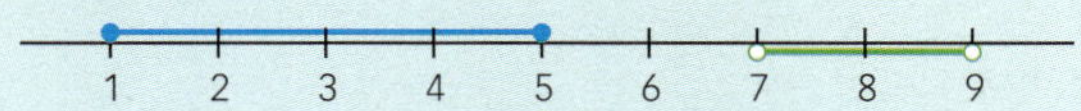

c) $[-1, 3]$ i $(-3, 5)$

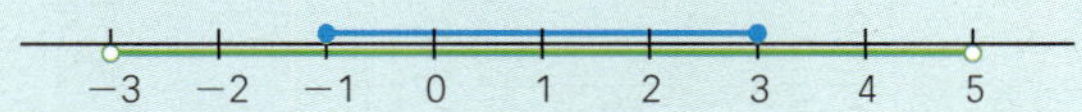

SEGON. Observem els intervals dibuixats i expressem gràficament la intersecció.

a) $[-4, 2] \cap (-2, 4)$

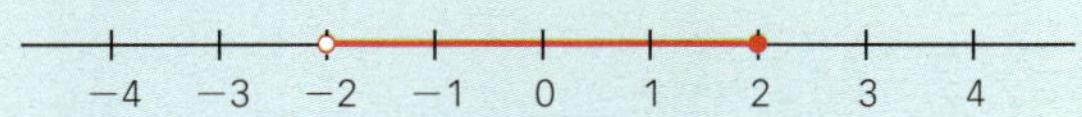

b) $[1, 5] \cap (7, 9)$

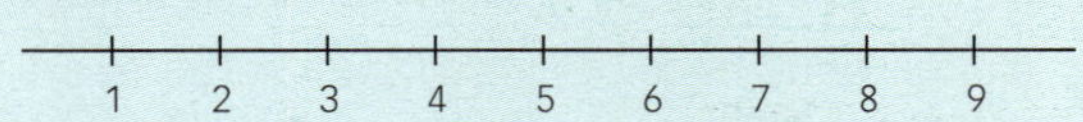

c) $[-1, 3] \cap (-3, 5)$

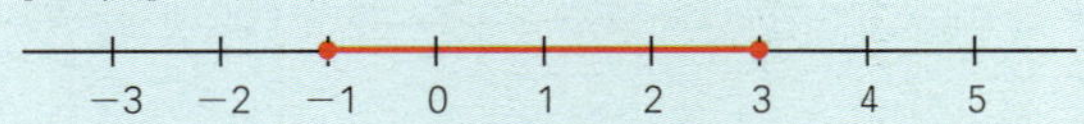

TERCER. Escrivim el resultat en forma algèbrica o numèrica, i ens fixem si els extrems pertanyen a la intersecció dels intervals.

a)

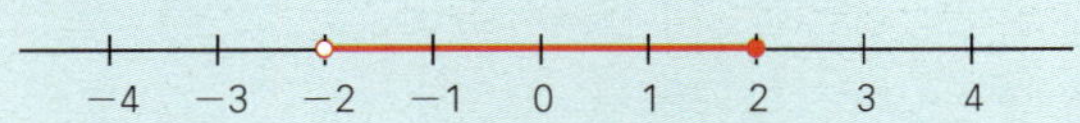

L'extrem inferior no pertany a l'interval i l'extrem superior, sí.

$[-4, 2] \cap (-2, 4) = (-2, 2]$

b)

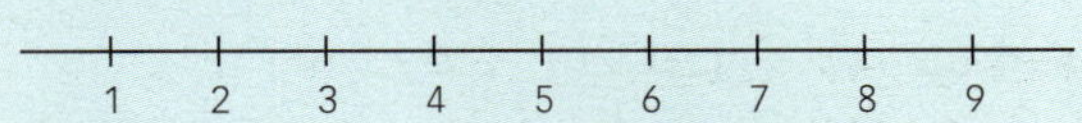

La intersecció no conté cap punt de la recta real, per tant la seva intersecció és buida.

$[1, 5] \cap (7, 9) = \emptyset$

c)

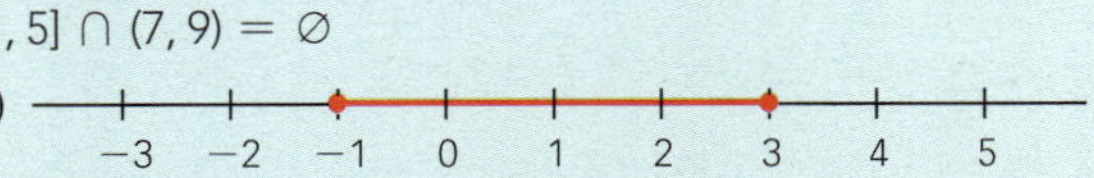

Ho podem escriure com un interval i tots dos extrems pertanyen a l'interval.

$[-1, 3] \cap (-3, 5) = [-1, 3]$

PRACTICA

48. Calcula la intersecció dels intervals següents:

a) $(-4, -2] \cap (-3, 0)$

b) $(2, 8] \cap [-2, 0)$

➔ SABER FER

Intervals

Com calculem intervals encaixats que continguin un nombre irracional

Escriu els cinc primers intervals encaixats, que tenen com a extrems les aproximacions per defecte i per excés, on es troba $\sqrt{20}$, i indica quin error comets en cada un.

PRIMER. Determinem amb la calculadora l'expressió decimal del nombre. $\sqrt{20} = 4{,}4721359...$

SEGON. Calculem els extrems dels intervals començant per les unitats, és a dir, les seves amplituds seran d'una unitat, un dècim, un centèsim, un mil·lèsim i un deumil·lèsim, respectivament.

$4 < \sqrt{20} < 5 \longrightarrow (4,\ 5)$

$4{,}4 < \sqrt{20} < 4{,}5 \longrightarrow (4{,}4;\ 4{,}5)$

$4{,}47 < \sqrt{20} < 4{,}48 \longrightarrow (4{,}47;\ 4{,}48)$

$4{,}472 < \sqrt{20} < 4{,}473 \longrightarrow (4{,}472;\ 4{,}473)$

$4{,}4721 < \sqrt{20} < 4{,}4722 \rightarrow (4{,}4721;\ 4{,}4722)$

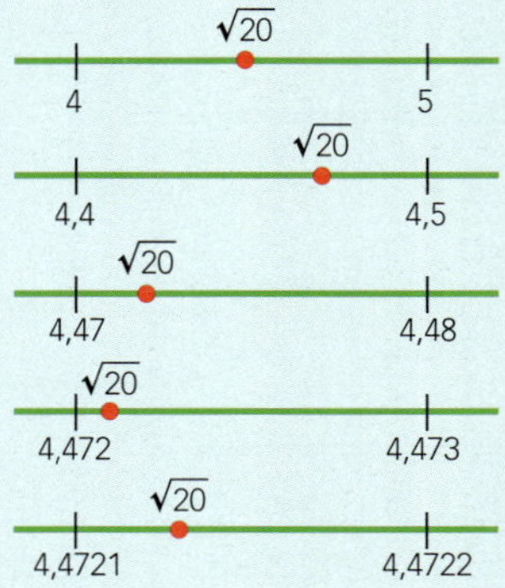

TERCER. L'error màxim, prenent com a aproximació un punt de l'interval, és més petit que la seva amplitud.

$(4,\ 5) \longrightarrow \text{Error} < 5 - 4 = 1$

$(4{,}4;\ 4{,}5) \longrightarrow \text{Error} < 4{,}5 - 4{,}4 = 0{,}1$

$(4{,}47;\ 4{,}48) \longrightarrow \text{Error} < 4{,}48 - 4{,}47 = 0{,}01$

$(4{,}472;\ 4{,}473) \longrightarrow \text{Error} < 4{,}473 - 4{,}472 = 0{,}001$

$(4{,}4721;\ 4{,}4722) \rightarrow \text{Error} < 4{,}4722 - 4{,}4721 = 0{,}0001$

No estem calculant l'error quan prenem com a aproximació qualsevol dels extrems, sinó la cota d'error comès.

La cota d'error comès és de l'ordre de l'aproximació, és a dir:

- Si els extrems de l'interval són aproximacions als dècims, la cota d'error és un dècim.
- Si són aproximacions als centèsims, la cota és un centèsim, i així successivament.

PRACTICA

49. Escriu els cinc primers intervals encaixats dels nombres $\sqrt{22}$, π i Φ, i dóna una cota de l'error comès.

Notació científica

Com sumem i restem nombres en notació científica

Calcula $9{,}85 \cdot 10^2 - 1{,}91 \cdot 10^3 + 4{,}2 \cdot 10^{-1}$.

PRIMER. Igualem els ordres de magnitud. Per fer-ho, escollim l'exponent més gran i multipliquem o dividim la resta de sumands per potències de 10.

$9{,}85 \cdot 10^2 = 0{,}985 \cdot 10^3$ $\quad 1{,}91 \cdot 10^3 = 1{,}91 \cdot 10^3$ $\quad 4{,}2 \cdot 10^{-1} = 0{,}00042 \cdot 10^3$

$9{,}85 \cdot 10^2 - 1{,}91 \cdot 10^3 + 4{,}2 \cdot 10^{-1} = 0{,}985 \cdot 10^3 - 1{,}91 \cdot 10^3 + 0{,}00042 \cdot 10^3$

SEGON. Sumem o restem les mantisses i mantenim el mateix ordre de magnitud.

$(0{,}985 - 1{,}91 + 0{,}00042) \cdot 10^3 = -0{,}92458 \cdot 10^3$

TERCER. Transformem el resultat en notació científica.

$-0{,}92458 \cdot 10^3 = -9{,}2458 \cdot 10^2$

PRACTICA

50. Opera en notació científica: a) $6{,}4 \cdot 10^{-6} - 5{,}1 \cdot 10^{-4} + 9{,}3 \cdot 10^{-2}$ b) $5{,}1 \cdot 10^6 - 5{,}2 \cdot 10^4 + 5{,}3 \cdot 10^2$

Radicals

Com escrivim certes expressions mitjançant un sol radical

Opera amb aquestes expressions fins a convertir-les en un sol radical:

a) $2^{-\frac{5}{3}}$ **b)** $\sqrt{\sqrt[3]{7}}$

PRIMER. Escrivim l'expressió com una potència d'exponent fraccionari, amb l'exponent de signe positiu.

a) $2^{-\frac{5}{3}} = \dfrac{1}{2^{\frac{5}{3}}}$

b) $\sqrt{\sqrt[3]{7}} = \left(\sqrt[3]{7}\right)^{\frac{1}{2}} = \left(7^{\frac{1}{3}}\right)^{\frac{1}{2}} = 7^{\frac{1}{3}\cdot\frac{1}{2}} = 7^{\frac{1}{6}}$

SEGON. Expressem la potència d'exponent fraccionari com un radical.

a) $\dfrac{1}{2^{\frac{5}{3}}} = \dfrac{1}{\sqrt[3]{2^5}} = \dfrac{\sqrt[3]{2}}{\sqrt[3]{2^5}\cdot\sqrt[3]{2}} = \dfrac{\sqrt[3]{2}}{\sqrt[3]{2^6}} = \dfrac{\sqrt[3]{2}}{2^2} = \dfrac{\sqrt[3]{2}}{4}$

b) $7^{\frac{1}{6}} = \sqrt[6]{7}$

PRACTICA

51. Converteix les expressions següents en un sol radical:

a) $5^{-\frac{2}{3}}$ c) $(-5)^{\frac{2}{3}}$ e) $\sqrt[3]{\sqrt[4]{23}}$

b) $-5^{\frac{2}{3}}$ d) $(-5)^{-\frac{2}{3}}$ f) $\sqrt[3]{\sqrt[3]{3}}$

Radicals

Com introduïm factors en un radical

Introdueix dins del signe radical tots els factors d'aquestes expressions:

a) $3ab\sqrt{2a}$ **b)** $2b\sqrt[3]{a^2b}$ **c)** $2a\sqrt[5]{5ab^3}$

PRIMER. Introduïm a l'arrel els factors que són fora, amb l'índex de l'arrel com a exponent.

a) $3ab\sqrt{2a} = \sqrt{3^2\cdot a^2\cdot b^2\cdot 2\cdot a}$

b) $2b\sqrt[3]{a^2b} = \sqrt[3]{2^3\cdot b^3\cdot a^2\cdot b}$

c) $2a\sqrt[5]{5ab^3} = \sqrt[5]{2^5\cdot a^5\cdot 5\cdot a\cdot b^3}$

SEGON. Simplifiquem l'expressió que en resulta en el cas que sigui possible.

a) $\sqrt{3^2\cdot a^2\cdot b^2\cdot 2\cdot a} = \sqrt{18a^3b^2}$

b) $\sqrt[3]{2^3\cdot b^3\cdot a^2\cdot b} = \sqrt[3]{8a^2b^4}$

c) $\sqrt[5]{2^5\cdot a^5\cdot 5\cdot a\cdot b^3} = \sqrt[5]{160a^6b^3}$

PRACTICA

52. Introdueix els factors de les expressions següents dins del signe radical:

a) $3x^2\sqrt[3]{3y}$ c) $2ab^2c\sqrt[4]{4}$

b) $8b\sqrt{8a^3b}$ d) $(2a-b)\sqrt{b}$

Racionalització

Com racionalitzem fraccions amb un producte de radicals en el denominador

Racionalitza aquesta expressió:

$$\frac{3}{\sqrt[4]{3}\cdot(3-\sqrt{8})}$$

PRIMER. Multipliquem el numerador i el denominador per les expressions necessàries per racionalitzar cadascun dels factors amb radicals que tingui el denominador.

$$\frac{3}{\sqrt[4]{3}\cdot(3-\sqrt{8})} = \frac{3\cdot\sqrt[4]{3^3}\cdot(3+\sqrt{8})}{\sqrt[4]{3}\cdot\sqrt[4]{3^3}\cdot(3-\sqrt{8})\cdot(3+\sqrt{8})} = \frac{3\cdot\sqrt[4]{3^3}\cdot(3+\sqrt{8})}{3\cdot(9-8)} = \frac{\cancel{3}\cdot\sqrt[4]{3^3}\cdot(3+\sqrt{8})}{\cancel{3}\cdot(9-8)} = 3\cdot\sqrt[4]{3^3} + \sqrt[4]{3^3}\cdot\sqrt{8}$$

SEGON. Simplifiquem, si és possible, i resolem les operacions.

$$3\cdot\sqrt[4]{3^3} + \sqrt[4]{3^3}\cdot\sqrt{8} = \sqrt[4]{3^7} + \sqrt[4]{3^3}\cdot\sqrt[4]{8^2} = \sqrt[4]{3^7} + \sqrt[4]{3^3\cdot 8^2} = \sqrt[4]{2.187} + \sqrt[4]{1.728}$$

PRACTICA

53. Racionalitza les expressions següents:

a) $\dfrac{3}{\sqrt{3}\cdot\sqrt[4]{5}}$ b) $\dfrac{6}{\sqrt[3]{2}\cdot(\sqrt{2}+\sqrt{3})}$ c) $\dfrac{\sqrt{2}}{(\sqrt{3}-\sqrt{2})(2-\sqrt{5})}$

ACTIVITATS

Nombres racionals i irracionals

54. Classifica aquestes fraccions en reductibles i irreductibles:

a) $\frac{-5}{12}$ c) $\frac{15}{18}$ e) $-\frac{15}{28}$

b) $\frac{9}{6}$ d) $\frac{3}{8}$ f) $\frac{104}{-206}$

55. Calcula la fracció irreductible:

a) $\frac{5}{200}$ c) $\frac{26}{130}$ e) $\frac{12}{400}$ g) $\frac{88}{176}$

b) $\frac{-1080}{432}$ d) $\frac{-702}{1053}$ f) $\frac{72}{243}$ h) $\frac{104}{216}$

56. Calcula x perquè les fraccions siguin equivalents:

a) $\frac{3}{5} = \frac{6}{x}$ c) $\frac{x}{-3} = \frac{4}{6}$

b) $\frac{-5}{2} = \frac{x}{8}$ d) $\frac{4}{x} = -\frac{1}{3}$

57. Determina els valors de x perquè siguin irreductibles:

a) La fracció pròpia $\frac{x}{18}$. b) La fracció impròpia $\frac{12}{x}$.

58. Efectua aquestes operacions amb fraccions:

a) $\frac{1}{2} + \left(\frac{2}{3}\right)^{-2} \cdot \left(\frac{2}{3} - \frac{1}{6}\right)^{2}$ b) $\left(\frac{4}{3} : \frac{1}{6}\right)^{-2} + \left(\frac{5}{2} \cdot \frac{1}{6}\right)^{2}$

59. Fes les operacions següents:

a) $\left(\frac{5}{6} - \frac{4}{5}\right)^{-2} \cdot \left(\frac{2}{3}\right)^{-1} + \left(\frac{1}{2}\right)^{2}$

b) $\left(\frac{5}{2} + \frac{2}{5}\right)^{-1} : \left(\frac{7}{3}\right)^{-1} - \left(\frac{4}{3}\right)^{2}$

60. Expressa aquests nombres en forma decimal:

a) $\frac{22}{13}$ b) $\frac{43}{1000}$ c) $\frac{12}{1100}$ d) $\frac{42}{5}$

61. Indica de quin tipus són aquests nombres decimals:

a) 2,331 c) 6,2727... e) 4

b) 4,1234... d) 0,03131... f) −32,207

62. Determina la fracció generatriu dels nombres decimals següents:

a) 0,2 d) 8,0002 g) 0,01

b) $3{,}\overset{\frown}{5}$ e) $42{,}\overset{\frown}{78}$ h) $5{,}\overset{\frown}{902}$

c) 2,37 f) $10{,}5\overset{\frown}{23}$ i) $0{,}01\overset{\frown}{57}$

63. Efectua per mitjà de les fraccions generatrius:

a) $1{,}\overset{\frown}{3} + 3{,}4$ c) $6{,}3\overset{\frown}{4} + 2{,}\overset{\frown}{5}$

b) $10{,}2\overset{\frown}{5} - 5{,}\overset{\frown}{7}$ d) $4{,}32 - 7{,}0\overset{\frown}{2}$

64. Fes les operacions següents:

a) $1{,}25 \cdot 2{,}\overset{\frown}{5}$ c) $3{,}7\overset{\frown}{6} \cdot 4{,}\overset{\frown}{8}$

b) $0{,}0\overset{\frown}{3} : 2{,}9\overset{\frown}{2}$ d) $1{,}25 : 2{,}2\overset{\frown}{5}$

65. Comprova si aquestes igualtats són certes o falses mitjançant les fraccions generatrius:

a) $1{,}\overset{\frown}{9} = 2$ c) $1{,}8\overset{\frown}{9} + 0{,}1\overset{\frown}{1} = 2$

b) $1{,}\overset{\frown}{3} : 3 = 0{,}\overset{\frown}{4}$ d) $0{,}\overset{\frown}{3} + 0{,}\overset{\frown}{6} = 1$

66. Ordena aquests nombres decimals de petit a gran:

a) $2{,}9\overset{\frown}{95}$ $2{,}\overset{\frown}{9}$ $2{,}\overset{\frown}{95}$ $2{,}9\overset{\frown}{59}$ $2{,}9\overset{\frown}{5}$

b) $4{,}75$ $4{,}\overset{\frown}{75}$ $4{,}7\overset{\frown}{5}$ $4{,}775$ $4{,}757$ $4{,}\overset{\frown}{757}$

67. Escriu un nombre racional i un d'irracional inclosos entre:

a) 3,4 i $3{,}400\overset{\frown}{23}$ c) 1 i 2 e) $-2{,}6\overset{\frown}{8}$ i $-2{,}\overset{\frown}{68}$

b) $2{,}5\overset{\frown}{2}$ i $2{,}\overset{\frown}{52}$ d) 5,6 i $5{,}\overset{\frown}{68}$ f) 0,2 i 0,25

68. Sense fer operacions, escriu un nombre irracional inclòs entre $-\sqrt{2}$ i $\sqrt{2}$.

69. Demostra que $2 \cdot \sqrt{5}$ és un nombre irracional.

70. Diferencia entre nombres racionals i irracionals:

a) $\sqrt{3}$ b) $\sqrt{8}$ c) $\sqrt{11}$ d) $\sqrt{15}$ e) $\sqrt{16}$ f) $\sqrt{20}$

71. Indica els nombres que són irracionals:

a) $2 + \sqrt{3}$ c) $\sqrt{12} - 2$ e) $1 - \sqrt{16}$

b) $2 \cdot \sqrt{9}$ d) $\sqrt{16} + \sqrt{2}$ f) $5\sqrt{19}$

SABER FER

Com reconeixem nombres representats en la recta real

▶ Quins nombres representen A, B, C i D si n és un segment qualsevol?

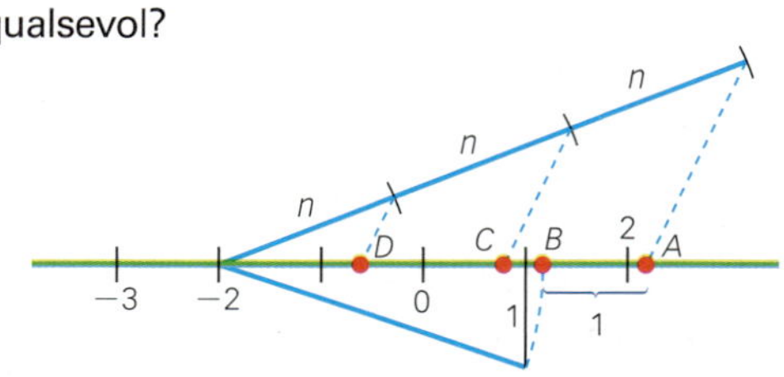

PRIMER. Si el punt està determinat per la hipotenusa d'un triangle rectangle, en mesurem els catets i apliquem el teorema de Pitàgores.

$$1^2 + 3^2 = h^2 \rightarrow h = \sqrt{10}$$

$$B = -2 + \sqrt{10} \rightarrow A = B + 1 = -1 + \sqrt{10}$$

SEGON. Si el punt està determinat per rectes paral·leles que divideixen un segment en parts iguals, els segments que es formen sobre la recta real també són iguals.

Els segments $\overline{-2D}$, $\overline{DC}$ i $\overline{CA}$ són iguals (teorema de Tales). Aquests segments divideixen en tres parts iguals la distància entre -2 i $A = 1 + \sqrt{10}$.

$$D = -2 + \frac{1 + \sqrt{10}}{3} \qquad C = -2 + 2 \cdot \frac{1 + \sqrt{10}}{3}$$

72. Quins nombres estan representats en les construccions següents?

a) 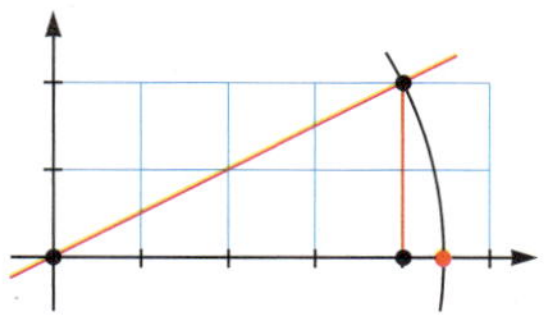

b) 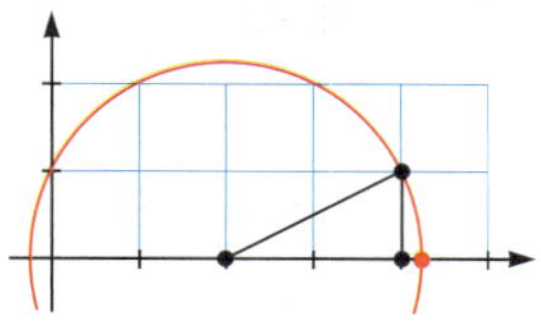

73. Quins nombres representen sobre aquesta recta numèrica els punts A, B, C i D, en què n és un segment qualsevol?

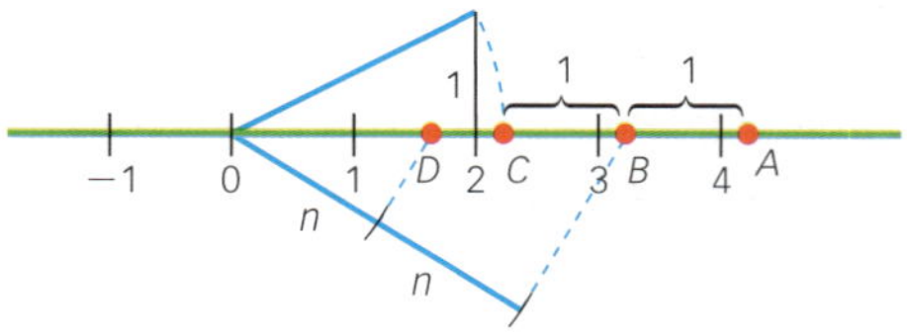

74. Representa els nombres següents en la recta real:

a) $\sqrt{10}$ c) $1-\sqrt{2}$ e) $\sqrt{2}+\sqrt{3}$

b) $-\sqrt{6}$ d) $\sqrt{3}-1$ f) $\sqrt{2}-\sqrt{3}$

75. Representa aquests nombres en la recta real:

a) $\dfrac{\sqrt{5}}{2}$ b) $\dfrac{\sqrt{13}}{3}$ c) $\dfrac{\sqrt{18}}{5}$

76. Ordena i representa els nombres següents en la recta real:

a) 2,3 b) $\sqrt{5}$ c) $\dfrac{9}{4}$

77. Opera i classifica el tipus de nombre real:

a) $\sqrt{2,\hat{7}}$ b) $\sqrt{4,\hat{9}}$ c) $\sqrt{\dfrac{1,\hat{3}}{3}}$

Intervals

78. Expressa aquests intervals de totes les maneres possibles:

a) 

c) 

b) 

d) 

79. Descriu i representa els intervals següents:

a) $(0, 10)$ d) $[2, 5]$ g) $(-\infty, 6]$

b) $(3, 7]$ e) $[5, 10)$ h) $(100, +\infty)$

c) $(-\infty, -2)$ f) $[-4, +\infty)$ i) $\left(-7, \sqrt{2}\right)$

80. Escriu l'interval que correspon a aquestes desigualtats:

a) $1 < x < 3$ c) $5 \leq x < 9$

b) $6 < x \leq 7$ d) $10 \leq x \leq 12$

81. Escriu l'interval corresponent:

a) $x \leq -2$ c) $x > -3$ e) $x < -9$

b) $x < 5$ d) $x \geq 7$ f) $x \geq -6$

82. Calcula les unions d'intervals següents:

a) $(3, 16) \cup (-2, 5)$ c) $\left(\dfrac{5}{4}, \dfrac{7}{3}\right] \cup \left[-\dfrac{15}{2}, \dfrac{9}{5}\right]$

b) $[-2, 2) \cup [-11, 0]$ d) $\left[-\sqrt{7}, \sqrt{5}\right] \cup \left[-\sqrt{5}, \sqrt{7}\right]$

83. Determina les interseccions d'aquests intervals:

a) $(-1, 10) \cap (-3, 8)$

b) $\left[-\dfrac{4}{7}, 5\right) \cap \left[-\dfrac{5}{8}, 0\right]$

c) $\left(-\dfrac{\sqrt{5}}{2}, \dfrac{7}{3}\right] \cap \left[-\dfrac{15}{4}, \dfrac{9}{5}\right]$

d) $\left[-\sqrt{7}, \sqrt{5}\right] \cap \left[-\sqrt{5}, \sqrt{7}\right]$

84. Donats els intervals següents, calcula:

$A = [-4, -1]$ $B = [-3, 2)$ $C = (-2, 4)$

a) $A \cup B$ b) $A \cup C$ c) $B \cap C$ d) $A \cap B \cap C$

85. Donats aquests intervals, determina:

$A = (-\infty, 1]$ $B = [0, 5)$ $C = [-1, 3]$

a) $A \cup B$ b) $A \cup C$ c) $B \cap C$ d) $A \cap B \cap C$

86. Expressa els intervals següents com una intersecció de dues semirectes:

a) $\left(-1, \dfrac{13}{2}\right]$ e) $\left[-3, \dfrac{\sqrt{2}}{2}\right]$

b) $\left[5, 5\sqrt{3}\right]$ f) $\left(\dfrac{\sqrt{30}}{2}, \sqrt{90}\right)$

c) $\left\{x: 6 < x \leq \sqrt{40}\right\}$ g) $\left\{x: -\dfrac{7}{2} \leq x < -\sqrt{3}\right\}$

d) $\left\{x: -\dfrac{51}{4} \leq x \leq 3\right\}$ h) $\left\{x: -\sqrt[3]{5} < x < \sqrt[3]{5}\right\}$

87. Escriu en forma d'interval i expressa-ho després com a intersecció de dues semirectes:

a) La temperatura prevista per a demà variarà entre −1 °C de mínima i 13 °C de màxima.

b) Aquest jugador de futbol té menys de 27 anys.

c) L'aigua es manté en estat líquid entre 0 °C i 100 °C.

d) A partir dels 18 anys ja es pot votar.

e) El meu pressupost màxim per comprar un cotxe és d'11.000 €.

Aproximació i errors

88. Opera i arrodoneix el resultat als dècims:

a) $43{,}295 + 4{,}57 - 7{,}367$
b) $5{,}32 + 4{,}05 \cdot 7{,}361$
c) $3{,}56 \cdot (7{,}4009 - 3{,}48)$
d) $7{,}37 - 5{,}3519 : 2{,}1$

89. Al llarg de la història s'han utilitzat diferents aproximacions del nombre π (de valor 3,14159265...).

- A la Bíblia, el valor de π és 3.
- A l'antic Egipte s'estimava el valor en $\frac{256}{81}$, fracció que resulta de suposar que l'àrea d'un cercle coincideix amb la d'un quadrat que tingui de costat $\frac{8}{9}$ de la mida del seu diàmetre.
- A Mesopotàmia, el valor de π era $3 \cdot \frac{1}{8} = 3{,}125$.
- A l'antiga Xina, $\frac{355}{113}$.
- I, finalment, en els càlculs pràctics s'utilitza 3,14.

Calcula l'error absolut i el relatiu de cada aproximació prenent com a valor exacte de $\pi = 3{,}14159265$.

90. Determina l'aproximació per arrodoniment fins als deumil·lèsims per a aquests casos:

a) $\sqrt{2} + \sqrt{3}$
b) $\frac{6}{7} + \sqrt{7}$
c) $\sqrt{5} - \sqrt{3}$
d) $\frac{4}{15} + \sqrt{8}$

91. Calcula l'error absolut i l'error relatiu quan trunquem 5,73691 al centèsim.

92. Determina l'error absolut i el relatiu quan arrodonim els nombres següents:

a) $\frac{3}{11}$ al deumil·lèsim.
b) 4,3964 al centèsim.
c) $\frac{29}{4}$ al dècim.

93. Aproxima el nombre $\frac{1}{7}$ perquè l'error sigui més petit que un centèsim.

94. Aproxima el nombre 12,3456 de manera que l'error absolut sigui més petit que 0,001.

95. Determina per a quin nombre 5 432,723 seria una aproximació als mil·lèsims per defecte. És l'única resposta? Quantes respostes hi ha?

96. Calcula una aproximació als nombres següents:

a) π amb una cota d'error inferior a un mil·lèsim.
b) $\sqrt{2}$ amb una cota d'error inferior a mig centèsim.
c) $\Phi = \frac{1 + \sqrt{5}}{2}$ amb una cota d'error menor que 0,0001.
d) $\frac{22}{7}$ amb una cota d'error inferior a 0,00001.

Notació científica

97. Indica quins d'aquests nombres estan escrits en notació científica:

a) 4,678
b) $0{,}45 \cdot 10^5$
c) $3{,}001 \cdot 10^{17}$
d) $9{,}34 \cdot 2^{10}$
e) $4{,}62 \cdot 10^{-6}$
f) $34{,}709 \cdot 10^5$

98. Escriu els nombres següents en notació científica i indica'n la mantissa i l'ordre de magnitud:

a) 15 000 000 000
b) 0,00000051
c) 31 940 000
d) 0,0000000009
e) 4 598 000 000
f) 0,0967254
g) 329 000 000
h) 111 000

99. Efectua aquestes operacions amb nombres en notació científica:

a) $1{,}32 \cdot 10^4 + 2{,}57 \cdot 10^4$
b) $8{,}75 \cdot 10^2 + 9{,}46 \cdot 10^3$
c) $3{,}62 \cdot 10^4 + 5{,}85 \cdot 10^{-3}$
d) $2{,}3 \cdot 10^2 + 3{,}5 \cdot 10^{-1} + 4{,}75 \cdot 10^{-2}$
e) $3{,}46 \cdot 10^{-2} + 5{,}9 \cdot 10^4 + 3{,}83 \cdot 10^2$

100. Calcula el resultat d'aquestes operacions:

a) $9{,}5 \cdot 10^4 - 3{,}72 \cdot 10^4$
b) $8{,}6 \cdot 10^3 - 5{,}45 \cdot 10^2$
c) $7{,}9 \cdot 10^{-4} - 1{,}3 \cdot 10^{-6}$
d) $4{,}6 \cdot 10^6 + 5{,}3 \cdot 10^4 - 3{,}9 \cdot 10^2$
e) $5 \cdot 10^2 - 3 \cdot 10^{-1} + 7 \cdot 10^{-2}$

101. Efectua les operacions següents:

a) $7{,}3 \cdot 10^4 \cdot 5{,}25 \cdot 10^{-3}$
b) $8{,}91 \cdot 10^{-5} \cdot 5{,}7 \cdot 10^{14}$
c) $(8{,}3 \cdot 10^6) : (5{,}37 \cdot 10^2)$
d) $(9{,}5 \cdot 10^{-6}) : (3{,}2 \cdot 10^3)$

102. Simplifica el resultat d'aquestes operacions:

a) $\dfrac{6{,}147 \cdot 10^{-2} \cdot 4{,}6 \cdot 10^3}{7{,}9 \cdot 10^8 \cdot 6{,}57 \cdot 10^{-5}}$

b) $\dfrac{3{,}92 \cdot 10^4 \cdot 5{,}86 \cdot 10^{-6}}{7 \cdot 10^{-8} \cdot 9{,}2 \cdot 10^{13}}$

103. Donats els nombres següents escrits en notació científica, calcula:

$A = 2{,}7 \cdot 10^8$ $\quad B = 5{,}4 \cdot 10^9$ $\quad C = 7{,}1 \cdot 10^{12}$

a) $A \cdot B : C$
b) $B - A + C$
c) $A + B \cdot C$
d) $(B + C) : A$

104. Donats els nombres següents representats en notació científica, efectua:

$A = 3{,}2 \cdot 10^6$ $\quad B = 8{,}2 \cdot 10^{11}$ $\quad C = 5{,}1 \cdot 10^{-6}$

a) $A \cdot B \cdot C$
b) $(A : C) \cdot B$
c) $A + B \cdot C$
d) $A \cdot C^2$

Radicals

105. Calcula el valor numèric dels radicals que tens a continuació:

a) $\sqrt[4]{81}$ c) $\sqrt[5]{-100\,000}$ e) $\sqrt[4]{625}$
b) $\sqrt[3]{-27}$ d) $\sqrt[3]{-216}$ f) $\sqrt[7]{-128}$

106. Escriu dos radicals equivalents a cadascun dels següents:

a) $\sqrt[3]{2^5}$ c) $\sqrt[6]{5^3}$ e) $\sqrt[8]{2^6}$
b) $\sqrt[12]{7^4}$ d) $\sqrt{2^3}$ f) $\sqrt[20]{3^{15}}$

107. Simplifica els radicals que tens a continuació:

a) $\sqrt[3]{16}$ d) $\sqrt{27}$ g) $\sqrt[6]{27}$
b) $\sqrt[3]{54}$ e) $\sqrt{75}$ h) $\sqrt[8]{625}$
c) $\sqrt[4]{32}$ f) $\sqrt[5]{128}$ i) $\sqrt[3]{343}$

108. Escriu en cada cas si el desenvolupament de la igualtat és cert o fals. Si és fals, corregeix-lo.

a) $\sqrt{8} = \sqrt[4]{2^6} = \sqrt[3]{8^3}$ c) $\sqrt[5]{25^{10}} = \sqrt{5^{10}} = \sqrt[3]{5^{12}}$
b) $\sqrt[3]{3^4} = \sqrt[6]{9^4} = \sqrt{3^8}$ d) $\sqrt[8]{3^6} = \sqrt[4]{27} = \sqrt[12]{3^9}$

109. Escriu com un radical les potències següents d'exponent fraccionari:

a) $\dfrac{2^{\frac{3}{2}} \cdot 2^{\frac{4}{3}}}{2^{\frac{1}{5}}}$ c) $\left(5 \cdot 5^{-\frac{2}{5}}\right)^{\frac{1}{3}} \cdot 5^3$
b) $3^{-\frac{1}{4}} \cdot \left(3^{-2} : 3^{\frac{1}{3}}\right)^{-\frac{2}{3}}$ d) $\dfrac{\left(7^{\frac{1}{5}} \cdot 7\right)^{-\frac{1}{2}}}{7^{\frac{4}{5}}}$

110. Escriu aquests radicals com a potències d'exponent fraccionari:

a) $\sqrt{a\sqrt{a}}$ d) $\sqrt[4]{a^{-5}}$ g) $(\sqrt{a})^3$
b) $\sqrt[3]{a\sqrt{a\sqrt{a}}}$ e) $\dfrac{1}{\sqrt{a}}$ h) $\sqrt[3]{\dfrac{1}{a}}$
c) $\sqrt{\dfrac{a}{\sqrt{a}}}$ f) $\dfrac{1}{\sqrt[4]{a}}$ i) $\sqrt[4]{\sqrt{\dfrac{1}{a}}}$

111. Expressa mitjançant un sol radical:

a) $\sqrt[5]{3\sqrt{5}}$ d) $\sqrt{\sqrt{\sqrt{3}}}$ g) $\sqrt[3]{\sqrt[4]{2}}$
b) $\sqrt{\dfrac{\sqrt{2}}{\sqrt[3]{2}}}$ e) $\sqrt{\dfrac{1}{\sqrt{2}}}$ h) $\dfrac{1}{\sqrt{\sqrt{5}}}$
c) $\dfrac{\sqrt{2}}{\sqrt{\sqrt[3]{2}}}$ f) $\sqrt[4]{\dfrac{\sqrt{4}}{\sqrt{\sqrt[3]{3}}}}$ i) $\sqrt[5]{\sqrt[4]{\sqrt[3]{\sqrt{256}}}}$

112. Extreu tots els factors possibles dels radicals següents:

a) $\sqrt{a^3b^4}$ c) $\sqrt[3]{a^3b^2c^7}$ e) $\sqrt[3]{a^3b^3 + c^3}$
b) $\sqrt{a^2b^5c^3}$ d) $\sqrt{a^3b^4 + a^2b^2}$ f) $\sqrt{a^4c^2 + a^4b^2}$

113. Extreu els factors que puguis d'aquests radicals:

a) $\sqrt{125}$ d) $\sqrt[3]{250}$ g) $\sqrt[4]{224}$
b) $\sqrt{80}$ e) $\sqrt[3]{1080}$ h) $\sqrt[5]{-486}$
c) $\sqrt[3]{189}$ f) $\sqrt[4]{720}$ i) $\sqrt{3\,528}$

114. L'expressió amb radicals següent és un nombre enter. Calcula aquest nombre.

$$2\sqrt{10} \cdot \sqrt[4]{25} \cdot \sqrt[6]{8}$$

115. Extreu factors dels radicals següents:

a) $\sqrt{32x^3y^2}$ d) $\sqrt[4]{256x^3y^{15}}$
b) $\sqrt[3]{5^5x^6}$ e) $\sqrt[4]{x^{12}y^9z^{19}}$
c) $\sqrt[3]{125x^7y^2}$ f) $\sqrt[5]{729x^4y^{22}z^{15}}$

116. L'expressió $\sqrt{3 + 2\sqrt{2}} - \sqrt{3 - 2\sqrt{2}}$ és un nombre enter. Determina aquest nombre.

117. Simplifica les expressions següents:

a) $\sqrt[3]{\sqrt{\dfrac{a^{12}}{a^{18}}}}$ d) $\dfrac{-\sqrt[3]{8a^3b^5c^{-2}}}{\sqrt[3]{-32a^6b^4}}$
b) $\sqrt[4]{32a^5b^{-8}c^{-12}}$ e) $\sqrt[6]{729a^7b^{-12}}$
c) $\sqrt[3]{\dfrac{8a^4}{81b^3}}$ f) $\left(\dfrac{a^{\frac{1}{2}}}{a^{\frac{3}{2}}}\right)^{-\frac{1}{2}}$

118. Copia i completa les potències que falten.

a) $2\sqrt[3]{5} = \sqrt[3]{2^{\square} \cdot 5}$ d) $\dfrac{2}{3}\sqrt[3]{7} = \sqrt[3]{\dfrac{2^{\square} \cdot 7}{3^{\square}}}$
b) $3^{\square}\sqrt{2} = \sqrt{3^6 \cdot 2}$ e) $3^{\square}\sqrt{\dfrac{2}{5}} = \sqrt{\dfrac{3^6 \cdot 2}{5}}$
c) $\dfrac{1}{2}\sqrt[4]{5} = \sqrt[4]{\dfrac{5}{2^{\square}}}$ f) $\dfrac{\sqrt[3]{5}}{3^2} = \sqrt[3]{\dfrac{5}{3^{\square}}}$

119. Efectua les sumes i les restes de radicals següents:

a) $\sqrt{32} - \sqrt{8} + \sqrt{98}$
b) $5\sqrt[3]{81} + 4\sqrt[3]{108}$
c) $\sqrt{6} + 7\sqrt{24} - \dfrac{2}{3}\sqrt{54} - \sqrt{18}$
d) $\sqrt{75} - 2\sqrt{12} - \sqrt{363} + 4\sqrt{3}$

120. Introdueix els factors dins del radical:

a) $2\sqrt[3]{5}$ d) $\dfrac{3}{5}\sqrt{2}$
b) $4\sqrt[4]{20}$ e) $\dfrac{1}{2}\sqrt[4]{6}$
c) $3\sqrt[5]{15}$ f) $2\sqrt[3]{7}$

121. Introdueix els factors en el radical:

a) $5\sqrt[3]{\dfrac{1}{5}}$ b) $\dfrac{3}{5}\sqrt[3]{\dfrac{2}{3}}$ c) $\dfrac{1}{7} \cdot \dfrac{\sqrt[3]{3}}{4}$

ACTIVITATS

122. Introdueix els factors dins del radical, si és possible:

a) $a \cdot \sqrt{\dfrac{4a-1}{2a}}$ c) $-2ab^2\sqrt[3]{ab}$ e) $5+\sqrt{2}$

b) $\dfrac{4ab}{c} \cdot \sqrt[4]{\dfrac{c^2b}{8a}}$ d) $\dfrac{2}{a} \cdot \sqrt{\dfrac{3a}{8}}$ f) $-a^2\sqrt[3]{a}$

123. Efectua les operacions següents i simplifica:

a) $(5\sqrt{2}+3)\cdot(2+\sqrt{2})$

b) $(1-2\sqrt{5})\cdot(3+\sqrt{2})$

c) $(-\sqrt{3}+5)\cdot(5-2\sqrt{3})$

d) $(\sqrt{2}+2\sqrt{3})\cdot(3-\sqrt{2})$

e) $(\sqrt{2}-5)\cdot(4\sqrt{2}-3)$

f) $(-2\sqrt{7}-5)\cdot(\sqrt{7}-3\sqrt{5})$

124. Expressa el resultat de les operacions següents mitjançant un sol radical:

a) $\sqrt[4]{5^3} \cdot \sqrt[6]{5^3} \cdot \sqrt{5^3}$

b) $\left(\sqrt[3]{7^2 \cdot 8} \cdot \sqrt[4]{8^5}\right) : \sqrt{7 \cdot 8^3}$

c) $\sqrt{3 \cdot 4 \cdot 5} \cdot \sqrt[4]{2 \cdot 4^2} \cdot \sqrt[8]{4^5 \cdot 5^3}$

d) $\sqrt[3]{2 \cdot 3 \cdot 5} : \left(\sqrt{2 \cdot 3} \cdot \sqrt[3]{2 \cdot 3}\right)$

125. Efectua les operacions amb radicals següents:

a) $\sqrt[4]{a^3} \cdot \sqrt[3]{a^5} \cdot \sqrt[6]{a^4}$ c) $\sqrt[5]{2a^3b^4} : \sqrt[3]{4ab^2}$

b) $\sqrt[3]{3a^2b} \cdot \sqrt{2ab^3}$ d) $\sqrt[3]{\sqrt{ab}} \cdot \sqrt{a\sqrt[3]{b}}$

126. Calcula el resultat d'aquests productes:

a) $\sqrt{7-2\sqrt{6}} \cdot \sqrt{7+2\sqrt{6}}$

b) $\sqrt[3]{5\sqrt{3}-1} \cdot \sqrt[3]{5\sqrt{3}+1}$

c) $\sqrt[4]{\sqrt{3}+\sqrt{2}} \cdot \sqrt[4]{\sqrt{3}-\sqrt{2}}$

d) $\sqrt[3]{4\sqrt{2}+2\sqrt{3}} \cdot \sqrt[3]{4\sqrt{2}-2\sqrt{3}}$

127. Efectua les operacions que tens a continuació i simplifica:

a) $\dfrac{\sqrt[4]{2^3} \cdot 2^{-4} \cdot \sqrt[3]{2}}{2^2 \cdot \sqrt{2} \cdot 2^{-\frac{5}{2}}}$ c) $\left(\sqrt{14+\sqrt{7-\sqrt[4]{81}}}\right)^{-\frac{1}{2}}$

b) $\left(81^{\frac{1}{4}} \cdot \sqrt[4]{\dfrac{1}{3} \cdot \dfrac{1}{\sqrt[8]{3}}}\right) : \sqrt{3}$ d) $\sqrt{6+\sqrt[3]{20+\sqrt{47+\sqrt[4]{16}}}}$

128. Efectua les operacions amb radicals que tens a continuació:

a) $\left(\sqrt{\dfrac{a}{9}+\dfrac{a}{16}}\right)^{-2}$ c) $\left(\sqrt{\dfrac{a}{2}}-\sqrt{2a}\right)^2$

b) $\left(\sqrt{\dfrac{a}{2}+\dfrac{2a}{5}}\right)^{-4}$ d) $\left(\sqrt{6a}+\sqrt{\dfrac{2a}{3}}\right)^2$

129. Simplifica els radicals següents:

a) $\sqrt{a^2+4-4a}$ b) $\sqrt{\dfrac{1}{2}+2a^2+2a}$

Racionalització

130. Racionalitza les expressions següents i simplifica'n el resultat:

a) $\dfrac{3}{4\sqrt{3}}$ c) $\dfrac{12}{\sqrt[3]{9}}$ e) $\dfrac{\sqrt{2}}{\sqrt[4]{4}}$

b) $\dfrac{\sqrt{2}}{\sqrt[3]{12}}$ d) $\dfrac{\sqrt{3}}{3\sqrt[4]{3^3}}$ f) $\dfrac{3\sqrt{3}}{\sqrt[6]{3}}$

131. Racionalitza aquestes expressions i simplifica'n el resultat:

a) $\dfrac{3+\sqrt{2}}{\sqrt[3]{4}}$ c) $\dfrac{3\sqrt{5}-2}{\sqrt[4]{5^3}}$

b) $\dfrac{7\sqrt{7}-7}{\sqrt[3]{7}}$ d) $\dfrac{3\sqrt{5}-1}{\sqrt[5]{-5^3}}$

132. Elimina les arrels del denominador:

a) $\dfrac{1}{\sqrt{2}+1}$ d) $\dfrac{4\sqrt{2}}{3\sqrt{2}-\sqrt{5}}$

b) $\dfrac{3}{\sqrt{2}+\sqrt{3}}$ e) $\dfrac{7}{\sqrt{11}-3}$

c) $\dfrac{-5}{\sqrt{3}-2}$ f) $\dfrac{-5}{\sqrt{6}+\sqrt{7}}$

133. Racionalitza les expressions següents:

a) $\dfrac{2}{\sqrt{3}-2}$ e) $\dfrac{2\sqrt{3}}{-\sqrt{3}+1}$

b) $\dfrac{1}{\sqrt{5}+\sqrt{7}}$ f) $\dfrac{2\sqrt{3}+\sqrt{2}}{\sqrt{3}-2\sqrt{2}}$

c) $\dfrac{-3}{\sqrt{2}-2}$ g) $\dfrac{\sqrt{8}\cdot\sqrt{2}}{\sqrt{6}+2\sqrt{3}}$

d) $\dfrac{2\sqrt{3}}{3\sqrt{3}-\sqrt{6}}$ h) $\dfrac{3\sqrt{5}}{-2\sqrt{5}-\sqrt{3}}$

134. Elimina arrels del denominador de les expressions que tens a continuació:

a) $\dfrac{\sqrt[3]{5}}{1-2\sqrt{5}}$ d) $\dfrac{\sqrt{8}(5-\sqrt{18})}{\sqrt{2}(\sqrt{8}-2)}$

b) $\dfrac{\sqrt[5]{2}}{2\sqrt{3}+\sqrt{2}-5\sqrt{3}}$ e) $\dfrac{\sqrt{12}}{\sqrt{27}(\sqrt{5}+2)}$

c) $\dfrac{\sqrt{3}\cdot\sqrt[3]{5}}{\sqrt{2}-3\sqrt{5}}$ f) $\dfrac{3\sqrt[4]{2}}{\sqrt{2}+\sqrt{8}-\sqrt{5}}$

135. Racionalitza les expressions següents i simplifica'n el resultat:

a) $\dfrac{1}{\sqrt{3}+\sqrt{6}}$ c) $\dfrac{5\sqrt{6}-\sqrt{2}}{\sqrt{18}}$

b) $\dfrac{1}{1-\sqrt{5}+\sqrt{7}}$ d) $\dfrac{4\sqrt{3}+\sqrt{7}}{\sqrt{12}}$

136. Racionalitza aquestes expressions:

a) $\dfrac{3+\sqrt{5}}{\sqrt{3}+\sqrt{6}}+\dfrac{5\sqrt{5}}{\sqrt{3}+\sqrt{7}}$ b) $\dfrac{12\sqrt{6}}{2\sqrt{3}-3\sqrt{2}}$

137. Racionalitza les expressions següents:

a) $\dfrac{3}{(3\sqrt{2}-5)\cdot(4\sqrt{2}-3)}$ c) $\dfrac{-\sqrt{2}}{\sqrt[3]{2}\cdot(\sqrt{125}+2)}$

b) $\dfrac{-2}{\sqrt[3]{4}\cdot(5\sqrt{3}-1)}$ d) $\dfrac{-4}{\sqrt[4]{3}\cdot\sqrt[3]{2}}$

138. Efectua aquestes operacions:

a) $\dfrac{1}{\sqrt{2}}+\dfrac{1}{\sqrt[3]{2}}$ b) $\dfrac{1}{\sqrt[9]{6}}+\dfrac{\sqrt{6}}{\sqrt[3]{2}}$

SABER FER

Com resolem operacions entre fraccions amb radicals

▶ Resol $\dfrac{2}{\sqrt{5}-1}-\dfrac{3}{\sqrt{5}-\sqrt{2}}$.

PRIMER. Racionalitzem cadascuna de les fraccions amb radicals en el denominador.

$$\frac{2}{\sqrt{5}-1}=\frac{2\cdot(\sqrt{5}+1)}{(\sqrt{5}-1)\cdot(\sqrt{5}+1)}=\frac{2\cdot(\sqrt{5}+1)}{5-1}=\frac{\sqrt{5}+1}{2}$$

$$\frac{3}{\sqrt{5}-\sqrt{2}}=\frac{3\cdot(\sqrt{5}+\sqrt{2})}{(\sqrt{5}-\sqrt{2})\cdot(\sqrt{5}+\sqrt{2})}=$$

$$=\frac{3\sqrt{5}+3\sqrt{2}}{5-2}=\sqrt{5}+\sqrt{2}$$

SEGON. Operem amb les fraccions racionalitzades.

$$\frac{2}{\sqrt{5}-1}-\frac{3}{\sqrt{5}-\sqrt{2}}=\frac{\sqrt{5}+1}{2}-(\sqrt{5}+\sqrt{2})=$$

$$=\frac{\sqrt{5}+1-2\cdot(\sqrt{5}+\sqrt{2})}{2}=$$

$$=\frac{\sqrt{5}+1-2\sqrt{5}-2\sqrt{2}}{2}=\frac{1-\sqrt{5}-2\sqrt{2}}{2}$$

139. Efectua aquestes operacions:

a) $\dfrac{2}{3-2\sqrt{5}}+\dfrac{1}{\sqrt{5}}$ c) $\dfrac{1}{\sqrt{5}}-\dfrac{1}{\sqrt[3]{5}}+\dfrac{1}{\sqrt[6]{5}}$

b) $\dfrac{2}{1+\sqrt{3}}-\dfrac{1}{2\sqrt{3}-7}$ d) $\dfrac{\sqrt{5}}{\sqrt{5}+\sqrt{10}}+\dfrac{4}{\sqrt{2}-5}-\dfrac{1}{\sqrt{2}}$

140. Calcula l'expressió següent:

$$\frac{\sqrt{128}+2\sqrt{8}+3\sqrt{2}}{2\sqrt{32}}-4\sqrt{2}$$

Logaritmes

141. Calcula els logaritmes següents mitjançant la definició:

a) $\log_3 243$ e) $\ln e^2$

b) $\log_9 81$ f) $\ln e^{-14}$

c) $\log 1\,000\,000$ g) $\log_7 343$

d) $\log 0{,}00001$ h) $\log_4 0{,}0625$

142. Calcula els logaritmes següents utilitzant la definició:

a) $\log_9 243$ c) $\log_{32} 4$

b) $\log_{25} 125$ d) $\log_4 512$

143. Determina quines de les igualtats següents són certes i corregeix les que no ho siguin:

a) $\log(a+b)=\log a+\log b$

b) $\log 0=1$

c) $\log(a:b)=\log a-\log b$

d) $\log(a^b)=\log b\cdot\log a$

144. Calcula el resultat d'aquestes expressions mitjançant les propietats dels logaritmes:

a) $2\log_4 16+\log_2 32-3\log_7 49$

b) $\log_2 8+\log_3 27+\log_5 125$

c) $\log_5 625-\log_9 81+\log_8 64$

145. Si sabem que $\log 7 = 0{,}8451$, calcula aplicant les propietats dels logaritmes:

$$\log 28+\log 15-\log 6$$

146. Calcula els logaritmes següents utilitzant la calculadora:

a) $\log_5 36^2$ c) $\log_6 100$

b) $\log_2\sqrt{31}$ d) $\log_4 31^5$

147. Si $\log e=0{,}4343$, quant val $\ln 10$? I $\ln 0{,}1$?

148. Si sabem que $\log 4 = 0{,}6021$, calcula els logaritmes següents:

a) $\log 2$ c) $\log 0{,}2$

b) $\log\dfrac{1}{4}$ d) $\log 4\,000$

149. Si sabem que $\ln a = 0{,}6$ i que $\ln b = 2{,}2$, calcula els logaritmes següents:

a) $\ln\sqrt{a}$ c) $\ln\sqrt[4]{\dfrac{ab}{e^2}}$

b) $\ln\sqrt[3]{b}$ d) $\ln\dfrac{\sqrt{a^{-5}}}{\sqrt[3]{b}}$

150. Calcula el valor de x:

a) $\log_3 x=5$ e) $\log_3 x=-5$

b) $\log_5 x=3$ f) $\log_5 x=-3$

c) $\log_2 x=-1$ g) $\log_2 x=0$

d) $\log_{\frac{2}{3}} x=4$ h) $\log_{23} x=4$

Problemes amb nombres reals

151. Indica si les afirmacions següents són certes o falses. Justifica la resposta.

a) Tots els nombres decimals es poden escriure en forma de fracció.

b) Tots els nombres reals són racionals.

c) Qualsevol nombre irracional és real.

d) Hi ha nombres enters que són irracionals.

e) Hi ha nombres reals que són racionals.

f) Tot nombre decimal és racional.

g) Cada nombre irracional té infinites xifres decimals.

h) Tots els nombres racionals tenen infinites xifres decimals que es repeteixen.

i) Tots els nombres racionals es poden escriure mitjançant fraccions.

152. Per què l'arrel quadrada de qualsevol nombre acabat en 2 és un nombre irracional? Hi ha algun altre conjunt de nombres amb aquesta característica?

153. Escriu en notació científica les quantitats següents:

a) L'any llum: 9 460 000 000 km.

b) Velocitat de la llum: 300 000 km/s.

c) Diàmetre del Sol: 1 400 000 km.

d) Càrrega elèctrica de l'electró: 0,0000000000000000001602 C.

e) Massa del protó: 0,000000000000000000000001673 kg.

f) Distància de Mercuri al Sol: 58 000 000 km.

g) Massa de l'electró: 0,000000000000000000000000000000109 kg.

h) Distància entre la Terra i la Lluna: 384 000 000 m.

154. Els formats de paper estàndard es basen en una norma internacional. Aquests formats de paper tenen unes mides que, quan es talla per la meitat un dels rectangles estàndard, s'obtenen dos rectangles semblants al primer. Així, si es divideix per la meitat un full DIN A4 en surten dos rectangles iguals (de la mida DIN A5) semblants al primer.

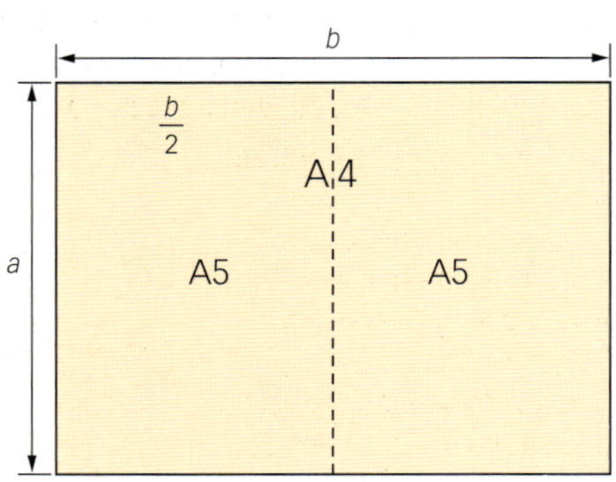

a) Quina relació hi ha entre els costats dels rectangles?

b) Se sap que un rectangle de format DIN A0 té una àrea d'1 m². Determina quines són les dimensions del full de format DIN A4.

155. La distància entre la Terra i Júpiter és de $6{,}32 \cdot 10^6$ km. Una nau que fes el viatge entre els dos planetes en un any, a quina velocitat hauria d'anar?

156. Des de l'antiguitat apareix sovint el nombre d'or, Φ, en proporcions de la natura però també en obres d'art o bé en construccions, com ara el Partenó grec.

$$\Phi = \frac{1+\sqrt{5}}{2}$$

Comprova la propietat següent de l'invers del nombre d'or:

$$\frac{1}{\Phi} = \Phi - 1$$

157. Quin tipus de decimal obtenim de la fracció $\frac{a}{2^2 \cdot 5^3}$, en què a és un nombre enter?

158. Existeix algun cas en el qual l'aproximació per excés i per defecte coincideixin?

I si considerem l'arrodoniment, determina si aquesta aproximació pot coincidir amb l'aproximació per excés o per defecte.

159. Comprova si les igualtats que tens a continuació són certes:

a) $\sqrt[n]{a} \cdot \sqrt[m]{b} = \sqrt[n \cdot m]{ab}$

b) $\sqrt[n]{a} \cdot \sqrt[m]{b} = \sqrt[n+m]{a \cdot b}$

c) $\sqrt[n]{a+b} = \sqrt[n]{a} + \sqrt[n]{b}$

d) $a\sqrt[n]{b^m} = \sqrt[n]{(a \cdot b)^m}$

e) $\sqrt{a} \cdot \sqrt{a} \cdot \sqrt{a} \cdot \sqrt{b} = a\sqrt{a \cdot b}$

f) $a\sqrt{b+c} = \sqrt{ab+ac}$

g) $\sqrt[4]{a^8 b^2} = a\sqrt{b}$

h) $\sqrt{a^2+b^2} = a+b$

160. Escriu el nombre 2^{500} en notació científica:

a) Si sabem que $\log 2 = 0{,}3010$ i que $\sqrt{10} = 3{,}1622$, ho podries fer amb una calculadora científica?

b) Expressa 5^{500} en notació científica tenint en compte el primer apartat.

Per aprofundir

Reflexiona sobre la teoria

161. Escull la resposta adequada. (Concurs de Primavera)

Si $\log_x y + \log_y x = 7$, $(\log_x y)^2 + (\log_y x)^2$ és igual a:	40	43	45	47	49
Quin nombre dels següents és $\sqrt{9-6\sqrt{2}} + \sqrt{9+6\sqrt{2}}$?	$3\sqrt{2}$	$2\sqrt{6}$	$\frac{7\sqrt{2}}{2}$	$3\sqrt{3}$	-6
Quants nombres formats per tres xifres consecutives (no necessàriament ordenades) tenen un nombre imparell de divisors?	1	2	3	4	5
En quin interval es troba el nombre $\frac{1}{\log_{\frac{1}{2}}\left(\frac{1}{3}\right)} + \frac{1}{\log_{\frac{1}{5}}\left(\frac{1}{3}\right)}$?	$(-2, -1)$	$(1, 2)$	$(-3, -2)$	$(2, 3)$	$(3, 4)$
Si $y = \frac{x}{x + \frac{x}{x+y}}$, per a quins valors de x resulta que y no és un nombre real?	-6	-3	1	3	6

162. Si una fracció $\frac{a}{b}$ és irreductible, digues si les fraccions $\frac{a+b}{a \cdot b}$ i $\frac{a-b}{a \cdot b}$ també són irreductibles.

163. Justifica com es racionalitzen les fraccions del tipus:

$$\frac{1}{\sqrt[2^n]{a} - \sqrt[2^n]{b}}$$

Pensa una mica més

164. Dues peces mòbils d'una màquina es desplacen a la mateixa velocitat.

La primera peça descriu una circumferència de 5 cm de radi i la segona es desplaça d'un extrem a l'altre del diàmetre d'aquesta circumferència.

Si les dues peces surten d'un mateix punt, coincidiran en algun moment?

CLAU

Has de tenir en compte l'esquema següent:

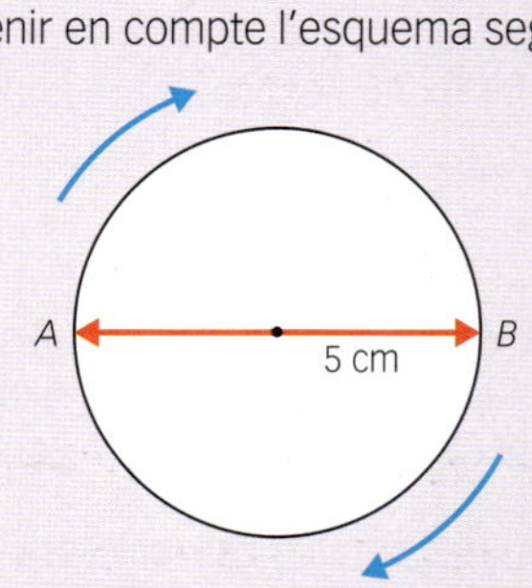

A més, recorda que el nombre π és irracional.

Olimpíades matemàtiques

165. Demostra la igualtat següent:

$$\sum_{k=1}^{99} \log \sqrt{\frac{1+k}{k}} = 1$$

166. Demostra que $\frac{1}{n} + \frac{1}{n+1} + \frac{1}{n+2}$, expressat en forma decimal, és un nombre mixt per a qualsevol valor de n.

(Olimpíades matemàtiques)

167. Apilen en capes un munt de taronges, de manera que en el forat de 4 taronges d'una capa en col·loquen una altra de la capa superior.

La primera capa, comptant per sota, té m files i n columnes, i l'última capa té només una fila; si m és el nombre de diagonals d'un decàgon i n és el nombre més petit que dividit entre 4 dóna residu 3, entre 5 dóna residu 4 i entre 6 dóna residu 5, quantes taronges hi ha?

(Olimpíades matemàtiques. Fase de districte)

MATEMÀTIQUES A LA TEVA VIDA

PER A QUÈ SERVEIXEN ELS NOMBRES REALS?

Per determinar la velocitat en un accident de trànsit

Quan un cotxe frena bruscament, a una velocitat considerable, produeix marques a la carretera per causa d'una transferència de pes a les rodes davanteres. Gràcies a aquestes marques és possible calcular la velocitat a la qual anava un automòbil abans de frenar, en el cas d'un accident de trànsit.

En general, la velocitat inicial d'un automòbil en un accident s'estima a partir de la longitud de les marques de frenada x per mitjà de l'expressió:

$$v = \sqrt{-2ax}$$

Però si un cotxe frena bloquejant les quatre rodes, s'atura molt abans que si frena bloquejant només dues rodes. Per determinar correctament la velocitat inicial d'un accident cal tenir en compte el repartiment de càrrega entre les rodes. Si les quatre rodes es bloquegen, l'acceleració a compleix: $a = -\mu g$, en què g és la gravetat, $g = 9{,}8\ m/s^2$, i μ és el coeficient de fregament de la carretera.

D'aquesta manera, si substituïm en l'expressió, tenim que la velocitat inicial en m/s respecte de la distància de frenada x l'obtenim per mitjà de l'expressió següent:

$$v = \sqrt{2\mu g x}$$

Els coeficients de fregament més comuns per a vehicles, d'acord amb el tipus de paviment, són:

Tipus de paviment	Asfalt	Ciment	Neu	Grava
Coeficient de fregament μ	0,75	0,9	0,3	0,5

LLEGEIX I COMPRÈN

1. Contesta:

a) Per què es fan marques a la carretera quan un cotxe frena bruscament?

b) Quin és el valor de la gravetat, g?

2. Consulta què és el coeficient de fregament d'una superfície.

INTERPRETA

3. Quines magnituds representen les variables μ, g i x en l'expressió de la velocitat inicial respecte de la distància de frenada?

REFLEXIONA

4. És correcta aquesta igualtat?

$$v = \sqrt{2\mu g x} = \sqrt{2} \cdot \sqrt{\mu} \cdot \sqrt{g} \cdot \sqrt{x}$$

5. Quin és l'índex de l'expressió radical?

APLICA

6. Calcula la velocitat d'un automòbil si sabem que ha frenat bruscament i ha deixat una marca de frenada de 30 m en una carretera d'asfalt.

7. Esbrina quines són les campanyes dels responsables de trànsit de Catalunya per evitar accidents.

2 Aritmètica de l'economia

CONTINGUTS

- Percentatges
- Interessos simple i compost
- Anualitats de capitalització i d'amortització
- Taxa anual equivalent
- Nombres índex
- Índex de preus al consum
- Enquesta de població activa

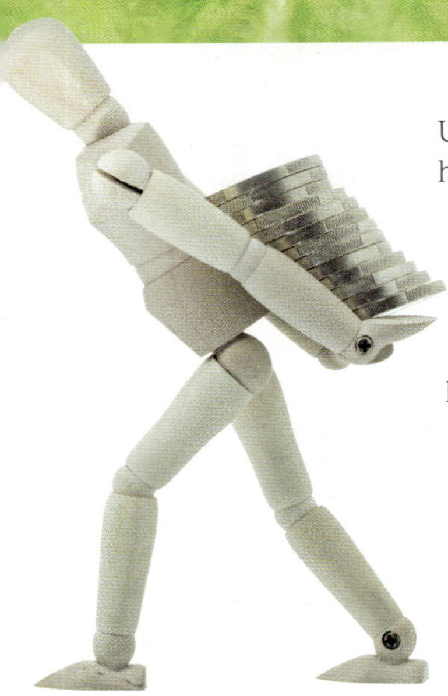

Una casa, un cotxe, les vacances... Avui dia hi ha moltes coses que es compren a crèdit.

Els préstecs que concedeixen els bancs, les caixes i altres entitats financeres marquen la vida de la majoria de nosaltres. Quan érem petits, els nostres pares tenien algun crèdit, i, en el futur, gairebé tots nosaltres en demanarem algun.

Hi pot haver grans diferències entre les diverses ofertes que hi ha: tipus fixos, tipus variables, pagaments mensuals, pagaments trimestrals, comissions d'obertura o cancel·lació, compra de productes associats, clàusules sòl, interessos de demora...

En alguna entitat l'interès pot ser més baix, però les condicions per accedir al crèdit resulten més grans. En d'altres, l'interès pot ser més alt, però ofereixen una reducció si es contracten altres productes (targetes de crèdit, plans de pensions...).

Quan hem de demanar un préstec és molt convenient estudiar les millors ofertes, però...

Com podem saber quina oferta de crèdit és millor per als nostres interessos?

1 Percentatges

No te n'oblidis

- Si expressem un percentatge com un nombre decimal:

$$12\,\% \rightarrow \frac{12}{100} = 0{,}12$$

obtenim el tant per u.

- Si multipliquem per mil el tant per u, obtenim el tant per mil (‰):

$$0{,}12 \times 1000 = 120\,‰$$

Per calcular el **percentatge** d'una quantitat, multipliquem aquesta quantitat pel tant per cent dividit entre 100.

$$a\,\% \text{ de } C = \frac{a}{100} \cdot C$$

➔ SABER FER

Com calculem totals, parts i percentatges

▶ Una botiga d'electrodomèstics ha llançat una campanya promocional en la qual permet pagar a terminis, sense interessos, els articles que ven.

a) L'Adela ha comprat un televisor per 375 € i ja n'ha pagat el 60 %. Quina quantitat li queda per pagar?

b) En Bernat, que ha comprat el mateix televisor, ja n'ha pagat 225 €. Quin tant per cent n'ha pagat?

c) La Carlota n'ha pagat 225 €, que representa el 60 % del preu total. Quant costava el televisor?

PRIMER. Estudiem quines dades coneixem i quina dada ens demanen.

a) En coneixem el total i el tant per cent. Ens en demanen el percentatge.
El total és 375 €, i el tant per cent, 60 %.

b) En coneixem el total i el percentatge. Ens en demanen el tant per cent.
El total és 375 €, i el percentatge, 225 €.

c) En coneixem el percentatge i el tant per cent. Ens en demanen el preu total.
El percentatge és 225 €, i el tant per cent, 60 %.

SEGON. Calculem la dada que ens demanen per mitjà de la definició de percentatge.

a) $60\,\% \text{ de } 375 = \frac{60}{100} \cdot 375 = 225\text{ €}$

b) $a\,\% \text{ de } 375 = \frac{a}{100} \cdot 375 = 225$

$$a = \frac{225 \cdot 100}{375} = 60\,\%$$

c) $60\,\% \text{ de } C = \frac{60}{100} \cdot C = 225$

$$C = \frac{225 \cdot 100}{60} = 375\text{ €}$$

ACTIVITATS

1. En l'última campanya de solidaritat amb el menjador social d'una població van recollir 3 680 kg de menjar. Aquest any, els aliments que han rebut han augmentat el 3,5 %. Quina quantitat de menjar han entregat aquest any? Les previsions són que l'any vinent la recollida augmenti l'1 %; quants quilos de menjar esperen recollir?

2. A una empresa de reformes hi ha arribat l'encàrrec de pintar dos edificis. Al final, un dels pressupostos ha augmentat el 4 %, i l'altre edifici, sobre un pressupost diferent, ha augmentat el 8 %. Determina si aquesta empresa pot afirmar que l'augment de pressupost total ha estat del 6 %.

2 Percentatges encadenats

Un **augment percentual** consisteix a augmentar una quantitat Q l'a %, i això equival a calcular el $(100 + a)$ % de Q.

Una **disminució percentual** consisteix a disminuir una quantitat Q l'a %, i això equival a calcular el $(100 - a)$ % de Q.

S'anomena **percentatges encadenats** l'operació d'efectuar diversos augments o disminucions percentuals sobre una quantitat.

Fixa-t'hi

El $(100 + a)$ % de C és:

$$\left(1 + \frac{a}{100}\right) \cdot C$$

El $(100 - a)$ % de C és:

$$\left(1 - \frac{a}{100}\right) \cdot C$$

EXEMPLES

1 **Un moble de sala d'estar, abans d'aplicar-hi el 21 % de l'IVA, costa 1880 €. Quant li costa a un client?**

Apliquem un augment del 21 % → $(100 + 21)\%$ de $1880 = \frac{121}{100} \cdot 1880 = 2\,274{,}80$ €

2 **El dia de Sant Jordi, a la llibreria del barri fan el 15 % de descompte en tots els llibres. L'Andreu ha comprat un llibre que costava 21,90 €. Quant n'ha pagat?**

Apliquem un descompte del 15 % → $(100 - 15)\%$ de $21{,}90 = \frac{85}{100} \cdot 21{,}90 = 18{,}62$ €

SABER FER

Com resolem problemes de percentatges encadenats

a) A una moto que costava 1 690 € hi van aplicar un descompte del 15 %; al cap d'alguns mesos, en van tornar a apujar el preu el 20 %. Quant costa ara?

b) Una moto a la qual van augmentar el preu el 20 % i que després van abaixar el 15 %, ara costa 1 723,80 €. Quin preu inicial tenia?

PRIMER. Identifiquem els augments i les disminucions percentuals. Els augments se sumen al 100 % i les disminucions es resten.

a) Disminució 15 % → $100 - 15 = 85\%$
Augment 20 % → $100 + 20 = 120\%$

b) Augment 20 % → $100 + 20 = 120\%$
Disminució 15 % → $100 - 15 = 85\%$

SEGON. La quantitat final és el producte de la quantitat inicial per cadascun dels percentatges encadenats.

a) Preu final $= \frac{85}{100} \cdot \frac{120}{100} \cdot 1690 = 1723{,}80$ €

b) $1\,723{,}80 = \frac{120}{100} \cdot \frac{85}{100} \cdot$ Preu inicial → Preu inicial $= 1\,690$ €

ACTIVITATS

3. Per un error en una promoció, un client que ha comprat un moble per 360 €, que estava rebaixat el 20 %, ha de tornar a la botiga l'import que li han descomptat. Quina és la quantitat que ha de tornar?

4. En una empresa posen en marxa una promoció segons la qual a un producte hi apliquen un descompte del 15 %; més endavant, un augment del 5 %, i, finalment, un altre descompte del 20 %. Obtenen el preu inicial?

Interès → Preu que es paga x obtenir els diners avançats el demanador de diners
↳ 3% anual

3 Interès simple

No te n'oblidis

Quan en el llenguatge col·loquial fem servir expressions com per exemple *el 3 % d'interès*, en realitat fem referència al rèdit. El rèdit és un percentatge i l'interès és una quantitat.

L'**interès simple**, I, és el benefici que origina una quantitat de diners, C_0, anomenada capital, en un temps, t, expressat en anys, a un rèdit anual del r %.

$$I = \frac{C_0 \cdot r \cdot t}{100}$$

L'interès és simple quan els beneficis que s'obtenen es retiren al final de cada període de temps, sense reinvertir-los. Per tant, el capital sobre el qual es reben interessos sempre és el mateix.

EXEMPLES

3 Un banc ofereix un dipòsit en el qual abonen els interessos anualment en un compte diferent del del dipòsit.

a) Si el dipòsit ofereix el 3,5 % anual i un client hi inverteix 6 000 €, quants diners d'interessos rebrà al final del cinquè any?

$r = 3{,}5\%$ $\quad C_0 = 6\,000$ € $\quad t = 5$ anys

$$I = \frac{C_0 \cdot r \cdot t}{100} = \frac{6\,000 \cdot 3{,}5 \cdot 5}{100} = 1050 \text{ €}$$

b) En 5 anys un client ha rebut 1 050 € d'interessos per a un capital inicial de 6 000 €. Quin rèdit ofereix el banc en aquest dipòsit?

$I = 1\,050$ € $\quad C_0 = 6\,000$ € $\quad t = 5$ anys

$$1.050 = \frac{6\,000 \cdot r \cdot 5}{100} \rightarrow r = \frac{1050 \cdot 100}{6\,000 \cdot 5} = 3{,}5\,\%$$

c) Si el banc ofereix un rèdit del 3,5 % anual i en 5 anys un client ha obtingut 1 050 € en interessos, quants diners havia invertit en el dipòsit?

$r = 3{,}5\%$ $\quad t = 5$ anys $\quad I = 1\,050$ €

$$1050 = \frac{C_0 \cdot 3{,}5 \cdot 5}{100} \rightarrow C_0 = \frac{1\,050 \cdot 100}{3{,}5 \cdot 5} = 6\,000 \text{ €}$$

4 Una entitat financera ofereix un dipòsit pel qual, amb una inversió de 9 000 € durant 21 mesos, regala una consola de jocs valorada en 393,75 €. A quin rèdit correspon aquest regal?

Transformem el temps de mesos a anys i calculem el rèdit.

$$\frac{21}{12} = 1{,}75 \text{ anys} \qquad 393{,}75 = \frac{9\,000 \cdot r \cdot 1{,}75}{100} \rightarrow r = \frac{393{,}75 \cdot 100}{9\,000 \cdot 1{,}75} = 2{,}5\,\%$$

Fixa-t'hi

- Per calcular l'interès en mesos hem de dividir el rèdit entre 12.

$$I = \frac{C_0 \cdot \frac{r}{12} \cdot t}{100} = \frac{C_0 \cdot r \cdot t}{1200}$$

- Per calcular l'interès en dies hem de dividir entre 360.

$$I = \frac{C_0 \cdot \frac{r}{360} \cdot t}{100} = \frac{C_0 \cdot r \cdot t}{36\,000}$$

ACTIVITATS

5. Hem rebut 200 € d'interessos després de mantenir durant 2 anys un dipòsit al 2 % anual. Quin capital havíem invertit en aquest dipòsit?

6. Un amic ens explica que ha invertit 8 000 € en un dipòsit durant 3 anys i que acaba de cobrar 840 € d'interessos. Amb tot, no recorda l'interès del dipòsit. El podries ajudar amb aquesta dada?

7. Un banc ofereix un dipòsit al 4 % durant 4 anys. L'oferta d'un altre banc és del 2 % durant 8 anys. Sense fer comptes, sabries dir amb quin dels dos dipòsits s'obtenen més diners?
Després d'estudiar aquestes ofertes, t'assabentes que un altre banc ha llançat un dipòsit especial: el 8 % durant 2 anys. Determina si aquesta oferta en millora alguna de les dues anteriors.

$C_I = C_0(1+I)^t$
Treballes a més temps
passen a formar part del capital

4 Interès compost

Quan els interessos que s'obtenen al final de cada període no es retiren, com passa en l'interès simple, sinó que s'afegeixen al capital i es reinverteixen, parlem d'**interès compost**.

Si invertim un capital C_0 a un rèdit r%, al final del primer any tenim:

$$C_{1r\text{ any}} = C_0 + \frac{r}{100}C_0 = C_0\left(1 + \frac{r}{100}\right)$$

Si mantenim el capital, al final del segon any tindrem:

$$C_{2n\text{ any}} = C_{1r\text{ any}} + \frac{r}{100}C_{1r\text{ any}} = \underbrace{C_0\left(1 + \frac{r}{100}\right)}_{C_{1r\text{ any}}}\left(1 + \frac{r}{100}\right) = C_0\left(1 + \frac{r}{100}\right)^2$$

Al final del tercer any: $C_{3r\text{ any}} = C_{2n\text{ any}} + \frac{r}{100}C_{2n\text{ any}} = C_0\left(1 + \frac{r}{100}\right)^3$

Així, el capital final que obtindrem al cap de t anys és: $C_f = C_0\left(1 + \frac{r}{100}\right)^t$

El capital final, C_f, obtingut després d'invertir un capital inicial, C_0, a un rèdit, r%, durant un temps, t, a **interès compost**, és:

$$C_f = C_0\left(1 + \frac{r}{100}\right)^t$$

Fixa-t'hi

Els capitals per a cadascun dels anys d'una inversió a interès compost representen una progressió geomètrica amb $a_1 = C_0$ i de raó igual a:

$$\text{Raó} = \left(1 + \frac{r}{100}\right)$$

Trimestral
$C_0\left(1+\frac{r}{100}\right)^4$
Semestral
$C_0\left(1+\frac{r}{100}\right)^2$
Mensual
$C_0\left(1+\frac{r}{100}\right)^{12}$

EXEMPLE

5 Un banc proposa un dipòsit a interès compost.

a) El dipòsit ofereix el 3,5% anual per a una inversió de 7 500 €. Quants diners rebrem en 3 anys?

$r = 3{,}5\%$ $\quad C_0 = 7\,500$ € $\quad t = 3$ anys

$$C_f = C_0\left(1 + \frac{r}{100}\right)^t = 7\,500\left(1 + \frac{3{,}5}{100}\right)^3 = 8\,315{,}38\text{ €}$$

b) Quin capital hauríem d'invertir inicialment si volem tenir 8 315,38 € d'aquí a 3 anys al 3,5% anual?

$C_f = 8\,315{,}38$ € $\quad t = 3$ anys $\quad r = 3{,}5\%$

$$8\,315{,}38 = C_0\left(1 + \frac{3{,}5}{100}\right)^3 \rightarrow C_0 = 7\,500\text{ €}$$

c) Si invertim 7 500 € i obtenim 8 315,38 € en 3 anys, quin n'és el rèdit?

$C_0 = 7\,500$ € $\quad C_f = 8\,315{,}38$ € $\quad t = 3$ anys

$$8\,315{,}38 = 7\,500\left(1 + \frac{r}{100}\right)^3 \rightarrow 1 + \frac{r}{100} = \sqrt[3]{\frac{8\,315{,}38}{7\,500}} \rightarrow r = 3{,}5\%$$

No te n'oblidis

Per simplificar la fórmula

$$C_f = C_0\left(1 + \frac{r}{100}\right)^t$$

fem $i = \frac{r}{100}$

i tenim $C_f = C_0(1 + i)^t$.

ACTIVITATS

8. Una empresa rep un crèdit al 8% anual, amb la condició de retornar en un únic pagament la quantitat que els han prestat més els interessos. Quant de temps trigarà a duplicar-se el deute?

9. Un producte bancari ofereix el 2% d'interès compost anual, amb dues modalitats: pagament d'interessos anual o pagament mensual. Quina de les dues modalitats ens convé escollir per obtenir la quantitat de diners més gran possible?

Parla d'estalvis / pla de pensions

5 Anualitats de capitalització

L'**anualitat de capitalització** és una quantitat de diners fixa (quota) que es diposita periòdicament amb l'objectiu d'obtenir un capital al cap d'un cert temps a un interès determinat.

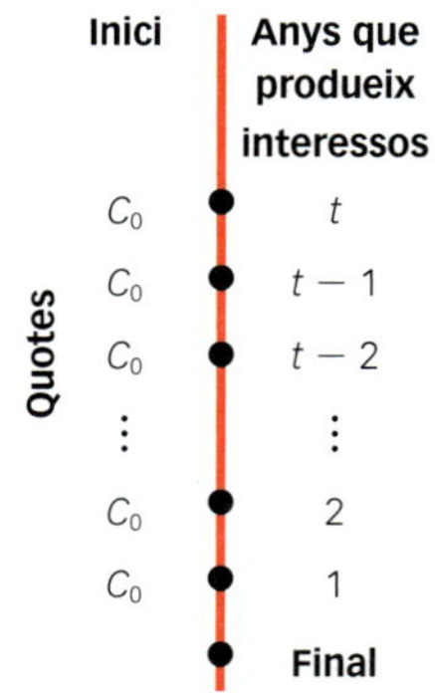

Si anomenem C_0 la quantitat fixa que ingressem; r, el rèdit; t, el nombre d'anys que mantenim aquests ingressos, i fem i igual a $\frac{r}{100}$, tenim que:

- La primera quota es converteix en: $C_0(1+i)^t$
- La segona quota es converteix en: $C_0(1+i)^{t-1}$

...

- L'última quota es converteix en: $C_0(1+i)$

Recorda

La suma, S_n, dels n primers termes d'una progressió geomètrica de raó r, que té a_1 com a primer element, està determinada per la fórmula:

$$S_n = a_1 \cdot \frac{r^n - 1}{r - 1}$$

El capital final, C_f, és la suma de totes les quantitats anteriors. Aquestes quantitats estan en progressió geomètrica, que té com a primer terme $a_1 = C_0(1+i)$, i com a raó, $(1+i)$. Per tant, tenim que:

$$C_f = C_0(1+i)\frac{(1+i)^t - 1}{1+i-1}.$$

El capital que obtenim, C_f, amb una anualitat de capitalització C_0, a un rèdit r % durant t anys, el podem calcular de la manera següent:

$$C_f = C_0(1+i)\frac{(1+i)^t - 1}{i}, \text{ en què } i = \frac{r}{100}$$

SABER FER

Com calculem el capital acumulat mitjançant anualitats de capitalització

▶ Ingressem 2 700 € l'any durant 10 anys al 4 % anual. Quants diners obtenim al final d'aquest període?

PRIMER. Identifiquem els valors coneguts.

$C_0 = 2\,700$ € $t = 10$ anys $r = 4\%$

$$i = \frac{r}{100} = \frac{4}{100} = 0{,}04$$

SEGON. Apliquem la fórmula.

$$C_f = C_0(1+i)\frac{(1+i)^t - 1}{i} = 2\,700 \cdot 1{,}04 \cdot \frac{1{,}04^{10} - 1}{0{,}04} = 33\,713{,}15 \text{ €}$$

ACTIVITATS

10. Uns pares obren un compte jove per al seu fill que els dóna el 2,5 % anual. Hi volen ingressar 450 € cada any durant els 8 anys vinents. Quants diners hi haurà al compte al final d'aquest període?

11. Un pla de jubilació al 3 % anual implica aportacions de 960 € l'any. Si tinc 48 anys, determina quin capital obtindré quan em jubili:

a) Als 60 anys. b) Als 65 anys.

6 Anualitats d'amortització

L'**anualitat d'amortització** és una quantitat de diners (quota) que es retorna periòdicament per saldar un préstec al cap d'un cert temps.

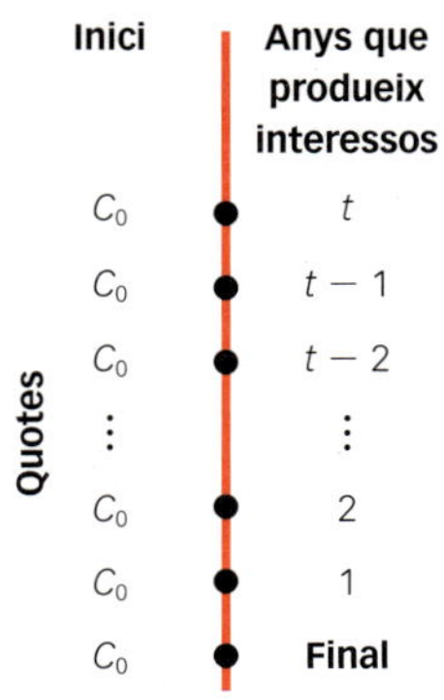

Anomenem C_0 la quota anual que ingressem; r, el rèdit, i t, el nombre d'anys que triguem a pagar el deute. Si considerem que les quantitats que paguem anualment també produeixen interessos, tenim que:

- La primera quota es converteix en: $C_0(1+i)^{t-1}$
- La segona quota es converteix en: $C_0(1+i)^{t-2}$

...

- L'última quota no produeix interessos i és: C_0

La suma de totes aquestes quantitats, que estan en progressió geomètrica amb $a_1 = C_0$, i amb raó $(1+i)$, ha de ser igual al total del deute C_f més els interessos que ha generat durant aquests t anys.

$$C_f(1+i)^t = C_0 + C_0(1+i) + C_0(1+i)^2 + \ldots + C_0(1+i)^{t-1} = C_0\frac{(1+i)^t - 1}{(1+i)-1}$$

El capital prestat, C_f, que es retorna amb una anualitat d'amortització C_0, a un rèdit r % durant t anys, el podem calcular de la manera següent:

$$C_f = C_0\frac{(1+i)^t - 1}{i(1+i)^t}, \text{ en què } i = \frac{r}{100}$$

Recorda

Si el rèdit és r, definim i com a:

$$i = \frac{r}{100}$$

a = D·i(1+i)^t / ((1+i)^t − 1) (diners prestats)

Anualitat − Quota interès = Quota amortització

Quota amortització − Q interès = capital amortitzat.

Deute pendent × i = Q interès

Deute pendent1 − cap amortitzat = Deute pendent2

EXEMPLES

6 Un préstec de 90 000 € amb un interès anual del 9,5% s'ha de retornar en 25 anys. Quin és l'import de cada quota anual?

$C_f = 90\,000$ € $i = \frac{9{,}5}{100} = 0{,}095$ $t = 25$ anys

$$90\,000 = C_0 \cdot \frac{1{,}095^{25} - 1}{0{,}095(1{,}095)^{25}} = C_0 \cdot 9{,}44 \rightarrow C_0 = \frac{90\,000}{9{,}44} = 9\,533{,}90 \text{ €}$$

7 Una família paga per una hipoteca una quota anual de 6 953,42 € al 4 % durant 30 anys. Quin és el valor de la hipoteca?

$C_0 = 6\,953{,}42$ € $i = \frac{r}{100} = \frac{4}{100} = 0{,}04$ $t = 30$ anys

$$C_f = 6\,953{,}42 \cdot \frac{1{,}04^{30} - 1}{0{,}04 \cdot 1{,}04^{30}} = 181\,566{,}35 \text{ €}$$

No te n'oblidis

La **hipoteca** és el préstec que concedeixen les entitats financeres per adquirir un habitatge.

ACTIVITATS

12. Una empresa aconsegueix un crèdit de 3,5 milions d'euros al 5 %, i ha de tornar el préstec en 8 anys. Quant han de pagar cada any per complir les condicions amb les quals els han concedit el crèdit?

13. Per comprar un cotxe paguem una entrada de 2 500 €. Per pagar-ne la resta, que són 8 300 €, firmem un finançament al 8 % anual. Si hem de retornar el préstec en 6 anys, quants diners hem de pagar cada any?

6.1 Taules d'amortització

Fixa-t'hi

Una de les utilitats de les taules d'amortització és informar els clients que volen fer algun abonament per disminuir el capital pendent, sobre com afecta la quota anual o el termini del préstec.

La **taula d'amortització d'un préstec** inclou informació com ara:

- Dates de pagament de cada quota.
- Part de la quota dedicada a amortitzar interessos.
- Part de la quota dedicada a amortitzar capital.
- Quota que es paga anualment.
- Capital pendent després de cada pagament.

SABER FER

Com elaborem taules d'amortització

▶ Elabora la taula d'amortització d'un préstec de 22000 € al 8,5% durant 6 anys.

PRIMER. Identifiquem les dades conegudes i calculem la quota anual.

$$C_f = 22000\text{ €} \qquad i = \frac{r}{100} = \frac{8,5}{100} = 0,085 \qquad t = 6\text{ anys}$$

$$22\,000 = C_0 \cdot \frac{(1+0,085)^6 - 1}{0,085(1+0,085)^6} \rightarrow 22\,000 = C_0 \cdot 4,554 \rightarrow C_0 = 4\,830,92\text{ €}$$

SEGON. Elaborem la taula d'amortització.

- Capital pendent: és el capital que queda per pagar.
  El 2015 → $22000 - 2960,92 = 19039,08$ €
  El 2016 → $19039,08 - 3212,60 = 15826,48$ €
- Interès del període: els interessos generats pel capital pendent.
  El 2015 → $22000 \cdot 0,085 = 1870$ El 2016 → $19039,08 \cdot 0,085 = 1618,32$
- Capital amortitzat: capital pagat després de treure els interessos.
  El 2015 → $4830 - 1870 = 2960,92$ El 2016 → $4830 - 1618,32 = 3212,60$
  Completem de la mateixa manera la resta dels anys.

Anualitat	Quota anual (€)	Interessos del període (€)	Capital amortitzat (€)	Capital pendent (€)
2014				22000,00
2015	4830,92	1870,00	2960,92	19039,08
2016	4830,92	1618,32	3212,60	15826,48
2017	4830,92	1345,25	3485,67	12340,81
2018	4830,92	1048,97	3781,95	8558,86
2019	4830,92	727,50	4103,42	4455,45
2020	4830,92	378,71	4452,21	0,00

ACTIVITATS

14. Elabora una taula d'amortització relacionada amb un crèdit que han concedit a una persona al 9% anual, que ha de pagar durant 4 anys, per a un capital que li han prestat de 7500 €.

15. Després de pagar 7 anualitats, podem cancel·lar un préstec a 10 anys i al 5% anual. Si el capital que havíem sol·licitat va ser de 15000 €, quant ens quedava per pagar en el moment de la cancel·lació?

6.2 Amortitzacions inverses

Una **hipoteca inversa** és un producte bancari en el qual una persona, en un moment determinat, ingressa una quantitat de diners i, a canvi, l'entitat bancària li paga una quantitat fixa per a la resta de la seva vida.

Funciona de la mateixa manera que en les anualitats d'amortització, amb la variant que el termini d'amortització està determinat per les taules d'esperança de vida que elabora l'Institut Nacional d'Estadística (INE).

Fixa-t'hi

En la **hipoteca inversa**, sovint el client entrega un habitatge a l'entitat bancària pel qual rep una renda mensual durant la resta de la seva vida.

EXEMPLE

8 **Quan compleix 65 anys, una senyora diposita 58 000 € en un banc per rebre una quantitat anual durant tota la seva vida. Si l'operació es fa al 3,5% anual, quina és la quantitat anual que rebrà?**

Segons la taula del marge, l'esperança de vida d'aquesta senyora és de 22,57 anys.

$$C_0 = 58\,000\text{ €} \qquad i = \frac{3{,}5}{100} = 0{,}035 \qquad t = 22{,}57 \text{ anys}$$

$$58\,000 = C_0 \cdot \frac{(1+0{,}035)^{22{,}57} - 1}{0{,}035(1+0{,}035)^{22{,}57}} \rightarrow C_0 = \frac{58\,000}{15{,}427} = 3\,759{,}64\text{ €}$$

Esperança de vida (anys)		
Edat	Homes	Dones
0	79,32	85,16
5	74,63	80,46
10	69,66	75,48
15	64,70	70,52
20	59,78	65,57
25	54,90	60,62
30	50,02	55,68
35	45,16	50,75
40	40,33	45,86
45	35,61	41,04
50	31,04	36,29
55	26,68	31,64
60	22,52	27,07
65	18,57	22,57
70	14,83	18,19
75	11,43	14,04
80	8,42	10,30
85	6,02	7,21
90	4,26	4,92
95	3,18	3,43
100	2,79	2,74

6.3 Terminis diferents del termini anual

Si la quota que es retorna al banc no és anual, sinó que es fa p vegades l'any, el càlcul del capital que s'amortitza es fa considerant que l'interès és la part p de l'anual i que els períodes de temps són p vegades el nombre d'anys.

El capital que s'obté, C_f, amb una quota d'amortització C_0 que s'efectua p vegades l'any, a un rèdit r % durant t anys, es pot calcular de la manera següent:

$$C_f = C_0 \frac{\left(1+\frac{i}{p}\right)^{p\cdot t} - 1}{\frac{i}{p}\left(1+\frac{i}{p}\right)^{p\cdot t}}, \text{ en què } i = \frac{r}{100}$$

EXEMPLE

9 **La senyora de l'exemple anterior decideix que el banc li aboni el capital mes a mes. En aquest cas, quants diners rebrà mensualment?**

$$58\,000 = C_0 \cdot \frac{\left(1+\frac{0{,}035}{12}\right)^{12\cdot 22{,}57} - 1}{\frac{0{,}035}{12}\cdot\left(1+\frac{0{,}035}{12}\right)^{12\cdot 22{,}57}} \rightarrow C_0 = \frac{58\,000}{187{,}105} = 309{,}99\text{ €}$$

ACTIVITATS

16. L'Anna i en Marc, de 50 anys tots dos, han ingressat 20 000 € en un banc cada un amb la idea d'anar-los rebent a partir dels 65 anys en mensualitats durant la resta de la seva vida. Si el banc els n'ofereix el 4% anual, tots dos rebran la mateixa quantitat de diners mensual?

17. Una entitat ofereix un pla de pensions al 2,5% anual per als seus clients de 45 anys. L'oferta implica ingressar 60 € mensuals fins que es jubilin, a l'edat de 65 anys. Quina quantitat mensual rebran els clients que subscriguin aquest pla?

7 Taxa anual equivalent (TAE)

Quan dipositem una quantitat de diners o sol·licitem un préstec en una entitat bancària, la informació sobre els interessos que aplicaran al nostre dipòsit o préstec acostuma a ser anual.

Amb tot, altres vegades la quota que rebem pel dipòsit o que paguem pel préstec es fa en terminis inferiors a un any.

Per comparar les diferents informacions sobre els tipus d'interès que genera un dipòsit o un préstec, independentment dels períodes de liquidació, les entitats bancàries faciliten la **taxa anual equivalent (TAE)**.

La **taxa anual equivalent (TAE)** és l'interès que produeix un euro en un any, és a dir, si $r\,\%$ és el rèdit de l'operació i p és el nombre de vegades l'any que es fa la liquidació, tenim que:

$$\text{TAE} = \left[\left(1 + \frac{i}{p}\right)^p - 1\right] \cdot 100, \text{ en què } i = \frac{r}{100}$$

EXEMPLE

10 Un banc ofereix un producte al 5,5% d'interès anual, en pagaments mensuals, semestrals o anuals. En cada cas, determina quina opció és la millor per al client:

a) Si el que vol fer és contractar un préstec.

b) Si el que contracta és un compte en el qual diposita diners i el banc paga els interessos corresponents.

Pagaments mensuals: $i = 0{,}055$ $p = 12$

$$\text{TAE} = \left[\left(1 + \frac{0{,}055}{12}\right)^{12} - 1\right] \cdot 100 = 5{,}64\,\%$$

Pagaments semestrals: $i = 0{,}055$ $p = 2$

$$\text{TAE} = \left[\left(1 + \frac{0{,}055}{2}\right)^{2} - 1\right] \cdot 100 = 5{,}58\,\%$$

Pagaments anuals: $i = 0{,}055$ $p = 1$

$$\text{TAE} = \left[\left(1 + \frac{0{,}055}{1}\right)^{1} - 1\right] \cdot 100 = 5{,}5\,\%$$

a) Si es contracta un préstec, sempre convé pagar l'interès més baix possible; per tant, el client hauria d'escollir els pagaments anuals.

b) Quan és el banc el que paga, el que més convé al client és escollir l'interès més alt. En aquest cas, l'opció que interessa més al client són els pagaments mensuals.

ACTIVITATS

18. La informació d'un banc és que un producte financer ofereix un interès anual del 3% amb abonaments semestrals d'interessos. Quina és la taxa anual equivalent d'aquest producte?

19. Els teus pares tenen subscrit un dipòsit que els reporta interessos cada trimestre amb una taxa anual equivalent del 5%. Quin és l'interès anual d'aquest producte financer?

8 Nombres índex

Els **nombres índex** s'utilitzen per comparar quantitats d'una manera ràpida i senzilla.

Aquests nombres ens permeten estudiar les fluctuacions d'una o més magnituds en relació amb el temps. S'elaboren fixant l'índex 100 per a cada magnitud en un moment determinat (**base** o **període base**) i es transformen les altres dades de manera proporcional.

SABER FER

Com elaborem una taula de nombres índex

La taula següent mostra el producte interior brut per capita de cinc països en el període 2007-2011 (font: ONU). Elabora una taula de nombres índex prenent com a índex 100 les dades que corresponen a l'any 2008.

	2007	2008	2009	2010	2011
Espanya	32 315,83	35 294,63	31 902,19	30 148,81	31 820,23
Equador	3 285,52	3 856,41	3 647,7	4 008,24	4 526,19
Marroc	2 425,68	2 837,65	2 873,67	2 841,9	3 106,53
Xina	2 691,02	3 472,03	3 864,55	4 514,94	5 439,47
Austràlia	46 590,84	48 822,64	46 055,81	57 631,11	67 039,08

PRIMER. Prenem les dades del 2008 com a referència, amb un valor de 100.

SEGON. Ponderem la resta de dades respecte del 2008. Per fer-ho, dividim la dada de l'any respectiu entre la del 2008 i multipliquem per 100.

Ponderació de la dada d'Espanya el 2010: $\frac{30\,148{,}81}{35\,294{,}63} \cdot 100 = 85{,}42$

Ponderació de la dada d'Equador el 2007: $\frac{3\,285{,}52}{3\,856{,}41} \cdot 100 = 85{,}20$

TERCER. Arrodonim els resultats a les unitats i els col·loquem a la taula.

	2007	2008	2009	2010	2011
Espanya	92	100	90	85	90
Equador	85	100	96	104	117
Marroc	85	100	101	100	109
Xina	78	100	111	130	157
Austràlia	95	100	94	118	137

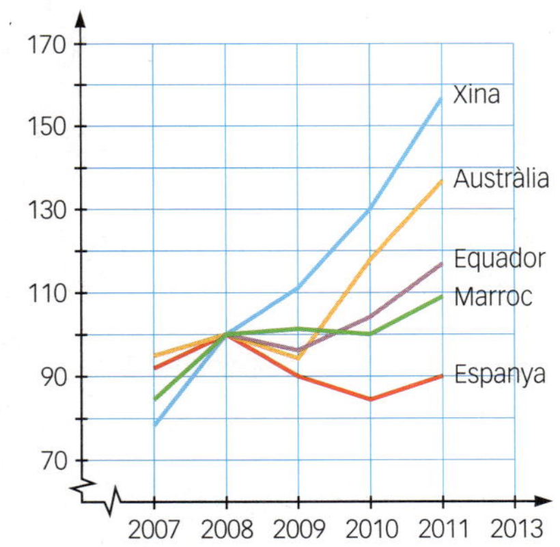

ACTIVITATS

20. Amb base l'any 2009, elabora la taula de nombres índex de l'evolució de la població en les regions de la taula.

21. Elabora una taula de nombres índex a partir de les dades de la taula amb l'any 2011 com a índex.

a) Quines diferències substancials hi veus respecte de la taula de nombres índex de l'activitat anterior?

b) Representa gràficament la nova taula.

	2009	2010	2011	2012
Andalusia	8 190 742	8 249 943	8 279 730	8 301 905
Castella i Lleó	2 509 390	2 493 568	2 482 516	2 463 223
Catalunya	7 285 587	7 335 656	7 290 302	7 251 447
C. Valenciana	5 023 826	4 994 888	5 002 105	5 013 303

9 Índex de preus al consum (IPC)

L'**índex de preus al consum (IPC)** mesura estadísticament l'evolució dels preus dels béns i els serveis que consumeix la població de l'Estat.

Fixa-t'hi

L'IPC és un nombre índex i, per tant, té un any de referència.

Per exemple, fins al 2007 l'any de referència era el 2001; l'any 2008 es va prendre com a referència el 2006, etc.

Actualment, l'any de referència és el 2011.

9.1 Ponderacions en l'IPC

Per elaborar l'IPC es té en compte la importància dels diferents productes en el consum quotidià. Per exemple, no presenta la mateixa influència en la despesa del consumidor la pujada de productes de consum habitual, com ara el pa, que la de productes que es consumeixen amb menys freqüència, com poden ser els mobles.

La **cistella de la compra de l'IPC** és la relació d'articles que, juntament amb les ponderacions, serveixen per calcular l'IPC.

	Grup (2013)	Ponderació (%)
1	Aliments i begudes no alcohòliques	18,26
2	Begudes alcohòliques i tabac	2,82
3	Vestit i calçat	8,09
4	Habitatge	12,43
5	Parament	6,54
6	Medicina	3,18
7	Transport	15,23
8	Comunicacions	3,82
9	Oci i cultura	7,45
10	Ensenyament	1,45
11	Hotels, bars i restaurants	11,37
12	Altres béns i serveis	9,36
	Total	100,00

EXEMPLE

11 En aquesta taula es mostren les variacions en els dotze grups que formen l'IPC durant el mes de setembre de 2013. Determina la variació d'aquest mes.

Grup	1	2	3	4	5	6	7	8	9	10	11	12
Variació (%)	0,4	0,3	−1,2	0,8	−0,1	0,0	0,3	0,0	1,1	0,0	0,6	0,0

Ponderem les dades de la taula mitjançant la taula de ponderacions de l'IPC.

$$0{,}004 \cdot 0{,}1826 + 0{,}003 \cdot 0{,}0282 + (-0{,}012) \cdot 0{,}0809 + 0{,}008 \cdot 0{,}1243 +$$
$$+ (-0{,}001) \cdot 0{,}0654 + 0 \cdot 0{,}0318 + 0{,}003 \cdot 0{,}1523 + 0 \cdot 0{,}0382 +$$
$$+ 0{,}011 \cdot 0{,}0745 + 0 \cdot 0{,}0145 + 0{,}006 \cdot 0{,}1137 + 0 \cdot 0{,}0936 = 0{,}27318$$

Al setembre de 2013, els preus van pujar, aproximadament, el 0,27 %.

9.2 Inflació i poder adquisitiu

La **inflació** és la disminució del valor del diner en relació amb la quantitat de béns i serveis que s'hi poden comprar.

A partir de la taula del marge podem comprovar, per exemple, que 100 € al començament de l'any 2012 equivalen a 97,6 € quan acaba aquest any.

Any	Inflació (%)
2006	3,5
2007	2,8
2008	4,1
2009	−0,3
2010	1,8
2011	3,2
2012	2,4

ACTIVITATS

22. Calcula l'IPC de setembre de 2013 prenent només els cinc grups primers, amb les ponderacions respectives i les variacions corresponents de la taula de l'exemple.

23. Determina el valor equivalent el 2012 a 100 € de l'any 2006 amb les dades de la taula del marge. Calcula també el valor equivalent el 2009 de 100 € de l'any 2012.

10 Enquesta de població activa (EPA)

L'**enquesta de població activa (EPA)** és un nombre índex que serveix per determinar el percentatge de població que treballa sobre el total de població activa. Igual com passa amb l'IPC, l'elabora l'Institut Nacional d'Estadística, i la publiquen trimestralment. Les dues dades que s'extreuen de l'EPA són les següents:

- **Taxa de població activa:** percentatge de la població que treballa o que busca feina sobre el total de la població major de 16 anys.
- **Taxa d'atur:** percentatge de treballadors en atur sobre el total de la població activa.

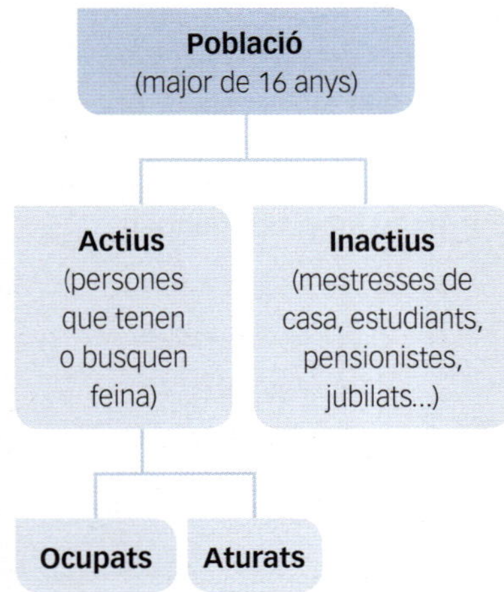

Enquesta de població activa (EPA). Segon trimestre de 2013

Comunitat autònoma	Població de 16 anys o més	Actius	Taxa d'activitat (%)	Aturats	Taxa d'atur (%)
Andalusia	6916069	4025000	58,20	1440400	35,79
Aragó	1137540	638500	56,13	139900	21,91
Astúries	943271	471700	50,01	115100	24,40
Balears	928208	621600	66,97	130700	21,03
Canàries	1775028	1102000	62,08	371300	33,69
Cantàbria	505038	270700	53,60	60500	22,35
Castella i Lleó	2190284	1151500	52,57	244900	21,27
Castella - la Manxa	1745919	990300	56,72	299900	30,28
Catalunya	6210433	3660500	58,94	873000	23,85
C. Valenciana	4179887	2490700	59,59	723900	29,06
Extremadura	931762	509400	54,67	171600	33,69
Galícia	2412027	1286700	53,35	288200	22,40
Madrid	5343687	3292400	61,61	642600	19,52
Múrcia	1185730	730900	61,64	212900	29,13
Navarra	532178	302400	56,82	55400	18,32
País Basc	1852991	1001700	54,06	154900	15,46
la Rioja	268526	147500	54,93	30600	20,75
Ceuta	65833	34700	52,71	12100	34,87
Melilla	63217	33000	52,20	9500	28,79
Espanya	**39187628**	**22761200**	**58,08**	**5977400**	**26,26**

EXEMPLE

12 Aquesta taula mostra la taxa d'atur per trimestres el 2012. Representa-la gràficament.

2012 (T. I)	2012 (T. II)	2012 (T. III)	2012 (T. IV)
24,44	24,63	25,02	26,02

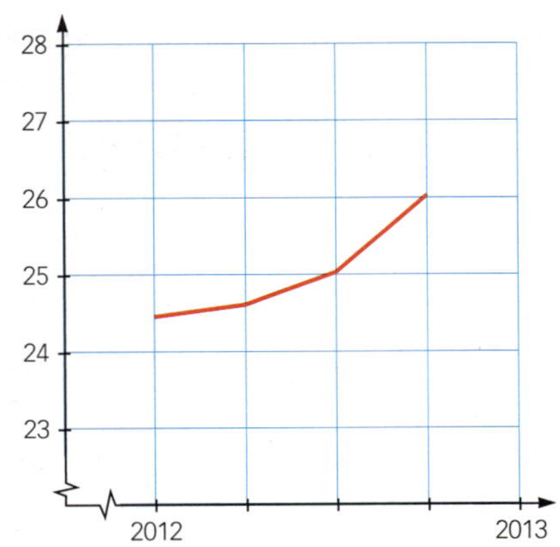

ACTIVITATS

24. A partir de l'EPA del segon trimestre de 2013, construeix un diagrama de barres que faci referència a les comunitats autònomes.

25. Tenint en compte la taula anterior de l'EPA, dedueix quines files i quines columnes es poden obtenir a partir d'altres files i columnes, respectivament.

Percentatges

Com comparem mitjançant percentatges

Durant les rebaixes, una botiga ha rebaixat les camises de 35 € a 28 €, i amb els pantalons ho ha fet de 50 € a 43 €. Indica si la rebaixa ha estat proporcional.

PRIMER. Calculem la rebaixa de preus.

Camises: 35 − 28 = 7 €

Pantalons: 50 − 43 = 7 €

Els dos productes han tingut la mateixa rebaixa, 7 €.

SEGON. Calculem el percentatge que representa cada rebaixa.

Camises: $\frac{7}{35} \cdot 100 = 20\%$

Pantalons: $\frac{7}{50} \cdot 100 = 14\%$

Com podem veure, el percentatge de rebaixa ha estat diferent. Proporcionalment, han rebaixat més les camises.

PRACTICA

26. Una fàbrica de mobles ha apujat el preu de les cadires de 23 € a 25 €; de les taules de menjador, de 220 € a 230 €, i dels mobles de sala d'estar, de 750 € a 850 €. Proporcionalment, quin article ha tingut la pujada més alta?

Interès simple

Com calculem l'interès en terminis no anuals

Una entitat financera ofereix un producte al 3 % anual. Hi tenim invertits 10 500 € des de fa 6 mesos i 20 dies. Quants interessos hem guanyat fins aquest moment?

PRIMER. Calculem els interessos generats en 6 mesos.

Per fer-ho, dividim el rèdit entre els 12 mesos de l'any.

$$I = \frac{C \cdot \frac{r}{12} \cdot t}{100} = \frac{10\,500 \cdot \frac{3}{12} \cdot 6}{100} = \frac{189\,000}{1200} = 157{,}50\ €$$

SEGON. Calculem, de la mateixa manera, els interessos generats en 20 dies.

$$I = \frac{10\,500 \cdot \frac{3}{360} \cdot 20}{100} = \frac{630\,000}{36\,000} = 17{,}50\ €$$

TERCER. Sumem els interessos que hem calculat.

157,50 + 17,50 = 175 €

L'interès generat ha estat de 175 €.

PRACTICA

27. Per al mateix producte anterior, calcula quants interessos es generarien en 18 mesos i 7 dies.

Interès compost

Com calculem el temps d'inversió a interès compost

Un amic ha aconseguit rebre un capital de 9 294,27 € després d'invertir en un producte financer. Recorda que la quantitat que hi va invertir va ser de 8 500 € i que l'interès anual era de l'1,5 %; amb tot, no és capaç de recordar el temps durant el qual ha mantingut la inversió. Calcula aquest temps mitjançant les dades que t'ha proporcionat el teu amic.

PRIMER. Identifiquem les dades que coneixem.

$C_0 = 8\,500\ €$ $\quad C_f = 9\,294{,}27\ €$ $\quad r = 1{,}5\%$

SEGON. Apliquem la fórmula de l'interès compost.

$$C_f = C_0\left(1 + \frac{r}{100}\right)^t \rightarrow 9\,294{,}27 = 8\,500\left(1 + \frac{1{,}5}{100}\right)^t \rightarrow 1{,}015^t = \frac{9\,294{,}27}{8\,500} = 1{,}09$$

TERCER. Per resoldre l'equació exponencial que en resulta, prenem logaritmes neperians en els dos membres i aïllem l'exponent.

$$t \cdot \ln 1{,}015 = \ln 1{,}09 \rightarrow t = \frac{\ln 1{,}09}{\ln 1{,}015} = 5{,}79 \simeq 6 \text{ anys}$$

PRACTICA

28. Inverteixen 36 000 € al 2 % anual i reben 38 967,56 € després d'una certa quantitat de temps. Quin és aquest temps durant el qual han mantingut la inversió?

Interès compost

Com resolem problemes d'interès compost amb augments anuals de capital

Una entitat ofereix un pla d'estalvi mitjançant el qual, si quan comença cada any s'ingressen 1 000 € i es mantenen el capital i els ingressos durant 5 anys, dóna un interès anual del 3 %. Quants diners s'obtenen al final del pla d'estalvi?

PRIMER. Calculem l'interès que genera cada aportació.

- El primer any ingressen 1 000 €, que queden 5 anys en el banc: $1000 \cdot 1{,}03^5 = 1159{,}27$ €
- El segon any ingressen 1 000 €, que queden 4 anys invertits: $1\,000 \cdot 1{,}03^4 = 1\,125{,}51$€

...

- El cinquè any ingressen 1 000 €, que queden 1 any en el pla: $1\,000 \cdot 1{,}03^1 = 1\,030$ €

Els ingressos formen una progressió geomètrica.

SEGON. Sumem les quantitats que hem obtingut.

Per fer-ho, utilitzem la fórmula per a la suma d'una progressió geomètrica, en la qual:

$$a_1 = 1000 \qquad r = 1{,}03 \qquad n = 5$$

$$S_n = a_1 \cdot \frac{r^n - 1}{r - 1} \rightarrow S_5 = 1000 \cdot \frac{1{,}03^5 - 1}{1{,}03 - 1}$$

Al final dels 5 anys s'aconsegueixen 5 309,14 €.

PRACTICA

29. Per a un interès del 3,5 % i una aportació de 3 000 € anuals durant 6 anys, quants diners es recuperen al final de la inversió?

Anualitats de capitalització

Com calculem el temps en anualitats d'amortització

Una inversió ofereix el 2 % anual sempre que s'inverteixin 4 000 € cada any. Si al final del període d'inversió es reben 16 816,16 €, durant quant de temps s'ha mantingut la inversió?

PRIMER. Identifiquem les dades conegudes.

$$C_0 = 4000 \text{ €} \qquad i = \frac{2}{100} = 0{,}02$$

$$C_f = 16\,816{,}16 \text{ €}$$

SEGON. Apliquem la fórmula de les anualitats de capitalització.

$$16\,816{,}16 = 4\,000 \cdot 1{,}02 \cdot \frac{1{,}02^t - 1}{0{,}02}$$

$$1{,}02^t = \frac{16\,816{,}16 \cdot 0{,}02}{4\,000 \cdot 1{,}02} + 1 = 1{,}0824$$

TERCER. Per resoldre l'equació exponencial adoptem logaritmes neperians en els dos membres.

$$\ln 1{,}02^t = \ln 1{,}0824 \rightarrow t \ln 1{,}02 = \ln 1{,}0824$$

$$t = \frac{\ln 1{,}0824}{\ln 1{,}02} = 4 \text{ anys}$$

PRACTICA

30. Durant quant de temps han invertit 5 000 € anuals, al 5 % anual, per aconseguir 29 009,56 €?

Anualitats de capitalització

Com calculem anualitats en terminis diferents de l'anual

Un pla d'estalvi d'una entitat bancària ens proposa ingressar 450 € mensuals, pels quals ens ofereixen el 2,5 % d'interès anual. Quants diners rebrem al cap de 3 anys d'estalvi?

PRIMER. Determinem la quantitat d'ingressos que fem en un any.

Cada mes → 12 vegades l'any → $p = 12$

SEGON. Apliquem la fórmula tenint en compte que la quantitat d'ingressos és $p \cdot t$ i, per tant, haurem de dividir el rèdit en p vegades.

$$C_f = C_0\left(1 + \frac{i}{p}\right)\frac{\left(1 + \frac{i}{p}\right)^{p \cdot t} - 1}{\frac{i}{p}}$$

$$C_f = 450 \cdot 1{,}002 \cdot \frac{1{,}002^{36} - 1}{0{,}002} = 16\,813{,}63 \text{ €}$$

En 3 anys obtindrem 16 813,63 €.

PRACTICA

31. Calcula quants diners es reben després d'ingressar 600 € trimestrals durant 6 anys, a l'1,5 % d'interès anual.

Anualitats d'amortització

Com fem una taula d'amortització per mesos

Elabora la taula d'amortització d'un préstec de 3 500 € al 8,5 % anual, que s'ha de pagar en 15 mesos.

PRIMER. Determinem la quota mensual que correspon a aquest crèdit.

$$C_0 = 3\,500\text{ €} \qquad i = 0{,}085 \text{ anys} \qquad t = \frac{15}{12} = 1{,}25 \text{ anys}$$

Com que són pagaments mensuals, $p = 12$.

$$3\,500 = C_0 \frac{\left(1+\frac{0{,}085}{12}\right)^{12\cdot 1{,}25} - 1}{\frac{0{,}085}{12}\left(1+\frac{0{,}085}{12}\right)^{12\cdot 1{,}25}} \rightarrow C_0 = 247{,}54\text{ €}$$

SEGON. Construïm la taula d'amortització.

Termini	Quota anual (€)	Interessos del període (€)	Capital amortitzat (€)	Capital pendent (€)
0				3 500,00
1	247,54	24,79	222,75	3 277,25
2	247,54	23,21	224,33	3 052,93
3	247,54	21,62	225,92	2 827,01
4	247,54	20,02	227,52	2 599,50
5	247,54	18,41	229,13	2 370,37
6	247,54	16,79	230,75	2 139,62
7	247,54	15,16	232,38	1 907,23
8	247,54	13,51	234,03	1 673,20
9	247,54	11,85	235,69	1 437,52
10	247,54	10,18	237,36	1 200,16
11	247,54	8,50	239,04	961,12
12	247,54	6,81	240,73	720,39
13	247,54	5,10	242,44	477,95
14	247,54	3,39	244,15	233,79
15	247,54	1,66	245,88	0,00

Quan elaborem la taula hem de tenir en compte, a la tercera columna, que l'interès s'ha de dividir entre 12, perquè estem calculant pagaments mensuals i no pas anuals.

PRACTICA

32. Elabora la taula d'amortització per a un crèdit de 8 000 € al 9% anual, que s'ha de pagar mensualment durant 8 anys.

Anualitats d'amortització

Com calculem anualitats en terminis diferents de l'anual

Quina és la quota mensual que resulta per cancel·lar una hipoteca de 180 000 € al 5 % d'interès anual, que s'ha de pagar en 35 anys?

PRIMER. Determinem la quantitat de quotes que es paguen a l'any.

Mensual → 12 vegades l'any → $p = 12$

SEGON. Apliquem la fórmula d'anualitats tenint en compte que la quantitat de quotes és $p \cdot t$.

$$180.000 = C_0 \frac{\left(1+\frac{0{,}05}{12}\right)^{12\cdot 35} - 1}{\frac{0{,}05}{12}\cdot\left(1+\frac{0{,}05}{12}\right)^{12\cdot 35}} \rightarrow C_0 = 908{,}44\text{ €}$$

La quota mensual és de 908,44 €.

PRACTICA

33. Calcula la quota mensual que s'ha d'aplicar a un crèdit de 7500 € al 9,5% anual, que s'ha de pagar en 4 anys.

Taxa anual equivalent

Com calculem la TAE per a períodes superiors a un any

Un banc ofereix un producte financer mitjançant el qual, al cap de 5 anys d'inversió, retorna el capital més el 4 % d'interès anual. Quina és la taxa anual equivalent d'aquest producte?

PRIMER. Determinem part del total del temps que correspon a un any.

En aquest cas, $p = \frac{1}{5} = 0{,}2$.

SEGON. Apliquem la fórmula.

$$i = \frac{4}{100} = 0{,}04$$

$$\text{TAE} = \left[\left(1+\frac{0{,}04}{0{,}2}\right)^{0{,}2} - 1\right]\cdot 100 = 3{,}71\%$$

La TAE d'aquesta operació és del 3,71 %.

PRACTICA

34. Calcula la taxa anual equivalent d'un crèdit al 8%, que s'ha de pagar mitjançant quotes anuals durant 6 anys.

Taxa anual equivalent

Com calculem la TAE si els interessos no són anuals

Una entitat financera cobra un interès mensual de l'1,5 % en els crèdits al consum. Quina és la TAE d'aquest producte?

PRIMER. Quan els interessos no són anuals, els multipliquem pel nombre de vegades que es cobren en un any.

$$i = \frac{1,5}{100} = 0,015$$

L'interès anual de l'operació seria:

$$i' = i \cdot 12 = 0,18$$

SEGON. Apliquem la fórmula de la TAE amb el nou interès.

$$\text{TAE} = \left[\left(1 + \frac{0,18}{12}\right)^{12} - 1\right] \cdot 100 = 19,56\,\%$$

La TAE d'aquest crèdit és del 19,56 %.

PRACTICA

35. Per l'impagament de les quotes establertes, un banc cobra una comissió de l'1 % mensual. Quina és la TAE de la comissió?

Índex de preus al consum

Com analitzem quantitats a partir de la inflació

Una empresa ha congelat els salaris durant 5 anys i els apujarà el 2013 amb tota la inflació acumulada.

A gener de 2008 un treballador guanyava 1 200 € mensuals. Quant haurà de guanyar a gener de 2013?

Any	Inflació (%)
2008	4,1
2009	−0,3
2010	1,8
2011	3,2
2012	2,4

PRIMER. Apliquem els percentatges encadenats a les pujades successives de la inflació.

Inflació acumulada $= 1,041 \cdot 0,997 \cdot 1,018 \cdot 1,032 \cdot 1,024 =$
$= 1,117 \rightarrow$ Infl. acum. $= 11,7\,\%$

SEGON. Apliquem el percentatge de la inflació acumulada al salari el 2008.

Salari el 2013 $= 1200 \cdot 1,117 = 1340,40$ €

PRACTICA

36. Amb les dades de la taula anterior, en quant es converteix el 2011 un salari de 22 000 € anuals de l'any 2008?

Índex de preus al consum

Com calculem la variació de nivell adquisitiu

L'any 2005 un pensionista cobrava 895,35 € mensuals. Si el 2013 el pensionista està cobrant una quantitat de 1 037,50 € mensuals, determina si el seu nivell adquisitiu ha millorat o ha empitjorat.

Any	Inflació (%)
2006	3,5
2007	2,8
2008	4,1
2009	−0,3
2010	1,8
2011	3,2
2012	2,4

PRIMER. A partir de les dades de la taula, calculem quant hauria de cobrar el pensionista l'any 2013.

Inflació acumulada $= 1,035 \cdot 1,028 \cdot 1,041 \cdot 0,997 \cdot 1,018 \cdot 1,032 \cdot 1,024 = 1,188$

Per a una pensió de 895,35 € del 2005, el 2013, per ajustar-se a l'IPC, el pensionista hauria de cobrar:

$895,35 \cdot 1,188 = 1063,68$ €

SEGON. Calculem la diferència entre aquesta pensió teòrica ajustada a l'IPC i la pensió real.

Pensió teòrica − Pensió real $= 1063,68 - 1037,50 = 26,18$ €

TERCER. Calculem a quin percentatge correspon aquesta diferència.

$$\frac{26,18}{1063,68} \cdot 100 = 2,46\,\%$$

El pensionista ha tingut una pèrdua de nivell adquisitiu del 2,46 %.

PRACTICA

37. Una persona guanyava 1 000 € l'any 2005 Si apliquem correctament les dades de la taula anterior, el 2014 guanyarà 1 218,89 € i haurà tingut una variació de nivell adquisitiu del 0%. Quin valor ha de tenir la inflació l'any 2013 perquè passi això?

Percentatges

38. El 40% dels alumnes d'un institut estudien francès; el 45% estudien anglès, i la resta, alemany. Calcula la quantitat d'estudiants de cada idioma si sabem que a l'institut hi ha 640 alumnes.

39. El 65% dels alumnes de Batxillerat d'una escola estan matriculats en el Batxillerat de Ciències socials, i el 30% estan inscrits en el de Ciències i tecnologia. A més, hi ha format un grup d'Humanitats compost per 22 alumnes. Quants estudiants fan Batxillerat en aquesta escola?

40. En un institut fan proves per als equips esportius de totes les categories. Aquests són els resultats d'aquest any:

	Alumnes noies		
	Presentades	Admeses	Percentatge
Bàsquet	80	60	75%
Voleibol	20	6	30%

	Alumnes nois		
	Presentats	Admesos	Percentatge
Bàsquet	20	16	80%
Voleibol	80	32	40%

Sembla que els nois aconsegueixen entrar en els equips en una proporció més alta. Això és cert? Analitza les dades minuciosament.

41. En una botiga de recanvis apliquen el 15% de descompte. Un motor costava 312 € més el 21% de l'IVA. Quant hem de pagar ara per aquest motor? Quin percentatge de variació hi ha entre el preu inicial i el que paguem després dels impostos?

42. El preu d'una bicicleta és de 278 €, inclòs el descompte per les rebaixes. Si aquest descompte és del 15%, quant costava la bicicleta abans de les rebaixes?

43. L'Helena es va comprar un violí per 10 400 €. Algun temps després el va vendre a l'Alícia i amb l'operació hi va guanyar el 20%. Alhora, l'Alícia va acabar venent el violí a la Marion, i hi va guanyar el 30%. Determina els preus als quals van adquirir el violí tant l'Alícia com la Marion. Indica si és cert que entre el preu que en va pagar l'Helena i el que en va pagar la Marion hi ha una diferència del 20% + 30% = 50%. Si aquesta afirmació no és certa, explica'n els motius.

44. El dia 1 de febrer de 2011 vaig comprar una finca *A* per un valor de 12 400 €. El dia 1 de febrer de 2012 la vaig vendre per 14 260 € i vaig comprar una finca *B* per un valor de 13 500 €. Al cap d'un any vaig haver de vendre la finca *B* i me'n van pagar 11 070 €. Quin percentatge de guany vaig tenir en la venda de la finca *A*? Quin percentatge de pèrdua vaig tenir en la venda de la finca *B*?

45. En una botiga tenen penjat el cartell següent:

AVÍS IMPORTANT
PREUS SENSE IVA
Al preu de tots els productes s'ha d'afegir el 21% de l'IVA

a) La Júlia compra un producte marcat amb un preu de 124 €. Quant n'haurà de pagar en total?

b) En Pol ha pagat 101,64 € per un regal per a la seva dona. Quin preu figurava a l'etiqueta?

c) La Rut ha calculat que, després d'afegir-hi l'IVA, l'article que ha comprat ha pujat de preu 10,08 €. Quin ha estat l'import total que n'ha hagut de pagar?

46. Transports Patixec és una empresa dedicada al transport discrecional de viatgers. A la taula següent veiem reflectida la quantitat de viatges a Andorra que han fet els autobusos de l'empresa durant l'any 2012:

Trimestre	1r	2n	3r	4t
Nre. de serveis	80	108	128	92

a) Quin percentatge han augmentat els viatges entre els trimestres primer i segon? I entre el tercer i el quart?

b) Segons manifesta el gerent, el primer trimestre de l'any 2013 ha estat excel·lent, ja que la quantitat de serveis ha augmentat el 60% respecte del mateix trimestre de l'any anterior. Quants viatges han fet?

Interès simple

47. Ingressem 4 500 € en un termini fix amb una renda del 3,2% anual. Quants diners produirà al cap de l'any? Si haguéssim de retirar els diners tres mesos abans d'acabar l'any i ens entreguen la part proporcional dels interessos, quants diners rebríem?

48. A quin rèdit anual ha estat sotmès un capital de 1 450 € si al cap d'un any s'ha convertit en 1 500 € i 75 ct.?

49. La Maria ha prestat diners a la seva germana Beatriu amb un interès del 3%. Amb les dades que tenim a la taula següent, dedueix la quantitat de diners que la Maria ha deixat a la seva germana:

Any	2011	2012	2013	2014
Quantitat	135	135	135	4 635

50. La Cèlia ha prestat al Màrius 12 600 € per ajudar-lo a obrir una pastisseria. En Màrius s'ha compromès a pagar-li el 3,5 % d'interessos cada any. Al cap de set anys, quants diners ha d'haver entregat el Màrius a la Cèlia?

51. L'Antoni ha demanat un préstec de 15 000 € a en Jordi i s'ha compromès a tornar-li els diners en 5 anys i pagar-li, al final de cada any, el 2,8 % d'interessos dels diners que li ha prestat. Completa a la llibreta la taula amb els pagaments que ha fet l'Antoni.

Any	2010	2011	2012	2013	2014
Quantitat					

52. L'Ester ha aconseguit que un banc li presti 25 000 € amb la condició que retorni tots els diners en un sol termini, més el 5 % per cada any que trigui a tornar-lo. Al cap d'uns quants anys, ha pagat 35 000 € i ha cancel·lat el deute. Quants anys ha trigat a pagar-ho tot?

Interès compost

53. Fa 6 anys vaig ingressar 24 000 € en un termini fix que rendia el 4 % anual i el banc es va comprometre a pagar els interessos al final de cada any i a acumular-los al capital. Quants diners tinc avui al compte?

54. Determina en quants diners es convertiran 5 400 € si els ingressem amb aquestes condicions:

a) Durant 6 anys a un interès compost del 4 %.

b) Durant 4 anys a un interès compost del 6 %.

c) Durant 5 anys a un interès compost del 5 %.

55. Contesta les preguntes següents:

a) A quin rèdit anual estava sotmesa una operació bancària en la qual 2 400 € es van convertir en 2 597,84 €?

b) Quants diners vam ingressar en un banc fa 5 anys si, amb un rendiment del 4 % d'interès compost anual, s'han convertit en 5 839,93 €?

56. Un compte té una remuneració del 2,8 % anual amb el pagament d'interessos de manera semestral. Si ingressen 15 000 € en aquest compte i hi acumulen els interessos mensuals que paga el banc, quants diners hi haurà al cap de 2 anys?

57. En Jacint va a una caixa d'estalvis amb la intenció d'obrir un compte amb 1 400 € i mantenir-lo durant 4 anys. Li ofereixen tres alternatives:

- Compte A: un rèdit del 3,49 % anual, amb pagament trimestral d'interessos.
- Compte B: un rèdit del 3,5 % anual, amb pagament semestral d'interessos.
- Compte C: un rèdit del 3,51 % anual, amb pagament anual d'interessos.

Quina és l'opció que li interessa més?

58. Aportem 3 600 € a un compte que té una rendibilitat del 3,4 % anual i que abona els interessos semestralment. Quants diners tindrem al cap de 10 anys?

59. En Germà va obrir tres comptes fa 5 anys, cadascun dels quals amb 2 000 €. Les condicions eren aquestes:

- Rèdit anual: a %. Pagament trimestral d'interessos.
- Rèdit anual: b %. Pagament semestral d'interessos.
- Rèdit anual: c %. Pagament trimestral d'interessos.

Actualment té en els comptes 2 322,37 €, 2 378,89 € i 2 433,31 €, respectivament.

Quin valor tenen a, b i c?

Anualitats

60. En Dídac va contreure un deute de 140 000 €, que es va comprometre a amortitzar en pagaments anuals durant 12 anys. De quant és la quota anual si sabem que el banc hi aplica un interès del 4 %?

61. Un treballador comença a fer aportacions a un pla de pensions quan compleix 50 anys. Ingressa 3 600 € cada any i el banc es compromet a aplicar-hi el 3 % d'interès. Quin capital tindrà el dia que compleixi els 65 anys?

62. Si volen formar un capital de 100 000 € mitjançant aportacions anuals durant 20 anys i el banc ofereix un interès per a aquesta operació del 2,5 %, quina és l'aportació anual que han de fer?

63. Calcula les quotes anuals que una persona ha d'aportar al 3,7 % si li queden 21 anys per a la jubilació i vol rebre 180 000 € en aquell moment.

64. La Marta i en Josep Lluís es volen casar i comprar-se un pis. Han calculat que podrien pagar un màxim de 10 000 € anuals. Si un banc els ofereix una hipoteca al 3 % durant 25 anys, quants diners poden demanar prestats?

65. Un banc ofereix un dipòsit a 4 anys en el qual, quan s'acaba aquest termini, retornen els diners més el 6 % del capital invertit. Quina és la TAE d'aquest dipòsit?

66. Per comprar-me una moto necessito demanar un crèdit de 9 000 €. El vull tornar en 4 anys.

a) Quina quota anual tindré si em demanen un interès del 6 %?

b) I si aconsegueixo que me'l rebaixin al 5,2 %?

67. L'Enric paga 220 € l'any per amortitzar un crèdit que li va concedir el banc per comprar-se un ordinador. Les condicions eren que havia de tornar els diners en 4 anys i que hi aplicaven un interès del 5 %. Quants diners va demanar prestats?

68. En Julià ha signat un contracte pel qual es compromet a vendre una casa per 120 000 € al seu amic Joan d'aquí a 6 anys. En Joan decideix aportar diners cada any per constituir el capital que necessita. Un banc li ofereix pagar el 3 % d'interès. Quants diners ha d'aportar anualment en Joan per aconseguir els 120 000 €?

69. Calcula la mensualitat que s'ha de pagar per amortitzar un crèdit de 120 000 € al 5 % durant 30 anys.

70. Determina el deute que ha contret una persona que paga 180 € al mes durant 20 anys si sabem que és una hipoteca amb un tipus d'interès del 6 %.

71. Calcula el temps que el client d'un banc trigaria a cancel·lar un préstec de 105 000 € al 6 % anual si paga una quota anual de 8 500 €.

72. Determina el temps que una persona triga a pagar un préstec de 88 000 € al 4,75 % anual si abona una quota mensual de 955 €.

73. Elabora la taula d'amortització anual relativa a un crèdit bancari de 183 000 €, a un interès del 5,25 % anual, durant 20 anys.

74. Construeix la taula d'amortització mensual que fa referència a un crèdit bancari de 86 000 €, a un interès del 6,75 % anual, durant 15 anys.

75. Determina en quant han valorat l'habitatge d'un home de 75 anys que ha contractat una hipoteca inversa al 4 % i que rep anualment 6 122 €.

76. Consulta la taula d'esperança de vida per determinar la quota mensual que el banc abonarà a un home de 40 anys que aporta un habitatge valorat en 248 000 € a un interès del 3,5 %.

a) Quants diners perdria el banc si l'home sobrepassés la seva esperança de vida de 5 anys?

b) I si morís 5 anys abans de superar la seva esperança de vida?

77. En el contracte d'una targeta de crèdit està estipulat que, en el cas que s'ajornin els pagaments, cobraran el 3,5% mensual. Determina la taxa anual equivalent (TAE) que representa.

78. Una entitat bancària ofereix un dipòsit a termini fix, per a un any, al 5,1 % anual a favor del client, que liquiden i abonen trimestralment en un altre compte del mateix client. Calcula la TAE d'aquest tipus de dipòsit.

Nombres índex

79. Aquesta taula mostra el nombre de naixements en una població al llarg de les últimes dècades:

Any	Població	Nre. de naixements
1960	15 420	265
1970	18 645	185
1980	20 342	162
1990	21 912	140
2000	24 834	138
2010	22 376	164

a) Elabora una taula de nombres índex prenent com a referència 100 les dades que corresponen a l'any 1960

b) Comenta l'evolució de la població i la del nombre de naixements. Et sembla que estan relacionats? En pots aventurar alguna explicació?

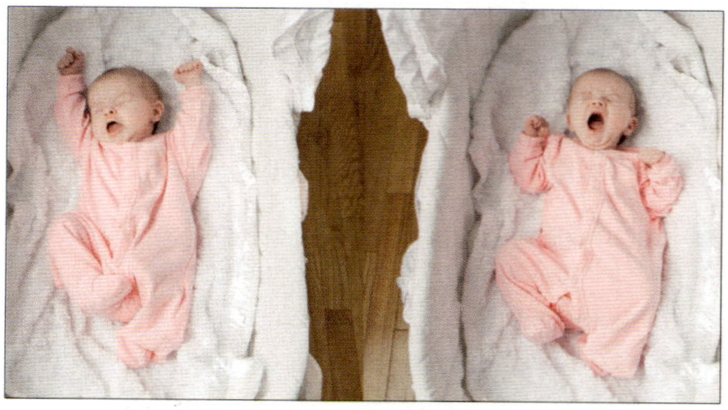

80. La taula següent mostra l'esperança de vida, en anys, de diversos estats del món durant els últims lustres. Elabora una taula de nombres índex prenent com a referència les dades de 1990 Analitza els resultats que has obtingut i les possibles causes.

Estat	1990	1995	2000	2005	2010
Espanya	76,99	78,12	79,30	80,40	82,30
Bòsnia i Herceg.	67,45	68,23	74,67	75,11	75,81
Estats Units	75,21	75,62	76,64	77,34	78,54
Brasil	66,52	68,48	70,26	71,72	73,08
Marroc	64,68	66,89	68,14	69,07	70,17
Botswana	62,94	57,68	50,49	46,73	46,44
Sud-àfrica	62,12	61,37	55,84	51,56	54,39
Xina	69,47	70,33	72,14	74,05	74,89
Japó	78,84	79,54	81,08	81,93	82,84
Iran	63,45	67,80	69,61	71,49	73,13

81. El poble de Menuda està dividit en dos barris força distants: Menuda de Dalt i Menuda de la Costa. La taula següent mostra l'evolució de les poblacions respectives:

	M. de Dalt	M. de la Costa	Total
1995	2540	640	3180
2000	2104	1142	3246
2005	1967	1456	3423
2010	1834	1903	3737

Expressa les dades en nombres índex a partir de l'any 1995 com a base.

82. El país de Beland és famós per la qualitat de la carn dels seus bens. La moneda local és el bel belandès. La taula següent reflecteix l'evolució del preu del quilogram de be al llarg d'un any:

Preu de la carn de be	
Mes	Preu/kg (bels belandesos)
Gener	120
Febrer	80
Març	82
Abril	98
Maig	104
Juny	146
Juliol	150
Agost	148
Setembre	107
Octubre	98
Novembre	116
Desembre	165

a) Calcula els nombres índex corresponents als mesos de febrer a desembre a partir del mes de gener com a base 100 del preu del be.

b) Estudia l'evolució del preu del be i determina'n els preus màxims i mínims durant aquest període.

83. El consum d'aigua en metres cúbics de l'ajuntament de Serral de la Conca ha tingut l'evolució següent al llarg dels anys:

Consum anual d'aigua de reg en m³ Serral de la Conca					
2007	2008	2009	2010	2011	2012
1412	1620	1480	1398	1370	1298

A partir d'aquestes dades, construeix una taula per als nombres índex establint com a base el consum efectuat l'any 2007.

84. Segons l'Institut d'Estadística de Catalunya, l'IPC mitjà a Catalunya ha estat el que hi ha reflectit en aquesta taula:

Any	IPC	Índex base 2005	Índex base 2011
2005	4,6	100	
2006	2,4	52,17	
2007	4,4	95,65	
2008	1,1		
2009	1,4		
2010	3,3		
2011	2,2		
2012	3,3		
2013	0,3		

a) Completa a la llibreta la columna d'índexs a partir de l'any 2005 com a base.

b) Fes el mateix amb la columna buida, amb l'any 2011 com a base.

c) Quant costava l'any 2005 un producte que el 2011 tenia un valor de 180 €?

d) Quant hauríem d'esperar que costi un producte que l'any 2005 valia 45 €?

85. Les pujades de l'IPC en un país han estat, durant els últims anys, les que queden reflectides en la taula següent:

Índex de preus al consum				
2009	2010	2011	2012	2013
3,2%	4,8%	5%	3%	1,2%

Com a conseqüència d'una forta crisi econòmica en el país, als funcionaris els han congelat els sous durant els últims quatre anys. Com que la situació econòmica ha millorat de manera substancial, el govern decideix apujar els sous dels treballadors públics el 16%. Després d'aquest augment de sou, han recuperat el poder adquisitiu perdut? Quant han perdut o quant han guanyat?

86. La taula següent presenta la població activa d'un país europeu determinat:

Enquesta de població activa (Milers de persones)				
Edats	Valor absolut		Percentatge	
	2011	2012	2011	2012
De 16 a 25	240,32	238,43		
De 26 a 35	368,12	368,14		
De 36 a 45	312,68	309,34		
De 46 a 55	208,45	200,07		
De 56 a 65	188,39	151,56		
De 66 o més	6,18	4,37		
Total	1324,14	1271,91		

Completa a la llibreta les columnes de percentatges que corresponen als dos anys.

a) Quina ha estat l'evolució de la població activa en aquest país?

b) En quines edats hi ha hagut un decreixement més alt de la població activa?

87. En un país han presentat la seva enquesta de població activa (EPA) corresponent a l'últim any. Les dades estan organitzades per trimestres i fan referència a la població major de 16 anys.

Trimestre	Actius	Ocupats	Aturats	Inactius
Primer	3652040	3104180	547860	2970045
Segon	3543982	2980456	563526	3096550
Tercer	3893218	3471443	421775	2839436
Quart	3796766	3217786	578980	3001034

a) Si prenem com a referència 100 les dades del primer trimestre, estudia l'evolució de la població major de 16 anys en aquest país.

b) Determina el percentatge per cada 1000 habitants de persones desocupades per trimestre.

88. Compara les taxes d'atur d'aquestes tres regions. Calcula la taxa d'inactivitat a cada regió.

Regió	Actius	Ocupats	Aturats	Inactius
Freeland	53408	40980	12428	43090
Happyland	104932	98046	6886	115954
Endland	123219	84943	38276	99652
Total	281559	223969	57590	258696

89. Determina, per grups d'edats, els índexs que relacionen la població ocupada estrangera amb l'autòctona d'un país.

Ocupats (Milers de persones)			
Edats	Estrangera	Autòctona	Total
De 16 a 24	328	1702,70	2030,70
De 25 a 34	989,50	4899,50	5889,00
De 35 a 44	733,10	4780,70	5513,80
De 45 a 54	320	3793,20	4113,20
De 55 i més	90,40	2110,40	2200,80
Total	2461,00	17286,50	19747,50

90. La taula següent reflecteix la quantitat de persones estrangeres que resideixen a Catalunya, per províncies:

Població estrangera el 2002 a Catalunya	
Província	Persones
Barcelona	275892
Girona	53668
Lleida	17111
Tarragona	35349
Total	382020

Completa la taula anterior a la llibreta afegint-hi una columna que mostri en percentatges la distribució de la població estrangera per províncies.

91. Una companyia elèctrica està dividida en dues seccions, Producció energètica i Distribució. En el quadre adjunt podem veure el personal que treballa en cada secció discriminat per gènere:

	Homes	Dones	Total
Producció	14276	1548	15824
Distribució	875	468	1343
Total	15151	2016	17167

Completa a la llibreta la taula següent amb les taxes per 100 treballadors:

	Homes	Dones	Total
Producció			
Distribució			
Total			

92. La població de dotze comunitats i les seves taxes de metges per cada 100 000 habitants estan reflectides a la taula següent:

Comunitat	Població	Metges per 100 000 hab.	Nombre de metges
Andalusia	8 537 154	392,89	
Castella i Lleó	3 166 214	563,64	
Catalunya	5 188 974	525,22	
C. de Madrid	4 229 973	623,04	
C. Foral de Navarra	534 985	611,58	
C. Valenciana	3 546 230	455,88	
Extremadura	1 539 597	467,11	
Galícia	2 781 498	475,82	
País Basc	1 853 912	590,75	
P. d'Astúries	1 016 637	536,74	
R. de Múrcia	1 262 928	431,82	
la Rioja	280 008	496,42	

Determina el nombre aproximat de metges que hi ha en cadascuna d'aquestes comunitats.

93. Fixa't en les dades de població d'aquestes cinc localitats:

	Any 2002	Any 2012
Sabadell	187 201	207 938
Tarragona	117 184	133 954
Manresa	65 440	76 570
Girona	77 475	97 198
Mataró	109 298	124 084

Calcula els índexs de creixement de la població de cada ciutat el 2012 respecte de la població que tenia el 2002.

Problemes d'aritmètica econòmica

94. La Sara va demanar un préstec de 20 000 €, que va anar pagant al 4 % d'interès durant 6 anys. El dia que va rebre els diners els va invertir al 3 % anual d'interès compost. Si sumem les quantitats que va haver de pagar i les que va rebre, hi va guanyar o perdre? Quants diners són?

95. En Robert ha ingressat 2 500 € en un compte bancari al 6 % d'interès amb capitalització anual. Quants anys ha de deixar invertida aquesta quantitat perquè el saldo del compte superi els 6 000 €?

96. La Dèlia i en Salvador van rebre fa quatre anys una herència d'un familiar que vivia a Nova Zelanda. A cada germà els van correspondre 180 000 €. En Salvador els va invertir en borsa i ha aconseguit una revaloració mitjana anual del 5 %; la Dèlia va comprar lletres del tresor, que li pagaven el 5 % anual. Els interessos els ingressaven en un compte que els donava un rèdit de l'1 % anual.

Qui té més diners ara mateix?

97. Una persona ha guanyat 120 000 € a la loteria. Amb la idea d'ingressar-los en una entitat bancària, al final en troba una que li ofereix aquests dos productes:

- Amb els 120 000 €, compra als del banc 4 places de pàrquing. Durant 10 anys, el banc les lloga i el comprador no en treu cap benefici. Passats aquests 10 anys, el banc les recompra per 120 000 € + 188 € per cada mes i per cada plaça.
- Ingressar aquesta quantitat al 6 % d'interès anual amb capitalització anual.

Quin dels dos productes et sembla més interessant?

98. La família Puig Garcia té estalviats 50 000 € per comprar-se un pis. Després de buscar-ne durant algun temps, troben un habitatge que s'adapta a les seves necessitats i que té un preu de 250 000 €. Les despeses de gestió i del registre de la propietat representen 7 000 € més. Per poder efectuar la compra demanen un crèdit bancari a 20 anys al 3,2 %. Quina és la quota mensual que hauran de pagar?

99. Fixa't en la publicitat del dipòsit bancari següent:

Determina els beneficis que s'obtindrien amb una inversió de 100 €. Quina és la taxa anual equivalent d'aquest producte?

100. La taula següent mostra el sou d'un treballador:

Any	Salari anual	IPC (%)
2008	38244	4,4
2009	39435	0,8
2010	41204	0,7
2011	41198	3
2012	41656	2

a) Quin ha estat el percentatge de revaloració del sou en aquests 5 anys?

b) Quina ha estat la pujada acumulada de l'IPC en aquest període?

c) En aquests 5 anys, el treballador ha guanyat o ha perdut poder adquisitiu?

101. L'evolució de l'IPC en l'economia catalana durant els últims anys, mesurada al gener, segons les dades de l'Institut d'Estadística de Catalunya ha estat:

Any	IPC	Any	IPC
2002	4,1	2008	1,1
2003	2,8	2009	1,4
2004	3,6	2010	3,3
2005	4,6	2011	2,2
2006	2,4	2012	3,3
2007	4,4	2013	0,3

a) Quin valor té l'any 2013 un producte que valia 50 € el 2004?

b) L'any 2013 omplim al supermercat el carret d'anar a comprar per un import de 230 €. Quant ens hauria costat el mateix carret l'any 2008? I l'any 2002?

102. Completa a la llibreta aquesta taula que mostra el cost d'un producte que l'any 1996 valia 1 pesseta i el d'un altre producte que el 2006 valia 1 euro:

Any	Pessetes	Euros
1996	1	
1998	1,037322	
2000	1,07704832	
2002	1,15926373	0,88513574
2004		0,93445019
2006		1

103. Les dades de la taula que tenim a continuació ens mostren la variació de l'índex de preus al consum en un país de la Unió Europea:

Índex de preus al consum			
Any	IPC	Any	IPC
2003	80,957	2008	95,237
2004	83,18	2009	94,919
2005	85,823	2010	96,706
2006	88,84	2011	100
2007	91,28	2012	102,595

a) Quin any pren com a base?

b) Fixa't en les dades relatives a l'any 2009 i calcula el percentatge de variació sobre l'any anterior.

c) Determina el percentatge de variació els últims 8 anys.

d) Calcula el percentatge de variació en la dècada que acaba l'any 2013.

e) Construeix taules similars prenent com a base els anys 2005 i 2008.

104. A la taula següent es reflecteix la transformació del valor que experimenta en el temps una unitat monetària:

		Unitat monetària de l'any					
		2008	2009	2010	2011	2012	2013
Valor l'any	2008	1					
	2009	1,032	1				
	2010	1,073		1			
	2011	1,099			1		
	2012	1,12				1	
	2013	1,154					1

a) Completa la taula a la llibreta i explica com ho fas.

b) Quin any varia més el valor de la moneda?

Per aprofundir

Reflexiona sobre la teoria

105. Escull la resposta adequada.

Un augment del 10 % seguit d'un altre del 15 %, d'una disminució del 8 % i d'un altre augment de l'11 %, significa un augment del...	25,6 %	28 %	29,2 %	17 %	30,5 %
Invertim 3 000 € durant 2 anys al 5 % d'interès simple. Si doblem el nombre d'anys, l'interès que guanyarem serà...	350 €	300 €	La meitat	600 €	500 €
Invertim 3 000 € al 5 % d'interès compost. Quants anys han de passar fins que doblem el capital?	75	14	5	10	Mai
Una dona de 65 anys inverteix 10 000 € en una amortització inversa, al 2 % anual. A quina edat haurà guanyat més diners dels que ha invertit?	83	70	89	95	Mai
Per a un préstec al 10 % anual, quants pagaments anuals s'han de fer perquè la TAE sigui igual a l'interès?	12	10	6	3	1

106. En una botiga fan un descompte del d % en el preu de tots els productes, però també s'hi ha d'aplicar l'IVA de l'i %. Què és més convenient, aplicar primer el descompte i després l'IVA o al revés?

107. En un mes concret, cap dels grups que formen l'IPC, tret de dos, ha tingut variació. El grup 1 ha augmentat el 0,5 %. Com ha variat el grup 4 si ens diuen que durant aquest mes els preus ni han baixat ni han pujat?

Pensa una mica més

108. La cistella bàsica de la compra d'un país està formada per les quantitats mínimes d'aliments per satisfer les necessitats de calories d'una persona. Les famílies amb ingressos inferiors al cost total d'aquesta cistella per mes són considerades famílies de pobresa extrema.

Aquesta taula ens mostra les dades de dos països:

	Preu de la cistella bàsica	Nivell de pobresa	Inflació anual esperada
Nordland	31,80 €	12 %	15 %
Sudland	39,30 €	18 %	8 %

Si considerem que els valors de la inflació es mantenen invariables i que el nivell de pobresa dels dos països augmenta en la mateixa proporció que la inflació, en quin moment s'espera que Nordland tingui un nivell de pobresa més alt?

CLAU

Hi ajudaria molt definir funcions en les quals la variable sigui el temps.

La representació gràfica d'aquestes funcions servirà per comparar les dades de cada país.

Olimpíades matemàtiques

109. Tres amics, A, B i C, aporten diners per a un fons d'inversió comú.

- Si A hi hagués aportat el triple, la quantitat total hauria augmentat el 90 %.
- Si B hagués triplicat la seva aportació, l'augment hauria estat del 60 %.

Calcula l'augment de la inversió si C hagués triplicat la quantitat que hi ha aportat.

CLAU

Et pot servir d'ajuda pensar què significa, des del punt de vista percentual, triplicar una quantitat.

110. Els percentatges d'alumnes aprovats en quatre assignatures de 1r de Batxillerat són aquests:

- En Física, com a mínim, el 70 %.
- En Matemàtiques, com a mínim, el 75 %.
- En Filosofia, com a mínim, el 90 %.
- En Anglès, com a mínim, el 85 %.

Quants alumnes, com a mínim, aproven les quatre assignatures?

(Olimpíades matemàtiques. Fase nacional)

MATEMÀTIQUES A LA TEVA VIDA

PER A QUÈ SERVEIX L'ARITMÈTICA DE L'ECONOMIA?

Per valorar quina oferta de préstec és millor per al client

Quina és la millor oferta per a un crèdit? La primera resposta que se'ns acut és dir que és la que ens fa pagar menys diners al final del període d'amortització.

Les dues eines més importants per avaluar aquestes dades són la fórmula que dóna les anualitats que s'han d'anar amortitzant i les taules d'amortització. Encara que no tot és tan senzill: s'ha d'anar amb compte amb les magnituds que intervenen en la fórmula i en la taula. No és el mateix que s'hagi de pagar anualment o mensualment, per exemple. Tampoc és igual si els interessos del crèdit són anuals o semestrals. Les eines que tenim funcionen amb un tipus de magnitud: les que no siguin iguals s'han de transformar.

Sembla lògic pensar que, com més gran sigui el temps d'amortització, més baixa serà la quota periòdica, i és veritat. Amb tot, hi ha un límit: per a temps cada vegada més grans, hi ha un valor mínim al qual la quota no arribarà mai. I aquesta no és una restricció econòmica, sinó matemàtica.

Fins ara s'ha treballat amb un interès fix per a tot el període d'amortització, però avui dia és més comú que les entitats financeres utilitzin un interès que varia amb el temps, normalment per períodes d'un any i associats a algun índex de referència. Això s'ha de tenir en compte quan s'apliqui la fórmula o quan es vulgui elaborar una taula d'amortització.

LLEGEIX I COMPRÈN

1. Quines dues eines s'han de fer servir per avaluar un crèdit?
2. Quins dos tipus d'interessos hi ha en el mercat dels préstecs?

INTERPRETA

3. Quina és la fórmula que s'esmenta en el text?
4. En aquesta fórmula de la qual es parla en el text, què representa la lletra *i*?

REFLEXIONA

5. En la fórmula de les quotes d'amortització hi ha un denominador. En quins casos no té sentit l'expressió que ens dóna el capital final?

APLICA

6. Un banc ofereix crèdits al 8 % per tornar en 4 anys. L'oferta d'una altra entitat és un interès al 4 % amb un temps d'amortització de 8 anys. Si necessites 33 000 €, quin banc has d'escollir per demanar-hi els diners?

3 Equacions

CONTINGUTS

Polinomis

Operacions amb polinomis

Arrels d'un polinomi

Factorització de polinomis

Fraccions algebraiques

Equacions

Un simple gest, com pot ser llevar-se al matí, ens fa consumir energia. Aquesta energia és la que necessiten els nostres músculs per posar-se en acció i moure el nostre cos.

De la mateixa manera que un vehicle gasta més combustible pujant un pendent abrupte que circulant per un terreny pla, el nostre cos consumeix quantitats d'energia diferents depenent de quina activitat estiguem duent a terme.

Una persona acostumada a córrer maratons consumeix molta més energia que una de sedentària. També se'n gasta molta més en una classe d'educació física que durant el trajecte a peu cap a l'institut.

Per això, hem de tenir molt clar quina mena d'activitat solem dur a terme a la nostra vida i adequar la ingestió d'energia, és a dir, d'aliments, a l'activitat en qüestió.

No oblidem que un consum excessiu d'aliments rics en energia s'emmagatzema al nostre cos en forma de greix, fet que dóna lloc a l'obesitat i a problemes greus de salut, però...

Com hem de calcular les necessitats energètiques del nostre cos?

POLINOMI

Termes

$5x^2y + 7xy - 4$

Terme independent

Grau = 2 + 1 = 3

1 Polinomis

Un **polinomi** és una expressió algebraica formada per la suma de dos o més monomis no semblants que s'anomenen **termes**.

Si no té termes semblants, el polinomi és **reduït**.

El **grau d'un polinomi** és el del terme de grau més gran del seu polinomi reduït.

El **terme independent** és el monomi sense part literal.

El **valor numèric** d'un polinomi és el resultat que s'obté de substituir les variables per uns nombres determinats i fer-ne l'operació.

EXEMPLE

1 Calcula el valor del polinomi $P(x) = x^3 - 3$ per a $x = -2$.

$$P(x) = x^3 - 3 \xrightarrow{x=-2} P(-2) = (-2)^3 - 3 = -11$$

1.1. Suma, resta i multiplicació de polinomis

- Per **sumar** o **restar** polinomis se sumen o es resten els monomis semblants i es deixen indicades la resta d'operacions.
- Per **multiplicar** dos **polinomis** es multiplica cada monomi del primer per tots els monomis del segon i, després, se sumen els resultats, agrupant els monomis semblants.

EXEMPLE

2 Efectua les operacions següents amb polinomis:

$$P(x) = 2x^4 - 3x^2 \qquad Q(x) = 4x^2 - 2x + 8 \qquad R(x) = x - 1$$

a) $P(x) - Q(x) + R(x) = (2x^4 - 3x^2) - (4x^2 - 2x + 8) + (x - 1) =$
$= 2x^4 - 7x^2 + 3x - 9$

b) $P(x) \cdot Q(x) = (2x^4 - 3x^2) \cdot (4x^2 - 2x + 8) =$
$= 2x^4 \cdot (4x^2 - 2x + 8) - 3x^2 \cdot (4x^2 - 2x + 8) =$
$= 8x^6 - 4x^5 + 16x^4 - 12x^4 + 6x^3 - 24x^2 =$
$= 8x^6 - 4x^5 + 4x^4 + 6x^3 - 24x^2$

ACTIVITATS

1. Escriu un polinomi de grau 3 i amb terme independent -1. Determina'n els termes i el valor numèric que tindrà per a $x = 2$ i $x = -2$.

2. Efectua l'operació següent de polinomis:

$$(-2x^3 + x^2 + x - 1)(x - 2) + (3x + 1)(x + 3)$$

3. Donats els polinomis següents, calcula:

$$P(x) = x^3 - 3x^2 + 1 \qquad Q(x) = 3x^2 - 2x - 2$$

a) $P(1) + P(-1)$

b) $P(0) - 2Q(0)$

c) $P(3) + Q(2)$

d) $P(-2) \cdot Q(-2)$

e) $P(-1) - 3Q(-1)$

f) $Q(-4) + 4Q(1)$

1.2. Divisió de polinomis. Regla de Ruffini

A l'hora de dividir dos polinomis, $P(x) : Q(x)$, obtenim dos polinomis $C(x)$ i $R(x)$, que anomenem **polinomi quocient** i **polinomi residu**, respectivament, que verifiquen:

$$\underbrace{P(x)}_{\text{Dividend}} = \underbrace{Q(x)}_{\text{Divisor}} \cdot \underbrace{C(x)}_{\text{Quocient}} + \underbrace{R(x)}_{\text{Residu}} \longrightarrow \text{Igualtat de polinomis}$$

El grau del polinomi dividend és igual que la suma dels graus dels polinomis quocient i divisor. A més, el grau del polinomi residu és sempre més petit que el del divisor.

EXEMPLE

3 Fes la divisió $(8x^3 - 4x^2 + 7) : (2x^2 + x - 1)$.

$$\begin{array}{rrrr|l}
8x^3 & -4x^2 & & +7 & 2x^2 + x - 1 \\
\hline
-8x^3 & -4x^2 & +4x & & 4x - 4 \text{ (Quocient } C(x)) \\
\hline
 & -8x^2 & +4x & +7 & \\
 & 8x^2 & +4x & -4 & \\
\hline
 & & 8x & +3 & \rightarrow \text{Residu } R(x)
\end{array}$$

$$8x^3 - 4x^2 + 7 = (4x - 4)(2x^2 + x - 1) + 8x + 3$$

La regla de Ruffini és un procediment per dividir polinomis quan el divisor és del tipus $(x - a)$, en què a és un nombre enter.

SABER FER

Fer servir la regla de Ruffini per dividir polinomis

▶ Fes la divisió $(x^3 + 3) : (x + 1)$.

PRIMER. S'escriuen els coeficients de tots els termes del dividend, s'afegeix un zero al lloc del coeficient de cada terme que hi falti, i es col·loca el terme independent del divisor canviat de signe a l'esquerra.

	1	0	0	3
−1				

SEGON. Es baixa el primer coeficient del dividend, es multiplica pel terme independent del divisor canviat de signe i se suma al coeficient següent.

	1	0	0	3
−1	↓			
	1			

Es repeteix el procés fins que s'arriba a l'últim coeficient.

TERCER. Els primers nombres que apareixen a la fila de resultats corresponen als coeficients del quocient, i l'últim és el residu.

	1	0	0	3
−1		·(−1) −1	·(−1) 1	·(−1) −1
	1	−1	1	2

Quocient $= (x^2 - x + 1)$ Residu $= 2$

ACTIVITATS

4. Fes aquestes divisions de polinomis:

a) $(10x^4 - 3x^2 + 1) : (x^2 - 1)$

b) $(6x^3 + 5x) : (2x^2)$

5. Divideix aquests polinomis fent servir la regla de Ruffin:

a) $(x^3 + 3) : (x + 1)$

b) $(4x^5 - 12x^3 - 20x + 2) : (x + 2)$

2 Arrels d'un polinomi

Un nombre *a* és **arrel d'un polinomi** $P(x)$ si es compleix que el valor numèric del polinomi per a $x = a$ és 0.

$$a \text{ arrel de } P(x) \rightarrow P(a) = 0$$

EXEMPLE

4 Comprova si -1 i 2 són arrels del polinomi $P(x) = x^2 + 3x + 2$.

$P(x) = x^2 + 3x + 2 \xrightarrow{x=-1} P(-1) = (-1)^2 + 3(-1) + 2 = 0 \rightarrow -1$ és arrel de $P(x)$.

$P(x) = x^2 + 3x + 2 \xrightarrow{x=2} P(2) = 2^2 + 3 \cdot 2 + 2 = 12 \rightarrow 2$ no és arrel de $P(x)$.

Propietats

- Perquè un nombre enter *a* sigui arrel d'un polinomi $P(x)$ és necessari que *a* sigui divisor del seu terme independent.
- El nombre d'arrels d'un polinomi és sempre més petit o igual que el grau que té.

Atenció

- Quan s'extreu factor comú a una potència de *x*, el polinomi sempre té 0 com a arrel.
  $P(x) = x^m(a_n x^n + \ldots + b)$
  $P(0) = 0^m(a_n 0^n + \ldots + b) = 0$
- Quan 1 és una arrel d'un polinomi, la suma dels seus coeficients és 0.

SABER FER

Calcular les arrels enteres d'un polinomi

▶ Calcula les arrels del polinomi $P(x) = x^5 + x^4 - 17x^3 + 15x^2$.

PRIMER. Es troben els divisors del terme independent. Si el polinomi no té terme independent, s'extreu factor comú a la potència més gran de *x* possible.

$$P(x) = x^5 + x^4 - 17x^3 + 15x^2 = x^2(x^3 + x^2 - 17x + 15)$$

Factor comú x^2

$\text{Div}(15) = \{\pm 1, \pm 3, \pm 5, \pm 15\}$

Com que s'ha extret el factor comú x^2, $P(x)$ té 0 com a arrel.

SEGON. Per comprovar si *a*, que és divisor del terme independent, és arrel es duu a terme la divisió entre $(x - a)$ per la regla de Ruffini; *a* en serà arrel si el residu és 0.

TERCER. Després de trobar la primera arrel, es repeteix el procés amb els nombres que hagin quedat fins que no es pugui continuar.

	1	1	−17	15
1		1	2	−15
	1	2	−15	0
3		3	15	
	1	5	0	
−5		−5		
	1	0		

Les arrels del polinomi són $\{0, 1, 3, -5\}$.

ACTIVITATS

6. Comprova si els nombres següents són arrels del polinomi $P(x) = x^4 + 3x^3 - 2x^2 + 6x - 8$:

a) $x = 1$ b) $x = 2$ c) $x = -1$ d) $x = -4$

7. Calcula les arrels enteres dels polinomis que apareixen a continuació:

a) $x^5 + 4x^4 + x^3 - 6x^2$ b) $x^3 - 5x^2 - 29x + 105$

3 Factorització de polinomis

La **factorització d'un polinomi** consisteix a escriure'l com un producte de polinomis del grau més petit possible.

Per factoritzar un polinomi fem servir diverses tècniques, com ara extreure'n factor comú (quan tots els termes del polinomi tenen un divisor comú), les igualtats notables i el càlcul d'arrels del polinomi mitjançant la regla de Ruffini.

SABER FER

Factoritzar un polinomi

▶ Factoritza els polinomis següents:

a) $P(x) = 9x^6 + 3x^5 - 23x^4 + 13x^3 - 2x^2$

b) $Q(x) = x^3 - 3x^2 + 4x - 12$

PRIMER. Es busquen les arrels enteres del polinomi.

- Quan el polinomi no té terme independent, se n'extreu el factor comú x elevat a la potència més alta que es pugui.

  a) $P(x) = 9x^6 + 3x^5 - 23x^4 + 13x^3 - 2x^2 = x^2(9x^4 + 3x^3 - 23x^2 + 13x - 2)$

  Factor comú x^2

  b) El terme independent de $Q(x)$ és $-12 \neq 0$.

- Es calculen els divisors del terme independent i es busquen les arrels enteres del polinomi amb la regla de Ruffini.

  a) $\text{Div}(-2) = \{\pm 1, \pm 2\}$

	9	3	−23	13	−2
1		9	12	−11	2
	9	12	−11	2	0
−2		−18	12	−2	
	9	−6	1	0	

  $\rightarrow 9x^2 - 6x + 1$

  b) $\text{Div}(-12) = \{\pm 1, \pm 2, \pm 3, \pm 4, \pm 6, \pm 12\}$

	1	−3	4	−12
3		3	0	12
	1	0	4	0

  $\rightarrow x^2 + 4$

SEGON. Amb el polinomi que en resulta es comprova si es poden aplicar les igualtats notables.

a) $9x^2 - 6x + 1 = (3x - 1)^2$

Quadrat d'una diferència

b) No es poden aplicar les igualtats notables.

TERCER. S'escriuen els polinomis factoritzats.

a) $P(x) = 9x^6 + 3x^5 - 23x^4 + 13x^3 - 2x^2 = x^2(x - 1)(x + 2)(3x - 1)^2$

b) $Q(x) = x^3 - 3x^2 + 4x - 12 = (x - 3)(x^2 + 4)$

No ho oblidis

Si a és arrel d'un polinomi, llavors $(x - a)$ és divisor del polinomi.

Hi ha polinomis que no tenen arrels reals.

$P(x) = x^2 + 1 \rightarrow$ No té arrels reals.

Aquests polinomis no es poden factoritzar.

ACTIVITATS

8. Factoritza aquests polinomis:

a) $2x^4 - 2x^2$

b) $x^5 - 4x^4 + 5x^3 - 4x^2 + 4x$

9. Troba les arrels enteres d'aquests polinomis:

a) $2x^4 - 13x^3 + 27x^2 - 18x$

b) $3x^3 - 7x^2 - 7x + 3$

4 Fraccions algebraiques

Una **fracció algebraica** és una divisió indicada de dos polinomis, en què el denominador sempre és de grau diferent de zero.

$$\frac{P(x)}{Q(x)}, \text{ amb grau } Q(x) \neq 0$$

SABER FER

Simplificar fraccions algebraiques

▶ Simplifica aquesta fracció algebraica:

$$\frac{x^2+4x+4}{x^2-x-6}$$

PRIMER. Es factoritzen el numerador i el denominador de la fracció.

$$\frac{x^2+4x+4}{x^2-x-6}=\frac{(x+2)^2}{(x+2)(x-3)}$$

SEGON. Se suprimeixen els factors comuns del numerador i del denominador.

$$\frac{\cancel{(x+2)}(x+2)}{\cancel{(x+2)}(x-3)}=\frac{x+2}{x-3}$$

SABER FER

Reduir fraccions algebraiques a comú denominador

▶ Redueix a comú denominador aquestes fraccions algebraiques:

$$\frac{3x}{x^2-x-6} \qquad \frac{x-1}{x^2+4x+4}$$

PRIMER. Es calcula el mínim comú múltiple dels denominadors.
El resultat és el nou denominador comú.

$$\left.\begin{array}{l} x^2-x-6=(x+2)(x-3) \\ x^2+4x+4=(x+2)^2 \end{array}\right\} \rightarrow \text{m.c.m.}(x^2-x-6,\, x^2+4x+4)=(x+2)^2(x-3)$$

SEGON. Es divideix el denominador comú entre el denominador de cada fracció i el resultat es multiplica pel numerador corresponent.

$$\frac{(x+2)^2(x-3)}{(x+2)(x-3)}=x+2 \rightarrow \frac{3x}{x^2-x-6}=\frac{3x(x+2)}{(x+2)^2(x-3)}=\frac{3x^2+6x}{x^3+x^2-8x-12}$$

$$\frac{(x+2)^2(x-3)}{(x+2)^2}=x-3 \rightarrow \frac{x-1}{x^2+4x+4}=\frac{(x-1)(x-3)}{(x+2)^2(x-3)}=\frac{x^2-4x+3}{x^3+x^2-8x-12}$$

ACTIVITATS

10. Simplifica aquestes fraccions algebraiques:

a) $\frac{x^2+x}{x^2+2x+1}$ b) $\frac{2x^2+2x-12}{4x+12}$

11. Redueix a comú denominador aquestes fraccions:

$$\frac{5}{x^2+2x-3} \qquad \frac{3x}{x^2-1} \qquad \frac{x-1}{x^2+2x+1}$$

5 Operacions amb fraccions algebraiques

5.1. Suma i resta de fraccions algebraiques

Per sumar o restar fraccions algebraiques es redueixen a comú denominador, se'n sumen o resten els numeradors i es divideix entre el denominador comú.

SABER FER

Sumar i restar fraccions algebraiques

▶ Fes l'operació de fraccions algebraiques $\frac{1}{x} + \frac{8}{x-1} - \frac{9x+7}{x^2-1}$.

PRIMER. Es redueixen a comú denominador les fraccions algebraiques.

$$\left.\begin{array}{r} x = x \\ x-1 = x-1 \\ x^2-1 = (x-1)(x+1) \end{array}\right\} \rightarrow \text{m.c.m.}(x,\, x-1,\, x^2-1) = x(x-1)(x+1)$$

$$\frac{x(x-1)(x+1)}{x} = (x-1)(x+1) \rightarrow \frac{1}{x} = \frac{(x-1)(x+1)}{x(x-1)(x+1)}$$

$$\frac{x(x-1)(x+1)}{x-1} = x(x+1) \rightarrow \frac{8}{x-1} = \frac{8x(x+1)}{x(x-1)(x+1)}$$

$$\frac{x(x-1)(x+1)}{(x-1)(x+1)} = x \rightarrow \frac{9x+7}{x^2-1} = \frac{(9x+7)x}{x(x-1)(x+1)}$$

SEGON. Se sumen o resten els polinomis dels nous numeradors i es deixa com a denominador el denominador comú.

$$\frac{1}{x} + \frac{8}{x-1} - \frac{9x+7}{x^2-1} = \frac{x^2-1+8x^2+8x-9x^2-7x}{x(x-1)(x+1)} = \frac{x-1}{x(x-1)(x+1)} =$$

$$= \frac{1}{x(x+1)} = \frac{1}{x^2+x}$$

No ho oblidis

Quan duem a terme una operació amb fraccions algebraiques és necessari simplificar-ne el resultat, sempre que puguem.

5.2. Multiplicació i divisió de fraccions algebraiques

- Per multiplicar dues fraccions algebraiques es multipliquen els seus numeradors i els seus denominadors.
- Per dividir dues fraccions algebraiques es multiplica la primera fracció per la inversa de la segona.

EXEMPLE

5 Fes aquestes operacions:

a) $\frac{3x}{x^2-4} \cdot \frac{x+2}{x^2} = \frac{3x(x+2)}{(x^2-4)x^2} = \frac{3x(x+2)}{(x-2)(x+2)x^2} = \frac{3}{(x-2)x} = \frac{3}{x^2-2x}$

b) $\frac{3x}{x^2-4} : \frac{x+2}{x^2} = \frac{3x \cdot x^2}{(x^2-4)(x+2)} = \frac{3x^3}{x^3+2x^2-4x-8}$

ACTIVITATS

12. Opera i simplifica:

$$\frac{3}{3x^2+6x} + \frac{1}{x} - \frac{2-x}{6x+12}$$

13. Efectua les operacions següents:

a) $\frac{5}{x^2+2x-3} \cdot \frac{x^2-1}{3x}$

b) $\frac{x-1}{x^2+2x+1} : \frac{x^2-3x+2}{x+1}$

6 Equacions de segon grau

Una **equació de segon grau** amb una incògnita és una igualtat algebraica que es pot expressar de la forma $ax^2 + bx + c = 0$, , en què a, b i c són nombres reals i $a \neq 0$.

Si b i c són nombres diferents de zero, es diu que l'equació és **completa**.

Si $b = 0$ o $c = 0$, l'equació es denomina **incompleta**.

6.1. Resolució d'equacions de segon grau

		Forma	Solucions	
Equacions de segon grau	Completes	$ax^2 + bx + c = 0$ $a, b, c \neq 0$	$x_1 = \dfrac{-b + \sqrt{b^2 - 4ac}}{2a}$	$x_2 = \dfrac{-b - \sqrt{b^2 - 4ac}}{2a}$
	Incompletes	$ax^2 + c = 0$ $b = 0$	$x_1 = +\sqrt{\dfrac{-c}{a}}$	$x_2 = -\sqrt{\dfrac{-c}{a}}$
		$ax^2 + bx = 0$ $c = 0$	$x(ax + b) = 0 \rightarrow x_1 = 0$	$x_2 = \dfrac{-b}{a}$
		$ax^2 = 0$ $b = 0, c = 0$	$x = 0$	

EXEMPLE

6 Resol les equacions de segon grau següents:

a) $2x^2 + x - 3 = 0$ **b)** $4x^2 - 25 = 0$

a) $2x^2 + x - 3 = 0$

$$x = \frac{-1 \pm \sqrt{1^2 - 4 \cdot 2 \cdot (-3)}}{2 \cdot 2} = \frac{-1 \pm \sqrt{25}}{4} = \begin{cases} x_1 = \dfrac{-1 + 5}{4} = \dfrac{4}{4} = 1 \\ x_2 = \dfrac{-1 - 5}{4} = \dfrac{-6}{4} = -\dfrac{3}{2} \end{cases}$$

b) $4x^2 - 25 = 0$

$$x = \pm\sqrt{\frac{-(-25)}{4}} = \pm\sqrt{\frac{25}{4}} = \begin{cases} x_1 = +\sqrt{\dfrac{25}{4}} = \dfrac{5}{2} \\ x_2 = -\sqrt{\dfrac{25}{4}} = -\dfrac{5}{2} \end{cases}$$

ACTIVITATS

14. Classifica i resol aquestes equacions de segon grau:

a) $x^2 - 10x + 21 = 0$
b) $3x^2 + 20x + 12 = 0$
c) $3x^2 + 9x - 4 = 0$
d) $4x^2 - 12x + 9 = 0$
e) $3x^2 - 18x = 0$
f) $4x^2 - 36 = 0$
g) $-8x^2 + 40 = 0$
h) $-5x^2 + 30x = 0$

15. Resol aquestes equacions:

a) $x^2 + 2x = 15$
b) $2x^2 = 7x + 2$
c) $3x^2 - 3 = 20 - 2(x - 5)$
d) $8x^2 + (2 - x)(5x + 1) = 15x + (3 + x)(x - 1) - 3$

6.2. Nombre de solucions

El **discriminant** d'una equació de segon grau és $\Delta = b^2 - 4ac$.

Depenent del signe que tingui el discriminant, l'equació de segon grau pot tenir dues, una o cap solució.

Discriminant	Nre. de solucions
$\Delta > 0$	2
$\Delta = 0$	1
$\Delta < 0$	Cap

EXEMPLE

7 Determina el nombre de solucions d'aquestes equacions de segon grau:

a) $x^2 + 3x + 1 = 0 \xrightarrow{a=1,\, b=3,\, c=1} \Delta = b^2 - 4ac = 3^2 - 4 \cdot 1 \cdot 1 = 5 > 0$
Dues solucions

b) $x^2 + 2x + 1 = 0 \xrightarrow{a=1,\, b=2,\, c=1} \Delta = b^2 - 4ac = 2^2 - 4 \cdot 1 \cdot 1 = 0$
Una solució

c) $x^2 + x + 1 = 0 \xrightarrow{a=1,\, b=1,\, c=1} \Delta = b^2 - 4ac = 1^2 - 4 \cdot 1 \cdot 1 = -3 < 0$
Cap solució

6.3. Equacions biquadrades

Una **equació biquadrada** és una equació que es pot expressar de la forma $ax^4 + bx^2 + c = 0$, en què a, b i c són nombres reals i $a \neq 0$.

Per resoldre equacions d'aquesta mena substituïm x^2 per una altra variable, $z = x^2$, i resolem l'equació com una equació de segon grau.

Atenció

Hi ha equacions que, sense ser biquadrades, es poden resoldre com si ho fossin.

$x^8 + 2x^4 - 3 = 0$

Fem $x^4 = z^2$.

$x^4 = z^2 \rightarrow z^2 + 2z - 3 = 0$

SABER FER

Resoldre equacions biquadrades

▶ Resol l'equació $x^4 + 5x^2 - 36 = 0$.

PRIMER. Es fa el canvi $z = x^2$.

$$x^4 + 5x^2 - 36 = 0 \xrightarrow{z = x^2} z^2 + 5z - 36 = 0$$

SEGON. Es resol l'equació de segon grau que en resulta per a la incògnita z.

$$z = \frac{-5 \pm \sqrt{25 + 144}}{2} = \begin{cases} z_1 = \dfrac{-5 + 13}{2} = 4 \\ z_2 = \dfrac{-5 - 13}{2} = -9 \end{cases}$$

TERCER. Es calculen les solucions per a la variable x.

$$z_1 = 4 \rightarrow x^2 = 4 \rightarrow \begin{cases} x_1 = 2 \\ x_2 = -2 \end{cases}$$

$z_2 = -9 \rightarrow x^2 = -9 \rightarrow$ No té solució.

ACTIVITATS

16. Determina el nombre de solucions que té cada equació sense resoldre-la.

a) $-2x^2 + 5x - 8 = 0$
b) $9x^2 + 30x + 25 = 0$
c) $-5x^2 + 9x - 6 = 0$
d) $2x^2 - x - 3 = 0$
e) $-x^2 + 9x - 2 = 0$
f) $0{,}34x^2 + 0{,}5x - 1 = 0$

17. Resol les equacions biquadrades que apareixen a continuació:

a) $x^4 + 5x^2 - 36 = 0$
b) $x^4 - x^2 + 2 = 16x^2 - 14$
c) $11(x^4 + 1) - 7 = 25x^2(1 - x^2)$

7 Altres tipus d'equacions

7.1. Equacions amb fraccions algebraiques

Per resoldre equacions que contenen fraccions algebraiques n'eliminem els denominadors multiplicant-les pel seu m.c.m. i resolem l'equació que en resulta.

No ho oblidis

En les equacions amb fraccions algebraiques, cap solució no en pot anul·lar els denominadors.

EXEMPLE

8 Resol l'equació $\dfrac{x-1}{x-4} - 1 = \dfrac{x+1}{x-3}$.

Per eliminar els denominadors multipliquem cada terme de l'equació pel producte dels denominadors.

$$(x-3)(x-4)\left(\frac{x-1}{x-4} - 1\right) = (x-3)(x-4)\left(\frac{x+1}{x-3}\right) \rightarrow$$

$$\rightarrow (x-3)(x-1) - (x-3)(x-4) = (x-4)(x+1) \rightarrow$$

$$\rightarrow x^2 - 4x + 3 - x^2 + 7x - 12 = x^2 - 3x - 4 \rightarrow 3x - 9 = x^2 - 3x - 4 \rightarrow$$

$$\rightarrow x^2 - 6x + 5 = 0 \rightarrow x = \frac{6 \pm \sqrt{36-20}}{2} = \frac{6 \pm 4}{2} = \begin{cases} x_1 = 5 \\ x_2 = 1 \end{cases}$$

En comprovem la solució per si alguna anul·lés un denominador.

$$\frac{x-1}{x-4} - 1 = \frac{x+1}{x-3} \xrightarrow{x=5} \frac{5-1}{5-4} - 1 = \frac{5+1}{5-3} \rightarrow \frac{4}{1} - 1 = \frac{6}{2} \rightarrow 4 - 1 = 3$$

$$\frac{x-1}{x-4} - 1 = \frac{x+1}{x-3} \xrightarrow{x=1} \frac{1-1}{1-4} - 1 = \frac{1+1}{1-3} \rightarrow \frac{0}{-3} - 1 = \frac{2}{-2} \rightarrow -1 = -1$$

7.2. Equacions amb radicals

Les equacions amb radicals són aquelles equacions en què apareix la variable sota el signe de l'arrel. Per resoldre-les aïllem les arrels, una a una, en un dels membres i elevem l'equació al quadrat.

No ho oblidis

En les equacions amb radicals, quan s'eleven al quadrat es poden produir solucions que no pertanyin a l'equació. Per això és necessari comprovar les solucions obtingudes.

EXEMPLE

9 Resol l'equació $\sqrt{x+2} + 2 = x - 2$.

Aïllem el terme amb radical al primer membre, elevem al quadrat cada membre de la igualtat i ho simplifiquem.

$$\sqrt{x+2} = x - 4 \rightarrow \left(\sqrt{x+2}\right)^2 = (x-4)^2 \rightarrow x + 2 = x^2 - 8x + 16 \rightarrow$$

$$\rightarrow x^2 - 9x + 14 = 0 \rightarrow$$

$$\rightarrow x = \frac{9 \pm \sqrt{81-56}}{2} = \frac{9 \pm 5}{2} = \begin{cases} x_1 = 7 \\ x_2 = 2 \end{cases}$$

En comprovem la solució.

$$\sqrt{x+2} + 2 = x - 2 \xrightarrow{x=7} \sqrt{7+2} + 2 = 7 - 2 \rightarrow 3 + 2 = 5$$

$$\sqrt{x+2} + 2 = x - 2 \xrightarrow{x=2} \sqrt{2+2} + 2 \neq 2 - 2 \rightarrow 2 + 2 \neq 0$$

La solució és $x = 7$, l'altre valor obtingut, $x = 2$, no és vàlid.

ACTIVITATS

18. Resol aquestes equacions amb fraccions algebraiques:

a) $\dfrac{x+1}{x-1} - 1 = \dfrac{1}{x}$

b) $\dfrac{2x^4+4}{x^4} = \dfrac{x^2-3}{x^2} + 2$

19. Resol aquestes equacions amb radicals:

a) $x - 41 = 2\sqrt{x+1}$

b) $1 + 2\sqrt{x+1} = 3\sqrt{4x-3} - 4$

8 Factorització d'equacions

Una equació factoritzada és del tipus $(x - a) \cdot (x - b) \cdot \ldots = 0$.

Per calcular-ne la solució hem d'igualar a zero cada un dels factors i resoldre les equacions que en resulten.

Una manera de resoldre equacions de grau més gran que 2 és factoritzar-les mitjançant la regla de Ruffini i extreure'n factor comú.

EXEMPLES

10 Resol l'equació $3x(x^2 - 1)(x + 2) = 0$.

Com que l'equació està factoritzada, igualem cada factor a zero.

$3x = 0 \longrightarrow x = 0$

$x^2 - 1 = 0 \rightarrow x^2 = 1 \rightarrow x = \pm 1$

$x + 2 = 0 \longrightarrow x = -2$

Les solucions de l'equació són:

$x_1 = 0, x_2 = 1, x_3 = -1$ i $x_4 = -2$

11 Resol l'equació $x^5 - 6x^4 - 7x^3 + 36x^2 + 36x = 0$.

Extraiem factor comú x.

$x^5 - 6x^4 - 7x^3 + 36x^2 + 36x = 0 \rightarrow x(x^4 - 6x^3 - 7x^2 + 36x + 36) = 0$

Apliquem la regla de Ruffini al polinomi que hi ha dins dels parèntesis per trobar-ne les arrels entre els divisors del seu terme independent.

	1	−6	−7	36	36
−1		−1	7	0	−36
	1	−7	0	36	0
−2		−2	18	−36	
	1	−9	18	0	$\longrightarrow x^2 - 9x + 18$

$x^4 - 6x^3 - 7x^2 + 36x + 36 = (x + 1)(x + 2)(x^2 - 9x + 18)$

L'equació factoritzada és $x(x + 1)(x + 2)(x^2 - 9x + 18) = 0$.

Igualem cada un dels factors a zero.

$x = 0$

$x + 1 = 0 \rightarrow x = -1$

$x + 2 = 0 \rightarrow x = -2$

$$x^2 - 9x + 18 = 0 \rightarrow x = \frac{9 \pm \sqrt{81 - 72}}{2} = \frac{9 \pm 3}{2} = \begin{cases} x_4 = 6 \\ x_5 = 3 \end{cases}$$

Les solucions són:

$x_1 = 0, x_2 = -1, x_3 = -2, x_4 = 6$ i $x_5 = 3$.

ACTIVITATS

20. Resol les equacions següents, que es troben en forma factoritzada:

a) $2(x - 3)(x + 5)(x - 1) = 0$

b) $x^2(x + 4)(x - 4)(x - 9) = 0$

c) $(3x - 1)(2x + 3)(x + 2) = 0$

d) $3x(x + 5)^3(3x - 1) = 0$

e) $(x^2 + x - 2)(x^2 - 9) = 0$

21. Factoritza les equacions i troba'n la solució:

a) $x^4 - 2x^3 - 13x^2 + 38x - 24 = 0$

b) $x^5 - 6x^4 + 10x^3 - 6x^2 + 9x = 0$

c) $x^4 + 8x^3 + 17x^2 + 8x + 16 = 0$

22. Escriu una equació que tingui com a solucions 2, 3 i 7. Quin és el grau més petit que pot tenir?

global 3

9 Equacions logarítmiques

Diem que una **equació** és **logarítmica** quan la incògnita apareix dins d'un logaritme, ja sigui en la base com en l'argument.

SABER FER

Resoldre equacions logarítmiques

Resol les equacions logarítmiques següents:

a) $\log(x-1)+\log(2x-1)=\log(x^2+5)$ **b)** $\log_x 20+\log_x 45=2$

PRIMER. Agrupem tots els logaritmes en un membre de l'equació.

a) $\log(x-1)+\log(2x-1)-\log(x^2+5)=0$ b) $\log_x 20+\log_x 45=2$

SEGON. Apliquem les propietats dels logaritmes fins que les sumes i les restes de logaritmes es transformin en un de sol.

a) $\log(x-1)+\log(2x-1)-\log(x^2+5)=0 \rightarrow \log\left[\dfrac{(x-1)(2x-1)}{x^2+5}\right]=0$

b) $\log_x 20+\log_x 45=2 \rightarrow \log_x(20\cdot 45)=2 \rightarrow \log_x 900=2$

TERCER. Eliminem el logaritme aplicant la definició $\log_a b=c \rightarrow a^c=b$

a) $\log\left[\dfrac{(x-1)(2x-1)}{x^2+5}\right]=0 \rightarrow \dfrac{(x-1)(2x-1)}{x^2+5}=10^0 \rightarrow \dfrac{(x-1)(2x-1)}{x^2+5}=1$

b) $\log_x 900=2 \rightarrow x^2=900$

QUART. Resolem l'equació que en resulta.

a) $\dfrac{(x-1)(2x-1)}{x^2+5}=1 \rightarrow (x-1)(2x-1)=x^2+5 \rightarrow 2x^2-3x+1=x^2+5$

$$\rightarrow x^2-3x-4=0 \rightarrow x=\frac{3\pm\sqrt{9+16}}{2}=\begin{cases} x_1=\dfrac{3-5}{2}=-1 \\ x_2=\dfrac{3+5}{2}=4 \end{cases}$$

b) $x^2=900 \rightarrow x=\sqrt{900}=\begin{cases} x_1=-30 \\ x_2=30 \end{cases}$

CINQUÈ. Comprovem la validesa de les solucions.

a) $\log(x-1)+\log(2x-1)=\log(x^2+5) \xrightarrow{x=-1} \log(-2)+\log(-3)=\log 6$

La solució $x=-1$ no és vàlida, perquè no existeixen logaritmes de nombres negatius.

$\log(x-1)+\log(2x-1)=\log(x^2+5) \xrightarrow{x=4} \log 3+\log 7=\log 21 \rightarrow$
$\rightarrow \log(3\cdot 7)=\log 21$

La solució és $x=4$.

b) $\log_x 20+\log_x 45=2 \xrightarrow{x=-30} \log_{-30} 20+\log_{-30} 45=2$

La solució $x=-30$ no és vàlida, perquè la base d'un logaritme sempre és positiva.

$\log_x 20+\log_x 45=2 \xrightarrow{x=30} \log_{30} 20+\log_{30} 45=2 \rightarrow \log_{30} 900=2 \rightarrow \log_{30} 30^2=2$

La solució és $x=30$.

ACTIVITATS

23. Resol aquestes equacions logarítmiques:

a) $\log(x-2)+\log(2x-1)=\log(3x-4)$

b) $\log(x+3)=\log(7x-27)-\log(x-4)$

24. Soluciona les equacions següents:

a) $\log_3(2x-1)=1$

b) $\log_2(3x-2)=2$

c) $\log_x 2+\log_x 5=1$

d) $\log_x 12+\log_x 18=3$

10 Equacions exponencials

Diem que una **equació** és **exponencial** quan la incògnita apareix únicament als exponents de l'expressió algebraica.

SABER FER

Resoldre equacions exponencials

▶ Resol les equacions exponencials següents:

a) $2^{2x-3} = 128$ **b)** $3^{2x-1} - 2^x = 0$ **c)** $3^{x^2} - 5^x = 0$

PRIMER. Operem l'expressió fins a deixar un sol sumand a cada membre de l'equació.

a) $2^{2x-3} = 128$

b) $3^{2x-1} - 2^x = 0 \rightarrow 3^{2x-1} = 2^x$

c) $3^{x^2} - 5^x = 0 \rightarrow 3^{x^2} = 5^x$

SEGON. Prenem logaritmes a tots dos membres de l'equació.

a) $2^{2x-3} = 128 \rightarrow \log 2^{2x-3} = \log 128 \rightarrow \log 2^{2x-3} = \log 2^7$

b) $3^{2x-1} = 2^x \rightarrow \log 3^{2x-1} = \log 2^x$

c) $3^{x^2} = 5^x \rightarrow \log 3^{x^2} = \log 5^x$

TERCER. Apliquem les propietats dels logaritmes per extreure la incògnita dels exponents.

a) $\log 2^{2x-3} = \log 2^7 \rightarrow (2x-3)\log 2 = 7\log 2$

b) $\log 3^{2x-1} = \log 2^x \rightarrow (2x-1)\log 3 = x\log 2$

c) $\log 3^{x^2} = \log 5^x \rightarrow x^2\log 3 = x\log 5$

QUART. Resolem les equacions de manera normal, perquè han deixat de ser exponencials.

a) $(2x-3)\log 2 = 7\log 2 \rightarrow 2x-3 = \dfrac{7\log 2}{\log 2} \rightarrow 2x-3 = 7 \rightarrow x = 5$

b) $(2x-1)\log 3 = x\log 2 \rightarrow 2x\log 3 - \log 3 = x\log 2 \rightarrow 2x\log 3 - x\log 2 = \log 3 \rightarrow$

$\rightarrow (2\log 3 - \log 2)x = \log 3 \rightarrow x = \dfrac{\log 3}{2\log 3 - \log 2} \approx 0{,}7304$

c) $x^2\log 3 = x\log 5 \rightarrow x^2\log 3 - x\log 5 = 0 \rightarrow x(x\log 3 - \log 5) = 0 \rightarrow$

$$\rightarrow \begin{cases} x_1 = 0 \\ x\log 3 - \log 5 = 0 \rightarrow x_2 = \dfrac{\log 5}{\log 3} \approx 1{,}465 \end{cases}$$

ACTIVITATS

25. Resol aquestes equacions:

a) $5^{3x+1} = 625$

b) $2^{\frac{3x+1}{4}} = \dfrac{1}{32}$

c) $3^{x^2-7x+12} = 729$

d) $5^{\frac{x-1}{x+2}} = 25$

e) $4^{x^3-7x^2+12x+3} = 64$

f) $4^{x-6} = 32$

g) $3^{\frac{x-2}{3}} = \dfrac{1}{3}$

h) $6^{2x^2+\frac{3}{5}} = 6^{\frac{23x}{10}}$

i) $17^{\frac{x-3}{3x-2}} = 289$

j) $3^{x^4+13x^2+4} = 3^{6x^3-12x}$

26. Troba el valor de x en les equacions següents:

a) $4^x = 2^{x-6}$

b) $3^{\frac{7x-3}{4}} = 9^{x-2}$

c) $49^x = 7^{3-x^2}$

d) $5^{x^4+4} = 25^{\frac{5x^2}{2}}$

27. Resol les equacions següents:

a) $3^{2x-1} - 2^x = 0$

b) $\left(\dfrac{1}{2}\right)^{3-x} + 3^{2-x} = 0$

c) $5^{3x+2} = 3^{5x+2}$

d) $\sqrt[3]{3^{x^2}} = 9^{x-1}$

➔ SABER FER

Equacions de segon grau

Determinar un coeficient perquè una equació de segon grau tingui un nombre de solucions

Determina el valor de k perquè l'equació $x^2 + kx + 9 = 0$ no tingui solució.

PRIMER. Establim la condició que ha de complir el discriminant perquè l'equació tingui el nombre de solucions que es demana.

Perquè l'equació no tingui solució el seu discriminant ha de ser més petit de zero.

$$\Delta = b^2 - 4ac < 0 \xrightarrow{a=1,\, b=k,\, c=9} k^2 - 4 \cdot 1 \cdot 9 < 0 \rightarrow k^2 - 36 < 0$$

SEGON. Resolem la inequació que en resulta.

$$k^2 - 36 < 0 \rightarrow k^2 - 36 = 0 \rightarrow k = \pm\sqrt{36} = \begin{cases} k_1 = 6 \\ k_2 = -6 \end{cases}$$

→ La solució és l'interval $(-6, 6)$.

El coeficient k pot prendre qualsevol valor de l'interval $(-6, 6)$.

PRACTICA

28. Determina el valor de k en cada un dels casos següents:

a) $3x^2 - 6x + k = 0$ tingui 2 solucions.

b) $3x^2 - 6x + k = 0$ tingui 1 solució.

c) $3x^2 - 6x + k = 0$ no tingui solució.

d) $x^2 + kx + 25 = 0$ tingui 2 solucions.

e) $x^2 + kx + 25 = 0$ tingui 1 solució.

f) $x^2 + kx + 25 = 0$ no tingui solució.

Equacions biquadrades

Resoldre equacions del tipus $ax^{2n} + bx^n + c = 0$

Resol l'equació $x^6 - 28x^3 + 27 = 0$.

PRIMER. Agafem la variable x amb un grau més gran, x^{2n}, i fem el canvi $z = x^n$.

$$x^{2n} = x^6 \xrightarrow{2n = 6} n = 3$$

S'efectua el canvi $z = x^3$.

$$x^6 - 28x^3 + 27 = 0 \xrightarrow{z = x^3} z^2 - 28z + 27 = 0$$

SEGON. Resolem l'equació de segon grau que en resulta després de fer el canvi de variable.

$$z^2 - 28z + 27 = 0 \rightarrow z = \frac{28 \pm \sqrt{28^2 - 4 \cdot 27}}{2} = \frac{28 \pm \sqrt{784 - 108}}{2} = \frac{28 \pm 26}{2} = \begin{cases} z_1 = \dfrac{28 + 26}{2} = 27 \\ z_2 = \dfrac{28 - 26}{2} = 1 \end{cases}$$

TERCER. Calculem les solucions per a la variable x desfent el canvi.

$$z_1 = 27 \rightarrow x^3 = 27 \rightarrow x_1 = \sqrt[3]{27} = 3 \qquad z_2 = 1 \rightarrow x^3 = 1 \rightarrow x_2 = \sqrt[3]{1} = 1$$

Les solucions de l'equació són $x_1 = 3$ i $x_2 = 1$.

PRACTICA

29. Resol les equacions següents:

a) $x^6 - 9x^3 + 8 = 0$

b) $x^6 + 7x^3 - 8 = 0$

c) $x^6 - 7x^3 - 8 = 0$

d) $x^6 + 9x^3 + 8 = 0$

e) $x^8 - 15x^4 - 16 = 0$

f) $x^8 - 17x^4 + 16 = 0$

Equacions amb fraccions algebraiques

Resoldre equacions del tipus $\frac{P(x)}{Q(x)} = R(x)$

Resol l'equació amb fraccions algebraiques $\frac{-3x^3 + x^2 + 73x - 3}{x^2 - 25} = -3x$.

PRIMER. Multipliquem l'equació pel polinomi que hi ha al denominador.

$$\frac{-3x^3 + x^2 + 73x - 3}{x^2 - 25} = -3x \rightarrow -3x^3 + x^2 + 73x - 3 = -3x(x^2 - 25)$$
$$\rightarrow -3x^3 + x^2 + 73x - 3 = -3x^3 + 75x \rightarrow x^2 - 2x - 3 = 0$$

SEGON. Resolem l'equació que en resulta.

$$x^2 - 2x - 3 = 0 \rightarrow x = \frac{2 \pm \sqrt{4 + 12}}{2} = \frac{2 \pm 4}{2} = \begin{cases} x_1 = \frac{2+4}{2} = 3 \\ x_2 = \frac{2-4}{2} = -1 \end{cases}$$

TERCER. En comprovem les solucions per si alguna anul·la el denominador.

$$\frac{-3x^3 + x^2 + 73x - 3}{x^2 - 25} = -3x \xrightarrow{x=3} \frac{-3 \cdot 3^3 + 3^2 + 73 \cdot 3 - 3}{3^2 - 25} = -3 \cdot 3 \rightarrow \frac{144}{-16} = -9$$

$$\frac{-3x^3 + x^2 + 73x - 3}{x^2 - 25} = -3x \xrightarrow{x=-1} \frac{-3 \cdot (-1)^3 + (-1)^2 + 73 \cdot (-1) - 3}{(-1)^2 - 25} = -3 \cdot (-1) \rightarrow \frac{-72}{-24} = 3$$

PRACTICA

30. Resol les equacions següents amb fraccions algebraiques:

a) $\frac{2x^3 - x^2 - 2x + 25}{x^2 - 1} = 2x$

b) $\frac{x^3 + x^2 + 7x + 2}{x^2 + 2x + 4} = x - 2$

c) $\frac{x^3 + 5x^2 - 5x - 21}{x^2 + x - 6} = x + 3$

Eequacións amb fraccions algebraiques

Resoldre equacions del tipus $\frac{P(x)}{Q(x)} = \frac{R(x)}{S(x)}$

Resol l'equació amb fraccions algebraiques $\frac{x}{x-2} = \frac{x+4}{x-1}$.

PRIMER. Eliminem els denominadors multiplicant el numerador d'una fracció pel denominador de l'altra, i viceversa.

$$\frac{x}{x-2} = \frac{x+4}{x-1} \rightarrow x(x-1) = (x+4)(x-2)$$

SEGON. Resolem l'equació que en resulta.

$$x^2 - x = x^2 - 2x + 4x - 8 \rightarrow -3x = -8$$
$$\rightarrow x = \frac{8}{3}$$

TERCER. En comprovem la solució per si anul·la algun denominador.

$$\frac{x}{x-2} = \frac{x+4}{x-1} \xrightarrow{x=\frac{8}{3}} \frac{\frac{8}{3}}{\frac{8}{3} - 2} = \frac{\frac{8}{3} + 4}{\frac{8}{3} - 1} \rightarrow \frac{8}{2} = \frac{20}{5}$$

PRACTICA

31. Resol les equacions següents amb fraccions algebraiques:

a) $\frac{x^2 - x}{3x + 1} = \frac{-x}{2x - 1}$

b) $\frac{x}{x+6} = \frac{x-5}{x-3}$

c) $\frac{x-1}{x-3} = \frac{x-2}{x-4}$

d) $\frac{x-3}{x-1} = \frac{x-4}{x-2}$

Equacions amb radicals

Resoldre equacions del tipus $\sqrt{P(x)} = Q(x)$

Troba les solucions de l'equació amb radicals $\sqrt{2-x} = x$.

PRIMER. Elevem els dos membres al quadrat i ho simplifiquem, si és possible.

$$\sqrt{2-x} = x \rightarrow \left(\sqrt{2-x}\right)^2 = x^2 \rightarrow 2 - x = x^2 \rightarrow x^2 + x - 2 = 0$$

SEGON. Resolem l'equació que en resulta.

$$x^2 + x - 2 = 0 \rightarrow x = \frac{-1 \pm \sqrt{1+8}}{2} = \begin{cases} x_1 = \dfrac{-1+3}{2} = 1 \\ x_2 = \dfrac{-1-3}{2} = -2 \end{cases}$$

TERCER. En comprovem les solucions.

$$\sqrt{2-x} = x \xrightarrow{x=1} \sqrt{2-1} = 1 \rightarrow 1 = 1$$

$$\sqrt{2-x} = x \xrightarrow{x=-2} \sqrt{2+2} = -2$$

La solució $x = -2$ no és vàlida perquè es considera només l'arrel positiva.

La solució $x = 1$ sí que és vàlida.

PRACTICA

32. Resol aquestes equacions:

a) $\sqrt{x^2-3} = 1$

b) $x = \sqrt{x+6}$

c) $\dfrac{x}{2} = \sqrt{\dfrac{x}{2}+6}$

d) $\sqrt{3x+19} = x+3$

Equacions amb radicals

Resoldre equacions del tipus $\sqrt{P(x)} + \sqrt{Q(x)} = R(x)$

Resol l'equació $\sqrt{x+4} - \sqrt{x-1} = 1$.

PRIMER. Deixem un radical a cada membre i després els elevem tots dos al quadrat.

$$\sqrt{x+4} - \sqrt{x-1} = 1 \rightarrow \sqrt{x+4} = 1 + \sqrt{x-1}$$

$$\left(\sqrt{x+4}\right)^2 = \left(1+\sqrt{x-1}\right)^2 \rightarrow x + 4 = 1 + 2\sqrt{x-1} + x - 1$$

SEGON. Aïllem el radical a un membre i el tornem a elevar al quadrat.

$$x + 4 = 1 + 2\sqrt{x-1} + x - 1 \rightarrow 2 = \sqrt{x-1}$$

$$2^2 = \left(\sqrt{x-1}\right)^2 \rightarrow 4 = x - 1$$

TERCER. Resolem l'equació que en resulta i en comprovem la solució.

$$4 = x - 1 \rightarrow x = 5$$

$$\sqrt{x+4} - \sqrt{x-1} = 1 \xrightarrow{x=5} \sqrt{5+4} - \sqrt{5-1} = 1 \rightarrow 3 - 2 = 1$$

La solució $x = 5$ és vàlida.

PRACTICA

33. Resol aquestes equacions:

a) $\sqrt{2x+8} - \sqrt{x} = 2$

b) $\sqrt{x^2-5} + \sqrt{x-2} = 3$

c) $\sqrt{2x} + \sqrt{4x-7} = x+1$

d) $\sqrt{3x+1} + \sqrt{x^2+3x+9} = 2x+1$

Equacions de grau superior

Resoldre equacions mitjançant la factorització

Resol l'equació $x^4 - 5x^3 + 7x^2 - 3x = 0$.

PRIMER. Expressem l'equació mitjançant un producte de factors fent servir la regla de Ruffini, el factor comú i les igualtats notables.

Extraiem factor comú x.

$$x^4 - 5x^3 + 7x^2 - 3x = x(x^3 - 5x^2 + 7x - 3) = 0$$

La factoritzem amb la regla de Ruffini.

	1	−5	7	−3
1		1	−4	3
	1	−4	3	0
1		1	−3	
	1	−3	0	→ $(x-1)^2(x-3)$

SEGON. Igualem a zero cada un dels factors i en calculem les solucions.

$$x = 0 \rightarrow x_1 = 0$$

$$x - 1 = 0 \rightarrow x_2 = 1$$

$$x - 3 = 0 \rightarrow x_3 = 3$$

Les solucions de l'equació són $x_1 = 0$, $x_2 = 1$ i $x_3 = 3$.

PRACTICA

34. Resol aquestes equacions:

a) $x^3 - 3x^2 + 2x = 0$

b) $3x^5 - 13x^4 + 16x^3 - 4x^2 = 0$

c) $4x^5 - 12x^4 + 9x^3 - 2x^2 = 0$

d) $x^4 - 1 = 0$

Equacions logarítmiques

Resoldre expressions del tipus $\log_a x = c$ o $\log_x b = c$

Calcula el valor de x en els logaritmes que apareixen a continuació:

a) $\log_3 x = 2$ **c)** $\log_x 243 = 5$

b) $\log (x - 3) = 3$ **d)** $\log_x 0{,}125 = -3$

PRIMER. Apliquem la definició de logaritme perquè desaparegui el logaritme de l'equació.

$$\log_a b = c \rightarrow a^c = b$$

a) $\log_3 x = 2 \rightarrow 3^2 = x$

b) $\log (x - 3) = 3 \rightarrow 10^3 = x - 3$

c) $\log_x 243 = 5 \rightarrow x^5 = 243$

d) $\log_x 0{,}125 = -3 \rightarrow x^{-3} = 0{,}125$

SEGON. Resolem l'equació que en resulta després d'aplicar la definició.

a) $x = 3^2 = 9$

b) $x - 3 = 10^3 \rightarrow x - 3 = 1\,000 \rightarrow x = 1\,000 + 3 = 1\,003$

c) $x^5 = 243 \rightarrow x = \sqrt[5]{243} = 3$

d) $x^{-3} = 0{,}125 \rightarrow \dfrac{1}{x^3} = 0{,}125 \rightarrow x^3 = \dfrac{1}{0{,}125} = 8$

$\rightarrow x = \sqrt[3]{8} = 2$

TERCER. Comprovem que el resultat obtingut és vàlid per a l'equació.

a) $\log_3 x = 2 \xrightarrow{x=9} \log_3 9 = \log_3 3^2 = 2$

El resultat és correcte.

b) $\log (x - 3) = 3 \xrightarrow{x=1003} \log (1003 - 3) = \log 1\,000 =$
$= \log 10^3 = 3$

El resultat és correcte.

c) $\log_x 243 = 5 \xrightarrow{x=3} \log_3 243 = \log_3 3^5 = 5$

El resultat és correcte.

d) $\log_x 0{,}125 = -3 \xrightarrow{x=2} \log_2 0{,}125 = \log_2 \dfrac{1}{8} = \log_2 \dfrac{1}{2^3}$
$= \log_2 2^{-3} = -3$

El resultat és correcte.

PRACTICA

35. Calcula el valor de x en els logaritmes que apareixen a continuació:

a) $\log_5 x = 4$ c) $\log_3 (7x - 1) = 3$

b) $\log (x - 1) = 2$ d) $\log (x^2 + 36) = 2$

36. Calcula el valor de x en les expressions que apareixen a continuació:

a) $\log_x 32 = 5$ c) $\log_{x^2} 64 = 3$

b) $\log_x 0{,}1 = -1$ d) $\log_{(x-2)} 27 = 3$

Problemes amb equacions

Resoldre problemes mitjançant l'ús d'equacions

Una petita empresa es dedica a comprar cafè i ven una mescla que prepara amb dos tipus de cafè, cada un dels quals té un preu diferent.

- **Cafè de Colòmbia, que compra a 17 € el quilo.**
- **Cafè de Kenya, que costa 20 € el quilo.**

Ha invertit 1 835 € per comprar 100 kg de cafè de les dues classes. Com és la barreja i a quant ha de vendre cada quilo per obtenir un benefici brut del 20 %?

PRIMER. Es planteja el problema.

El que sabem:

- El cafè de Colòmbia costa 17 € cada quilo.
- El cafè de Kenya costa 20 € cada quilo.
- El total de quilos de les dues classes és 100.
- Els diners invertits per comprar el cafè són 1 835 €.

El que no sabem:

- La quantitat de quilos de cafè de cada classe.
- El preu de venda del cafè mescla per obtenir un benefici del 20 %.

	Quilograms	Preu total
Cafè de Colòmbia	x	$17x$
Cafè de Kenya	$100 - x$	$20(100 - x)$
Total	100	1 835

SEGON. Formulem l'equació que s'ha de resoldre.

$$17x + 20(100 - x) = 1835$$

TERCER. Resolem l'equació.

$17x + 20(100 - x) = 1835 \rightarrow 17x + 2000 - 20x = 1835$

$\rightarrow 165 = 3x \rightarrow x = \dfrac{165}{3} = 55$

QUART. Completem el problema i interpretem la solució.
Ha comprat 55 kg de cafè de Colòmbia i 45 kg de cafè de Kenya, pels quals ha pagat $17 \cdot 55 + 20 \cdot 45 = 1835$ €.
Per obtenir un 20 % de benefici brut ha d'obtenir 1 835 + 20 % de 1 835 = 2 202 €.

Cada quilo de mescla s'ha de vendre a $\dfrac{2\,202}{100} = 22{,}02$ €.

PRACTICA

37. Un fabricant vol barrejar un producte A, que costa 40 €/kg, amb un altre producte B, que costa 20 €/kg. Per obtenir una barreja de 50 kg i que tingui un cost de 1650 €, esbrina les quantitats que ha de comprar de cada producte i a quant ha de vendre'l per obtenir un benefici brut del 20 %.

ACTIVITATS

Polinomis

38. Escriu en cada cas un polinomi com s'indica i troba'n el valor per a $x = 3$ i $x = -1$.

a) De grau 4 i sense terme independent.

b) De grau 3 i sense termes de grau 2 ni 1.

c) De grau 2 i que la suma dels coeficients sigui 10.

d) Que sigui un binomi de grau 3 amb terme independent.

39. Efectua les operacions de polinomis següents:

a) $(3x^2 - 2x + 5) + (x^3 - 5x^2 + 2x - 1) - (x^4 + 1)$

b) $\left(-2x^3 + \frac{5}{2}x - 1\right) \cdot \left(x + \frac{2}{3}\right)$

c) $(5 + 3x^2)\left[\left(9 - \frac{x^3}{3}\right) - \left(x^4 + \frac{1}{5}x^2 + 5\right)\right]$

d) $(3x - 2) \cdot (2x - 3) - \left[\left(\frac{x^2}{2} + \frac{x^3}{3} - \frac{x^4}{4}\right)\left(x - \frac{x^2}{2}\right)\right]$

40. Troba el valor numèric del polinomi per als valors de x següents:

$$P(x) = 6x^4 - 61x^3 + 185x^2 - 158x + 40$$

a) $x = -5$ c) $x = 4$ e) $x = -\frac{1}{2}$ g) $x = -\frac{2}{3}$

b) $x = 5$ d) $x = -4$ f) $x = \frac{1}{2}$ h) $x = \frac{2}{3}$

41. Efectua les divisions de polinomis següents i digues quin és el polinomi quocient i el residu en cada cas:

a) $(x^5 + x^4 + x^3 + x^2 + 1) : (x^2 - 3)$

b) $(5x^2 - 3x + 2) : (2x - 3)$

c) $(3x^6 + 5x^3 - x + 3) : (x^3 - 2x + 1)$

d) $(x^8 - x^6 + x^4 - x^2 + 1) : (x^3 - x + 1)$

42. Divideix els polinomis següents fent servir la regla de Ruffini:

a) $(2x^5 + 3x^4 + 7x^3 - 11x^2 - 1) : (x - 1)$

b) $(4x^2 - x + 1) : (x + 1)$

c) $(3x^6 + 5x^3 - x + 3) : (x + 3)$

d) $(x^8 - x^6 + x^4 - x^2 + 1) : (x - 2)$

43. Comprova si els valors $x = -1$, $x = 0$ i $x = 1$ són arrels d'aquests polinomis:

a) $x^5 - x^4 - 3x^3 + x^2 + 2x$

b) $x^5 + 4x^4 - 6x^3 - 6x^2 - 7x - 10$

c) $x^5 - 1$

d) $x^5 - x^4 - \frac{13}{4}x^3 + \frac{13}{4}x^2 - 3x + 3$

44. Assenyala quins dels polinomis següents tenen entre les seves arrels els valors $x = -2$ i $x = 1$:

a) $4x^3 + 3x^2 - 9x + 2$

b) $x^5 - 3x^4 - 7x^3 + 27x^2 - 18x$

c) $x^5 - 2x^4 - 22x^3 + 8x^2 + 117x + 90$

d) $x^5 - 6x^4 - 6x^3 + 64x^2 - 27x - 90$

Factorització i fraccions algebraiques

45. Comprova si $M(x) = 2x^3 - 5x^2 + 4x - 4$ és divisible entre $x - 2$ i, en cas afirmatiu, troba un polinomi $N(x)$ que permeti escriure $M(x)$ de la forma $M(x) = (x - 2) \cdot N(x)$.

46. Determina les arrels dels polinomis següents:

a) $(x - 3)(x + 5)(x - 2)$

b) $x(x - 2)^2(2x + 1)$

c) $(2x - 1)(3x + 2)(x + 3)^2$

d) $x^3 - 3x^2 - 6x + 8$

e) $x^3 + 8x^2 + 17x + 10$

f) $3x^3 + 7x^2 - 22x - 8$

g) $2x^4 - 11x^3 + 21x^2 - 16x + 4$

h) $x^4 - 4x^3 - 12x^2 + 32x + 64$

47. Troba les arrels d'aquests polinomis:

a) $(x + 2)(x - 5)(x - 1)$ c) $(x^2 - 4)(x^2 - 9)$

b) $x^2(x + 2)(3x - 1)$ d) $6x^4 + 13x^3 - 18x^2 - 7x + 6$

48. Escriu un polinomi de segon grau, $Q(x)$, que tingui les arrels 1 i 3, i tal que $Q(0) = 6$.

49. Busca el valor de m de manera que el polinomi $P(x) = mx^3 - 6x^2 - 4x + 8$ tingui 2 per arrel.

50. Troba q perquè el polinomi $x^3 - 2x^2 + qx + 5$ sigui divisible entre el polinomi $x + 1$.

51. Quin valor ha de prendre a perquè el residu de dividir $x^3 + ax^2 - 3x - a$ entre $x - 4$ sigui 67?

52. Troba a i b perquè el polinomi $x^3 + ax^2 + bx - 6$ sigui divisible entre $x - 2$ i entre $x + 3$.

53. Escriu dos polinomis de segon grau que tinguin com a arrels 2 -3.

54. Escriu un polinomi de tercer grau que tingui com a única arrel -1.

55. Troba un polinomi $P(x)$ de segon grau que tinguin com a arrel 1 i -2, i tal que $P(3) = 30$.

56. Escriu un polinomi $Q(x)$ de tercer grau que tingui com a arrels 1, -1 i -2, i tal que $Q(0) = -6$.

57. Efectua les següents sumes i restes de fraccions algebraiques:

a) $\frac{y^2}{x} + \frac{x^3}{y^2} - \frac{3}{x^2}$ c) $\frac{3x^2}{x^2 - 4} + \frac{2}{x - 2} + \frac{5x}{x + 2}$

b) $\frac{5}{x} + \frac{3x - 2}{x + 1}$ d) $\frac{1 - x}{x + 1} + \frac{x + 1}{x - 1} - \frac{2}{x^2 - 1}$

58. Efectua les operacions i simplifica'n el resultat.

a) $\frac{3x - 1}{4x + 12} - \frac{x + 2}{4x - 12}$ c) $\frac{4}{a + b} - \frac{5}{a - b}$

b) $\frac{2 - x}{x^2 - 3x} - \frac{1}{4x - 12} + \frac{5}{6x - 18}$ d) $\frac{4 - x^2}{x + 2} + \frac{9 - x^2}{x + 3}$

Equacions

59. Indica si $x = 2$ és una de les solucions de les equacions següents:

a) $3(x - 2) = 1 - 3(2x - 3)$

b) $5(4 - 3x) + 3 = 1 + 3x$

c) $2(x - 3) - 4(3 - 2x) = 0$

60. Troba la solució de les equacions següents:

b) $2x - 6 = 5x + 18$

c) $11 - 3x = 23$

e) $6 - 5x = 2x + 3$

f) $-14x + 5 = x$

61. Resol les equacions que apareixen a continuació:

a) $3(x - 5) + 4(x - 2) = 5$

b) $x - 2(x + 2) - 3(2 - 4x) = 9$

c) $4(10 - 2x) - 3(2x + 1) = -3(x + 1) - (2 - 3x)$

62. Troba la solució de les equacions següents.

a) $\dfrac{x}{3} + 1 = \dfrac{3x}{4} + 3$

b) $\dfrac{3(x - 1)}{2} + x = \dfrac{x}{3} + 8$

c) $\dfrac{x - 1}{10} = \dfrac{x + 2}{40} + \dfrac{x - 2}{30}$

63. Quina és la solució d'aquestes equacions?

a) $x^2 - x - 6 = 0$

b) $-x^2 - 2x + 8 = 0$

c) $2x^2 + 5x + 6 = 0$

d) $-x^2 + 3x - 4 = 0$

e) $2x^2 + 5x - 3 = 0$

f) $6x^2 + 31x + 18 = 0$

64. Troba la solució de les equacions que apareixen a continuació:

a) $x^4 - 5x^2 + 4 = 0$

b) $x^4 + 8x^2 - 20 = 0$

65. Resol les equacions que apareixen a continuació:

a) $x^2 + 6x - 1 = 3x^2 + 3x - 6$

b) $2x^2 + 25x = x(x - 10)$

c) $x^2 - (2x + 1)(x - 1) = 7$

d) $(x - 1)^2 = (2x + 1)^2 - 10$

66. Determina les solucions d'aquestes equacions:

a) $\dfrac{x + 2}{3} + \dfrac{x(x - 1)}{5} = 0$

b) $\dfrac{3x - 1}{2} - \dfrac{x - x^2}{3} + 1 = 0$

c) $x - \dfrac{1 - 2x}{3} - \dfrac{2x^2 + 1}{4} = 5$

d) $3 - \dfrac{2x - 3}{2} + \dfrac{16x + x^2}{3} = 0$

e) $\dfrac{x - 1}{4} - \dfrac{12x - x^2}{3} = \dfrac{2x^2 + 1}{3} - x$

67. Comprova si el nombre indicat a cada apartat és solució de l'equació.

a) $2(x^2 - x - 2) + 6(3 - x) - 2(x - 3) - 8 = 0$
$x = -2$

b) $2(-x - 2)(1 - x) - 2(x + 1) = 0$
$x = \sqrt{3}$

c) $(2 + x)5x - (3x - 4) + 3(x - 1) - x^2 + 2(x + 4) = 0$
$x = -\dfrac{3}{2}$

d) $3x(x - 2) + 2(1 + 9x) + 11 = 0$
$x = \dfrac{1}{2}$

68. Resol aquestes equacions de segon grau:

a) $3x^2 - 48 = 0$

b) $3x^2 - 48x = 0$

c) $3x^2 + 48 = 0$

d) $x^2 + 3x + 9 = 0$

e) $x^2 - 3x + 9 = 0$

f) $-3x^2 + 18x - 3 = 0$

g) $-3x^2 - 18x + 3 = 0$

h) $x^2 + x - 18 = 0$

69. Resol les següents equacions de segon grau amb denominadors:

a) $\dfrac{3x^2 - 1}{2} + \dfrac{x^2 - x}{3} - x^2 = 0$

b) $\dfrac{x - 2}{2} + 1 = \dfrac{3x^2 - 2x + 3}{3} + \dfrac{19x}{6}$

c) $\dfrac{x(x + 1) - 10}{5} = \dfrac{x^2 + 2x}{2} - 2$

d) $x^2 + \dfrac{11x - 5}{6} = \dfrac{2x^2 - 1}{3} + x$

70. La suma de les solucions d'una equació de segon gran és 4 i el seu producte és -21.

a) Escriu-ne l'equació corresponent.

b) Determina'n les solucions en qüestió.

71. Indica el nombre de solucions de cada equació:

a) $3x^2 - 4x + 5 = 0$

b) $12 - 2x^2 + 3x = 0$

c) $-x + x^2 - 3 = 0$

d) $6x - x^2 + 9 = 0$

72. Resol l'equació general de segon grau $ax^2 + bx + c = 0$ fent servir les igualtats notables. Relaciona el resultat obtingut amb el nombre de solucions que té l'equació de segon grau.

73. Troba el valor de k perquè aquesta equació tingui com a solució $x = 7$.

$$x^2 - 13x + k = 0$$

Per a aquest valor de k, quina és l'altra solució?

74. Quins són els valors que han de prendre a i b perquè l'equació $ax^2 + bx - 30 = 0$ tingui les solucions $x_1 = 5$ i $x_2 = -3$?

75. Digues, sense resoldre-les, quina és la suma i el producte de les arrels de les equacions següents, i després calcula-les per comprovar-ho:

a) $x^2 + 5x - 14 = 0$

b) $x^2 + x = 0$

c) $6x^2 + 13x - 5 = 0$

d) $9x^2 + 9x - 10 = 0$

e) $4x^2 - 4x + 1 = 0$

f) $10x^2 + 3x - 1 = 0$

76. Escriu equacions de segon grau que tinguin les solucions següents:

a) $x_1 = 2, x_2 = -5$

b) $x_1 = -4, x_2 = 4$

c) $x_1 = 0, x_2 = -2$

d) $x_1 = -\frac{1}{3}, x_2 = -\frac{2}{3}$

77. Resol les equacions biquadrades que apareixen tot seguit:

a) $25x^4 - 101x^2 + 4 = 0$

b) $x^4 - 25x^2 + 144 = 0$

c) $3x^4 - 30x^2 + 27 = 0$

78. Troba les solucions de les equacions que apareixen a continuació:

a) $\frac{x^3 - x}{x^2 - 1} - \frac{1}{4x} = 0$

b) $9(1 - x^2)(1 + x^2) + 80x^2 = 0$

c) $1 - \frac{18}{x^2} + \frac{81}{x^4} = 0$

79. Resol les equacions biquadrades que apareixen a continuació:

a) $x^8 + 3x^4 - 4 = 0$

b) $x^6 - 19x^3 - 216 = 0$

c) $x^{12} + 7x^6 + 12 = 0$

d) $36x^{10} + x^5 - 6 = 0$

80. Busca les solucions de les equacions següents amb fraccions algebraiques i comprova'n, almenys, una de les solucions:

a) $\frac{1 - x^2}{x} + \frac{3x + 1}{4} + \frac{1}{6} = 0$

b) $\frac{x^2 + 4}{x} + \frac{1 - 4x}{3} + \frac{8}{15} = 0$

c) $\frac{2 - x}{2x} = \frac{5}{6} - \frac{3x^2 - 2x}{3x}$

81. Resol les equacions amb fraccions algebraiques que apareixen tot seguit:

a) $\frac{x^2 + 1}{x} - x = \frac{7x^2 - 7 - 6x}{6x^2 - 6}$

b) $\frac{x + 4}{4x + 7} = \frac{x - 3}{x^2 - x - 6}$

c) $\frac{x + 1}{2x - 1} - \frac{7}{4x^2 - 1} = \frac{x}{2x + 1}$

d) $\frac{4}{x^2 - 1} + 1 = \frac{x}{x + 1}$

e) $\frac{1}{x + 3} - \frac{1}{x - 3} = \frac{1}{x^2 - 9}$

82. Busca les solucions de les equacions següents amb fraccions algebraiques.

a) $\frac{2x(x^3 - 7x)}{2x^2 - 12} = 6$

b) $3x^2(x^2 - 2) = \frac{x^2 - 2}{3}$

c) $8x + \frac{12}{x} = \frac{20}{x^3}$

d) $\frac{9x}{2x^2} = 1 - 3x^2$

83. Resol les equacions següents amb fraccions algebraiques.

a) $\frac{4}{x + 3} = \frac{1}{2x + 1}$

b) $\frac{x + 2}{2 - x} + \frac{3x}{2x - 1} = 0$

c) $\frac{3}{x - 3} - \frac{2}{3x + 5} = 0$

d) $\frac{x}{x - 1} = \frac{x - 3}{x - 2}$

84. Troba les solucions de les equacions següents amb fraccions algebraiques.

a) $\frac{x - 1}{x} = \frac{2}{x + 1} + \frac{1}{2x}$

b) $x^2 - 3x - 4 + \frac{12}{x} = 0$

c) $\frac{x^2 + x - 6}{x} + 3 = 0$

d) $\frac{2x}{3x - 4} - \frac{x}{x - 1} = 0$

85. Troba el valor de *x* en les equacions següents.

a) $1 + \frac{5}{1 + x} + \frac{x}{1 - x} = 0$

b) $\frac{10x + 1}{2(x + 1)} - \frac{4x^2 + 3x - 4}{2(x + 1)^2} = 3$

c) $\frac{2x - 1}{x - 4} + \frac{x}{x - 1} - \frac{2x + 3}{x} = 1$

d) $\frac{1}{x - 1} + 1 = \frac{x^2}{x^2 + 3x - 4}$

e) $\frac{x^2 - 5x + 2}{2x - 5} + \frac{x - 2}{x + 1} + \frac{2x - 5}{x - 1} = -1 + \frac{-3x}{4}$

f) $\frac{x^2 - 4}{x^2 + x + 1} - \frac{x + 1}{x - 2} + 2x + \frac{1}{7} = 0$

g) $\frac{x}{x^2 - 1} + \frac{x}{x^3 - 1} + \frac{2x}{x^2 + x + 1} = 0$

86. Completa les equacions següents escrivint un nombre en el segon membre, de manera que tinguin la solució indicada.

a) $\sqrt{x + 7} - 2\sqrt{4x + 1} = \square$
$x = 2$

b) $\frac{1}{\sqrt{x}} + \frac{1}{\sqrt{x + 5}} = \square - \frac{1}{\sqrt{4x}}$
$x = 4$

SABER FER

Resoldre equacions del tipus $\sqrt{P(x)} = a$

▶ Troba les solucions d'aquesta equació amb radicals:

$$\sqrt{x^2 - 3} = 1$$

PRIMER. Elevem tots dos membres al quadrat i ho simplifiquem, si és possible.

$$\sqrt{x^2 - 3} = 1 \rightarrow \left(\sqrt{x^2 - 3}\right)^2 = 1^2 \rightarrow$$
$$\rightarrow x^2 - 3 = 1 \rightarrow x^2 = 4$$

SEGON. Resolem l'equació que en resulta.

$$x^2 = 4 \rightarrow \begin{cases} x_1 = 2 \\ x_2 = -2 \end{cases}$$

TERCER. En comprovem la solució, ja que en elevar-ho al quadrat poden aparèixer solucions que no verifiquin l'equació original.

$$\sqrt{x^2 - 3} = 1 \xrightarrow{x = 2} \sqrt{2^2 - 3} = 1 \rightarrow 1 = 1$$
$$\sqrt{x^2 - 3} = 1 \xrightarrow{x = -2} \sqrt{(-2)^2 - 3} = 1 \rightarrow 1 = 1$$

Per tant, $x_1 = 2$ i $x_2 = -2$ són les solucions.

87. Troba la solució de les equacions amb radicals:

a) $\sqrt{6x - 2} = 4$

b) $\sqrt{6x - 8} = x$

c) $\sqrt{x^2 + 9} - 1 = x$

d) $\sqrt{2x^2 + 7x - 1} = x + 1$

88. Resol les equacions següents amb radicals:

a) $\sqrt[3]{x + 9} = 4$

b) $\sqrt[3]{x^2 - 7x} = 2$

89. Resol aquestes equacions amb radicals:

a) $\sqrt{2x - 10} = 5\sqrt{x - 10}$

b) $\sqrt{x + 2} - \sqrt{x + 3} = 5$

c) $\sqrt{4x - 11} = 7\sqrt{2x - 29}$

d) $\sqrt{x + 3} - \sqrt{x + 1} = 3$

90. Resol les equacions següents amb fraccions algebraiques:

a) $\sqrt{3x^2 - 4x + 5} + 3x + 5 = \dfrac{x^2}{5}$

b) $\sqrt{x^2 + 4x + 4} + \sqrt{x + 3} = 5$

c) $\sqrt{x^2 + x + \dfrac{5}{9}} = 4 - \sqrt{3x + 8}$

d) $\sqrt{5 - 8x} + \sqrt{x^2 - 6x + \dfrac{3}{4}} = -10x$

91. Resol les equacions següents amb radicals:

a) $\sqrt{x + 7} + \sqrt{x - 1} - 2\sqrt{x + 2} = 0$

b) $\sqrt{x - \sqrt{1 - x}} + \sqrt{x} = 1$

92. Calcula la solució de les equacions següents:

a) $(x^2 - 4)(x^2 - 3x + 2) = 0$

b) $(x^2 - x)(x^2 + 16) = 0$

c) $(x - 1)(x^2 + 4)(x^2 - 9) = 0$

d) $(x^2 - 4x - 5)(x^2 - 2x - 8) = 0$

93. Troba la solució de les equacions que apareixen a continuació:

a) $x^3 + 4x^2 + x - 6 = 0$

b) $x^2(x + 6) = 32$

c) $x^2(x^2 + 1) + 2x^3 + 36 = 12x(x + 1)$

d) $2x^3 - 5x^2 - 14x + 8 = 0$

94. Troba les solucions d'aquestes equacions:

a) $6x^3 - 7x^2 - x + 2 = 0$

b) $4x^3(x - 3) + 2x^2 + 30(x + 1) = 23x(x - 1)$

c) $x^4 + 3x^3 - 11x^2 + 2x = 0$

d) $x^2(x^2 - x - 6) = 3(x^2 - 3x)$

95. Troba la solució de les equacions que apareixen a continuació:

a) $x^3 - 6x^2 + 11x - 6 = 0$

b) $x^3 - 3x^2 - 13x + 15 = 0$

c) $x^5 + x^4 - 5x^3 - 5x^2 + 4x + 4 = 0$

d) $x^3 - 7x^2 + 4x - 28 = 0$

96. Resol les equacions següents:

a) $\dfrac{x^3 + x^2}{3} + x \cdot \dfrac{x + 1}{6} = x + 1$

b) $3x^2\left(4 + \dfrac{7}{x}\right) = \dfrac{6(17x - 4)}{x}$

c) $\dfrac{x^2}{16}(x + 7) + x + 1 = 0$

d) $\dfrac{3}{x + 1} + \dfrac{2}{x - 1} - \dfrac{1}{x} = \dfrac{5}{2}$

e) $\dfrac{2x^2(x - 2) + 4x}{x^2 + 1} = 3$

97. Escriu alguna equació que tingui les característiques següents:

a) Els valors $x = 1$, $x = 2$ i $x = 3$ són solucions de l'equació.

b) És una equació de grau 3 amb una sola solució real, que és $x = \dfrac{1}{2}$.

c) Una equació de grau 3 amb dues solucions reals que siguin una oposada de l'altra.

d) Una equació de grau 2 amb coeficients enters i que tinguin com a solucions $x = -\dfrac{1}{3}$ i $x = \dfrac{2}{5}$.

e) Una equació de grau 3 amb coeficients enters i en què els valors $x = \dfrac{\sqrt{2}}{2}$ i $x = -3$ són dues de les seves solucions.

98. Troba quant val x en les expressions següents:

a) $\log_x 3 = -1$
b) $\log_x 5 = 2$
c) $\log_x 3 = -2$
d) $\log_x 2 = 5$

99. Calcula el valor de x en les expressions següents:

a) $\log_x 8 = 4$
b) $\log_x \frac{1}{4} = -4$
c) $\log_x 3 = 5$
d) $\log_x \frac{4}{9} = -2$
e) $\log_x 343 = 3$
f) $\log_x 2 = 4$
g) $\log_x \left(-\frac{125}{8}\right) = -3$
h) $\log_x 49 = 6$

100. Calcula el valor de x en les expressions que apareixen a continuació:

a) $\log_3 9^x = 2$
b) $\log 2^x = \frac{3}{2}$
c) $\ln 3^x = -1$
d) $\log_2 4^{x+4} = -2$
e) $\log_3 9^{x+3} = 3$
f) $\log 2^{\frac{x}{2}} = \frac{3}{2}$
g) $\ln 3^{x+6} = 3$
h) $\log_3 27^{3x+4} = -2$

101. Resol aquestes equacions logarítmiques:

a) $\log x = -1 + \log 5$
b) $\log_5 x = 2 + \log_5 7$
c) $\log_2 x = 3 + \log_2 9$

102. Resol les equacions logarítmiques que apareixen a continuació:

a) $\log_4 x = 2 + \log_4 \frac{1}{2}$
b) $\log (3x - 1) = -2 + \log 50$
c) $\log_2 \frac{3x-1}{4} = 2 + \log_2 \frac{1}{16}$

103. Calcula el valor de x en les equacions següent:

a) $\log_x 9 + \frac{1}{2}\log_x 16 = 2$
b) $\log_{x+1} (6x + 1) = 2$
c) $\log_{\frac{1}{2}} (x^2 - 3x + 3) = 0$
d) $\log_2 x^3 - \log_2 x^2 = 4$
e) $\log_2 (x^2 + 4x - 1) = 2$

104. Resol aquestes equacions:

a) $\log (x - 3) + \log (x + 1) = 1 - \log (x - 5)$
b) $\log_3 (x^2 + x + 1) = 27$
c) $\log_5 \left(x + \frac{1}{2}\right) + \log_5 \left(x + \frac{3}{4}\right) = 1 - \log_5 \left(x + \frac{1}{3}\right)$
d) $\log \left(\frac{x-2}{2}\right) + \log \left(\frac{x-3}{2}\right) + \log \left(\frac{2x-1}{3}\right) = 1$

105. Troba el valor de x en les equacions següents:

a) $\log_3 \sqrt{x-5} + \log_3 \sqrt{2x-3} = 1$
b) $\log_2 \sqrt{x} - \log_2 \sqrt[3]{x} = \frac{2}{3}$

106. Resol les equacions logarítmiques que apareixen a continuació:

a) $\log_5 (x - 1) + \log_5 (x + 1) = \log_5 3x$
b) $\log_2 (x - 3) - \log_2 (2x + 21) = 1 - \log_2 (x - 2)$

107. Calcula el valor de x en les equacions exponencials següents:

a) $4^x = \frac{1}{64}$
b) $2^{x-5} = 32$
c) $3^{6-x} = 27^{x-2}$
d) $32^{x-2} = 2$
e) $16^{2x-4} = 1$
f) $2^{x+1} = 8$
g) $2^{x+1} = 16$
h) $2^{x+1} = 128$

108. Resol les equacions exponencials que apareixen a continuació:

a) $64^{2x-5} = 16^{x-2}$
b) $125^{x-3} = 25^{x-3}$
c) $5^{x-3} = 1$
d) $2^{x+1} = \frac{1}{8}$
e) $2^{x+1} = \frac{1}{16}$
f) $2^{x+1} = \frac{1}{128}$

109. Resol les equacions exponencials següents:

a) $3 \cdot 27^{x-2} = 9^x$
b) $5^{x+4} = 125^{x-4}$
c) $\frac{1}{81^{6-x}} = 3^{4-x}$
d) $32^{2x-3} = 2^{x+3}$
e) $125^{x+2} = 5^{2x}$
f) $256^x = 4 \cdot 4^{2x-3}$

110. Opera amb les potències i calcula el valor de x en les equacions exponencials següents:

a) $3^{x^3 - \frac{x^2}{10} - \frac{4x}{5} + \frac{3}{10}} = 1$
b) $\frac{2^{x^3 - x^2 - 5x}}{8} = 1$

111. Resol les equacions exponencials que apareixen tot seguit:

a) $\left(\frac{3}{2}\right)^{x^3 - \frac{34x^2}{5} - \frac{48x}{5}} = 1$
b) $\left(\frac{3}{7}\right)^{x^3} = \left(\frac{7}{3}\right)^{-\frac{1}{3}(2x^2 + 16x)}$
c) $\left(\frac{1}{7}\right)^{5 - x^3} \cdot \sqrt{7^{13x^2 + 13x}} = 1$

112. Troba el valor de la incògnita x, suposant que la resta de lletres que apareixen són constants.

a) $a^{2x-1} = a^2$
b) $m^{x-3} = (m^2)^{2x}$
c) $(3a)^{2x-5} = 9a^2$
d) $(p - 3)^{5x} = p^2 - 6p + 9$
e) $(a^2 + 2ab + b^2)^2 = (a + b)^{2x}$
f) $(9 - 2x - x^2)^{x-3} = 1$
g) $(x + 1)^{x-1} = 1$

SABER FER

Resoldre equacions exponencials mitjançant un canvi de variable

▶ Calcula el valor de x en l'equació següent:

$$2^{2x} - 2^{x+3} + 8 = 2^x$$

PRIMER. Fem servir les propietats de les potències per eliminar dels exponents les sumes i les restes.

$$2^{2x} - 2^{x+3} + 8 = 2^x \rightarrow (2^x)^2 - 2^3 \cdot 2^x + 8 = 2^x$$
$$\rightarrow (2^x)^2 - 8 \cdot 2^x + 8 = 2^x$$

SEGON. Efectuem el canvi de variable.

$$2^x = t$$
$$(2^x)^2 - 8 \cdot 2^x + 8 = 2^x \xrightarrow{2^x = t} t^2 - 8t + 8 = t$$

TERCER. Resolem l'equació que en resulta amb els mètodes que considerem més adequats.

$$t^2 - 8t + 8 = t \rightarrow t^2 - 9t + 8 = 0 \rightarrow$$
$$\rightarrow t = \frac{9 \pm \sqrt{9^2 - 4 \cdot 8}}{2} = \begin{cases} t_1 = \frac{9+7}{2} = 8 \\ t_2 = \frac{9-7}{2} = 1 \end{cases}$$

QUART. Desfem el canvi de variable per trobar la solució.

$$t_1 = 8 \xrightarrow{t = 2^x} 2^x = 8 \rightarrow \log 2^x = \log 8 \rightarrow$$
$$\rightarrow x \log 2 = \log 2^3 \rightarrow x \log 2 = 3 \log 2 \rightarrow$$
$$\rightarrow x = \frac{3 \log 2}{\log 2} = 3$$

$$t_2 = 1 \xrightarrow{t = 2^x} 2^x = 1 \rightarrow \log 2^x = \log 1 \rightarrow x \log 2 = 0$$
$$\rightarrow x = 0$$

Les solucions són $x_1 = 3$ i $x_2 = 0$.

113. Resol aquestes equacions exponencials amb l'ajuda d'un canvi de variable:

a) $9^{2x} - 3 \cdot 9^x + 2 = 0$

b) $\left(\frac{2}{3}\right)^{2x} - 2 \cdot \left(\frac{2}{3}\right)^x = 35$

c) $7^{4x} - 3 \cdot 7^{3x} - 5 \cdot 7^{2x} + 13 \cdot 7^x + 6 = 0$

d) $\left(\frac{5}{6}\right)^{4x} - 2 \cdot \left(\frac{5}{6}\right)^x + 1 = 0$

114. Resol les equacions exponencials següents amb l'ajuda d'un canvi de variable:

a) $3^{3x} + 5 \cdot 3^{2x-1} - 11 \cdot 3^{x-1} + 1 = 0$

b) $4\left(\frac{1}{2}\right)^{3x} = 9 \cdot 2^{-2x} - 2^{-x+1}$

c) $\left(\frac{3}{2}\right)^{3x+1} + 1 = \left(\frac{3}{2}\right)^{2x} + \left(\frac{3}{2}\right)^{x+1}$

115. Resol aquestes equacions que contenen fraccions algebraiques:

a) $\frac{x+3}{x-5} = 0$

b) $\frac{2x-3}{x+3} = 0$

c) $\frac{-x+1}{2-3x} = 0$

d) $\frac{2-x}{2x+5} - 1 = 0$

116. Troba les solucions de les equacions següents:

a) $\frac{x^2-1}{x+1} = 0$

b) $\frac{-x^2+3}{2x-3} = 0$

c) $\frac{x^2-3x}{x^2-4} = 0$

d) $\frac{-x+3}{2x^2-18} = 0$

117. Determina la solució de les equacions següents:

a) $\sqrt{5-3x} = x$

b) $\sqrt{x-3} = x$

c) $\sqrt{4-3x-x^2} = x$

d) $\log(2-5x) = 1$

e) $\log(6-x-x^2) = 2$

f) $\log(x^2+1) = 2$

Problemes amb equacions

118. El director d'un supermercat ha observat que el nombre de clients atesos cada hora per un dependent està relacionat amb la seva experiència. Ha estimat que aquest nombre es pot calcular d'una manera aproximada amb la funció:

$$C(d) = \frac{40d}{d+3}$$

en què d és el nombre de dies que fa que el dependent treballa i C és el nombre de clients atesos en una hora.

a) Quants clients per hora atendria un dependent que fa dos dies que treballa?

b) El director sap que un dependent comença a ser rendible a l'empresa quan atén 32 clients per hora. Quan passa això?

c) Investiga el que passa amb el nombre de clients atesos per dependents que tenen molta experiència. Pots constatar-hi alguna característica especial?

ACTIVITATS

119. Determina la suma i el producte de les solucions d'aquesta equació:

$$x^2 - 9x + 14 = 0$$

Troba les solucions de l'equació. Pots explicar el que passa?

120. Estudia el valor dels coeficients de l'equació biquadrada $ax^4 + bx^2 + c = 0$ perquè tingui quatre, tres, dues, una o cap solució.

121. Fa quatre anys un individu tenia la meitat més la tercera part de l'edat que té ara. Quina edat té?

122. Una llanxa recorre 50 metres per minut quan baixa un riu i 20 metres per minut quan el puja. A quina distància es pot baixar pel riu si només es disposa de 3 hores per a l'excursió i s'ha de tornar al punt de partida?

123. Descompon el número 60 en dues parts de manera que dividint-lo entre l'altra el quocient sigui 3 i el residu, 8.

124. Troba dos nombres consecutius, sabent que la suma de la quarta part i la cinquena part del més petit i la suma de la tercera part i la setena part del més gran són també nombres consecutius.

125. Un comerciant compra melons a 40 cèntims/kg i els ven a 60 cèntims/kg. Troba quants quilograms de melons va comprar si se li'n van fer malbé 10 kg i en va obtenir 42 €.

126. Entre dues galledes A i B d'igual capacitat es distribueixen en parts desiguals 10 litres d'aigua. La galleda A s'ompliria si s'hi aboquessin dos terços de l'aigua continguda a B. La galleda B s'ompliria si s'hi afegís la meitat de l'aigua d'A. Volem saber quanta és l'aigua continguda a cada galleda i la capacitat que tenen.

127. Una mare, per estimular el seu fill, li dóna un euro per cada exercici que faci bé. Si li surt malament, el fill ha de donar 50 cèntims a la mare. Després de 20 exercicis, el fill ha guanyat 15,50 €. Quants exercicis ha fet bé?

128. Si augmentéssim 4 cm l'aresta d'una galleda, el seu volum es multiplicaria per 8. Troba la mida de l'aresta.

129. Si r i s són les solucions de l'equació $ax^2 + bx + c = 0$, quines són les solucions de $cx^2 - bx + a = 0$?

130. En una empresa que es dedica a la fabricació de recipients de vidre s'ha calculat que per fabricar una classe de got de vidre hi ha unes despeses fixes de 3000 € i una despesa en matèria primera d'1,50 € per got. Quants gots es podran fabricar a la fàbrica amb una despesa exacta de 7000 €?

131. Doblegant 14 cm de filferro volem formar un rectangle. Quines en són les dimensions si la diagonal mesura 5 cm?

132. Una mare de 24 anys acaba de tenir un fill. Quan serà la seva edat $\frac{2}{5}$ de la de la seva mare?

133. El triple d'un nombre menys la seva meitat és igual a 3. Quin nombre és?

134. D'un nombre se'n sap que si al seu quadrat en restem la seva meitat, s'obté el mateix nombre. Quin pot ser?

135. Una companyia elèctrica ofereix tres tarifes que tenen una part fixa i una part proporcional al consum.

- Tarifa *A*: 6,70 € de quantitat fixa més 0,18 € per quilowatt hora de consum.
- Tarifa *B*: 9,60 € de quantitat fixa més 0,13 € per quilowatt hora de consum.
- Tarifa *C*: 14 € de quantitat fixa més 0,09 € per quilowatt hora de consum.

a) A partir de quina quantitat de consum la tarifa *B* és millor que l'*A*?

b) A partir de quina quantitat de consum la *C* és millor tarifa que l'*A*?

c) A partir de quina quantitat de consum la tarifa *C* és la millor de totes?

136. Volem construir una piscina rectangular en un jardí i, per fer-ho, dibuixem un esquema amb les dimensions del jardí i de la piscina. Quines són les dimensions de la piscina, si la diferència d'àrees entre el jardí i la piscina és de 135 m²?

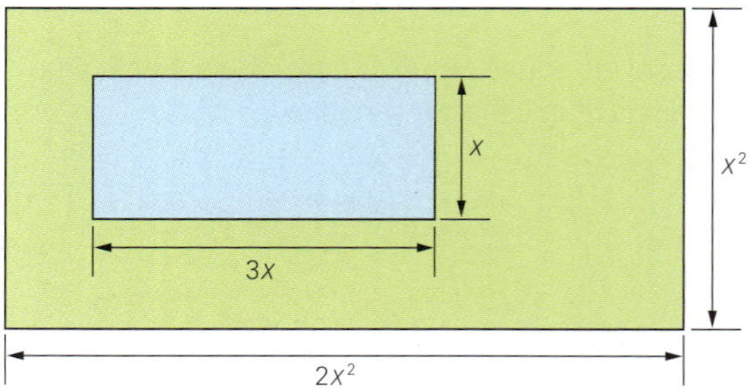

Per aprofundir

Reflexiona sobre la teoria

137. Escull la resposta adequada. (Concurs de Primavera)

Un granger té ovelles i gallines. Si la mitjana del nombre de potes per animal és l, el quocient entre el nombre d'ovelles i gallines és:	$\frac{1}{3(4-l)}$	$\frac{l-2}{4-l}$	$\frac{3(l-2)}{l}$	$\frac{(l-2)^2}{16-l^2}$	$\frac{7(l^2-4)}{5(16-l^2)}$
Si $b > 1$, $x > 0$ i $(2x)^{\log_b 2} - (3x)^{\log_b 3} = 0$, x és igual a:	$\frac{1}{216}$	$\frac{1}{6}$	1	6	No es pot determinar.
Quantes solucions reals té l'equació $\lvert x - \lvert 2x+1 \rvert \rvert = 3$?	0	1	2	3	4
Quin és el producte de les solucions de l'equació $\sqrt{5\lvert x \rvert + 8} = \sqrt{x^2 - 16}$?	-64	-24	-9	24	576
L'edat d'en Joan, t anys, és la suma de les edats dels seus tres fills. Si fa n anys la seva edat era el doble de la suma de les edats dels seus fills, quant val el quocient $\frac{t}{n}$?	2	$\frac{11}{3}$	4	$\frac{25}{6}$	5

138. Troba la relació entre els coeficients de l'equació següent i la suma, el producte i la suma dels dobles productes de les seves tres arrels:

$$ax^3 + bx^2 + cx + d = 0$$

139. Discuteix les solucions de l'equació següent segons els valors de m:

$$x^2 - 2x + \log m = 0$$

140. Si les solucions de l'equació

$$ax^2 + bx + c = 0$$

són x_1 i x_2, escriu equacions de segon grau que tinguin com a solucions:

a) Els quadrats de x_1 i x_2.

b) Els inversos de x_1 i x_2.

c) Els oposats de x_1 i x_2.

Pensa una mica més

141. En Joan i en Lluís pugen per unes escales mecàniques. En Joan puja tres vegades més ràpid que el seu amic, i tots dos ho fan d'esglaó a esglaó.

Quan acaben de pujar, en Joan ha comptat 75 esglaons i en Lluís n'ha comptat 50. Amb aquestes dades, calcula els esglaons «visibles» de les escales.

CLAU

Per cada esglaó que es baixa, les escales baixen un coeficient k d'esglaó; i per cada esglaó que es puja, les escales baixen una cinquena part de k.

Tingues en compte que has d'igualar el nombre d'esglaons visibles de baixada amb els de pujada.

Olimpíades matemàtiques

142. Calcula les solucions reals de l'equació

$$\sqrt[3]{1729 - x} + \sqrt[3]{x} = 19$$

(Olimpíades matemàtiques. Fase de Districte)

143. Descompon el polinomi

$$P(x) = x^5 - 209x + 56$$

en producte de dos factors, sabent que s'anul·la per a dos valors, x_1 i x_2, inversos entre si.

(Olimpíades matemàtiques. Fase de Districte)

144. Prova que les sumes de les primeres, segones i terceres potències de les arrels del polinomi

$$P(x) = x^3 + 2x^2 + 3x + 4$$

valen el mateix.

(Olimpíades matemàtiques. Fase de Districte)

145. Determina justificadament tots els parells de nombres enters (x, y) que verifiquen l'equació $x^2 - y^4 = 2009$.

(Olimpíades matemàtiques. Fase Nacional)

MATEMÀTIQUES A LA TEVA VIDA

PER A QUÈ SERVEIXEN LES EXPRESSIONS ALGEBRAIQUES?

Per calcular les necessitats nutricionals d'una persona

La salut nutricional en els éssers humans és un factor molt important: que els treballadors, els estudiants i els esportistes compleixin depèn d'una bona alimentació, que és la que ens aporta els nutrients necessaris.

Els éssers humans necessitem energia per viure. Aquesta energia ens la proporcionen els aliments que mengem i s'obté de l'oxidació dels nutrients calòrics: els hidrats de carboni, els lípids i les proteïnes. Tots els aliments són font d'energia, però la seva contribució varia segons el contingut de calories que tinguin. Una dieta equilibrada que aporti els nutrients que necessitem ha de contenir:

Hidrats de carboni	Greixos	Proteïnes
60%	30%	10%

Què entenem per necessitats nutricionals? Les quantitats de nutrients que un ésser humà ha d'ingerir per mantenir els processos vitals del seu organisme i, així, evitar malalties i facilitar el seu desenvolupament correcte. Aquestes necessitats se solen mesurar en quilocalories.

D'acord amb el gènere, el pes P expressat en quilos, l'estatura h expressada en centímetres i l'edat t expressada en anys, existeixen expressions algebraiques que permeten calcular aproximadament les necessitats nutricionals d'un ésser humà. Dues de les més utilitzades en l'actualitat són les indicades en aquesta taula:

Fórmula	Dones	Homes
Harris-Benedict	$447{,}593 + 9{,}247\,P + 3{,}098\,h - 4{,}330\,t$	$88{,}362 + 13{,}397\,P + 4{,}799\,h - 5{,}677\,t$
Mifflin St. Jeor	$-161 + 10\,P + 6{,}25\,h - 5\,t$	$5 + 10\,P + 6{,}25\,h - 5\,t$

LLEGEIX I COMPRÈN

1. Quins factors afecten la salut nutricional d'un ésser humà?
2. Com obtenim les persones l'energia necessària per viure?
3. Què són les unitats nutricionals i en quines unitats es mesuren?

INTERPRETA

4. Quines variables intervenen en cada expressió algebraica?
5. Quins són els coeficients dels termes que formen cada polinomi?

REFLEXIONA

6. Esbrina quins aliments has de consumir i en quina proporció diària per tenir una bona salut nutricional.

APLICA

7. Calcula les necessitats nutricionals d'una dona de 35 anys, que pesa 59 kg i mesura 1,61 m, segons les dues expressions del text.
8. Calcula les necessitats nutricionals d'un home de 28 anys, que té un pes de 67 kg i que mesura 1,75 m, segons les dues expressions del text.

4 Sistemes d'equacions

CONTINGUTS

El cine, aquesta fàbrica de somnis on es poden viure mil vides, depèn de la imaginació dels guionistes, de la fe dels productors, de la dedicació dels actors, el director i els tècnics i, sobretot, de l'espectador...

Al nostre país, des dels primers anys d'aquest segle, en què es va viure una època daurada amb més de 26 milions d'espectadors el 2001, el cine va anar perdent usuaris fins a tocar fons 10 anys després; en el camí s'havien perdut més de 13 milions d'espectadors.

Llavors van sorgir diverses teories sobre qui o què era el culpable de la situació: Internet i les pel·lícules piratejades, la crisi econòmica financera que ofegava les famílies, la baixa qualitat de les pel·lícules noves, la pèrdua de carisma dels actors moderns, poca imaginació en les històries que s'expliquen...

En plena crisi del cine es va posar en marxa un projecte en què les entrades es venien a menys del 40% del valor usual; això va provocar que les sales de cine s'omplissin per a totes les sessions.

Les teories econòmiques van traduir el fet com una aproximació del preu real al *preu de mercat*, és a dir, d'ajustar el preu a la llei de l'oferta i la demanda, però...

Com calculem el preu de mercat d'un producte?

1 Sistemes d'equacions lineals

1.1. Equacions lineals

Una **equació lineal** és una equació de grau 1 que pot tenir una o diverses incògnites. Els **coeficients** de l'equació són els nombres que multipliquen les incògnites, i els **termes independents** són els nombres que no tenen associada cap incògnita.

Una solució d'una equació lineal és cada conjunt de valors que, en substituir-los en el lloc de les incògnites, compleixen l'equació.

EXEMPLE

1 Determina les incògnites, els coeficients, el terme independent i una solució d'aquesta equació lineal: $3x + 4y - 2z + t = 15$.

Incògnites: x, y, z i t

Coeficients: 3, 4, -2 i 1

Terme independent: 15

El conjunt de valors $x = 1, y = 3, z = 2, t = 4$ és una solució de l'equació.

$$3x + 4y - 2z + t = 15 \xrightarrow{x=1,\, y=3,\, z=2,\, t=4} 3 \cdot 1 + 4 \cdot 3 - 2 \cdot 2 + 4 = 15$$

S'escriu així

Quan un sistema té dues incògnites se solen denominar x i y. Si en té tres: x, y i z. Si en són quatre: x, y, z i t. I quan té més de quatre incògnites normalment s'afegeixen subíndexs a la lletra x: $x_1, x_2, x_3, \ldots, x_n$.

1.2. Sistemes d'equacions lineals

Un **sistema d'equacions lineals** és un conjunt de dues o més equacions lineals per al qual es vol trobar una solució comuna.

S'anomena **solució** d'un sistema d'equacions lineals cada conjunt de valors que, quan se substitueixen en el lloc de les incògnites, compleixen totes les equacions.

EXEMPLE

2 Digues quins són solució del sistema d'equacions $\left.\begin{array}{r} 3x - y = 2 \\ x + y = 2 \end{array}\right\}$.

a) $x = 2, y = 1$ **b)** $x = 1, y = 1$

a) $\left.\begin{array}{r} 3x - y = 2 \\ x + y = 2 \end{array}\right\} \xrightarrow{x=2,\, y=1} \left.\begin{array}{r} 3 \cdot 2 - 1 = 2 \\ 2 + 1 = 3 \neq 2 \end{array}\right\} \rightarrow$ No és solució del sistema.

b) $\left.\begin{array}{r} 3x - y = 2 \\ x + y = 2 \end{array}\right\} \xrightarrow{x=1,\, y=1} \left.\begin{array}{r} 3 \cdot 1 - 1 = 2 \\ 1 + 1 = 2 \end{array}\right\} \rightarrow$ És solució del sistema.

ACTIVITATS

1. Determina les incògnites, els coeficients, el terme independent i una solució d'aquestes equacions lineals:

a) $3x - 2y = -3$

b) $5y + 2x + z = 8$

c) $8 - 4x + 2y = z$

d) $2t + 4x - 7 = y + 4z$

2. Quins d'aquests parells de valors són solució del sistema $\left.\begin{array}{r} x - y = 1 \\ x - 2y = -3 \end{array}\right\}$?

a) $x = 1, y = 0$

b) $x = -1, y = 1$

c) $x = 5, y = 4$

1.3. Discussió d'un sistema

Discutir un sistema d'equacions és classificar-lo, tenint en compte el seu nombre de solucions.

Segons aquesta classificació, un sistema d'equacions lineals pot ser:

- **Compatible**, quan té alguna solució.
  - Si la solució és única, el sistema és **determinat**.
  - Si hi ha més d'una solució, el sistema és **indeterminat**.
- **Incompatible**, quan no té solució.

EXEMPLE

3 Classifica els sistemes d'equacions lineals següents:

a) $\left.\begin{array}{r} x - y = 1 \\ x - y = 2 \end{array}\right\}$ **b)** $\left.\begin{array}{r} x - y = 1 \\ 3x - 3y = 3 \end{array}\right\}$ **c)** $\left.\begin{array}{r} x - y = 1 \\ 2x - y = 3 \end{array}\right\}$

a) Les dues equacions proporcionen una informació contradictòria.

Si $x - y$ és igual a 1, segons la primera equació, no pot ser igual a 2, tal com s'expressa a la segona equació.

Quan dibuixem les rectes que representen cada equació obtenim dues rectes paral·leles.

El sistema no té solució, és incompatible.

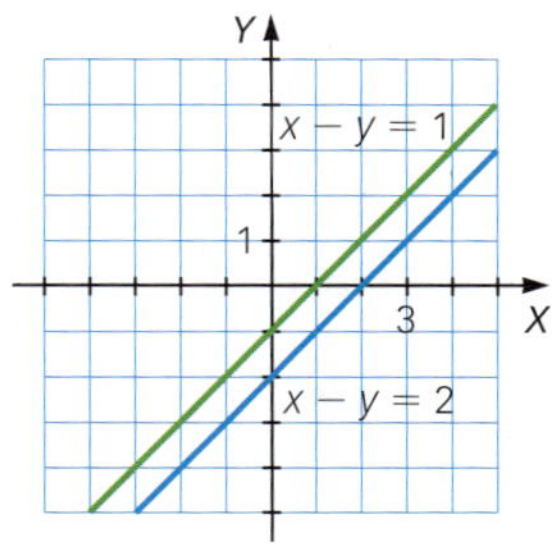

b) Les dues equacions proporcionen la mateixa informació.

La segona equació és igual a la primera multiplicada per 3.

Quan dibuixem les rectes que representen cada equació obtenim dues rectes coincidents.

Per tant, el sistema té solucions infinites; és compatible indeterminat.

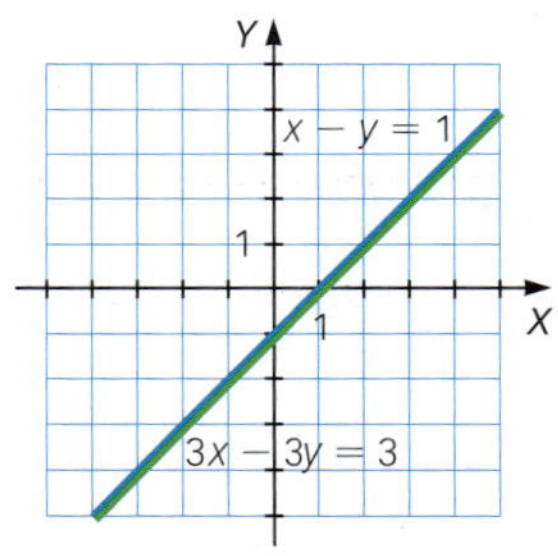

c) Les dues equacions aporten informació diferent.

Quan dibuixem les rectes que representa cada equació obtenim dues rectes que es tallen en un punt, que és la solució del sistema.

El sistema té una solució única, és compatible determinat.

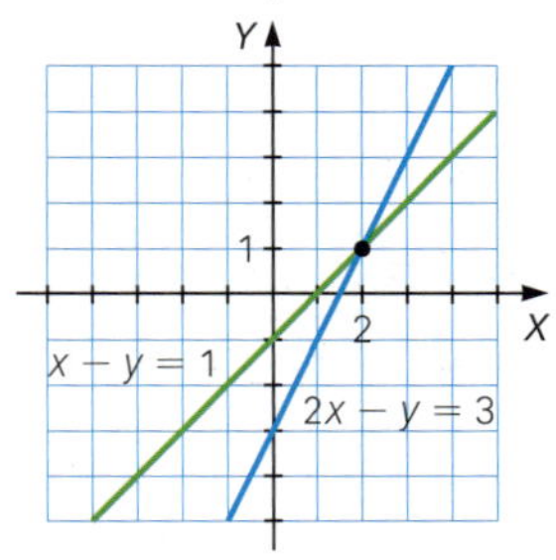

No ho oblidis

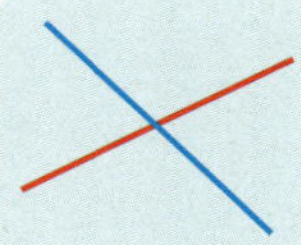

Sistema compatible determinat. Solució única.

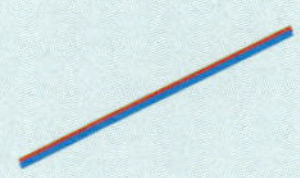

Sistema compatible indeterminat. Solucions infinites.

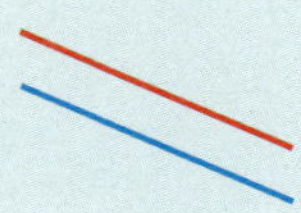

Sistema incompatible. No té solució.

ACTIVITATS

3. Classifica aquests sistemes d'equacions i soluciona'ls amb el mètode més adequat:

a) $\left.\begin{array}{r} 8x - 2y = 4 \\ -12x + 3y = -6 \end{array}\right\}$

b) $\left.\begin{array}{r} p + 2q = 1 \\ 3p - q = 11 \end{array}\right\}$

c) $\left.\begin{array}{r} 4x + 6y = 2 \\ 3y + 2x = 1 \end{array}\right\}$

d) $\left.\begin{array}{r} 2x - y = -4 \\ -x + 2y = 7 \end{array}\right\}$

4. Decideix de quina classe són aquests sistemes d'equacions i representa'n la solució gràficament:

a) $\left.\begin{array}{r} 3x - 2y = 5 \\ -6x + 4y = 0 \end{array}\right\}$

b) $\left.\begin{array}{r} 4x - 6y = 2 \\ -6x + 9y = -3 \end{array}\right\}$

c) $\left.\begin{array}{r} -x + y = 3 \\ 2x - y = -1 \end{array}\right\}$

d) $\left.\begin{array}{r} 10x + y = -3 \\ -4x + 2y = -6 \end{array}\right\}$

2 Sistemes d'equacions lineals amb dues incògnites

Un sistema d'equacions lineals amb dues incògnites és del tipus:

$$\left.\begin{array}{l} a_1x + b_1y = c_1 \\ a_2x + b_2y = c_2 \end{array}\right\}$$ en què x i y són les incògnites i a_1, a_2, b_1, b_2, c_1 i c_2 són nombres reals.

Per resoldre aquest tipus de sistemes podem fer servir diversos mètodes.

2.1. Mètode de substitució

Aquest mètode consisteix a aïllar una incògnita a una de les equacions i substituir-ne el valor a l'altra equació.

SABER FER

Resoldre un sistema d'equacions amb el mètode de substitució

▶ Resol el sistema d'equacions lineals $\left.\begin{array}{r} x + y = 1 \\ 2x - 3y = 2 \end{array}\right\}$.

PRIMER. Aïllem una incògnita a una de les equacions.

$$\left.\begin{array}{r} x + y = 1 \\ 2x - 3y = 2 \end{array}\right\} \rightarrow y = 1 - x$$

SEGON. Substituïm el valor de la incògnita a l'altra equació.

$$2x - 3y = 2 \xrightarrow{y = 1 - x} 2x - 3(1 - x) = 2 \rightarrow 5x = 5 \rightarrow x = 1$$

TERCER. Calculem l'altra incògnita.

$$y = 1 - x \xrightarrow{x = 1} y = 1 - 1 = 0$$

2.2. Mètode d'igualació

Aquest mètode consisteix a aïllar la mateixa incògnita a les dues equacions i resoldre l'equació que resulta d'igualar-ne els valors.

SABER FER

Resoldre un sistema d'equacions amb el mètode d'igualació

▶ Resol el sistema d'equacions lineals $\left.\begin{array}{r} x + y = 1 \\ 2x - 3y = 2 \end{array}\right\}$.

PRIMER. Aïllem la mateixa incògnita a les dues equacions.

$$\left.\begin{array}{r} x + y = 1 \\ 2x - 3y = 2 \end{array}\right\} \begin{array}{l} \rightarrow y = 1 - x \\ \rightarrow y = \dfrac{2x - 2}{3} \end{array}$$

SEGON. Igualem les expressions i resolem l'equació que en resulta.

$$1 - x = \frac{2x - 2}{3} \rightarrow 3 - 3x = 2x - 2 \rightarrow x = 1$$

TERCER. Calculem l'altra incògnita.

$$y = 1 - x \xrightarrow{x = 1} y = 1 - 1 = 0$$

ACTIVITATS

5. Resol fent servir els mètodes de substitució i d'igualació:

a) $\left.\begin{array}{r} 3x - 5y = 2 \\ -2x + 3y = 5 \end{array}\right\}$

b) $\left.\begin{array}{r} 2x - 7y = 4 \\ -6x + 2y = 3 \end{array}\right\}$

6. Troba la solució del sistema d'equacions:

$$\left.\begin{array}{r} 3(2x + y - 1) - 6(4x - y) = 15 \\ -x + y + 3(x - 2y + 6) = 4 \end{array}\right\}$$

2.3. Mètode de reducció

Aquest mètode consisteix a igualar, per mitjà de multiplicacions, els coeficients d'una de les incògnites, de manera que quan sumem o restem les equacions del sistema eliminem la incògnita en qüestió.

SABER FER

Resoldre un sistema d'equacions amb el mètode de reducció

▶ Resol el sistema d'equacions lineals $\left.\begin{array}{r} x+y=1 \\ 2x-3y=2 \end{array}\right\}$.

PRIMER. Igualem els coeficients d'una de les incògnites per mitjà de les multiplicacions adequades.

$$\left.\begin{array}{r} x+y=1 \\ 2x-3y=2 \end{array}\right\} \xrightarrow{\cdot(-2)} \left.\begin{array}{r} -2x-2y=-2 \\ 2x-3y=2 \end{array}\right\}$$

SEGON. Sumem o restem les dues equacions i resolem l'equació que en resulta.

$$+\left.\begin{array}{r} -\cancel{2x}-2y=-2 \\ \cancel{2x}-3y=2 \end{array}\right\}$$
$$-5y=0 \rightarrow y=0$$

TERCER. Calculem l'altra incògnita.

$$x+y=1 \xrightarrow{y=0} x+0=1 \rightarrow x=1$$

2.4. Mètode gràfic

Aquest mètode consisteix a representar les rectes que defineixen cada una de les equacions lineals i determinar el punt o els punts de tall de totes dues rectes.

SABER FER

Resoldre un sistema d'equacions amb el mètode gràfic

▶ Resol el sistema d'equacions lineals $\left.\begin{array}{r} x+y=1 \\ 2x-3y=2 \end{array}\right\}$.

PRIMER. Representem les rectes que corresponen a cada equació. Per fer-ho, aïllem y.

$x+y=1 \rightarrow y=1-x$

x	$y=1-x$
0	1
2	−1

$2x-3y=2 \rightarrow y=\dfrac{2x-2}{3}$

x	$y=\dfrac{2x-2}{3}$
−2	−2
1	0

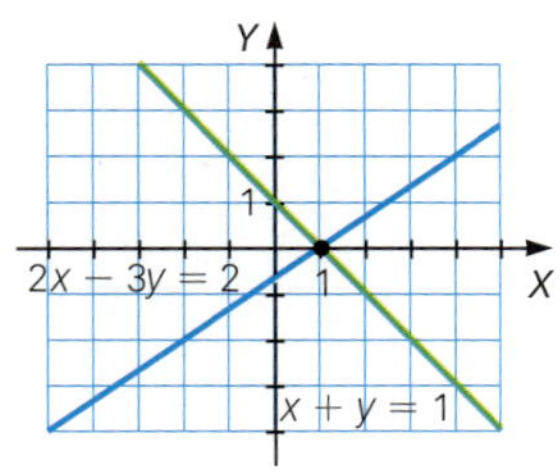

SEGON. Estudiem la intersecció de totes dues rectes. El punt o els punts de tall són solució del sistema.

En aquest cas només hi ha un punt d'intersecció. Hi ha una solució única $x=1$, $y=0$.

ACTIVITATS

7. Resol amb el mètode de reducció:

a) $\left.\begin{array}{r} 3x-2y=4 \\ 2x-3y=2 \end{array}\right\}$ b) $\left.\begin{array}{r} x-3y=1 \\ 4x+5y=-2 \end{array}\right\}$

8. Resol gràficament els sistemes:

a) $\left.\begin{array}{r} x-2y=4 \\ 2x+y=1 \end{array}\right\}$ b) $\left.\begin{array}{r} 3x-y=0 \\ x-2y=2 \end{array}\right\}$

3 Sistemes d'equacions lineals amb tres incògnites

Un sistema d'equacions lineals amb tres incògnites és del tipus:

$$\left.\begin{array}{r} a_1x + b_1y + c_1z = d_1 \\ a_2x + b_2y + c_2z = d_2 \\ a_3x + b_3y + c_3z = d_3 \end{array}\right\}$$

x i y són les incògnites i a_1, a_2, a_3, b_1, b_2, b_3, c_1, c_2, c_3, d_1, d_2 i d_3 són nombres reals.

Per resoldre aquest tipus de sistemes podem aïllar les incògnites una a una i substituir-ne el valor a l'equació següent.

EXEMPLE

4 Resol aquest sistema d'equacions amb tres incògnites.

$$\left.\begin{array}{r} x + 2y - z = -1 \\ 2x - y + 3z = 3 \\ 5x + y + 2z = 4 \end{array}\right\}$$

Aïllem una incògnita en una equació i en substituïm el valor a l'equació següent.

$$\left.\begin{array}{r} x + 2y - z = -1 \\ 2x - y + 3z = 3 \\ 5x + y + 2z = 4 \end{array}\right\} \rightarrow x = -1 - 2y + z$$

$$\left.\begin{array}{r} x + 2y - z = -1 \\ 2x - y + 3z = 3 \\ 5x + y + 2z = 4 \end{array}\right\} \xrightarrow{x = -1 - 2y + z} 2(-1 - 2y + z) - y + 3z = 3 \rightarrow$$

$$\rightarrow -2 - 4y + 2z - y + 3z = 3 \rightarrow$$

$$\rightarrow -5y + 5z = 5 \rightarrow y = \frac{5z - 5}{5} = z - 1$$

Substituïm el valor de y en el valor de x per obtenir les dues incògnites en funció de la tercera variable, z.

$$\left.\begin{array}{r} x + 2y - z = -1 \\ 2x - y + 3z = 3 \\ 5x + y + 2z = 4 \end{array}\right\} \begin{array}{l} \rightarrow x = -1 - 2y + z \xrightarrow{y = z - 1} x = -1 - 2(z - 1) + z = 1 - z \\ \rightarrow y = z - 1 \end{array}$$

Traslladem el valor d'aquestes dues incògnites a l'última equació i resolem l'equació de primer grau que en resulta.

$$\left.\begin{array}{r} x + 2y - z = -1 \\ 2x - y + 3z = 3 \\ 5x + y + 2z = 4 \end{array}\right\} \xrightarrow[y = z - 1]{x = 1 - z} 5(1 - z) + (z - 1) + 2z = 4$$

$$5 - 5z + z - 1 + 2z = 4 \rightarrow -2z = 0 \rightarrow z = 0$$

Calculem el valor de les altres dues incògnites.

$$x = 1 - z \xrightarrow{z = 0} x = 1$$

$$y = z - 1 \xrightarrow{z = 0} y = -1$$

La solució del sistema d'equacions és $x = 1,\ y = -1,\ z = 0$.

ACTIVITATS

9. Troba la solució d'aquests sistemes:

a) $\left.\begin{array}{r} x + z = 1 \\ 2x - y - 2z = 4 \\ x + 3y + z = 3 \end{array}\right\}$

b) $\left.\begin{array}{r} x + y - z = 0 \\ x - y + z = 2 \\ -x + y + z = 4 \end{array}\right\}$

10. Resol els sistemes següents:

a) $\left.\begin{array}{r} x - 2y + 5z = 4 \\ -2x + 3y - z = 1 \\ 3x + y + 2z = -1 \end{array}\right\}$

b) $\left.\begin{array}{r} x + y = 1 \\ x + z = 1 \\ y + z = 1 \end{array}\right\}$

4 Mètode de Gauss

Per resoldre sistemes d'equacions lineals també podem fer servir el mètode de Gauss, que consisteix a trobar, per mitjà de les transformacions adequades, un altre sistema equivalent en què cada una de les equacions té, almenys, una incògnita menys que l'anterior.

Per aconseguir-ho podem utilitzar les transformacions següents:

- Canviar l'ordre de dues equacions.
- Multiplicar o dividir els dos membres d'una equació per un mateix nombre.
- Canviar una equació per la suma d'aquesta equació més una altra multiplicada per un nombre.

SABER FER

Resoldre un sistema de tres equacions amb el mètode de Gauss

▶ Resol el sistema d'equacions $\left.\begin{array}{r} 2x+y-2z=7 \\ x+y+z=0 \\ 3x+2y+2z=1 \end{array}\right\}$.

PRIMER. Escollim una equació en què un dels coeficients de les incògnites sigui 1, −1 o un divisor dels altres coeficients de la mateixa incògnita.

En aquest cas, escollim la segona equació i la posem primera ($E_1 \leftrightarrow E_2$).

$$\left.\begin{array}{r} 2x+y-2z=7 \\ x+y+z=0 \\ 3x+2y+2z=1 \end{array}\right\} \xrightarrow{E_1 \leftrightarrow E_2} \left.\begin{array}{r} x+y+z=0 \\ 2x+y-2z=7 \\ 3x+2y+2z=1 \end{array}\right\}$$

SEGON. Eliminem la incògnita escollida de la segona i la tercera equació multiplicant la primera pel nombre adequat i sumant-les o restant-les.

$$\left.\begin{array}{r} x+y+z=0 \\ 2x+y-2z=7 \\ 3x+2y+2z=1 \end{array}\right\} \begin{array}{c} \xrightarrow{E_2 = E_2 - 2E_1} \\ \xrightarrow{E_3 = E_3 - 3E_1} \end{array} \left.\begin{array}{r} x+y+z=0 \\ -y-4z=7 \\ -y-z=1 \end{array}\right\}$$

TERCER. Repetim el procés per eliminar una incògnita de la tercera equació.

$$\left.\begin{array}{r} x+y+z=0 \\ -y-4z=7 \\ -y-z=1 \end{array}\right\} \xrightarrow{E_3 = E_3 - E_2} \left.\begin{array}{r} x+y+z=0 \\ -y-4z=7 \\ 3z=-6 \end{array}\right\}$$

QUART. Resolem les equacions, començant per l'última, i substituïm els valors calculats a mesura que puguem.

$$\left.\begin{array}{r} x+y+z=0 \\ -y-4z=7 \\ 3z=-6 \end{array}\right\} \begin{array}{l} \xrightarrow{y=1,\, z=-2} x+1-2=0 \rightarrow x=1 \\ \xrightarrow{z=-2} -y-4(-2)=7 \rightarrow y=1 \\ \xrightarrow{\qquad} z=-2 \end{array}$$

La solució del sistema és $x = 1, y = 1, z = -2$.

S'escriu així

En un sistema d'equacions anomenem E_1, E_2, E_3... les equacions que el componen.

- Per canviar d'ordre dues equacions, per exemple, intercanviar la primera i la segona equació, escrivim:

$$E_1 \leftrightarrow E_2$$

- Per substituir una equació per la suma o resta de dues equacions més, per exemple, substituir la tercera equació per la resta de la tercera equació menys la primera multiplicada per 4, escrivim:

$$E_3 = E_3 - 4E_1$$

ACTIVITATS

11. Resol aquests sistemes:

a) $\left.\begin{array}{r} x-y=3 \\ 3x+2y=19 \\ 2x+3y=16 \end{array}\right\}$ b) $\left.\begin{array}{r} x+y+2z=0 \\ 2x+5y-6z=0 \\ 3x+4y+z=0 \end{array}\right\}$

12. Resol els sistemes següents:

a) $\left.\begin{array}{r} x+y+z=2 \\ 3x-y=1 \\ 5x+7y-3z=3 \end{array}\right\}$ b) $\left.\begin{array}{r} x-y-2z=8 \\ 2x+y-3z=11 \\ x+2y+3z=5 \end{array}\right\}$

5 Sistemes d'equacions no lineals

Un **sistema d'equacions no lineals** és un conjunt de dues o més equacions que n'inclouen alguna que no és lineal. Aquest tipus de sistemes se solen resoldre mitjançant el mètode de substitució.

EXEMPLE

5 Resol aquests sistemes:

a) $\left.\begin{array}{r} x - 3y = 12 \\ x^2 - y^2 = 80 \end{array}\right\} \to x = 3y + 12$

$x^2 - y^2 = 80 \xrightarrow{x = 3y + 12} (3y + 12)^2 - y^2 = 80 \to 8y^2 + 72y + 64 = 0 \to$

$\to y^2 + 9y + 8 = 0 \to y = \dfrac{-9 \pm \sqrt{81 - 32}}{2} = \dfrac{-9 \pm 7}{2} = \begin{cases} y_1 = -1 \\ y_2 = -8 \end{cases}$

$x = 3y + 12 \xrightarrow{y = -1} x = 3 \cdot (-1) + 12 = 9$

$x = 3y + 12 \xrightarrow{y = -8} x = 3 \cdot (-8) + 12 = -12$

Les possibles solucions del sistema són $x = 9, y = -1$ i $x = -12, y = -8$.

Comprovem les solucions.

$\left.\begin{array}{r} x - 3y = 12 \\ x^2 - y^2 = 80 \end{array}\right\} \xrightarrow{x = 9,\, y = -1} \left.\begin{array}{r} 9 - 3(-1) = 9 + 3 = 12 \\ 9^2 - (-1)^2 = 81 - 1 = 80 \end{array}\right\}$

$\left.\begin{array}{r} x - 3y = 12 \\ x^2 - y^2 = 80 \end{array}\right\} \xrightarrow{x = -12,\, y = -8} \left.\begin{array}{r} -12 - 3(-8) = -12 + 24 = 12 \\ (-12)^2 - (-8)^2 = 144 - 64 = 80 \end{array}\right\}$

Les dues solucions són vàlides.

b) $\left.\begin{array}{r} \dfrac{3}{x} + \dfrac{y + 2}{y} = 1 \\ xy + 1 = -5 \end{array}\right\} \to \left.\begin{array}{r} 3y + xy + 2x = xy \\ xy + 1 = -5 \end{array}\right\} \to \left.\begin{array}{r} 3y + 2x = 0 \\ xy = -6 \end{array}\right\} \to y = -\dfrac{2x}{3}$

$xy = -6 \xrightarrow{y = -\frac{2x}{3}} -\dfrac{2x^2}{3} = -6 \to x^2 = 9 \to \begin{cases} x_1 = 3 \\ x_2 = -3 \end{cases}$

$y = -\dfrac{2x}{3} \xrightarrow{x = 3} y = -2 \qquad y = -\dfrac{2x}{3} \xrightarrow{x = -3} y = 2$

Les possibles solucions del sistema són $x = 3, y = -2$ i $x = -3, y = 2$.

Comprovem les solucions.

$\left.\begin{array}{r} \dfrac{3}{x} + \dfrac{y + 2}{y} = 1 \\ xy + 1 = -5 \end{array}\right\} \xrightarrow{x = 3,\, y = -2} \left.\begin{array}{r} \dfrac{3}{3} + \dfrac{-2 + 2}{-2} = 1 + 0 = 1 \\ 3 \cdot (-2) + 1 = -6 + 1 = -5 \end{array}\right\}$

$\left.\begin{array}{r} \dfrac{3}{x} + \dfrac{y + 2}{y} = 1 \\ xy + 1 = -5 \end{array}\right\} \xrightarrow{x = -3,\, y = 2} \left.\begin{array}{r} \dfrac{3}{-3} + \dfrac{2 + 2}{2} = -1 + 2 = 1 \\ (-3) \cdot 2 + 1 = -6 + 1 = -5 \end{array}\right\}$

Les dues solucions són vàlides.

ACTIVITATS

13. Resol aquests sistemes d'equacions:

a) $\left.\begin{array}{r} \dfrac{x + 1}{2} = y - 3 \\ 2x^2 = y^2 - 7 \end{array}\right\}$

b) $\left.\begin{array}{r} xy - 2x = -9 \\ \dfrac{x + y}{y} = 2y \end{array}\right\}$

14. Resol els sistemes d'equacions següents:

a) $\left.\begin{array}{r} 6x + 6y = 5 \\ x^2 - y^2 = \dfrac{5}{36} \end{array}\right\}$

b) $\left.\begin{array}{r} \sqrt{x + y + 4} + x = y + 2 \\ y^2 - x^2 = 2(x + y) \end{array}\right\}$

En moltes ocasions, per resoldre problemes es necessiten sistemes d'equacions no lineals. Quan es resolen s'han de comprovar les solucions del sistema d'equacions per veure que s'adaptin a les condicions particulars de cada problema.

EXEMPLES

6 L'altura sobre el costat desigual d'un triangle isòsceles mesura 15 cm i el seu perímetre, 50 cm. Calcula la longitud dels costats.

x = Costat igual del triangle

y = Costat desigual del triangle

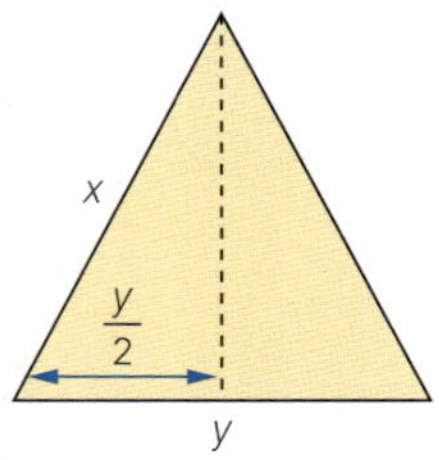

Pel teorema de Pitàgores $\longrightarrow x^2 = 15^2 + \left(\frac{y}{2}\right)^2$

Per la definició de perímetre $\rightarrow 2x + y = 50$

Plantegem el sistema d'equacions i el resolem.

$$\left.\begin{array}{l} x^2 = 15^2 + \left(\frac{y}{2}\right)^2 \\ 2x + y = 50 \end{array}\right\}$$

Aïllem y a la segona equació i la substituïm a la primera.

$$\left.\begin{array}{l} x^2 = 15^2 + \left(\frac{y}{2}\right)^2 \\ 2x + y = 50 \end{array}\right\} \rightarrow y = 50 - 2x$$

$$x^2 = 15^2 + \left(\frac{y}{2}\right)^2 \xrightarrow{y = 50 - 2x} x^2 = 15^2 + \left(\frac{50 - 2x}{2}\right)^2 \rightarrow$$

$$\rightarrow x^2 = 225 + 625 - 50x + x^2 \rightarrow 50x = 850 \rightarrow x = 17$$

$$y = 50 - 2x \xrightarrow{x = 17} y = 50 - 2 \cdot 17 = 16$$

Els costats iguals del triangle isòsceles mesuren 17 cm i el costat desigual, 16 cm.

7 La suma de dos nombres és 9 i la dels seus inversos és $\frac{1}{2}$. Calcula'ls.

x = Primer nombre

y = Segon nombre

Plantegem el sistema d'equacions i el resolem.

$$\left.\begin{array}{r} x + y = 9 \\ \frac{1}{x} + \frac{1}{y} = \frac{1}{2} \end{array}\right\} \rightarrow \left.\begin{array}{r} y = 9 - x \\ \frac{1}{x} + \frac{1}{y} = \frac{1}{2} \end{array}\right\} \rightarrow \frac{1}{x} + \frac{1}{9 - x} = \frac{1}{2}$$

Traiem denominadors.

$$2(9 - x) + 2x = x(9 - x) \rightarrow x^2 - 9x + 18 = 0 \rightarrow \begin{cases} x_1 = 6 \\ x_2 = 3 \end{cases}$$

Substituïm els valors de x a l'altra equació.

$$y = 9 - x \xrightarrow{x_1 = 6} y_1 = 3 \qquad y = 9 - x \xrightarrow{x_2 = 3} y_2 = 6$$

La solució del problema són els nombres 3 i 6.

ACTIVITATS

15. La diagonal d'un rectangle mesura 17 cm i el seu perímetre, 46 cm. Planteja un sistema d'equacions i calcula la longitud dels costats.

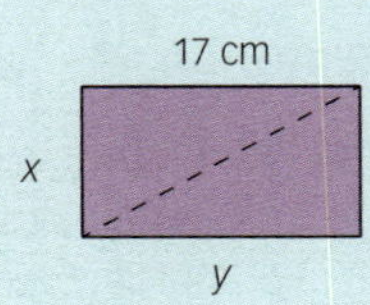

16. La suma d'un nombre més cinc vegades l'invers d'un altre és 2. D'altra banda, el segon nombre més el quàdruple del primer és 9. Determina quins nombres són.

Sistemes d'equacions lineals amb dues incògnites

Expressar totes les solucions d'un sistema d'equacions compatible indeterminat amb dues incògnites

Resol aquests sistemes d'equacions: **a)** $\left.\begin{array}{r} 2x - y = 3 \\ 4x - 2y = 6 \end{array}\right\}$ **b)** $\left.\begin{array}{r} x + y = 0 \\ 5x + 5y = 0 \end{array}\right\}$

PRIMER. Comprovem que el sistema és compatible indeterminat; per fer-ho, només cal veure que una equació sigui proporcional a l'altra.

a) $\left.\begin{array}{r} 2x - y = 3 \\ 4x - 2y = 6 \end{array}\right\} \rightarrow$ La segona equació és el doble de la primera; per tant, són proporcionals.

b) $\left.\begin{array}{r} x + y = 0 \\ 5x + 5y = 0 \end{array}\right\} \rightarrow$ La segona equació és la primera multiplicada per 5; per tant, són proporcionals.

SEGON. Escollim una de les equacions i n'aïllem una de les incògnites.

a) $\left.\begin{array}{r} 2x - y = 3 \\ 4x - 2y = 6 \end{array}\right\} \rightarrow y = 2x - 3$

b) $\left.\begin{array}{r} x + y = 0 \\ 5x + 5y = 0 \end{array}\right\} \rightarrow x = -y$

TERCER. Igualem la incògnita que no hem aïllat a un paràmetre, λ, i substituïm també el valor a la incògnita que havíem aïllat.

a) $x = \lambda \qquad y = 2x - 3 \xrightarrow{x = \lambda} y = 2\lambda - 3$

La solució del sistema és $x = \lambda$, $y = 2\lambda - 3$ per a qualsevol nombre real, λ.

Si $\lambda = 1 \rightarrow x = 1, y = 2 \cdot 1 - 3 = -1$ és solució,
si $\lambda = 2 \rightarrow x = 2, y = 2 \cdot (2) - 3 = 1$ és una altra solució...

b) $y = \lambda \qquad x = -y \xrightarrow{y = \lambda} x = -\lambda$

La solució del sistema és $x = -\lambda$, $y = \lambda$ per a qualsevol nombre real, λ.

Si $\lambda = 1 \rightarrow x = -1, y = 1$ és solució,
si $\lambda = 2 \rightarrow x = -2, y = 2$ és una altra solució...

PRACTICA

17. Resol aquests sistemes d'equacions: a) $\left.\begin{array}{r} -x + 3y = \dfrac{2}{5} \\ 5x - 15y = 2 \end{array}\right\}$ b) $\left.\begin{array}{r} \dfrac{x}{3} - y = \dfrac{5}{2} \\ 2x - 6y = 15 \end{array}\right\}$

Sistemes d'equacions lineals amb dues incògnites

Resoldre sistemes en funció d'un paràmetre

Resol el sistema en funció del paràmetre *a*. $\left.\begin{array}{r} \mathbf{-2x + ay = 12} \\ \mathbf{x + 2y = 1} \end{array}\right\}$

PRIMER. Resolem el sistema amb el mètode més adequat, i n'expressem les solucions en funció del paràmetre.

$$\left.\begin{array}{r} -2x + ay = 12 \\ x + 2y = 1 \end{array}\right\} \xrightarrow{\cdot 2} + \left.\begin{array}{r} -\cancel{2x} + ay = 12 \\ \cancel{2x} + 4y = 2 \end{array}\right\}$$
$$(a + 4)y = 14 \rightarrow y = \frac{14}{a + 4}$$

$$x + 2y = 1 \xrightarrow{y = \frac{14}{a+4}} x + \frac{28}{a + 4} = 1 \rightarrow x = \frac{a - 24}{a + 4}$$

SEGON. Analitzem la solució segons els valors que pugui prendre el paràmetre *a*.

En aquest cas, el paràmetre es troba en el denominador d'una fracció. En una fracció el denominador no pot ser 0.

El sistema té solució quan $a + 4 \neq 0 \rightarrow a \neq -4$.

PRACTICA

18. Resol en funció del paràmetre *a*.

a) $\left.\begin{array}{r} 2x + y = 7 \\ ax + 2y = 12 \end{array}\right\}$ b) $\left.\begin{array}{r} 3x + 5y = 20 \\ 7x + ay = 39 \end{array}\right\}$

Resoldre problemes amb un sistema d'equacions

Una parcel·la rectangular està envoltada de 330 m de filferro. Si mesura el doble de llarg que d'ample, quines en són les dimensions?

PRIMER. Es relacionen les dades del problema amb un sistema d'equacions.

x = Ample $\qquad y$ = Llarg

El perímetre és 330 m $\longrightarrow 2x + 2y = 330$

És el doble de llarg que d'ample $\rightarrow y = 2x$

SEGON. Resolem l'equació i analitzem la validesa de la solució.

$$\left.\begin{array}{r} 2x + 2y = 330 \\ y = 2x \end{array}\right\} \xrightarrow{y = 2x} 2x + 4x = 330 \rightarrow x = \frac{330}{6} = 55$$

$$y = 2x \xrightarrow{x = 55} y = 110$$

La parcel·la mesura 110 m de llarg i 55 d'ample.

PRACTICA

19. La diferència de les dues xifres d'un nombre és 2 i la diferència entre el nombre en qüestió i l'obtingut si n'intercanviem les xifres és 18. Quin és el nombre?

Sistemes d'equacions lineals amb dues incògnites

Determinar el nombre de solucions d'un sistema d'equacions amb dues incògnites

Resol aquests sistemes d'equacions: **a)** $\left.\begin{array}{r}-x-2y=-4\\2x+y=2\end{array}\right\}$ **b)** $\left.\begin{array}{r}3x-y=3\\6x-2y=6\end{array}\right\}$ **c)** $\left.\begin{array}{r}2x-3y=5\\-4x+6y=1\end{array}\right\}$

PRIMER. Apliquem el primer pas del mètode de reducció.

a) $\left.\begin{array}{r}-x-2y=-4\\2x+y=2\end{array}\right\}\xrightarrow{\cdot 2}\left.\begin{array}{r}\not{-2x}-4y=-8\\\not{2x}+y=2\end{array}\right\}$; $-3y=-6$

b) $\left.\begin{array}{r}3x-y=3\\6x-2y=6\end{array}\right\}\xrightarrow{\cdot(-2)}\left.\begin{array}{r}\not{-6x}+2y=-6\\\not{6x}-2y=6\end{array}\right\}$; $0=0$

c) $\left.\begin{array}{r}2x-3y=5\\-4x+6y=1\end{array}\right\}\xrightarrow{\cdot 2}\left.\begin{array}{r}\not{4x}-6y=10\\\not{-4x}+6y=1\end{array}\right\}$; $0\neq 11$

SEGON. Estudiem la igualtat que en resulta.

- Si el resultat és una equació, el sistema és compatible determinat.
- Si el resultat és una igualtat numèrica, el sistema és compatible indeterminat.
- Si el resultat no és una igualtat, el sistema és incompatible.

a) $-3y=-6$ → Equació ⟶ Sistema compatible determinat; una solució única.

b) $0=0$ → Igualtat numèrica ⟶ Sistema compatible indeterminat; solucions infinites.

c) $0\neq 11$ → No és una igualtat → Sistema incompatible; no té solució.

PRACTICA

20. Determina el nombre de solucions.

a) $\left.\begin{array}{r}3x-6y=9\\-x+2y=3\end{array}\right\}$

b) $\left.\begin{array}{r}3x-6y=9\\-x+2y=-3\end{array}\right\}$

Sistemes d'equacions lineals amb tres incògnites

Expressar totes les solucions d'un sistema d'equacions compatible indeterminat amb tres incògnites

Troba la solució d'aquests sistemes: **a)** $\left.\begin{array}{r}x+2y-3z=3\\2x+3y+z=1\\x+y+4z=-2\end{array}\right\}$ **b)** $\left.\begin{array}{r}x-2y+3z=1\\3x-6y+9z=3\\-x+2y-3z=-1\end{array}\right\}$

PRIMER. Apliquem el mètode de Gauss per resoldre sistemes d'equacions.

a) $\left.\begin{array}{r}x+2y-3z=3\\2x+3y+z=1\\x+y+4z=-2\end{array}\right\}\begin{array}{c}\xrightarrow{E_2=E_2-2E_1}\\\xrightarrow{E_3=E_3-E_1}\end{array}\left.\begin{array}{r}x+2y-3z=3\\-y+7z=-5\\-y+7z=-5\end{array}\right\}\xrightarrow{E_3=E_3-E_2}\left.\begin{array}{r}x+2y-3z=3\\-y+7z=-5\\0=0\end{array}\right\}$

b) $\left.\begin{array}{r}x-2y+3z=1\\3x-6y+9z=3\\-x+2y-3z=-1\end{array}\right\}\begin{array}{c}\xrightarrow{E_2=E_2-3E_1}\\\xrightarrow{E_3=E_3+E_1}\end{array}\left.\begin{array}{r}x-2y+3z=1\\0=0\\0=0\end{array}\right\}$

SEGON. Observem el nombre d'equacions diferents de zero que queden.

Nre. d'incògnites − Nre. d'equacions diferents de zero = Nre. de paràmetres que apareixen a la solució

a) $3-2=1$ → La solució depèn d'un paràmetre.

b) $3-1=2$ → La solució depèn de dos paràmetres.

TERCER. Resolem les equacions en funció dels paràmetres.

- Si la solució depèn d'un paràmetre, substituïm una incògnita pel paràmetre λ, i aïllem les altres dues en funció de λ.

a) $\left.\begin{array}{r}x+2y-3z=3\\-y+7z=-5\end{array}\right\}\xrightarrow{z=\lambda}\left.\begin{array}{r}x+2y-3\lambda=3\\-y+7\lambda=-5\end{array}\right]\begin{array}{l}\to x=3-2y+3\lambda\xrightarrow{y=7\lambda+5}x=-7-11\lambda\\\to y=7\lambda+5\end{array}$

La solució és $x=-7-11\lambda$, $y=7\lambda+5$, $z=\lambda$ amb $\lambda\in\mathbb{R}$.

- Si la solució depèn de dos paràmetres, substituïm dues incògnites pels paràmetres λ i μ, , i aïllem la incògnita que queda.

b) $x-2y+3z=1\xrightarrow{y=\lambda,\,z=\mu}x-2\lambda+3\mu=1\to x=1+2\lambda-3\mu$

La solució és $x=1+2\lambda-3\mu$, $y=\lambda$, $z=\mu$ amb $\lambda,\mu\in\mathbb{R}$.

PRACTICA

21. Resol aquests sistemes.

a) $\left.\begin{array}{r}x-3y=1\\2x-y+z=4\\3x-4y+z=5\end{array}\right\}$

b) $\left.\begin{array}{r}x-y+z=0\\3x-3y+3z=0\\-x+y-z=0\end{array}\right\}$

SABER FER

Sistemes d'equacions lineals amb tres incògnites

Resoldre sistemes d'equacions lineals amb tres incògnites en funció d'un paràmetre

Resol el sistema $\left.\begin{array}{r} 2x - y + 2z = 2 \\ 2x - 4z = -4 \\ -y + az = 1 \end{array}\right\}$.

PRIMER. Escrivim el sistema amb els seus coeficients per aplicar més fàcilment el mètode de Gauss.

$$\left.\begin{array}{r} 2x - y + 2z = 2 \\ 2x - 4z = -4 \\ -y + az = 1 \end{array}\right\} \rightarrow \left(\begin{array}{ccc|c} 2 & -1 & 2 & 2 \\ 2 & 0 & -4 & -4 \\ 0 & -1 & a & 1 \end{array}\right)$$

SEGON. Resolem el sistema d'equacions amb el mètode de Gauss.

$$\left(\begin{array}{ccc|c} 2 & -1 & 2 & 2 \\ 2 & 0 & -4 & -4 \\ 0 & -1 & a & 1 \end{array}\right) \xrightarrow{E_2 = E_2 - E_1} \left(\begin{array}{ccc|c} 2 & -1 & 2 & 2 \\ 0 & 1 & -6 & -6 \\ 0 & -1 & a & 1 \end{array}\right)$$

$$\left(\begin{array}{ccc|c} 2 & -1 & 2 & 2 \\ 0 & 1 & -6 & -6 \\ 0 & -1 & a & 1 \end{array}\right) \xrightarrow{E_3 = E_3 + E_2} \left(\begin{array}{ccc|c} 2 & -1 & 2 & 2 \\ 0 & 1 & -6 & -6 \\ 0 & 0 & a-6 & -5 \end{array}\right)$$

TERCER. Discutim el sistema analitzant l'última fila en què els elements no són tots nuls.

L'última fila és $(0 \;\; 0 \;\; a-6 \mid -5)$

- Si $a - 6 = 0 \rightarrow a = 6$, llavors l'última fila és $(0 \;\; 0 \;\; 0 \mid -5) \rightarrow$ Sistema incompatible
- Si $a - 6 \neq 0 \rightarrow a \neq 6$, l'última fila és $(0 \;\; 0 \;\; a-6 \mid -5) \rightarrow$ Sistema compatible determinat

QUART. Calculem la solució del sistema quan sigui compatible.

$$\left(\begin{array}{ccc|c} 2 & -1 & 2 & 2 \\ 0 & 1 & -6 & -6 \\ 0 & 0 & a-6 & -5 \end{array}\right) \rightarrow \left.\begin{array}{r} 2x - y + 2z = 2 \\ y - 6z = -6 \\ (a-6)z = -5 \end{array}\right\} \rightarrow z = -\frac{5}{a-6}$$

$$\left.\begin{array}{r} 2x - y + 2z = 2 \\ y - 6z = -6 \end{array}\right\} \xrightarrow{z = -\frac{5}{a-6}} y - 6\left(-\frac{5}{a-6}\right) = -6$$

$$\rightarrow y = \frac{6-6a}{a-6}$$

$$2x - y + 2z = 2 \rightarrow 2x - \frac{6-6a}{a-6} + 2\left(-\frac{5}{a-6}\right) = 2 \rightarrow$$

$$\rightarrow x = \frac{2-2a}{a-6}$$

La solució és $x = \frac{2-2a}{a-6}, y = \frac{6-6a}{a-6}, z = -\frac{5}{a-6}$.

PRACTICA

22. Resol el sistema $\left.\begin{array}{r} x - y + z = 0 \\ 2x - y - 2z = 1 \\ x - az = 2 \end{array}\right\}$.

Problemes amb sistemes d'equacions amb tres incògnites

Resoldre problemes amb un sistema d'equacions lineals amb tres incògnites

Un caixer automàtic només conté bitllets de 10, 20 i 50 €. En total hi ha 130 bitllets amb un import de 3000 €. Suposant que el nombre de bitllets de 10 és el doble que el nombre de bitllets de 50, calcula quants bitllets hi ha de cada mena.

PRIMER. Identifiquem les dades conegudes i desconegudes del problema.

Dades conegudes	Dades desconegudes
El nombre total de bitllets és 130	x = nre. de bitllets de 10 €
La quantitat total de diners és 3000 €	y = nre. de bitllets de 20 €
El nombre de bitllets de 10 € és el doble que el nombre de bitllets de 50 €	z = nre. de bitllets de 50 €

SEGON. Relacionem les dades conegudes i les desconegudes amb equacions.

El nombre total de bitllets és 130.

$x + y + z = 130$

La quantitat total de diners és 3000 €.

$10x + 20y + 50z = 3\,000$

Els bitllets de 10 € són el doble que els de 50 €.

$x = 2z$

TERCER. Plantegem el sistema d'equacions.

$$\left.\begin{array}{r} x + y + z = 130 \\ 10x + 20y + 50z = 3\,000 \\ x = 2z \end{array}\right\} \rightarrow \left.\begin{array}{r} x + y + z = 130 \\ 10x + 20y + 50z = 3\,000 \\ x - 2z = 0 \end{array}\right\}$$

QUART. Resolem el sistema d'equacions.

$$\left(\begin{array}{ccc|c} 1 & 1 & 1 & 130 \\ 10 & 20 & 50 & 3\,000 \\ 1 & 0 & -2 & 0 \end{array}\right) \xrightarrow[E_3 = E_3 - E_1]{E_2 = E_2 - 10E_1} \left(\begin{array}{ccc|c} 1 & 1 & 1 & 130 \\ 0 & 10 & 40 & 1\,700 \\ 0 & -1 & -3 & -130 \end{array}\right)$$

$$\left(\begin{array}{ccc|c} 1 & 1 & 1 & 130 \\ 0 & 10 & 40 & 1\,700 \\ 0 & -1 & -3 & -130 \end{array}\right) \xrightarrow{E_2 \leftrightarrow E_3} \left(\begin{array}{ccc|c} 1 & 1 & 1 & 130 \\ 0 & -1 & -3 & -130 \\ 0 & 10 & 40 & 1700 \end{array}\right)$$

$$\left(\begin{array}{ccc|c} 1 & 1 & 1 & 130 \\ 0 & -1 & -3 & -130 \\ 0 & 10 & 40 & 1\,700 \end{array}\right) \xrightarrow{E_3 = E_3 + 10E_2} \left(\begin{array}{ccc|c} 1 & 1 & 1 & 130 \\ 0 & -1 & -3 & -130 \\ 0 & 0 & 10 & 400 \end{array}\right)$$

$$\left.\begin{array}{r} x + y + z = 130 \\ -y - 3z = -130 \\ 10z = 400 \end{array}\right\} \begin{array}{l} \longrightarrow x = 80 \\ \longrightarrow y = 10 \\ \rightarrow z = 40 \end{array}$$

La solució és 80 bitllets de 10 €, 10 de 20 € i 40 de 50 €.

PRACTICA

23. La Maria, la Marisa i la Manela volen reunir 260 € per comprar un regal. Si la Maria hi posa el doble que la Marisa i la Manela hi posa dues terceres parts del que hi posa la Maria, quant hi posa cadascuna?

Sistemes d'equacions no lineals

Resoldre sistemes no lineals que contenen expressions radicals

Resol el sistema $\left.\begin{array}{r}1=\sqrt{3x-y}-x\\ \sqrt{5x+y}=\sqrt{3x+1}\end{array}\right\}$.

PRIMER. Intentem que a cada membre només hi hagi una arrel.

$$\left.\begin{array}{r}1=\sqrt{3x-y}-x\\ \sqrt{5x+y}=\sqrt{3x+1}\end{array}\right\}\rightarrow\left.\begin{array}{r}x+1=\sqrt{3x-y}\\ \sqrt{5x+y}=\sqrt{3x+1}\end{array}\right\}$$

SEGON. Elevem cada membre de l'equació a l'exponent necessari per eliminar el radical. En cas que quedés algun radical, tornaríem a repetir aquest pas fins que l'eliminéssim.

$$\left.\begin{array}{r}x+1=\sqrt{3x-y}\\ \sqrt{5x+y}=\sqrt{3x+1}\end{array}\right\}\xrightarrow{\text{Al quadrat}}\left.\begin{array}{r}(x+1)^2=\left(\sqrt{3x-y}\right)^2\\ \left(\sqrt{5x+y}\right)^2=\left(\sqrt{3x+1}\right)^2\end{array}\right\}$$

$$\left.\begin{array}{r}x^2+2x+1=3x-y\\ 5x+y=3x+1\end{array}\right\}$$

TERCER. Resolem el sistema d'equacions que en resulta.

$$\left.\begin{array}{r}x^2+2x+1=3x-y\\ 5x+y=3x+1\end{array}\right\}\rightarrow\left.\begin{array}{r}x^2+2x+1-3x+y=0\\ 5x+y-3x=1\end{array}\right\}\rightarrow$$

$$\rightarrow\left.\begin{array}{r}x^2-x+y+1=0\\ 2x+y=1\end{array}\right\}\rightarrow y=1-2x$$

$$x^2-x+y+1=0\xrightarrow{y=1-2x}x^2-x+(1-2x)+1=0$$

$$\rightarrow x^2-3x+2=0\rightarrow\begin{cases}x_1=1\\ x_2=2\end{cases}$$

$$y=1-2x\xrightarrow{x_1=1}y_1=-1$$

$$y=1-2x\xrightarrow{x_2=2}y_2=-3$$

QUART. Comprovem la validesa de les solucions.

$$\left.\begin{array}{r}1=\sqrt{3x-y}-x\\ \sqrt{5x+y}=\sqrt{3x+1}\end{array}\right\}\xrightarrow{x=1,\,y=-1}$$

$$\rightarrow\left.\begin{array}{r}1=\sqrt{3\cdot 1-(-1)}-1\\ \sqrt{5\cdot 1+(-1)}=\sqrt{3\cdot 1+1}\end{array}\right\}\rightarrow\left.\begin{array}{r}1=1\\ 2=2\end{array}\right\}$$

$$\left.\begin{array}{r}1=\sqrt{3x-y}-x\\ \sqrt{5x+y}=\sqrt{3x+1}\end{array}\right\}\xrightarrow{x=2,\,y=-3}$$

$$\rightarrow\left.\begin{array}{r}1=\sqrt{3\cdot 2-(-3)}-2\\ \sqrt{5\cdot 2+(-3)}=\sqrt{3\cdot 2+1}\end{array}\right\}\rightarrow\left.\begin{array}{r}1=1\\ \sqrt{7}=\sqrt{7}\end{array}\right\}$$

Les dues solucions són vàlides.

PRACTICA

24. Resol aquests sistemes d'equacions:

a) $\left.\begin{array}{r}\sqrt{3x^2-y}-y=1\\ 5x-7y=-2\end{array}\right\}$ b) $\left.\begin{array}{r}\sqrt[3]{5y+2x}=3x+1\\ x-y=1\end{array}\right\}$

Sistemes d'equacions no lineals

Resoldre sistemes no lineals que contenen fraccions algebraiques

Resol el sistema $\left.\begin{array}{r}\dfrac{3x}{x+y}-\dfrac{6}{y}=-2\\ x-y=-1\end{array}\right\}$.

PRIMER. Efectuem les operacions necessàries per deixar una sola fracció algebraica.

$$\left.\begin{array}{r}\dfrac{3x}{x+y}-\dfrac{6}{y}=-2\\ x-y=-1\end{array}\right\}\rightarrow\left.\begin{array}{r}\dfrac{3xy-6(x+y)}{(x+y)y}=-2\\ x-y=-1\end{array}\right\}$$

SEGON. Eliminem el denominador de la fracció algebraica, tenint en compte que les solucions obtingudes no poden, en cap cas, anul·lar el denominador.

$$\left.\begin{array}{r}\dfrac{3xy-6x-6y}{xy+y^2}=-2\\ x-y=-1\end{array}\right\}\rightarrow\left.\begin{array}{r}3xy-6x-6y=-2(xy+y^2)\\ x-y=-1\end{array}\right\}\rightarrow$$

$$\rightarrow\left.\begin{array}{r}5xy-6x-6y+2y^2=0\\ x-y=-1\end{array}\right\}$$

TERCER. Resolem el sistema d'equacions que en resulta.

$$\left.\begin{array}{r}5xy-6x-6y+2y^2=0\\ x-y=-1\end{array}\right\}\rightarrow x=-1+y$$

$$5xy-6x-6y+2y^2=0$$
$$\downarrow x=-1+y$$
$$5y(-1+y)-6(-1+y)-6y+2y^2=0\rightarrow$$

$$\rightarrow 7y^2-17y+6=0\rightarrow\begin{cases}y_1=2\\ y_2=\dfrac{3}{7}\end{cases}$$

$$x=-1+y\xrightarrow{y_1=2}x=1$$

$$x=-1+y\xrightarrow{y_2=\frac{3}{7}}x=-\frac{4}{7}$$

QUART. Comprovem la validesa de la solució o solucions obtingudes.

$$\left.\begin{array}{r}\dfrac{3x}{x+y}-\dfrac{6}{y}=-2\\ x-y=-1\end{array}\right\}\xrightarrow{x=1,\,y=2}\left.\begin{array}{r}-2=-2\\ -1=-1\end{array}\right\}$$

$$\left.\begin{array}{r}\dfrac{3x}{x+y}-\dfrac{6}{y}=-2\\ x-y=-1\end{array}\right\}\xrightarrow{x=-\frac{4}{7},\,y=\frac{3}{7}}\left.\begin{array}{r}-2=-2\\ -1=-1\end{array}\right\}$$

Les dues solucions, $x=1, y=2$ i $x=-\dfrac{4}{7}, y=\dfrac{3}{7}$, són vàlides perquè no anul·len el denominador de la fracció algebraica.

PRACTICA

25. Resol aquests sistemes d'equacions:

a) $\left.\begin{array}{r}\dfrac{1}{x}+\dfrac{1}{y}=1\\ x+2y=5\end{array}\right\}$ b) $\left.\begin{array}{r}3x-y=2\\ \dfrac{2}{x-2}-\dfrac{1}{y}=-3\end{array}\right\}$

Equacions lineals

26. Completa de manera que els parells de valors següents siguin solució de l'equació $-x + 5y = 4$.

a) (1, ■) c) (−4, ■)
b) (■, 3) d) (■, −2)

27. Completa de manera que les ternes de valors següents siguin solució de l'equació $2x - 3y + z = 8$.

a) (1, ■, 9) d) (0, ■, 2)
b) (■, −1, 1) e) (−1, −5, ■)
c) (−1, −2, ■) f) (■, −2, 10)

28. Considera l'equació $2x + y = 5$.

a) Escriu-ne totes les solucions.
b) Raona si (5, −15) n'és una de les solucions.
c) Completa els parells de valors següents perquè en siguin solució: (3, ■) i (■, 3).

Sistemes d'equacions lineals amb dues incògnites

29. Identifica els sistemes per als quals el parell de valors $x = 5$, $y = 2$ és solució.

a) $\left.\begin{array}{r} 3x - 4y = 7 \\ \dfrac{x-1}{2} + y = 0 \end{array}\right\}$ c) $\left.\begin{array}{r} 2(x - y) = x + 1 \\ \dfrac{2x-y}{4} = y \end{array}\right\}$

b) $\left.\begin{array}{r} x + \dfrac{y}{2} = 6 \\ \dfrac{x-y}{3} = \dfrac{x}{5} \end{array}\right\}$ d) $\left.\begin{array}{r} 5y - 3x = 19 \\ \dfrac{y-x}{3} = 1 \end{array}\right\}$

30. Completa aquests sistemes de manera que $x = 1$, $y = 4$ en siguin solució.

a) $\left.\begin{array}{r} ■x - 3y = -10 \\ -5x + ■y = 11 \end{array}\right\}$ b) $\left.\begin{array}{r} ■x + 3y = 16 \\ -2x + 7y = ■ \end{array}\right\}$

31. Calcula el valor de *a* i *b* perquè el sistema següent tingui per solucions $x = 1$ i $y = -2$:

$$\left.\begin{array}{r} 3x - 2(5x - y) - 3 = a \\ 4(x - 2y) + 3x - 2 = b \end{array}\right\}$$

32. Indica els sistemes per als quals el parell de valors $x = 3$, $y = -2$ n'és solució.

a) $\left.\begin{array}{r} y - \dfrac{x+1}{2} = 0 \\ x - y = 5 \end{array}\right\}$ c) $\left.\begin{array}{r} x - \dfrac{y+3x}{7} = 2 \\ 2x + y = 8 \end{array}\right\}$

b) $\left.\begin{array}{r} 5x + 2y = 10 \\ x - \dfrac{y}{2} = 4 \end{array}\right\}$ d) $\left.\begin{array}{r} \dfrac{8x-4}{5} + y = 2 \\ 4x + \dfrac{5}{2}y = 7 \end{array}\right\}$

33. Agrupa de dos en dos aquestes equacions lineals:

$4x - y - 1 = 0$ $y + 1 = -2x$
$2y = 8x + 10$ $y + 2x = 3$
$6x - 9 + 3y = 0$ $y - 4x = 5$

Per formar:

a) Dos sistemes compatibles determinats.
b) Dos sistemes compatibles indeterminats.
c) Dos sistemes incompatibles.

34. Afegeix a l'equació $3x - 5y = 3$ una altra equació, de manera que en resulti un sistema:

a) Determinat. b) Indeterminat. c) Incompatible.

35. Considera les equacions:

$$3x - y = 1 \qquad ax + by = c$$

Calcula els valors de *a*, *b* i *c* perquè les dues equacions formin un sistema amb aquestes característiques:

a) $ax + by = c$ passa per (2, −3) i el sistema té com a solució (−2, −7).
b) $ax + by = c$ passa per (4, 3) i el sistema té com a solució un punt d'ordenada 5.
c) $ax + by = c$ passa per (−2, 0) i el sistema és incompatible.

36. Quins dels sistemes següents tenen la mateixa solució? Soluciona-ho gràficament.

a) $\left.\begin{array}{r} x + 3y = -2y \\ x - y = 2x \end{array}\right\}$ c) $\left.\begin{array}{r} \dfrac{x+y}{4} + 2 = 0 \\ x = -5y \end{array}\right\}$

b) $\left.\begin{array}{r} 3y - x = 16 \\ 2x + 4 = y - 1 \end{array}\right\}$ d) $\left.\begin{array}{r} \dfrac{x}{5} - \dfrac{y}{2} = -3 \\ \dfrac{x}{2} + 4y = 3 \end{array}\right\}$

37. Determina el nombre de solucions d'aquests sistemes:

a) $\left.\begin{array}{r} x - 2y = -2 \\ \dfrac{x}{4} + y = 7 \\ x - y = 3 \end{array}\right\}$ c) $\left.\begin{array}{r} 2x + y = 8 \\ \dfrac{x+2y}{5} = -1 \\ x - 1 = -y \end{array}\right\}$

b) $\left.\begin{array}{r} x - \dfrac{2y}{3} = 2 \\ 2x + 7y = 4 \\ 2y - 3x = -6 \end{array}\right\}$ d) $\left.\begin{array}{r} -x + 4y = 15 \\ \dfrac{x-3y}{3} = -1 \\ 5y - 3x = 0 \end{array}\right\}$

38. Resol aquests sistemes per substitució.

a) $\left.\begin{array}{r} 2x + y = 1 \\ \dfrac{x}{3} - \dfrac{y}{5} = 2 \end{array}\right\}$ c) $\left.\begin{array}{r} 6x - 2y = 6 \\ 3(x + 1) - (y - 2) = 8 \end{array}\right\}$

b) $\left.\begin{array}{r} 3x + 2y = 0 \\ \dfrac{x}{4} + \dfrac{y-1}{2} = \dfrac{1}{2} \end{array}\right\}$ d) $\left.\begin{array}{r} 2(x - y) + 4y = -4 \\ x + 3(y + 2) = 8 \end{array}\right\}$

39. Resol per igualació:

a) $\left.\begin{array}{r} y - x + 2 = 6 \\ 2(x - y) + 1 = -y \end{array}\right\}$

b) $\left.\begin{array}{r} 4x + y = \dfrac{27}{2} \\ x + 3y = 13 \end{array}\right\}$

c) $\left.\begin{array}{r} x + y = 1 \\ \dfrac{x - y}{4} = \dfrac{-3}{8} \end{array}\right\}$

d) $\left.\begin{array}{r} \dfrac{2x}{3} + \dfrac{y}{2} = \dfrac{3}{16} \\ \dfrac{x}{y} = -3 \end{array}\right\}$

40. Resol per reducció:

a) $\left.\begin{array}{r} \dfrac{x + 7}{3} - y = 2x \\ 4y - \dfrac{2x + 1}{5} = -5 \end{array}\right\}$

b) $\left.\begin{array}{r} 4x - 2 = y - 5 \\ 3x - \dfrac{y - 2}{5} = 2 \end{array}\right\}$

c) $\left.\begin{array}{r} 2x + y = 7 \\ \dfrac{x - y}{2} = \dfrac{5}{4} \end{array}\right\}$

d) $\left.\begin{array}{r} x + y = 2 \\ 3x + \dfrac{10}{3} = y \end{array}\right\}$

41. Resol aquests sistemes d'equacions:

a) $\left.\begin{array}{r} \dfrac{x + 1}{2} - \dfrac{y + 5}{4} = \dfrac{3}{2} \\ 2(x - 1) - 3(1 - y) = -3x + 1 \end{array}\right\}$

b) $\left.\begin{array}{r} \dfrac{4x}{3} + \dfrac{3y - 2}{6} = \dfrac{5}{6} \\ \dfrac{x + y}{4} = -x \end{array}\right\}$

c) $\left.\begin{array}{r} \dfrac{y - 3}{4} - 5(x + 3) = 16 \\ \dfrac{3(2 + x)}{5} + \dfrac{y}{3} = \dfrac{-1}{15} \end{array}\right\}$

d) $\left.\begin{array}{r} y - \dfrac{1 + 2x + 3y}{6} = 1 \\ x + y + \dfrac{2(x - 2y + 3)}{5} = -6 \end{array}\right\}$

42. Resol els sistemes d'equacions següents:

a) $\left.\begin{array}{r} -2(x + 4) + 3(3 - 2y) - 1 = 12 \\ 5(x + y) - 4(x + 1) - 2y + 10 = 0 \end{array}\right\}$

b) $\left.\begin{array}{r} \dfrac{2x + 3}{3} + \dfrac{y + 1}{5} = 3 \\ \dfrac{x - 5}{2} - \dfrac{2y - 1}{3} = 0 \end{array}\right\}$

c) $\left.\begin{array}{r} \dfrac{x + 3}{9} - \dfrac{y - 5}{8} = 0 \\ \dfrac{2x - y + 1}{2} - \dfrac{x + 2y - 3}{5} = 0 \end{array}\right\}$

d) $\left.\begin{array}{r} -(2x + 3y - 2) - 6(x - y + 1) = -15 \\ 4(x + 3) - 12(x - y + 3) = -32 \end{array}\right\}$

e) $\left.\begin{array}{r} x - 2y - 3 - \dfrac{2x + y - 3}{2} + \dfrac{x + 7}{6} = 0 \\ \dfrac{x - 6y}{2} - \dfrac{x - y}{3} + \dfrac{y}{6} = 0 \end{array}\right\}$

43. Resol els sistemes d'equacions que apareixen a continuació:

a) $\left.\begin{array}{r} 3(x - 1) - 5(2y - 3) = 2x + 8 \\ 4(x - y) - 3x + 2 = 1 - (1 - y) \end{array}\right\}$

b) $\left.\begin{array}{r} \dfrac{x - 3}{3} - \dfrac{y - 4}{4} = 0 \\ \dfrac{x - 4}{2} + \dfrac{y + 2}{5} = 3 \end{array}\right\}$

c) $\left.\begin{array}{r} \dfrac{x - 3}{6} - \dfrac{y - 4}{2} = 3 \\ 2(x + 3) = 3(y - 1) + 2 \end{array}\right\}$

d) $\left.\begin{array}{r} \dfrac{3 - 2x}{4} - \dfrac{1}{4} = \dfrac{1 - 2x}{6} \\ 1 = \dfrac{x + 3}{2} - \dfrac{3 + 3y}{8} \end{array}\right\}$

e) $\left.\begin{array}{r} 6(x + 2y - 3) - 5(-2x + 3y - 1) + 3 = 6 \\ 16 = \dfrac{3y}{x - 1} \end{array}\right\}$

44. Quantes solucions tenen aquests sistemes d'equacions si $a = -1$? I si $a = -2$?

a) $\left.\begin{array}{r} ax - y = 3 \\ 2x + 2y = 7 \end{array}\right\}$

b) $\left.\begin{array}{r} 2x + 3ay = 8 \\ -x + 3y = -4 \end{array}\right\}$

45. Troba el valor de k perquè el sistema següent sigui compatible determinat:

$$\left.\begin{array}{r} 3x - 2y = -1 \\ x - k \cdot y = -3 \\ 4x - y = 2 \end{array}\right\}$$

46. Troba, si és possible, un valor de a perquè el sistema d'equacions

$$\left.\begin{array}{r} 8x - 12y = 20 \\ 4x + 9y = a \end{array}\right\}$$

a) Sigui incompatible.
b) Sigui compatible indeterminat.
c) Sigui compatible determinat.

47. Troba, si és possible, valors de a perquè el sistema

$$\left.\begin{array}{r} ax + 2y = 2 \\ -2x + \dfrac{y}{2} = a \end{array}\right\}$$

a) Sigui incompatible.
b) Sigui compatible indeterminat.
c) Sigui compatible determinat.

48. Classifica els sistemes següents segons el valor del paràmetre a:

a) $\left.\begin{array}{r} 3x + ay = 5 \\ 3x + y = -a \end{array}\right\}$

b) $\left.\begin{array}{r} -x + 2y = a \\ ax + y = -3 \end{array}\right\}$

c) $\left.\begin{array}{r} ax - y = 0 \\ x + 3ay = 0 \end{array}\right\}$

d) $\left.\begin{array}{r} 3x - y = -a + 1 \\ -2ax + 2y = 4 \end{array}\right\}$

SABER FER

Escriure un sistema compatible determinat amb una solució donada

▶ Escriu un sistema d'equacions que tingui com a solució el parell de valors $(\lambda, 2\lambda + 1)$, en què λ pot ser qualsevol nombre.

PRIMER. Aïllem λ d'un dels valors de la solució i ho substituïm a l'altre valor. D'aquesta manera obtenim la primera equació del sistema.

$$x = \lambda \rightarrow \lambda = x$$

$$y = 2\lambda + 1 \xrightarrow{\lambda = x} y = 2x + 1$$

La primera equació del sistema és la següent:

$$2x - y = -1$$

SEGON. Formem un sistema amb l'equació obtinguda i una equació que en sigui proporcional.

$$\left.\begin{array}{r} 2x - y = -1 \\ 4x - 2y = -2 \end{array}\right\}$$

Podem comprovar que aquest sistema té com a solució $x = \lambda, y = 2\lambda + 1$.

49. Considera el parell de valors $(3\lambda, \lambda)$, en què λ pot ser qualsevol nombre.

a) Escriu una equació en què les solucions siguin aquest parell de valors.

b) Escriu un sistema de dues equacions lineals que tinguin com a solucions aquest parell de valors.

50. Donat el parell de valors $(1 - \lambda, 2\lambda)$, en què λ és qualsevol nombre real:

a) Escriu una equació lineal que tingui com a solucions aquest parell de valors.

b) Escriu un sistema d'equacions lineals que tingui com a solucions aquest parell de valors.

51. Troba tres sistemes d'equacions compatibles indeterminats que tinguin com a solució $x = \lambda - 2$, $y = \lambda$, en què λ pot ser qualsevol nombre.

52. Si les solucions de l'equació $ax + by = c$ són de la forma $(\lambda, 2\lambda)$ i les de l'equació $dx + ey = f$ són de la forma $(\lambda, -3\lambda + 10)$, troba la solució del sistema format per totes dues equacions.

53. L'equació $ax + by = c$ té com a solució els parells $(\lambda + 1, \lambda - 3)$ i l'equació $dx + ey = f$ té com a solució els parells $(\lambda - 2, 2\lambda + 1)$.

Calcula la solució del sistema d'equacions següent:

$$\left.\begin{array}{l} ax + by = c \\ dx + ey = f \end{array}\right\}$$

54. Resol els següents sistemes amb tres equacions i dues incògnites, i representa'n les solucions:

a) $\left.\begin{array}{r} 2x + y = -1 \\ -x + y = -4 \\ -4x - y = -1 \end{array}\right\}$

b) $\left.\begin{array}{r} x + y = 7 \\ 2x - y = 2 \\ 3x - 2y = 0 \end{array}\right\}$

c) $\left.\begin{array}{r} 2x + y = 0 \\ -3x - 2y = 1 \\ x - 3y = 7 \end{array}\right\}$

d) $\left.\begin{array}{r} -4x + 2y = 0 \\ 6x - 3y = 2 \\ 3x - 2y = -2 \end{array}\right\}$

55. Resol aquests sistemes de tres equacions lineals amb dues incògnites:

a) $\left.\begin{array}{r} -2(x - 4 - 1) = y - 1 \\ -4x + y = -2x - 3y + 2 \\ 2x + 3y - 1 = \dfrac{3x + 2y}{5} \end{array}\right\}$

b) $\left.\begin{array}{r} \dfrac{-x + y - 1}{2} = \dfrac{5 - x}{3} \\ x + y - 2 = \dfrac{2(x + y) - 3}{3} \\ x + y + 5 = 7 + 2(x - y) \end{array}\right\}$

56. RAfegeix al sistema següent una equació de la forma $ax + by = c$ (diferent de les anteriors) de manera que el sistema de tres equacions i dues incògnites que en resulti continuï sent compatible:

$$\left.\begin{array}{r} 2x + 3y = 0 \\ 3x - y = \dfrac{11}{6} \end{array}\right\}$$

Sistemes d'equacions lineals amb tres incògnites

57. Escriu, en cada cas, un sistema de tres equacions que tingui la solució que s'indica.

a) $x = 4, y = -2, z = 0$

b) $x = -3, y = 5, z = 1$

c) $x = 2, y = 7, z = -1$

d) $x = 0, y = 1, z = \dfrac{1}{2}$

58. Troba el valor de a i b a l'equació $ax - 4y + bz = -4$ sabent que $(-1, 3, 2)$ i $(3, 5, 2)$ en són dues de les solucions. Després escriu-ne dues solucions més.

59. Troba el valor de a i b a l'equació $3x + ay + bz = 6$ sabent que $(1, 5, 1)$ i $(-1, 7, -1)$ en són dues de les solucions. Després escriu-ne tres solucions que compleixin:

a) Solució en què $x = 2$.

b) Solució en què $y = -3$.

c) Solució en què $z = 5$.

60. Resol els sistemes:

a) $\left.\begin{array}{r} x + y - z = 1 \\ x - 2y + z = 11 \\ 2x + y - 2z = 4 \end{array}\right\}$

b) $\left.\begin{array}{r} x + y + z = 2 \\ x + 2y = 5 \\ 2x - y - 2z = 2 \end{array}\right\}$

c) $\left.\begin{array}{r} x - 2y + 5z = 4 \\ x + 3y - 4z = 9 \\ -x - y + 4z = 11 \end{array}\right\}$

d) $\left.\begin{array}{r} x - 2y + 2z = 7 \\ 2x + 3y - 2z = -2 \\ -x - 2y - 3z = -2 \end{array}\right\}$

61. Resol els sistemes fent servir el mètode de Gauss:

a) $\left.\begin{array}{r}-x+y+z=5\\2x-y+4z=-5\\x+y-5z=5\end{array}\right\}$

b) $\left.\begin{array}{r}x-2y-z=-1\\x-y+2z=2\\x+2y+z=3\end{array}\right\}$

c) $\left.\begin{array}{r}2x-y-z=24\\7x+10y+2z=6\\2x+6y+4z=-10\end{array}\right\}$

d) $\left.\begin{array}{r}-x+3y+z=-15\\3x-y+3z=9\\x+4y-2z=-4\end{array}\right\}$

e) $\left.\begin{array}{r}3x+2y+2z=1\\2x+y+z=0\\3y+2z=-1\end{array}\right\}$

f) $\left.\begin{array}{r}3x-2y+4z=5\\5x+2y-2z=-1\\-x+6y-10x=-11\end{array}\right\}$

62. Resol aquests sistemes d'equacions amb el mètode de Gauss:

a) $\left.\begin{array}{r}x+y-z=3\\2x-y-5z=0\\\dfrac{x}{2}+3y+2z=\dfrac{13}{2}\end{array}\right\}$

b) $\left.\begin{array}{r}x-y+z=1\\-2x+y-z=-4\\x+2y-2z=7\end{array}\right\}$

c) $\left.\begin{array}{r}-x+y+z=5\\2x-y-4z=-5\\x+y-5z=5\end{array}\right\}$

d) $\left.\begin{array}{r}x+y-5z=2\\x-y-z=-4\\y-2z=3\end{array}\right\}$

e) $\left.\begin{array}{r}x-2z=-11\\2y-z=-5\\x-4y=-1\end{array}\right\}$

f) $\left.\begin{array}{r}-x+y-z=-7\\3x-y-z=15\\4x-2y=22\end{array}\right\}$

63. Comprova si aquests sistemes d'equacions tenen solució o no:

a) $\left.\begin{array}{r}x-y+z=3\\2x+4z=2\\2x-y+3z=1\end{array}\right\}$

b) $\left.\begin{array}{r}2x+y-z=0\\x+3y-2z=1\\x-2y+z=2\end{array}\right\}$

c) $\left.\begin{array}{r}-x-y+2z=3\\2x+3y+z=-2\\2y+10z=8\end{array}\right\}$

d) $\left.\begin{array}{r}x+2y-z=5\\2x+y-2z=7\\x-y-z=0\end{array}\right\}$

e) $\left.\begin{array}{r}x+5y-5z=12\\-2x-3y+3z=-1\\3x+y-z=0\end{array}\right\}$

f) $\left.\begin{array}{r}x-5y+3z=10\\2x-2y+z=-4\\3x+y-z=5\end{array}\right\}$

64. Aplica el mètode de Gauss per resoldre aquests sistemes d'equacions:

a) $\left.\begin{array}{r}-x+y-z=6\\y-4z=-7\\-x=4\end{array}\right\}$

b) $\left.\begin{array}{r}5z-y=2x-3\\7x+z=2+5y\\x+3y+2z=2(1-x)\end{array}\right\}$

c) $\left.\begin{array}{r}x-y+z=-4\\x=-10+z\\y=z+2\end{array}\right\}$

d) $\left.\begin{array}{r}y=2(z-x+2)\\2(z-y)=3(1-x)\\z=5x-3y+2\end{array}\right\}$

65. Determina, aplicant el mètode de Gauss, el nombre de solucions d'aquests sistemes:

a) $\left.\begin{array}{r}2x+4y+z=0\\x-y+2z=0\\-3x+2y+z=0\end{array}\right\}$

b) $\left.\begin{array}{r}2x-3y+z=0\\x+9y-3z=0\\5x+3y-z=0\end{array}\right\}$

c) $\left.\begin{array}{r}6x+4y-12z=6\\7x+6y+18z=7\\6z-2y-3x=-3\end{array}\right\}$

d) $\left.\begin{array}{r}3x-7y+4z=4\\-10x+71y+9z=9\\6x-3y-2z=10\end{array}\right\}$

66. Opera i resol els sistemes d'equacions següents amb el mètode de Gauss:

a) $\left.\begin{array}{r}x+3y=2-y\\-y+2z=1-2x\\3(x+y)+4x=3(1+y)\end{array}\right\}$

b) $\left.\begin{array}{r}x+y=2(2-z)\\y-z=2x+3\\x+2y+z=1+2x\end{array}\right\}$

67. Opera i resol amb el mètode de Gauss aquests sistemes d'equacions:

a) $\left.\begin{array}{r}\dfrac{x+1}{2}-\dfrac{y-3}{4}=12-z\\2x+\dfrac{y}{5}+\dfrac{z-6}{2}=6\\\dfrac{x-y}{2}=z-4\end{array}\right\}$

b) $\left.\begin{array}{r}-3(x+y)+4z=1\\2x-(y+z)=-5\\\dfrac{x}{2}+\dfrac{y}{3}+\dfrac{5}{6}=\dfrac{z+4}{5}\end{array}\right\}$

68. Els valors $x=3\lambda$, $y=\dfrac{\lambda}{2}$, $z=\lambda$ són solució d'un sistema de tres equacions amb tres incògnites. Escriu cinc solucions diferents per al sistema.

69. Els valors $(2\lambda, \lambda-3, \lambda)$ són solució d'un sistema de tres equacions amb tres incògnites. Completa al teu quadern de manera que les següents ternes de valors siguin solució del mateix sistema:

a) (4, ■, ■)
b) (■, ■, 3)
c) (■, 5, ■)
d) (■, ■, −2)
e) (1, ■, ■)
f) (■, 1, ■)

70. Quins dels valors següents són solució d'aquest sistema?

$$\left.\begin{array}{r}2x-y-z=8\\x-z=3\\x-y=5\end{array}\right\}$$

a) $(\lambda, \lambda+2, \lambda+6)$
b) $(\lambda+3, \lambda-2, \lambda)$
c) $(\lambda+3, \lambda, \lambda-3)$
d) $(\lambda+5, \lambda, \lambda+2)$
e) $(\lambda, \lambda-5, \lambda-3)$
f) $(\lambda, \lambda-3, \lambda-5)$

71. Sabent que els valors $(3\lambda-1, 4\lambda+3, \lambda)$ són solució d'un sistema de tres equacions amb tres incògnites, esbrina quines solucions són de la forma:

a) (a, a, ■)
b) (■, a, a)

72. Si la terna $(\lambda, \lambda+1, \lambda-3)$ és solució d'un sistema de tres equacions amb tres incògnites, esbrina quines de les següents també ho són i raona per què.

a) $(2\lambda, 2\lambda+2, 2\lambda-6)$
b) $(2\lambda, 2\lambda+1, 2\lambda-3)$
c) $(\lambda+1, \lambda+2, \lambda-2)$
d) $(\lambda-3, \lambda-2, \lambda-6)$
e) $(\lambda-1, \lambda, \lambda-4)$

73. Completa al teu quadern les ternes de valors perquè siguin solució d'aquest sistema:

$$\left.\begin{array}{r} x - y - 3z = 2 \\ 2x + \dfrac{y}{2} - z = 4 \end{array}\right\}$$

a) (■, ■, λ)
b) (■, ■, 3)
c) (■, λ, ■)
d) (■, 3, ■)
e) (λ, ■, ■)
f) (3, ■, ■)

74. Resol el sistema $\left.\begin{array}{r} x = y + z \\ x - 3y + 2z = 13 \end{array}\right\}$

a) Per a $x = 1$.
b) Per a $x = -4$.
c) Per a qualsevol valor de x.

75. Considera el sistema $\left.\begin{array}{r} x - 2 = z - y \\ 3x + y = 1 - 2z \end{array}\right\}$.

a) Soluciona'l per a $y = 3$.
b) Soluciona'l per a qualsevol valor de y.
c) Troba y per a $x = 7$.
d) Troba z per a $x = -2$.

SABER FER

Resoldre un sistema de quatre equacions i tres incògnites.

▶ Resol el sistema.

$$\left.\begin{array}{r} x + y + z = 2 \\ 2x - y - z = 1 \\ -2x + y + 2z = 1 \\ x + y + 2z = 4 \end{array}\right\}$$

PRIMER. Apliquem el mètode de Gauss.

$$\left.\begin{array}{r} x + y + z = 2 \\ 2x - y - z = 1 \\ -2x + y + 2z = 1 \\ x + y + 2z = 4 \end{array}\right\} \begin{array}{c} \xrightarrow{E_2 = E_2 - 2E_1} \\ \xrightarrow{E_3 = E_3 + 2E_1} \\ \xrightarrow{E_4 = E_4 - E_1} \end{array} \left.\begin{array}{r} x + y + z = 2 \\ -3y - 3z = -3 \\ 3y + 4z = 5 \\ z = 2 \end{array}\right\}$$

$$\xrightarrow{E_3 = E_3 + E_2} \left.\begin{array}{r} x + y + z = 2 \\ -3y - 2z = -1 \\ z = 2 \\ z = 2 \end{array}\right\}$$

SEGON. Si dues equacions són proporcionals o iguals, n'eliminem una i continuem amb la resolució.

$$\left.\begin{array}{r} x + y + z = 2 \\ -3y - 3z = -3 \\ 2z = 4 \\ z = 2 \end{array}\right\} \xrightarrow{E_3 = E_4} \left.\begin{array}{r} x + y + z = 2 \\ -3y - 3z = -3 \\ z = 2 \end{array}\right\} \xrightarrow{z = 2}$$

$$\to \left.\begin{array}{r} x + y + z = 2 \\ -3y - 3 \cdot 2 = -3 \end{array}\right\} \begin{array}{l} \xrightarrow{y = -1, z = 2} x - 1 + 2 = 2 \\ \to y = -1 \end{array}$$

La solució és s $x = 1, y = -1, z = 2$.

76. Resol aquests sistemes:

a) $\left.\begin{array}{r} x + y = 1 \\ 2x - y - z = 0 \\ x + z = 1 \\ y + z = 1 \end{array}\right\}$

b) $\left.\begin{array}{r} 2x - 2y + 3z = 10 \\ -x + 2z = -5 \\ 4x - 3y + z = 5 \\ 3x - y - 4z = -4 \end{array}\right\}$

c) $\left.\begin{array}{r} 2x - y + 3z = -4 \\ -x + y - z = 4 \\ x + y + z = 2 \\ x + 2z = 0 \end{array}\right\}$

d) $\left.\begin{array}{r} 2x + 3y + 5z = 0 \\ x + 5y + 3x = -7 \\ 6x + 7y - 10z = 4 \\ x - 2y + 2z = 7 \end{array}\right\}$

Sistemes d'equacions no lineals

77. Resol els sistemes d'equacions no lineals següents:

a) $\left.\begin{array}{r} x^2 + y^2 = 25 \\ x + y = 7 \end{array}\right\}$

b) $\left.\begin{array}{r} x - y = 3 \\ xy = 2 \end{array}\right\}$

c) $\left.\begin{array}{r} 2x - y = 0 \\ xy - 3y = 20 \end{array}\right\}$

d) $\left.\begin{array}{r} x^2 + y^2 = 10 \\ -x + y = -2 \end{array}\right\}$

e) $\left.\begin{array}{r} x^2 - 3y^2 = 6 \\ x - y = -2 \end{array}\right\}$

f) $\left.\begin{array}{r} xy = -2 \\ x^2 - y^2 = 3 \end{array}\right\}$

78. Troba les solucions dels sistemes no lineals següents:

a) $\left.\begin{array}{r} x - 3y + 5 = 0 \\ xy - 10 = \dfrac{x}{2} \end{array}\right\}$

b) $\left.\begin{array}{r} 2x + y = 4 \\ x^2 + y^2 = 13 \end{array}\right\}$

c) $\left.\begin{array}{r} x - \dfrac{x+1}{y} = 11 \\ x + y = 4 \end{array}\right\}$

d) $\left.\begin{array}{r} (x - 2y)^2 = 4 \\ -2x + y = -16 \end{array}\right\}$

e) $\left.\begin{array}{r} (y - x)^2 - xy = 31 \\ x - (y - 1)^2 = xy \end{array}\right\}$

f) $\left.\begin{array}{r} \dfrac{x^2}{9y} = 2 \\ x - \dfrac{x}{y} = -3 \end{array}\right\}$

79. Resol aquests sistemes:

a) $\left.\begin{array}{r} 3xy - 2x = 100 \\ \dfrac{x}{y+1} = 2 \end{array}\right\}$

b) $\left.\begin{array}{r} \dfrac{3}{x} + \dfrac{4}{y} = -1 \\ 5x + 6y = -1 \end{array}\right\}$

c) $\left.\begin{array}{r} (x - 3)(y + 1) = 50 \\ \dfrac{x+2}{y-4} = 2 \end{array}\right\}$

d) $\left.\begin{array}{r} \dfrac{x+3}{7} = y - 1 \\ \sqrt{x - 2} = y \end{array}\right\}$

e) $\left.\begin{array}{r} \sqrt{y} + 2\sqrt{x} = 15 \\ \sqrt{y + x - 1} = 1 \end{array}\right\}$

f) $\left.\begin{array}{r} x^2 - xy + y = -1 \\ \sqrt{y - 1} = x \end{array}\right\}$

80. Troba la solució d'aquests sistemes:

a) $\left.\begin{array}{r} 2^x \cdot 2^y = 16 \\ 9^x = \dfrac{3^y}{3} \end{array}\right\}$

b) $\left.\begin{array}{r} xy = 2 \\ \dfrac{125^x}{625} = 25^y \end{array}\right\}$

c) $\left.\begin{array}{r} \log 2x = 1 + \log y \\ \sqrt{x - 1} = y + 1 \end{array}\right\}$

d) $\left.\begin{array}{r} 25^x \cdot 5^y = \dfrac{1}{5} \\ \sqrt{x + 11} = y \end{array}\right\}$

Problemes amb sistemes d'equacions

81. Per produir llet semidesnatada que conservi el 40% del greix es barregen dos tipus de llet: una amb un 20% de greix i una altra amb el 70% de greix. Quants litres de cada mena de llet es necessiten per produir 200 litres de llet amb el 40% de greix?

82. En una bodega venen dos tipus de vi: criança i reserva. Esbrina quin n'és el preu si sabem que en Joan va comprar 3 ampolles de reserva i 12 ampolles de criança i en va pagar 69 €, mentre que la Berta va comprar 6 ampolles de criança i 8 ampolles de reserva i en va pagar 80 €.

83. Un ciclista i un cotxe es posen en marxa per trobar-se l'un a l'altre des de dues ciutats separades per 180 km. Sabent que el ciclista avança 4 vegades més a poc a poc que el cotxe i que tarden 1 h 48 min a trobar-se, quina és la velocitat de cada un?

84. Calcula un nombre, sabent que la suma de les seves xifres és 14 i que, si invertim l'ordre en què estan col·locades, el nombre disminueix 18 unitats.

85. Un camió surt d'una ciutat a 80 km/h i dues hores després un cotxe surt en la mateixa direcció a 100 km/h. Quant tardarà a atrapar-lo i quina distància haurà recorregut fins aleshores?

86. Els costats d'un rectangle es diferencien de 2 m. Si augmentéssim 2 m cada costat, l'àrea augmentaria 40 m^2. Troba les dimensions del polígon.

87. En Jacint està envoltant un terreny de forma rectangular amb filferro. Quan ja n'ha posat a dos costats consecutius del terreny, s'adona que ha gastat 170 m de filferro. Si sap que la diagonal del rectangle mesura 130 m, quines són les dimensions i l'àrea del terreny?

88. Esbrina les dimensions que té un plec de paper rectangular, sabent que si deixem els marges laterals d'1 cm i els verticals de 2,5 cm, l'àrea és 360 cm^2, i que si els marges laterals són de 2 cm i els verticals són d'1,25 cm, l'àrea és la mateixa.

89. Les habitacions de l'Alícia i la Marta tenen forma quadrada. La suma de les seves superfícies és 29,89 m^2 i la diferència d'aquestes superfícies és de 5,39 m^2. Calcula'n les dimensions.

90. Considera un quadrat i la seva diagonal. Es forma un rectangle que té una base que mesura el mateix que la diagonal del quadrat, i el perímetre del rectangle és $4 + 6\sqrt{2}$ cm. Troba les dimensions de les dues figures sabent que la suma de les àrees és $9 + 6\sqrt{2}$ cm^2.

91. Calcula les dimensions d'un rectangle amb un perímetre de 40 cm, del qual es coneix que la suma de les diagonals és $8\sqrt{13}$ cm.

92. L'altura d'un rectangle és tres cinquenes parts de la base. La tercera part de la diagonal del rectangle mesura $\sqrt{34}$ cm. Troba les dimensions del rectangle.

93. La xifra de les unitats d'un nombre de dues xifres és tres unitats més gran que el quadrat de la xifra de les desenes. El quadrat del consecutiu del nombre original supera de 55 unitats el quadrat de l'original. Troba el nombre de partida.

94. El lloguer d'una tenda de campanya costa 80 € al dia. L'Agnès està preparant una excursió amb els seus amics i fa la reflexió següent: «Si hi anéssim tres amics més, hauríem de pagar 6 € menys cada un». Quants amics van d'excursió?

95. La diferència de dos nombres és 5. La diferència dels quadrats dels seus consecutius és 95. Troba els dos nombres.

96. La suma de les arrels quadrades de dos nombres és 6. El quocient dels dos nombres és igual al més petit dels dos. Troba aquests nombres.

97. Busca dos nombres naturals de manera que el seu producte disminuït 12 unitats coincideix amb el quàdruple del més petit, sabent a més que la diferència del triple del més petit i el més gran és d'una unitat.

98. Dues vaques i tres vedells costen el mateix que setze ovelles. Una vaca i quatre ovelles costen igual que tres vedells. Tres vedells i vuit ovelles costen el mateix que quatre vaques. Esbrina el preu de cada animal.

99. Troba dos nombres naturals sabent que la cinquena part de la seva diferència és 2 i la suma dels seus inversos és $\frac{13}{72}$.

100. Troba dos nombres naturals tals que l'invers del primer més el triple del segon és $\frac{31}{5}$ i la diferència entre el doble del primer i l'invers del segon és $\frac{19}{2}$.

101. Calcula tres nombres sabent que la seva suma és 6, la suma del doble del més gran i el triple de la diferència dels altres dos és -4, i la diferència del triple del més gran i el doble de la suma dels altres dos és 8.

102. La suma de les tres xifres d'un nombre és 16. Calcula el nombre sabent que la diferència de les unitats i les desenes és el doble de les centenes, i la suma de les unitats i les centenes supera d'una unitat el doble de les desenes

103. En el moneder d'en Martí hi ha 11 monedes d'1, 0,5 i 0,2 € amb un valor total de 4,9 €. Troba quantes monedes hi ha de cada mena sabent que la suma del doble de les monedes d'1 € més les monedes de 0,5 € coincideix amb el nombre de monedes de 0,2 €.

104. Un quadern gros, un de mitjà i un de petit costen junts 3,9 €. Tres de grossos, quatre de mitjans i un de petit costen 11,1 €, i sis de petits i tres de mitjans costen el mateix que cinc quaderns grossos. Calcula el preu de cada tipus de quadern.

105. La Laura té bitllets de 5, 10 i 20 €. En total són 16. El triple dels bitllets de més valor és igual al total de la resta i la meitat dels bitllets de més valor és igual a la diferència dels de menys valor i els de valor intermedi. Calcula quants bitllets de cada tipus té la Laura.

106. Es carreguen tres bidons a sobre d'un camió. El doble del pes del primer menys el triple del segon és 4 kg. El quíntuple del pes del segon menys un terç del pes del tercer és 50 kg. Troba el pes de cada bidó si entre els tres pesen 275 kg.

107. Representem un nombre que té tres xifres en la forma *abc*. Determina'l sabent que si escrius *cab*, el nombre disminueix 459 unitats; que si escrius *bac*, el nombre disminueix 360 unitats, i que *bca* és 45 unitats més petit que *bac*.

108. El bloc de pisos on visc ha estat en obres. L'administrador de la comunitat està mirant de descobrir quant cobren per hora un electricista, un lampista i un paleta. Sap que:

- Al 4t A l'electricista s'hi va estar 1 hora i el paleta, 2 hores, i van haver de pagar 78 € de mà d'obra.
- Al 3r D van pagar 85 € per les dues hores que s'hi va estar el lampista i l'hora que s'hi va estar el paleta.
- A casa meva s'hi van estar 1 hora el lampista, 1 hora l'electricista i 3 hores el paleta i ens van cobrar 133 €.

Quant cobra per hora cada professional?

109. Quan l'any 1800 Beethoven escriu la seva primera simfonia, la seva edat és deu vegades més gran que la del jovenet Franz Schubert. Passa el temps i és Schubert qui compon la seva cèlebre *Simfonia incompleta*. Llavors, la suma de les edats dels dos músics és igual a 77 anys. Cinc anys després mor Beethoven i en aquest moment Schubert té els mateixos anys que tenia Beethoven quan va compondre la seva primera simfonia.

Determina l'any de naixement de cada un d'aquests dos compositors.

Per aprofundir

Reflexiona sobre la teoria

110. Escull la resposta adequada. (Concurs de Primavera)

	a	b	c	d	No es pot determinar.
Si a, b, c i d són nombres reals en què $a - 1 = b + 2 = c - 3 = d + 4$, el més gran dels quatre és:	a	b	c	d	No es pot determinar.
Si m i n són enters en què $2m - n = 3$, $m - 2n$ deu ser:	Igual a -3	Igual a 0	Múltiple de 3	Un enter imparell	Un enter parell
L'Isa té un gos l'edat actual del qual, en mesos, és la meitat que l'edat de l'Isa, en anys. D'aquí a cinc anys, però, l'edat del gosset, en mesos, serà cinc unitats més que el doble de l'edat de l'Isa, en anys, en aquell moment. Quina és l'edat actual del gosset en mesos?	13	14	15	16	17
Ja saps que en un partit de bàsquet hi ha tirs de 3 punts, tirs de 2 punts i tirs lliures, que valen 1 punt cada un. En un partit estrany, un equip va fer tants punts amb tirs de 3 punts com amb tirs de 2 punts i el nombre d'encerts amb tirs lliures va superar d'1 el nombre d'encerts amb tirs de 2 punts. Si al final van sumar 61 punts, quants tirs lliures van encistellar?	13	14	15	16	17

111. Escriu un sistema lineal de dues equacions amb dues incògnites de manera que compleixi la condició indicada en cada cas:

a) Que sigui compatible determinat amb solució $x = -1$, $y = -2$.

b) Que sigui compatible indeterminat i $x = -1$, $y = -2$, una solució del sistema.

c) Que sigui compatible indeterminat i totes les solucions de la forma $x = -1$, $y = \lambda$.

112. Escriu un sistema d'equacions lineals de tres equacions amb tres incògnites que compleixi les condicions en cada cas:

a) Que sigui compatible determinat amb solució $x = 3, y = 2, z = 2$.

b) Que sigui compatible indeterminat i $x = 3, y = 2$ i $z = 2$, una solució del sistema.

c) Que sigui compatible indeterminat $x = 3, y = 2$ i $z = 2$ i $x = 1, y = 1$ i $z = 1$, dues solucions.

Pensa una mica més

113. Resol aquest sistema d'equacions:

$$\left.\begin{array}{l} \frac{1}{x} + \frac{2}{y} - \frac{3}{z} = 1 \\ \frac{2}{x} - \frac{4}{y} + \frac{5}{z} = \frac{17}{3} \\ \frac{3}{x} + \frac{6}{y} - \frac{2}{z} = \frac{2}{3} \end{array}\right\}$$

CLAU

Substitueix $\frac{1}{x}$, $\frac{1}{y}$ i $\frac{1}{z}$ per unes altres incògnites i resol el sistema d'equacions lineals que en resulti.

Olimpíades matemàtiques

114. Tres nombres, a, b i c, diferents de zero, estan en progressió aritmètica. Si augmentem a 1 unitat o c 2 unitats, en resulten progressions geomètriques. Esbrina aquests nombres.

(Concurs de Primavera)

115. En una cafeteria, un got de llimonada, tres entrepans i set pans de pessic han costat 1 xíling i 2 penics. Tenint en compte que 1 xíling és 12 penics, troba el preu de:

a) Un got de llimonada, un entrepà i un pa de pessic.

b) Dos gots de llimonada, tres entrepans i cinc pans de pessic.

(Olimpíades matemàtiques. Fase Nacional)

MATEMÀTIQUES A LA TEVA VIDA

PER A QUÈ SERVEIXEN ELS SISTEMES D'EQUACIONS?

Per calcular el preu de mercat d'un producte

El preu de mercat d'un producte és la quantitat que fa que es buidi el mercat, és a dir, és el preu amb què la quantitat de producte que s'ofereix (oferta) és igual a la quantitat de producte que es demana (demanda).

Tant l'oferta com la demanda són una quantitat relativa al nombre d'unitats de producte. En el cas de la demanda, *D*, depèn del preu del producte, dels preus d'altres productes, de la renda de cada persona i també dels seus gustos.

L'oferta, d'altra banda, depèn del preu del producte, de factors de producció, de la tecnologia, d'altres preus...

La llei de l'oferta i la demanda diu que si la demanda és més gran que l'oferta el preu tendeix a pujar, i que si l'oferta és més gran que la demanda el preu baixa.

Un augment en el preu fa que la demanda sigui més petita i, per tant, l'oferta més gran. Recíprocament, una disminució del preu provoca un augment de la demanda i una disminució de l'oferta.

Com a conseqüència d'això, s'arriba al preu de mercat quan l'oferta i la demanda coincideixen.

Aquesta teoria econòmica queda formulada amb les equacions següents.

Equació de la demanda: $Q_x = D(P_x)$

Equació de l'oferta: $Q_x = O(P_x)$

En què Q_x és la quantitat de productes i la notació $Q_x = D(P_x)$ i $Q_x = O(P_x)$ significa que totes dues quantitats de producte, el que es demana i el que s'ofereix, depenen del preu del producte, P_x, i el preu de mercat és la solució del sistema d'equacions

$$\left.\begin{aligned} Q_x &= D(P_x) \\ Q_x &= O(P_x) \end{aligned}\right\} \text{en què } Q_x \text{ i } P_x \text{ són les incògnites.}$$

Per exemple, si les equacions d'oferta i demanda de places per anar al cine en una localitat són:

Equació de demanda: $Q_x + 100P_x = 1\,500$

Equació d'oferta: $-3Q_x + 700P_x = 700$

La solució del sistema que formen les dues equacions ens donarà el preu de mercat:

$$\left.\begin{aligned} Q_x + 100P_x &= 1\,500 \\ -3Q_x + 700P_x &= 700 \end{aligned}\right\} \rightarrow Q_x = 980 \text{ i } P_x = 5{,}2$$

El preu de mercat és 5,20 €, és a dir, a aquest preu sempre s'omplirien les sales (980 entrades de cine) i no es quedaria ningú sense entrada.

LLEGEIX I COMPRÈN

1. Explica per què la demanda i l'oferta no pugen o baixen al mateix temps.

INTERPRETA

2. El dia de l'espectador els encarregats del cine decideixen posar les entrades a 4 €. Si les equacions d'oferta i demanda es mantenen, creus que hi haurà un excés de demanda o un excés d'oferta?

REFLEXIONA

3. Quan el preu d'un producte, per exemple, el pa, està intervingut, s'hi pot aplicar la llei de l'oferta i la demanda?

APLICA

4. Resol, de forma gràfica, el sistema que varia l'equació d'oferta perquè el preu de mercat:

   a) Pugi a 6 €.

   b) Baixi a 5 €.

5 Funcions

CONTINGUTS

L'atmosfera és la capa d'aire que envolta la Terra i, tot i que té un gruix de més de 10 000 quilòmetres, en realitat tres quartes parts de la seva massa es troben en els primers 11 o 12 quilòmetres, i el 99 % de la seva composició és nitrogen i oxigen.

L'atmosfera es divideix en diverses capes molt diferents entre si en densitat, composició i temperatura. En ordre ascendent, les capes en què es divideix l'atmosfera són:

- La troposfera, que és on tenen lloc gairebé tots els fenòmens climàtics.
- L'estratosfera, que és on es troba la capa d'ozó.
- Le mesosfera, que és la zona més freda de l'atmosfera.
- La termosfera, que és on es produeixen les aurores australs i boreals.
- L'exosfera, que és la capa més gran i la que té menys massa.

L'altura, la densitat i la composició de l'atmosfera provoquen que en variï la temperatura de manera diferent a cada capa, però...

Com varia la temperatura de l'atmosfera en funció de l'altura?

1 Funcions reals de variable real

Una **funció real,** *f*, **de variable real** és una relació que associa a cada nombre real, *x*, un únic nombre real $y = f(x)$. Es pot expressar d'aquesta manera.

$$f: \mathbb{R} \longrightarrow \mathbb{R}$$
$$x \longrightarrow y = f(x)$$

La variable *x* es denomina **variable independent** i la variable *y* és la **variable dependent**.

No ho oblidis

La gràfica d'una funció pot tallar més d'una vegada la recta horitzontal, però només pot tallar una vegada la recta vertical.

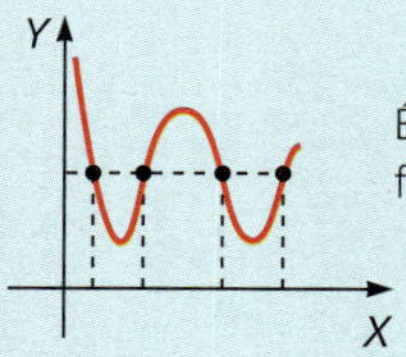

És una funció.

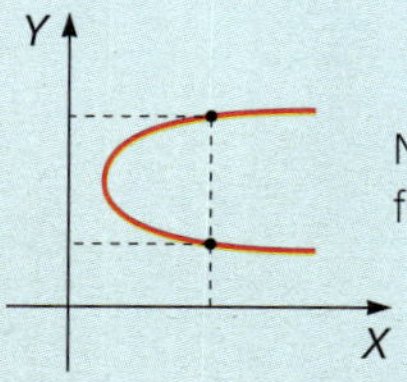

No és una funció.

EXEMPLES

1 **Una llauna de refresc val 0,75 €. És una funció la relació entre el nombre de llaunes de refresc que compro i el preu total que he de pagar?**

Considerem les variables següents:

x = nombre de llaunes de refresc

y = preu que s'ha de pagar

La relació existent entre el nombre de llaunes que es compren i el preu que tenen es pot expressar de la manera següent:

$y = 0{,}75x$

Així, per cada nombre de llaunes que es comprin, *x*, hi ha un preu, *y*, i aquest preu serà únic. Per tant, aquesta relació és una funció.

x	0	1	2
y	0	0,75	1,5

2 **Estudia si és una funció la relació que fa correspondre l'altura dels alumnes d'un centre escolar amb l'edat que tenen.**

Considerem les variables següents:

x = altura d'un alumne

y = edat de l'alumne

A una altura determinada, *x*, no hi correspon una única edat, *y*. Per exemple, si un noi mesura 170 cm, la seva edat pot ser 15 anys, 16 anys, 17 anys...

Per tant, aquesta relació no és una funció.

ACTIVITATS

1. Justifica si les gràfiques següents corresponen a funcions:

a) 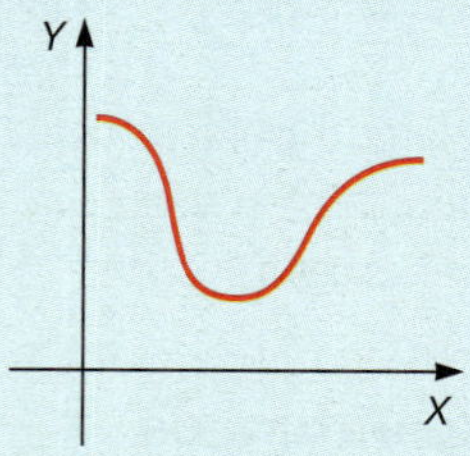

b) 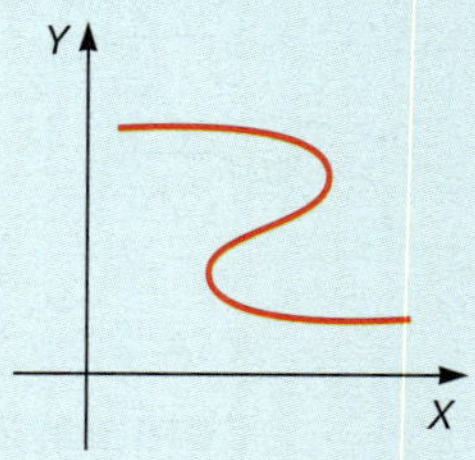

2. Indica, en cada cas, si la relació entre les dues magnituds és una funció o no.

a) La quantitat de fruita que compra una família, en quilos, i el nombre de peces de fruita que s'emporta.

b) La quantitat de fruita que compra una família, en quilos, i el preu de la compra.

c) La quantitat de fruita que compra una família, en quilos, i el preu d'un quilo de fruita.

2 Domini i recorregut

Donada una funció $f: \mathbb{R} \rightarrow \mathbb{R}$ tal que $y = f(x)$.

- El **domini de la funció** és el conjunt dels valors per als quals està definida la funció. Es representa amb Dom f.
- El **recorregut de la funció** és el conjunt de valors que pren la funció. Es representa amb Im f.

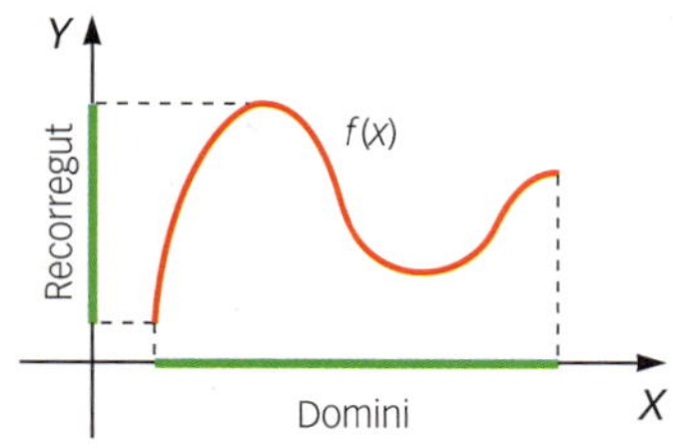

SABER FER

Determinar el domini d'una funció

Calcula el domini d'aquestes funcions:

a) $f(x) = 3x^2 + 2x - 7$
b) $f(x) = \dfrac{3 + 2x - 7}{x + 1}$
c) $f(x) = \sqrt{x - 1}$
d) $f(x) = \log(x + 1)$
e) $f(x) = \sin x$
f) $f(x) = \text{tg}\, x$

PRIMER. Considerem les operacions que apareixen a l'expressió algebraica de $f(x)$.

- Les expressions polinòmiques estan definides per a tots els nombre reals.
- Les expressions que tenen x al denominador no estan definides quan el denominador s'anul·la.
- Les arrels d'índex parell només estan definides per a radicands positius o nuls.
- Els logaritmes només estan definits per a nombres reals positius.
- Les raons trigonomètriques sinus i cosinus sempre estan definides.
- La tangent no està definida quan el cosinus és zero.

a) Definida a $\mathbb{R}$.
b) No està definida si $x + 1 = 0 \rightarrow x = -1$
c) Només està definida si $x - 1 \geq 0 \rightarrow x \geq 1$
d) Només està definida si $x + 1 > 0 \rightarrow x > -1$
e) Està definida a $\mathbb{R}$.
f) No està definida si $\cos x = 0 \rightarrow x = \dfrac{\pi}{2} + 2k\pi$ i $x = \dfrac{3\pi}{2} + 2k\pi, k \in \mathbb{Z}$

SEGON. Expressem les condicions anteriors en el domini de la funció.

a) Dom $f = \mathbb{R}$
b) Dom $f = \mathbb{R} - \{-1\}$
c) Dom $f = [1, +\infty)$
d) Dom $f = (-1, +\infty)$
e) Dom $f = \mathbb{R}$
f) Dom $f = \mathbb{R} - \left\{\dfrac{\pi}{2} + 2k\pi, \dfrac{3\pi}{2} + 2k\pi, k \in \mathbb{Z}\right\}$

S'escriu així

$\mathbb{R}$ → Conjunt dels nombres reals

$\mathbb{R} - \{a\}$ → Tots els nombres reals excepte el nombre a

$\mathbb{R} - [0, 7]$ → Tots els reals excepte els que pertanyen a l'interval $[0, 7]$

El punt no pertany al domini de la funció

El punt pertany al domini de la funció

ACTIVITATS

3. Determina el domini de les funcions següents:

a) $f(x) = 2x^2 - 3x + 1$
b) $f(x) = \dfrac{x^2 + 4}{x^2 - 4}$
c) $f(x) = \dfrac{1}{x^2 + 9}$
d) $f(x) = \sqrt[3]{x - 1}$
e) $f(x) = \cos(x + 1)$
f) $f(x) = \sqrt{3x - 1}$
g) $f(x) = \log(x - 16)$
h) $f(x) = e^{x^2 - 1}$

4. Troba el domini i el recorregut de la funció que té una gràfica com la següent:

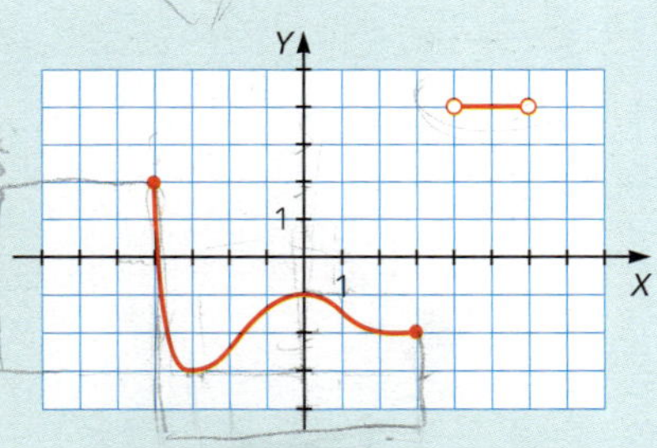

3 Simetria i periodicitat

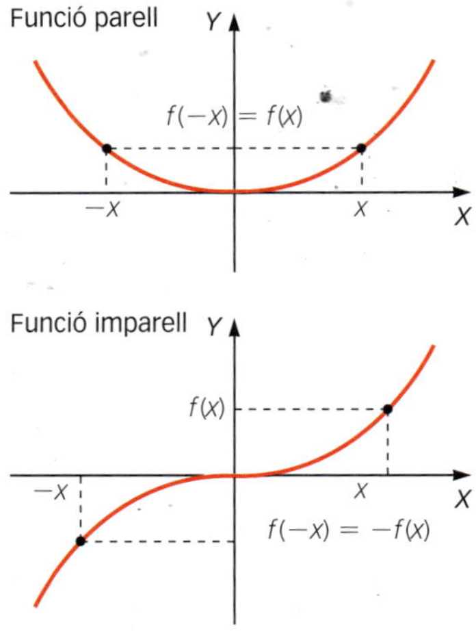

3.1. Funcions simètriques

Donada una funció *f* de variable real diem que és:

- **Simètrica respecte de l'eix *Y*** si per a qualsevol punt *x* del domini de la funció es compleix que $f(-x) = f(x)$.
  Aquestes funcions també es denominen **funcions parells**.
- **Simètrica respecte de l'origen de coordenades** si per a qualsevol punt *x* del domini de la funció es compleix que $f(-x) = -f(x)$.
  Aquestes funcions també es denominen **funcions imparells**.

Atenció

Hi ha funcions que no són parells ni imparells.

$$f(x) = x - 1$$
$$f(-x) = -x - 1$$

Aquesta expressió no coincideix amb l'expressió de $f(x)$ ni amb l'expressió de $-f(x)$.

SABER FER

Determinar la simetria d'una funció

▶ Estudia la simetria d'aquestes funcions: a) $f(x) = \dfrac{1}{x}$ b) $g(x) = \sqrt{x^2 - 1}$

PRIMER. Substituïm *x* per $-x$ en l'expressió algebraica de la funció.

a) $f(-x) = \dfrac{1}{-x} = -\dfrac{1}{x}$ b) $g(-x) = \sqrt{(-x)^2 - 1} = \sqrt{x^2 - 1}$

SEGON. Comprovem si aquesta funció és igual que la primera o que la seva oposada.

a) $f(-x) = -\dfrac{1}{x} = -f(x) \rightarrow f(x)$ és simètrica respecte a l'origen.

b) $g(-x) = \sqrt{x^2 - 1} = g(x) \rightarrow g(x)$ és simètrica respecte a l'eix *Y*.

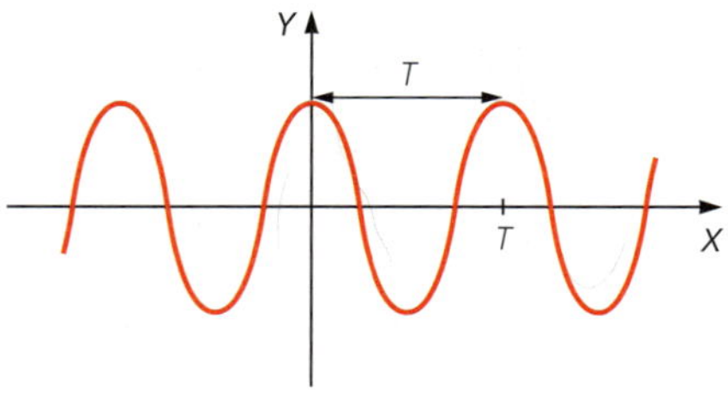

3.2. Funcions periòdiques

Una **funció** és **periòdica**, de període T ($T > 0$), si la seva gràfica es repeteix en intervals de longitud T. Així, coneguda la seva gràfica en un interval de longitud T, es pot construir la resta traslladant-la a la dreta i a l'esquerra en tot el domini.

EXEMPLE

3 Aquesta és la gràfica en l'interval [0, 5] d'una funció de període 5. Representa gràficament la funció per a qualsevol valor de *x*.

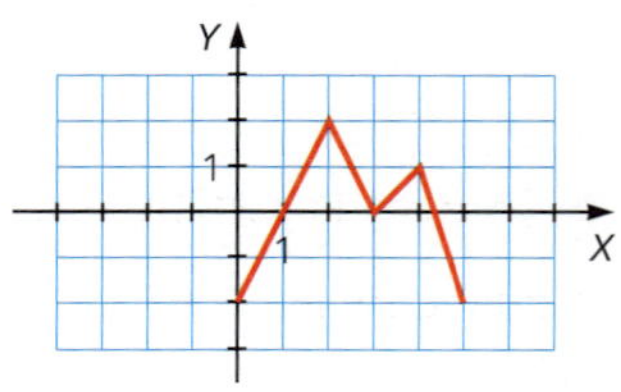

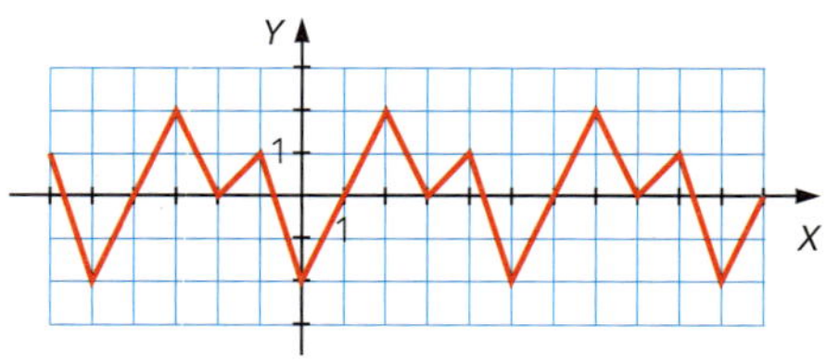

Desplacem la gràfica de la funció a l'esquerra i a la dreta de l'interval representat.

ACTIVITATS

5. Estudia la simetria de les funcions següents:

a) $f(x) = \dfrac{x^2 - 1}{2x}$ b) $f(x) = \dfrac{x^2 - 6x - 7}{x^2}$ c) $f(x) = \dfrac{x^4 - 5}{3x^2}$

6. Completa la gràfica d'aquesta funció periòdica de període 3:

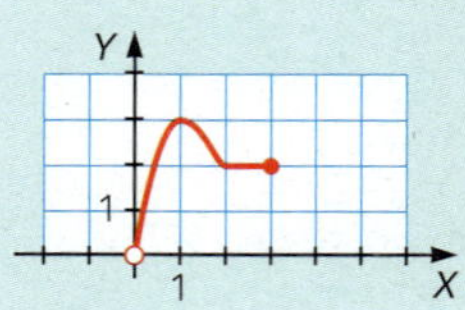

4 Funcions polinòmiques

4.1. Funcions polinòmiques de primer grau

Les funcions polinòmiques de primer grau es denominen **funcions afins** i són funcions del tipus $f(x) = mx + n$.

La seva gràfica és una recta amb pendent m que passa pel punt $(0, n)$. El nombre n s'anomena **ordenada a l'origen**.

Característiques

- Si $m = 0$, la funció $f(x) = n$ es denomina **funció constant**, i la seva gràfica és una recta paral·lela a l'eix X, que passa pel punt $(0, n)$.
- Si $n = 0$, la funció $f(x) = mx$ es denomina **funció lineal**, i la seva gràfica és una recta de pendent m, que passa per l'origen de coordenades.
- Si $m \neq 0$ i $n \neq 0$, la seva gràfica és una recta creixent si $m > 0$ o decreixent si $m < 0$.

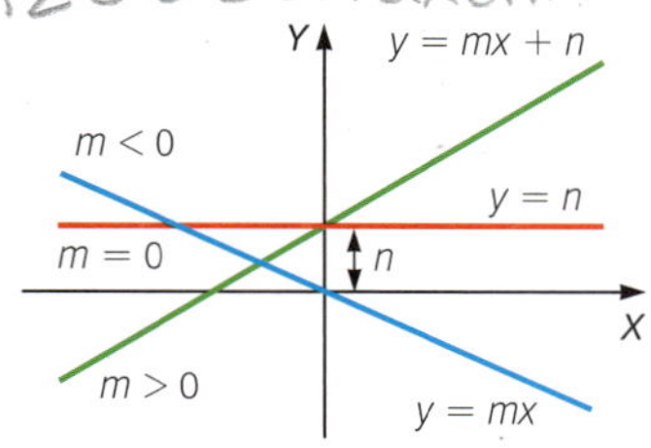

4.2. Funcions polinòmiques de segon grau

Les funcions polinòmiques de segon grau s'anomenen **funcions quadràtiques** i són funcions del tipus $f(x) = ax^2 + bx + c$, en què $a \neq 0$. La seva gràfica és una paràbola.

Característiques

- El domini d'una funció quadràtica és $\mathbb{R}$.
- El vèrtex de la paràbola és $V\left(\frac{-b}{2a}, -\frac{b^2 - 4ac}{4a}\right)$.
- Si $a > 0$, el vèrtex és un mínim. Si $a < 0$, el vèrtex és un màxim.
- Com més gran sigui $|a|$ més tancades seran les branques de la paràbola.

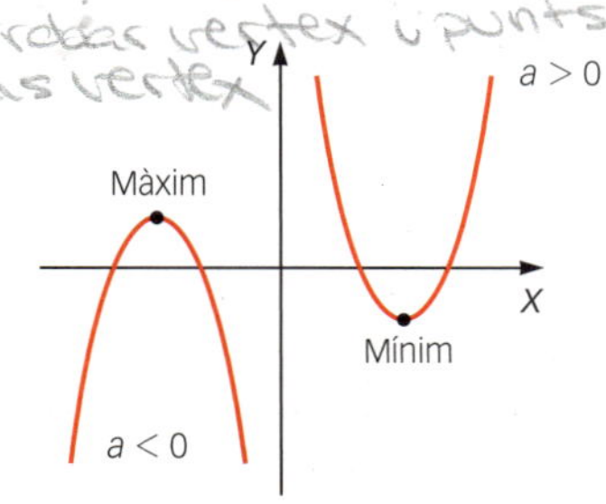

SABER FER

Representar una funció quadràtica

▶ Representa gràficament la funció $f(x) = -x^2 + 4x - 1$.

PRIMER. Calculem el vèrtex de la paràbola i estudiem si és un màxim ($a < 0$) o un mínim ($a > 0$).

$$\left(\frac{-b}{2a}, -\frac{b^2 - 4ac}{4a}\right) \xrightarrow{a = -1,\, b = 4,\, c = -1} (2, 3) \xrightarrow{a < 0} \text{màxim}$$

SEGON. Fem una taula amb valors al voltant del vèrtex i representem la paràbola.

x	0	1	2	3	4
$f(x)$	−1	2	3	2	−1

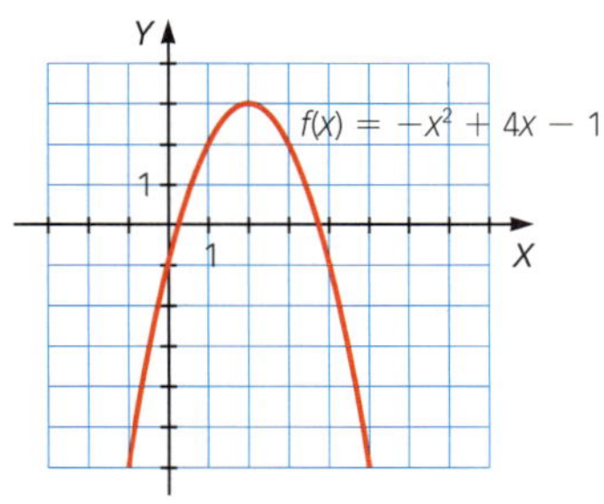

ACTIVITATS

7. Representa, sobre els mateixos eixos, les funcions $f(x) = 3x - 1$ i $g(x) = 5x + 4$. Troba'n el punt en comú.

8. Representa gràficament aquestes funcions quadràtiques:

a) $f(x) = -3x^2 - x - 1$ b) $f(x) = x^2 + 2x - 2$

5 Interpolació i extrapolació

La **interpolació** ens permet conèixer, de manera aproximada, valors intermedis que pren una funció desconeguda a partir de dades conegudes.

5.1. Interpolació lineal

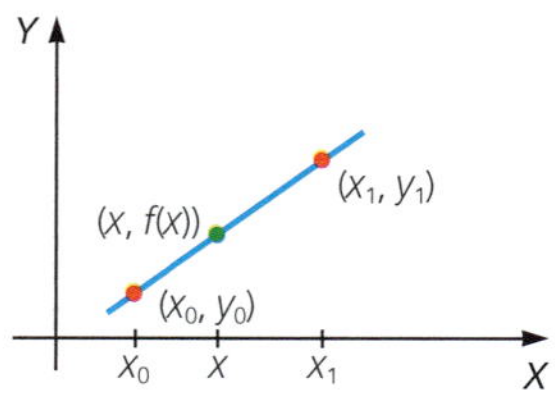

Si coneixem dos punts (x_0, y_0) i (x_1, y_1) d'una funció de la qual desconeixem l'expressió algebraica, podem calcular el valor de la funció en un punt $x \in [x_0, x_1]$ per mitjà de l'expressió següent.

$$f(x) = y_0 + \frac{y_1 - y_0}{x_1 - x_0}(x - x_0)$$

Aquest tipus d'interpolació s'anomena **interpolació lineal**.

Atenció

A la interpolació lineal es compleix que:

- Desconeixem l'expressió algebraica de la funció.
- Quan x_0 i x_1 estan suficientment pròxims, l'error comès en suposar que la funció és lineal és petit.

SABER FER

Calcular valors per interpolació lineal

▶ La taula mostra la població espanyola durant l'últim segle.

Any	1900	1920	1940	1960	1981	2001
Habitants en milers	18617	21389	26014	30583	37743	40500

Calcula, fent servir la interpolació lineal, la població els anys:

a) 1910   b) 1970

PRIMER. Determinem la funció lineal corresponent a les dades escollides.

a) $1910 \in [1900, 1920] \rightarrow f(x) = 18\,617 + \frac{21\,389 - 18\,617}{1920 - 1900}(x - 1900)$

b) $1970 \in [1960, 1981] \rightarrow f(x) = 30\,583 + \frac{37\,743 - 30\,583}{1981 - 1960}(x - 1960)$

SEGON. Trobem els valors que es demanen substituint a la funció.

a) $f(1910) = 18\,617 + \frac{21\,389 - 18\,617}{1920 - 1900}(1910 - 1900) = 20\,003$

La població l'any 1910 sembla que va ser de 20003000 habitants.

b) $f(x) = 30\,583 + \frac{37\,743 - 30\,583}{1981 - 1960}(x - 1960) = 33\,992$

La població l'any 1970 sembla que va ser de 33992000 habitants.

ACTIVITATS

9. Calcula, fent servir la interpolació lineal, el valor de $\sqrt{20}$, a partir de les dades següents:

x	1	4	9	16	25	36	49	64
$\sqrt{x}$	1	2	3	4	5	6	7	8

És gaire gran l'error que cometem si calculem així $\sqrt{20}$?

10. Troba les rectes d'interpolació lineal en funció de l'interval on es trobi x.

Any x	1920	1940	1960
Habitants	21 389	26 014	30 583

Quina és la població del país l'any 1927? I el 1952?

5.2. Interpolació quadràtica

Si coneixem tres punts (x_0, y_0), (x_1, y_1) i (x_2, y_2) no alineats d'una funció i no en coneixem l'expressió algebraica, podem calcular el valor de la funció en un punt $x \in [x_0, x_2]$ mitjançant l'expressió $f(x) = ax^2 + bx + c$.

Aquest tipus s'anomena **interpolació quadràtica**, i les constants a, b i c es troben imposant que la funció passa pels tres punts.

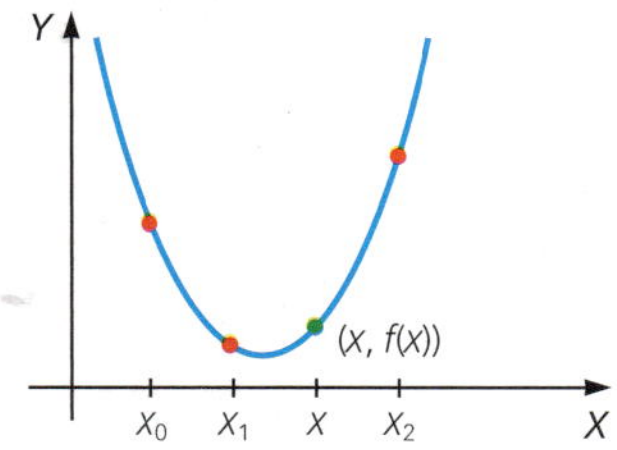

EXEMPLE

4 **Amb les dades proporcionades per l'INE referents a la població espanyola del segle passat, troba per interpolació quadràtica la població del 1910.**

Any	Habitants en milers
1900	18 617
1920	21 389
1940	26 014

Plantegem i resolem el sistema per determinar-ne els paràmetres.

$$\left.\begin{aligned} 18\,617 &= a \cdot 1900^2 + b \cdot 1900 + c \\ 21\,389 &= a \cdot 1920^2 + b \cdot 1920 + c \\ 26\,014 &= a \cdot 1940^2 + b \cdot 1940 + c \end{aligned}\right\} \rightarrow \left.\begin{aligned} a &= 2{,}31625 \\ b &= -8\,709{,}475 \\ c &= 8\,204\,957 \end{aligned}\right\}$$

$$f(1910) = 2{,}31625 \cdot 1910^2 - 8\,709{,}475 \cdot 1910 + 8\,204\,957 = 20\,678{,}625 \text{ habitants}$$

5.3. Extrapolació

Quan el valor que volem calcular és fora de l'interval conegut, però n'és molt proper, s'anomena **extrapolació**.

Atenció

Igual com passa amb la interpolació, si quan extrapolem fem servir una recta, quan en coneixem dues dades l'extrapolació és lineal, quan en coneixem tres dades és quadràtica...

SABER FER

Calcular valors per extrapolació lineal

▶ Amb aquestes dades de la població, calcula, fent servir l'extrapolació lineal, la població de l'any 2015.

Any	2012	2013	2014
Habitants	46 766 403	46 593 236	46 464 053

PRIMER. Determinem la funció lineal corresponent a l'interval més proper al valor que volem extrapolar, en aquest cas [2013, 2014].

$$f(x) = y_0 + \frac{y_1 - y_0}{x_1 - x_0}(x - x_0) \rightarrow f(x) = 46\,593\,236 + \frac{46\,464\,053 - 46\,593\,236}{2014 - 2013}(x - 2013)$$

SEGON. Trobem la dada perduda substituint a la funció.

$$f(2015) = 46\,593\,236 + \frac{46\,464\,053 - 46\,593\,236}{2014 - 2013}(2015 - 2013) = 46\,334\,870$$

ACTIVITATS

11. Troba per interpolació quadràtica els beneficis del 2013.

Any	2010	2012	2014
Beneficis	12 315 €	16 240 €	23 230 €

12. Sabem que $\sqrt[3]{8} = 2$ i $\sqrt[3]{27} = 3$.
Calcula per extrapolació el valor de $\sqrt[3]{40}$ i compara el resultat amb l'obtingut si fas servir la calculadora. Quin error has comès?

6 Transformacions de funcions

Si coneixem la gràfica de $y = f(x)$, podem obtenir les gràfiques d'altres funcions a partir d'aquesta.

Representació de $y = f(x) + k$

Si coneixem la gràfica de $y = f(x)$, la gràfica de la funció $y = f(x) + k$ s'obté traslladant $f(x)$ verticalment k unitats cap amunt, si $k > 0$, i k unitats cap avall, si $k < 0$.

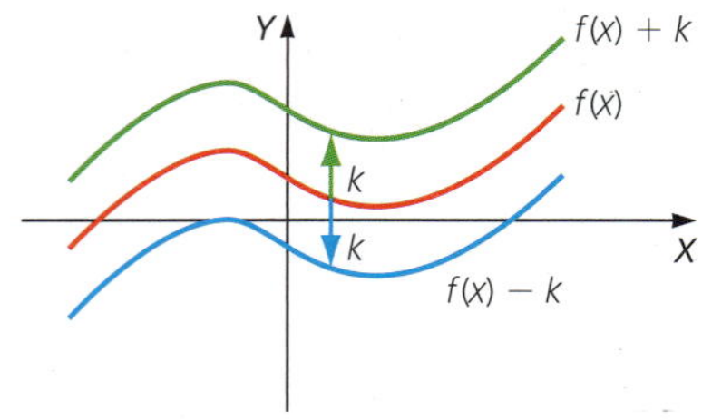

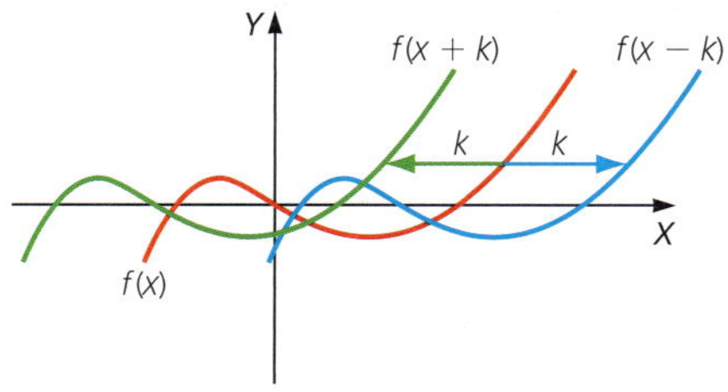

Representació de $y = f(x + k)$

A partir de la gràfica de $y = f(x)$, la gràfica de la funció $y = f(x + k)$ s'obté traslladant $f(x)$ horitzontalment k unitats cap a l'esquerra, si $k > 0$, i k unitats cap a la dreta, si $k < 0$.

Representació de $y = -f(x)$

La gràfica de la funció $y = -f(x)$ és la gràfica simètrica de $y = f(x)$ respecte a l'eix X.

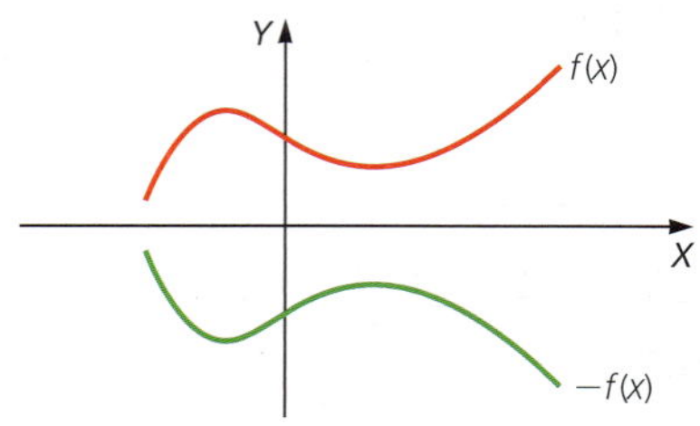

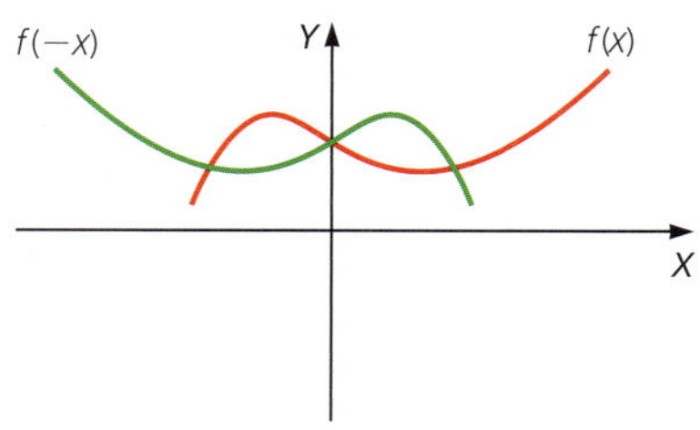

Representació de $y = f(-x)$

La gràfica de la funció $y = f(-x)$ **és la gràfica simètrica de** $y = f(x)$ respecte a l'eix Y.

EXEMPLE

5 A partir de la representació gràfica de $f(x) = x^2$ representa aquesta funció:

$g(x) = (x + 2)^2 - 1$

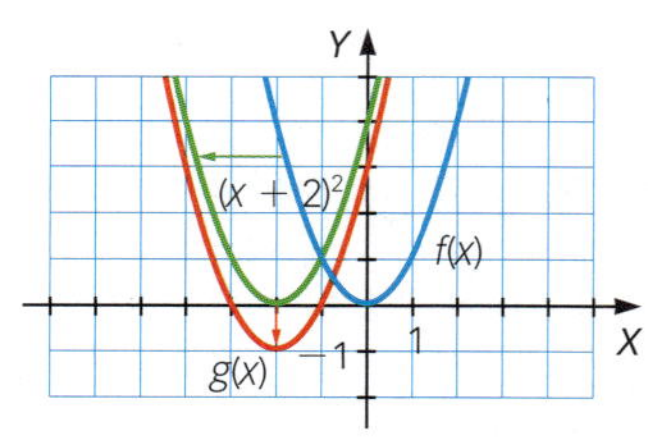

ACTIVITATS

13. Tenint en compte la gràfica de $f(x)$, expressa $g(x)$ utilitzant $f(x)$.

a)

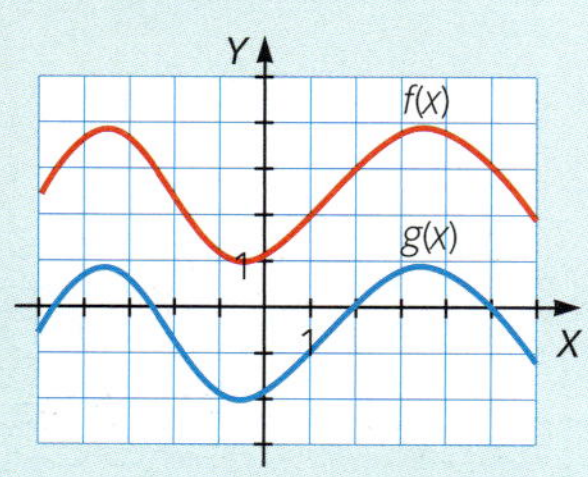

b)

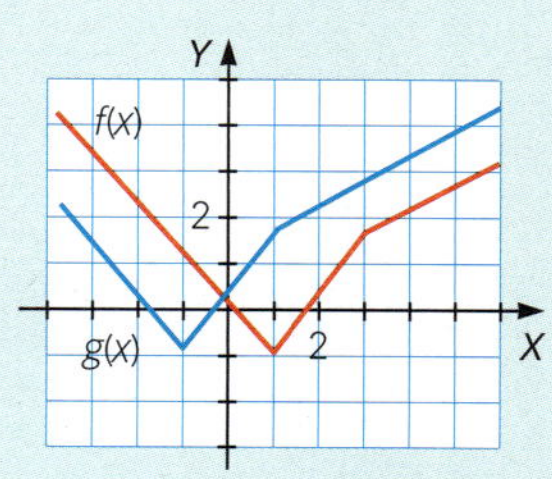

14. Representa gràficament aquesta funció:

$$f(x) = x^2 - 2x + 1$$

A partir de la gràfica, representa les funcions següents:

a) $g(x) = x^2 - 2x + 3$

b) $h(x) = x^2 - 2x - 2$

c) $i(x) = (x - 1)^2 - 2(x - 1) + 1$

d) $j(x) = x^2 + 2x + 1$

e) $k(x) = -x^2 + 2x - 1$

7 Funcions racionals

Les **funcions racionals** són aquelles l'expressió algebraica de les quals és un quocient de polinomis del tipus $f(x) = \frac{P(x)}{Q(x)}$, amb el grau de $Q(x) \neq 0$.

Funció de proporcionalitat inversa

Una **funció de proporcionalitat inversa** és una funció racional del tipus $f(x) = \frac{k}{x}$, en què $k \neq 0$. La seva gràfica és una hipèrbola.

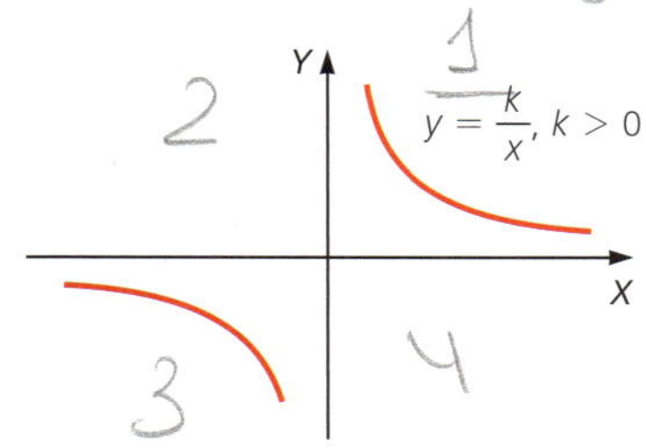

Característiques

- El domini de la funció de proporcionalitat inversa és $\mathbb{R} - \{0\}$, ja que no està definida a $x = 0$. Diem que a $x = 0$ hi ha una **asímptota vertical**.
- A mesura que els valors de x creixen o decreixen, la funció s'acosta a $y = 0$. Diem que a $y = 0$ hi ha una **asímptota horitzontal**.
- La gràfica d'aquesta funció no talla els eixos de coordenades.
- És una funció imparell, simètrica respecte a l'origen de coordenades.
- Si $k > 0$, la funció és decreixent i la gràfica és al 1r i el 3r quadrant.
- Si $k < 0$, la funció és creixent i la gràfica és al 2n i el 4t quadrant.

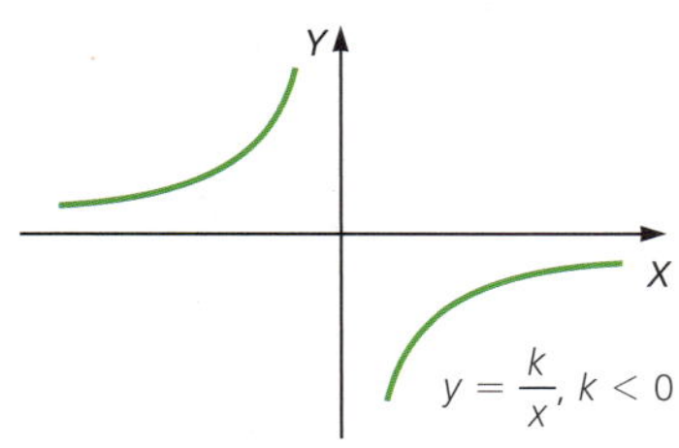

SABER FER

Representar una funció de proporcionalitat inversa

▶ Representa gràficament aquestes funcions:

a) $f(x) = \frac{2}{x}$ b) $g(x) = -\frac{2}{x}$

PRIMER. Estudiem k per determinar els quadrants en què es troba la funció.

a) $k = 2 > 0 \longrightarrow$ La gràfica de la funció és al 1r i el 3r quadrant.

b) $k = -2 < 0 \rightarrow$ La gràfica de la funció és al 2n i el 4t quadrant.

SEGON. Fem una taula de valors i representem la hipèrbola.

x	−2	−1	1	2	3
$f(x)$	−1	−2	2	1	$\frac{2}{3}$
$g(x)$	1	2	−2	−1	$-\frac{2}{3}$

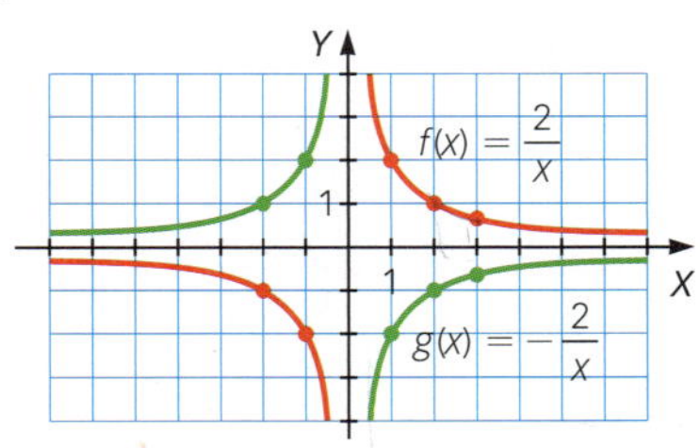

ACTIVITATS

15. Representa gràficament aquestes funcions:

a) $f(x) = \frac{3}{x}$ b) $f(x) = -\frac{3}{x}$ c) $f(x) = \frac{-4}{x}$ d) $f(x) = \frac{-1}{x}$

16. Representa gràficament les funcions següents:

a) $f(x) = \frac{1}{2x}$ b) $f(x) = -\frac{1}{2x}$ c) $f(x) = \frac{5}{3x}$ d) $f(x) = \frac{-2}{5x}$

8 Funcions amb radicals

No ho oblidis

A $f(x) = \sqrt[n]{g(x)}$, si n és parell, només prenem el resultat positiu de l'arrel. Si també agaféssim el resultat negatiu, per a cada valor de x, $f(x)$ tindria dos valors i, per tant, no seria una funció.

Les **funcions amb radicals** són funcions en què la variable x apareix a l'expressió algebraica sota el signe radical: $f(x) = \sqrt[n]{g(x)}$.

Característiques

- Si n és un nombre parell, el seu domini és l'interval en què $g(x) \geq 0$.
- Si n és imparell, el seu domini és $\mathbb{R}$.

EXEMPLE

6 Determina el domini de les funcions següents.

a) $f(x) = \sqrt{x-1}$ **b)** $g(x) = \sqrt{x^2-1}$ **c)** $h(x) = \sqrt[3]{x^2-1}$

a) Com que $n = 2$ és parell, la funció està definida quan:

$x - 1 \geq 0 \rightarrow x \geq 1 \rightarrow \text{Dom } f = [1, +\infty)$

b) Com que $n = 2$ és parell, la funció està definida quan:

$x^2 - 1 \geq 0$ $\qquad x^2 - 1 = 0 \rightarrow x = \pm 1$ $\qquad 0^2 - 1 = -1 < 0$

Com que $x^2 - 1 < 0$ per a $-1 < x < 1 \rightarrow \text{Dom } g = (-\infty, -1] \cup [1, +\infty)$

c) Com que $n = 3$ és imparell $\rightarrow \text{Dom } h = \mathbb{R}$

SABER FER

Representar la funció $f(x) = \sqrt[n]{x}$

▶ Representa gràficament les funcions.

a) $f(x) = \sqrt{x}$ **b)** $g(x) = \sqrt[3]{x}$

PRIMER. Determina si n és parell o imparell per calcular-ne el domini.

a) $n = 2 \rightarrow \text{Dom } f = [0, +\infty)$ b) $n = 3 \rightarrow \text{Dom } g = \mathbb{R}$

SEGON. Fem una taula de valors i representem la funció. Si n és parell, prenem només els valors positius de la funció.

a)

x	0	1	4	9
$f(x)$	0	1	2	3

b)

x	−8	−1	0	1	8
$g(x)$	−2	−1	0	1	2

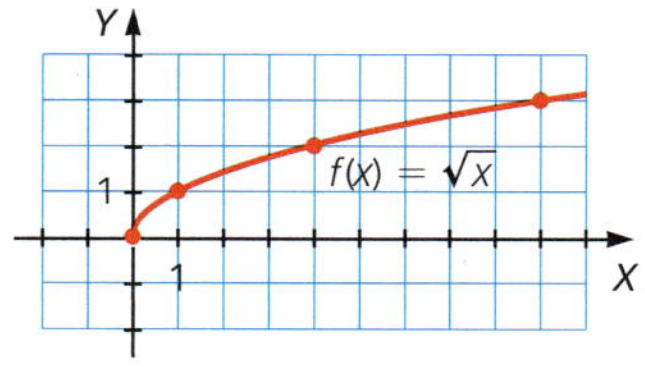

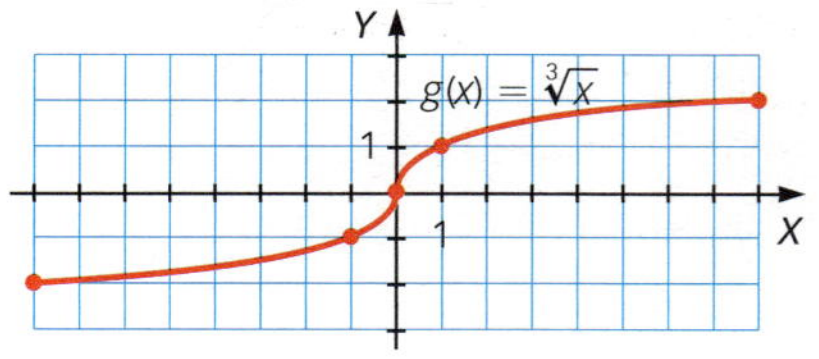

ACTIVITATS

17. Troba el domini de les funcions amb radicals.

a) $f(x) = \sqrt[3]{x^2-4}$ b) $f(x) = \sqrt{x^2-36}$

18. Representa gràficament aquestes funcions:

a) $f(x) = \sqrt{x+2}$ b) $f(x) = \sqrt{x-4}$ c) $f(x) = \sqrt[3]{x-1}$

9 Funció inversa

La **funció inversa** d'una funció *f* és una altra funció, f^{-1}, tal que per a qualsevol valor *x* del seu domini es compleix que:

Si $f(x) = b$, llavors $f^{-1}(b) = x$

➔ SABER FER

Calcular la funció inversa d'una funció

▶ Calcula la funció inversa d'aquestes funcions:

a) $f(x) = 3x + 9$ **b)** $g(x) = \dfrac{3}{x}$ **c)** $h(x) = \sqrt{x+2}$

PRIMER. Expressem la funció en la forma $y = f(x)$ i intercanviem *x* per *y* en els dos membres.

a) $f(x) = 3x + 9 \rightarrow y = 3x + 9 \rightarrow x = 3y + 9$

b) $g(x) = \dfrac{3}{x} \rightarrow y = \dfrac{3}{x} \rightarrow x = \dfrac{3}{y}$

c) $h(x) = \sqrt{x+2} \rightarrow y = \sqrt{x+2} \rightarrow x = \sqrt{y+2}$

SEGON. Aïllem *y* a l'equació que en resulta.

a) $x = 3y + 9 \rightarrow y = \dfrac{x-9}{3} \rightarrow y = \dfrac{1}{3}x - 3 \rightarrow f^{-1}(x) = \dfrac{1}{3}x - 3$

b) $x = \dfrac{3}{y} \rightarrow y = \dfrac{3}{x} \rightarrow g^{-1}(x) = \dfrac{3}{x}$

c) $x = \sqrt{y+2} \rightarrow x^2 = y + 2 \rightarrow y = x^2 - 2 \rightarrow h^{-1}(x) = x^2 - 2$

Les gràfiques d'una funció i de la seva funció inversa són simètriques respecte a la recta $y = x$.

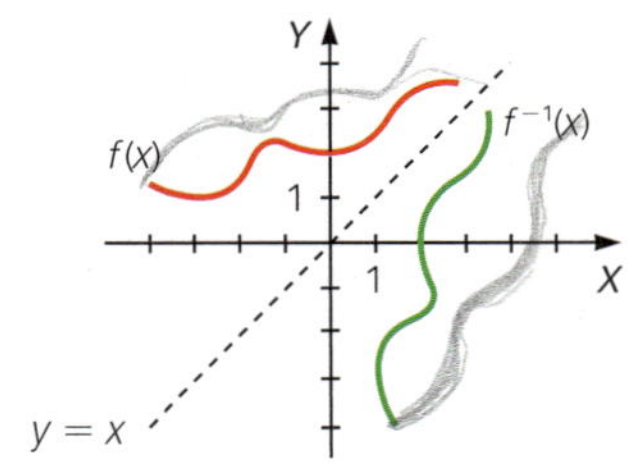

EXEMPLE

7 Representa gràficament la funció inversa de $f(x) = \sqrt{x}$.

$y = \sqrt{x}$ $x = \sqrt{y} \rightarrow x^2 = y$

La funció inversa de $f(x) = \sqrt{x}$ es $f^{-1}(x) = x^2$. Per tant, les seves gràfiques són simètriques respecte a l'eix $y = x$.

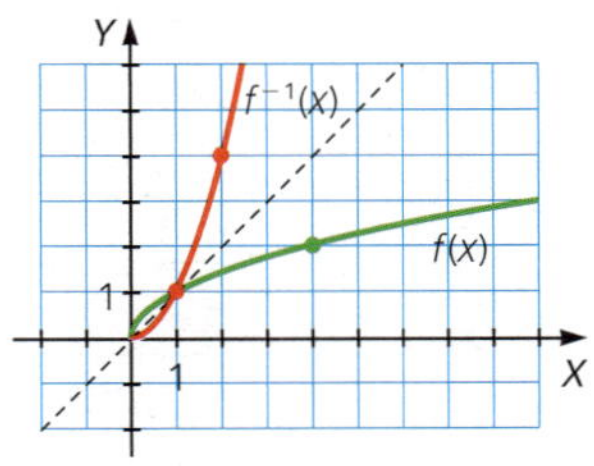

Atenció

El domini de la funció inversa de $f(x)$ és el recorregut de $f(x)$.

ACTIVITATS

19. Calcula la funció inversa de les funcions que apareixen a continuació:

a) $f(x) = -\dfrac{x}{2} + 1$

b) $f(x) = -x^2 + 4$

c) $f(x) = \sqrt{\dfrac{x}{2} - 2}$

d) $f(x) = \sqrt[3]{x^2 - 1}$

20. Esbrina quina és la funció inversa de $f(x) = \dfrac{7+x}{x}$ i fes el següent:

a) Representa les funcions $f(x)$ i $f^{-1}(x)$.

b) Comprova si les seves gràfiques són simètriques respecte a la recta $y = x$.

10 Funcions exponencials

No ho oblidis

Una funció exponencial molt utilitzada és $f(x) = e^x$, en què $e = 2{,}718281...$

Aquestes funcions apareixen habitualment en descriure diversos processos demogràfics, econòmics, biològics, químics...

Les **funcions exponencials** més senzilles són del tipus $f(x) = a^x$, en què a és un nombre real positiu ($a > 0$) i diferent d'1 ($a \neq 1$).

Característiques

- El domini d'una funció exponencial és $\mathbb{R}$.
- El seu recorregut és $(0, +\infty)$.
- Com que $a^0 = 1$, la funció passa sempre pel punt $(0, 1)$.
- Com que $a^1 = a$, la funció passa sempre pel punt $(1, a)$.
- Si $a > 1$, la funció és creixent.
- Si $0 < a < 1$, la funció és decreixent.

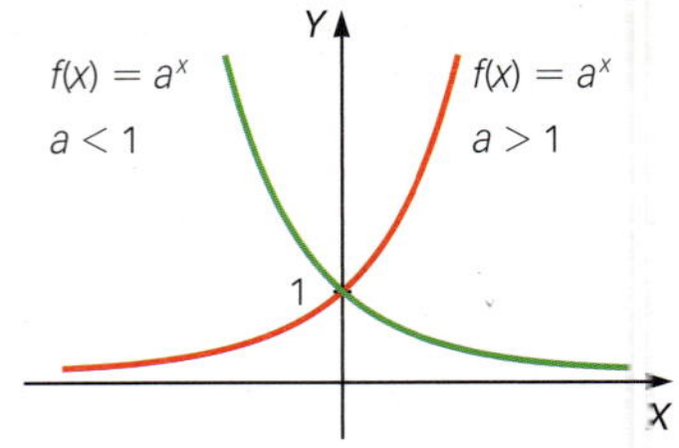

SABER FER

Representar una funció exponencial

Representa gràficament aquestes funcions:

a) $f(x) = 2^x$ **b)** $g(x) = 0{,}5^x$

PRIMER. Considerem les característiques de les funcions exponencials.

- Passa pels punts $(0, 1)$ i $(1, a)$.
  - a) Passa per $(0, 1)$ i $(1, 2)$.
  - b) Passa per $(0, 1)$ i $(1; 0{,}5)$.
- Si $a > 1$, és creixent. I si $0 < a < 1$, és decreixent.
  - a) $a = 2 > 1 \rightarrow f(x)$ és creixent
  - b) $0 < a = 0{,}5 < 1 \rightarrow g(x)$ és decreixent

SEGON. Fem una taula de valors per a la funció.

a)

x	−2	−1	1	2
$f(x)$	0,25	0,5	2	4

b)

x	−2	−1	1	2
$g(x)$	4	2	0,5	0,25

TERCER. En representem tots els punts i els unim mitjançant una corba.

a)

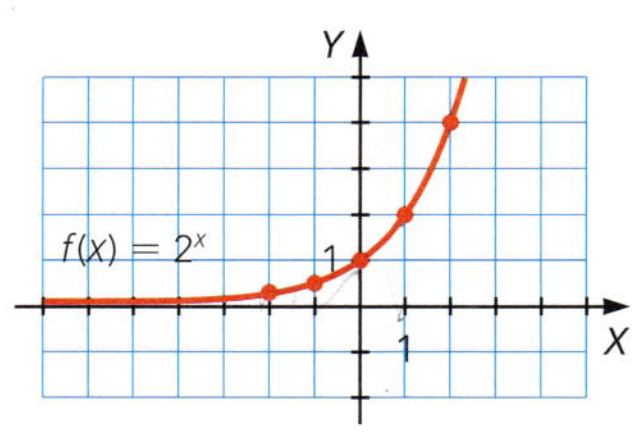

b)

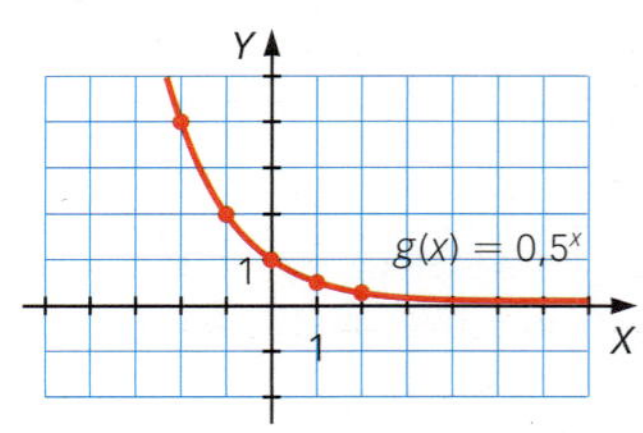

ACTIVITATS

21. Raona, sense fer-ne la gràfica, si les funcions següents són creixents o decreixents:

a) $f(x) = 1{,}2^x$

b) $f(x) = \left(\frac{2}{3}\right)^x$

c) $f(x) = 0{,}8^x$

d) $f(x) = \left(\sqrt{3}\right)^x$

22. Representa gràficament aquestes funcions:

a) $f(x) = 3^x$

b) $f(x) = -(3^x)$

c) $f(x) = 3^{-x}$

d) $f(x) = \left(\frac{2}{3}\right)^x$

e) $f(x) = \left(-\frac{2}{3}\right)^x$

f) $f(x) = \left(\frac{2}{3}\right)^{-x}$

11 Funcions logarítmiques

Les **funcions logarítmiques** més senzilles són del tipus $f(x) = \log_a x$, en què a és un nombre real positiu ($a > 0$) i diferent d'1 ($a \neq 1$).

Característiques

- El logaritme només existeix per a valors positius; per tant, el domini de la funció logarítmica és $(0, +\infty)$.
- El seu recorregut és $\mathbb{R}$.
- Com que $\log_a 1 = 0$, la funció passa sempre pel punt (1, 0).
- Com que $\log_a a = 1$, la funció passa sempre pel punt (a, 1).
- Si $a > 1$, la funció és creixent.
- Si $0 < a < 1$, la funció és decreixent.

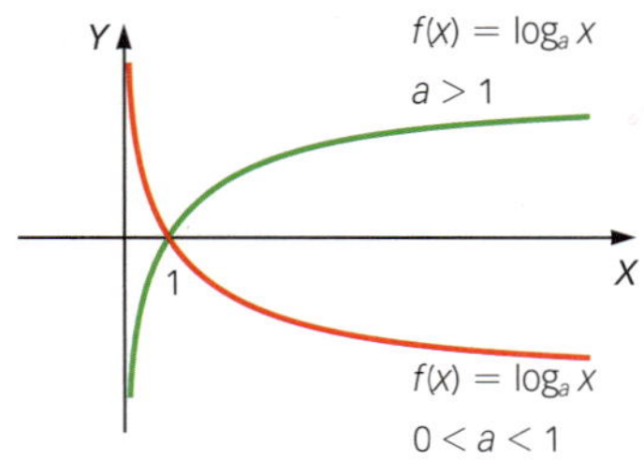

SABER FER

Representar una funció logarítmica

▶ Representa gràficament: **a)** $f(x) = \log_2 x$ **b)** $g(x) = \log_{\frac{1}{2}} x$

PRIMER. Considerem les característiques de les funcions logarítmiques.

- El domini és $(0, +\infty)$.
  - a) $\text{Dom } f = (0, +\infty)$
  - b) $\text{Dom } g = (0, +\infty)$
- Passa pels punts (1, 0) i (a, 1).
  - a) Passa per (1, 0) i (2, 1).
  - b) Passa per (1, 0) i $\left(\frac{1}{2}, 1\right)$.
- Si $a > 1$, és creixent. I si $0 < a < 1$, és decreixent.
  - a) $f(x) = \log_2 x$ és creixent.
  - b) $g(x) = \log_{\frac{1}{2}} x$ és decreixent.

SEGON. Fem una taula de valors per a la funció.

a)

x	3	4	5
$f(x)$	1,58	2	2,32

b)

x	3	4	5
$g(x)$	−1,58	−2	−2,32

TERCER. En representem tots els punts i els unim per mitjà d'una corba.

a)

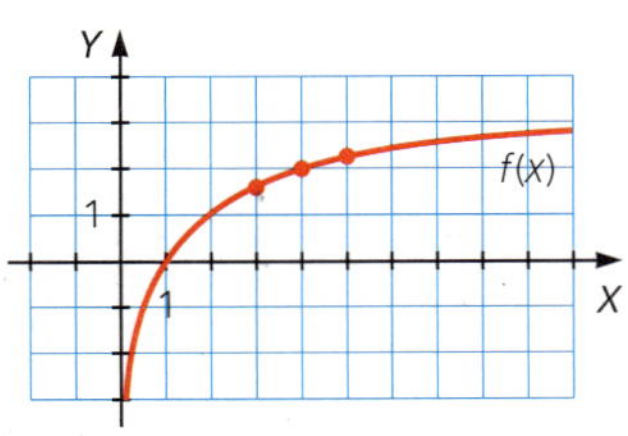

b)

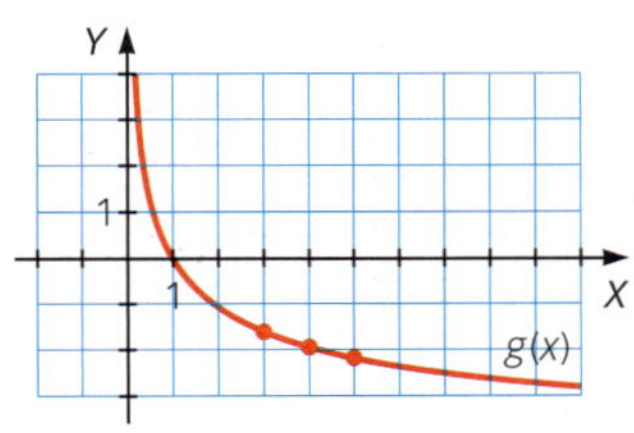

Atenció

La funció logarítmica, $f(x) = \log_a x$, és la funció inversa de la funció exponencial, $f(x) = a^x$.

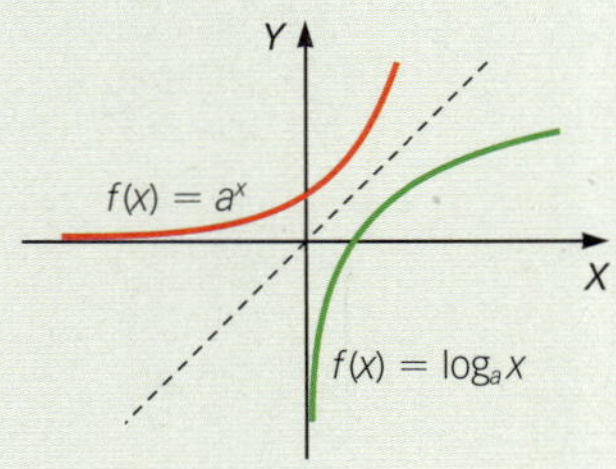

ACTIVITATS

23. Raona, sense fer-ne la gràfica, si les funcions següents són creixents o decreixents:

a) $f(x) = \log_{1,2} x$ c) $f(x) = \log_7 x$ e) $f(x) = \log_{\sqrt{3}} x$

b) $f(x) = \log_{\frac{2}{3}} x$ d) $f(x) = \log_{0,8} x$ f) $f(x) = \log_{8,2} x$

24. Representa gràficament les funcions que apareixen a continuació.

a) $f(x) = \log_3 x$ c) $f(x) = \log_3 (-x)$ e) $f(x) = -\log_3 (-x)$

b) $f(x) = \log_{\frac{1}{3}} x$ d) $f(x) = -\log_{\frac{1}{3}} x$ f) $f(x) = -\log_{\frac{1}{3}}(-x)$

12 Funcions trigonomètriques

12.1. Funció sinus i funció cosinus

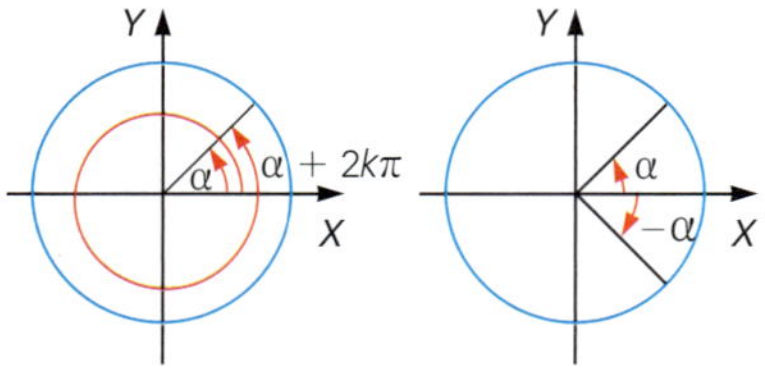

Les funcions $f(x) = \sin x$ i $f(x) = \cos x$ tenen les característiques següents:

- Estan definides per a qualsevol valor; per tant, el seu domini és $\mathbb{R}$.
- Com que $-1 \leq \sin x \leq 1$ i $-1 \leq \cos x \leq 1$, el seu recorregut és $[-1, 1]$.
- Són funcions periòdiques de període 2π radians, perquè:
  $\sin x = \sin(x + 2k\pi)$, amb $k \in \mathbb{Z}$ $\qquad$ $\cos x = \cos(x + 2k\pi)$, amb $k \in \mathbb{Z}$
- $f(-x) = \sin(-x) = -\sin x = -f(x) \rightarrow$ La funció sinus és una funció imparell, és a dir, és simètrica respecte de l'origen de coordenades.
- $f(-x) = \cos(-x) = \cos x = f(x) \rightarrow$ La funció cosinus és parell, és a dir, és simètrica respecte de l'eix Y.

Per representar aquestes funcions, com que són simètriques, fem una taula per a valors entre 0 i π, representem la funció en aquest interval i dibuixem entre $-\pi$ i 0 la gràfica simètrica corresponent. Finalment, com que tenen període 2π, repetim tota la gràfica a l'esquerra i la dreta.

x	$\sin x$	$\cos x$
0	0	1
$\frac{\pi}{4}$	$\frac{\sqrt{2}}{2}$	$\frac{\sqrt{2}}{2}$
$\frac{\pi}{2}$	1	0
$\frac{3\pi}{4}$	$\frac{\sqrt{2}}{2}$	$-\frac{\sqrt{2}}{2}$

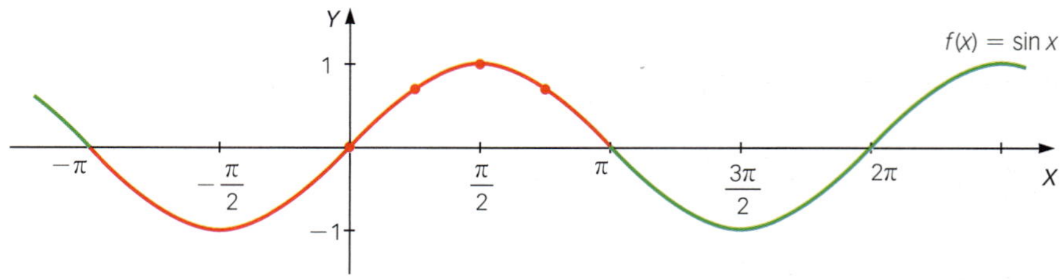

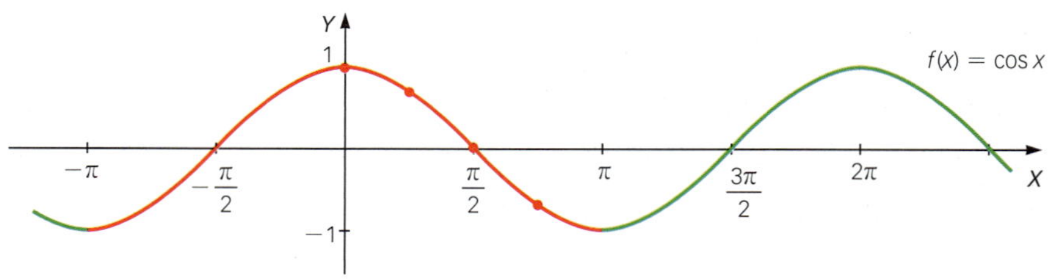

12.2. Funció tangent

La funció tangent, $f(x) = \text{tg } x$, té les característiques següents:

- El seu domini és $\mathbb{R} - \left\{\frac{\pi}{2} + k\pi\right\}$, perquè $\text{tg } x$ no està definida si $\cos x = 0$.
- El seu recorregut és $\mathbb{R}$.
- És periòdica, de període π.
- És una funció imparell, perquè:

$$f(-x) = \frac{\sin(-x)}{\cos(-x)} = \frac{-\sin x}{\cos x} = -f(x)$$

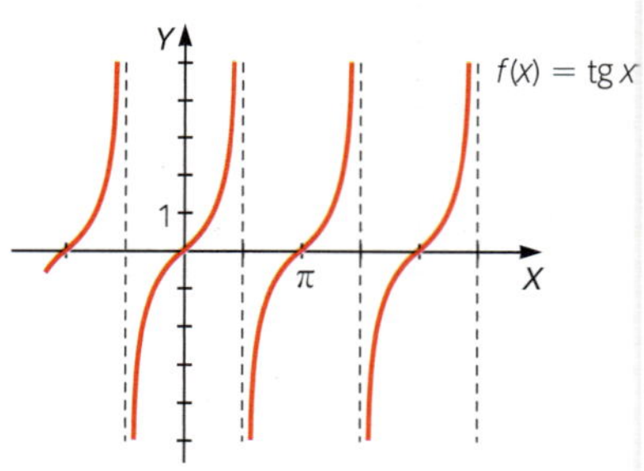

Recorda

Com que $\text{tg} x = \dfrac{\sin x}{\cos x}$, la funció $\text{tg} x$ no està definida quan $\cos x$ és zero.

ACTIVITATS

25. Representa gràficament aquestes funcions:

a) $f(x) = \sin\left(x + \frac{\pi}{2}\right)$ $\qquad$ b) $f(x) = \cos\left(x - \frac{\pi}{2}\right)$

26. Representa aquestes funcions:

a) $f(x) = \text{tg}\left(x - \frac{\pi}{2}\right)$ $\qquad$ b) $f(x) = \text{tg}(x + 1)$

12.3. Funcions arc

Les funcions inverses de les funcions trigonomètriques s'anomenen funcions arc.

- La funció inversa de la funció sinus, $f(x) = \sin x$, s'anomena **arc sinus**, i es representa amb $f^{-1}(x) = \text{arc sin } x$. Aquesta funció dóna el valor de l'angle, conegut el valor del seu sinus. És a dir:

  Si $\sin \alpha = b \rightarrow \text{arc sin } b = \alpha$

- La funció inversa de la funció cosinus, $f(x) = \cos x$, s'anomena **arc cosinus**, i es representa amb $f^{-1}(x) = \text{arc cos } x$. Aquesta funció dóna el valor de l'angle, conegut el valor del seu cosinus. És a dir:

  Si $\cos \alpha = b \rightarrow \text{arc cos } b = \alpha$

- La funció inversa de la funció tangent, $f(x) = \text{tg } x$, s'anomena **arc tangent**, i es representa amb $f^{-1}(x) = \text{arc tg } x$. Aquesta funció dóna el valor de l'angle, conegut el valor de la seva tangent. És a dir:

  Si $\text{tg } \alpha = b \rightarrow \text{arc tg } b = \alpha$

EXEMPLE

8 Calcula a l'interval $\left[0, \frac{\pi}{2}\right]$: **a)** $\text{arc sin } \frac{\sqrt{2}}{2}$ **b)** arc cos 0

a) A $\left[0, \frac{\pi}{2}\right]$, $\sin \frac{\pi}{4} = \frac{\sqrt{2}}{2} \rightarrow \text{arc sin } \frac{\sqrt{2}}{2} = \frac{\pi}{4}$

b) A $\left[0, \frac{\pi}{2}\right]$, $\cos \frac{\pi}{2} = 0 \rightarrow \text{arc cos } 0 = \frac{\pi}{2}$

Com que $-1 \leq \sin x \leq 1$ i $-1 \leq \cos x \leq 1$, el domini de les funcions arc sin i arc cos és $[-1, 1]$. A més, perquè siguin funcions, el recorregut d'arc sin ha de ser $\left[-\frac{\pi}{2}, \frac{\pi}{2}\right]$, i el recorregut d'arc cos ha de ser $[0, \pi]$.

Com que la tangent pot prendre qualsevol valor, el domini de la funció arc tg és $\mathbb{R}$. A més, perquè sigui funció, el recorregut d'arc tg ha de ser $\left[-\frac{\pi}{2}, \frac{\pi}{2}\right]$.

Arc sinus

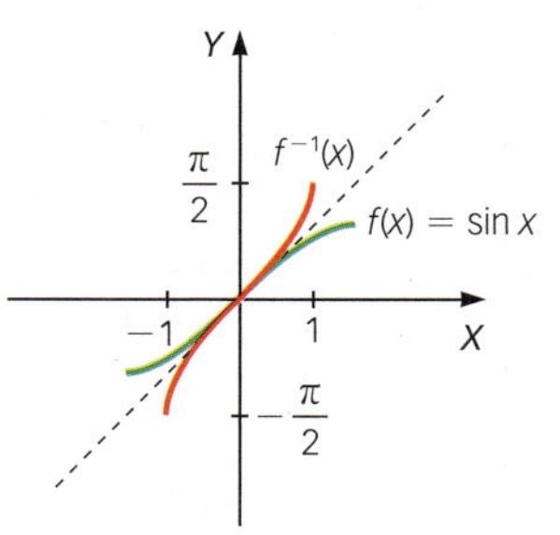

Arc cosinus

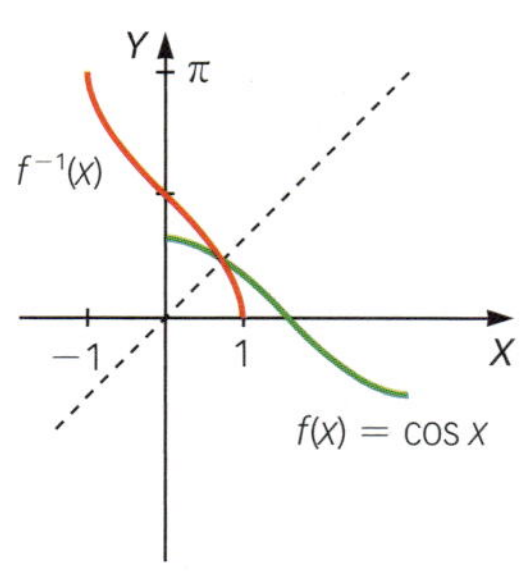

Arc tangent

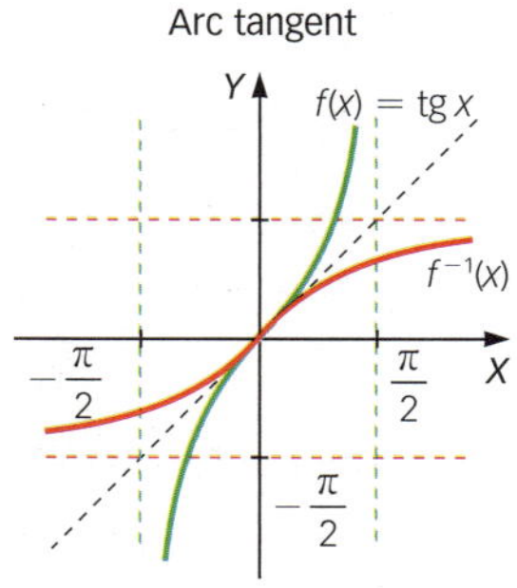

Atenció

La gràfica d'arc sin x ens mostra que no és una funció, perquè a cada valor de x li corresponen diversos valors de y.

Perquè arc sin x sigui una funció considerem el tros de gràfica en què a cada valor de x li correspon un únic valor de y.

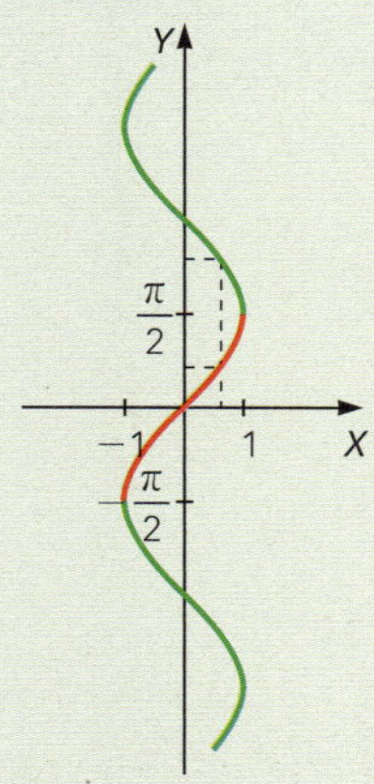

Això també passa amb les funcions arc cos x i arc tg x.

ACTIVITATS

27. Calcula les expressions següents:

a) $\text{arc sin } \frac{\sqrt{2}}{2}$ b) arc cos 0 c) arc tg (-1)

28. Representa gràficament aquestes funcions:

a) $f(x) = \text{arc cos}\left(x + \frac{\pi}{2}\right)$ b) $f(x) = \text{arc sin } (x - \pi)$

13 Funcions definides a trossos

En diverses situacions reals es presenten funcions que no es poden expressar mitjançant una única expressió algebraica.

Una **funció definida** a trossos és una funció que té diverses expressions algebraiques depenent de l'interval on es trobi la variable independent, x.

SABER FER

Representar una funció definida a trossos

▶ Representa gràficament la funció $f(x) = \begin{cases} -2x^2 + 1 & \text{si } x \leq 0 \\ 2^x & \text{si } 0 < x \leq 2 \\ x - 2 & \text{si } x > 2 \end{cases}$

PRIMER. Representem les funcions definides a cada un dels trams, tenint en compte el valor de la funció en els extrems dels intervals.

Primer interval: $(-\infty, 0]$

$f(x) = -2x^2 - 1 \rightarrow \begin{cases} \text{Paràbola de vèrtex } (0, 1) \\ a = -2 < 0 \rightarrow \text{Màxim a } (0, 1) \end{cases}$

$f(0) = 1 \rightarrow$ Extrem $(0, 1)$

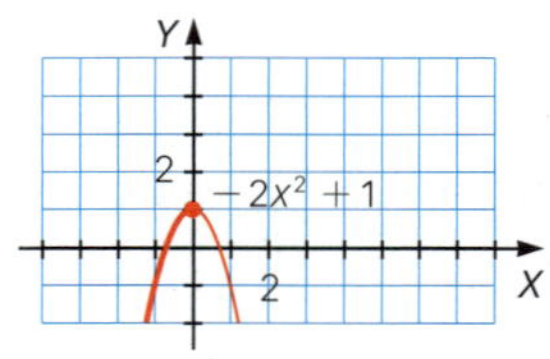

Segon interval: $(0, 2]$

$f(x) = 2^x \rightarrow \begin{cases} \text{Passa per } (0, 1) \\ a = 2 > 1 \rightarrow \text{Funció creixent} \end{cases}$

$f(0) = 2^0 = 1 \rightarrow$ Extrem $(0, 1)$

$f(2) = 2^2 = 4 \rightarrow$ Extrem $(2, 4)$

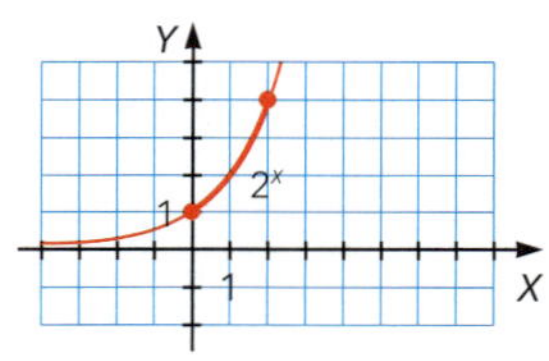

Tercer interval: $(2, +\infty)$

$f(x) = x - 2 \rightarrow \begin{cases} \text{Recta que passa per } (0, -2) \\ m = 1 > 0 \rightarrow \text{Funció creixent} \end{cases}$

$f(2) = 2 - 2 = 0 \rightarrow$ Extrem $(2, 0)$

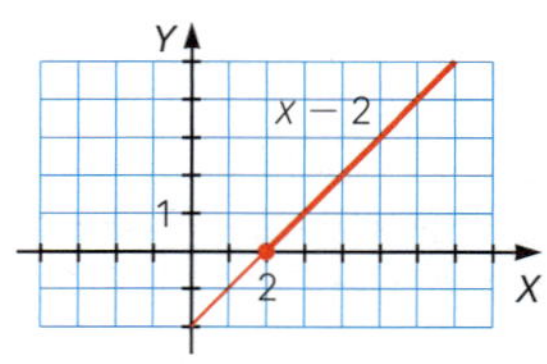

SEGON. Agafem la representació de cada una de les funcions en el tram corresponent, i les dibuixem en els mateixos eixos de coordenades.

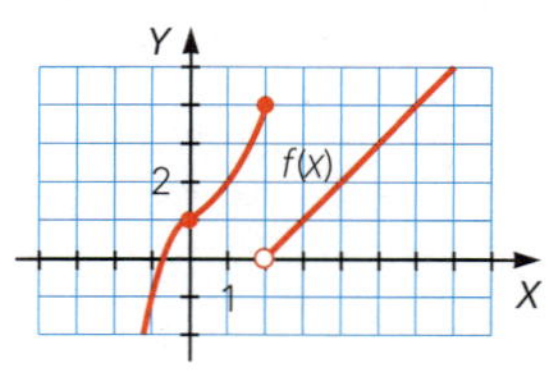

ACTIVITATS

29. Representa gràficament aquesta funció definida a trossos:

$$f(x) = \begin{cases} 2 & \text{si } x < -2 \\ x^2 - 7 & \text{si } -2 \leq x \leq 0 \\ -7 - x & \text{si } x > 0 \end{cases}$$

Descriu-ne les característiques principals.

30. Representa la gràfica d'aquesta funció i descriu-ne les característiques principal:

$$f(x) = \begin{cases} \dfrac{2}{x} & \text{si } x \leq 2 \\ x^2 - 6x + 9 & \text{si } 2 < x \leq 4 \\ 5 & \text{si } x < 4 \end{cases}$$

13.1. Funció valor absolut

La funció **valor absolut** és la funció que associa a cada nombre real el seu valor absolut.

$$f(x) = |x|$$

La funció valor absolut es pot entendre com una funció definida a trossos de la manera següent:

$$f(x) = |x| = \begin{cases} x & \text{si } x \geq 0 \\ -x & \text{si } x < 0 \end{cases}$$

La seva gràfica està formada per dues rectes, una decreixent i una altra creixent, que passen per l'origen de coordenades.

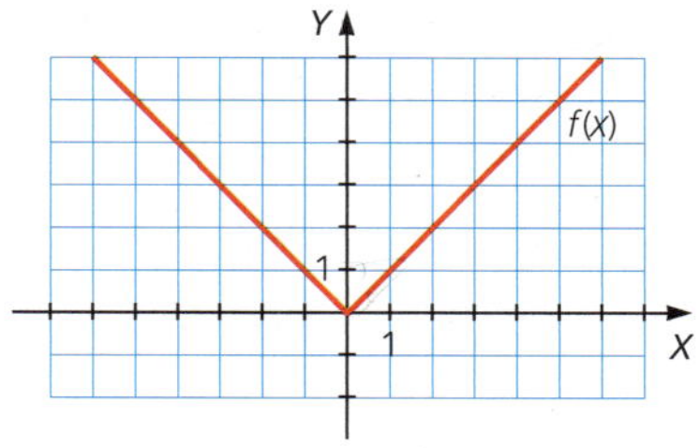

Recorda

El valor absolut d'un nombre a coincideix amb a si és positiu o zero, o amb el seu oposat, $-a$, si és negatiu.

$$|a| = \begin{cases} a & \text{si } a \geq 0 \\ -a & \text{si } a < 0 \end{cases}$$

13.2. Funció part entera

La **funció part entera** és la funció que associa a cada nombre real la seva part entera, és a dir, el primer nombre enter més petit o igual que ell.

La funció part entera es pot entendre com una funció definida a trossos amb trams infinits en els quals la funció és constant.

$$f(x) = [x] = \begin{cases} \dots & \\ -2 & \text{si } x \in [-2, -1) \\ -1 & \text{si } x \in [-1, 0) \\ 0 & \text{si } x \in [0, 1) \\ 1 & \text{si } x \in [1, 2) \\ \dots & \end{cases}$$

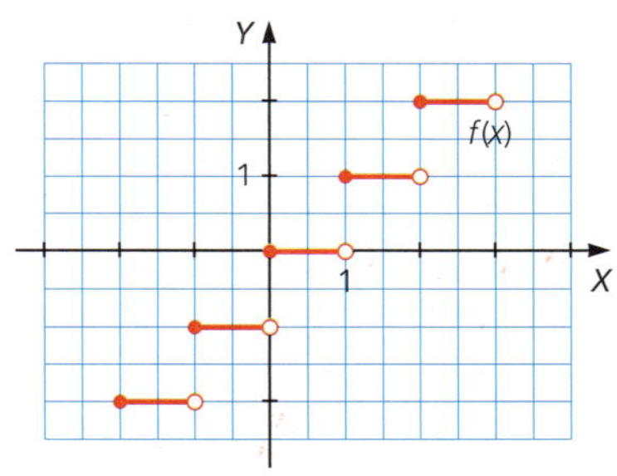

S'escriu així

La funció part entera es pot escriure de manera general així:

$f(x) = \{n \text{ si } x \in [n, n + 1),$ amb $n \in \mathbb{Z}\}$

EXEMPLE

9 **Expressa mitjançant una funció el cost d'una trucada telefònica amb un preu per establiment de trucada de 0,15 € i un cost per minut de 0,20 €.**

Considerant x com el nombre de minuts que dura la trucada:

$$f(x) = \begin{cases} 0{,}15 & \text{si } x = 0 \\ 0{,}15 + 0{,}2 & \text{si } 0 < x \leq 1 \\ 0{,}15 + 2 \cdot 0{,}2 & \text{si } 1 < x \leq 2 \\ 0{,}15 + 3 \cdot 0{,}2 & \text{si } 2 < x \leq 3 \\ \dots & \end{cases}$$

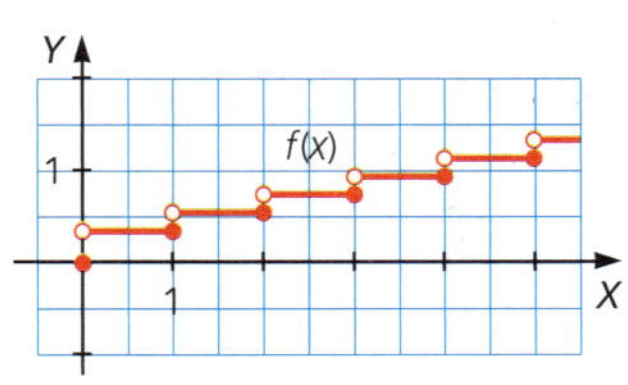

Escrivint-ho de manera general: $f(x) = 0{,}15 + ([x] + 1) \cdot 0{,}2$

ACTIVITATS

31. El servei de correus cobra 0,30 € pels primers 25 g d'enviament i, a partir d'aquesta quantitat, cobra 0,20 € per cada 25 g (o fracció) de pes extra. Representa la gràfica del cost de l'enviament de cartes de fins a 150 g.

32. La funció que associa a cada nombre la seva part decimal és:

$$f(x) = x - [x]$$

Representa la funció i analitza'n les propietats.

14 Operacions amb funcions

Atenció

- El domini de les funcions $f + g$ i $f \cdot g$ és el conjunt de tots els valors que pertanyen a Dom f i Dom g.

  Dom $(f + g)$ = Dom $f \cap$ Dom g

  Dom $(f \cdot g)$ = Dom $f \cap$ Dom g
- El domini de la funció $\frac{f}{g}$ és el conjunt de tots els valors que pertanyen a f i Dom g i, a més, no anul·len $g(x)$.

Donades dues funcions, f i g, els dominis de les quals són Dom f i Dom g, respectivament:

- La **suma de funcions** f i g és una altra funció, $f + g$, tal que per a qualsevol valor, x, que pertany als dominis de les dues funcions, es compleix que:

  $$(f + g)(x) = f(x) + g(x)$$

- El **producte de funcions** f i g és una altra funció, $f \cdot g$, tal que per a qualsevol valor, x, que pertany als dominis de les dues funcions, es compleix que:

  $$(f \cdot g)(x) = f(x) \cdot g(x)$$

- El **quocient de funcions** f i g és una altra funció, $\frac{f}{g}$, tal que per a qualsevol valor, x, que pertany als dominis de les dues funcions, es compleix que:

  $$\left(\frac{f}{g}\right)(x) = \frac{f(x)}{g(x)}, \text{ amb } g(x) \neq 0$$

SABER FER

Trobar els valors de les operacions amb funcions

▶ Donades les funcions $f(x) = x^2 - 2x$ i $g(x) = \frac{3}{x}$, calcula el valor de les funcions següents en el valors indicats:

a) $(f + g)(1)$ **b)** $(f \cdot g)(2)$ **c)** $\left(\frac{f}{g}\right)(-1)$

PRIMER. Determinem les funcions que resulten en operar.

a) $(f + g)(x) = f(x) + g(x) = x^2 - 2x + \frac{3}{x} = \frac{x^3 - 2x^2 + 3}{x}$

b) $(f \cdot g)(x) = f(x) \cdot g(x) = (x^2 - 2x)\left(\frac{3}{x}\right) = \frac{3x^2 - 6x}{x} = 3x - 6$

c) $\left(\frac{f}{g}\right)(x) = \frac{f(x)}{g(x)} = \frac{x^2 - 2x}{\frac{3}{x}} = \frac{x^3 - 2x^2}{3}$

SEGON. Trobem el valor de les funcions resultants a cada punt.

a) $(f + g)(1) = \frac{1^3 - 2 \cdot 1^2 + 3}{1} = 1 - 1 + 3 = 2$

b) $(f \cdot g)(2) = 3 \cdot 2 - 6 = 0$

c) $\left(\frac{f}{g}\right)(-1) = \frac{(-1)^3 - 2(-1)^2}{3} = \frac{-1 - 2}{3} = -1$

ACTIVITATS

33. Determina el valor de les funcions següents en el punt $x = -2$, tenint en compte que:

$$f(x) = \frac{x}{x + 1} \qquad g(x) = 3x^2 - 1$$

a) $(f - g)(x)$ b) $(f \cdot g)(x)$ c) $\left(\frac{f}{g}\right)(x)$

34. Troba el valor de les funcions següents en els punts que s'indiquen, tenint en compte que:

$$f(x) = \sqrt{x^5} \qquad g(x) = \frac{x^2 + 3}{x + 1}$$

a) $(f \cdot g)(4)$ b) $\left(\frac{f}{g}\right)(-1)$ c) $(f^2)(2)$

15 Composició de funcions

Donades dues funcions, f i g, s'anomena **funció composta** de f amb g la funció $(g \circ f)$ que compleix que:

$$(g \circ f)(x) = g[f(x)]$$

$$x \xrightarrow{\ f\ } f(x) \xrightarrow{\ g\ } g[f(x)] \qquad (g \circ f)$$

L'expressió $(g \circ f)(x)$ es llegeix *f composta amb g de x*. Per anomenar-la es comença per la funció de la dreta, perquè és la primera que actua sobre la variable x.

En general, $(g \circ f)(x)$ és diferent que $(f \circ g)(x)$.

No ho oblidis

Per determinar el domini de $(g \circ f)(x)$ hem de trobar els valors de x que compleixen que:

- x es troba en el domini de f.
- $f(x)$ es troba en el domini de g.

SABER FER

Compondre funcions

▶ Donades les funcions $f(x) = \sqrt{x+1}$ i $g(x) = -x^2 + 2$, calcula les composicions de funcions següents.

a) $(g \circ f)(x)$ **b)** $(f \circ g)(x)$

PRIMER. Apliquem la definició de composició de funcions.

a) $(g \circ f)(x) = g[f(x)] = g\left(\sqrt{x+1}\right)$

b) $(f \circ g)(x) = f[g(x)] = f(-x^2 + 2)$

SEGON. Substituïm la variable x de la funció per l'expressió que està entre parèntesis.

a) $(g \circ f)(x) = g\left(\sqrt{x+1}\right) = -\left(\sqrt{x+1}\right)^2 + 2 = -(x+1) + 2 = -x + 1$

b) $(f \circ g)(x) = f(-x^2+2) = \sqrt{(-x^2+2)+1} = \sqrt{-x^2+3}$

S'escriu així

Si f^{-1} és la funció inversa de f, es compleix que:

$$f^{-1} \circ f = f \circ f^{-1} = Id$$

Aquesta Id l'anomenem **funció identitat** i és la funció que a cada valor li fa correspondre el mateix valor.

$$Id(x) = x$$

EXEMPLE

10 Donades les funcions $f(x) = \log_2(x+1)$, $g(x) = 2^{x+2}$, calcula $(g \circ f)(0)$ i $(f \circ g)(1)$.

$(g \circ f)(0) = g[f(0)] = g(0) = 2^{0+2} = 4$

↑ $f(0) = \log_2(0+1) = 0$

$(f \circ g)(1) = f[g(1)] = f(8) = \log_2(8+1) = \log_2 9$

↑ $g(1) = 2^{1+2} = 8$

ACTIVITATS

35. Donades les funcions $f(x) = x^2$ i $g(x) = \dfrac{1}{2x-1}$, calcula el valor de les composicions que apareixen a continuació si $x = 2$:

a) $(f \circ g)(x)$
b) $(g \circ f)(x)$
c) $(f \circ f)(x)$
d) $(g \circ g)(x)$

36. Si $f(x) = \sqrt{2x^3}$ i $g(x) = x - 4$, troba el valor de les funcions següents en els punts indicats, determinant primer la composició de funcions:

a) $(f \circ g)(5)$
b) $(g \circ f)(5)$

Justifica, a partir dels resultats, si la composició de funcions és commutativa.

SABER FER

Domini d'una funció

Calcular el domini de funcions no elementals

Calcula el domini de la funció $f(x) = \dfrac{\log(x-1)}{\sqrt{x+2}}$.

PRIMER. Determinem el domini de les funcions elementals.

$\log(x-1)$ està definida si $x - 1 > 0 \rightarrow x > 1$

$\sqrt{x+2}$ està definida si $x + 2 \geq 0 \rightarrow x \geq -2$

Com que en el denominador hi ha $\sqrt{x+2} \neq 0 \rightarrow x \neq -2$

SEGON. La intersecció dels diversos dominis és el domini de la funció.

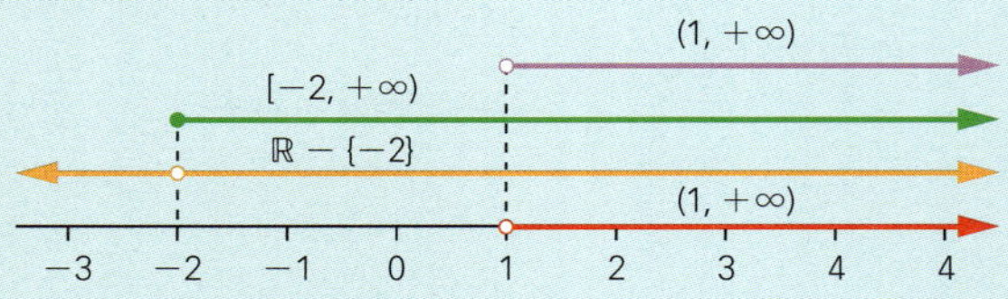

El domini de la funció és Dom $f = (1, +\infty)$.

PRACTICA

37. Calcula el domini de $f(x) = \dfrac{1}{x} + \sqrt{x+3}$.

Període

Calcular el període de les funcions trigonomètriques

Determina el període d'aquestes funcions trigonomètriques:

a) $f(x) = \sin \dfrac{x}{2}$ **b)** $g(x) = \text{tg}\, 3x$

PRIMER. Apliquem les propietats de les raons trigonomètriques.

a) Com que $\sin x = \sin(x + 2\pi)$, s'ha de:

$$f(x) = \sin\frac{x}{2} = \sin\left(\frac{x}{2} + 2\pi\right) = $$
$$= \sin\left[\frac{1}{2}(x + 4\pi)\right] = f(x + 4\pi)$$

b) Com que $\text{tg}\, x = \text{tg}\,(x + \pi)$, s'ha de:

$$g(x) = \text{tg}\, 3x = \text{tg}\,(3x + \pi) = \text{tg}\left[3\left(x + \frac{\pi}{3}\right)\right] = g\left(x + \frac{\pi}{3}\right)$$

SEGON. El període de la funció és la constant que està sumada a la x.

a) Període $= 4\pi$ b) Període $= \dfrac{\pi}{3}$

PRACTICA

38. Determina el període de $f(x) = \cos 2x$.

Funcions polinòmiques

Representar funcions del tipus $f(x) = ax^n$ en què $n \geq 2$

Representa gràficament les funcions següents: **a)** $f(x) = 2x^3$ **b)** $g(x) = -2x^4$

PRIMER. Determinem si el coeficient a és positiu o negatiu i si l'exponent n és parell o imparell.

a) $f(x) = 2x^3 \rightarrow \begin{cases} n \text{ imparell} \\ a = 2 > 0 \end{cases}$

b) $g(x) = -2x^4 \rightarrow \begin{cases} n \text{ parell} \\ a = -2 < 0 \end{cases}$

SEGON. Dibuixem la gràfica de la funció, tenint en compte els valors de a i n.

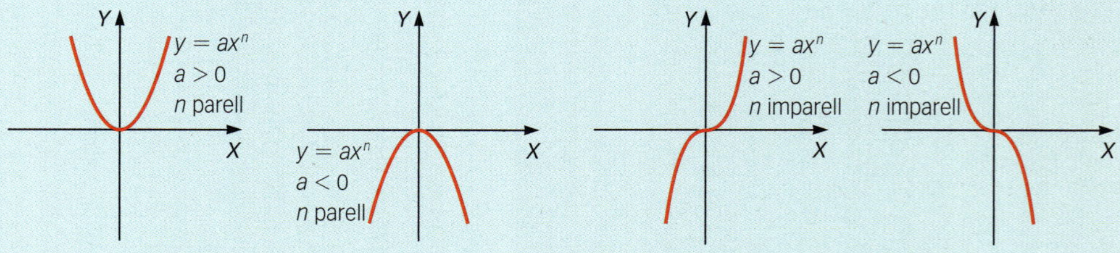

a) Representem la funció $f(x)$.

$f(x) = 2x^3$
$2 > 0$
3 imparell

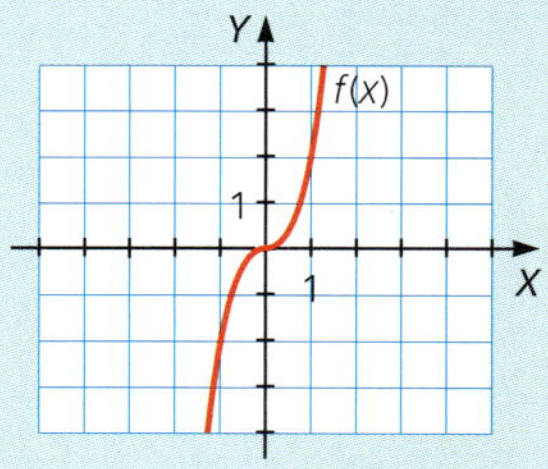

b) Representem la funció $g(x)$.

$g(x) = -2x^4$
$-2 < 0$
4 parell

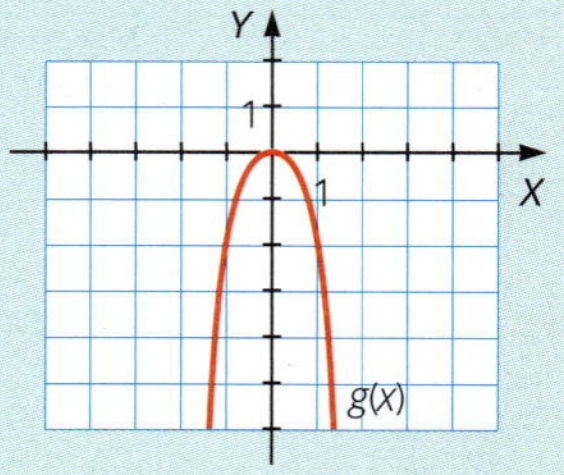

PRACTICA

39. Representa gràficament aquestes funcions: a) $f(x) = x^5$ b) $f(x) = -x^4$

Transformacions de funcions

Determinar la gràfica d'una funció a partir de transformacions

Representa la funció $g(x) = -x^3 - x^2 - 2$ a partir de la gràfica de $f(x) = x^3 + x^2$.

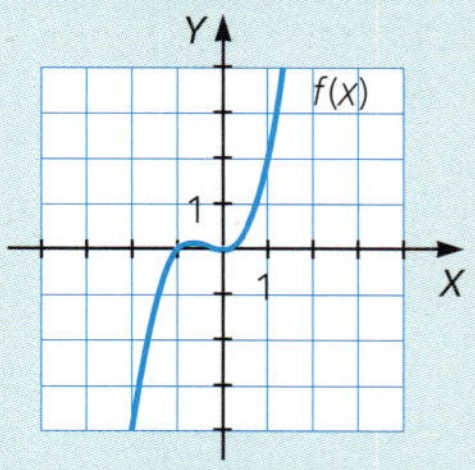

PRIMER. Establim les relacions entre la funció que volem representar i la funció de la qual coneixem la representació.

$g(x) = -x^3 - x^2 - 2 = -(x^3 + x^2) - 2 = -f(x) - 2 = -[f(x) + 2]$

SEGON. Identifiquem les transformacions necessàries per representar la funció, i les dibuixem.

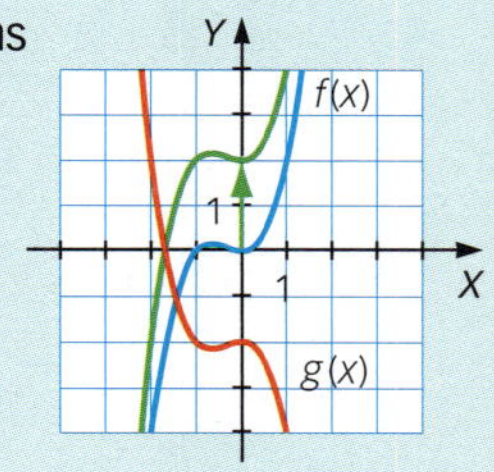

$f(x) + 2 \rightarrow$ Desplacem $f(x)$ 2 unitats cap amunt.

$-[f(x) + 2] \rightarrow$ Dibuixem la gràfica simètrica respecte de l'eix X.

PRACTICA

40. A partir de la gràfica de $f(x)$, representa:

a) $g(x) = f(x) - 3$

b) $g(x) = f(x + 2)$

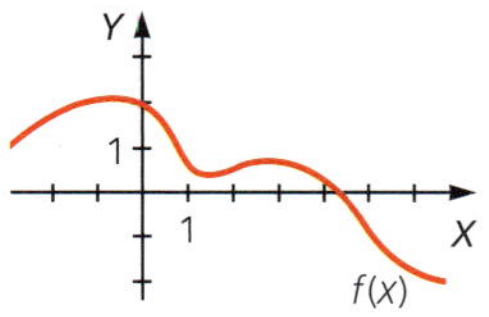

Transformacions de funcions

Representar funcions del tipus $kf(x)$ coneguda la gràfica de $f(x)$

Representa gràficament aquestes funcions:

a) $g(x) = 2 \sin x$ **b)** $h(x) = \frac{1}{2} \sin x$

PRIMER. Dibuixem la gràfica de $f(x)$.

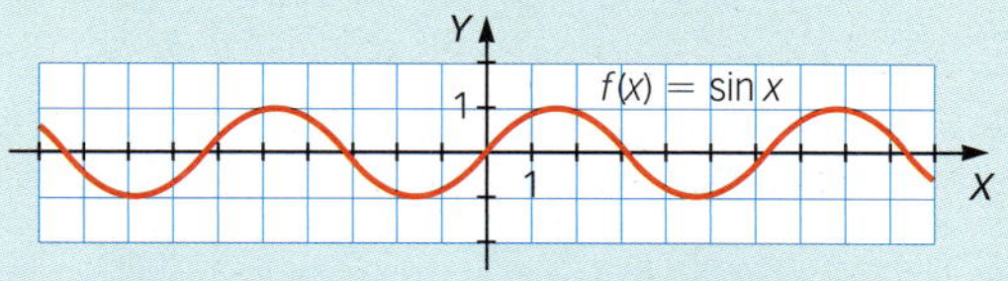

SEGON. Obtenim la gràfica multiplicant per k les ordenades de la gràfica de $f(x)$. Si $k > 1$, la gràfica *s'amplia*; si i $0 < k < 1$, la gràfica *es contrau*.

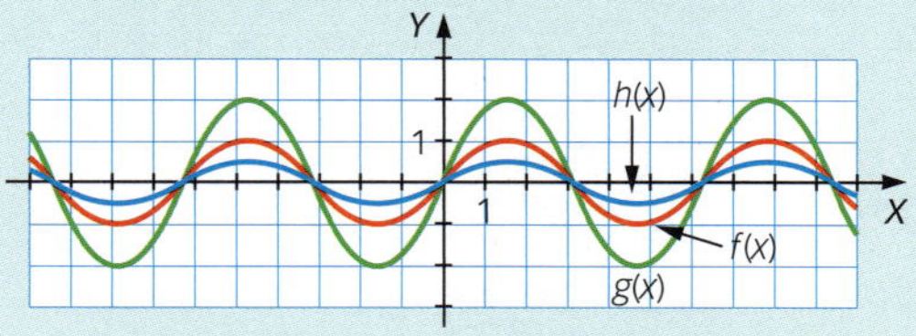

PRACTICA

41. Representa la funció $f(x) = 2 \log x$.

Funcions racionals

Representar funcions del tipus $f(x) = \frac{k}{x + a}$ i $f(x) = \frac{ax + b}{x + c}$

Representa gràficament aquestes funcions: **a)** $g(x) = \frac{3}{x + 2}$ **b)** $h(x) = \frac{3x - 2}{x - 1}$

PRIMER. Si el numerador és un polinomi, el dividim entre el denominador.

a) No és necessari. b) $\frac{3x - 2}{x - 1} = 3 + \frac{1}{x - 1}$

SEGON. Expressem la funció que volem representar en funció de $f(x) = \frac{k}{x}$.

a) Si $f(x) = \frac{3}{x} \rightarrow g(x) = \frac{3}{x + 2} = f(x + 2)$

b) Si $f(x) = \frac{1}{x} \rightarrow h(x) = \frac{3x - 2}{x - 1} = 3 + \frac{1}{x - 1} = 3 + f(x - 1)$

TERCER. Representem la funció aplicant les transformacions necessàries a la gràfica de la funció $f(x) = \frac{k}{x}$.

a)

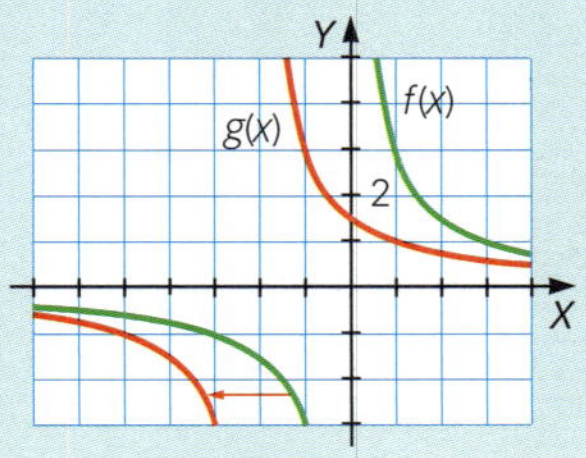

b)

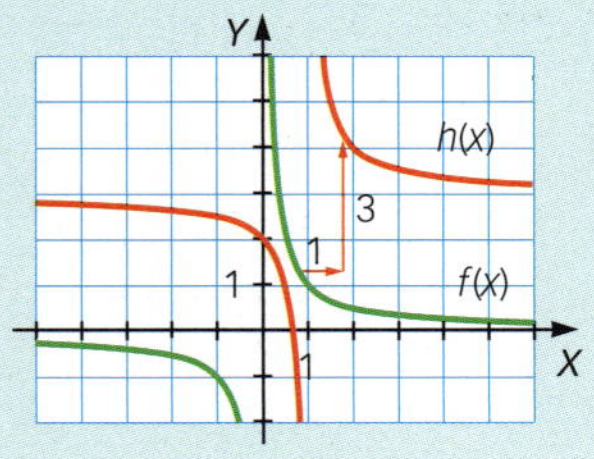

PRACTICA

42. Representa gràficament les funcions següents: a) $f(x) = \frac{-1}{x - 1}$ b) $f(x) = \frac{2x + 2}{x - 2}$

SABER FER

Funció inversa

Representar la gràfica d'una funció inversa

Dibuixa la gràfica de la funció inversa de $g(x) = 2^{x+1}$.

PRIMER. Representem la funció de la qual es demana la inversa.

$f(x) = 2^x \rightarrow g(x) = 2^{x+1} = f(x+1)$

És una funció exponencial traslladada horitzontalment 1 unitat cap a l'esquerra.

SEGON. Tracem la bisectriu del 1r i el 3r quadrant.

TERCER. Tracem la gràfica simètrica respecte de la recta en qüestió.

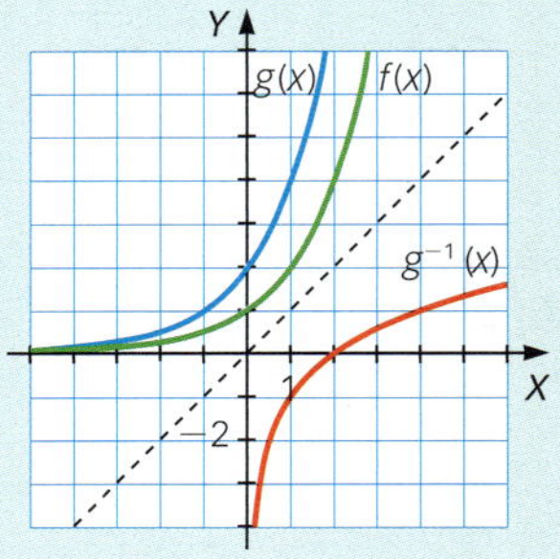

PRACTICA

43. Representa la gràfica de les funcions inverses d'aquestes funcions:

a) $f(x) = x^2$ b) $f(x) = \log(x-1)$

Funció exponencial

Representar funcions del tipus $f(x) = a^{x+b} + c$

Representa gràficament la funció $g(x) = 3^{x-2} - 1$.

PRIMER. Expressem la funció que volem representar en funció de $f(x) = a^x$.

Si $f(x) = 3^x \rightarrow g(x) = 3^{x-2} - 1 = f(x-2) - 1$

SEGON. Obtenim la gràfica de la funció desplaçant la gràfica de $f(x) = a^x$ en horitzontal i en vertical.

$f(x-2) \longrightarrow$ Desplacem $f(x)$ cap a l'esquerra 2 unitats.

$f(x-2) - 1 \rightarrow$ Desplacem $f(x)$ cap avall 1 unitat.

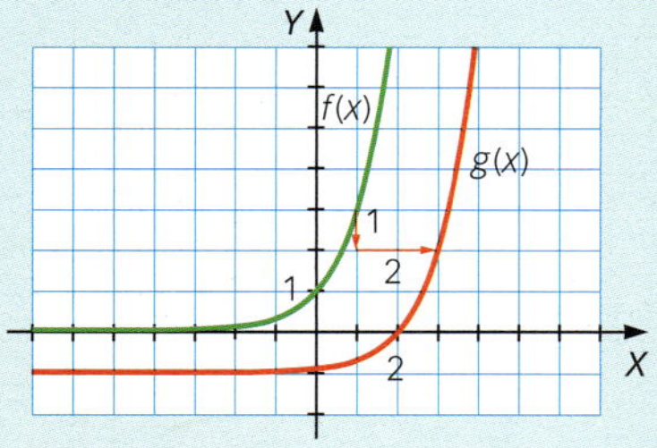

PRACTICA

44. Representa gràficament la funció exponencial $f(x) = 3^{2x} - 3$.

Funció exponencial

Representar funcions del tipus $f(x) = a^{kx}$

Representa gràficament les funcions següents:

a) $g(x) = 2^{3x}$ **b)** $h(x) = \left(\frac{1}{2}\right)^{2x}$

PRIMER. Escrivim la funció com $f(x) = (a^k)^x$.

a) $g(x) = 2^{3x} = (2^3)^x = 8^x$

b) $h(x) = \left(\frac{1}{2}\right)^{2x} = \left(\frac{1^2}{2^2}\right)^x = \left(\frac{1}{4}\right)^x$

SEGON. Representem la funció que en resulta com una funció exponencial del tipus $f(x) = a^x$.

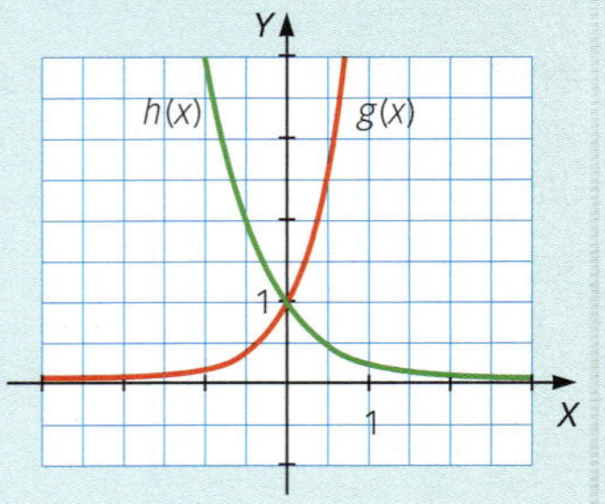

PRACTICA

45. Dibuixa la gràfica de les funcions següents:

a) $f(x) = 3^{2x}$ b) $f(x) = \left(\frac{1}{3}\right)^{3x}$

Funció logarítmica

Representar funcions del tipus $f(x) = \log_a kx^b$

Representa gràficament aquestes funcions:

a) $g(x) = \log_2 8x$ **b)** $h(x) = \log_2 4x^3$

PRIMER. Apliquem les propietats dels logaritmes.

a) $g(x) = \log_2 8x = \log_2 8 + \log_2 x = 3 + \log_2 x$

b) $h(x) = \log_2 4x^3 = \log_2 4 + \log_2 x^3 = 2 + 3\log_2 x$

SEGON. Representem la funció fent les transformacions necessàries sobre $f(x) = \log_a x$.

a)

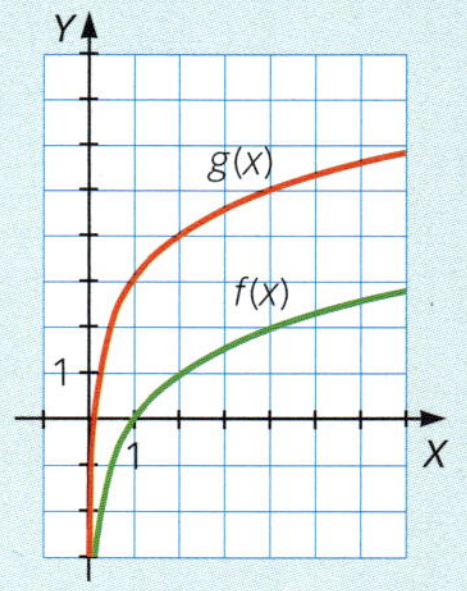

b)

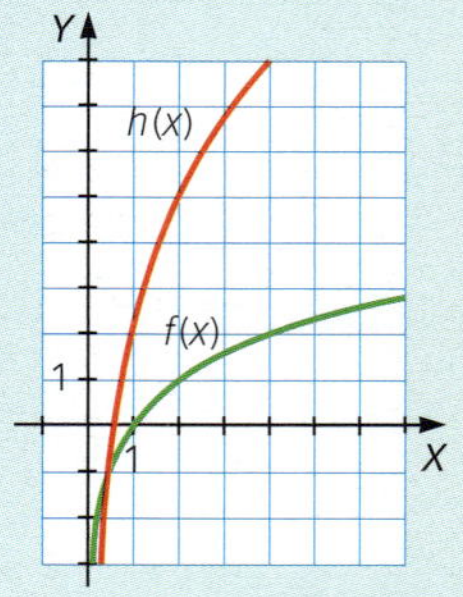

PRACTICA

46. Dibuixa la gràfica de la funció $f(x) = \log 10x^2$.

Funció valor absolut

Representar funcions del tipus $g(x) = |f(x)|$

Representa gràficament la funció $g(x) = |-x^2 + 4x|$. A partir de la gràfica, escriu-ne l'expressió com una funció definida a trossos.

PRIMER. Representem la funció sense el valor absolut.

$f(x) = -x^2 + 4x$ és una funció quadràtica i, per tant, hem de determinar-ne el vèrtex i si és un màxim o un mínim.

$$\text{Vèrtex: } \left(\frac{-b}{2a}, -\frac{b^2 - 4ac}{4a}\right) \xrightarrow{a = -1,\, b = 4,\, c = 0} \left(\frac{-4}{-2}, -\frac{16}{-4}\right) = (2, 4)$$

Com que $a = -1 < 0$, el vèrtex és un màxim.

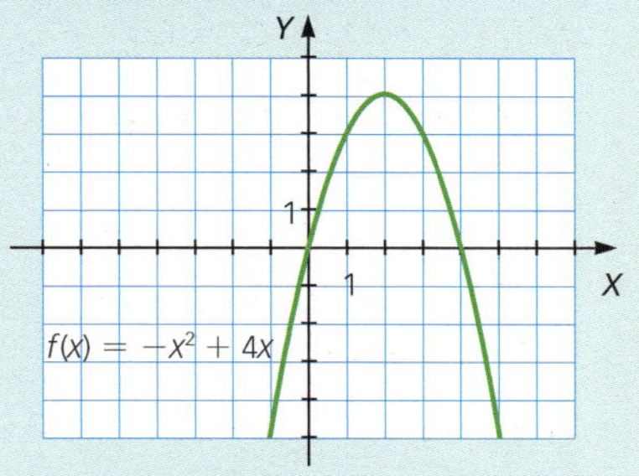

SEGON. Dibuixem les figures simètriques, respecte de l'eix X, de les parts de la gràfica que corresponguin a valors negatius de la funció.

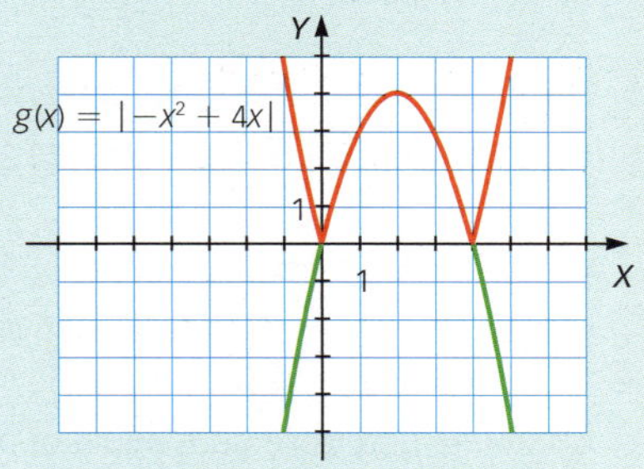

TERCER. Escrivim l'expressió algebraica de la funció, tenint en compte els punts de tall amb els eixos.

$$g(x) = |-x^2 + 4x| = \begin{cases} x^2 - 4x & \text{si } x < 0 \\ -x^2 + 4x & \text{si } 0 \le x \le 4 \\ x^2 - 4x & \text{si } x > 4 \end{cases}$$

PRACTICA

47. Dibuixa la gràfica de la funció $f(x) = |\sin x|$ a l'interval $[0, 2\pi]$.

Funció valor absolut

Representar funcions en les quals intervé el valor absolut

Dibuixa la gràfica de la funció següent:

$$g(x) = x^2 - 4|x|$$

PRIMER. Definim la funció a trossos, tenint en compte que $|x|$ és x quan és un nombre positiu, i és $-x$ quan és negatiu.

$$g(x) = x^2 - 4|x| = \begin{cases} x^2 - 4x & \text{si } x \ge 0 \\ x^2 + 4x & \text{si } x < 0 \end{cases}$$

SEGON. Representem la funció definida a trossos a cada un dels trams.

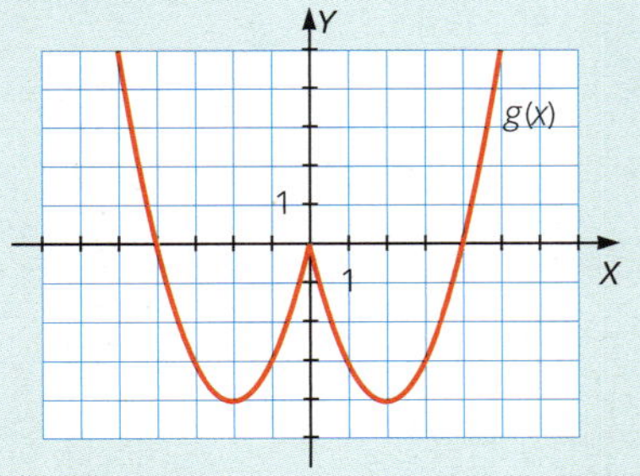

PRACTICA

48. Dibuixa la gràfica de la funció $f(x) = 2x - |x|$.

Composició de funcions

Expressar una funció com a composició d'altres funcions

Expressa aquesta funció com a composició de funcions més senzilles.

$$f(x) = \frac{-2}{\sqrt{\ln x}}$$

PRIMER. Dividim la funció en funcions més senzilles.

$$f_1(x) = \frac{-2}{x} \qquad f_2(x) = \sqrt{x} \qquad f_3(x) = \ln x$$

SEGON. Componem les funcions per comprovar que el resultat és igual a la funció inicial.

$$(f_1 \circ f_2 \circ f_3)(x) = f_1(f_2(f_3(x))) = f_1(f_2(\ln x)) =$$

$f_3(x) = \ln x$

$$= f_1\left(\sqrt{\ln x}\right) = \frac{-2}{\sqrt{\ln x}}$$

$f_2(x) = \sqrt{x}$ $\qquad$ $f_1(x) = \frac{-2}{x}$

PRACTICA

49. Expressa aquestes funcions com a composició de funcions més senzilles:

a) $f(x) = \sin^2(x^2 + 1)$ $\qquad$ b) $f(x) = \sqrt{\frac{1}{x - 1}}$

Funcions. Característiques

50. Digues si aquestes gràfiques corresponen a una funció:

a)
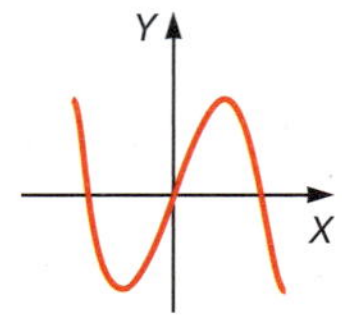

c)
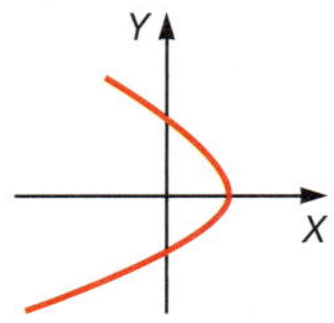

b)
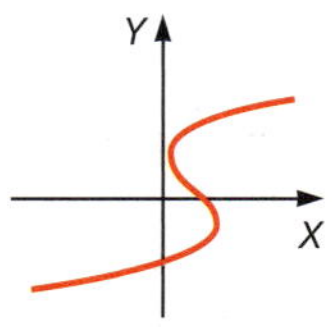

d)
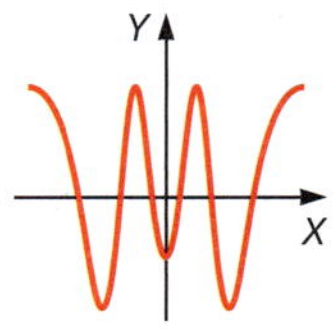

51. Observa aquests exemples de tarifació telefònica:

- Establiment de trucada 0,15 € i 3 cènt. el minut o fracció.
- Cada minut o fracció 5 cènt.
- Cada minut o fracció entre setmana 4 cènt., i si és cap de setmana, 3 cènt.

Completa una taula com aquesta per a cada tipus de tarifació i determina si defineixen una funció. En cas afirmatiu, dibuixa'n la gràfica.

Minuts	1	5	7	9	12
Preu (€)					

52. Comprova si els punts $x = -3$, $x = 0$, $x = 2$ pertanyen al domini d'aquestes funcions:

a) $f(x) = x^2 - 2x + 1$

b) $f(x) = \dfrac{3x - 1}{x^2 + 3x}$

c) $f(x) = \sqrt{-2x + 1}$

d) $f(x) = \ln(-x - 4)$

53. Estudia si els valors de l'ordenada, y, estan inclosos en els recorreguts d'aquestes funcions:

a) $y = 3$, $y = 2$, $y = -5$ per a $f(x) = \sqrt{3x - 3}$

b) $y = 0$, $y = 30$, $y = -3$ per a $f(x) = x^2 - 5x + 6$

54. Troba el domini d'aquestes funcions:

a) $f(x) = \dfrac{4 - 3x + x^2}{2}$

b) $f(x) = \dfrac{12x - x^2}{x - 5}$

c) $f(x) = \dfrac{5x - 3}{x^2 + 1}$

d) $f(x) = \dfrac{x - 1}{x^2 + 4x + 4}$

55. Estudia el domini de les funcions següents:

a) $f(x) = \sqrt{3x - 7}$

b) $f(x) = \sqrt{x^2 + x + 10}$

c) $f(x) = \sqrt{x^2 + x - 6}$

d) $f(x) = \sqrt{3x^2 - x}$

56. Escriu el domini de les funcions.

a) $f(x) = \log_4 (x - 4)$

b) $f(x) = \cos(1 - x)$

c) $f(x) = 3^{\ln x}$

d) $f(x) = \sin(x - \pi)$

57. Determina el domini de les funcions.

a) $f(x) = \sqrt{x + 1} + \sqrt{8 - x}$ b) $f(x) = \sqrt{2x - 4} \cdot \sqrt{1 - x}$

58. Determina si aquestes funcions tenen alguna mena de simetria:

a) $f(x) = x^3 - 3x$

b) $f(x) = x^4 - 1$

c) $f(x) = x^2 - x$

d) $f(x) = x^4 - 2x^2$

59. Determina el tipus de simetria d'aquestes funcions:

a) $f(x) = \dfrac{3x^2 - x}{x}$ b) $f(x) = \dfrac{2x^3 - x}{x^2 + 1}$

SABER FER

Determinar el període d'una funció

▶ Determina el període de les funcions següents.

a)
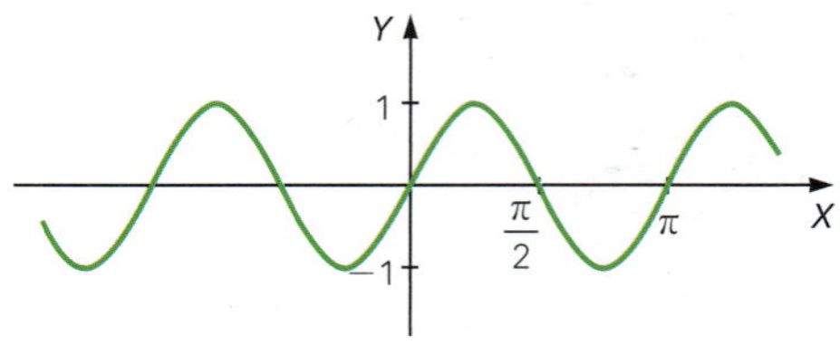

b)
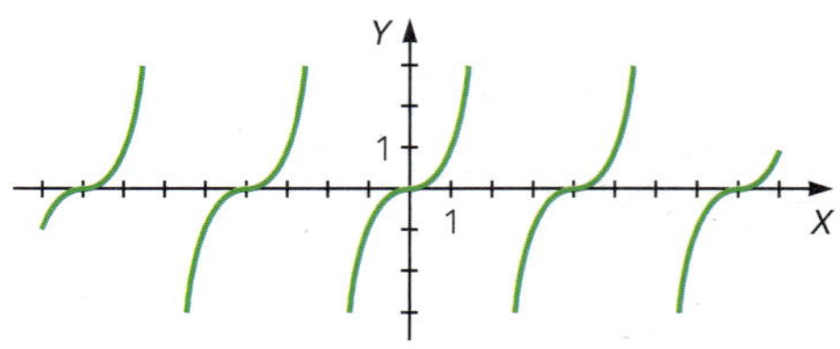

PRIMER. Si és una funció periòdica, la seva gràfica es repeteix cada cert interval. Determinem els extrems d'un d'aquests intervals.

a) interval $[0, \pi]$
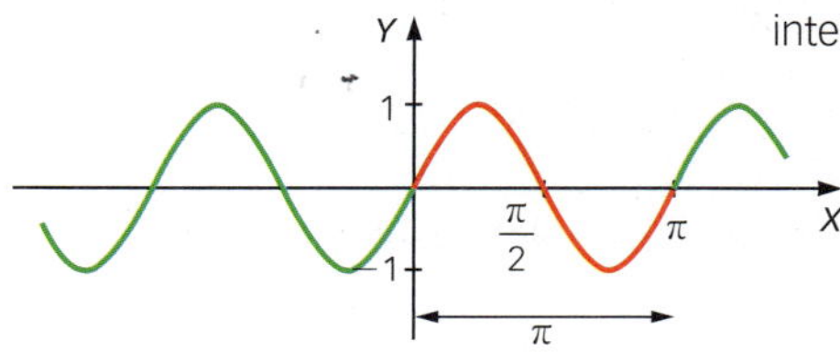

b) interval $[-2, 2]$
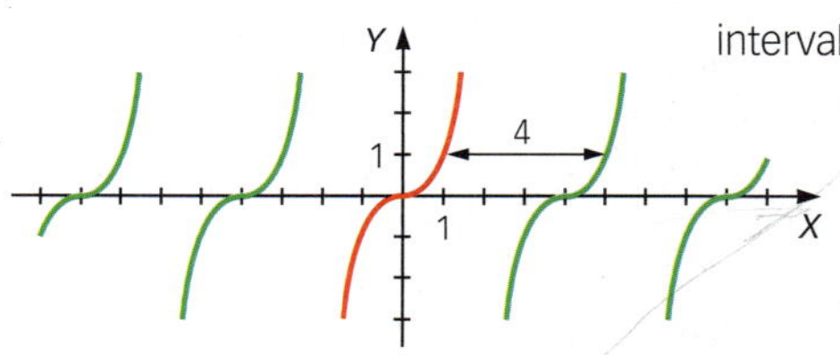

SEGON. La diferència entre els extrems d'aquests intervals és el període.

a) $T = \pi - 0 = \pi$ b) $T = 2 - (-2) = 4$

60. Determina el període d'aquestes funcions:

a)
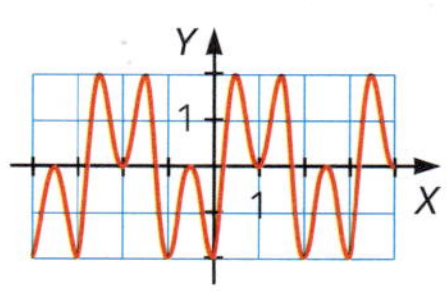

b)
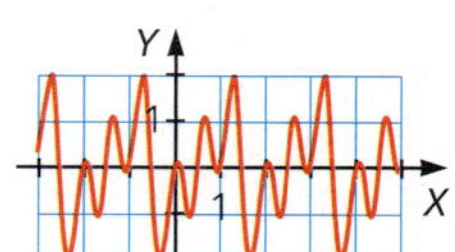

61. Considera la funció que relaciona el temps, en dies, amb la superfície visible de la Lluna. És una funció periòdica? En cas afirmatiu, indica'n el període.

Funcions polinòmiques

62. Representa, sense fer les taules de valors corresponents, les funcions lineals i afins.

a) $f(x) = \frac{2}{3}x - \frac{1}{2}$ c) $f(x) = \frac{7}{2}$ e) $f(x) = -3x + \frac{5}{2}$

b) $f(x) = -2$ d) $f(x) = \frac{2x-3}{5}$ f) $f(x) = -\frac{2}{3}x$

63. Escriu l'expressió algebraica de les funcions representades, i calcula'n el pendent i l'ordenada a l'origen.

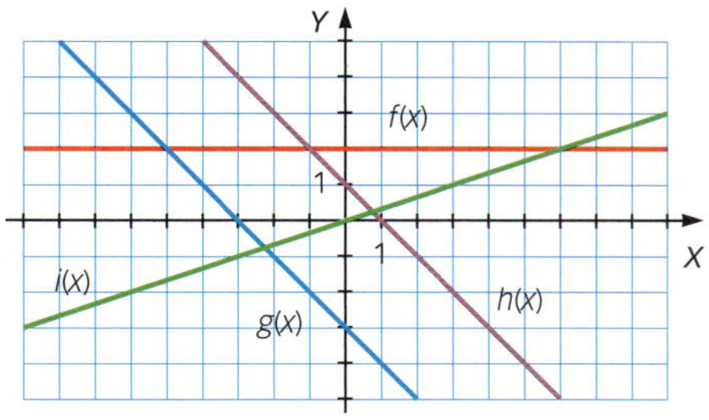

64. Representa aquestes funcions en els mateixos eixos de coordenades i relaciona l'obertura de les branques de cada paràbola amb el coeficient de x^2:

a) $f(x) = x^2$ c) $h(x) = 2x^2$

b) $g(x) = \frac{1}{2}x^2$ d) $i(x) = \frac{1}{4}x^2$

65. Troba les coordenades del vèrtex de les funcions quadràtiques següents:

a) $f(x) = x^2 - 6x + 10$ c) $f(x) = x^2 - 4$

b) $f(x) = -x^2 - 4x + 10$ d) $f(x) = -x^2 - 4x + 2$

66. Representa gràficament les paràboles següents:

a) $f(x) = x^2 + x - 6$ c) $f(x) = x^2 - 3x + 5$

b) $f(x) = x^2 - 10x + 25$ d) $f(x) = -x^2 - 3x + 1$

67. Associa cada funció amb la seva gràfica.

a) $f(x) = -x^2$

b) $g(x) = -x^2 + 3$

c) $h(x) = -x^2 - 3$

d) $i(x) = -2x^2$

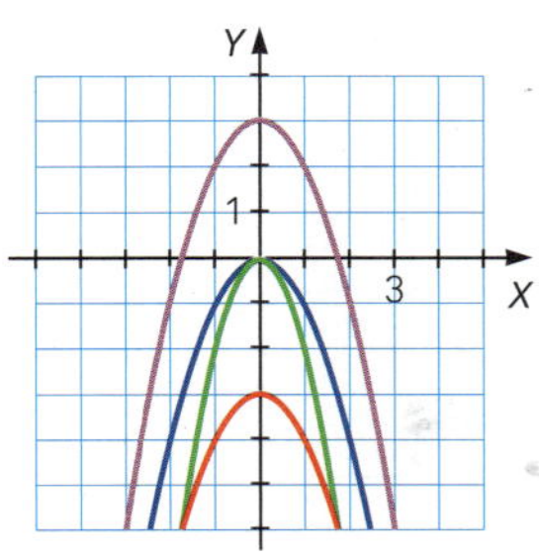

68. Relaciona cada gràfica amb la seva expressió algebraica.

a) $y = \frac{x^2}{2} + 3x - 1$

b) $y = 2x^2 - 2x + 1$

c) $y = -\frac{x^2}{3} - x + 2$

d) $y = -2x^2 + x - 1$

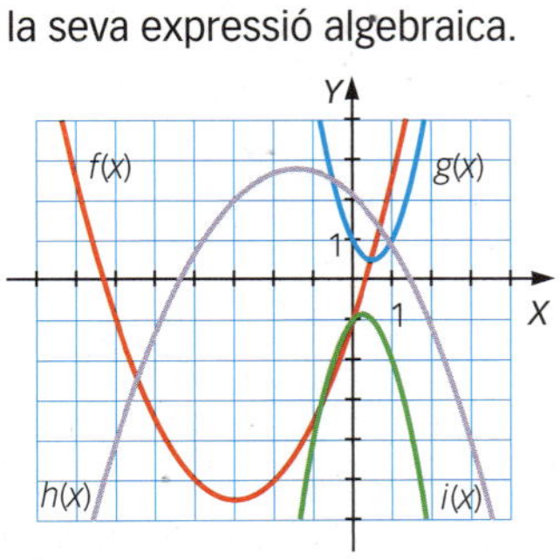

Interpolació i extrapolació

69. Sabem que $\sqrt[3]{64} = 4$ i que $\sqrt[3]{125} = 5$.

a) Troba $\sqrt[3]{99}$ per interpolació.

b) Si sabem també que $\sqrt[3]{8} = 2$, troba $\sqrt[3]{99}$ per interpolació quadràtica.

c) Calcula, amb ajuda de la calculadora, el valor exacte de $\sqrt[3]{99}$ i comprova quin dels dos valors trobats és més aproximat.

70. Podem veure l'evolució de la població d'un petit poble durant 5 anys a la taula següent:

Any	2010	2011	2012	2013	2014
Habitants	314	307	291	291	282

a) Fes servir l'extrapolació lineal i digues quants habitants s'espera que tingui l'any 2015.

b) Quants habitants tindria si fas servir una extrapolació quadràtica per al càlcul?

c) Troba per mitjà de l'extrapolació lineal i de la quadràtica els habitants l'any 2009.

71. Hem planejat un viatge turístic a Sicília; aterrarem a Palerm i llogarem un cotxe per visitar els monuments més importants que hi ha a l'illa. L'empresa de lloguer de cotxes ofereix un cotxe de gamma mitjana per 150 € per 2 dies, 270 € per 4 dies i 500 € per 8 dies.

a) Quant ens costaria el lloguer durant 3 dies?

b) I si fos una setmana?

c) Quin seria el preu si volguéssim llogar-lo durant 10 dies?

Funcions racionals

72. Associa cada gràfica amb la seva funció.

a) $f(x) = \frac{1}{x+3}$

b) $g(x) = \frac{1}{x-4}$

c) $h(x) = \frac{1}{x} + 2$

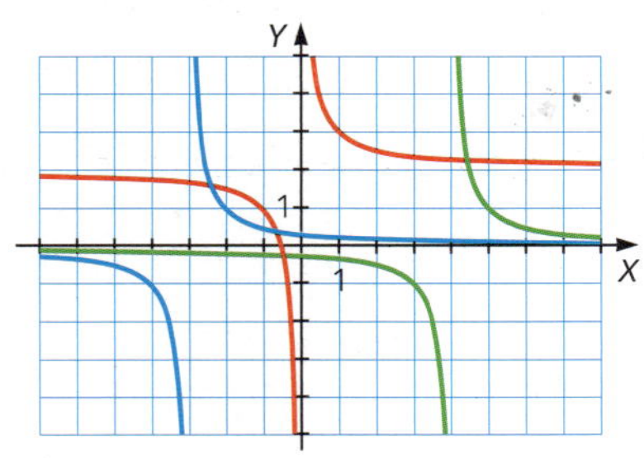

73. Associa cada gràfica amb la seva funció.

a) $f(x) = \frac{1}{x-2} + 3$

b) $g(x) = \frac{1}{x+4} - 2$

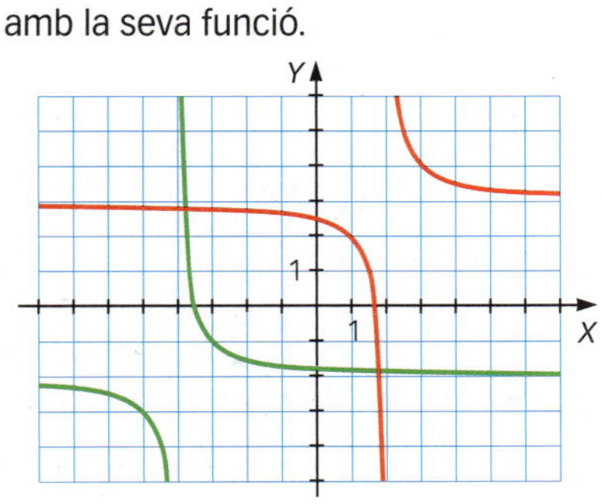

74. Donada la funció $f(x) = \frac{2}{x}$, determina l'expressió algebraica de les funcions següents:

a) $g(x) = f(x - 3)$
b) $g(x) = f(x + 1)$
c) $g(x) = f(x) - 2$
d) $g(x) = f(x) + 3$
e) $g(x) = f(-x)$
f) $g(x) = -f(x)$

75. Sense representar-les, escriu la relació que hi ha entre les gràfiques d'aquestes funcions i la de $f(x) = \frac{12}{x}$:

a) $g(x) = \frac{12}{x+4}$ b) $h(x) = \frac{12}{x} + 1$ c) $i(x) = -\frac{12}{x}$

76. Representa la gràfica de la funció $f(x) = \frac{3}{x}$. A partir de la gràfica, representa les funcions següents.:

a) $g(x) = \frac{x+4}{x+1}$ b) $h(x) = \frac{2x-5}{x-1}$ c) $i(x) = \frac{-2x+1}{x+1}$

➔ SABER FER

Representar funcions del tipus $f(x) = \frac{k}{x^n}$

▶ Representa gràficament les funcions.

a) $g(x) = \frac{2}{x^3}$ **b)** $h(x) = -\frac{2}{x^4}$

PRIMER. Determinem si k és positiu o negatiu i si l'exponent n és parell o imparell.

a) $g(x) \rightarrow \begin{cases} n \text{ imparell} \\ k = 2 > 0 \end{cases}$ b) $h(x) \rightarrow \begin{cases} n \text{ parell} \\ k = -2 < 0 \end{cases}$

SEGON. Dibuixem la gràfica de la funció, tenint en compte els valors de k i n.

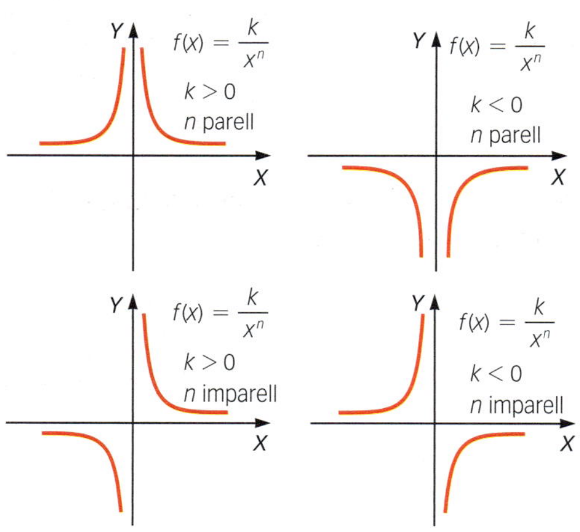

a)
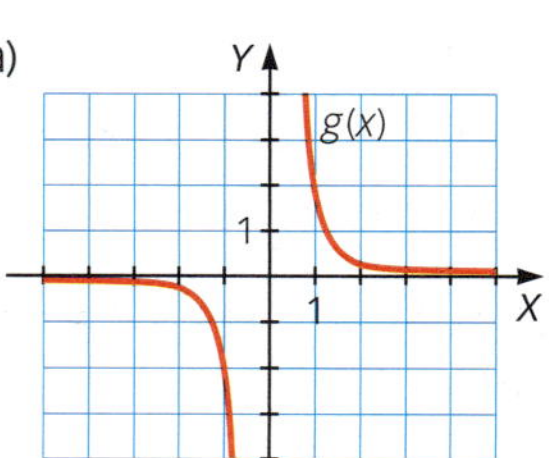

b)
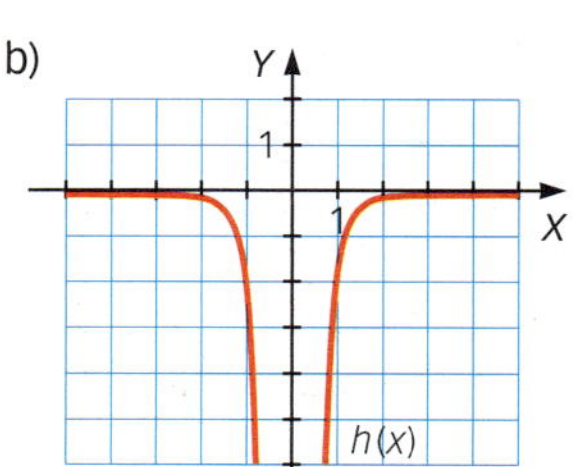

77. Representa gràficament les funcions següents:

a) $f(x) = -\frac{1}{2x^3}$ b) $f(x) = \frac{1}{2x^4}$ c) $f(x) = -\frac{1}{2x^6}$

Funcions amb radicals

78. Calcula el domini d'aquestes funcions:

a) $f(x) = \sqrt{3x - 1}$
b) $f(x) = \sqrt{x^2 - 4}$
c) $f(x) = \sqrt[3]{-x^2 - 1}$
d) $f(x) = 1 - \sqrt{x}$

79. Quin és el domini d'aquestes funcions amb radicals?

a) $f(x) = \frac{7x}{2 - \sqrt{x - 5}}$ b) $f(x) = \frac{\sqrt{3x - 1}}{4 - \sqrt{x + 1}}$

➔ SABER FER

Representar funcions del tipus $f(x) = \frac{k}{\sqrt[n]{x}}$

▶ Representa gràficament les funcions següents:

a) $g(x) = \frac{2}{\sqrt{x}}$ **b)** $h(x) = -\frac{2}{\sqrt[3]{x}}$

PRIMER. Determinem si k és positiu o negatiu i si l'índex n de l'arrel és parell o imparell.

a) $g(x) = \frac{2}{\sqrt{x}} \longrightarrow \begin{cases} n \text{ parell} \\ k = 2 > 0 \end{cases}$

b) $h(x) = -\frac{2}{\sqrt[3]{x}} \rightarrow \begin{cases} n \text{ imparell} \\ k = -2 < 0 \end{cases}$

SEGON. Representem la funció, tenint en compte els valors de k i n.

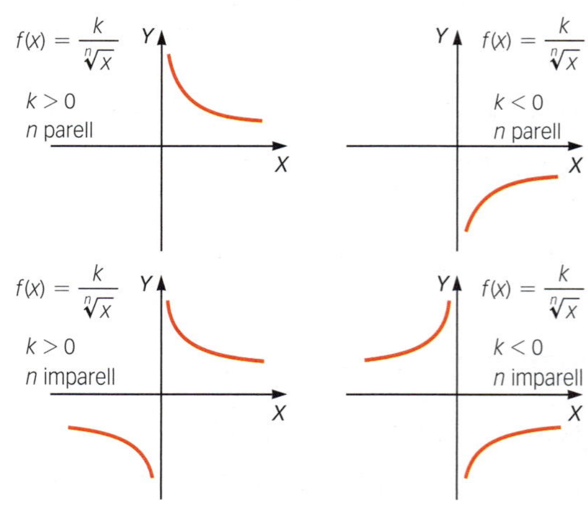

a)
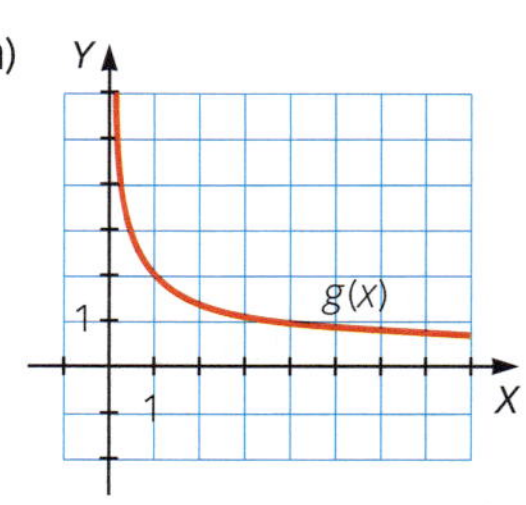

b)
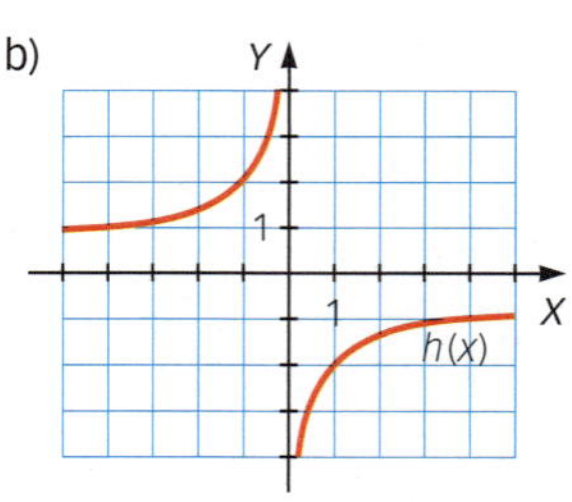

80. Representa gràficament les funcions següents:

a) $f(x) = \dfrac{1}{\sqrt{x}}$

b) $f(x) = \dfrac{1}{\sqrt{x+2}}$

c) $f(x) = -\dfrac{1}{\sqrt{x}} + 2$

d) $f(x) = \dfrac{-1}{\sqrt{x-2}} - 3$

Funció inversa

81. Comprova si aquests parells de funcions són inverses:

a) $f(x) = 2x - 5$ $\quad g(x) = \dfrac{x+5}{2}$

b) $f(x) = \dfrac{3-x}{4}$ $\quad g(x) = 3 - 4x$

c) $f(x) = x^3 + 1$ $\quad g(x) = \sqrt[3]{x-1}$

82. Calcula, si és possible, la inversa d'aquestes funcions:

a) $f(x) = 2x - 1$

b) $f(x) = x^2 - 5$

c) $f(x) = \dfrac{1}{x+2}$

d) $f(x) = x^2 + x$

e) $f(x) = \sqrt{2 - 5x}$

f) $f(x) = \dfrac{1}{x-2}$

83. Dibuixa la gràfica de la inversa de cada funció.

a)

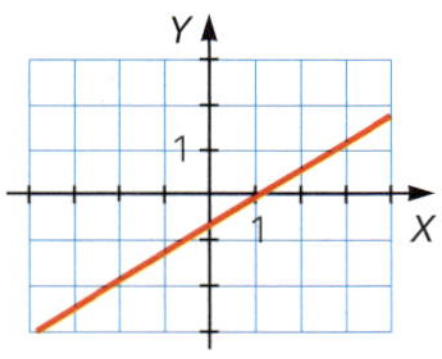

c)

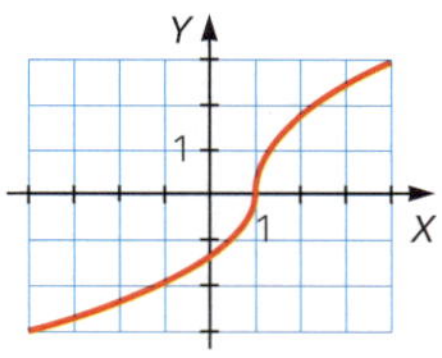

b)

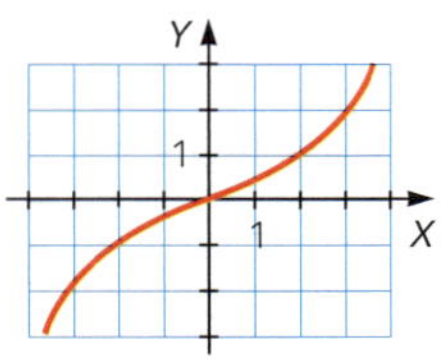

d)

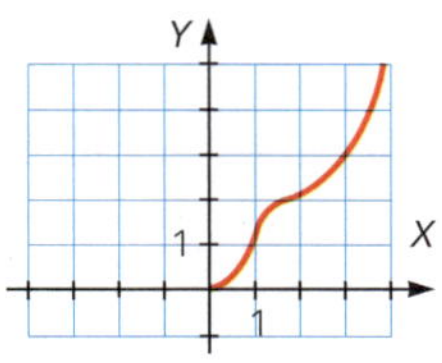

84. Calcula les funcions inverses d'aquestes funcions:

a) $f(x) = \ln(x+3)$

b) $f(x) = 3 + 4 \cdot 5^x$

c) $f(x) = \dfrac{1 + tg\, x}{2}$

d) $f(x) = \sin 2x$

e) $f(x) = |x + 1|$

f) $f(x) = \dfrac{1 + \log_3 x}{5}$

Funcions exponencials

85. Associa cada gràfica amb la seva funció.

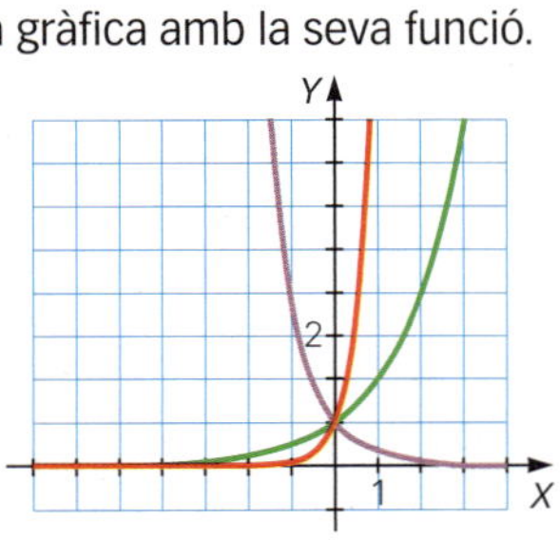

a) $f(x) = 12^x$ b) $g(x) = 2^x$ c) $h(x) = \left(\dfrac{1}{4}\right)^x$

86. Representa en els mateixos eixos de coordenades les ternes de funcions exponencials següents:

a) $f(x) = 2^x$ $\quad g(x) = 5^x$ $\quad h(x) = 10^x$

b) $f(x) = \left(\dfrac{1}{2}\right)^x$ $\quad g(x) = \left(\dfrac{1}{5}\right)^x$ $\quad h(x) = 10^x$

87. A partir de la gràfica de la funció exponencial $g(x) = 4^x$ representa les funcions següents:

a) $f(x) = 4^{x-3}$

b) $f(x) = 4^{x+1}$

c) $f(x) = 1 + 4^x$

d) $f(x) = -4^x$

e) $f(x) = 2 - 4^x$

f) $f(x) = 4^x - 1$

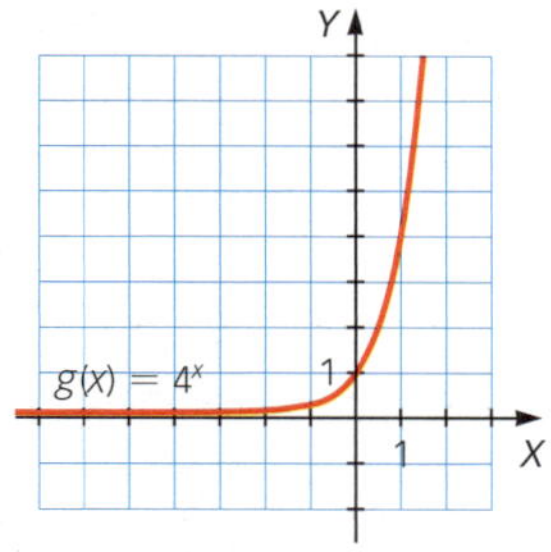

88. A partir de la gràfica de la funció exponencial $g(x) = 4^x$ representa les funcions següents:

a) $f(x) = 4^{2x}$ b) $f(x) = 4^{\frac{x}{2}}$

Funcions logarítmiques

89. Represente en els mateixos eixos de coordenades les ternes de funcions logarítmiques següents:

a) $f(x) = \log_2 x$ $\quad g(x) = \log_5 x$ $\quad h(x) = \log_{10} x$

b) $f(x) = \log_{\frac{1}{2}} x$ $\quad g(x) = \log_{\frac{1}{5}} x$ $\quad h(x) = \log_{\frac{1}{10}} x$

90. Associa cada gràfica amb la seva funció.

a) $f(x) = \log_{12} x$

b) $g(x) = \log_2 x$

c) $h(x) = \log_{\frac{1}{4}} x$

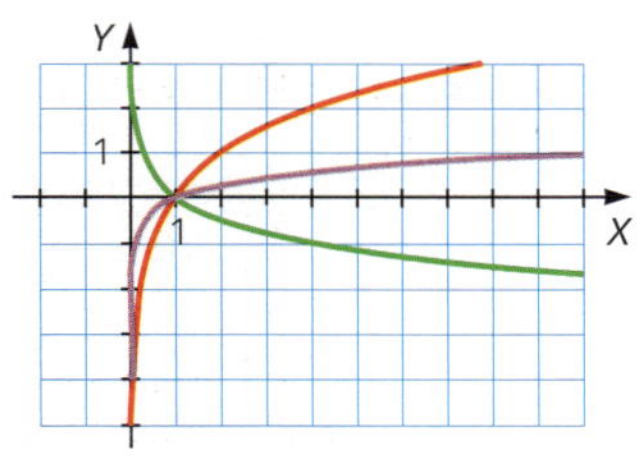

91. A partir de la gràfica de la funció logarítmica $g(x) = \log x$ representa les funcions següents:

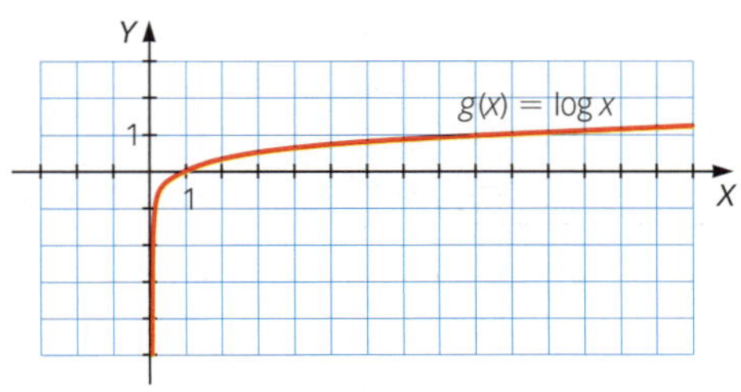

a) $f(x) = \log x - 3$

b) $f(x) = \log x + 1$

c) $f(x) = 1 - \log x$

d) $f(x) = -\log x$

e) $f(x) = 2 - \log x$

f) $f(x) = \log x - 1$

92. A partir de la gràfica de la funció logarítmica $g(x) = \log x$ representa les funcions següents:

a) $f(x) = \log 2x$ b) $f(x) = \log \dfrac{x}{2}$

Funcions trigonomètriques

93. Dibuixa la gràfica de la funció $g(x) = \cos x$. A partir de la gràfica, representa les funcions següents:

a) $f(x) = \cos(-x)$
b) $f(x) = -\cos x$
c) $f(x) = \cos(x + \pi)$
d) $f(x) = \cos\left(x - \frac{\pi}{2}\right)$
e) $f(x) = \cos x + 2$
f) $f(x) = 1 - \cos x$

94. Dibuixa la gràfica de la funció $g(x) = \sin x$. A partir de la gràfica, representa les funcions següents:

a) $f(x) = \sin(-x)$
b) $f(x) = -\sin x$
c) $f(x) = \sin(x + \pi)$
d) $f(x) = \sin\left(x - \frac{\pi}{2}\right)$
e) $f(x) = \sin x + 2$
f) $f(x) = 1 - \sin x$

95. A partir de les gràfiques de les funcions $g(x) = \sin x$, $h(x) = \sin 2x$, representa les funcions següents:

a) $f(x) = \sin 4x$
b) $f(x) = \sin \frac{x}{2}$

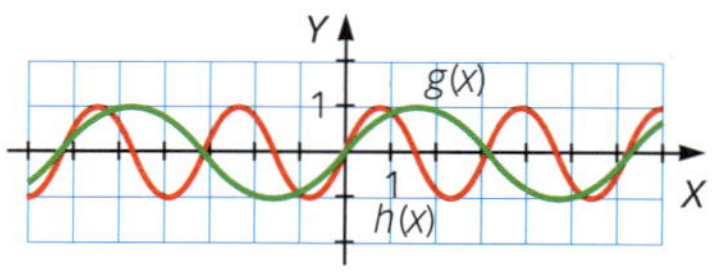

96. A partir de les gràfiques de les funcions $g(x) = \cos x$, $h(x) = \cos \frac{x}{2}$ representa les funcions següents:

a) $f(x) = \cos \frac{x}{4}$
b) $f(x) = \cos 2x$

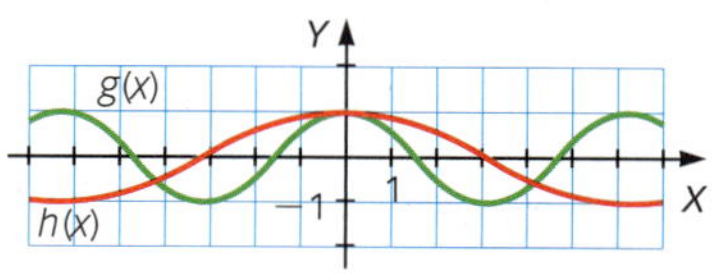

97. A partir de la gràfica de la funció trigonomètrica $g(x) = \text{tg}\, x$ representa les funcions següents:

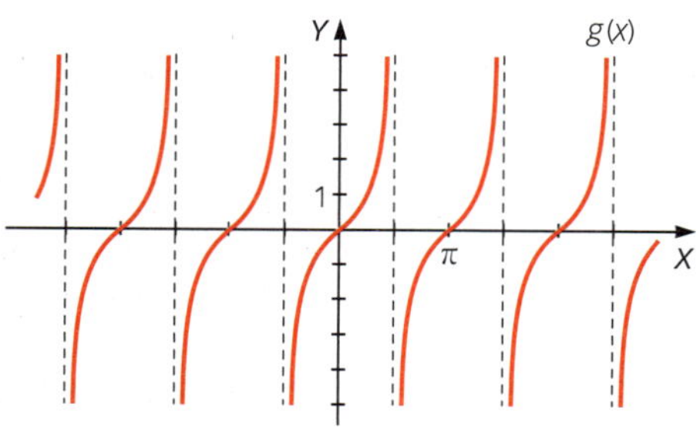

a) $f(x) = \text{tg}(x + \pi)$
b) $f(x) = 1 - \text{tg}\, x$

98. A partir de la gràfica de la funció $g(x) = \text{arc sin}\, x$ fes les gràfiques de les funcions.

a) $f(x) = 2 - \text{arc sin}\, x$
b) $f(x) = \frac{1}{2} + \text{arc sin}\, x$
c) $f(x) = \text{arc sin}(x + 1)$
d) $f(x) = \text{arc sin}\left(x - \frac{1}{2}\right)$

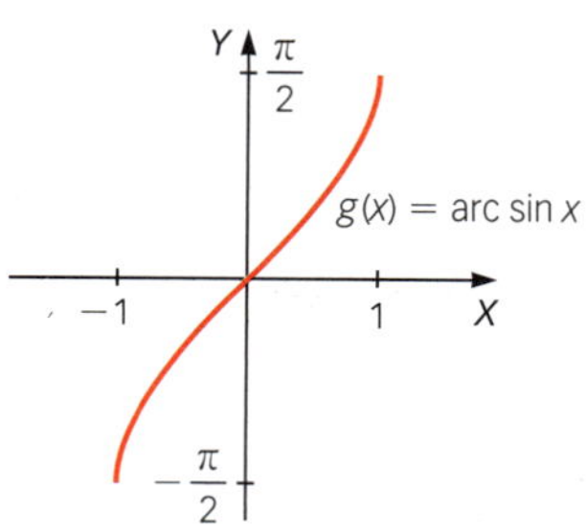

99. A partir de la gràfica de la funció $g(x) = \text{arc cos}\, x$ fes les gràfiques de les funcions.

a) $f(x) = 1 + \text{arc cos}\, x$
b) $f(x) = \frac{1}{2} - \text{arc cos}\, x$
c) $f(x) = \text{arc cos}(x + 1)$
d) $f(x) = \text{arc cos}\left(x - \frac{1}{2}\right)$

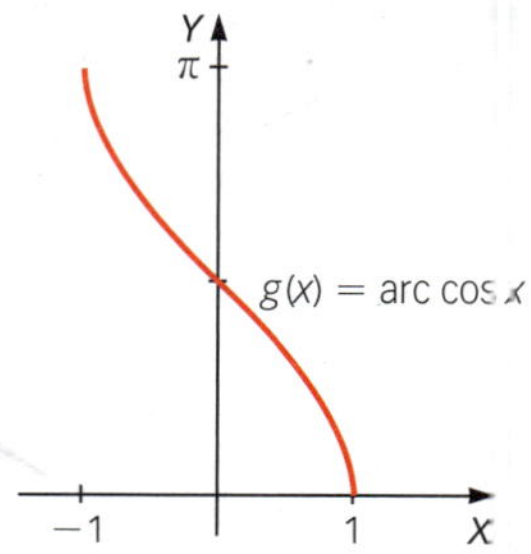

Funcions definides a trossos

100. Troba $f(-1)$, $f(0)$ i $f\left(\frac{1}{2}\right)$ en aquesta funció:

$$f(x) = \begin{cases} x^2 + 1 & \text{si } x < 0 \\ x^2 & \text{si } x = 0 \\ x^2 - 1 & \text{si } x > 0 \end{cases}$$

101. Indica quina de les gràfiques següents correspon a aquesta funció:

$$f(x) = \begin{cases} x - 1 & \text{si } x < 1 \\ 2x - 3 & \text{si } x \geq 1 \end{cases}$$

a)

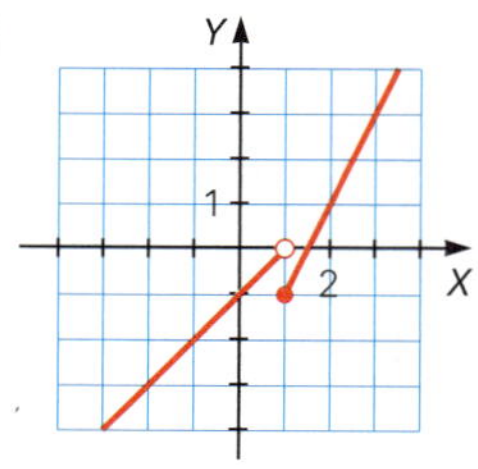

b)

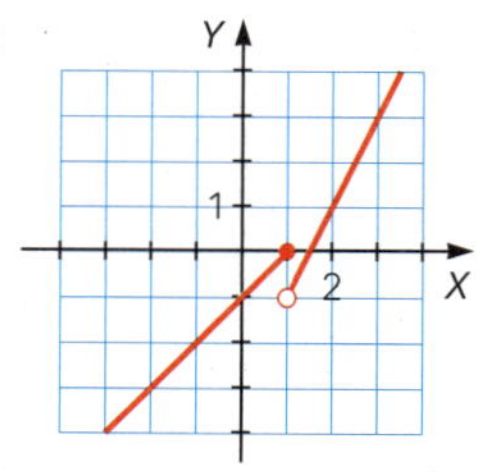

102. Representa gràficament les funcions següents:

a) $f(x) = \begin{cases} x - 3 & \text{si } x \leq 0 \\ 2 & \text{si } 0 < x < 3 \\ -x & \text{si } x \geq 3 \end{cases}$

b) $f(x) = \begin{cases} x + 1 & \text{si } x > 0 \\ 1 & \text{si } x = 0 \\ -x + 1 & \text{si } x < 0 \end{cases}$

103. Representa aquesta funció:

$$f(x) = \begin{cases} x^2 + 3x & \text{si } x < -1 \\ -4 & \text{si } x = -1 \\ -x + 3 & \text{si } x > -1 \end{cases}$$

Estudia el valor que pren la funció en els punts pròxims a -1, completant les taules.

Esquerra de −1	−2	−1,5	−1,1	−1,05
$f(x)$				

Dreta de −1	0	−0,5	−0,9	−0,95
$f(x)$				

Descriu el que li passa a la funció a les proximitats de -1.

104. La funció l'expressió algebraica de la qual és $g(x) = \frac{x}{|x|}$ s'anomena *funció signe de x*.

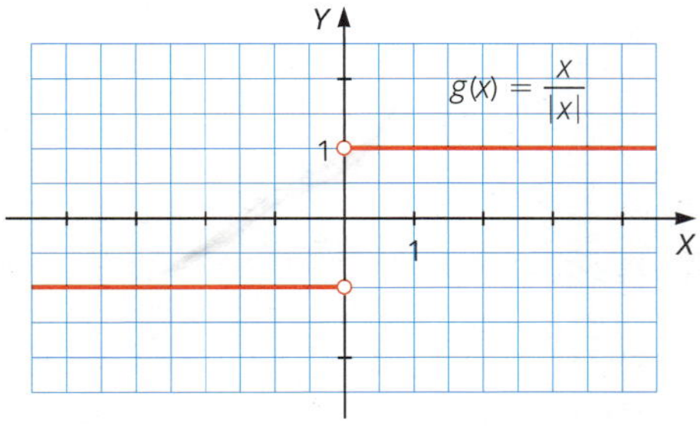

Troba'n l'expressió algebraica com una funció definida a trossos i respon les preguntes següents:

a) Quant val si $x = 3$?
b) Quant val si $x = -5$?
c) Quant val si $x = -3{,}4$?
d) Quant val si $x = 0$?

105. Representa i descriu les característiques de les funcions següents:

a) $f(x) = \begin{cases} x^2 + 2x - 3 & \text{si } x < 0 \\ 2x - 3 & \text{si } x \geq 0 \end{cases}$

b) $f(x) = \begin{cases} x^2 & \text{si } x \leq -2 \\ \frac{-x+10}{3} & \text{si } -2 < x < 1 \\ -x^2 + 3x & \text{si } x \geq 1 \end{cases}$

c) $f(x) = \begin{cases} \frac{1}{x+2} & \text{si } x < -2 \\ -x^2 + 4 & \text{si } -2 \leq x \leq 2 \\ \frac{1}{x-2} & \text{si } x > 2 \end{cases}$

106. Representa i descriu les característiques d'aquestes funcions definides a trossos:

a) $f(x) = \begin{cases} x^3 & \text{si } x \leq 0 \\ \frac{2}{x-3} & \text{si } 0 < x \leq 4 \\ \sqrt{x} & \text{si } x > 4 \end{cases}$

b) $f(x) = \begin{cases} 2^x & \text{si } x \leq 1 \\ \log x & \text{si } x > 1 \end{cases}$

107. Representa gràficament les funcions següents:

a) $f(x) = |2x - 3|$
b) $f(x) = |-3x + 1|$
c) $f(x) = |x^2 + 6x + 5|$
d) $f(x) = |-x^2 + x - 2|$

108. Expressa com una funció definida a trossos:

a) $f(x) = |x| + |x + 2|$
b) $f(x) = |x + 1| - |1 - x|$
c) $f(x) = |x - 1| - |1 - x|$
d) $f(x) = |2x + 1| - |2 - x|$

109. Expressa com a funció definida a trossos.

a) $|x^2 - 4|$
b) $\left|\frac{1}{x+2}\right| - \sin x$
c) $|\sqrt[3]{x - 3}|$

Operacions amb funcions

110. Donades $f(x) = \frac{5x - 1}{x + 3}$ i $g(x) = 4$, calcula:

a) $(f + g)(2)$
b) $(f \cdot g)(1)$
c) $(f - g)(3)$
d) $\left(\frac{f}{g}\right)(0)$

111. Calcula el domini d'aquestes funcions:

$$f(x) = \sqrt{x^2 - 4} \qquad g(x) = \sqrt{25 - x^2}$$

Fes servir el resultat obtingut per calcular el domini de les funcions següents:

a) $(f + g)(x)$
b) $(f \cdot g)(x)$
c) $\left(\frac{f}{g}\right)(x)$
d) $\left(\frac{g}{f}\right)(x)$

112. Donades les funcions:

$$f(x) = 3x - 1 \qquad g(x) = \frac{1}{x - 2} \qquad h(x) = \sqrt{x + 1}$$

defineix les funcions següents:

a) $(f + g)(x)$
b) $(f - (g + h))(x)$
c) $(f \cdot g)(x)$
d) $\left(\frac{g}{h}\right)(x)$
e) $f^2(x)$
f) $(h^2 + f)(x)$
g) $(g \cdot f + h^2)(x)$
h) $\left(\frac{f + g}{h}\right)(x)$

Composició de funcions

113. Donades les funcions $f(x) = 4x^2 + 11$ i $g(x) = \frac{5}{2}x$, calcula:

a) $(f \circ g)(2)$
b) $(g \circ f)(2)$
c) $(f \circ f)(2)$
d) $(g \circ g)(2)$

114. Calcula $(f \circ g)(2)$ si f i g són funcions que compleixen que $f(10) + 5 = 0$, $g(2) - 10 = 0$.

115. Donades les funcions $f(x) = 4$ i $g(x) = -2x^2 + 6x$, calcula $f \circ g$ i $g \circ f$.

116. Donades les funcions $f(x) = \sqrt{x}$ i $g(x) = x^2 - 5$, calcula $f^{-1} \circ g$ i $g \circ f^{-1}$.

117. Comprova amb les funcions $f(x) = \sqrt{x + 1}$ i $g(x) = 3x - 2$ que la composició de funcions no és commutativa. Calcula el domini de $f \circ g$ i de $g \circ f$.

118. Per a la funció $h(x)$ troba dues funcions $f(x)$ i $g(x)$ tals que $(f \circ g)(x) = h(x)$.

a) $h(x) = \sqrt{x - 3}$
b) $h(x) = \sqrt{x} - 3$
c) $h(x) = (3x - 1)^4$
d) $h(x) = \sqrt{\frac{1}{x - 2} + 1}$

119. Explica de quina manera s'han de compondre les funcions

$$f(x) = \sqrt{x^2 + 4} \qquad g(x) = 5x + 1 \qquad h(x) = \frac{2}{x + 1}$$

per obtenir les funcions següents:

a) $i(x) = 5\sqrt{x^2 + 4} + 1$
b) $i(x) = 25x + 6$
c) $i(x) = \frac{x + 11}{x + 1}$
d) $i(x) = \sqrt{x^2 + 8}$

Problemes amb funcions

120. Un objecte que es llança cap amunt pot arribar a una altura màxima determinada per la funció $h(t) = v_0t - 4{,}9t^2 + h_0$ en què v_0 és la velocitat inicial de l'objecte; h_0 és l'altura inicial (des d'on s'inicia el moviment) i t, el temps.

Es llança un coet pirotècnic des d'una plataforma situada a 2 m del terra, a una velocitat inicial de 40 m/s.

a) A quina altura màxima arribarà el coet?

b) Si es programa perquè exploti al cap de 5 s del llançament, a quina altura es produirà l'explosió?

121. El preu en euros d'un article perible que comença a vendre's el primer dia d'un mes determinat varia amb el temps, en dies, segons la funció:

$$P(t) = \begin{cases} \dfrac{t}{4} + 8 & \text{si } 0 \le t \le 4 \\ \dfrac{-t^2}{4} + 2t + 5 & \text{si } 4 < t \le 10 \end{cases}$$

a) Quin és el preu inicial de l'article?

b) Dibuixa la gràfica de la funció $P(t)$.

122. Un estudi sobre el medi ambient ha estimat que el nivell mitjà de monòxid de carboni a l'aire és $M(x) = 1 + 0{,}5x$ parts per milió quan el nombre de persones és x milers. Si la població en milers en el moment t és:

$$P(t) = 200 + 257 + 0{,}3t^2$$

a) Escriu la funció que expressa el nivell de monòxid de carboni a l'aire com una funció del temps.

b) Calcula per a $t = 10$ el nivell de monòxid de carboni.

123. El dibuix representa un sistema de tancs d'aigua. Un d'ells és un tanc cúbic de costat x l'altre, un tanc d'altura x i base quadrada de costat b.

Troba una funció que expressi el volum total del sistema de tancs en funció de la longitud de les seves arestes.

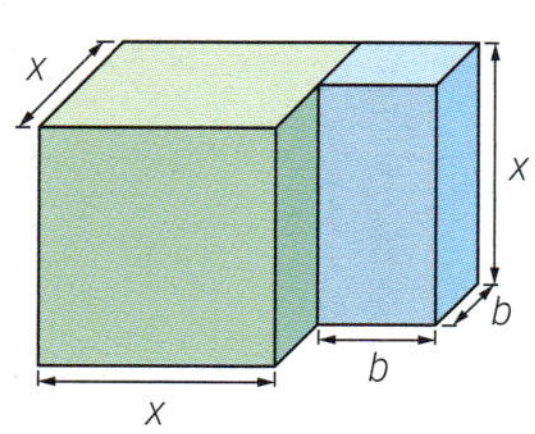

124. Per repoblar un llac s'introdueixen inicialment 50 peixos d'una espècie que triplica el nombre de membres cada dos mesos.

a) Quina és la fórmula de la funció que representa el creixement de la població de peixos en funció dels mesos?

b) Quants peixos hi ha al cap de 4 anys?

c) Després de quant de temps la població de peixos serà de 1000 individus?

125. En un llac hi ha una espècie de peix gros que s'alimenta d'una raça de peixos més petita, i aquesta, al seu torn, s'alimenta de plàncton. El nombre de peixos grossos és una funció $f(x)$ de la quantitat x de peixos petits, i el nombre de peixos petits és una funció $g(y)$ de la quantitat y de plàncton del llac. Expressa la població de peixos grossos en funció del plàncton del llac si:

$$f(x) = 30 + \sqrt{\frac{x}{120}} \qquad g(y) = 4y - 1$$

126. Segons la llei del refredament de Newton, la temperatura d'un objecte segueix la funció:

$$f(t) = T + (C - t) \cdot e^{-kt}$$

en què T és la temperatura ambient; C, la temperatura inicial; t, el temps transcorregut i k, la taxa de refredament de l'objecte per unitat de temps.

Un objecte amb una temperatura de 40 °C es deixa a l'aire lliure, on la temperatura és de 25 °C, i després de 10 minuts la temperatura de l'objecte és de 34 °C. Quant de temps ha de passar perquè l'objecte es refredi fins a tenir una temperatura de 30 °C?

127. Una ONG ha estimat que el nombre de persones ingressades als hospitals després d'un tsunami segueix aproximadament la fórmula:

$$P(t) = 1 + \frac{110}{t^2 + 10} \qquad t \in (0, 30)$$

en què P és el nombre de persones hospitalitzades, en milers, i t és el nombre de dies transcorreguts des del tsunami.

a) Quantes persones hi haurà hospitalitzades el primer dia?

b) I quantes n'hi haurà al cap de tres setmanes?

c) Si la capacitat hospitalària d'una illa de l'àrea afectada és de 2000 llits, fins a quin dia ha estat desbordada la capacitat?

Per aprofundir

Reflexiona sobre la teoria

128. Escull la resposta adequada. (Concurs de Primavera)

La paràbola d'eix vertical i vèrtex $V(2, 1)$ que passa per $(4, 9)$, per quin d'aquests punts passa?	(1, 2)	(1, 3)	(1, 4)	(1, 5)	(1, 6)
La funció f verifica que $f(3x - 1) = x^3 + x + 1$ per a qualsevol nombre real x. Quin és el valor de $f(5)$?	7	13	31	11	131
$f(x)$ és una funció tal que $f(x) + 2f(-x) = \sin x$ per a tot nombre real. Quin és el valor de $f\left(\frac{\pi}{2}\right)$?	-1	$-\frac{1}{2}$	$\frac{1}{2}$	1	2
Si $f(x) = 3^x + 5$, el domini de f^{-1} és:	$(0, +\infty)$	$(5, +\infty)$	$(8, +\infty)$	$(-\infty, +\infty)$	$(3, +\infty)$
Esbrina el nombre de valors de x pertanyents a l'interval (0,01; 1) en què la gràfica de la funció $f(x) = sin\,\frac{1}{x}$ talla l'eix de les abscisses.	31	28	56	14	112

129. Considera les funcions f i g que es defineixen a continuació:

$$f(x) = \frac{e^x - e^{-x}}{2} \qquad g(x) = \frac{e^x + e^{-x}}{2}$$

Comprova si es compleix això:

$$[g(x)]^2 - [f(x)]^2 = 1$$

130. Raona per a quins valors de x es fa més gran la diferència $\sqrt{x^2 + 1} - |x|$.

131. Quantes solucions tenen les equacions següents: a l'interval $[-\pi, \pi]$?

a) $e^x = 2 - x^2$ b) $\ln x = -x$ c) $\sin x = \frac{x}{2}$

Pensa una mica més

132. Les busques d'un rellotge mesuren 20 i 30 centímetres, respectivament. Si en aquest moment les busques estan entre les 12:00 h i les 12:30 h, respon les preguntes següents:

a) Expressa l'angle que formen en funció del temps, t, mesurat en minuts.

b) Troba l'àrea del triangle creat en unir-ne els extrems en funció de t. Pot prendre el valor 0? A quina hora obté el valor més gran?

c) Expressa la distància entre els extrems de les agulles en funció de t.

CLAU

El màxim i el mínim de la funció sinus s'obté quan l'angle mesura $\frac{\pi}{2}$ rad i 0 rad, respectivament.

Olimpíades matemàtiques

133. Representa gràficament la funció següent a l'interval $-8 \leq x \leq 8$:

$$f(x) = |||x - 1| - 2| - 3|$$

134. f és una funció on $f(x) + f\left(\frac{1}{1 - x}\right) = x$ si x és diferent de 0 i de 1.
Quin és el valor de $f(2)$?
(Olimpíades matemàtiques)

135. Tenim una col·lecció d'esferes iguals que apilem formant un tetraedre les arestes del qual tenen totes n esferes.
Calcula en funció de n el nombre total de punts de tangència (contactes) que hi ha entre les esferes del munt.
(Olimpíades matemàtiques)

PISTA

Resol primer el problema en el pla, és a dir, si apilem les esferes formant un triangle equilàter.

MATEMÀTIQUES A LA TEVA VIDA

PER A QUÈ SERVEIXEN LES FUNCIONS?

Per distingir les capes de l'atmosfera segons la temperatura

L'atmosfera de la Terra és una mescla de diversos gasos, principalment nitrogen (78 %), oxigen (21 %) i altres gasos, com ara argó, diòxid de carboni i vapor d'aigua. Aquests gasos rodegen l'atmosfera constantment, i això és perquè el camp gravitatori impedeix que s'escapin. L'atmosfera es divideix en capes, en les quals la temperatura varia de manera significativa. Aquestes capes són:

- **Troposfera:** com que l'aire situat en els primers quilòmetres de l'atmosfera s'escalfa des de sota, la temperatura disminueix a raó de 6 °C per cada quilòmetre que ascendim. El gruix varia entre 8 i 17 quilòmetres. En aquesta capa passen la major part dels fenòmens del clima.
- **Estratosfera:** s'ubica per sobre de la troposfera i allà la temperatura augmenta des de −53 °C fins a 20 °C a uns 50 km. El gruix varia entre els 17 km dels pols i els 35 km de l'equador.
- **Mesosfera:** en aquesta capa la temperatura torna a disminuir amb l'altura, que va des d'aproximadament 50 km fins a uns 90 km, com a resultat d'un descens ràpid de la densitat de l'aire.
- **Termosfera:** en aquesta capa la temperatura augmenta amb l'altura; pot arribar a presentar temperatures de fins a 1 500 °C quan el sol està actiu. La termosfera inclou la ionosfera, que és on es produeixen les aurores polars.
- **Exosfera:** es localitza a altituds per sobre dels 950 km. És la zona de transició entre l'atmosfera terrestre i l'espai interplanetari.

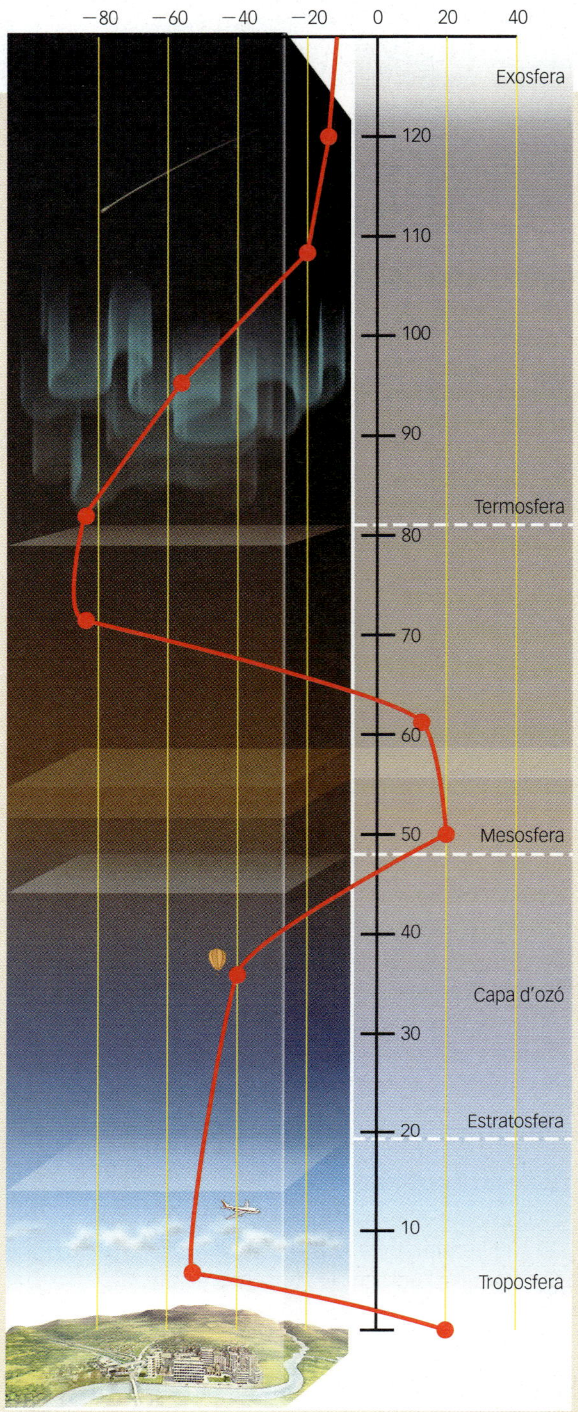

LLEGEIX I COMPRÈN

1. Quin és el gruix de l'estratosfera a l'equador?
2. Quina relació hi ha entre la temperatura i les capes de l'atmosfera?
3. A quina capa es registra la temperatura més baixa?

INTERPRETA

4. D'acord amb el gràfic, quina temperatura té l'atmosfera a 110 km d'altura?

REFLEXIONA

5. On es troba la capa d'ozó? Investiga quina és la situació actual de la capa d'ozó i per què n'és tan important la recuperació i la conservació.

APLICA

6. Si assumim que la temperatura a nivell del mar és de 20 °C, quina temperatura deu tenir aproximadament el cim de l'Everest, a 8 848 m d'altura?

6 Límit d'una funció

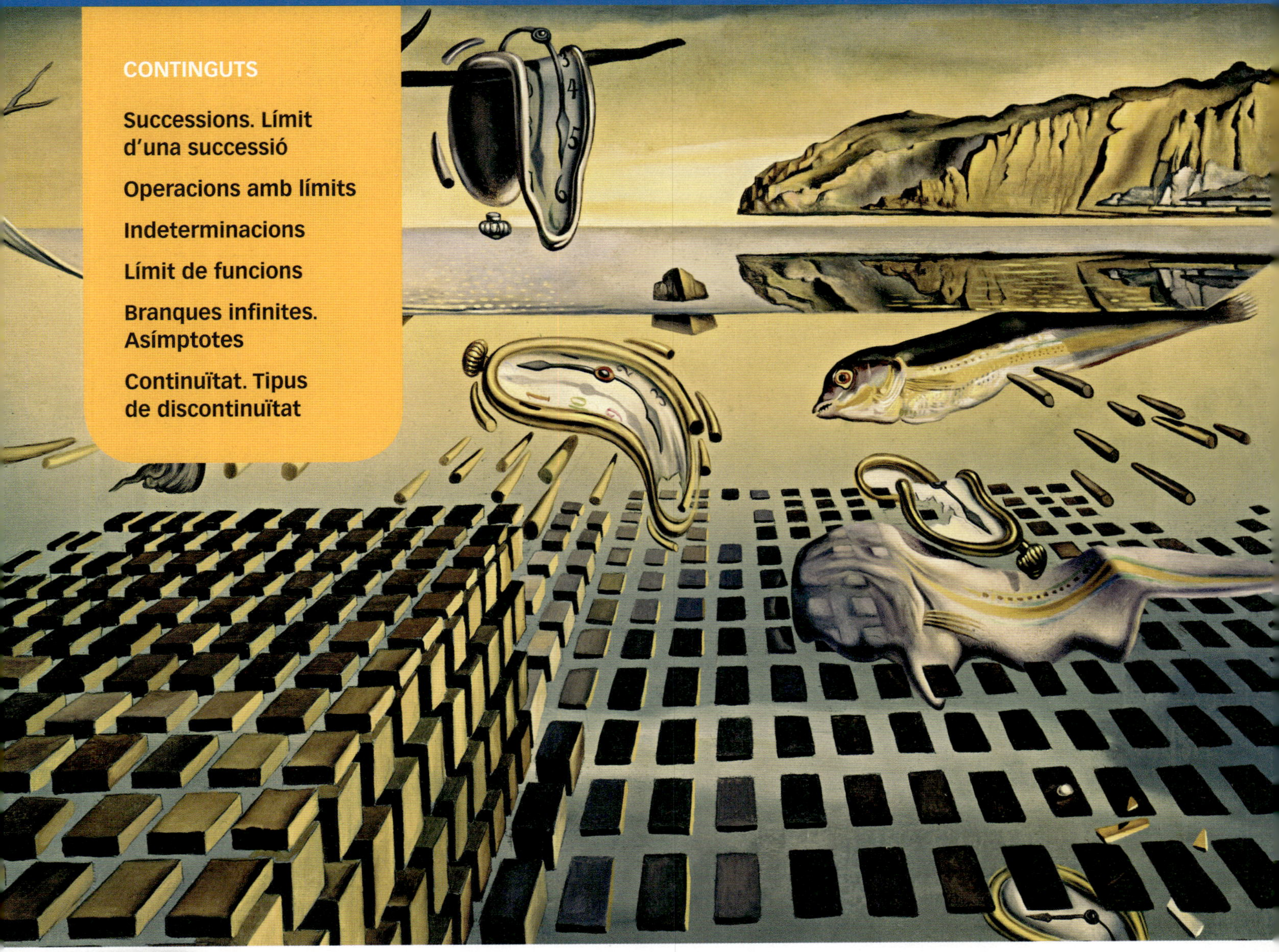

CONTINGUTS

- **Successions. Límit d'una successió**
- **Operacions amb límits**
- **Indeterminacions**
- **Límit de funcions**
- **Branques infinites. Asímptotes**
- **Continuïtat. Tipus de discontinuïtat**

Els canvis de mil·lenni són especials. De la mateixa manera que poc abans de l'any 1000, durant el pas del primer al segon mil·lenni, endevins, profetes o vidents llançaven els seus avisos sobre la imminent fi del món, el pas de l'any 2000 no va ser menys polèmic. Als anteriors tipus de personatges que auguraven la fi del món s'hi van unir els profetes informàtics que predeien un cataclisme als ordinadors pel canvi de mil·lenni.

La feina en els grans ordinadors de les centrals bancàries, de control de subministrament elèctric, de gas, aigua, serveis en aeroports… va ser frenètica durant els últims dies de l'any 1999 per evitar el que els mitjans de comunicació havien denominat «efecte 2000».

L'any 2000 va ser l'últim del segon mil·lenni o el primer del tercer mil·lenni?

Un any determinat…

A quin segle pertany?

1 Successions. Límit d'una successió

Atenció

Es pot considerar una successió com una funció que associa a cada nombre natural, n, un nombre real, a_n.

$$f: \mathbb{N} \longrightarrow \mathbb{R}$$
$$1 \longrightarrow a_1$$
$$2 \longrightarrow a_2$$
$$\dots$$
$$n \longrightarrow a_n$$

1.1. Successions

Una **successió** és un conjunt de nombres reals que es poden numerar:

$$a_1, a_2, a_3, a_4, \dots, a_{n-1}, a_n, a_{n+1}, \dots \qquad \text{amb } n \in \mathbb{N}$$

Cada un dels elements que formen la successió s'anomena **terme** de la successió.

El **terme general** d'una successió és una expressió algebraica que permet calcular qualsevol terme de la successió, sabent el lloc que ocupa, n, i es representa amb a_n.

EXEMPLES

1 A partir de la successió 2, 4, 6, 8, 10, 12, …

a) Calcula els termes a_1, a_4 i a_6.
b) Quin n'és el terme general?
c) Troba els termes a_{10} i a_{62}.

a) $a_1 \rightarrow$ És el primer terme de la successió: $a_1 = 2$
$a_4 \rightarrow$ És el quart terme de la successió: $a_4 = 8$
$a_6 \rightarrow$ És el sisè terme de la successió: $a_6 = 12$

b)
$$\begin{array}{cccccc} 2, & 4, & 6, & 8, & 10, & 12, \dots \\ \downarrow & \downarrow & \downarrow & \downarrow & \downarrow & \downarrow \\ 2\cdot 1, & 2\cdot 2, & 2\cdot 3, & 2\cdot 4, & 2\cdot 5, & 2\cdot 6, \dots \end{array}$$
$\rightarrow$ Cada terme és el doble del lloc que ocupa.

El terme general de la successió és $a_n = 2n$, en què n és el lloc que ocupa el terme a la successió.

c) $a_n = 2n \xrightarrow{n=10} a_{10} = 2 \cdot 10 = 20 \qquad a_n = 2n \xrightarrow{n=62} a_{62} = 2 \cdot 62 = 124$

2 Una successió té per terme general $a_n = \dfrac{n^2-2}{n+4}$.
Calcula els termes a_1, a_2, a_{18}, a_{1000}.

$$a_n = \frac{n^2-2}{n+4} \xrightarrow{n=1} a_1 = \frac{1^2-2}{1+4} = -\frac{1}{5}$$
$$a_n = \frac{n^2-2}{n+4} \xrightarrow{n=2} a_2 = \frac{2^2-2}{2+4} = \frac{2}{6} = \frac{1}{3}$$
$$a_n = \frac{n^2-2}{n+4} \xrightarrow{n=18} a_{18} = \frac{18^2-2}{18+4} = \frac{322}{22} = \frac{161}{11}$$
$$a_n = \frac{n^2-2}{n+4} \xrightarrow{n=1000} a_{1000} = \frac{1000^2-2}{1000+4} = \frac{999\,998}{1004} = \frac{499\,999}{502}$$

ACTIVITATS

1. Calcula els termes a_{100}, a_{101} i a_{102} de la successió amb aquest terme general:

$$a_n = \frac{n-2}{n^2}$$

2. Busca el terme general d'aquestes successions:

a) 1, 3, 5, 7, …

b) $\dfrac{3}{5}, \dfrac{7}{15}, \dfrac{11}{45}, \dots$

c) 0, 2, 6, 12, 20, …

d) $\dfrac{3}{1}, \dfrac{1}{4}, \dfrac{-1}{9}, \dfrac{-3}{16}, \dots$

1.2. Successions monòtones i fitades

Si cada terme d'una successió és més gran que l'anterior, és a dir:

$a_n < a_{n+1}$ per a tot n,

es diu que la successió és **monòtona creixent.**

Si es compleix que $a_n > a_{n+1}$ per a tot n, la successió és **monòtona decreixent**.

Si tots els termes d'una successió són més petits que un cert nombre i, a més, són més grans que un altre nombre, es diu que la successió està **fitada**.

No ho oblidis

Si $a_n < k$ per a tot n i per a un k, la successió està **fitada superiorment**.

Si $a_n > l$ per a tot n i per a un l, la successió està **fitada inferiorment**.

EXEMPLE

3 Estudia la monotonia i la fitació d'aquestes successions:

a) $a_n = 1, 2, 3, 4, 5, 6, \ldots \rightarrow$ És monòtona creixent i fitada inferiorment.

b) $a_n = (-1)^n \longrightarrow -1, 1, -1, 1, \ldots \rightarrow$ No és monòtona i està fitada.

1.3. Límit d'una successió

El **límit** d'una successió de nombres reals, de terme general a_n, és un nombre real a quan, per a valors molt grans de n, els termes corresponents de la successió s'hi apropen.

Això s'escriu com: $\lim\limits_{n \to \infty} a_n = a$.

Es llegeix: «El límit de la successió a_n, quan n tendeix a infinit, és a.»

No ho oblidis

El límit d'una successió, si n'hi ha, és únic.

EXEMPLE

4 Calcula els límits de les successions següents:

a) $a_n = \dfrac{1}{n}$ **b)** $a_n = n^2$ **c)** $a_n = (-2)^n$

a) $a_n = \dfrac{1}{n} \rightarrow \dfrac{1}{1}, \dfrac{1}{2}, \dfrac{1}{3}, \ldots, \dfrac{1}{100}, \ldots, \dfrac{1}{1000}, \ldots \rightarrow 1; 0{,}5; 0{,}\widehat{3}; \ldots; 0{,}01; \ldots; 0{,}001; \ldots$

Els termes de la successió s'aproximen a 0 $\rightarrow \lim\limits_{n\to\infty} a_n = \lim\limits_{n\to\infty} \dfrac{1}{n} = 0$

b) $a_n = n^2 \rightarrow 1^2, 2^2, 3^3, 4^2, \ldots, 100^2, \ldots, 1000^2, \ldots \rightarrow$

$\rightarrow 1, 4, 9, 16, \ldots, 10\,000, \ldots, 1\,000\,000, \ldots$

La successió creix indefinidament $\rightarrow \lim\limits_{n\to\infty} a_n = \lim\limits_{n\to\infty} n^2 = +\infty$

c) $a_n = (-2)^n \rightarrow (-2)^1, (-2)^2, (-2)^3, (-2)^4, (-2)^5, \ldots \rightarrow -2, 4, -8, 16, -32, \ldots$

Els termes situats en posició parell són positius i els termes situats en posició imparell són negatius. No podem determinar el valor a què s'aproxima la successió amb n molt gran. Per tant, a_n no té límit.

ACTIVITATS

3. Fent servir la calculadora, troba el límit de les successions.

a) $a_n = (-1)^{2n+4}$
b) $a_n = n^2$
c) $a_n = n^2 - n^3$
d) $a_n = 0{,}2^n$
e) $a_n = \dfrac{n+3}{n}$
f) $a_n = \left(\dfrac{1}{2}\right)^n - 7$

4. Escriu successions amb aquests valors com a límits:

a) 0
b) $+\infty$
c) $-\infty$
d) 4
e) -3
f) 0,5
g) Que no tingui límit.
h) Un nombre a.
i) a^2.

2 Càlcul de límits

2.1. Límit de potències

$$\lim_{n\to\infty} n^k = \begin{cases} +\infty & \text{si } k > 0 \\ 1 & \text{si } k = 0 \\ 0 & \text{si } k < 0 \end{cases} \qquad \lim_{n\to\infty} k^n = \begin{cases} +\infty & \text{si } k > 1 \\ 0 & \text{si } -1 < k < 1 \\ \text{No existeix} & \text{si } k < -1 \end{cases}$$

EXEMPLE

5 Calcula aquests límits:

a) $\lim_{n\to\infty} n^2 = +\infty$, perquè $2 > 0$

b) $\lim_{n\to\infty} n^{-2} = \lim_{n\to\infty} \frac{1}{n^2} = 0$

c) $\lim_{n\to\infty} (-2)^n \rightarrow$ No existeix, perquè $-2 < 0$

d) $\lim_{n\to\infty} \left(\frac{1}{2}\right)^n = 0$, perquè $0 < \frac{1}{2} < 1$

2.2. Límit d'un polinomi

No ho oblidis

$$k \cdot (+\infty) = \begin{cases} +\infty & \text{si } k > 0 \\ -\infty & \text{si } k < 0 \end{cases}$$

$$k \cdot (-\infty) = \begin{cases} -\infty & \text{si } k > 0 \\ +\infty & \text{si } k < 0 \end{cases}$$

$$\lim_{n\to\infty} (a_k n^k + a_{k-1} n^{k-1} + \ldots + a_1 n + a_0) = \lim_{n\to\infty} a_k n^k = a_k \cdot \lim_{n\to\infty} n^k$$

EXEMPLE

6 Troba els límits següents:

a) $\lim_{n\to\infty} (3n^2 - 5n + 3) = \lim_{n\to\infty} 3n^2 = 3 \cdot \lim_{n\to\infty} n^2 = 3 \cdot (+\infty) = +\infty$

b) $\lim_{n\to\infty} (-2n^2 - 5n + 3) = \lim_{n\to\infty} (-2n^2) = (-2) \cdot \lim_{n\to\infty} n^2 = (-2) \cdot (+\infty) = -\infty$

2.3. Límit d'un quocient de polinomis

Atenció

Si $k > p$:

$$\lim_{n\to\infty} \frac{a_k n^k}{b_p n^p} = +\infty \quad \text{si } \frac{a_k}{b_p} > 0$$

$$\lim_{n\to\infty} \frac{a_k n^k}{b_p n^p} = -\infty \quad \text{si } \frac{a_k}{b_p} < 0$$

$$\lim_{n\to\infty} \frac{a_k n^k + a_{k-1} n^{k-1} + \ldots + a_1 n + a_0}{b_p n^p + b_{p-1} n^{p-1} + \ldots + b_1 n + b_0} = \lim_{n\to\infty} \frac{a_k n^k}{b_p n^p} = \begin{cases} 0 & \text{si } k < p \\ \frac{a_k}{b_p} & \text{si } k = p \\ \pm\infty & \text{si } k > p \end{cases}$$

EXEMPLE

7 Determina els límits següents:

a) $\lim_{n\to\infty} \frac{3n^2 - 5n + 3}{4n - 5} = \lim_{n\to\infty} \frac{3n^2}{4n} = +\infty$

b) $\lim_{n\to\infty} \frac{3n^2 - 5n + 3}{-4n - 5} = \lim_{n\to\infty} \frac{3n^2}{-4n} = -\infty$

c) $\lim_{n\to\infty} \frac{3n - 4}{4n^2 - 5} = \lim_{n\to\infty} \frac{3n}{4n^2} = 0$

d) $\lim_{n\to\infty} \frac{3n^2 - 5n + 3}{-4n^2 - 5} = \lim_{n\to\infty} \frac{3n^2}{-4n^2} = -\frac{3}{4}$

ACTIVITATS

5. Calcula els límits següents:

a) $\lim_{n\to\infty} \sqrt{n}$

b) $\lim_{n\to\infty} \left(-\frac{1}{2}n^2 - 2n + 7\right)$

c) $\lim_{n\to\infty} n^3$

d) $\lim_{n\to\infty} \left(\frac{3}{2}\right)^n$

6. Troba els límits de les successions que tenen els termes generals següents:

a) $\frac{8n}{2n^2 + 3n - 1}$

b) $\frac{(n-1)^{10}}{(n+2)^{10}}$

3 Operacions amb límits

Si a_n i b_n són dues successions de nombres reals i n'existeixen límits, sempre es compleix que:

- $\lim_{n\to\infty}(a_n + b_n) = \lim_{n\to\infty} a_n + \lim_{n\to\infty} b_n$
- $\lim_{n\to\infty}(a_n - b_n) = \lim_{n\to\infty} a_n - \lim_{n\to\infty} b_n$
- $\lim_{n\to\infty}(a_n \cdot b_n) = \lim_{n\to\infty} a_n \cdot \lim_{n\to\infty} b_n$
- $\lim_{n\to\infty}\left(\dfrac{a_n}{b_n}\right) = \dfrac{\lim_{n\to\infty} a_n}{\lim_{n\to\infty} b_n}$
- $\lim_{n\to\infty}\sqrt[p]{a_n} = \sqrt[p]{\lim_{n\to\infty} a_n}$
- $\lim_{n\to\infty}\log_b a_n = \log_b \lim_{n\to\infty} a_n \qquad \lim_{n\to\infty}\ln a_n = \ln \lim_{n\to\infty} a_n$
- $\lim_{n\to\infty} a_n^{b_n} = \left(\lim_{n\to\infty} a_n\right)^{\lim_{n\to\infty} b_n}$

EXEMPLE

8 Calcula aquests límits.

a) $\lim_{n\to\infty}\left(\dfrac{4n+1}{2n} + \dfrac{3n^2}{n^2-3}\right) = \lim_{n\to\infty}\dfrac{4n+1}{2n} + \lim_{n\to\infty}\dfrac{3n^2}{n^2-3} = \dfrac{4}{2} + \dfrac{3}{1} = 5$

b) $\lim_{n\to\infty}\left(\dfrac{4n^3-1}{7n} \cdot \dfrac{n^2}{3n^2+1}\right) = \lim_{n\to\infty}\dfrac{4n^3-1}{7n} \cdot \lim_{n\to\infty}\dfrac{n^2}{3n^2+1} = (+\infty)\cdot\dfrac{1}{3} = +\infty$

c) $\lim_{n\to\infty}\left(\dfrac{1}{2n} - \sqrt{\dfrac{9n^2}{n^2+1}}\right) = \lim_{n\to\infty}\dfrac{1}{2n} - \lim_{n\to\infty}\sqrt{\dfrac{9n^2}{n^2+1}} = 0 - \sqrt{\lim_{n\to\infty}\dfrac{9n^2}{n^2+1}} =$

$= -\sqrt{\dfrac{9}{1}} = -3$

d) $\lim_{n\to\infty}\log_2\left(\dfrac{4n^2-1}{2n^2}\right)^3 = \lim_{n\to\infty} 3\log_2\dfrac{4n^2-1}{2n^2} = 3\lim_{n\to\infty}\log_2\dfrac{4n^2-1}{2n^2} = 3\log_2 2 = 3$

e) $\lim_{n\to\infty}\ln\dfrac{n^2+3}{2n^2} = \ln\lim_{n\to\infty}\dfrac{n^2+3}{2n^2} = \ln\dfrac{1}{2} = \ln 1 - \ln 2 = -\ln 2$

f) $\lim_{n\to\infty}\left(\dfrac{2n^3-1}{3n^3}\right)^{n^2} = \left(\lim_{n\to\infty}\dfrac{2n^3-1}{3n^3}\right)^{\lim_{n\to\infty} n^2} = \left(\dfrac{2}{3}\right)^{+\infty} = 0$

g) $\lim_{n\to\infty} 9^{\frac{n^2+1}{2n^2}} = \left(\lim_{n\to\infty} 9\right)^{\lim_{n\to\infty}\frac{n^2+1}{2n^2}} = 9^{\frac{1}{2}} = \sqrt{9} = 3$

No ho oblidis

$$k^{+\infty} = \begin{cases} +\infty & \text{si } k > 1 \\ 0 & \text{si } -1 < k < 1 \\ \text{No existeix} & \text{si } k \le -1 \end{cases}$$

$$k^{-\infty} = \begin{cases} 0 & \text{si } k > 1 \\ +\infty & \text{si } 0 < k < 1 \\ \text{No existeix} & \text{si } -1 \le k \le 0 \\ 0 & \text{si } k < -1 \end{cases}$$

ACTIVITATS

7. Troba els límits següents:

a) $\lim_{n\to\infty}\left(\dfrac{4n^5-n^2}{2n^6+1} - \dfrac{3n^2-1}{n^2+1}\right)$

b) $\lim_{n\to\infty}\left(\dfrac{3n^2-1}{n^3} \cdot \dfrac{4n^4}{2n^4+3}\right)$

c) $\lim_{n\to\infty}\ln\dfrac{n^2+7}{2n}$

d) $\lim_{n\to\infty}\sqrt{\dfrac{3n^2+1}{n^2+n+2}}$

e) $\lim_{n\to\infty}\left(\dfrac{n+1}{n-1} - \dfrac{n-1}{n+1}\right)$

f) $\lim_{n\to\infty}\left(\dfrac{n^3(1-n)}{2n^4-n-1} + \dfrac{4}{n^2}\right)$

8. Calcula aquests límits:

a) $\lim_{n\to\infty}\left(\dfrac{n^4+1}{2n^4+1} + \dfrac{-n^3}{3n^3+n+1}\right)$

b) $\lim_{n\to\infty}\ln\dfrac{2n^3+1}{2n^3+n}$

c) $\lim_{n\to\infty}\ln\left(\dfrac{2}{n}\right)\dfrac{(n+1)(n-1)}{(n+1)^2}$

d) $\lim_{n\to\infty} 9^{\frac{2n^2-1}{n^2+1}}$

e) $\lim_{n\to\infty} 0{,}1^{\frac{n+1}{n^2}}$

f) $\lim_{n\to\infty}\left(\dfrac{2n^2+1}{n^2}\right)^{\frac{n+1}{n^2}}$

4 Indeterminacions

No ho oblidis

No són indeterminacions:

Suma amb infinit

$k + \infty = \infty \qquad \infty + \infty = \infty$

Producte amb infinit $k \neq 0$

$k \cdot \infty = \infty \qquad \infty \cdot \infty = \infty$

Quocient amb infinit

$\frac{\infty}{k} = \infty \qquad \frac{k}{\infty} = 0$

Quocient amb zero, $k \neq 0$

$\frac{0}{k} = 0 \qquad \frac{k}{0} = \infty$

Quocient amb zero i infinit

$\frac{0}{\infty} = 0 \qquad \frac{\infty}{0} = \infty$

Potències amb infinit

$$k^{+\infty} = \begin{cases} +\infty & \text{si } k > 1 \\ 0 & \text{si } -1 < k < 1 \\ \text{No existeix} & \text{si } k < -1 \end{cases}$$

$$\infty^k = \begin{cases} \infty & \text{si } k > 0 \\ 0 & \text{si } k < 0 \end{cases}$$

$\infty^\infty = \infty$

Potències amb zero $k \neq 0$

$k^0 = 1$

$$0^k = \begin{cases} 0 & \text{si } k > 0 \\ \infty & \text{si } k < 0 \end{cases}$$

Potències amb zero i infinit

$0^\infty = 0$

Arrels amb infinit

$\sqrt[k]{\infty} = \infty$

$$\sqrt[k]{-\infty} = \begin{cases} -\infty & \text{si } k \text{ és imparell} \\ \text{No existeix si } k \text{ és parell} \end{cases}$$

En alguns casos, quan calculem límits obtenim expressions que no ens permeten determinar si hi ha cap límit i quin n'és el resultat, o si no existeix. Aquestes expressions s'anomenen **indeterminacions**.

Tipus d'indeterminacions

Podem diferenciar els tipus d'indeterminacions següents:

- **Indeterminacions del tipus $\infty - \infty$.**

  $(+\infty)-(+\infty) \qquad (-\infty)-(-\infty) \qquad (-\infty)+(+\infty) \qquad (+\infty)+(-\infty)$

- **Indeterminacions del tipus $0 \cdot \infty$.**

  $0\cdot(+\infty) \qquad 0\cdot(-\infty) \qquad (+\infty)\cdot 0 \qquad (-\infty)\cdot 0$

- **Indeterminacions del tipus $\frac{0}{0}$ i $\frac{\infty}{\infty}$.**

  $\frac{0}{0} \qquad \frac{+\infty}{+\infty} \qquad \frac{+\infty}{-\infty} \qquad \frac{-\infty}{+\infty} \qquad \frac{-\infty}{-\infty}$

- **Indeterminacions del tipus 1^∞, ∞^0 i 0^0.**

  $1^{+\infty} \qquad 1^{-\infty} \qquad (+\infty)^0 \qquad (-\infty)^0 \qquad 0^0$

EXEMPLE

9 Determina els límits següents.

a) $\lim_{n\to\infty}\left(\frac{n^2}{2n} + \frac{1-2n^3}{n^2+2}\right) = \lim_{n\to\infty}\frac{n^2}{2n} + \lim_{n\to\infty}\frac{1-2n^3}{n^2+2}$
$= (+\infty) + (-\infty) \rightarrow$ Indeterminació

b) $\lim_{n\to\infty}\left(\frac{1}{5}\right)^n(2n+1) = \lim_{n\to\infty}\left(\frac{1}{5}\right)^n \cdot \lim_{n\to\infty}(2n+1) = 0\cdot(+\infty) \rightarrow$ Indeterminació

c) $\lim_{n\to\infty}\left(\frac{1}{5}\right)^n\left(\frac{2n+1}{n}\right) = \lim_{n\to\infty}\left(\frac{1}{5}\right)^n \cdot \lim_{n\to\infty}\frac{2n+1}{n} = 0\cdot 2 = 0$

d) $\lim_{n\to\infty}\left(\frac{2^n}{n}\right) = \frac{\lim_{n\to\infty}2^n}{\lim_{n\to\infty}n} = \frac{+\infty}{+\infty} \rightarrow$ Indeterminació

e) $\lim_{n\to\infty}\left(\frac{n+1}{n}\right)^n = \lim_{n\to\infty}\left(\frac{n+1}{n}\right)^{\lim_{n\to\infty} n} = 1^\infty \rightarrow$ Indeterminació

f) $\lim_{n\to\infty}\left(\frac{-n^2+1}{n}\right)^{\frac{1}{n}} = \lim_{n\to\infty}\left(\frac{-n^2+1}{n}\right)^{\lim_{n\to\infty}\frac{1}{n}} = (-\infty)^0 \rightarrow$ Indeterminació

g) $\lim_{n\to\infty}\left(\frac{n^2+1}{n}\right)^{\frac{2n+1}{n}} = \lim_{n\to\infty}\left(\frac{n^2+1}{n}\right)^{\lim_{n\to\infty}\frac{2n+1}{n}} = (+\infty)^2 = +\infty$

ACTIVITATS

9. Calcula els límits següents:

a) $\lim_{n\to\infty}\left(\frac{n+1}{-n-5} - \frac{2n^2}{n+2}\right)$

b) $\lim_{n\to\infty}\left(\frac{-2n+1}{n^2-5} - \frac{n^2}{n+2}\right)$

c) $\lim_{n\to\infty}\left(\frac{5}{2}\right)^n\frac{1}{3n-2}$

d) $\lim_{n\to\infty}\frac{-n-3}{(0,3)^n}$

10. Calcula els límits següents:

a) $\lim_{n\to\infty}\sqrt{\frac{n}{n-2}}$

b) $\lim_{n\to\infty}\log\frac{3n^2-6}{3n^2}$

c) $\lim_{n\to\infty}\left(\frac{1}{n+5}\right)^n$

d) $\lim_{n\to\infty}\left(\frac{1-n}{n-2}\right)^n$

5 Resolució d'algunes indeterminacions

Ara estudiarem certs mètodes que ens permetran resoldre una indeterminació i trobar el valor del límit.

5.1. Indeterminació del tipus $\frac{\infty}{\infty}$

Aquestes indeterminacions solen aparèixer quan calculem límits amb quocients de polinomis en què hi ha radicals. La manera de resoldre-les és dividint entre la potència més gran de n.

SABER FER

Calcular límits que presenten una indeterminació del tipus $\frac{\infty}{\infty}$

▶ Calcula aquests límits: **a)** $\lim_{n\to\infty} \frac{2n-1}{\sqrt[3]{n^2-3n+1}}$ **b)** $\lim_{n\to\infty} \frac{\sqrt{n^3+5n^2}}{n^2+3}$

PRIMER. Determinem si el límit presenta el tipus d'indeterminació $\frac{\infty}{\infty}$.

a) $$\lim_{n\to\infty} \frac{2n-1}{\sqrt[3]{n^2-3n+1}} = \frac{\lim_{n\to\infty}(2n-1)}{\sqrt[3]{\lim_{n\to\infty}(n^2-3n+1)}} \to \frac{\infty}{\infty}$$

b) $$\lim_{n\to\infty} \frac{\sqrt{n^3+5n^2}}{n^2+3} = \frac{\sqrt{\lim_{n\to\infty}(n^3+5n^2)}}{\lim_{n\to\infty}(n^2+3)} \to \frac{\infty}{\infty}$$

SEGON. Determinem la potència més gran de n, considerant que l'exponent de les n que hi ha sota de l'arrel queda dividit entre l'índex de l'arrel.

a) $$\lim_{n\to\infty} \frac{2n-1}{\sqrt[3]{n^2-3n+1}} \begin{array}{l} \to \text{Grau més gran de } n = 1 \\ \to \text{Grau més gran de } n = \frac{2}{3} \end{array}$$

b) $$\lim_{n\to\infty} \frac{\sqrt{n^3+5n^2}}{n^2+3} \begin{array}{l} \to \text{Grau més gran de } n = \frac{3}{2} \\ \to \text{Grau més gran de } n = 2 \end{array}$$

TERCER. Dividim el numerador i el denominador entre la potència de n calculada.

a) $$\lim_{n\to\infty} \frac{2n-1}{\sqrt[3]{n^2-3n+1}} = \lim_{n\to\infty} \frac{\frac{2n-1}{n}}{\frac{\sqrt[3]{n^2-3n+1}}{n}} = \frac{\lim_{n\to\infty}\frac{2n-1}{n}}{\sqrt[3]{\lim_{n\to\infty}\frac{n^2-3n+1}{n^3}}} = \frac{2}{0} = +\infty$$

b) $$\lim_{n\to\infty} \frac{\sqrt{n^3+5n^2}}{n^2+3} = \lim_{n\to\infty} \frac{\frac{\sqrt{n^3+5n^2}}{n^2}}{\frac{n^2+3}{n^2}} = \frac{\sqrt{\lim_{n\to\infty}\frac{n^3+5n^2}{n^4}}}{\lim_{n\to\infty}\frac{n^2+3}{n^2}} = \frac{0}{1} = 0$$

No ho oblidis

$\sqrt[k]{+\infty} = +\infty$

$\sqrt[k]{-\infty} = \begin{cases} -\infty & \text{si } k \text{ és imparell} \\ \text{No existeix} & \text{si } k \text{ és parell} \end{cases}$

No ho oblidis

$\frac{k}{+\infty} = 0 \quad \frac{k}{-\infty} = 0 \quad \frac{k}{0} = \infty$

ACTIVITATS

11. Calcula els límits següents:

a) $\lim_{n\to\infty} \frac{\sqrt{n^3-2n^2+6}}{n-3}$ b) $\lim_{n\to\infty} \frac{n^3+3n^2}{\sqrt{n^3-n^2-5}}$

12. Calcula els límits següents:

a) $\lim_{n\to\infty} \frac{\sqrt[3]{8n^4+3n-1}}{3n^2-1}$ b) $\lim_{n\to\infty} \frac{n+3}{\sqrt[3]{-3n^3+5n^2+7n-1}}$

5.2. Indeterminació del tipus $\infty - \infty$

Aquestes indeterminacions solen aparèixer quan calculem límits de la diferència de radicals i de la diferència de quocients de polinomis. En el primer cas s'ha de multiplicar pel conjugat i en el segon s'ha d'efectuar la diferències dels quocients.

SABER FER

Resoldre els límits amb una indeterminació del tipus $\infty - \infty$

▶ Resol aquests límits:

a) $\lim_{n\to\infty}\left(\frac{2n^2}{2n+1}-\frac{n^3}{n^2+1}\right)$ **b)** $\lim_{n\to\infty}\left(\sqrt{n^2+4}-\sqrt{n^2-3}\right)$

PRIMER. Determinem si el límit presenta el tipus d'indeterminació $\infty - \infty$.

a) $\lim_{n\to\infty}\left(\frac{2n^2}{2n+1}-\frac{n^3}{n^2+1}\right)\to\infty-\infty$ b) $\lim_{n\to\infty}\left(\sqrt{n^2+4}-\sqrt{n^2-3}\right)\to\infty-\infty$

SEGON. Resolem la indeterminació, tenint en compte si són radicals o quocients de polinomis.

- Si és una diferència de quocients de polinomis, efectuem la resta de les fraccions algebraiques.
- Si és una diferència de radicals, ho multipliquem i dividim pel seu conjugat.

a) $$\frac{2n^2}{2n+1}-\frac{n^3}{n^2+1}=\frac{2n^2(n^2+1)-n^3(2n+1)}{(2n+1)(n^2+1)}=\frac{\cancel{2n^4}+2n^2-\cancel{2n^4}-n^3}{(2n+1)(n^2+1)}=$$
$$=\frac{-n^3+2n^2}{2n^3+n^2+2n+1}$$

b) $$\sqrt{n^2+4}-\sqrt{n^2-3}=\frac{\left(\sqrt{n^2+4}-\sqrt{n^2-3}\right)\left(\sqrt{n^2+4}+\sqrt{n^2-3}\right)}{\sqrt{n^2+4}+\sqrt{n^2-3}}=$$
$$=\frac{7}{\sqrt{n^2+4}+\sqrt{n^2-3}}$$

TERCER. Calculem el límit amb el nou resultat.

a) $$\lim_{n\to\infty}\left(\frac{2n^2}{2n+1}-\frac{n^3}{n^2+1}\right)=\lim_{n\to\infty}\frac{-n^3+2n^2}{2n^3+n^2+2n+1}=-\frac{1}{2}$$

b) $$\lim_{n\to\infty}\left(\sqrt{n^2+4}-\sqrt{n^2-3}\right)=\lim_{n\to\infty}\frac{7}{\sqrt{n^2+4}+\sqrt{n^2-3}}=0$$

ACTIVITATS

13. Calcula els límits següents:

a) $\lim_{n\to\infty}\left(\frac{n^2+1}{n}-\frac{n^2}{n+1}\right)$

b) $\lim_{n\to\infty}\left(\frac{1-2n^2}{3n-2}-\frac{-3n^2}{n-4}\right)$

c) $\lim_{n\to\infty}\left(\frac{n^3+2}{4n^2-n-1}-\frac{n^3+2n+1}{n^2+1}\right)$

14. Calcula els límits següents:

a) $\lim_{n\to\infty}\left(\sqrt{n-2}-\sqrt{n}\right)$

b) $\lim_{n\to\infty}\left(2n-\sqrt{n^2-1}\right)$

c) $\lim_{n\to\infty}\left(\sqrt{3n+1}-n\right)$

d) $\lim_{n\to\infty}\left(\sqrt{n^2+4n-1}-\sqrt{n^2+1}\right)$

5.3. Indeterminació del tipus 1^∞

Aquestes indeterminacions solen estar associades al càlcul del límit de la successió que té com a terme general $a_n = \left(1 + \frac{1}{n}\right)^n$.

Per calcular límits amb aquesta mena d'indeterminacions fem servir la igualtat:

$$\lim_{n\to\infty}\left(1 + \frac{1}{n}\right)^n = e$$

i transformem la successió de la qual volem calcular el límit en una successió d'aquest tipus, en què el denominador i l'exponent tinguin la mateixa expressió.

Atenció

La successió $\left(1 + \frac{1}{n}\right)^n$ és:

$a_1 = \left(1+\frac{1}{1}\right)^1 = 2$

$a_2 = \left(1+\frac{1}{2}\right)^2 = \frac{9}{4} = 2{,}25$

$a_3 = \left(1+\frac{1}{3}\right)^3 = \frac{64}{27} = 2{,}37037\ldots$

...

$a_{100} = 1{,}01^{100} = 2{,}70581\ldots$

Es tracta d'una successió que sempre és creixent i que tendeix cap al nombre 2,718281..., que denominem nombre *e*.

EXEMPLE

10 Calcula els límits següents:

a) $\lim\limits_{n\to\infty}\left(1 + \frac{1}{n}\right)^{2n} = \lim\limits_{n\to\infty}\left(1 + \frac{1}{n}\right)^{\lim\limits_{n\to\infty} 2n} \to 1^\infty$

$$\lim_{n\to\infty}\left(1 + \frac{1}{n}\right)^{2n} = \lim_{n\to\infty}\left[\left(1 + \frac{1}{n}\right)^n\right]^2 = \left[\lim_{n\to\infty}\left(1 + \frac{1}{n}\right)^n\right]^2 = e^2$$

b) $\lim\limits_{n\to\infty}\left(1 - \frac{1}{n}\right)^{n} = \lim\limits_{n\to\infty}\left(1 - \frac{1}{n}\right)^{\lim\limits_{n\to\infty} n} \to 1^\infty$

$$\lim_{n\to\infty}\left(1 - \frac{1}{n}\right)^n = \lim_{n\to\infty}\left(1 + \frac{1}{-n}\right)^n = \lim_{n\to\infty}\left[\left(1 + \frac{1}{-n}\right)^{-n}\right]^{-1} = \left[\lim_{n\to\infty}\left(1 + \frac{1}{-n}\right)^{-n}\right]^{-1} = e^{-1}$$

c) $\lim\limits_{n\to\infty}\left(1 + \frac{2}{n}\right)^{n} = \lim\limits_{n\to\infty}\left(1 + \frac{2}{n}\right)^{\lim\limits_{n\to\infty} n} \to 1^\infty$

$$\lim_{n\to\infty}\left(1 + \frac{2}{n}\right)^n = \lim_{n\to\infty}\left(1 + \frac{1}{\frac{n}{2}}\right)^n = \lim_{n\to\infty}\left[\left(1 + \frac{1}{\frac{n}{2}}\right)^{\frac{n}{2}}\right]^2 = \left[\lim_{n\to\infty}\left(1 + \frac{1}{\frac{n}{2}}\right)^{\frac{n}{2}}\right]^2 = e^2$$

d) $\lim\limits_{n\to\infty}\left(1 + \frac{2}{n}\right)^{3n-2} = \lim\limits_{n\to\infty}\left(1 + \frac{2}{n}\right)^{\lim\limits_{n\to\infty} 3n-2} \to 1^\infty$

$$\lim_{n\to\infty}\left(1 + \frac{2}{n}\right)^{3n-2} = \lim_{n\to\infty}\left(1 + \frac{1}{\frac{n}{2}}\right)^{3n-2} = \lim_{n\to\infty}\left[\left(1 + \frac{1}{\frac{n}{2}}\right)^{\frac{n}{2}}\right]^{\frac{2}{n}\cdot(3n-2)} =$$

$$= \left[\lim_{n\to\infty}\left(1 + \frac{1}{\frac{n}{2}}\right)^{\frac{n}{2}}\right]^{\lim\limits_{n\to\infty}\frac{2\cdot(3n-2)}{n}} = e^{\lim\limits_{n\to\infty}\frac{6n-4}{n}} = e^6$$

ACTIVITATS

15. Calcula els límits següents:

a) $\lim\limits_{n\to\infty}\left(1 + \frac{1}{n}\right)^{\frac{n}{5}}$

b) $\lim\limits_{n\to\infty}\left(1 + \frac{3}{n}\right)^{n-1}$

c) $\lim\limits_{n\to\infty}\left(1 - \frac{1}{n}\right)^{\frac{2n}{3}}$

d) $\lim\limits_{n\to\infty}\left(1 - \frac{1}{2n}\right)^{\frac{n-1}{3}}$

16. Troba aquests límits:

a) $\lim\limits_{n\to\infty}\left(1 + \frac{5}{n}\right)^{n}$

b) $\lim\limits_{n\to\infty}\left(1 - \frac{2}{n+1}\right)^{n}$

c) $\lim\limits_{n\to\infty}\left(1 + \frac{3}{2n}\right)^{3n-2}$

d) $\lim\limits_{n\to\infty}\left(1 + \frac{n}{n^2+1}\right)^{2n}$

6 Límit d'una funció a l'infinit

S'escriu així

El límit d'una funció $f(x)$, quan x tendeix a $+\infty$ és L.

$$\lim_{x\to+\infty} f(x) = L$$

El límit d'una funció $f(x)$, quan x tendeix a $-\infty$ és $+\infty$.

$$\lim_{x\to-\infty} f(x) = +\infty$$

$\lim_{x\to+\infty} f(x) = +\infty$ $\quad$ $\lim_{x\to-\infty} f(x) = +\infty$

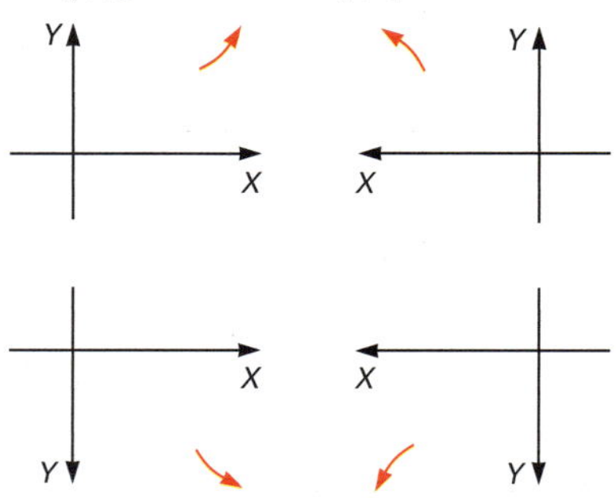

$\lim_{x\to+\infty} f(x) = -\infty$ $\quad$ $\lim_{x\to-\infty} f(x) = -\infty$

Si considerem l'expressió algebraica d'una funció $f(x)$ com el terme general d'una successió, el límit de la funció quan x tendeix a infinit coincideix amb el límit de la successió.

- El **límit d'una funció $f(x)$ quan x tendeix a $+\infty$** és un nombre real L, quan per a valors molt grans de x els valors de la funció s'aproximen al nombre L.

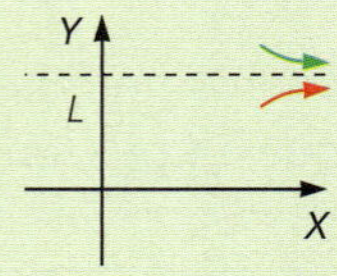

$$\lim_{x\to+\infty} f(x) = L$$

- $\lim_{x\to+\infty} f(x) = +\infty$, quan els valors de la funció creixen cada cop més.
- $\lim_{x\to+\infty} f(x) = -\infty$, quan els valors de la funció decreixen cada cop més.
- El **límit d'una funció $f(x)$ quan x tendeix a $-\infty$** és un nombre real L, quan per a valors molt petits de x els valors de la funció s'aproximen al nombre L.

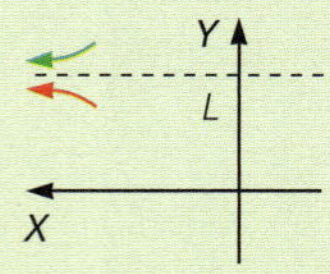

$$\lim_{x\to-\infty} f(x) = L$$

- $\lim_{x\to-\infty} f(x) = +\infty$, quan els valors de la funció creixen cada cop més.
- $\lim_{x\to-\infty} f(x) = -\infty$, quan els valors de la funció decreixen cada cop més.

EXEMPLE

11 Calcula el límit d'aquestes funcions quan x tendeix a infinit:

a) $f(x) = \dfrac{2}{x}$ $\qquad$ **b)** $f(x) = \dfrac{4x^3 + 2x}{x^3 - 7}$

a) Representem la funció per estudiar els valors de $f(x)$ quan la variable x pren valors molt grans i molt petits.

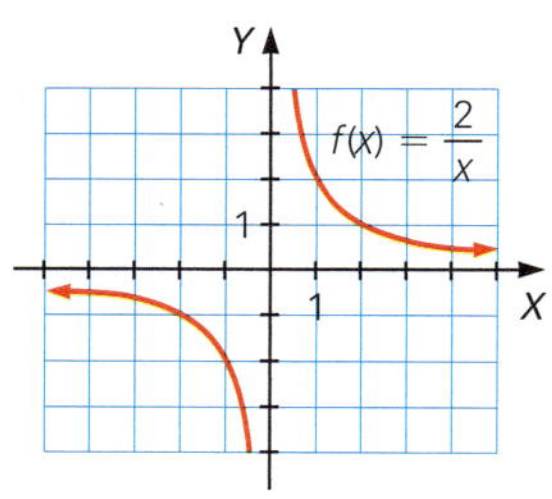

Quan x pren valors molt grans, $x \to +\infty$, $f(x)$ s'acosta a 0.

$$\lim_{x\to+\infty} f(x) = \lim_{x\to+\infty} \frac{2}{x} = 0$$

Quan x pren valors molt petits, $x \to -\infty$, $f(x)$ també s'aproxima a 0.

$$\lim_{x\to-\infty} f(x) = \lim_{x\to-\infty} \frac{2}{x} = 0$$

b) A partir del càlcul de límits per a les successions, substituïm x per n, quan $x \to +\infty$, o per $-n$, quan $x \to -\infty$.

$$\lim_{x\to+\infty} \frac{4x^3 + 2x}{x^3 - 7} = \lim_{x\to\infty} \frac{4n^3 + 2n}{n^3 - 7} = \frac{4}{1} = 4$$

$$\lim_{x\to-\infty} \frac{4x^3 + 2x}{x^3 - 7} = \lim_{x\to\infty} \frac{4(-n)^3 + 2(-n)}{(-n)^3 - 7} = \lim_{x\to\infty} \frac{-4n^3 - 2n}{-n^3 - 7} = \frac{-4}{-1} = 4$$

Atenció

A la pràctica, el grau dels polinomis decideix el límit, per la qual cosa no es fa la substitució de x per n i es dóna el resultat directament.

$$\lim_{x\to+\infty} \frac{4x^3 + 2x}{x^3 - 7} = \frac{4}{1} = 4$$

$$\lim_{x\to-\infty} \frac{4x^3 + 2x}{x^3 - 7} = \frac{4}{1} = 4$$

ACTIVITATS

17. Calcula aquests límits:

a) $\lim_{x\to+\infty} \dfrac{3x^2 + 2x - 1}{x - 2 - 6x^2}$ $\qquad$ b) $\lim_{x\to+\infty} \dfrac{3x(x^2 - 1)}{2 - x^2}$

18. Troba els límits següents:

a) $\lim_{x\to+\infty} \left(\sqrt{x - 1} - x\right)$ $\qquad$ b) $\lim_{x\to+\infty} \left(\dfrac{3x - 1}{2 + 3x}\right)^{3x^2}$

7 Límit d'una funció en un punt

7.1. Límits laterals

Quan ens aproximem a un punt podem fer-ho per l'esquerra, amb valors més petits que el punt, o per la dreta, amb valors més grans.

- El **límit d'una funció $f(x)$ quan x tendeix a un punt c per l'esquerra** és un nombre real L, quan per a valors de x molt propers a c i més petits que c els valors de la funció s'aproximen a L.

  $$\lim_{x\to c^-} f(x) = L$$

- El **límit d'una funció $f(x)$ quan x tendeix a un punt c per la dreta** és un nombre real L, quan per a valors de x molt propers a c i més grans que c els valors de la funció s'aproximen a L.

  $$\lim_{x\to c^+} f(x) = L$$

- $\lim\limits_{x\to c^-} f(x) = +\infty$ o $\lim\limits_{x\to c^+} f(x) = +\infty$, quan per a valors molt propers a c, més petits que c o més grans que c, respectivament, els valors de la funció creixen cada vegada més.
- $\lim\limits_{x\to c^-} f(x) = -\infty$ o $\lim\limits_{x\to c^+} f(x) = -\infty$, quan per a valors molt propers a c, més petits que c o més grans que c, respectivament, els valors de la funció decreixen cada vegada més.

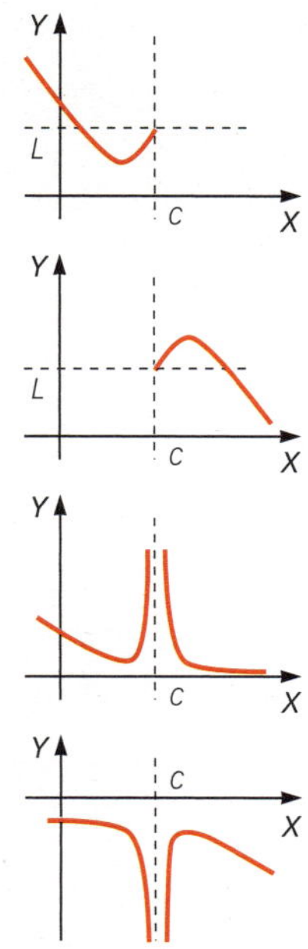

EXEMPLES

12 Calcula els límits laterals de la funció $f(x) = \dfrac{3}{x+1}$ a $x = -1$.

Representem la funció per estudiar quins valors pren $f(x)$ per a valors molt propers a -1 per la dreta i per l'esquerra.

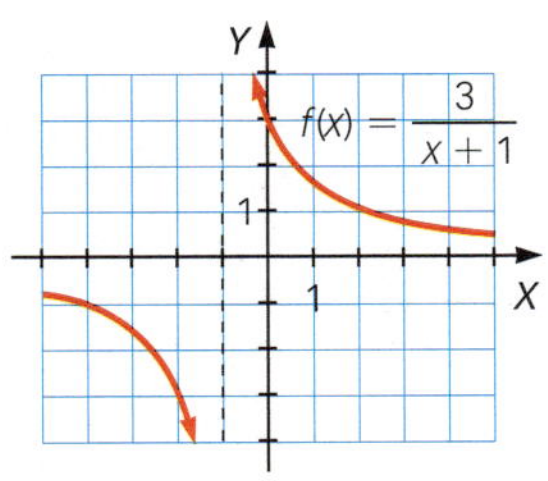

Quan x pren valors molt propers a -1 i més petits que -1, els valors de $f(x)$ tendeixen a $-\infty$.

$$\lim_{x\to -1^-} f(x) = \lim_{x\to -1^-} \frac{3}{x+1} = -\infty$$

Quan x pren valors molt propers a a -1 i més grans que -1, els valors de $f(x)$ tendeixen a $+\infty$.

$$\lim_{x\to -1^+} f(x) = \lim_{x\to -1^+} \frac{3}{x+1} = +\infty$$

13 Troba els límits laterals de $g(x) = \begin{cases} x^2 - 1 & \text{si } x \le 1 \\ -x + 4 & \text{si } x > 1 \end{cases}$ a $x = 1$.

Límit per l'esquerra: $\lim\limits_{x\to 1^-} g(x) = \lim\limits_{x\to 1^-} (x^2 - 1) = 1^2 - 1 = 0$

Límit per la dreta: $\lim\limits_{x\to 1^+} g(x) = \lim\limits_{x\to 1^+} (-x + 4) = -1 + 4 = 3$

S'escriu així

El límit d'una funció $f(x)$ quan x tendeix a c per l'esquerra és L.

$$\lim_{x\to c^-} f(x) = L$$

El límit d'una funció $f(x)$ quan x tendeix a c per la dreta és $+\infty$.

$$\lim_{x\to c^+} f(x) = +\infty$$

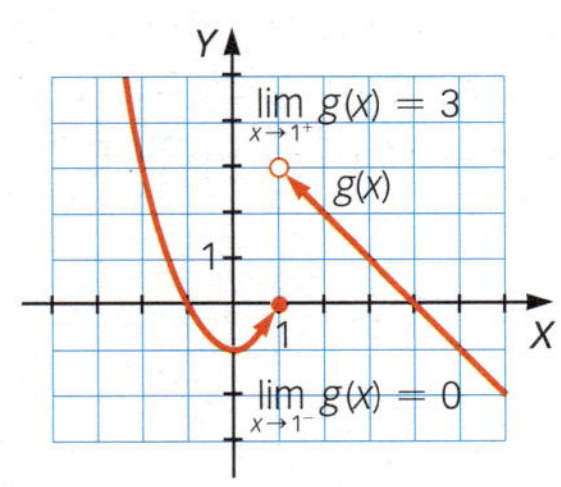

Els límits laterals no coincideixen.

ACTIVITATS

19. Troba els límits laterals de les funcions següents en els punts indicats:

a) $\dfrac{-2x+1}{x-1}$ a $x = 1$

b) $\dfrac{x}{|x|}$ a $x = 0$

20. Indica quins són els límits laterals a $x = -2$ de la funció següent:

$$f(x) = \begin{cases} 3x + 4 & \text{si } x < -2 \\ 1 - x^2 & \text{si } x \ge -2 \end{cases}$$

S'escriu així

El límit d'una funció $f(x)$ en el punt c és L.

$$\lim_{x\to c} f(x) = L$$

No existeix el límit d'una funció $f(x)$ en el punt c.

$$\nexists \lim_{x\to c} f(x)$$

7.2. Límit d'una funció en un punt

- El **límit d'una funció $f(x)$ quan x tendeix a un punt c** és un nombre real L, quan $\lim_{x\to c^-} f(x) = \lim_{x\to c^+} f(x) = L$.

$$\lim_{x\to c} f(x) = L$$

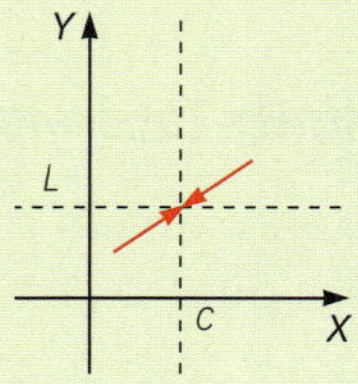

- De la mateixa manera, $\lim_{x\to c} f(x) = +\infty$ o $-\infty$, quan els límits laterals són iguals que aquests valors.

- Si $\lim_{x\to c^-} f(x) \neq \lim_{x\to c^+} f(x)$, diem que **no existeix el límit** de la funció $f(x)$ en el punt c.

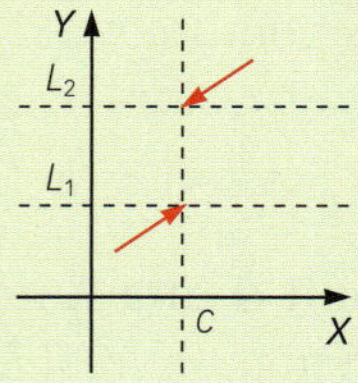

EXEMPLE

14 Determina el límit de la funció $f(x) = x^2 - 1$ a $x = 1$.

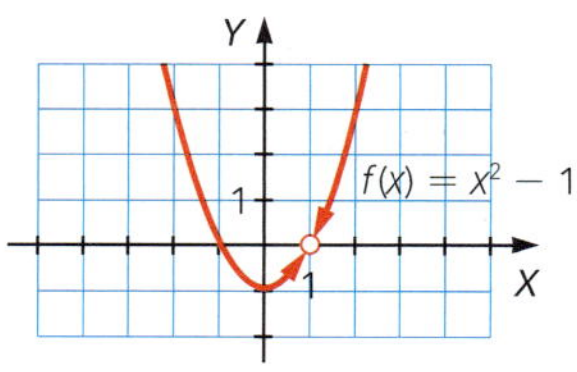

Si representem la funció, veiem que en valors pròxims a 1 per la dreta i per l'esquerra tendeix al valor 0.

$$\lim_{x\to 1^-} (x^2 - 1) = \lim_{x\to 1^+} (x^2 - 1) = 0$$

És a dir, $\lim_{x\to 1} (x^2 - 1) = 0$.

Atenció

Per comprovar el signe de $\lim_{x\to 2^-} f(x)$, substituïm x a la funció per un valor pròxim a 2 i més petit que 2.

$$\frac{x+2}{x-2} = \frac{1,99+2}{1,99-2} < 0$$

$x = 1,99$

$$\lim_{x\to 2^-} \frac{x+2}{x-2} = -\infty$$

Fem el mateix per a $\lim_{x\to 2^+} f(x)$.

$$\frac{x+2}{x-2} = \frac{2,01+2}{2,01-2} > 0$$

$x = 2,01$

$$\lim_{x\to 2^+} \frac{x+2}{x-2} = +\infty$$

SABER FER

Calcular el límit d'una funció en un punt

▶ Determina el límit de la funció $f(x) = \dfrac{x+2}{x-2}$ a $x = -1$ i a $x = 2$.

PRIMER. Substituïm a la funció x pel valor del qual volem calcular el límit. Si obtenim un nombre, aquest és el resultat del límit.

Per a $x = -1$: $\lim_{x\to -1} f(x) = \lim_{x\to -1} \dfrac{x+2}{x-2} = \dfrac{-1+2}{-1-2} = -\dfrac{1}{3}$

Per a $x = 2$: $\lim_{x\to 2} f(x) = \lim_{x\to 2} \dfrac{x+2}{x-2} = \dfrac{2+2}{2-2} = \dfrac{4}{0} = \infty$

SEGON. Si obtenim ∞, fa falta calcular els límits laterals.

Per a $x = 2$: $\lim_{x\to 2^-} f(x) = \lim_{x\to 2^-} \dfrac{\overbrace{x+2}^{>0}}{\underbrace{x-2}_{<0}} = -\infty$ $\qquad \lim_{x\to 2^+} f(x) = \lim_{x\to 2^+} \dfrac{\overbrace{x+2}^{>0}}{\underbrace{x-2}_{>0}} = +\infty$

$\lim_{x\to 2^-} f(x) \neq \lim_{x\to 2^+} f(x) \rightarrow$ No existeix $\lim_{x\to 2} f(x)$.

ACTIVITATS

21. Troba els límits de les funcions en els punts indicats.

a) $f(x) = \dfrac{3x-1}{x^2-2x+3}$ a $x = 1$

b) $f(x) = \dfrac{2-x}{x+1}$ a $x = -1$

22. Raona si existeix o no el límit a $x = 2$, a $x = 3$ i a $x = 4$ de la funció $f(x) = \dfrac{x-2}{x+3} + \dfrac{x+3}{x-2}$.

SABER FER

Calcular el límit en una funció definida a trossos

▶ Calcula el límit de $f(x) = \begin{cases} x - 1 & \text{si } x \leq -1 \\ -2x^2 + 4 & \text{si } x > -1 \end{cases}$ a $x = -1$ i a $x = 0$.

PRIMER. Si en el punt en què volem trobar el límit la funció passa d'una expressió algebraica a una altra, en calculem els límits laterals.

$$\lim_{x \to -1^-} f(x) = \lim_{x \to -1^-} (x - 1) = -1 - 1 = -2$$

$$\lim_{x \to -1^+} f(x) = \lim_{x \to -1^+} (-2x^2 + 4) = -2 \cdot (-1)^2 + 4 = 2$$

$$\lim_{x \to -1^-} f(x) \neq \lim_{x \to -1^+} f(x) \to \text{No existeix} \lim_{x \to -1} f(x).$$

SEGON. Si no és un punt del tipus anterior, calculem el límit en aquell punt substituint la variable x pel punt a l'expressió algebraica de la funció.

$$\lim_{x \to 0} f(x) = \lim_{x \to 0} (-2x^2 + 4) = -2 \cdot 0 + 4 = 4$$

$0 > -1$

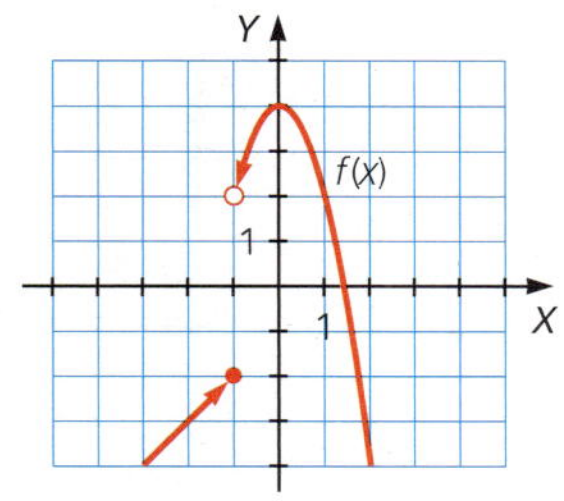

Els límits laterals a $x = -1$ no coincideixen.

7.3. Indeterminació del tipus $\frac{0}{0}$

Aquesta indeterminació sol aparèixer quan calculem límits d'una funció racional, $\frac{P(x)}{Q(x)}$, en un punt c en què $P(c) = 0$ i $Q(c) = 0$. Per resoldre-la, hem de factoritzar els polinomis del numerador i del denominador i simplificar.

No ho oblidis

Si un polinomi $P(x)$ pren el valor 0 a $x = c$, llavors és divisible entre $(x - c)$.

$P(c) = 0 \to P(x) = (x - c)\, P_1(x)$

SABER FER

Resoldre els límits amb una indeterminació del tipus $\frac{0}{0}$

▶ Calcula $\lim_{x \to 1} \frac{x^2 - 1}{x^3 - 1}$.

PRIMER. Determinem si el límit presenta el tipus d'indeterminació $\frac{0}{0}$.

$$\lim_{x \to 1} \frac{x^2 - 1}{x^3 - 1} = \frac{1^2 - 1}{1^3 - 1} \to \frac{0}{0}$$

SEGON. Factoritzem els polinomis de la fracció algebraica i els simplifiquem.

$$\lim_{x \to 1} \frac{x^2 - 1}{x^3 - 1} = \lim_{x \to 1} \frac{\cancel{(x - 1)}(x + 1)}{\cancel{(x - 1)}(x^2 + x + 1)} = \lim_{x \to 1} \frac{x + 1}{x^2 + x + 1}$$

TERCER. Tornem a calcular el límit.

$$\lim_{x \to 1} \frac{x^2 - 1}{x^3 - 1} = \lim_{x \to 1} \frac{x + 1}{x^2 + x + 1} = \frac{1 + 1}{1^2 + 1 + 1} = \frac{2}{3}$$

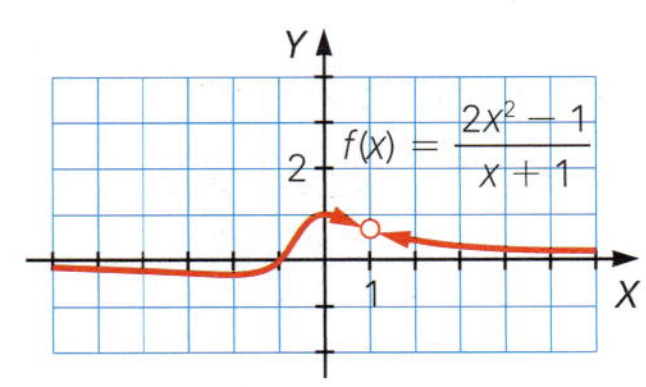

Els límits laterals $x = 1$ coincideixen.

ACTIVITATS

23. Calcula el límit de $f(x)$ a $x = 0$ i a $x = 3$.

$$f(x) = \begin{cases} 3 - x & \text{si } x \leq 0 \\ \dfrac{x - 2}{x + 1} & \text{si } x > 0 \end{cases}$$

24. Troba el valor dels límits que apareixen a continuació:

a) $\lim_{x \to 1} \frac{x^3 - 2x^2 + x}{x^2 - 3x + 2}$

b) $\lim_{x \to -2} \frac{x^4 - 16}{x^3 + 8}$

8 Branques infinites. Asímptotes

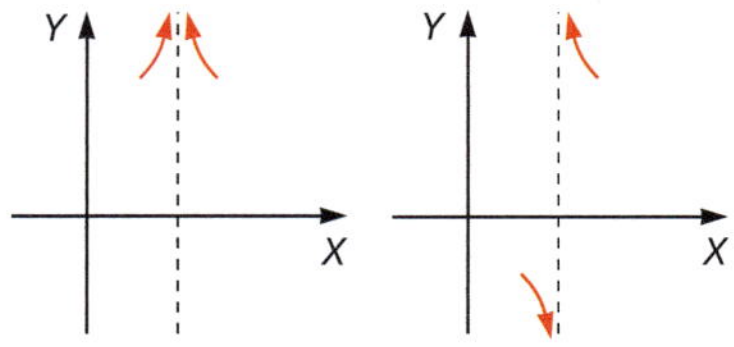

Asímptotes verticals

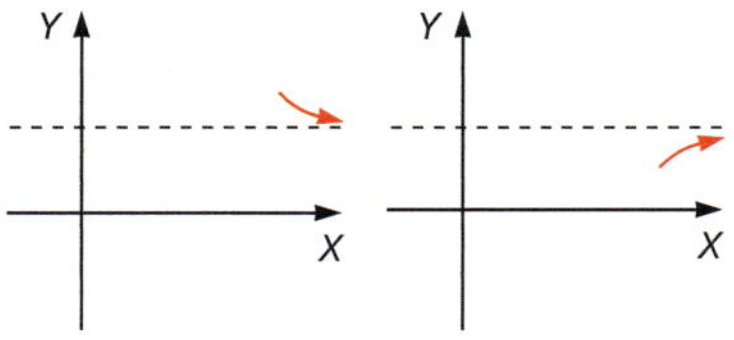

Asímptotes horitzontals

A la gràfica d'una funció poden existir trams en què la funció s'allunya indefinidament. Aquests trams s'anomenen **branques infinites** de la funció.

- Quan una branca infinita s'acosta indefinidament a una recta, aquesta recta s'anomena asímptota, i la branca infinita, **branca asimptòtica**.
- Quan una branca infinita no s'acosta a cap recta, s'anomena **branca parabòlica**.

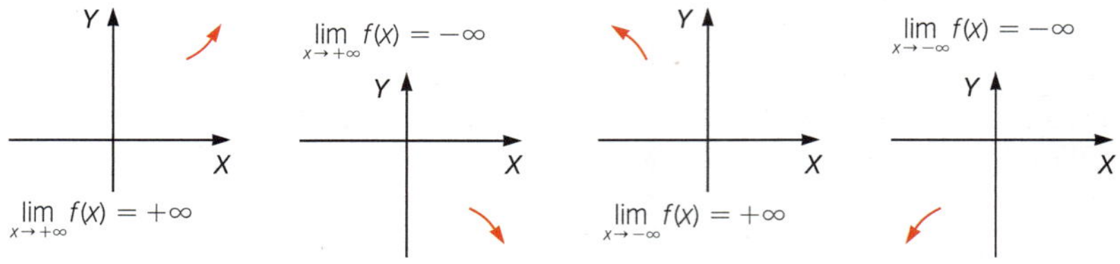

8.1. Asímptotes horitzontals

Una funció $f(x)$ té una **asímptota horitzontal** a $y = k$ si $\lim_{x\to\infty} f(x) = k$.

SABER FER

Calcular les asímptotes horitzontals d'una funció

▶ Estudia si la funció $f(x) = \dfrac{2x^2+1}{x^2-3x}$ té una asímptota horitzontal.

PRIMER. Calculem el límit de la funció quan $x \to \infty$. Si el resultat és diferent de $+\infty$ o $-\infty$, la funció té una asímptota horitzontal.

$$\lim_{x\to\infty} \frac{2x^2-1}{x^2-3x} = \frac{2}{1} = 2 \to f(x) \text{ té una asímptota horitzontal a } y = 2.$$

SEGON. Per determinar la situació de la branca infinita respecte de l'asímptota, calculem el signe de $f(x) - k$ per a valors de x molt grans i molt petits.

$$f(x) - k = \frac{2x^2+1}{x^2-3x} - 2 = \frac{6x+1}{x^2-3x}$$

$$x \to +\infty \to \frac{6x+1}{x^2-3x} > 0 \to f(x) \text{ per sobre de l'asímptota.}$$

$$x \to -\infty \to \frac{6x+1}{x^2-3x} < 0 \to f(x) \text{ per sota de l'asímptota.}$$

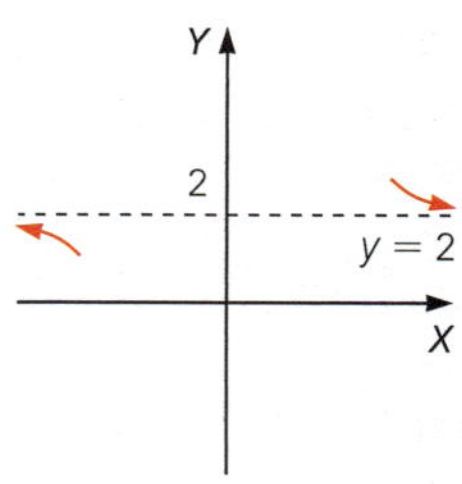

Calculadora

Per saber com es comporta la funció quan $x \to +\infty$ donem valors molt grans a x.

Per exemple, per a $x = 1000$ tenim:

$$\frac{6\cdot 1000+1}{1000^2 - 3\cdot 1000} > 0$$

Fem el mateix quan $x \to -\infty$.

ACTIVITATS

25. Posa un exemple d'una funció que tingui com a asímptotes horitzontals aquestes rectes:

a) $y = 1$ b) $y = 2$ c) $y = 3$

26. Una funció pot tenir dues asímptotes horitzontals? I tres?

27. Troba les asímptotes horitzontals de les funcions que apareixen a continuació:

a) $f(x) = \dfrac{3x^2-1}{2x^2-1}$ c) $f(x) = \dfrac{2x-1}{x}$

b) $f(x) = \dfrac{1-2x^3}{4x^3-2x}$ d) $f(x) = \dfrac{x^2+1}{x^2-2x-3}$

8.2. Asímptotes verticals

Una funció $f(x)$ té una **asímptota vertical** a $x = c$ si $\lim\limits_{x \to c} f(x) = \pm\infty$.

SABER FER

Calcular les asímptotes verticals d'una funció racional

▶ Troba les asímptotes verticals de la funció $f(x) = \dfrac{1-x}{x-2}$.

PRIMER. Determinem les arrels del denominador i calculem el límit de la funció a aquestes arrels. Si el resultat és ∞, la funció té una asímptota vertical en aquest punt.

$x - 2 = 0 \rightarrow x = 2$

$\lim\limits_{x \to 2} \dfrac{1-x}{x-2} = \infty \rightarrow f(x)$ té una asímptota vertical a $x = 2$.

SEGON. Trobem els límits laterals per saber la situació de la branca infinita respecte de l'asímptota.

$$\lim_{x \to 2^-} \frac{\overbrace{1-x}^{<0}}{\underbrace{x-2}_{<0}} = +\infty \qquad \lim_{x \to 2^+} \frac{\overbrace{1-x}^{<0}}{\underbrace{x-2}_{>0}} = -\infty$$

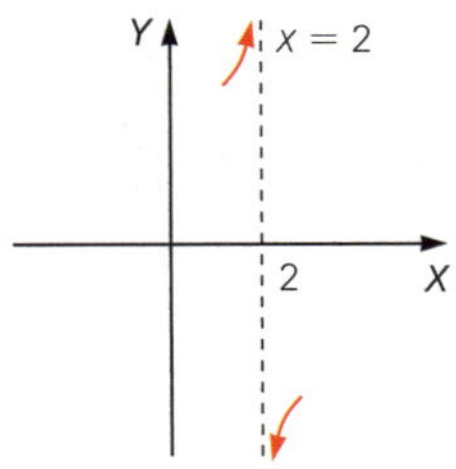

8.3. Asímptotes obliqües

Una funció $f(x)$ té una **asímptota obliqua** a $y = mx + n$ si:

$$\lim_{x \to \infty} \frac{f(x)}{x} = m \neq 0 \text{ i } \lim_{x \to \infty} [f(x) - mx] = n$$

SABER FER

Calcular les asímptotes obliqües d'una funció

▶ Estudia si la funció $f(x) = \dfrac{2x^2 - 1}{x+1}$ té asímptotes obliqües.

PRIMER. Calculem el límit, quan $x \rightarrow \infty$, de l'expressió $\dfrac{f(x)}{x}$. Si el resultat és un nombre, m, diferent de 0, hi ha una asímptota obliqua.

$$\lim_{x \to \infty} \frac{f(x)}{x} = \lim_{x \to \infty} \frac{\frac{2x^2-1}{x+1}}{x} = \lim_{x \to \infty} \frac{2x^2-1}{x^2+x} = 2 \neq 0 \rightarrow m = 2$$

SEGON. Si hi ha cap asímptota obliqua, calculem el límit de $f(x) - mx$.

$$\lim_{x \to \infty} [f(x) - mx] = \lim_{x \to \infty} \left[\frac{2x^2-1}{x+1} - 2x\right] = \lim_{x \to \infty} \frac{-2x-1}{x+1} = -2$$

Per tant, $f(x)$ té una asímptota obliqua, que és $y = 2x - 2$.

Atenció

De la mateixa manera que en l'asímptota horitzontal, per determinar la posició de les branques infinites respecte de l'asímptota obliqua, calculem el signe de $f(x) - (mx + n)$ quan $x \rightarrow +\infty$ i quan $x \rightarrow -\infty$.

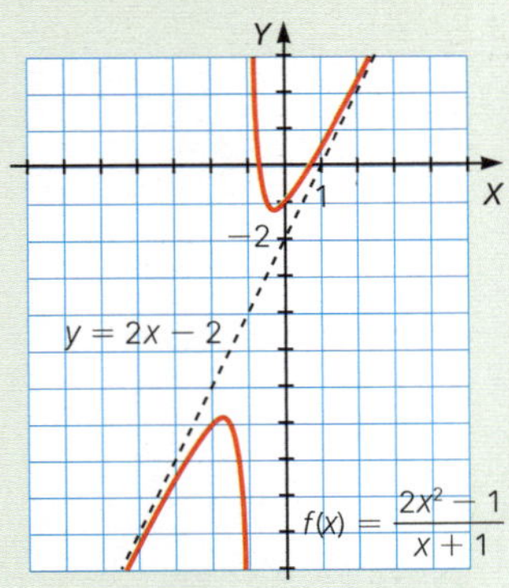

ACTIVITATS

28. Troba les asímptotes verticals de les funcions següents:

a) $f(x) = \dfrac{2}{x^2+1}$ b) $f(x) = \dfrac{3x-1}{x+2}$ c) $f(x) = \dfrac{x^2-9}{x^2-1}$

29. Troba, si és que en tenen, les asímptotes obliqües de les funcions.

a) $f(x) = \dfrac{x^2}{x-1}$ b) $f(x) = \dfrac{2x}{1-x^2}$ c) $f(x) = \dfrac{3x^3+2x}{x^2-9}$

9 Continuïtat d'una funció

Una **funció** $f(x)$ és **contínua en un punt** $x = a$ si es compleix que:

- Existeix $f(a)$.
- Existeix $\lim_{x \to a} f(x)$.
- $f(a) = \lim_{x \to a} f(x)$.

Si una funció no és contínua en un punt, diem que la funció presenta una **discontinuïtat** en aquest punt.

Una **funció** és **contínua en un interval** si és contínua en tots els punts de l'interval.

9.1. Continuïtat en les funcions elementals

- Les **funcions polinòmiques** són contínues en tot $\mathbb{R}$.
- Les **funcions racionals** no són contínues en els punts que anul·len el denominador.
- Les **funcions amb radicals** d'índex parell no existeixen en els valors que fan el radicand negatiu. Si l'índex és imparell, són contínues en tot $\mathbb{R}$.
- Les **funcions exponencials** són contínues en tot $\mathbb{R}$.
- Les **funcions logarítmiques** no són contínues en els punts en què el logaritme és zero o un nombre negatiu.
- De les funcions trigonomètriques, l'única funció que no és contínua és $f(x) = \text{tg}\ x$, perquè no existeix a $x = \frac{\pi}{2} + k\pi$ amb $k \in \mathbb{Z}$.

SABER FER

Estudiar la continuïtat d'una funció elemental

▶ Estudia la continuïtat d'aquestes funcions:

a) $f(x) = \frac{1-x}{x-2}$ **b)** $f(x) = \sqrt{x+1}$ **c)** $f(x) = \log(x+3)$

PRIMER. Determinem els punts en què la funció no està definida.

a) Funció racional. No definida quan se n'anul·la el denominador: $x - 2 = 0 \rightarrow x = 2$

b) Funció radical. No definida quan el radicand és negatiu: $x + 1 < 0 \rightarrow x < -1$

c) Funció logarítmica. No definida per a 0 i nombres negatius: $x + 3 \leq 0 \rightarrow x \leq -3$

SEGON. La funció presenta discontinuïtats en els punts que hem calculat i és contínua en la resta.

a) Contínua a $\mathbb{R} - \{2\}$ b) Contínua a $[-1, +\infty)$ c) Contínua a $(-3, +\infty)$

ACTIVITATS

30. Estudia la continuïtat de les funcions que apareixen a continuació:

a) $f(x) = x^{-2}$ b) $f(x) = \sqrt{x-4}$ c) $f(x) = \ln(1-x^2)$

31. Estudia la continuïtat de les funcions següents:

a) $f(x) = \frac{2x-1}{x+3}$ b) $f(x) = e^{x+1}$ c) $f(x) = \sin x^2 - 1$

9.2. Tipus de discontinuïtats

Discontinuïtat evitable

Diem que hi ha una discontinuïtat evitable a a quan existeix $\lim_{x \to a} f(x)$, és a dir, $\lim_{x \to a^-} f(x) = \lim_{x \to a^+} f(x)$, però tenen lloc una d'aquestes dues condicions:

- El límit no coincideix amb el valor de la funció en aquest punt.

$$f(a) \neq \lim_{x \to a} f(x)$$

- La funció no està definida en aquest punt.

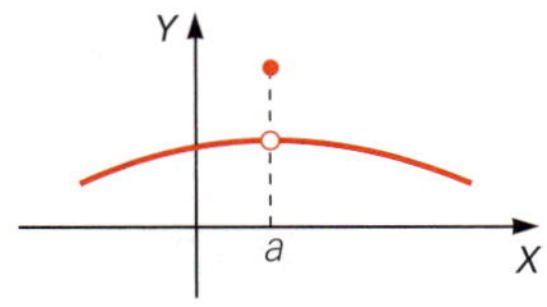

$f(a) \neq \lim_{x \to a} f(x)$

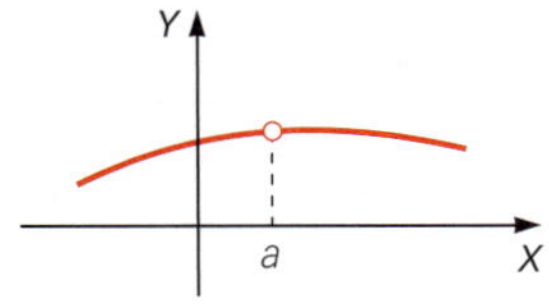

No hi existeix $f(a)$.

Discontinuïtat de salt finit

Es produeix quan en un punt, a, no hi ha $\lim_{x \to a} f(x)$ perquè, encara que hi existeixen els límits laterals, aquests dos no coincideixen.

$$\lim_{x \to a^-} f(x) \neq \lim_{x \to a^+} f(x)$$

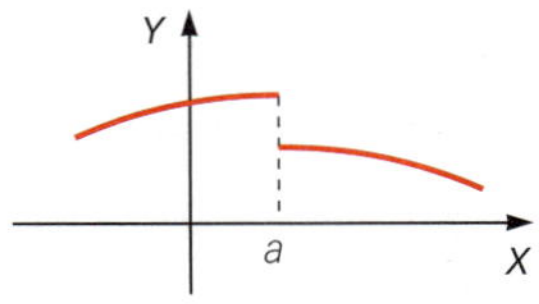

Discontinuïtat de salt infinit

Existeix quan en un punt, a, la funció té una asímptota vertical. És a dir, un o els dos límits laterals són infinit.

$$\lim_{x \to a^-} f(x) = \pm\infty \text{ o } \lim_{x \to a^+} f(x) = \pm\infty$$

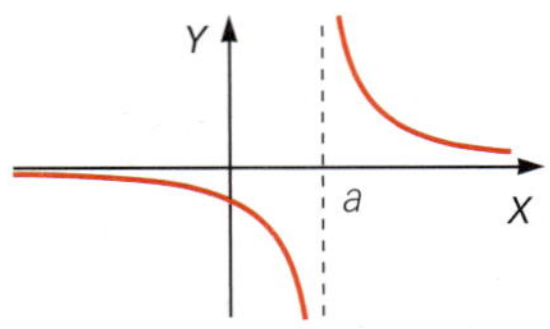

Atenció

- La discontinuïtat evitable es diu així perquè, redefinint el valor de la funció en aquest punt, la funció es torna contínua.
- La discontinuïtat de salt finit és freqüent a les funcions definides a trossos, en els punts en què la funció canvia la seva expressió algebraica.
- A la discontinuïtat de salt infinit hi ha una asímptota vertical $x = a$.

EXEMPLE

15 Estudia la continuïtat d'aquesta funció i classifica'n els punts de discontinuïtat:

$$f(x) = \begin{cases} x + 3 & \text{si } x \leq -1 \\ \dfrac{x - 2}{x^2 - 4} & \text{si } x > -1 \end{cases}$$

La funció pot presentar punts de discontinuïtat en el punt de pas d'una expressió a una altra, $x = -1$, i en els punts que anul·len el denominador de la funció racional, $x = 2$ i $x = -2$.

Per a $x = 2$: $\lim_{x \to 2} \dfrac{x - 2}{x^2 - 4} = \dfrac{2 - 2}{2^2 - 4} \to \dfrac{0}{0} \to$ No existeix $f(2)$.

$$\lim_{x \to 2} \frac{x - 2}{x^2 - 4} = \lim_{x \to 2} \frac{\cancel{x - 2}}{\cancel{(x - 2)}(x + 2)} = \lim_{x \to 2} \frac{1}{x + 2} = \frac{1}{4}$$

Discontinuïtat evitable. $f(x)$ seria contínua a $x = 2$ fent $f(2) = \dfrac{1}{4}$.

Per a $x = -2$: Encara que anul·la el denominador de la funció racional el punt $x = -2$ és a la part definida per $x + 3$, per tant la funció és contínua en aquest punt.

Per a $x = -1$: $\lim_{x \to -1^-} (x + 3) = -1 + 3 = 2$ $\quad \lim_{x \to -1^+} \dfrac{x - 2}{x^2 - 4} = \dfrac{-1 - 2}{(-1)^2 - 4} = 1$

$\lim_{x \to -1^-} f(x) \neq \lim_{x \to -1^+} f(x) \to$ Discontinuïtat de salt finit

ACTIVITATS

32. Estudia la continuïtat de les funcions que apareixen a continuació:

a) $f(x) = \dfrac{x + 1}{x - 2}$

b) $f(x) = \begin{cases} \dfrac{1}{x} & \text{si } x \leq 1 \\ x & \text{si } 1 < x < 4 \\ 5 & \text{si } x \geq 4 \end{cases}$

33. Estudia la continuïtat de les funcions i indica el tipus de discontinuïtat que presenten.

a) $f(x) = \begin{cases} \dfrac{x}{x - 1} & \text{si } x < 1 \\ 2x - 3 & \text{si } x \geq 1 \end{cases}$

b) $f(x) = \begin{cases} \dfrac{x^2}{x^2 - 3x + 2} & \text{si } x \leq 1 \\ \dfrac{1}{2x - 1} & \text{si } x > 1 \end{cases}$

SABER FER

Límit d'una successió

Determinar el límit d'un quocient de polinomis amb radicals

Calcula els límits següents: **a)** $\lim_{n\to\infty} \frac{4n-1}{\sqrt{3n^4-2n^2+1}}$ **b)** $\lim_{n\to\infty} \frac{\sqrt{3n^2+n-7}}{2n+2}$ **c)** $\lim_{n\to\infty} \frac{\sqrt{n^3+2n-4}}{\sqrt[3]{2n^3-n^2}}$

PRIMER. Determinem el grau dels polinomis del numerador i del denominador.

a) $\frac{4n-1}{\sqrt{3n^4-2n^2+1}}$ → Grau $= 1$ (numerador); Grau $= \frac{4}{2} = 2$ (denominador)

b) $\frac{\sqrt{3n^2+n-7}}{2n+2}$ → Grau $= \frac{2}{2} = 1$ (numerador); Grau $= 1$ (denominador)

c) $\frac{\sqrt{n^3+2n-4}}{\sqrt[3]{2n^3-n^2}}$ → Grau $= \frac{3}{2}$ (numerador); Grau $= \frac{3}{3} = 1$ (denominador)

SEGON. Comparem els graus obtinguts per aplicar els resultats coneguts en la resolució de límits de quocients de polinomis.

a) Grau del numerador < Grau del denominador $\lim_{n\to\infty} \frac{4n-1}{\sqrt{3n^4-2n^2+1}} = 0$

b) Grau del numerador = Grau del denominador $\lim_{n\to\infty} \frac{\sqrt{3n^2+n-7}}{2n+2} = \frac{\sqrt{3}}{2}$

c) Grau del numerador > Grau del denominador $\lim_{n\to\infty} \frac{\sqrt{n^3+2n-4}}{\sqrt[3]{2n^3-n^2}} = +\infty$

PRACTICA

34. Calcula els límits següents:

a) $\lim_{n\to\infty} \frac{\sqrt[3]{2n^3+3n-1}}{\sqrt{1+2n^2}}$

b) $\lim_{n\to\infty} \frac{\sqrt{n^2-6n+1}}{7n^3-7}$

c) $\lim_{n\to\infty} \frac{\sqrt[3]{2n^2+n+7}}{8n-1}$

Límit d'una successió

Resoldre límits del tipus $\left(\frac{a_n}{b_n}\right)^{c_n}$ que presenten la indeterminació 1^∞

Calcula $\lim_{n\to\infty}\left(\frac{n+1}{n-1}\right)^{n+2}$.

PRIMER. Determinem si el límit presenta el tipus d'indeterminació 1^∞.

$$\lim_{n\to\infty}\left(\frac{n+1}{n-1}\right)^{n+2} = \left(\lim_{n\to\infty}\frac{n+1}{n-1}\right)^{\lim_{n\to\infty}(n+2)} \to 1^\infty$$

SEGON. Sumem i restem 1 dins dels parèntesis.

$$\lim_{n\to\infty}\left(1+\frac{n+1}{n-1}-1\right)^{n+2} = \lim_{n\to\infty}\left(1+\frac{\cancel{n}+1-\cancel{n}+1}{n-1}\right)^{n+2} =$$

$$= \lim_{n\to\infty}\left(1+\frac{2}{n-1}\right)^{n+2}$$

TERCER. Passem el numerador de la fracció al denominador.

$$\lim_{n\to\infty}\left(1+\frac{2}{n-1}\right)^{n+2} = \lim_{n\to\infty}\left(1+\frac{1}{\frac{n-1}{2}}\right)^{n+2}$$

QUART. Multipliquem l'exponent pel denominador que hem obtingut i pel seu invers.

$$\lim_{n\to\infty}\left(1+\frac{1}{\frac{n-1}{2}}\right)^{n+2} = \lim_{n\to\infty}\left(1+\frac{1}{\frac{n-1}{2}}\right)^{\frac{n-1}{2}\cdot\frac{2}{n-1}\cdot(n+2)}$$

CINQUÈ. Agafem la part de l'exponent necessària per formar la successió que tindrà *e* com a límit.

$$\lim_{n\to\infty}\left[\left(1+\frac{1}{\frac{n-1}{2}}\right)^{\frac{n-1}{2}}\right]^{\frac{2(n+2)}{n-1}}$$

SISÈ. Resolem el límit.

$$\left[\lim_{n\to\infty}\left(1+\frac{1}{\frac{n-1}{2}}\right)^{\frac{n-1}{2}}\right]^{\lim_{n\to\infty}\frac{2(n+2)}{n-1}} = e^{\lim_{n\to\infty}\frac{2n+4}{n-1}} = e^2$$

PRACTICA

35. Calcula aquests límits: a) $\lim_{n\to\infty}\left(1+\frac{2n}{n^2-1}\right)^{3n}$ b) $\lim_{n\to\infty}\left(\frac{2n-1}{5+2n}\right)^{n^2-3}$ c) $\lim_{n\to\infty}\left(\frac{1-n^2}{-n^2+2}\right)^{3n}$

Límit d'una funció en un punt

Calcular el límit d'una funció en un punt

Calcula els límits següents: **a)** $\lim_{x\to -3} \sqrt{x^2-9}$ **b)** $\lim_{x\to -2} \frac{2x-1}{x+2}$ **c)** $\lim_{x\to -1} \frac{x^2-1}{x+1}$

PRIMER. Substituïm x pel punt en què volem calcular el límit.

a) $\lim_{x\to -3} \sqrt{x^2-9} = \sqrt{(-3)^2-9} = 0$ b) $\lim_{x\to -2} \frac{2x-1}{x+2} = \frac{2(-2)-1}{(-2)+2} = \infty$ c) $\lim_{x\to -1} \frac{x^2-1}{x+1} = \frac{(-1)^2-1}{(-1)+1} \to \frac{0}{0}$

SEGON. Calculem el límit tenint en compte el resultat anterior:

- Si és un nombre, el límit està resolt.

  a) $\lim_{x\to -3} \sqrt{x^2-9} = 0$

- Si és ∞, s'han de calcular els límits laterals. Si no coincideixen, no hi ha cap límit.

  b) $\lim_{x\to -2^-} \frac{\overbrace{2x-1}^{<0}}{\underbrace{x+2}_{<0}} = +\infty$ $\lim_{x\to -2^+} \frac{\overbrace{2x-1}^{<0}}{\underbrace{x+2}_{>0}} = -\infty \to$ No existeix $\lim_{x\to -2} \frac{2x-1}{x+2}$.

- Si és una indeterminació del tipus $\frac{0}{0}$, ho resolem factoritzant els polinomis.

  c) $\lim_{x\to -1} \frac{x^2-1}{x+1} = \lim_{x\to -1} \frac{(x-1)\cancel{(x+1)}}{\cancel{x+1}} = \lim_{x\to -1} (x-1) = -1-1 = -2$

PRACTICA

36. Troba el valor dels límits següents:

a) $\lim_{x\to 4} \frac{x^2-16}{x^2+16}$

b) $\lim_{x\to -3} \frac{5x-9}{2x^2+6x}$

Límit d'una funció en un punt

Calcular un límit que presenta una indeterminació $\frac{0}{0}$ quan hi ha radicals

Calcula el límit següent:

$$\lim_{x\to 3} \frac{\sqrt{x+6}-3}{x-3}$$

PRIMER. Estudiem si el límit presenta una indeterminació.

$$\lim_{x\to 3} \frac{\sqrt{x+6}-3}{x-3} = \frac{\sqrt{3+6}-3}{3-3} \to \frac{0}{0}$$

SEGON. Per resoldre la indeterminació, multipliquem el numerador i el denominador pel conjugat del polinomi que té l'arrel.

$$\lim_{x\to 3} \frac{\sqrt{x+6}-3}{x-3} = \lim_{x\to 3} \frac{(\sqrt{x+6}-3)(\sqrt{x+6}+3)}{(x-3)(\sqrt{x+6}+3)} =$$

$$= \lim_{x\to 3} \frac{(x+6)-3^2}{(x-3)(\sqrt{x+6}+3)} =$$

$$= \lim_{x\to 3} \frac{\cancel{x-3}}{\cancel{(x-3)}(\sqrt{x+6}+3)} = \frac{1}{6}$$

PRACTICA

37. Determina els límits següents:

a) $\lim_{x\to 0} \frac{\sqrt{x^2+1}-1}{x}$ b) $\lim_{x\to 2} \frac{\sqrt{x^2+5}-3}{x-2}$

Branques infinites. Asímptotes

Representar una funció sabent-ne les asímptotes i els punts de tall

Dibuixa la gràfica d'una funció que té:

- **Una asímptota horitzontal a $y = -2$ i que s'hi apropa per sobre.**
- **Una asímptota vertical a $x = 2$.**
- **Talla l'eix x en els punts -1 i 4.**

PRIMER. Representem les asímptotes i els punts de tall en els eixos de coordenades.

SEGON. Representem la informació que hi ha sobre les seves branques infinites.

TERCER. Unim les branques infinites amb els punts de tall per mitjà de corbes.

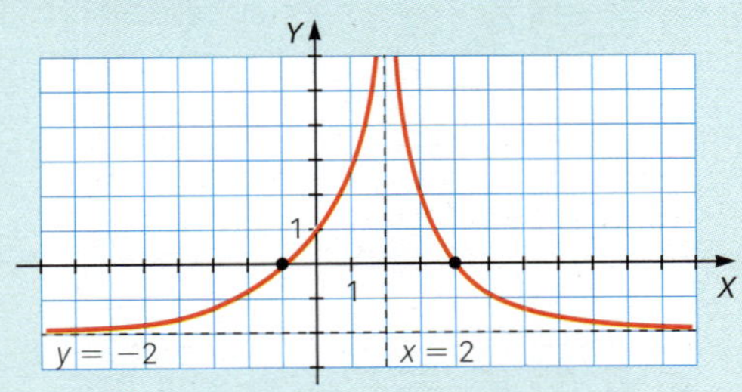

PRACTICA

38. Representa la gràfica d'una funció que talla els eixos a l'origen, sempre és creixent, té asímptotes verticals a $x = -1$ i $x = 3$ i una d'horitzontal a $y = 0$.

SABER FER

Branques infinites

Determinar el signe de les branques infinites d'una funció racional

Calcula les branques infinites d'aquestes funcions:

a) $f(x) = \dfrac{2x^2 + 7x - 1}{x - 9}$ **b)** $f(x) = \dfrac{-2x^2 - 1}{x + 6}$ **c)** $f(x) = \dfrac{-2x^3 - 5x}{x + 5}$ **d)** $f(x) = \dfrac{-2x^3 - 3x - 4}{-3x + 4}$

PRIMER. Prenem les x de grau més elevat del numerador i del denominador.

a) $\lim\limits_{x\to\infty} \dfrac{2x^2+7x-1}{x-9} = \lim\limits_{x\to\infty} \dfrac{2x^2}{x} = \lim\limits_{x\to\infty} 2x$

c) $\lim\limits_{x\to\infty} \dfrac{-2x^3-5x}{x+5} = \lim\limits_{x\to\infty} \dfrac{-2x^3}{x} = \lim\limits_{x\to\infty} (-2x^2)$

b) $\lim\limits_{x\to\infty} \dfrac{-2x^2-1}{x+6} = \lim\limits_{x\to\infty} \dfrac{-2x^2}{x} = \lim\limits_{x\to\infty} (-2x)$

d) $\lim\limits_{x\to\infty} \dfrac{-2x^3-3x-4}{-3x+4} = \lim\limits_{x\to\infty} \dfrac{-2x^3}{-3x} = \lim\limits_{x\to\infty} \dfrac{2}{3}x^2$

SEGON. Calculem els límits tenint en compte la regla dels signes.

a) $\lim\limits_{x\to+\infty} 2x = +\infty$ $\quad \lim\limits_{x\to-\infty} 2x = -\infty$

c) $\lim\limits_{x\to+\infty} (-2x^2) = -\infty$ $\quad \lim\limits_{x\to-\infty} (-2x^2) = -\infty$

b) $\lim\limits_{x\to+\infty} (-2x) = -\infty$ $\quad \lim\limits_{x\to-\infty} (-2x) = +\infty$

d) $\lim\limits_{x\to+\infty} \dfrac{2}{3}x^2 = +\infty$ $\quad \lim\limits_{x\to-\infty} \dfrac{2}{3}x^2 = +\infty$

PRACTICA

39. Troba les branques infinites de les funcions següents:

a) $f(x) = \dfrac{3x^4 - 2x^2 + 5x - 1}{1 - x}$

b) $f(x) = \dfrac{5x + x^2 - 3}{4 + 3x}$

c) $f(x) = \dfrac{2x^4 + 3x}{1 - x^2}$

d) $f(x) = \dfrac{5 - 2x - x^3}{1 - x}$

Asímptotes

Determinar si una funció racional té asímptotes horitzontals i obliqües

Calcula les asímptotes. **a)** $f(x) = \dfrac{4x - 1}{x^2 + 2}$ **b)** $f(x) = \dfrac{-2x^2}{x^2 + 6}$ **c)** $f(x) = \dfrac{x^3 - 4x}{-x^2 - 5}$ **d)** $f(x) = \dfrac{-2x^3 - 3x}{-3x - 1}$

PRIMER. Determinem el grau dels polinomis del numerador i del denominador.

a) $\dfrac{4x - 1}{x^2 + 2}$ → Grau 1 / Grau 2

b) $\dfrac{-2x^2}{x^2 + 6}$ → Grau 2 / Grau 2

c) $\dfrac{x^3 - 4x}{-x^2 - 5}$ → Grau 3 / Grau 2

d) $\dfrac{-2x^3 - 3x}{-3x - 1}$ → Grau 3 / Grau 1

SEGON. Comparem els graus dels dos polinomis.

- Si el grau del numerador és més petit que el grau del denominador, la funció té una asímptota horitzontal $y = 0$.

a) $\lim\limits_{x\to\infty} f(x) = \lim\limits_{x\to\infty} \dfrac{4x - 1}{x^2 + 2} = 0 \rightarrow$ Asímptota horitzontal a $y = 0$.

- Si el grau del numerador és igual que el grau del denominador, la funció té una asímptota horitzontal a $y = a$ en què $a \neq 0$.

b) $\lim\limits_{x\to\infty} f(x) = \lim\limits_{x\to\infty} \dfrac{-2x^2}{x^2 + 6} = -2 \rightarrow$ Asímptota horitzontal a $y = -2$.

- Si el grau del numerador menys el grau del denominador és 1, la funció té una asímptota obliqua.

c) $\lim\limits_{x\to\infty} \dfrac{f(x)}{x} = \lim\limits_{x\to\infty} \dfrac{\dfrac{x^3 - 4x}{-x^2 - 5}}{x} = \lim\limits_{x\to\infty} \dfrac{x^3 - 4x}{-x^3 - 5x} = -1$ $\quad \lim\limits_{x\to\infty} [f(x) + x] = \lim\limits_{x\to\infty} \dfrac{-9x}{-x^2 - 5} = 0 \rightarrow$ Asímptota obliqua a $y = -x$

- Si el grau del numerador menys el grau del denominador és més gran que 1, la funció no té cap asímptota horitzontal ni cap d'obliqua.

d) $\lim\limits_{x\to\infty} f(x) = \lim\limits_{x\to\infty} \dfrac{-2x^3 - 3x}{-3x - 1} = \infty$ $\quad \lim\limits_{x\to\infty} \dfrac{f(x)}{x} = \lim\limits_{x\to\infty} \dfrac{\dfrac{-2x^3 - 3x}{-3x - 1}}{x} = \lim\limits_{x\to\infty} \dfrac{-2x^3 - 3x}{-3x^2 - x} = \infty$

PRACTICA

40. Troba les asímptotes horitzontals i les obliqües d'aquestes funcions.

a) $f(x) = \dfrac{2x^4 + 3x}{1 - x^2}$ b) $f(x) = \dfrac{x^2 - 3}{-3x}$ c) $f(x) = \dfrac{2x - x^3}{x^2 - 1}$ d) $f(x) = \dfrac{3x - 1}{x^2 - 5x}$

Continuïtat d'una funció

Estudiar la continuïtat d'una funció definida a trossos

Estudia la continuïtat i determina els tipus de discontinuïtat que té la funció $f(x) = \begin{cases} \dfrac{1}{x+3} & \text{si } x \leq 0 \\ -x^2 + 14 & \text{si } 0 < x \leq 3 \\ \sqrt{x^2+16} & \text{si } x > 3 \end{cases}$

PRIMER. Estudiem la continuïtat de les diverses funcions en l'interval en què estan definides.

- Si $x \leq 0 \rightarrow f(x) = \dfrac{1}{x+3}$ és una funció racional que no està definida quan $x + 3 = 0 \rightarrow x = -3$.

  $f(x)$ té una asímptota vertical a $x = -3$ i, per tant, té una discontinuïtat de salt infinit a $x = -3$.
- Si $0 < x \leq 3 \rightarrow f(x) = -x^2 + 14$ és una funció polinòmica. Sempre és contínua.
- Si $x > 3 \rightarrow f(x) = \sqrt{x^2+16}$ és una funció radical d'índex parell. No està definida quan el radicand és negatiu. Com que $x^2 + 16$ sempre és positiu, la funció sempre és contínua.

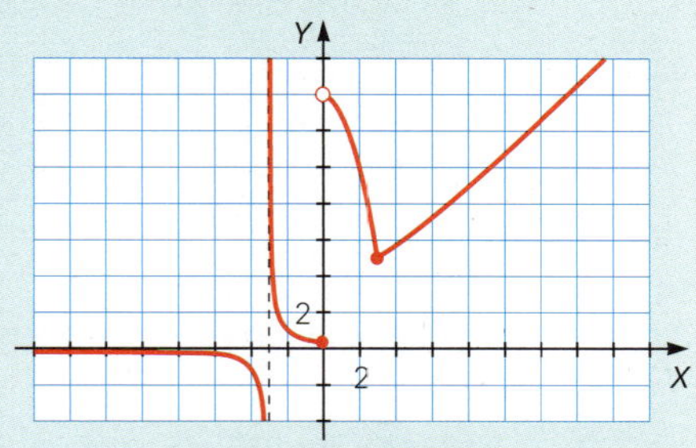

SEGON. Estudiem la continuïtat en els punts en què la funció canvia d'expressió algebraica. Per fer-ho, calculem els límits laterals en aquests punts.

Per a $x = 0$: $\lim\limits_{x \to 0^-} \dfrac{1}{x+3} = \dfrac{1}{3}$ $\qquad \lim\limits_{x \to 0^+} (-x^2 + 14) = 14$

$f(x)$ té una discontinuïtat de salt finit a $x = 0$, perquè existeix $f(0) = \dfrac{1}{3}$, però no hi existeix $\lim\limits_{x \to 0} f(x)$.

Per a $x = 3$: $\lim\limits_{x \to 3^-} (-x^2 + 14) = 5$ $\qquad \lim\limits_{x \to 3^+} \sqrt{x^2+16} = 5$ $\qquad f(3) = -3^2 + 14 = 5 \rightarrow f(x)$ és contínua a $x = 3$.

PRACTICA

41. Estudia la continuïtat d'aquestes funcions, i determina els tipus de discontinuïtat que presenten.

a) $f(x) = \begin{cases} x^2 - 3 & \text{si } x \leq 2 \\ \dfrac{1}{x-2} & \text{si } 2 < x < 3 \\ 2x - 5 & \text{si } x \geq 3 \end{cases}$

b) $f(x) = \begin{cases} \sqrt{x} & \text{si } x \leq 0 \\ 3x & \text{si } 0 < x < 2 \\ \dfrac{1}{x-4} & \text{si } x \geq 2 \end{cases}$

Continuïtat d'una funció

Calcular el valor d'un paràmetre perquè una funció sigui contínua

Troba el valor de k perquè la funció $f(x) = \begin{cases} x^2 - 9 & \text{si } x < 2 \\ kx + 1 & \text{si } x \geq 2 \end{cases}$ **sigui contínua.**

PRIMER. Estudiem la continuïtat de les diverses funcions en l'interval en què estan definides.

La funció presenta problemes en el punt $x = 2$ perquè en aquest punt passa d'una expressió algebraica a una altra.

SEGON. En els punts en què hi pot haver discontinuïtat es calculen $f(a)$ i $\lim\limits_{x \to a} f(x)$.

$f(2) = k \cdot 2 + 1 = 2k + 1 \qquad \lim\limits_{x \to 2^-} f(x) = \lim\limits_{x \to 2^-} (x^2 - 9) = 4 - 9 = -5 \qquad \lim\limits_{x \to 2^+} f(x) = \lim\limits_{x \to 2^+} (kx + 1) = 2k + 1$

TERCER. Calculem k perquè la funció a $x = a$ i el límit coincideixin, és a dir, $f(a) = \lim\limits_{x \to a} f(x)$.

$f(2) = \lim\limits_{x \to 2^-} f(x) = \lim\limits_{x \to 2^+} f(x) \rightarrow 2k + 1 = -5 \rightarrow k = -3 \rightarrow$ Per a $k = -3$ la funció és contínua en tots els punts.

PRACTICA

42. Troba el valor de k perquè aquestes funcions siguin contínues.

a) $f(x) = \begin{cases} 2x - 3 & \text{si } x < 1 \\ -kx^2 + 2x - 1 & \text{si } x \geq 1 \end{cases}$

b) $f(x) = \begin{cases} \dfrac{3-k}{x-2} & \text{si } x < 0 \\ x^2 - 1 & \text{si } x \geq 0 \end{cases}$

ACTIVITATS

Límit d'una successió

43. Troba el terme general de les successions que tenen els primers termes següents:

a) $0, \frac{1}{3}, \frac{2}{4}, \frac{3}{5}, \ldots$

b) $-\frac{1}{2}, \frac{1}{4}, -\frac{1}{8}, \frac{1}{16}, \ldots$

c) $-\frac{1}{2}, 0, \frac{3}{4}, \frac{8}{5}, \ldots$

d) $2, \frac{3}{8}, \frac{4}{27}, \frac{5}{64}, \ldots$

44. Amb l'ajuda de la calculadora, troba el límit d'aquesta successió definida de forma recurrent:

$$a_1 = 1 \qquad a_n = \frac{3a_{n-1} + 2}{4a_{n-1} + 3}$$

45. Copia i completa la taula següent en què $a_n = \frac{3n - 1}{6n + 5}$:

n	1	10	100	1000	10 000
a_n					

Quin és el $\lim\limits_{n \to \infty} a_n$?

46. Copia i completa la taula següent en què $a_n = \frac{5n + 1}{n^2 + 5}$:

n	1	10	100	1000	10 000
a_n					

Quin és el $\lim\limits_{n \to \infty} a_n$?

Indeterminacions

47. Efectua els límits següents:

a) $\lim\limits_{n \to \infty} \frac{3n^6 + 1}{5n^4 + 3n^3 + 2n - 1}$

b) $\lim\limits_{n \to \infty} \frac{1 - n^3 + 2n - 5n^2}{2n^3 - 3n^2 + 6n - 1}$

c) $\lim\limits_{n \to \infty} \frac{4n^2 - 5n^4 + 2n - 1}{3n - 2n^3 + 5 - n^4}$

d) $\lim\limits_{n \to \infty} \frac{3n^5 + n^3 - n^4}{1 - 4n - n^5}$

e) $\lim\limits_{n \to \infty} \frac{n(4n^2 - 1)}{n + n^2 - 2n^3}$

f) $\lim\limits_{n \to \infty} \frac{(n^4 + 4n^3 + 2)n^2}{n^5 + 3n^4 + 4}$

48. Busca els resultats dels límits següents:

a) $\lim\limits_{n \to \infty} \frac{\sqrt{4n^2 + n - 3}}{3n + 1}$

b) $\lim\limits_{n \to \infty} \frac{8n^2 + 3n + 2}{\sqrt{n^3 + 2n^4}}$

c) $\lim\limits_{n \to \infty} \frac{\sqrt{5 - 2n + 6n^3}}{n^2 - n - 6}$

d) $\lim\limits_{n \to \infty} \frac{2n + 3n^2 + 1}{\sqrt{3(n^4 + n + 1)}}$

e) $\lim\limits_{n \to \infty} \frac{2n + \sqrt{1 + n^2}}{3n + 5}$

f) $\lim\limits_{n \to \infty} \frac{\sqrt{n^3 - 3n + 2}}{n^2 + 5}$

49. Troba els límits següents d'aquestes successions:

a) $\lim\limits_{n \to \infty} \left(\frac{n^2 + n}{n} - \frac{5n^2}{n + 1} \right)$

b) $\lim\limits_{n \to \infty} \left(\frac{n^2 - n}{n + 1} + \frac{3 - n^2}{n} \right)$

c) $\lim\limits_{n \to \infty} \left(\frac{3n^2}{n - 5} + \frac{-2n^3}{n + 3} \right)$

d) $\lim\limits_{n \to \infty} \left(\frac{3n^3 + 4n}{2n} - \frac{4n^2}{7n^3} \right)$

e) $\lim\limits_{n \to \infty} \left(\frac{6n^2 + 4n}{3n} - \frac{4n^3}{2n^2} \right)$

f) $\lim\limits_{n \to \infty} \left(\frac{-7n^2 + 4}{2 - n^3} + \frac{5n^3 + n}{3 - n^4} \right)$

50. Determina el valor d'aquests límits:

a) $\lim\limits_{n \to \infty} \left(n - \sqrt{n^2 + 4n - 1} \right)$

b) $\lim\limits_{n \to \infty} \left(\sqrt{4n^2 + n + 31} - 3n \right)$

c) $\lim\limits_{n \to \infty} \left(4n - \sqrt{16n^2 + 2} \right)$

51. Calcula els límits següents:

a) $\lim\limits_{n \to \infty} \left(1 + \frac{1}{2n + 3} \right)^{n-1}$

b) $\lim\limits_{n \to \infty} \left(\frac{2n - 3}{2n + 1} \right)^{n^2+1}$

c) $\lim\limits_{n \to \infty} \left(\frac{n^2 - 1}{n^2 + 1} \right)^{n}$

d) $\lim\limits_{n \to \infty} \left(2 - \frac{n}{n + 1} \right)^{n}$

Límit d'una funció a l'infinit

52. Troba els límits següents:

a) $\lim\limits_{x \to +\infty} x^3 + 2x^2 - 3$

b) $\lim\limits_{x \to -\infty} \frac{1}{\ln|x|}$

c) $\lim\limits_{x \to -\infty} \frac{4}{x^2 + 2x + 1}$

d) $\lim\limits_{x \to +\infty} xe^x$

53. Calcula els límits de polinomis següents:

a) $\lim\limits_{x \to +\infty} (x^2 - 3x + 1)$

b) $\lim\limits_{x \to +\infty} (3x - x^2 - 7x^4 - 3)$

c) $\lim\limits_{x \to -\infty} (2x - 3x^5 + x^2 - 1)$

d) $\lim\limits_{x \to -\infty} (4x^2 - x + 3x^4 - 1)$

e) $\lim\limits_{x \to -\infty} (4x^6 - 3x^3 + 2x^2 - 6x - 1)$

54. Troba el valor d'aquests límits amb valors absoluts:

a) $\lim\limits_{x \to \infty} |-x^2 + 5x - 1|$

b) $\lim\limits_{x \to -\infty} |3x^3 - 2x^2 + x - 7|$

c) $\lim\limits_{x \to -\infty} |1 - x^2 - 5x^6|$

55. Calcula els límits i comprova'n el resultat amb la calculadora.

a) $\lim\limits_{x \to +\infty} \frac{2x^2 - 6x + 3}{x^2 - 3x + 5}$

b) $\lim\limits_{x \to +\infty} \frac{2x^2 - 6x^3 - x + 1}{4x^2 + 5x - 2}$

c) $\lim\limits_{x \to +\infty} \frac{5x^3 + 3x - 1}{6x^2 - 3x^3 + x}$

d) $\lim\limits_{x \to +\infty} \frac{4x^2 + x - 12}{x^2 - x^3 + 2}$

56. Calcula els límits següents:

a) $\lim\limits_{x \to +\infty} \frac{x^2 - 5x + 3}{2 - x^3 + x^2}$

b) $\lim\limits_{x \to -\infty} \frac{x(x^3 - 4 + x)}{-7 + 4x^4 + x^3}$

c) $\lim\limits_{x \to -\infty} \frac{(7 + 7x + 7x^3)x^2}{x^2(x^2 - 4x^3) - 2x^5}$

d) $\lim\limits_{x \to +\infty} \frac{1 + x - 6x^4 + x^3}{3x + 2x^2 - 3}$

57. Troba aquests límits amb l'ajuda de la calculadora, i comprova el resultat obtingut:

a) $\lim\limits_{x \to -\infty} \dfrac{x^2 + 5x + 7}{2x^2 + x + 1}$

b) $\lim\limits_{x \to -\infty} \dfrac{4 + x - 2x^3}{2x^2 - 3x + 11}$

c) $\lim\limits_{x \to -\infty} \dfrac{x^3 - 2x^2 - 10x}{-x^2 + 2x^3 - x + 3}$

d) $\lim\limits_{x \to -\infty} \dfrac{-x^2 + 3x + 21}{5x^2 - 4x^3 + 2x}$

58. Determina el valor dels límits següents:

a) $\lim\limits_{x \to +\infty} \dfrac{\sqrt{2x^2 + 3}}{5x - 1}$

b) $\lim\limits_{x \to +\infty} \dfrac{4x^2 - 2x - 1}{\sqrt{3x^4 - 3x^3 + 1}}$

c) $\lim\limits_{x \to +\infty} \dfrac{6x^2 - 2}{\sqrt{3x^2 + 2}}$

d) $\lim\limits_{x \to +\infty} \dfrac{x^2 - 2}{\sqrt{x^5 - 7x + 1}}$

59. Busca els resultats d'aquests límits:

a) $\lim\limits_{x \to -\infty} \dfrac{\sqrt{-3x + 6x^2}}{x^2 + 2}$

b) $\lim\limits_{x \to -\infty} \dfrac{\sqrt{2x^4 + 5x^3 - 2x^2}}{3x - 1}$

60. Troba el valor dels límits següents:

a) $\lim\limits_{x \to +\infty} \left(\dfrac{2x^2}{2x + 1} - \dfrac{x^3}{x^2 + 1} \right)$

b) $\lim\limits_{x \to -\infty} \left(\dfrac{5x^2 + 1}{x} + \dfrac{3 - x^2}{x + 2} \right)$

c) $\lim\limits_{x \to -\infty} \left(\dfrac{x^3}{x^2 - 2x} - \dfrac{2x^2 + 1}{2x - 4} \right)$

61. Calcula el valor dels límits següents:

a) $\lim\limits_{x \to +\infty} \left(x - \sqrt{x^2 + 4x} \right)$

b) $\lim\limits_{x \to +\infty} \left(\sqrt{x^2 + 6} - x \right)$

c) $\lim\limits_{x \to +\infty} \left(\sqrt{x^2 + 4} - \sqrt{x^2 - 3} \right)$

d) $\lim\limits_{x \to +\infty} \left(\sqrt{x^2 - 2x + 1} - \sqrt{x^2 - 2x + 4} \right)$

62. Troba els límits següents:

a) $\lim\limits_{x \to +\infty} \left(\dfrac{x - 1}{3x + 2} \right)^{x^2}$

b) $\lim\limits_{x \to +\infty} \left(\dfrac{x + 2}{x} \right)^{3x - 2}$

63. Calcula aquests límits:

a) $\lim\limits_{x \to +\infty} \left(\dfrac{2x^3 - 3x}{8x^3 + x^2 - 3x + 1} \right)^{\frac{2x + 1}{x}}$

b) $\lim\limits_{x \to +\infty} \left(\dfrac{3x^2 - 2x + 1}{x - 8} \right)^{\frac{3x^2 - 2x + 1}{x^2 - 3}}$

c) $\lim\limits_{x \to +\infty} \left(x - \dfrac{x^3 - x^2 + 3x}{x^2 + 1} \right)^{2x}$

Límit d'una funció en un punt

64. Determina els límits, calculant-ne prèviament els límits laterals.

a) $\lim\limits_{x \to 2} \dfrac{x^2 - 3x + 2}{2x - 5}$

b) $\lim\limits_{x \to 3} (1 + 2x)^x$

c) $\lim\limits_{x \to 0} \sqrt{\dfrac{x^2 - 2x + 3}{x + 1}}$

d) $\lim\limits_{x \to -1} \dfrac{4 - 2x}{x^2 - 2x}$

e) $\lim\limits_{x \to 2} \ln \left(\dfrac{x + 1}{3} \right)$

f) $\lim\limits_{x \to -3} \dfrac{5}{\sqrt{4 + x}}$

65. Amb l'ajuda de la calculadora, completa la taula i comprova que si $f(x) = \dfrac{x^2}{x - 3}$, llavors $\lim\limits_{x \to 1} f(x) = -0{,}5$.

x	0	0,9	0,99	0,999	1,001	1,01	1,1
$f(x)$							

66. Determina els límits indicats per a aquesta funció:

$$f(x) = \begin{cases} x - 1 & \text{si } x \leq 1 \\ x^2 + 1 & \text{si } x > 1 \end{cases}$$

a) $\lim\limits_{x \to 1^-} f(x)$

b) $\lim\limits_{x \to 1^+} f(x)$

67. A partir de la funció $f(x) = \begin{cases} -x^2 & \text{si } x < 0 \\ \sqrt{x} & \text{si } 0 \leq x \leq 4 \\ 3 & \text{si } x > 4 \end{cases}$, calcula:

a) $\lim\limits_{x \to 0^-} f(x)$

b) $\lim\limits_{x \to 0^-} f(x)$

c) $\lim\limits_{x \to 4^-} f(x)$

d) $\lim\limits_{x \to 4^+} f(x)$

68. Observa la gràfica de la funció i troba els límits següents:

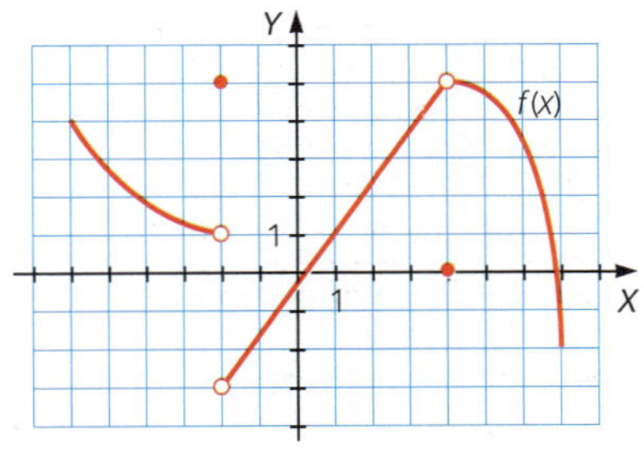

a) $\lim\limits_{x \to -2^-} f(x)$

b) $\lim\limits_{x \to -2^+} f(x)$

c) $\lim\limits_{x \to 4^-} f(x)$

d) $\lim\limits_{x \to 4^+} f(x)$

69. Tenint en compte la gràfica de la funció, calcula aquests límits:

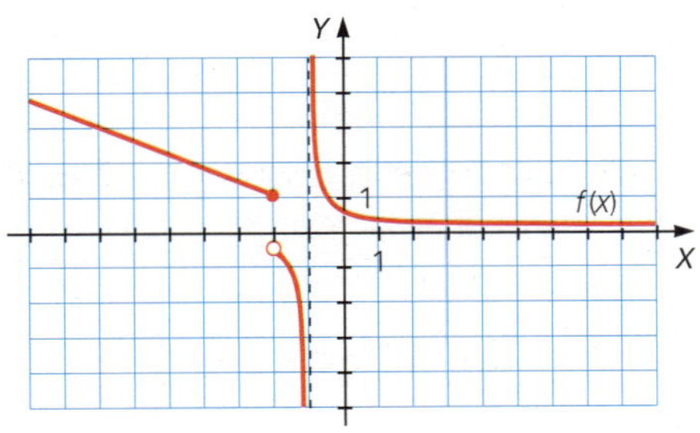

a) $\lim\limits_{x \to -2^-} f(x)$

b) $\lim\limits_{x \to -2^+} f(x)$

c) $\lim\limits_{x \to +\infty} f(x)$

d) $\lim\limits_{x \to -\infty} f(x)$

ACTIVITATS

70. Troba els límits següents:

a) $\lim\limits_{x \to \pi} \cos x$

b) $\lim\limits_{x \to \frac{\pi}{2}} \operatorname{tg} x$

c) $\lim\limits_{x \to \frac{3\pi}{2}} \sin x$

d) $\lim\limits_{x \to \pi} \dfrac{\cos x}{\sin x}$

71. A partir de la funció $f(x)$ definida a trossos troba els límits:

$$f(x) = \begin{cases} 2x + 1 & \text{si } x < -2 \\ \dfrac{9}{x - 1} & \text{si } -2 \le x < 3 \\ x^2 + 6x - 32 & \text{si } x \ge 3 \end{cases}$$

a) $\lim\limits_{x \to -\infty} f(x)$

b) $\lim\limits_{x \to +\infty} f(x)$

c) $\lim\limits_{x \to -2^-} f(x)$

d) $\lim\limits_{x \to -2^+} f(x)$

e) $\lim\limits_{x \to -2} f(x)$

f) $\lim\limits_{x \to 3^-} f(x)$

g) $\lim\limits_{x \to 3^+} f(x)$

h) $\lim\limits_{x \to 3} f(x)$

SABER FER

Calcular el límit en un punt d'un quocient de polinomis

▶ Calcula els límits següents:

a) $\lim\limits_{x \to 1} \dfrac{x - 1}{x + 1}$ **b)** $\lim\limits_{x \to 1} \dfrac{x + 1}{x - 1}$ **c)** $\lim\limits_{x \to 1} \dfrac{x^2 + x - 2}{x - 1}$

PRIMER. Estudiem si el denominador de la fracció algebraica queda anul·lat en el punt.

$$x = 1 \rightarrow \begin{cases} \text{a) } 1 + 1 = 2 \neq 0 \\ \text{b) i c) } 1 - 1 = 0 \end{cases}$$

SEGON. Si el denominador no s'anul·la, substituïm aquest punt a la funció i calculem el resultat.

a) $\lim\limits_{x \to 1} \dfrac{x - 1}{x + 1} = \dfrac{1 - 1}{1 + 1} = \dfrac{0}{2} = 0$

TERCER. Si el denominador queda anul·lat, comprovem si s'anul·la el numerador.

b) $x + 1 \xrightarrow{x = 1} 1 + 1 = 2$

Si no s'anul·la, trobem els límits laterals.

$$\lim_{x \to 1^-} \frac{x + 1}{x - 1} = -\infty \qquad \lim_{x \to 1^+} \frac{x + 1}{x - 1} = +\infty$$

No hi ha límit.

c) $x^2 + x - 2 \xrightarrow{x = 1} 1 + 1 - 2 = 0$

Si s'anul·la, tenim una indeterminació del tipus $\dfrac{0}{0}$.

Per resoldre-la, descomponem el numerador i el denominador en factors, i simplifiquem la fracció algebraica.

$$\lim_{x \to 1} \frac{x^2 + x - 2}{x - 1} = \lim_{x \to 1} \frac{(x + 2)(x - 1)}{x - 1} = \lim_{x \to 1} (x + 2) = 1 + 2 = 3$$

72. Resol els límits següents:

a) $\lim\limits_{x \to 0} \dfrac{3x + 1}{x^2 + 2x}$

b) $\lim\limits_{x \to 0} \dfrac{x}{x^2 + 2x}$

c) $\lim\limits_{x \to 0} \dfrac{2x + 1}{x^2 - 1}$

d) $\lim\limits_{x \to -2} \dfrac{x^2 - 4}{x^2 + 2x}$

e) $\lim\limits_{x \to -2} \dfrac{x + 4}{x^2 + 2x + 1}$

f) $\lim\limits_{x \to -2} \dfrac{x^2 + 4}{x^2 + 2x}$

73. Resol els límits següents:

a) $\lim\limits_{x \to 1} \dfrac{x^2 - 1}{x^2 + x - 2}$

b) $\lim\limits_{x \to 3} \dfrac{x - 3}{x^2 - 6x + 9}$

c) $\lim\limits_{x \to -4} \dfrac{3x^3 + 12x^2 - x - 4}{x^3 + 7x^2 + 14x + 8}$

d) $\lim\limits_{x \to 5} \dfrac{x^3 - 9x^2 + 15x + 25}{x^3 - 5x^2 + 2x - 10}$

e) $\lim\limits_{x \to 0} \dfrac{5x^3 - 3x^2}{2x^3 - x^2 + 3x}$

f) $\lim\limits_{x \to 1} \dfrac{x^2 - 3x + 2}{x^3 - 2x^2 - x + 2}$

74. Calcula aquests límits:

a) $\lim\limits_{x \to 0} \dfrac{\sqrt{x + 2} - \sqrt{2}}{x}$

b) $\lim\limits_{x \to 4} \dfrac{\sqrt{x - 3} - 1}{x^2 - 16}$

c) $\lim\limits_{x \to 0} \dfrac{\sqrt{x + 1} - 1}{x}$

d) $\lim\limits_{x \to 2} \dfrac{\sqrt{x^2 + 5} - 3}{x^2 - 4}$

e) $\lim\limits_{x \to 1} \dfrac{2x - 1}{\sqrt{2x} - 2}$

f) $\lim\limits_{x \to 4} \dfrac{x^2 - 3x - 4}{\sqrt{2x + 1} - 3}$

75. Calcula el límit que apareix a continuació:

$$\lim_{x \to 1} \frac{\sqrt{x + 3} - 2x}{\sqrt{x} - 1}$$

76. Calcula el límit següent:

$$\lim_{x \to 2} \frac{\sqrt[3]{x} - \sqrt[3]{2}}{x - 2}$$

77. Calcula el valor dels límits següents:

a) $\lim\limits_{x \to a} \dfrac{\sqrt{x} - \sqrt{a}}{x - a}$

b) $\lim\limits_{x \to b} \dfrac{\sqrt{x + b} - \sqrt{b}}{x}$

c) $\lim\limits_{x \to c} \dfrac{(x^3 + 2x) - (c^3 + 2c)}{x - c}$

d) $\lim\limits_{x \to -d} \dfrac{x^2 + (d - 4)x - 4d}{x^2 + (d - 1)x - d}$

78. Troba aquests límits:

a) $\lim\limits_{x \to \pi} \sqrt{\cos x - 3 \sin x}$

b) $\lim\limits_{x \to \frac{\pi}{2}} \operatorname{tg}^3 x \cdot \cos^3 x$

c) $\lim\limits_{x \to 0} \dfrac{\sqrt{\sec^2 x - 1}}{\sec x \cdot \sin x}$

d) $\lim\limits_{x \to 0} \dfrac{\sin^2 x \cdot \operatorname{tg}^2 x + \sin^2 x}{\operatorname{tg}^2 x}$

Asímptotes d'una funció

79. Troba el límit de la funció quan x tendeix a 0 i quan x tendeix a 3.

$$f(x) = \frac{x^4}{x^3 - 3x^2}$$

Especifica el valor dels límits laterals, si fa falta.

80. Observa les taules de valors de la funció.

$$f(x) = \frac{4x^2 - 5x}{2x^2 + 7}$$

x	1	10	100	1 000	10 000
$f(x)$	−0,11	1,69	1,974	1,9975	1,99975

x	−1	−10	−100	−1 000	−10 000
$f(x)$	1	2,17	2,024	2,0025	2,00025

És cert que $y = 2$ és una asímptota? Quan $x \to +\infty$, la funció es troba per sobre o per sota de l'asímptota? Què passa quan $x \to -\infty$?

81. Fes una taula com la de l'activitat anterior i decideix si $y = -3$ és una asímptota vertical de la funció $f(x) = \frac{2 - 3x}{x + 1}$. La funció està per sobre o per sota de l'asímptota?

82. Observa les taules de valors de la funció.

$$f(x) = \frac{3x + 1}{x - 3}$$

x	2	2,5	2,9	2,99	2,999	2,9999
$f(x)$	−7	−17	−97	−997	−9 997	−99 997

x	3,0001	3,001	3,01	3,1	3,5
$f(x)$	100 003	10 003	1 003	103	23

És cert que $x = 3$ és una asímptota vertical? Quan $x \to 3^-$, la branca infinita de la funció tendeix a $+\infty$ o a $-\infty$? Què passa quan $x \to 3^+$?

83. Fes una taula com la de l'activitat anterior i decideix si $x = -2$ és una asímptota vertical de la funció $f(x) = \frac{x^2 - 3x}{2 + x}$. La branca infinita de la funció tendeix a $+\infty$ o a $-\infty$?

84. Observa la taula de valors de la funció.

$$f(x) = \frac{4x^2 + 6x}{2x - 3}$$

x	10	100	1 000	10 000
$f(x)$	27,06	206,09	2 006,009	20 006,0009

Aquesta és la taula de valors de la recta $y = 2x + 6$.

x	10	100	1 000	10 000
y	26	206	2 006	20 006

És cert que la recta és una asímptota de $f(x)$? Quina posició té la funció respecte de la recta quan x tendeix a $+\infty$? Investiga la posició relativa de les dues quan x tendeix a $-\infty$.

85. Fes una taula com la de l'activitat anterior i decideix si $y = 4x + 2$ és una asímptota obliqua de la funció $f(x) = \frac{8x^2 + 3}{2x - 1}$. La funció es troba per sobre o per sota de l'asímptota?

86. Troba les asímptotes horitzontals i verticals de les funcions següents:

a) $f(x) = \frac{x}{x + 3}$

b) $f(x) = \frac{2}{x^2 - 1}$

c) $f(x) = \frac{-x + 5}{-4 - x^2}$

d) $f(x) = \frac{3x - 1}{x^2 - 3}$

e) $f(x) = \frac{x + 1}{x^2 - 4}$

f) $f(x) = \frac{2x^2}{x^2 + 1}$

87. Determina les asímptotes obliqües de les funcions següents:

a) $f(x) = \frac{x^2 + 5x}{x + 2}$

b) $f(x) = \frac{2x^2 - 4}{x - 1}$

c) $f(x) = \frac{5 - 3x^3}{2x^2 + 8}$

d) $f(x) = \frac{x^2 - 6x^3}{x^2 + x - 1}$

SABER FER

Determinar les asímptotes d'una funció

▶ Determina les asímptotes de la funció següent:

$$f(x) = \frac{2x^2 - 1}{x - 2}$$

PRIMER. Calculem $\lim_{x \to \infty} f(x)$. Si el resultat és un nombre, hi ha una asímptota horitzontal.

$$\lim_{x \to \infty} \frac{2x^2 - 1}{x - 2} = \infty \to \text{No hi ha asímptotes horitzontals.}$$

SEGON. Estudiem els punts en què la funció no està definida i en calculem el límit. Si aquest límit és ∞, hi ha una asímptota vertical.

$$f(x) = \frac{2x^2 - 1}{x - 2} \to \text{No està definida a } x = 2.$$

$$\lim_{x \to 2} \frac{2x^2 - 1}{x - 2} = \frac{7}{0} = \infty \to \text{Asímptota vertical } x = 2.$$

TERCER. Si $\lim_{x \to \infty} \frac{f(x)}{x} = m \neq 0$, calculem $\lim_{x \to \infty} [f(x) - mx]$. Si aquest límit també és un nombre, hi ha asímptota obliqua.

$$\lim_{x \to \infty} \frac{\frac{2x^2 - 1}{x - 2}}{x} = \lim_{x \to \infty} \frac{2x^2 - 1}{x^2 - 2x} = 2 \neq 0 \to m = 2$$

$$\lim_{x \to \infty} \left(\frac{2x^2 - 1}{x - 2} - 2x \right) = \lim_{x \to \infty} \frac{\cancel{2x^2} - 1 - \cancel{2x^2} + 4x}{x - 2} = 4$$

Hi ha una asímptota obliqua a $y = 2x + 4$.

88. Determina les asímptotes de les funcions següents:

a) $f(x) = \dfrac{2x - 1}{x^2 - 5x + 6}$

b) $f(x) = \dfrac{x^2 + 8}{x^3 + 2x^2 - 11x - 12}$

c) $f(x) = \dfrac{x^3 + 1}{x^2 - 2x}$

d) $f(x) = \dfrac{x^2 - 5x + 4}{x^3 - 3x^2 - 13x + 15}$

89. Troba les asímptotes de les funcions següents:

a) $f(x) = \sqrt{\dfrac{x}{x - 3}}$

b) $f(x) = \dfrac{x + 3}{\sqrt{x^2 - 9}}$

c) $f(x) = \dfrac{\sqrt{2x - 3}}{x - 2}$

d) $f(x) = \dfrac{\sqrt{x^4 + 1}}{x + 3}$

90. Troba les asímptotes d'aquestes funcions i la posició de les branques infinites:

a) $f(x) = \dfrac{x^3 - 6x^2 + 12x - 8}{x + 3}$

b) $f(x) = \dfrac{x^3 - 6x^2 + 12x - 8}{x^2 + x - 6}$

c) $f(x) = \dfrac{x^3 - 6x^2 + 12x - 8}{x - 2}$

d) $f(x) = \dfrac{x^3 - 6x^2 + 12x - 8}{x^2 - 4}$

e) $f(x) = \dfrac{x^3 - 6x^2 + 12x - 8}{(x - 2)^2}$

f) $f(x) = \dfrac{x^3 - 6x^2 + 12x - 8}{x^2 + 4}$

91. Calcula les branques infinites i les asímptotes de les funcions:

a) $f(x) = x^2 + 5x - 1$

b) $f(x) = 2x - 1$

c) $f(x) = \log x$

d) $f(x) = \operatorname{tg} x$

92. Troba les asímptotes de les funcions següents:

a) $f(x) = \dfrac{|2x - 3|}{x}$

b) $f(x) = \dfrac{x}{|x - 1|}$

Continuïtat d'una funció. Tipus

93. Estudia la continuïtat de la funció següent en els punts $x = 2$, $x = 0$ i $x = -2$:

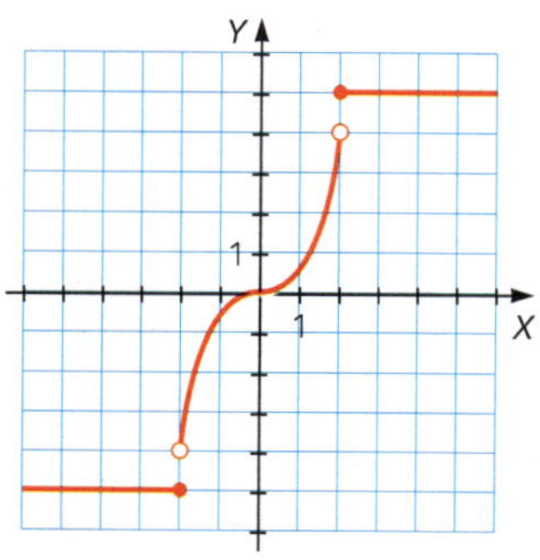

94. Determina els punts de discontinuïtat de cada una de les funcions següents i indica de quin tipus són:

a)

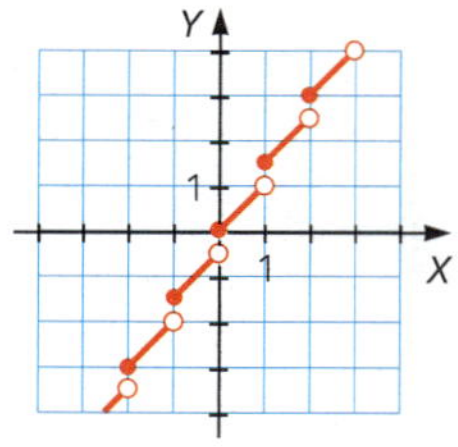

c)

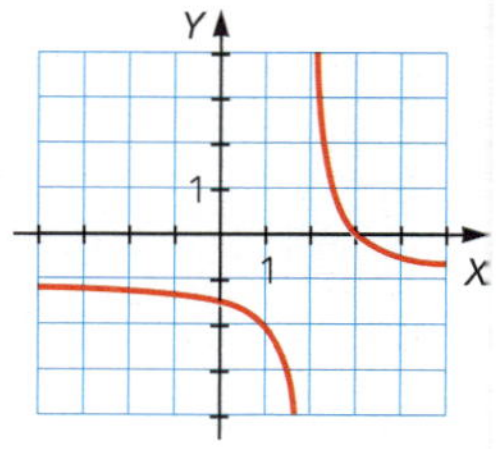

b)

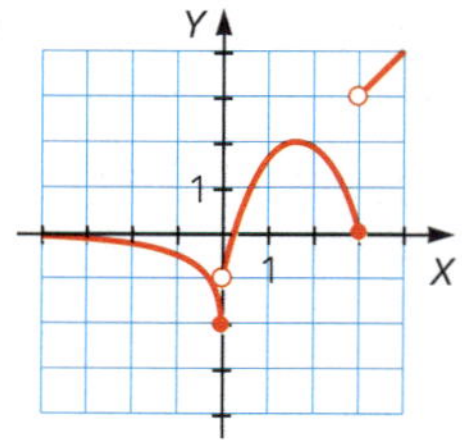

d)

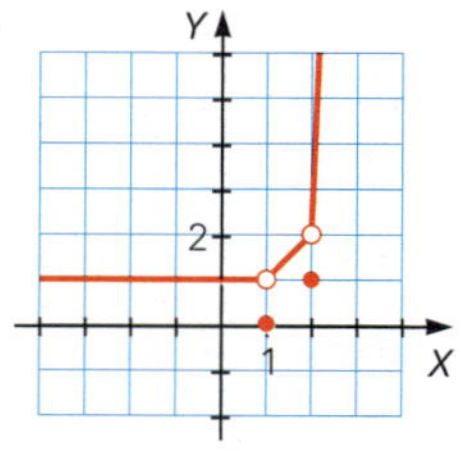

95. Determina si les funcions següents són contínues en el punt que s'indica:

a) $f(x) = 1 - x^2$ a $x = -1$

b) $f(x) = -x^2 + 3x$ a $x = \dfrac{1}{2}$

c) $f(x) = \sqrt{x - 2}$ a $x = 1$

d) $f(x) = \dfrac{2x}{x^2 - x - 6}$ a $x = -2$

96. Completa la taula en el teu quadern per a aquesta funció:

$$f(x) = \frac{x^2 - 2x - 3}{x - 3}$$

x	2,5	2,9	2,999	3,001	3,01	3,1	3,5
$f(x)$							

Comprova si el seu límit, quan x tendeix a 3, és:

$$\lim_{x \to 3} f(x) = 4$$

Quant val $f(3)$? Fes una representació de la funció. Quina diferència hi ha entre les gràfiques de $f(x)$ i de $y = x + 1$?

97. Determina els punts de discontinuïtat de les funcions següents:

a) $f(x) = \dfrac{x + 2}{x^2 + 3x + 5}$

b) $f(x) = \dfrac{x - 3}{x^2 - x - 20}$

c) $f(x) = \dfrac{x^2 - 1}{x^2 - 9}$

d) $f(x) = \dfrac{2x^2 + 5x - 3}{x^4 - 4x^2 + 3}$

98. Indica els punts de discontinuïtat d'aquestes funcions:

a) $f(x) = \sqrt{4 - x}$

b) $f(x) = \sqrt[3]{1 - x^2}$

c) $f(x) = \dfrac{1}{\sqrt{x + 1}}$

d) $f(x) = \sqrt{\dfrac{x - 1}{x + 1}}$

e) $f(x) = \dfrac{\sqrt{x - 1}}{x + 1}$

f) $f(x) = \dfrac{\sqrt{x^2 + 1}}{\sqrt{x^2 - 1}}$

99. Determina els punts de discontinuïtat de les funcions següents:

a) $f(x) = \dfrac{1}{x+3}$

b) $f(x) = \dfrac{x+2}{x^2-x+12}$

c) $f(x) = \sqrt{4+x}$

d) $f(x) = \sqrt{4-3x-x^2}$

e) $f(x) = \dfrac{x+2}{x^2-7x+12}$

f) $f(x) = \sqrt{x-5}$

g) $f(x) = \sqrt{x^2-2x-8}$

h) $f(x) = \sqrt{x^2-2x+8}$

100. Estudia la continuïtat de la funció que assigna a cada nombre la seva part entera.

$$f(x) = [x]$$

Especifica els tipus de discontinuïtats que presenta aquesta funció.

101. Estudia la continuïtat de les funcions següents en el punt $x = -2$ i, si són discontínues, indica el tipus de discontinuïtat que tenen:

a) $f(x) = \begin{cases} x^2-3 & \text{si } x \leq -2 \\ \dfrac{3x+7}{x+3} & \text{si } x > -2 \end{cases}$

b) $f(x) = \begin{cases} x^2-5x+2 & \text{si } x \neq -2 \\ 2 & \text{si } x = -2 \end{cases}$

c) $f(x) = \begin{cases} 3-2x & \text{si } x < -2 \\ 3 & \text{si } x = -2 \\ x^2-2x-1 & \text{si } x > -2 \end{cases}$

102. Defineix d'una altra manera les funcions següents perquè siguin contínues en tots els nombre reals:

a) $f(x) = \begin{cases} \dfrac{2}{x} & \text{si } x < 1 \\ 1 & \text{si } x = 1 \\ 3x-1 & \text{si } x > 1 \end{cases}$

b) $f(x) = \begin{cases} \dfrac{x^2-16}{x-4} & \text{si } x \neq 4 \\ 6 & \text{si } x = 4 \end{cases}$

103. Troba el valor que ha de prendre a perquè les funcions següents siguin contínues:

a) $f(x) = \begin{cases} 3x-4 & \text{si } x < 1 \\ a & \text{si } x = 1 \\ \dfrac{x-3}{2} & \text{si } x > 1 \end{cases}$

b) $f(x) = \begin{cases} \dfrac{x^2-4}{x+2} & \text{si } x \neq -2 \\ a & \text{si } x = -2 \end{cases}$

104. Troba el valor que ha de prendre a perquè les funcions següents siguin contínues:

a) $f(x) = \begin{cases} 3x^2 & \text{si } x \leq 2 \\ 3x+a & \text{si } x > 2 \end{cases}$

b) $f(x) = \begin{cases} x^3+x^2+x-2 & \text{si } x \leq -1 \\ ax^2+x+a & \text{si } x > -1 \end{cases}$

105. Quin valor ha de prendre a perquè les funcions siguin contínues?

a) $f(x) = \begin{cases} 2^{x-1} & \text{si } x \leq -2 \\ ax-2 & \text{si } x > -2 \end{cases}$

b) $f(x) = \begin{cases} \text{tg } \dfrac{-\pi}{2x} & \text{si } x \leq -2 \\ \log(ax+7) & \text{si } x > -2 \end{cases}$

106. Troba els valors de a i b perquè les funcions següents siguin contínues en tots els nombres reals:

a) $f(x) = \begin{cases} |2-x| & \text{si } x \leq 2 \\ \dfrac{x}{b} & \text{si } 2 < x \leq 4 \\ a & \text{si } x > 4 \end{cases}$

b) $f(x) = \begin{cases} x^2+2bx+4 & \text{si } x < 1 \\ ax+5 & \text{si } 1 \leq x \leq 2 \\ \dfrac{3x-1}{x} & \text{si } x > 2 \end{cases}$

107. Troba el valor de a perquè aquestes funcions siguin contínues:

a) $f(x) = \begin{cases} x-2 & \text{si } x \leq a \\ \log_2 x & \text{si } x > a \end{cases}$

b) $f(x) = \begin{cases} x^3+x^2-x-2 & \text{si } x < -a \\ x^2-2 & \text{si } a \leq x \leq a \\ x^3+x^2-x-2 & \text{si } x > a \end{cases}$

108. Troba m i n perquè la funció $f(x)$ sigui contínua a $\mathbb{R}$.

$$f(x) = \begin{cases} 2 & \text{si } x \leq 1 \\ mx+n & \text{si } 1 < x \leq 3 \\ 4 & \text{si } x > 3 \end{cases}$$

109. Estudia la continuïtat en tot el domini de les funcions. Determina els punts de discontinuïtat que presenta cada una.

a) $f(x) = \sin(x+\pi)$

b) $f(x) = \ln(x+e)$

c) $f(x) = \text{tg}\left(x - \dfrac{\pi}{2}\right)$

d) $f(x) = 2^{x-3}$

110. Investiga la continuïtat de les funcions següents:

a) $f(x) = \begin{cases} \dfrac{5x+1}{x^2-x-6} & \text{si } x \leq 1 \\ \dfrac{3x+1}{x-5} & \text{si } x > 1 \end{cases}$

b) $f(x) = \begin{cases} \log(x-1) & \text{si } x < 5 \\ 3 & \text{si } x \geq 5 \end{cases}$

c) $f(x) = \begin{cases} 3x+1 & \text{si } x \leq 0 \\ \sqrt{1-x} & \text{si } x > 0 \end{cases}$

d) $f(x) = \begin{cases} \log \dfrac{1}{x^2+1} & \text{si } x \leq 0 \\ \log(x+1) & \text{si } x > 0 \end{cases}$

Problemes amb límits

111. Una atleta ha de recórrer una distància de 100 km. Si el primer dia en recorre la meitat, el segon dia la meitat del que li falta, el tercer dia la meitat del que li ha quedat per recórrer el segon dia, i així successivament, quants dies tardarà l'atleta a recórrer els 100 km? Justifica la resposta.

112. Calcula $\lim\limits_{x \to 3} (f \circ g)$, si les funcions són:

$$g(x) = x + 2 \qquad f(x) = \frac{x^2 - 1}{2x^2 - 10x}$$

113. Fes la gràfica aproximada d'una funció que compleixi les condicions indicades.

a) $\lim\limits_{x \to -\infty} f(x) = 1$

$\lim\limits_{x \to 0^-} f(x) = -\infty$

$\lim\limits_{x \to 0^+} f(x) = +\infty$

$\lim\limits_{x \to +\infty} f(x) = 1$

b) $\lim\limits_{x \to +\infty} \dfrac{f(x)}{x} = 2$

$\lim\limits_{x \to +\infty} [f(x) - 2x] = 1$

$\lim\limits_{x \to -\infty} f(x) = 3$

$\lim\limits_{x \to 3} f(x) = 1$

114. Escriu una funció racional per a cada cas.

a) Les seves úniques asímptotes són $x = 2$ i $x = -3$.

b) Les seves úniques asímptotes són $x = -2$ i $y = 3$.

c) Les seves asímptotes són $x = 4$ i $y = 2x - 1$.

115. Estudia la continuïtat en tots els nombres reals d'aquesta funció:

$$f(x) = \begin{cases} \dfrac{1 - \cos x}{x} & \text{si } x \neq 0 \\ 0 & \text{si } x = 0 \end{cases}$$

116. A partir de la funció:

$$f(x) = \begin{cases} x^2 + 4 & \text{si } x \leq 1 \\ ax + b & \text{si } x > 1 \end{cases}$$

Calcula a i b perquè la funció sigui contínua en tot $\mathbb{R}$ i $f(2) = 7$.

117. Estudia la continuïtat segons els valors dels paràmetres a i b en aquesta funció:

$$f(x) = \begin{cases} \dfrac{x + a}{1 + e^{\frac{1}{x}}} & \text{si } x \neq 0 \\ b & \text{si } x = 0 \end{cases}$$

118. El teorema de Bolzano diu:

Si f és una funció contínua en l'interval [a, b] i es compleix que el signe de f(a) és diferent del signe de f(b) llavors hi ha un punt c ∈ (a, b) tal que f(c) = 0.

Aplica el teorema de Bolzano per demostrar que l'equació $x^2 + x - 4 = 0$ té almenys una solució en l'interval (1, 2).

119. Aplica el teorema de Bolzano per demostrar que l'equació $e^{-x} + 2 = x$ té alguna solució.

120. Calcula el valor de a perquè el límit tingui valor finit.

$$\lim_{x \to +\infty} \frac{2x^2 + 3}{x - 1} - ax$$

Amb aquest valor de a, troba b perquè es verifiqui que:

$$\lim_{x \to +\infty} \frac{2x^2 + 3}{x - 1} - ax - b = 0$$

Quina relació hi ha entre la funció $f(x) = \dfrac{2x^2 + 3}{x - 1}$ i la recta $y = ax + b$?

121. La fórmula següent, que es deu a Albert Einstein, expressa la massa, M, d'un cos en funció de la seva velocitat, v, en què c és la velocitat de la llum (300 000 km/s).

$$M = \frac{mc}{\sqrt{c^2 - v^2}}$$

a) Calcula el límit de la massa, M, quan v tendeix a c.

b) Analitza si un cos pot arribar a tenir la velocitat de la llum.

122. El servei de traumatologia d'un hospital implantarà un nou sistema que pretén reduir a curt termini les llistes d'espera.

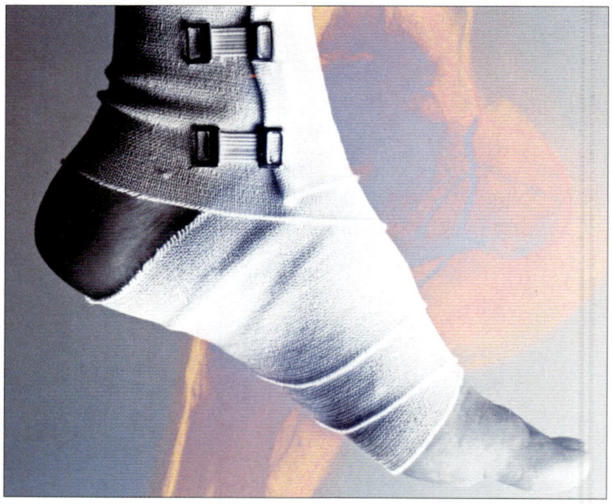

Es preveu que a partir d'ara la funció següent, $P(t)$, indicarà en cada moment t, en mesos, el percentatge de pacients que es podrà operar sense necessitat d'entrar en llista d'espera.

$$P(t) = \begin{cases} t^2 - 8t + 50 & \text{si } 0 \leq t \leq 10 \\ \dfrac{38t - 100}{0{,}4t} & \text{si } t > 10 \end{cases}$$

Al cap de molt de temps, quin serà aquest percentatge?

123. Un comercial de cert producte rep, com a sou mensual, una quantitat fixa de 600 € més una comissió que depèn de l'expressió $x^2 - x + 1$, en què x representa el nombre d'articles que ven.

El comercial ha de fer-se càrrec de les seves pròpies despeses, que són 50 € més 3 € per cada producte venut. Busca la funció que recull el sou mensual del venedor. És una funció contínua?

Per aprofundir

Reflexiona sobre la teoria

124. Escull la resposta adequada. (Concurs de Primavera)

Comencem amb un nombre, el dupliquem i després hi restem 1. Després d'aplicar successivament aquest procediment 99 vegades obtenim $2^{100} + 1$. Amb quin nombre comencem?	1	2	3	4	5
Quantes funcions contínues $y = f(x)$ fan que la gràfica de $f(x)$ sigui la de la figura? 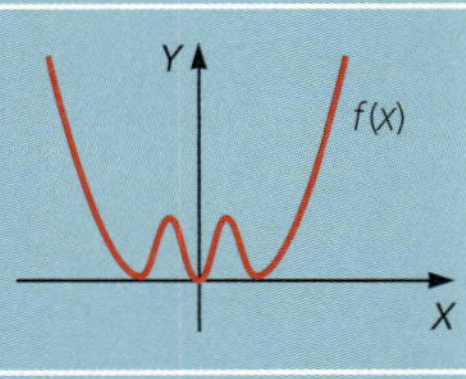	16	12	8	4	2
Quin nombre ocupa la posició 2 007 en la successió 1, 2, 2, 3, 3, 3, 4, 4, 4, 4, 5,...?	55	62	63	67	71
Per a cada nombre enter positiu n, $f(n) = n^4 - 360n^2 + 400$. Quina és la suma de tots els valors $f(n)$ que resulten ser nombres primers?	794	796	798	800	802
Quina és la penúltima xifra d'11^{48}?	8	6	4	2	0

125. Calcula els límits següents:

a) $\lim\limits_{x\to 0} \sin \dfrac{1}{x}$ b) $\lim\limits_{x\to 0} \left(x \cdot \sin \dfrac{1}{x}\right)$ c) $\lim\limits_{x\to \infty} \left(\dfrac{1}{x} \cdot \cos x\right)$

126. Estudia la continuïtat de les funcions.

a) $f(x) = \dfrac{x}{|x|}$ b) $f(x) = |x^2 - 1|$ c) $f(x) = \dfrac{1}{|x^2 - 1|}$

Pensa una mica més

127. Si mesurem l'angle x en radians, demostra que $\lim\limits_{x\to 0} \dfrac{\sin x}{x} = 1$.

Demostra també que si l'angle x es mesura en graus sexagesimals, llavors:

$$\lim_{x\to 0} \frac{\sin x}{x} = \frac{\pi}{180}$$

PISTA

S'ha de resoldre una indeterminació del tipus $\dfrac{0}{0}$.

En un triangle rectangle l'àrea del sector AC està compresa entre l'àrea dels triangles OAC i OAB.

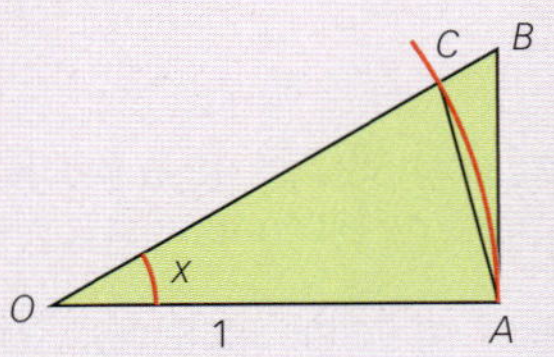

Tingues en compte que l'altura del triangle OAB és $|AB| = \text{tg}\, x$, i l'altura d'OAC és $\sin x$.

Olimpíades matemàtiques

128. Comprova que $\lim\limits_{x\to 0} e^{\frac{1}{x}}$ no existeix.

129. Calcula el límit següent:

$$\lim_{x\to\infty} \cos\frac{x}{2} \cdot \cos\frac{x}{2^2} \cdot \cos\frac{x}{2^3} \cdot \ldots \cdot \cos\frac{x}{2^n}$$

PISTA

Parteix de la fórmula

$$\sin 2x = 2 \sin x \cdot \cos x$$

i aplica-la successivament.

(Olimpíades matemàtiques, Madrid)

130. Raona si es pot verificar la continuïtat en el punt $x = 0$ d'una funció real $f(x)$ de variable real en aquests casos:

a) Per a n natural, $f\left(\dfrac{1}{2n}\right) = 1$ i $f\left(\dfrac{1}{2n+1}\right) = -1$.

b) Per a x real no negativa, $f(x) = x^2$, i per a x real negativa, $f(x) = 0$.

c) Per a n natural, $f\left(\dfrac{1}{n}\right) = 1$.

(Olimpíades matemàtiques, Madrid)

MATEMÀTIQUES A LA TEVA VIDA

PER A QUÈ SERVEIXEN ELS LÍMITS DE FUNCIONS?

Per determinar a quin segle pertany un any

El calendari actual és utilitzat des que el papa Joan I va encarregar al monjo Dionís l'Exigu, al segle VI, que estudiés la data de naixement de Jesucrist per comptar els anys des d'aquella data. Aquest monjo, després d'estudiar la Bíblia i altres documents, va determinar que Jesucrist havia nascut a l'inici del dia 25 de desembre de l'any 753 de la fundació de Roma, així que aquell any es va anomenar any 1 abans de Crist i l'any següent, any 754 de la fundació de Roma, es va anomenar any 1 després de Crist, i d'aquesta manera s'han continuat comptant els anys fins als nostres dies. Per determinar a quin segle pertany un any específic es pot definir la funció següent a trossos, i recórrer a la funció part entera $[x]$.

Si $f(x)$ és el segle al qual pertany un any x, definim $f(x)$ així:

$$f(x) = \begin{cases} \left[\dfrac{x-1}{100}\right] + 1 & \text{si } x \geq 0 \\ \left[\dfrac{x-1}{100}\right] & \text{si } x < 0 \end{cases}$$

Efectuem els càlculs per a l'any $x = 2013$.

$$f(2013) = \left[\dfrac{2013-1}{100}\right] + 1 = 20 + 1 = 21$$

Així, doncs, l'any 2013 pertany al segle XXI.

LLEGEIX I COMPRÈN

1. Què es va denominar any 1 dC?
2. Quin esdeveniment marcava l'inici del calendari que es feia servir a Roma abans del que va implantar el papa Joan I?

INTERPRETA

3. Quin valor s'ha de substituir a la funció per calcular el segle a què pertany l'any 325 aC?
4. A quin segle pertany l'any 1616 dC? I l'any 325 aC?
5. A quin segle es va fundar la ciutat de Roma?

REFLEXIONA

6. L'any zero no existeix. Relaciona aquesta afirmació amb el fet de definir la funció segle mitjançant una funció definida a trossos.
7. Quan va començar el segle XXI?

APLICA

8. Estudia la continuïtat de la funció segle i digues quina mena de discontinuïtats presenta.
9. Fes la gràfica de la funció segle considerant que x pren valors reals.
10. Analitza la continuïtat de la funció segle a $x = 2000$, i per fer-ho fes servir els límits laterals.

7 Derivada d'una funció

CONTINGUTS

- Taxa de variació mitjana
- Derivada d'una funció en un punt
- Funció derivada
- Derivades de funcions elementals
- Regla de la cadena

Independentment dels cicles macroeconòmics de crisi o de bonança, les empreses tenen com a objectiu maximitzar el benefici.

Per obtenir el màxim benefici en una empresa es tenen en compte tots els factors possibles: la compra de matèries primeres, el seu transport i emmagatzematge, la modernització de les cadenes de producció, la seguretat i la comoditat dels treballadors, els processos de producció, l'emmagatzematge del producte manufacturat, la venda i la distribució…

Com veiem, són molts els factors que hi poden influir, i les variables que els afecten són moltes més, encara. No obstant això, les observacions i els estudis econòmics faciliten la tasca amb funcions que descriuen el benefici i els costos en funció d'aquestes variables, a les quals s'atorga un caràcter numèric, però…

Com s'optimitza un procés de producció?

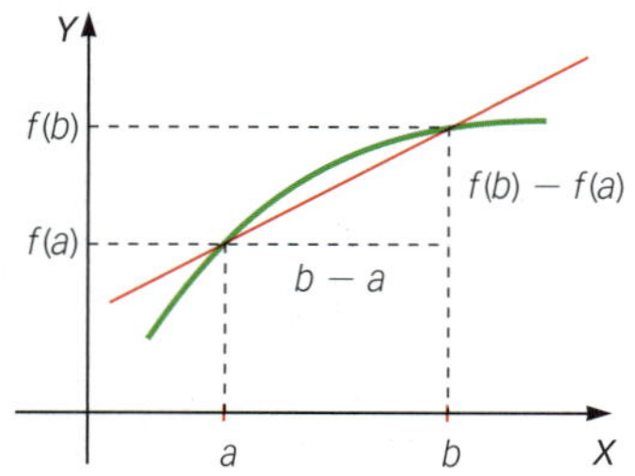

1 Taxa de variació mitjana

La **taxa de variació mitjana** d'una funció $f(x)$ en un interval $[a, b]$ és el quocient:

$$T.V.M.([a, b]) = \frac{f(b) - f(a)}{b - a}$$

La taxa de variació mitjana d'una funció en un interval mesura l'augment o la disminució de la funció en qüestió en aquest interval. El valor de la taxa de variació mitjana coincideix amb el valor del pendent de la recta que passa pels punts $(a, f(a))$ i $(b, f(b))$.

EXEMPLES

1 Calcula la taxa de variació mitjana de la funció $f(x) = 3x^2 - 2$ en l'interval $[-1, 2]$.

$$T.V.M.([-1, 2]) = \frac{f(2) - f(-1)}{2 - (-1)} = \frac{(3 \cdot 2^2 - 2) - (3 \cdot (-1)^2 - 2)}{2 + 1} = 3$$

2 Una avioneta que realitza un recorregut entre dues ciutats modifica la seva velocitat. La gràfica mostra la relació entre el temps que s'ha trigat i la distància recorreguda. Determina la taxa de variació mitjana en els intervals de temps [15, 30] i [30, 90], i interpreta'n el resultat.

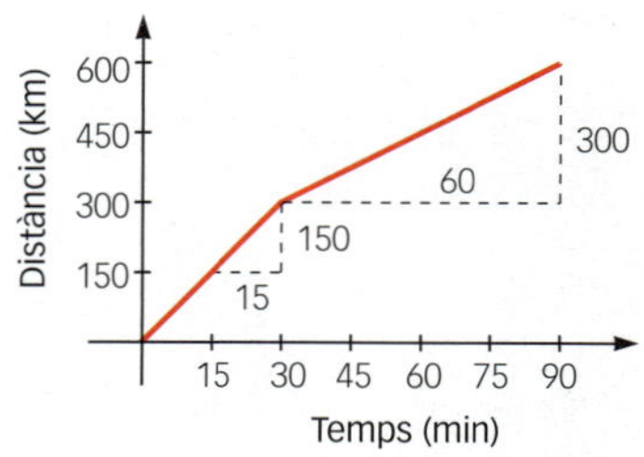

$$T.V.M.([15, 30]) = \frac{f(30) - f(15)}{30 - 15} = \frac{150}{15} = 10$$

$$T.V.M.([30, 90]) = \frac{f(90) - f(30)}{90 - 30} = \frac{300}{60} = 5$$

En el primer interval, la distància varia a raó de 10 km per minut i en el segon, a raó de 5 km per minut.

Amb freqüència, en la taxa de variació mitjana es considera l'interval $[a, a + h]$, en què h n'indica la longitud.

Si es dóna aquest cas, la taxa de variació mitjana es pot definir amb el quocient següent:

$$T.V.M.([a, a + h]) = \frac{f(a + h) - f(a)}{(a + h) - a} = \frac{f(a + h) - f(a)}{h}$$

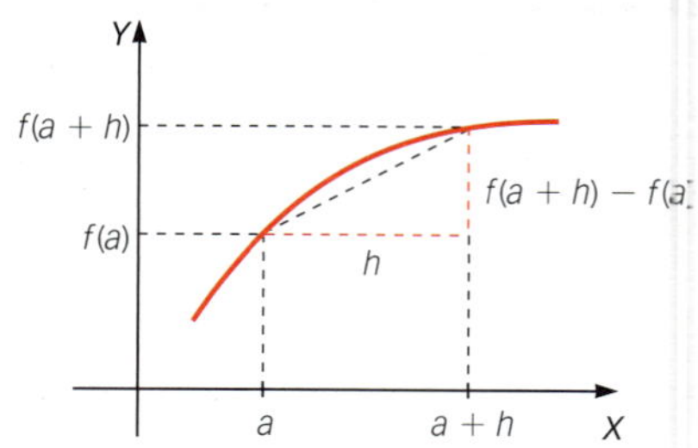

Atenció

$$\frac{f(a + h) - f(a)}{h} = \frac{\text{Var. de } f(x)}{\text{Var. de } x}$$

ACTIVITATS

1. Troba la taxa de variació mitjana de la funció $f(x) = x^2 - x + 3$ en els intervals següents:

[2, 3], [2, 4], [2, 5], [2, 6], [3, 5], [3, 6]

2. Troba la *T.V.M.* de la funció $f(x) = x^2 - x + 3$ en els intervals següents:

a) $[2, 2 + h]$ b) $[3, 3 + h]$

2 Derivada d'una funció en un punt

Per mesurar l'augment o la disminució d'una funció en un punt donat fem servir la taxa de variació mitjana en un interval molt proper a aquest punt. Aquest valor l'anomenem derivada de la funció en aquest punt.

La **derivada d'una funció *f(x)* en un punt *x* = *a*** es representa amb $f'(a)$ i s'obté calculant aquest límit:

$$f'(a) = \lim_{h\to 0} \frac{f(a+h) - f(a)}{h}$$

$f'(a)$ es llegeix com *f prima de a*, i si aquest límit existeix i és finit, diem que ***f(x)* és derivable a *x* = *a***.

SABER FER

Calcular la derivada d'una funció en un punt fent servir la definició

▶ Determina la derivada de la funció $f(x) = \frac{2}{x-1}$ a $x = -1$ i a $x = 0$.

PRIMER. Trobem l'increment de la funció i en simplifiquem el resultat.

Per a $x = -1 \rightarrow f(-1+h) - f(-1) = \frac{2}{(-1+h)-1} - \frac{2}{(-1)-1} = \frac{2}{-2+h} - \frac{2}{-2} =$

$$= \frac{2-2+h}{-2+h} = \frac{h}{-2+h}$$

Per a $x = 0 \rightarrow f(0+h) - f(0) = \frac{2}{h-1} - \frac{2}{0-1} = \frac{2}{h-1} - \frac{2}{-1} =$

$$= \frac{2+2h-2}{h-1} = \frac{2h}{h-1}$$

SEGON. Trobem la taxa de variació mitjana de la funció.

Per a $x = -1 \rightarrow \frac{f(-1+h) - f(-1)}{h} = \frac{\frac{h}{-2+h}}{h} = \frac{\cancel{h}}{\cancel{h}(-2+h)} = \frac{1}{h-2}$

Per a $x = 0 \rightarrow \frac{f(0+h) - f(0)}{h} = \frac{\frac{2h}{h-1}}{h} = \frac{2\cancel{h}}{\cancel{h}(h-1)} = \frac{2}{h-1}$

TERCER. Calculem el límit quan *h* tendeix a zero del resultat obtingut.

Per a $x = -1 \rightarrow f'(-1) = \lim_{h\to 0} \frac{1}{h-2} = \frac{1}{0-2} = -\frac{1}{2}$

Per a $x = 0 \rightarrow f'(0) = \lim_{h\to 0} \frac{2}{h-1} = \frac{2}{0-1} = -2$

No ho oblidis

Abans de calcular la derivada d'una funció en un punt convé simplificar la taxa de variació mitjana corresponent.

ACTIVITATS

3. Fent servir la definició, calcula la derivada a $x = 2$ i a $x = -1$ d'aquestes funcions:

a) $f(x) = \frac{1}{x-3}$ b) $f(x) = 2x^2 + x$ c) $f(x) = \frac{1}{x^2}$

4. Calcula la derivada de la funció $f(x) = x^3 + 4$ en els punts següents:

a) $x = 1$ b) $x = -4$ c) $x = 2$ d) $x = -3$

3 Interpretació geomètrica de la derivada

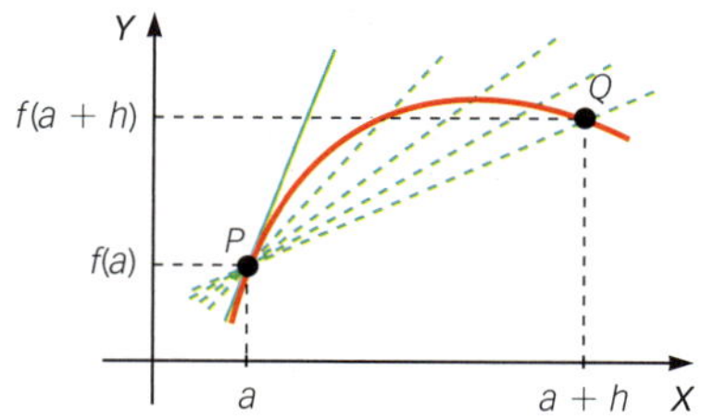

Hem vist que la taxa de variació mitjana d'una funció en un interval és el pendent de la recta que uneix els punts $P(a, f(a))$ i $Q(a + h, f(a + h))$, i que la taxa de variació quan la longitud de l'interval, h, tendeix a zero coincideix amb la derivada de la funció en aquest punt.

T.V.M. $([a, a + h])$ =	Pendent de la recta que passa per $P(a, f(a))$ i $Q(a + h, f(a + h))$
↓ $h \to 0$	↓ Q s'acosta a P
$f'(a)$	Pendent de la recta tangent a $f(x)$ en el punt $P(a, f(a))$

Geomètricament, la derivada $f'(a)$ és el **pendent de la recta tangent** a la gràfica de la funció en el punt $P(a, f(a))$.

Equació de la recta tangent en un punt

L'equació de la **recta tangent** en el punt $P(a, f(a))$ és:

$$y - f(a) = f'(a) \cdot (x - a)$$

SABER FER

Calcular la tangent d'una funció en un punt fent servir la definició

▶ Troba l'equació de la recta tangent a la gràfica de la funció $f(x) = \dfrac{4}{x-2}$ en el punt $P(3, 4)$.

PRIMER. Determinem l'increment de la funció en el punt en què volem calcular la tangent.

$$f(3+h) - f(3) = \frac{4}{(3+h)-2} - \frac{4}{3-2} = \frac{4}{h+1} - 4 = \frac{4-4h-4}{h+1} = \frac{-4h}{h+1}$$

SEGON. Calculem la derivada de la funció en el punt.

$$f'(3) = \lim_{h\to 0}\left(\frac{f'(3+h)-f(3)}{h}\right) = \lim_{h\to 0}\frac{\frac{-4h}{h+1}}{h} = -4$$

TERCER. Trobem l'equació de la recta tangent.

$$y - f(a) = f'(a)(x-a) \xrightarrow{a=3} y - f(3) = f'(3)(x-3)$$
$$\to y - 4 = -4(x-3)$$
$$\to y = -4x + 16$$

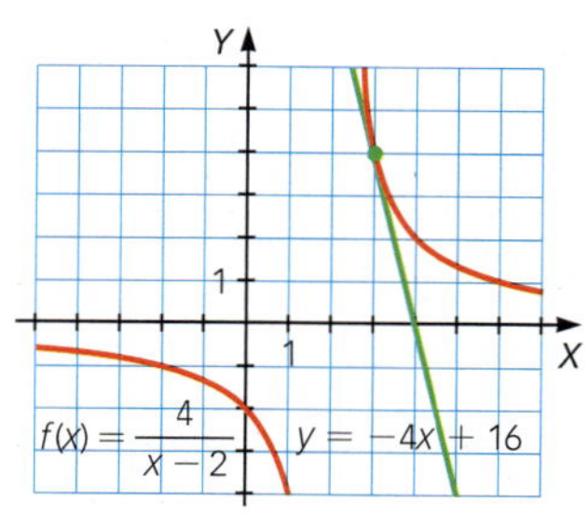

ACTIVITATS

5. Troba l'equació de la recta tangent a la funció $f(x) = x - x^2$ en els punts d'abscissa $x = 2$ i $x = -3$.

6. Troba el pendent de la recta tangent a la gràfica de la funció $f(x) = x^2 + 4x + 3$ en els punts on talla els eixos X i Y.

4 Funció derivada

La **funció derivada** d'una funció $f(x)$ és una funció, $f'(x)$, que associa a cada punt x la derivada de $f(x)$ en aquest punt.

$$f': \mathbb{R} \longrightarrow \mathbb{R}$$
$$x \longrightarrow f'(x) = \lim_{h\to 0} \frac{f(x+h) - f(x)}{h}$$

Atenció

No s'ha de confondre la derivada d'una funció f en un punt amb la funció derivada, perquè la primera és un nombre real i la segona és una funció.
És habitual parlar de derivada per referir-nos a la funció derivada.

EXEMPLES

3 Troba la funció derivada de la funció $f(x) = 2x^2$. Quin és el valor de $f'(x)$ en els punts $x = 1$ i $x = -4$?

$$f'(x) = \lim_{h\to 0} \frac{f(x+h) - f(x)}{h} = \lim_{h\to 0} \frac{2(x+h)^2 - 2x^2}{h} =$$
$$= \lim_{h\to 0} \frac{2(x^2 + 2xh + h^2) - 2x^2}{h} = \lim_{h\to 0} \frac{\cancel{h}(4x + 2h)}{\cancel{h}} = 4x$$

A partir d'aquest resultat podem obtenir directament $f'(1)$ i $f'(-4)$.

$f'(1) = 4 \cdot 1 = 4$ $\qquad$ $f'(-4) = 4 \cdot (-4) = -16$

4 Calcula la derivada de la funció $f(x) = 1 - 3x^2$ i l'equació de la recta tangent que passa pel punt $x = -1$.

$$f'(x) = \lim_{h\to 0} \frac{f(x+h) - f(x)}{h} = \lim_{h\to 0} \frac{1 - 3(x+h)^2 - (1 - 3x^2)}{h} =$$
$$= \lim_{h\to 0} \frac{1 - 3(x^2 + 2hx + h^2) - 1 + 3x^2}{h} = \lim_{h\to 0} \frac{-6hx - 3h^2}{h} =$$
$$= \lim_{h\to 0} \frac{\cancel{h}(-6x - 3h)}{\cancel{h}} = \lim_{h\to 0} (-6x - 3h) = -6x$$

L'equació de la recta tangent en el punt $x = -1$ és:

$y - f(-1) = f'(-1) \cdot (x - (-1))$

$y - (-2) = 6 \cdot (x - (-1))$

$y = 6x + 4$

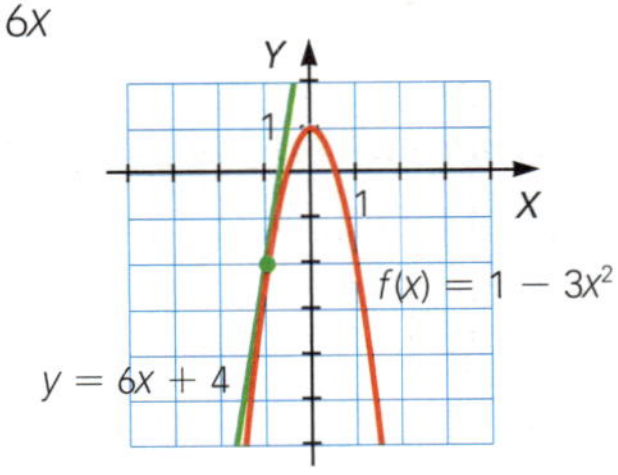

Atenció

Si $f'(a) = 0$, l'equació de la recta tangent és $y = f(a)$, és a dir, la recta tangent en aquest punt és horitzontal.

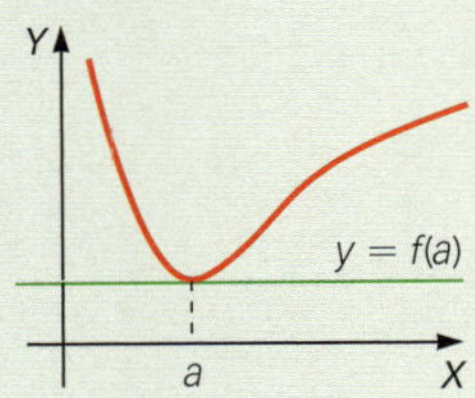

Derivades successives

Si calculem la derivada de la funció $f'(x)$, obtenim una altra funció que anomenem **derivada segona de f(x)** i que escrivim $f''(x)$.

De manera anàloga, podem determinar les derivades tercera, quarta..., enèsima. Així, calculem les **derivades successives** d'una funció.

ACTIVITATS

7. Utilitza la definició per calcular la funció derivada d'aquestes funcions:

a) $f(x) = 4x^3$ $\qquad$ b) $f(x) = \sqrt{x}$ $\qquad$ c) $f(x) = \dfrac{1}{x+3}$

8. Troba les derivades segona i tercera de les funcions següents:

a) $f(x) = x^3 + 4x^2$ $\qquad$ b) $f(x) = x^2 - x + 5$

5 Derivades de funcions elementals

Per trobar la derivada d'algunes funcions elementals no és necessari fer servir la definició, perquè hi ha regles que en faciliten el càlcul.

Atenció

La recta tangent a una recta en un punt coincideix sempre amb si mateixa.

El pendent de la recta $y = c$ és 0 en tots els seus punts i el pendent de la recta $y = x$ és 1 en tots els seus punts.

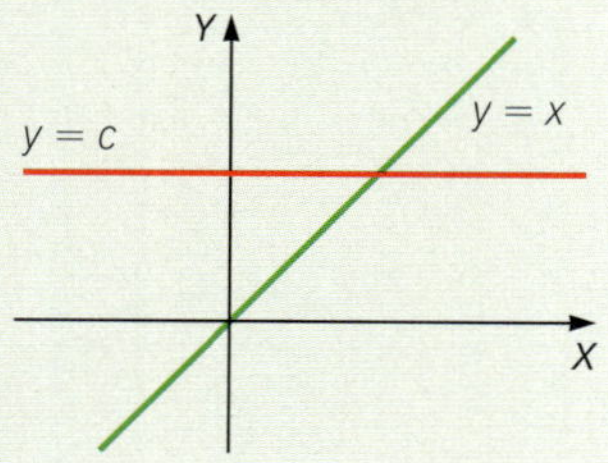

5.1. Derivada de les funcions constant i identitat

- La **derivada de la funció constant** és 0.

$$f(x) = c \rightarrow f'(x) = 0$$

- La **derivada de la funció identitat** és 1.

$$f(x) = x \rightarrow f'(x) = 1$$

Comprovem aquests resultats a partir de la definició.

$$\text{Si } f(x) = c \rightarrow f'(c) = \lim_{h\to 0} \frac{f(x+h)-f(x)}{h} = \lim_{h\to 0} \frac{c-c}{h} = \lim_{h\to 0} 0 = 0$$

$$\text{Si } f(x) = x \rightarrow f'(x) = \lim_{h\to 0} \frac{f(x+h)-f(x)}{h} = \lim_{h\to 0} \frac{\cancel{x}+h-\cancel{x}}{h} = \lim_{h\to 0} 1 = 1$$

EXEMPLE

5 Calcula la derivada d'aquestes funcions:

a) $g(x) = -2 \rightarrow g'(x) = 0$

b) $h(x) = x \rightarrow h'(x) = 1$

5.2. Derivada de la función potencial

La **derivada de la funció potencial** és igual a l'exponent per la base elevada a l'exponent menys una unitat.

$$f(x) = x^n \rightarrow f'(x) = n \cdot x^{n-1}$$

EXEMPLE

6 Calcula la derivada d'aquestes funcions:

a) $f(x) = x^2$ **b)** $f(x) = \frac{1}{x^2}$ **c)** $f(x) = \sqrt{x^3}$

a) $f'(x) = 2x^{2-1} = 2x$

b) $f(x) = \frac{1}{x^2} = x^{-2} \rightarrow f'(x) = -2x^{-2-1} = -2x^{-3} = -\frac{2}{x^3}$

c) $f(x) = \sqrt{x^3} = x^{\frac{3}{2}} \rightarrow f'(x) = \frac{3}{2}x^{\frac{3}{2}-1} = \frac{3}{2}x^{\frac{1}{2}} = \frac{3}{2}\sqrt{x}$

ACTIVITATS

9. Troba la derivada d'aquestes funcions:

a) $f(x) = 6$ b) $f(x) = x^4$ c) $f(x) = \sqrt[4]{x^3}$ d) $f(x) = \frac{1}{x^5}$

10. Troba la derivada d'aquestes funcions:

a) $f(x) = \sqrt[7]{x^4}$ b) $f(x) = x^8$ c) $f(x) = \sqrt[5]{x^3}$ d) $f(x) = \frac{1}{x^4}$

5.3. Derivada de les funcions exponencial i logarítmica

La **derivada de la funció exponencial** és igual al producte de la funció pel logaritme neperià de la base.

$f(x) = a^x \rightarrow f'(x) = a^x \cdot \ln a$ $\qquad$ $f(x) = e^x \rightarrow f'(x) = e^x$

La **derivada de la funció logarítmica** és igual a 1 dividit entre el producte de x pel logaritme neperià de la base.

$f(x) = \log_a x \rightarrow f'(x) = \dfrac{1}{x \cdot \ln a}$ $\qquad$ $f(x) = \ln x \rightarrow f'(x) = \dfrac{1}{x}$

Recorda

Propietats dels logaritmes:

- $\ln e = 1$
- $\log_a e = \dfrac{1}{\ln a}$

EXEMPLES

7 Calcula la derivada de les funcions següents:

a) $f(x) = e^x$ $\qquad$ **b)** $f(x) = 5^x$

a) $f'(x) = e^x$ $\qquad$ b) $f'(x) = 5^x \ln 5$

8 Calcula la derivada de les funcions següents:

a) $f(x) = \ln x$ $\qquad$ **b)** $f(x) = \log_8 x$

a) $f'(x) = \dfrac{1}{x}$ $\qquad$ b) $f'(x) = \dfrac{1}{x \ln 8}$

5.4. Derivada de les funcions trigonomètriques.

La taula següent mostra quines són les derivades de les funcions trigonomètriques.

Funció	Derivada
$f(x) = \sin x$	$f'(x) = \cos x$
$f(x) = \cos x$	$f'(x) = -\sin x$
$f(x) = \text{tg}\, x$	$f'(x) = 1 + \text{tg}^2 x = \dfrac{1}{\cos^2 x}$

Funció	Derivada
$f(x) = \text{arc sin}\, x$	$f'(x) = \dfrac{1}{\sqrt{1 - x^2}}$
$f(x) = \text{arc cos}\, x$	$f'(x) = -\dfrac{1}{\sqrt{1 - x^2}}$
$f(x) = \text{arc tg}\, x$	$f'(x) = \dfrac{1}{1 + x^2}$

EXEMPLE

9 Calcula la derivada de les funcions següents:

a) $f(x) = \sin x$ $\qquad$ **c)** $f(x) = \text{arc cos}\, x$

b) $f(x) = \cos x$ $\qquad$ **d)** $f(x) = \text{arc tg}\, x$

a) $f'(x) = \cos x$ $\qquad$ c) $f'(x) = -\dfrac{1}{\sqrt{1 - x^2}}$

b) $f'(x) = -\sin x$ $\qquad$ d) $f'(x) = \dfrac{1}{1 + x^2}$

ACTIVITATS

11. Calcula la derivada d'aquestes funcions:

a) $f(x) = 2^x$ $\qquad$ b) $f(x) = 3^x$ $\qquad$ c) $f(x) = 4^x$

12. Calcula la derivada d'aquestes funcions:

a) $f(x) = \log_2 x$ $\qquad$ b) $f(x) = \log_3 x$ $\qquad$ c) $f(x) = \log_4 x$

6 Operacions amb derivades

Ara veurem com es calcula la derivada d'algunes operacions amb funcions.

6.1. Derivada de la suma de funcions

La **derivada de la suma de funcions** és la suma de les derivades de les funcions en qüestió.

$$[f(x) + g(x)]' = f'(x) + g'(x)$$

S'escriu així

Per indicar la derivada de la suma de dues funcions escrivim $[f(x) + g(x)]'$ o $(f + g)'$.

Comprovem aquest resultat a partir de la definició.

$$[f(x)+g(x)]' = \lim_{h\to 0}\frac{[f(x+h)+g(x+h)]-[f(x)+g(x)]}{h} =$$
$$= \lim_{h\to 0}\frac{f(x+h)-f(x)}{h} + \lim_{h\to 0}\frac{g(x+h)-g(x)}{h} = f'(x)+g'(x)$$

EXEMPLE

10 Calcula la derivada de la funció $h(x) = x^2 + \sin x$.

Si definim $f(x) = x^2$, $g(x) = \sin x$, tenim que $h(x) = f(x) + g(x)$. Per tant:

$$h'(x) = f'(x) + g'(x) = \underbrace{2x^{2-1}}_{f(x) = x^n \to f'(x) = nx^{n-a}} + \underbrace{(\cos x)}_{f(x) = \sin x \to f'(x) = \cos x} = 2x + \cos x$$

6.2. Derivada del producte d'un nombre per una funció

La **derivada del producte d'un nombre per una funció** és el producte del nombre per la derivada de la funció.

$$[k\, f(x)]' = k \cdot f'(x)$$

S'escriu així

Per indicar la derivada del producte d'un nombre per una funció escrivim $[kf(x)]'$ o kf'.

Comprovem aquest resultat a partir de la definició.

$$[k\,f(x)]' = \lim_{h\to 0}\frac{k\,f(x+h)-k\,f(x)}{h} = k\cdot\lim_{h\to 0}\frac{f(x+h)-f(x)}{h} = k\,f'(x)$$

EXEMPLE

11 Calcula la derivada de la funció $g(x) = 3x^5$.

Si $f(x) = x^5 \to g(x) = 3 \cdot f(x) \to g'(x) = 3 \cdot f'(x) = 3 \cdot (5x^{5-1}) = 15x^4$

ACTIVITATS

13. Calcula la derivada d'aquestes funcions:

a) $f(x) = x^3 + x^2 - x + 1$

b) $f(x) = \dfrac{1}{x} + x$

c) $f(x) = \sqrt[3]{x} + \sqrt[4]{x^3}$

d) $f(x) = 3^x - \text{arc tg}\, x$

14. Calcula la derivada d'aquestes funcions:

a) $f(x) = 2x^3 + 4x^2 - 8x + 9$

b) $f(x) = 2\sin x - 3\cos x$

c) $f(x) = 7\sqrt[3]{x} - 3\sqrt[4]{x^3}$

d) $f(x) = \dfrac{1}{2x} - 5x$

6.3. Derivada del producte de funcions

La **derivada del producte de funcions** és la derivada de la primera funció per la segona sense derivar, més la primera funció sense derivar per la derivada de la segona.

$$[f(x) \cdot g(x)]' = f'(x) \cdot g(x) + f(x) \cdot g'(x)$$

S'escriu així

Per indicar la derivada d'un producte de dues funcions escrivim $[f(x) \cdot g(x)]'$ o $(f \cdot g)'$.

SABER FER

Calcular la derivada d'un producte de funcions

▶ Calcula la derivada d'aquestes funcions:

a) $h(x) = x \cdot \cos x$ **b)** $h(x) = (x^2 + 1) \cdot \ln x$

PRIMER. Determinem les funcions que formen el producte de funcions.

a) $h(x) = \underbrace{x}_{f(x) = x} \cdot \underbrace{\cos x}_{g(x) = \cos x} \longrightarrow h(x) = f(x) \cdot g(x)$

b) $h(x) = \underbrace{(x^2 + 1)}_{f(x) = x^2 + 1} \cdot \underbrace{\ln x}_{g(x) = \ln x} \longrightarrow h(x) = f(x) \cdot g(x)$

SEGON. Trobem la derivada de les funcions que formen el producte.

a) $f(x) = x \longrightarrow$ És la funció identitat $\longrightarrow f'(x) = 1$

$g(x) = \cos x \rightarrow$ És una funció trigonomètrica $\rightarrow g'(x) = -\sin x$

b) $f(x) = x^2 + 1 \rightarrow$ És una suma de funcions del tipus x^n i c.

$$f'(x) = \underbrace{2x^{2-1}}_{i(x) = x^n \rightarrow i'(x) = nx^{n-1}} + \underbrace{0}_{i(x) = c \rightarrow i'(x) = 0} = 2x$$

$g(x) = \ln x \longrightarrow$ És una funció logarítmica $\longrightarrow g'(x) = \dfrac{1}{x}$

TERCER. Apliquem la fórmula per a la derivada del producte de funcions: «La derivada de la primera per la segona sense derivar, més la derivada de la segona per la primera sense derivar.»

a) $h'(x) = f'(x) \cdot g(x) + f(x) \cdot g'(x) = 1 \cdot \cos x + x \cdot (-\sin x) =$
$= \cos x - x \sin x$

b) $h'(x) = f'(x) \cdot g(x) + f(x) \cdot g'(x) = 2x \cdot \ln x + (x^2 + 1) \cdot \dfrac{1}{x} =$
$= 2x \ln x + \dfrac{x^2 + 1}{x}$

ACTIVITATS

15. Calcula la derivada d'aquestes funcions:

a) $f(x) = x \cdot \sqrt[3]{x^2}$

b) $f(x) = x \cdot e^x$

c) $f(x) = x \cdot \sin x$

d) $f(x) = x \cdot \ln x$

e) $f(x) = \sin x \cdot \cos x$

f) $f(x) = \dfrac{x^2 + 1}{x}$

g) $f(x) = (x^2 + 2x) \cdot \sin x$

h) $f(x) = (e^x - x) \cdot \ln x$

16. Calcula la derivada d'aquestes funcions:

a) $f(x) = 3x^2 \cdot \log_2 x$

b) $f(x) = e^x \cdot \sin x$

c) $f(x) = \sqrt[3]{x} \cdot \cos x$

d) $f(x) = \cos x \cdot \operatorname{tg} x$

e) $f(x) = 4x \cdot \sin x + x^3 \cdot \cos x$

f) $f(x) = \ln x \cdot \dfrac{1}{x^4} + x^2 \cdot e^x$

g) $f(x) = (\sin x - \cos x) \cdot \operatorname{tg} x$

h) $f(x) = 4x\sqrt{x} + \dfrac{\sin x}{x}$

S'escriu així

Per indicar la derivada d'un quocient de dues funcions escrivim $\left[\frac{f(x)}{g(x)}\right]'$ o $\left(\frac{f}{g}\right)'$.

6.4. Derivada del quocient de funcions

La **derivada del quocient de funcions** és un altre quocient tal que:

- El numerador és la derivada del numerador pel denominador sense derivar, menys el numerador sense derivar per la derivada del denominador.
- El denominador és el quadrat del denominador sense derivar.

$$\left[\frac{f(x)}{g(x)}\right]' = \frac{f'(x) \cdot g(x) - f(x) \cdot g'(x)}{[g(x)]^2}$$

SABER FER

Calcular la derivada d'un quocient de funcions

▶ Calcula la derivada d'aquestes funcions:

a) $h(x) = \dfrac{e^x}{x^2}$ **b)** $h(x) = \dfrac{x + \sin x}{3 \cos x}$

PRIMER. Determinem les funcions que formen el quocient de funcions.

a) $h(x) = \dfrac{e^x}{x^2}$ → $f(x) = e^x$, $g(x) = x^2$

b) $h(x) = \dfrac{x + \sin x}{3 \cos x}$ → $f(x) = x + \sin x$, $g(x) = 3 \cos x$

SEGON. Trobem la derivada de les funcions que formen el quocient.

a) $f(x) = e^x$ → És la funció exponencial → $f'(x) = e^x$

$g(x) = x^2$ → És una funció potencial → $g'(x) = 2x$

b) $f(x) = x + \sin x$ → És una suma de funcions.

$i(x) = x \rightarrow i'(x) = 1$

$f'(x) = 1 + \cos x$

$i(x) = \sin x \rightarrow i'(x) = \cos x$

$g(x) = 3 \cos x$ → És el producte d'un nombre per una funció.

k

$g'(x) = 3 \cdot (-\sin x) = -3 \sin x$

$i(x) = \cos x \rightarrow i'(x) = -\sin x$

TERCER. Apliquem la fórmula per a la derivada del quocient de funcions: «La derivada del numerador pel denominador sense derivar, menys la derivada del denominador pel numerador sense derivar i partit pel denominador al quadrat.»

a) $h'(x) = \dfrac{f'(x) \cdot g(x) - f(x) \cdot g'(x)}{[g(x)]^2} = \dfrac{e^x \cdot x^2 - e^x \cdot 2x}{[x^2]^2} = \dfrac{xe^x(x-2)}{x^4} = \dfrac{e^x(x-2)}{x^3}$

b) $h'(x) = \dfrac{f'(x) \cdot g(x) - f(x) \cdot g'(x)}{[g(x)]^2} = \dfrac{(1 + \cos x) \cdot 3 \cos x - (x + \sin x) \cdot (-3 \sin x)}{[3 \cos x]^2} =$

$= \dfrac{\cos x + \cos^2 x + x \sin x + \sin^2 x)}{3 \cos^2 x} = \dfrac{1 + \cos x + x \sin x}{3 \cos x}$

ACTIVITATS

17. Calcula la derivada d'aquestes funcions:

a) $f(x) = \dfrac{x+2}{x}$ b) $f(x) = \dfrac{\sqrt{x}}{3x+4}$ c) $f(x) = \dfrac{x^2 + x - 3}{x+1}$

18. Calcula la derivada d'aquestes funcions:

a) $f(x) = \dfrac{\sin x}{x^3}$ b) $f(x) = \dfrac{\sqrt{x}}{\cos x}$ c) $f(x) = \dfrac{\sin x + 2x}{x-3}$

7 Regla de la cadena

La **derivada de la funció *f* composta amb *g*** s'obté fent servir la denominada regla de la cadena.

$$[(g \circ f)(x)]' = g'(f(x)) \cdot f'(x)$$

SABER FER

Calcular la derivada d'una funció composta

▶ Calcula la derivada de la funció $h(x) = \cos x^4$.

PRIMER. Escrivim la funció com la funció composta d'altres funcions, f i g.

$(g \circ f)(x) = g(f(x))$

$$g(x) = \cos x \rightarrow f(x) = x^4 \rightarrow g(x^4) = \cos x^4$$

SEGON. Determinem la derivada d'aquestes funcions i hi apliquem la regla de la cadena.

$f'(x) = 4x^3 \quad g'(x) = -\sin x \rightarrow [(g \circ f(x)]' = g'[f(x)] \cdot f'(x) = \ -\sin x^4 \cdot 4x^3$

Aplicant la regla de la cadena a les funcions elementals obtenim aquesta taula.

Funció	Derivada	Funció	Derivada
$f(x) = x^n$	$f'(x) = nx^{n-1}$	$f(x) = [g(x)]^n$	$f'(x) = n\,[g(x)]^{n-1} \cdot g'(x)$
$f(x) = a^x$	$f'(x) = a^x \cdot \ln a$	$f(x) = a^{g(x)}$	$f'(x) = a^{g(x)} \cdot g'(x) \cdot \ln a$
$f(x) = e^x$	$f'(x) = e^x$	$f(x) = e^{g(x)}$	$f'(x) = e^{g(x)} \cdot g'(x)$
$f(x) = \log_a x$	$f'(x) = \frac{1}{x \cdot \ln a}$	$f(x) = \log_a g(x)$	$f'(x) = \frac{g'(x)}{g(x) \cdot \ln a}$
$f(x) = \ln x$	$f'(x) = \frac{1}{x}$	$f(x) = \ln g(x)$	$f'(x) = \frac{g'(x)}{g(x)}$
$f(x) = \sin x$	$f'(x) = \cos x$	$f(x) = \sin g(x)$	$f'(x) = \cos g(x) \cdot g'(x)$
$f(x) = \cos x$	$f'(x) = -\sin x$	$f(x) = \cos g(x)$	$f'(x) = -\sin g(x) \cdot g'(x)$
$f(x) = \text{tg}\, x$	$f'(x) = \frac{1}{\cos^2 x}$	$f(x) = \text{tg}\, g(x)$	$f'(x) = \frac{g'(x)}{\cos^2 g(x)}$
$f(x) = \text{arc sin}\, x$	$f'(x) = \frac{1}{\sqrt{1 - x^2}}$	$f(x) = \text{arc sin}\, g(x)$	$f'(x) = \frac{g'(x)}{\sqrt{1 - g^2(x)}}$
$f(x) = \text{arc cos}\, x$	$f'(x) = \frac{-1}{\sqrt{1 - x^2}}$	$f(x) = \text{arc cos}\, g(x)$	$f'(x) = \frac{-g'(x)}{\sqrt{1 - g^2(x)}}$
$f(x) = \text{arc tg}\, x$	$f'(x) = \frac{1}{1 + x^2}$	$f(x) = \text{arc tg}\, g(x)$	$f'(x) = \frac{g'(x)}{1 + g^2(x)}$

ACTIVITATS

19. Calcula la derivada de les funcions que apareixen a continuació:

a) $f(x) = \sqrt{x^2 + x}$ b) $f(x) = (\text{arc sin}\, x)^3$ c) $f(x) = \ln 4x$

20. Calcula la derivada d'aquestes funcions:

a) $f(x) = (\cos x)^2$ b) $f(x) = \text{tg}\left(\frac{x}{x - 5}\right)$ c) $f(x) = e^{x^2+7x-4}$

SABER FER

Derivada d'una funció en un punt

Calcular el valor d'un paràmetre d'una funció coneixent-ne la derivada en un punt

Troba el valor de m en la funció $f(x) = \dfrac{mx^2 + 1}{2x + m}$ de manera que $f'\left(\dfrac{1}{2}\right) = 1$.

PRIMER. Calculem la derivada de la funció.

$$f'(x) = \frac{2mx(2x+m) - 2(mx^2+1)}{(2x+m)^2} = \frac{2mx^2 + 2m^2x - 2}{4x^2 + 4mx + m^2}$$

SEGON. Hi apliquem la condició que ha de complir la derivada.

$$f'\left(\frac{1}{2}\right) = \frac{2m\left(\frac{1}{2}\right)^2 + 2m^2\left(\frac{1}{2}\right) - 2}{4\left(\frac{1}{2}\right)^2 + 4m\left(\frac{1}{2}\right) + m^2} = \frac{\frac{m}{2} + m^2 - 2}{1 + 2m + m^2}$$

$$f'\left(\frac{1}{2}\right) = 1 \rightarrow \frac{\frac{m}{2} + m^2 - 2}{1 + 2m + m^2} = 1$$

TERCER. Resolem l'equació que en resulta.

$$\frac{\frac{m}{2} + m^2 - 2}{1 + 2m + m^2} = 1$$

$$m + \cancel{2m^2} - 4 = 2 + 4m + \cancel{2m^2}$$

$$3m + 6 = 0 \rightarrow m = -2$$

PRACTICA

21. Troba el valor de m en la funció $f(x) = \dfrac{3x + m}{mx^2}$ sabent que $f'(-1) = 5$.

Derivada d'una funció en un punt

Estudiar la derivabilitat d'una funció en un punt depenent d'un paràmetre

Determina si és derivable a $x = 2$ aquesta funció:

$$f(x) = \begin{cases} 2kx & \text{si } x < 2 \\ kx^2 & \text{si } x \geq 2 \end{cases}$$

PRIMER. Una funció, per ser derivable, ha de ser contínua. Comprovem, doncs, que és contínua.

$$\left.\begin{array}{l} \lim\limits_{x\to 2^-} f(x) = 2k \cdot 2 = 4k \\ \lim\limits_{x\to 2^+} f(x) = k \cdot 2^2 = 4k \end{array}\right\} \rightarrow \text{És contínua a } x = 2.$$

SEGON. Calculem la derivada aplicant-hi la definició; els límits laterals han de coincidir.

$$\lim_{h\to 0^-} \frac{f(2+h) - f(2)}{h} = \lim_{h\to 0^-} \frac{2k(2+h) - 4k}{h} = \lim_{h\to 0^-} \frac{2k\cancel{h}}{\cancel{h}} = 2k$$

$$\lim_{h\to 0^+} \frac{f(2+h) - f(2)}{h} = \lim_{h\to 0^+} \frac{k(2+h)^2 - 4k}{h} = \lim_{h\to 0^+} \frac{k\cancel{h}(h+4)}{\cancel{h}} = 4k$$

TERCER. Fem que els límits siguin iguals.

$$2k = 4k \rightarrow 2k = 0 \rightarrow k = \frac{0}{2} = 0$$

La funció és derivable si $k = 0$; en aquest cas és la funció idènticament nul·la.

PRACTICA

22. Digues si és derivable $f(x) = \begin{cases} kx + 2 & \text{si } x < -1 \\ x^3 - x + k & \text{si } x \geq -1 \end{cases}$ a $x = -1$ segons els valors de k.

Recta tangent en un punt

Calcular la tangent d'una funció en un punt fent servir les tècniques de derivació

Determina l'equació de la tangent de la funció $f(x) = \sin x + 2\cos x$ en el punt $x = \dfrac{\pi}{2}$.

PRIMER. Determinem la derivada de la funció fent servir les tècniques de derivació.

$$f'(x) = \cos x - 2\sin x$$

SEGON. Per obtenir la tangent calculem el valor de la derivada en el punt.

$$f'\left(\frac{\pi}{2}\right) = \cos\frac{\pi}{2} - 2\sin\frac{\pi}{2} = -2$$

TERCER. Determinem l'equació de la recta tangent en el punt.

$$y - f\left(\frac{\pi}{2}\right) = f'\left(\frac{\pi}{2}\right)\cdot\left(x - \frac{\pi}{2}\right)$$

$$y - \left(\sin\frac{\pi}{2} + 2\cos\frac{\pi}{2}\right) = -2\left(x - \frac{\pi}{2}\right)$$

$$y = -2x + \pi + 1$$

PRACTICA

23. Determina l'equació de la recta tangent a la funció $f(x) = \sin 2x - \cos x$ en el punt d'abscissa $x = \dfrac{\pi}{3}$.

Recta tangent en un punt

Determinar els punts amb tangent horitzontal en una funció

Determina els punts de la funció $f(x) = \dfrac{x}{x^2+1}$ en què la tangent és horitzontal.

PRIMER. Determinem la derivada de la funció.

$$f'(x) = \frac{x^2+1-2x^2}{(x^2+1)^2} = \frac{-x^2+1}{(x^2+1)^2}$$

SEGON. Igualem la derivada de la funció a zero i calculem la solució de l'equació que en resulta.

$$f'(x) = 0 \rightarrow -x^2+1 = 0 \rightarrow x = \pm 1$$

TERCER. Com que el pendent d'una recta horitzontal és 0, les abscisses dels punts que tenen pendent horitzontal són les solucions de l'equació anterior.

$$x = 1 \longrightarrow f(1) = \frac{1}{2} \rightarrow A\left(1, \frac{1}{2}\right)$$

$$x = -1 \rightarrow f(-1) = -\frac{1}{2} \rightarrow B\left(-1, -\frac{1}{2}\right)$$

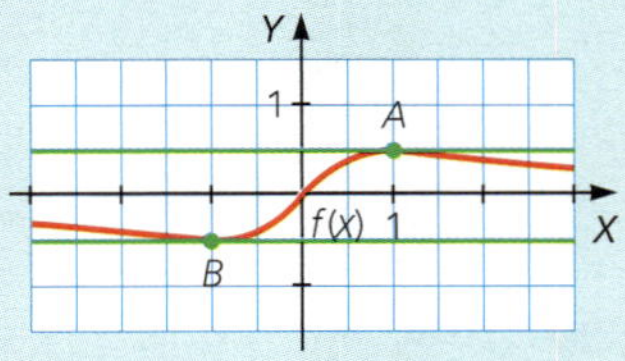

PRACTICA

24. Determina els punts de la funció $f(x) = x^3 - 3x$ en què la tangent és horitzontal.

Recta tangent en un punt

Calcular la tangent en un punt d'un lloc geomètric

Calcula la tangent al punt $x = 2$ en la circumferència $(x-1)^2 + (y-2)^2 = 4$.

PRIMER. Aïllem y a l'equació del lloc geomètric per obtenir una funció $f(x)$.

$$(x-1)^2 + (y-2)^2 = 4 \rightarrow (y-2)^2 = 4-(x-1)^2$$
$$\rightarrow y = \sqrt{4-(x-1)^2} + 2$$
$$\rightarrow f(x) = \sqrt{4-(x-1)^2} + 2$$

SEGON. Calculem la derivada de la funció $f(x)$.

$$f'(x) = \frac{-\cancel{2}(x-1)}{\cancel{2}\sqrt{4-(x-1)^2}} = \frac{-x+1}{\sqrt{-x^2+2x+3}}$$

TERCER. Determinem l'equació de la recta tangent.

$$y - f(2) = f'(2) \cdot (x-2)$$
$$f(2) = \sqrt{4-(2-1)^2} + 2 = 2 + \sqrt{3}$$
$$f'(2) = \frac{-2+1}{\sqrt{-2^2+2\cdot 2+3}} = \frac{-1}{\sqrt{3}} = -\frac{\sqrt{3}}{3}$$
$$y = -\frac{\sqrt{3}}{3}x + \frac{5\sqrt{3}+6}{3}$$

PRACTICA

26. Escriu l'equació de la recta tangent a l'el·lipse $\dfrac{x^2}{9} + \dfrac{y^2}{4} = 1$ en el punt $x = \dfrac{12}{5}$.

Recta tangent en un punt

Trobar el valor d'un paràmetre en una funció coneixent-ne algunes tangents

Quant val k en la funció $f(x) = kx^3 + 6x^2 - kx - 18$ si les tangents a $x = 1$ i a $x = -2$ són paral·leles?

PRIMER. Calculem la derivada de la funció.

$$f'(x) = 3kx^2 + 12x - k$$

SEGON. Hi apliquem la condició que compleixen les tangents. En aquest cas, com que les tangents són paral·leles, tenen el mateix pendent.

$$f'(1) = 3k \cdot 1^2 + 12 \cdot 1 - k = 2k + 12$$
$$f'(-2) = 3k \cdot (-2)^2 + 12 \cdot (-2) - k = 11k - 24$$
$$f'(1) = f'(-2) \rightarrow 2k + 12 = 11k - 24$$
$$\rightarrow 9k - 36 = 0 \rightarrow k = 4$$

25. Quin ha de ser el valor de k en la funció $f(x) = (k-1)x^3 + x^2 - kx - 4$ si les rectes tangents a $x = \dfrac{1}{3}$ i a $x = -1$ són paral·leles?

Derivades successives

Calcular una derivada successiva

Determina f'', f''' i f^{IV} en la funció $f(x) = -3x^2 + \ln x$

PRIMER. Determinem la derivada de la funció i la simplifiquem, si es pot.

$$f'(x) = -6x + \frac{1}{x}$$

SEGON. Per obtenir f'' tornem a derivar f', per obtenir f''' derivem f'', i així successivament.

$$f''(x) = -6 - \frac{1}{x^2}$$
$$f'''(x) = \frac{2x}{x^4} = \frac{2}{x^3}$$
$$f^{IV}(x) = -\frac{2\cdot 3x^2}{x^6} = -\frac{6}{x^4}$$

27. Calcula les derivades segona i tercera per a la funció $f(x) = e^{2x} + \sin x$.

SABER FER

Càlcul de derivades

Calcular la derivada d'una funció del tipus $f(x) = g(x)^n$

Calcula la derivada de les funcions que apareixen a continuació:

a) $f(x) = (x^3 - 2x)^4$

b) $f(x) = \sqrt[4]{\ln x}$

c) $f(x) = \dfrac{1}{\sin^4 x}$

d) $f(x) = \dfrac{1}{\sqrt{\text{arc cos } x}}$

PRIMER. Expressem la funció en forma d'una funció elevada a un nombre.

a) $f(x) = (x^3 - 2x)^4$

b) $f(x) = (\ln x)^{\frac{1}{4}}$

c) $f(x) = (\sin x)^{-4}$

d) $f(x) = (\text{arc cos } x)^{-\frac{1}{2}}$

SEGON. Calculem la derivada de la funció que és la base de la potència.

a) $g(x) = x^3 - 2x \rightarrow g'(x) = 3x^2 - 2$

b) $g(x) = \ln x \rightarrow g'(x) = \dfrac{1}{x}$

c) $g(x) = \sin x \rightarrow g'(x) = \cos x$

d) $g(x) = \text{arc cos } x \rightarrow g'(x) = \dfrac{-1}{\sqrt{1 - x^2}}$

TERCER. Apliquem la derivada de la funció potencial i ho simplifiquem.

$$f(x) = g(x)^n \rightarrow f'(x) = n \cdot g(x)^{n-1} \cdot g'(x)$$

a) $f'(x) = 4(x^3 - 2x)^{4-1} \cdot (3x - 2) = 4(3x - 2)(x^3 - 2x)^3$

b) $f'(x) = \dfrac{1}{4}(\ln x)^{\frac{1}{4}-1} \cdot \dfrac{1}{x} = \dfrac{1}{4x}(\ln x)^{-\frac{3}{4}} = \dfrac{1}{4x\sqrt[4]{\ln^3 x}}$

c) $f'(x) = -4(\sin x)^{-4-1} \cdot \cos x = -\dfrac{4 \cos x}{\sin^5 x}$

d) $f'(x) = -\dfrac{1}{2}(\text{arc cos } x)^{-\frac{1}{2}-1} \cdot \dfrac{-1}{\sqrt{1 - x^2}} =$

$= \dfrac{1}{2\sqrt{(1 - x^2)\text{arc cos}^3 x}}$

PRACTICA

28. Troba la derivada d'aquestes funcions:

a) $f(x) = (4x^2 + 5x - 2)^3$

b) $f(x) = \sqrt[5]{\sin x}$

c) $f(x) = \dfrac{1}{tg^3 x}$

d) $f(x) = \dfrac{1}{\sqrt[3]{x^2 - 7x - 12}}$

Càlcul de derivades

Calcular la derivada d'una funció del tipus $f(x) = a^{g(x)}$

Calcula la derivada d'aquestes funcions:

a) $f(x) = 2^{3x^2+1}$ **b)** $f(x) = 3^{\sin^2 x}$ **c)** $f(x) = e^{\sqrt[3]{x}}$

PRIMER. Calculem la derivada de la funció que hi ha a l'exponent.

a) $g(x) = 3x^2 + 1 \rightarrow g'(x) = 6x$

b) $g(x) = \sin^2 x \rightarrow g'(x) = 2 \sin x \cos x$

c) $g(x) = \sqrt[3]{x} \rightarrow g'(x) = \dfrac{1}{3\sqrt[3]{x^2}}$

SEGON. Apliquem la derivada de la funció exponencial.

$$f(x) = a^{g(x)} \rightarrow f'(x) = a^{g(x)} \cdot \ln a \cdot g'(x)$$

a) $f(x) = 2^{3x^2+1} \rightarrow f'(x) = 2^{3x^2+1} \cdot \ln 2 \cdot 6x$

b) $f(x) = 3^{\sin^2 x} \rightarrow f'(x) = 3^{\sin^2 x} \cdot \ln 3 \cdot 2 \sin x \cos x$

c) $f(x) = e^{\sqrt[3]{x}} \rightarrow f'(x) = e^{\sqrt[3]{x}} \cdot \dfrac{1}{3\sqrt[3]{x^2}}$

PRACTICA

29. Calcula la derivada d'aquestes funcions:

a) $f(x) = 5^{3x^2-2x+1}$ b) $f(x) = 7^{\cos x^2}$

Càlcul de derivades

Calcular la derivada d'una funció del tipus $f(x) = \ln g(x)$

Calcula la derivada d'aquestes funcions:

a) $f(x) = \ln(3x^2 + 1)$ **b)** $f(x) = \ln(\sin^2 x)$

PRIMER. Calculem la derivada de la funció que tenim en el logaritme.

a) $g(x) = 3x^2 + 1 \rightarrow g'(x) = 6x$

b) $g(x) = \sin^2 x \rightarrow g'(x) = 2 \sin x \cos x$

SEGON. Apliquem la derivada de la funció logarítmica.

$$f(x) = \ln g(x) \rightarrow f'(x) = \frac{1}{g(x)} \cdot g'(x)$$

a) $f(x) = \ln(3x^2 + 1) \rightarrow f'(x) = \dfrac{1}{3x^2 + 1} \cdot 6x$

b) $f(x) = \ln(\sin^2 x) \rightarrow f'(x) = \dfrac{1}{\sin^2 x} \cdot 2 \sin x \cos x$

PRACTICA

30. Calcula la derivada de les funcions següents:

a) $f(x) = \ln\left(\sqrt{2x}\right)$ b) $f(x) = \ln\left(\dfrac{1}{x^2}\right)$

Càlcul de derivades

Calcular la derivada d'una funció del tipus $f(x) = \sin g(x)$

Calcula la derivada d'aquestes funcions:

a) $f(x) = \sin(3x^2 + 1)$ **b)** $f(x) = \sin(\ln^2 x)$

PRIMER. Calculem la derivada de la funció que hi ha a dins de la funció trigonomètrica.

a) $g(x) = 3x^2 + 1 \rightarrow g'(x) = 6x$

b) $g(x) = \ln^2 x \rightarrow g'(x) = 2 \cdot \ln x \cdot \frac{1}{x} = \frac{2 \ln x}{x}$

SEGON. Apliquem la derivada de la funció trigonomètrica.

$$f(x) = \sin g(x) \rightarrow f'(x) = \cos g(x) \cdot g'(x)$$

a) $f(x) = \sin(3x^2 + 1) \rightarrow f'(x) = \cos(3x^2 + 1) \cdot 6x$

b) $f(x) = \sin(\ln^2 x) \rightarrow f'(x) = \cos(\ln^2 x) \cdot \frac{2 \ln x}{x}$

PRACTICA

31. Calcula la derivada d'aquestes funcions:

a) $f(x) = \text{tg}(2x - 5)$ b) $f(x) = \cos\sqrt{x}$

Regla de la cadena

Calcular la derivada d'una funció del tipus $f(x) = g(x)^{h(x)}$

Calcula la derivada de la funció $f(x) = x^{x^2+3}$.

PRIMER. Apliquem logaritmes als dos membres de la funció.

$$\ln f(x) = \ln x^{x^2+3} \rightarrow \ln f(x) = (x^2 + 3) \ln x$$

SEGON. Derivem els dos membres, tenint en compte que $f(x)$ és una funció i, per tant, quan derivem $\ln f(x)$ hi apliquem la regla de la cadena, i que el segon membre és un producte de funcions.

$$\ln f(x) = (x^2 + 3) \ln x$$

$$\frac{1}{f(x)} \cdot f'(x) = 2x \ln x + \frac{x^2 + 3}{x}$$

TERCER. Aïllem $f'(x)$ i substituïm $f(x)$ pel seu valor.

$$\frac{f'(x)}{f(x)} = 2x \ln x + \frac{x^2 + 3}{x}$$

$$f'(x) = f(x)\left(2x \ln x + \frac{x^2 + 3}{x}\right) = x^{x^2+3}\left(2x \ln x + \frac{x^2 + 3}{x}\right)$$

PRACTICA

32. Calcula la derivada de les funcions següents:

a) $f(x) = (x + 1)^x$ b) $f(x) = (x^2 + 1)^{x^3}$

Càlcul de derivades

Calcular la derivada d'una funció del tipus $f(x) = \arccos g(x)$

Calcula la derivada d'aquestes funcions:

a) $f(x) = \arccos(3x^2 + 1)$ **b)** $f(x) = \arccos(\ln^2 x)$

PRIMER. Calculem la derivada de la funció que hi ha a dins de la funció trigonomètrica.

a) $g(x) = 3x^2 + 1 \rightarrow g'(x) = 6x$

b) $g(x) = \ln^2 x \rightarrow g'(x) = 2 \cdot \ln x \cdot \frac{1}{x} = \frac{2 \ln x}{x}$

SEGON. Apliquem la derivada de la funció trigonomètrica.

$$f(x) = \arccos g(x) \rightarrow f'(x) = -\frac{1}{\sqrt{1 - [g(x)]^2}} \cdot g'(x)$$

a) $f(x) = \arccos(3x^2 + 1) \rightarrow f'(x) = -\frac{1}{\sqrt{1 - (3x^2 + 1)^2}} \cdot 6x$

b) $f(x) = \arccos(\ln^2 x) = f'(x) = -\frac{1}{\sqrt{1 - (\ln^2 x)^2}} \cdot \frac{2 \ln x}{x}$

PRACTICA

33. Calcula la derivada de les funcions següents:

a) $f(x) = \arcsin(x^3 + x)$ b) $f(x) = \text{arc tg}\left(\frac{1}{x}\right)$

Regla de la cadena

Calcular la derivada de la composició de tres funcions

Calcula la derivada de la funció $f(x) = \ln \sin\sqrt{3x^5}$.

PRIMER. Definim la funció com una composició de funcions.

$g(x) = \ln x$ $h(x) = \sin x$ $i(x) = \sqrt{3x^5} = \sqrt{3}x^{\frac{5}{2}}$

$f(x) = (g \circ h \circ i)(x)$

SEGON. Apliquem la regla de la cadena a $g \circ h$.

$$(g \circ h)(x) = \ln \sin x \rightarrow (g \circ h)'(x) = \frac{1}{\sin x} \cdot \cos x = \frac{\cos x}{\sin x}$$

TERCER. Apliquem la regla de la cadena a $(g \circ h) \circ i$.

$$((g \circ h) \circ i)(x) = \ln \sin\sqrt{3}x^{\frac{5}{2}}$$

$$((g \circ h) \circ i)'(x) = \frac{\cos\sqrt{3}x^{\frac{5}{2}}}{\sin\sqrt{3}x^{\frac{5}{2}}} \cdot \sqrt{3} \cdot \frac{5}{2}x^{\frac{3}{2}} = \frac{5\sqrt{3x^3}}{2} \cdot \frac{\cos\sqrt{3x^5}}{\sin\sqrt{3x^5}}$$

PRACTICA

34. Calcula la derivada d'aquestes funcions:

a) $f(x) = e^{\sin x^2}$ b) $f(x) = \sqrt{\ln\sqrt[3]{x}}$

Taxa de variació mitjana

35. Completa al teu quadern aquesta taula amb les taxes de variació mitjana de la funció $f(x) = 2x^2 - x + 1$.

	$[-3, -1]$	$[-5, 2]$	$[0, 3]$	$[1, 4]$
T.V.M.				

36. Determina la taxa de variació mitjana d'aquesta funció en cada un dels intervals.

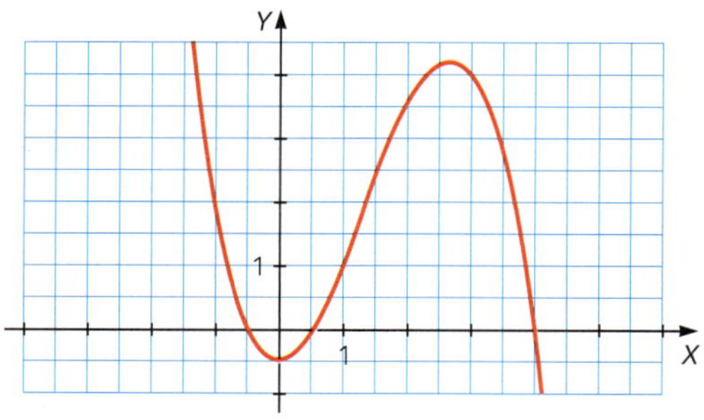

a) $[-1, 1]$ b) $[1, 3]$ c) $[-1, 3]$

37. Determina la taxa de variació mitjana de cada funció en els intervals indicats.

a) $f(x) = x$ en $[-1, 1]$

b) $f(x) = \frac{3}{4}x^2 - 5$ en $[3, 4]$

c) $f(x) = \sin x$ en $\left[\frac{\pi}{2}, \pi\right]$

38. Troba la taxa de variació mitjana de la funció $f(x) = 2x^2 - x$ en l'interval $[2, 2 + h]$.

Fes servir el resultat per determinar la taxa de variació mitjana de la funció en els intervals que apareixen a continuació:

a) $[2, 3]$ c) $[2, 8]$

b) $[2, 5]$ d) $[2, 10]$

39. Troba la taxa de variació mitjana de la funció $f(x) = \frac{1}{x}$ en l'interval $[1, 1 + h]$. Fes servir aquest resultat per calcular la taxa de variació mitjana de la funció en els intervals següents:

a) $[1, 2]$ c) $[1, 5]$

b) $[1, 3]$ d) $[1, 10]$

40. Calcula el valor que ha de tenir *a* perquè la taxa de variació mitjana de la funció $f(x) = 2x^2 + ax - 5$ en l'interval $[0, 2]$ sigui 1.

41. Troba dues funcions polinòmiques de segon grau que passin pels punts (0, 4) i (3, 10). Comprova que la taxa de variació mitjana en l'interval [0, 3] és la mateixa per a les dues funcions.

42. Per què la taxa de variació mitjana de la funció $f(x) = 2x - 3$ en qualsevol interval sempre és 2?

Derivada en un punt

43. Aplica la definició de derivada per calcular les derivades de les funcions en els punts que s'indiquen.

a) $f(x) = 3x - 1$ a $x = 2$

b) $f(x) = x^2 + x$ a $x = 3$

c) $f(x) = \frac{4x+3}{2}$ a $x = -1$

d) $f(x) = \frac{6}{x}$ a $x = 1$

e) $f(x) = (x - 1)^2$ a $x = -2$

f) $f(x) = x^3 + 5$ a $x = 0$

44. A partir de la definició, calcula les funcions derivades de les funcions que s'indiquen.

a) $f(x) = 2x + 3$

b) $f(x) = \frac{2x - 1}{4}$

c) $f(x) = x^3$

d) $f(x) = 2x^2 - 3x$

e) $f(x) = \frac{12}{x}$

f) $f(x) = (3x^2 + 2)^2$

45. Calcula la taxa de variació mitjana de la funció $f(x) = 2x^2 - 2x + 3$ en l'interval $[1, 1 + h]$.

a) Fes servir el resultat per determinar la taxa de variació mitjana en els intervals [1, 3], [1, 5] i [1, 8].

b) Calcula el límit quan *h* tendeix a zero de la taxa de variació mitjana en l'interval $[1, 1 + h]$ i comprova que equival a $f'(1)$.

46. Calcula la derivada de cada una de les funcions següents en el punt indicat:

a) $f(x) = (x + 2)^2 - 1$ a $x = 2$

b) $f(x) = 5 - 2x$ a $x = 0$

c) $f(x) = \frac{7}{x - 4}$ a $x = 1$

d) $f(x) = \sqrt{2 - 3x}$ a $x = -1$

e) $f(x) = \frac{5}{\sqrt{x + 1}}$ a $x = 8$

47. Determina la derivada de la funció de la gràfica en els punts indicats.

a) $x = -1$

b) $x = 0$

c) $x = 1$

d) $x = 3$

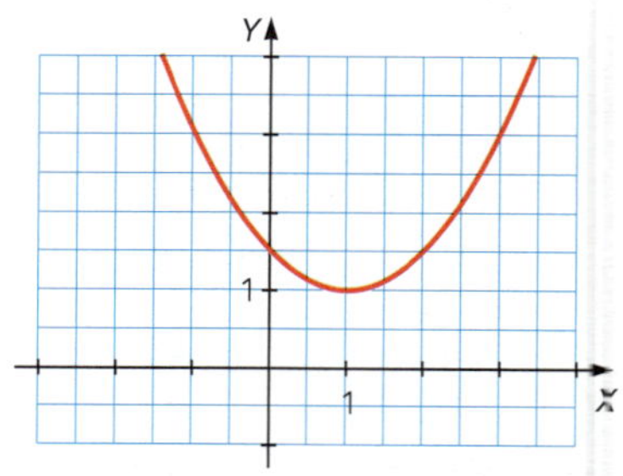

48. Demostra gràficament que la derivada d'aquesta funció en el punt d'abscissa 3 té un valor comprès entre 2 i 3:

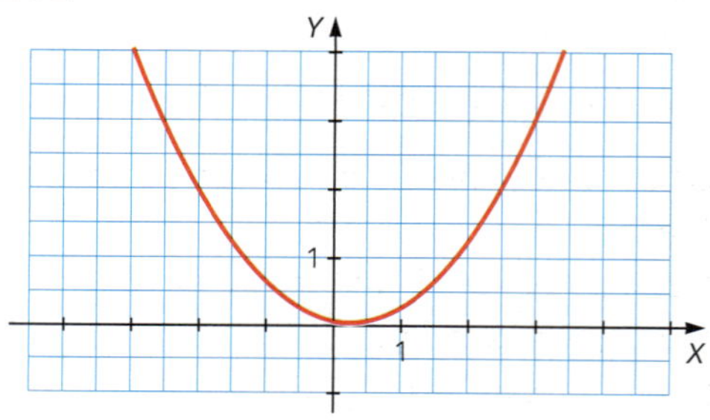

Interpretació geomètrica de la derivada

49. Calcula el pendent de la recta tangent a cada funció $f(x)$ en el punt que s'indica.

a) $f(x) = 3x^2 + 4x - 2$ a $x = -2$

b) $f(x) = x^3 - x^2 + x$ a $x = 3$

c) $f(x) = 4x^2 - x - 5$ a $x = 0$

50. Calcula el pendent de les rectes tangents a la corba $f(x) = x^2 - 4$ en els punts de tall amb els eixos X i Y.

51. Troba, en cada cas, els punts en què la tangent a la corba $f(x)$ és horitzontal.

a) $f(x) = x^3 + 3x^2$

b) $f(x) = x^3 + 3x^2 + 3x$

c) $f(x) = x^3 + 6x^2 + 9x - 1$

52. Determina l'equació de la recta tangent a la gràfica de la funció $f(x)$ en el punt indicat.

a) $f(x) = 3x^2 - 1$ a $x = 1$

b) $f(x) = x^3$ a $x = 2$

c) $f(x) = x^2 - 2x$ a $x = 1$

d) $f(x) = \dfrac{1}{x}$ a $x = -1$

53. Esbrina l'equació de la recta tangent que apareix a cada gràfica.

a)

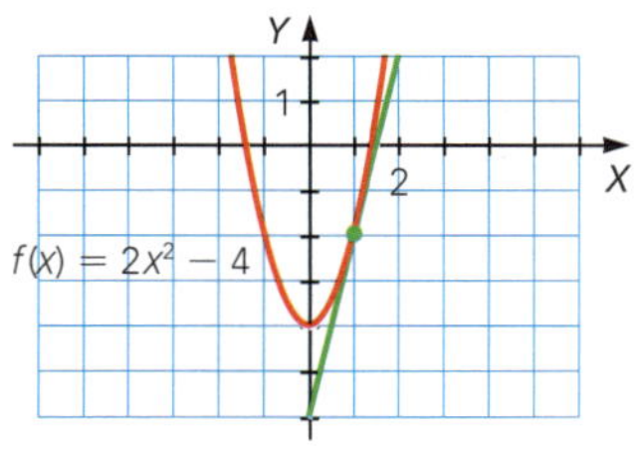

b)

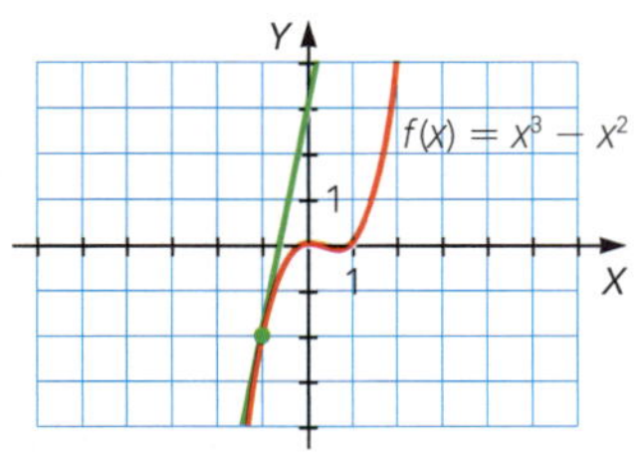

54. Escriu l'equació de la recta tangent a la gràfica de la funció $f(x) = x^2 + 2x - 5$.

a) En el punt d'abscissa 2.

b) En el punt d'abscissa -1.

c) En el punt d'ordenada -2.

d) En el punt de tall amb l'eix Y.

55. Escriu l'equació de la recta tangent a la gràfica de la funció $f(x) = x^3 + 3x^2$.

a) En els punts de tall amb els eixos X i Y.

b) En el punt d'abscissa 1.

c) En els punts d'ordenada 4.

56. Escriu l'equació de la recta tangent a la gràfica de la funció $f(x) = 2 + \ln x$ en el punt d'abscissa 1.

SABER FER

Determinar la tangent d'una funció en un punt que compleix una sèrie de condicions

▶ Calcula les tangents a la corba $f(x) = -x^5 + 3x$ que siguin paral·leles a la recta $y = -2x$.

PRIMER. Calculem el pendent que han de tenir les rectes buscades.

Si les rectes han de ser paral·leles a $y = -2x$ tindran el mateix pendent que aquesta recta, és a dir, -2.

SEGON. Igualem la derivada de la funció a aquest pendent i resolem l'equació.

$f'(x) = -5x^4 + 3$

$-5x^4 + 3 = -2 \rightarrow x^4 = 1 \rightarrow x = \pm 1$

Els punts d'abscisses 1 i -1 tenen una tangent paral·lela a $y = -2x$.

TERCER. Calculem l'ordenada dels punts.

Si $x = 1 \longrightarrow f(1) = -1^5 + 3 \cdot 1 = 2$

Si $x = -1 \rightarrow f(-1) = -(-1)^5 + 3 \cdot (-1) = -2$

CUART. Obtenim les equacions de les tangents en aquests punts.

Si $x = 1 \longrightarrow y - 2 = -2(x - 1)$
$y = -2x + 4$

Si $x = -1 \rightarrow y + 2 = -2(x + 1)$
$y = -2x - 4$

57. Determina l'equació de la recta tangent a la gràfica de la funció $f(x) = x^3$ paral·lela a la recta $y = x + 1$.

58. Determina, en cada cas, l'equació de la recta tangent a la gràfica de la funció $f(x)$ que sigui paral·lela a la recta $3x - y + 6 = 0$.

a) $f(x) = x^2 + 4x - 2$

b) $f(x) = \dfrac{3x}{1 - x}$

c) $f(x) = x^3 - 4$

d) $f(x) = \dfrac{3x^2 + 1}{x}$

59. Determina l'equació de la recta tangent a la gràfica de la funció $f(x) = \dfrac{x}{x + 3}$ paral·lela a la recta $y - x = 6$.

60. Troba el vèrtex de les paràboles següents sabent que aquest punt de la corba té per tangent una recta paral·lela a l'eix X.

a) $f(x) = x^2 - 4x + 6$

b) $f(x) = -x^2 + 2x - 1$

c) $f(x) = -x^2 + 2x + 1$

d) $f(x) = 2x^2 + 4x - 3$

e) $f(x) = 3x^2 - 6x + 5$

f) $f(x) = (x - 1)(2x + 5)$

61. Calcula el punt de tall de les rectes tangents a la corba $f(x)$ en els punts d'abscissa 2 i 0.

a) $f(x) = x^2 - x$
b) $f(x) = x^2 - 4x + 2$
c) $f(x) = x^2 + 1$
d) $f(x) = \ln(x + 1)$

62. En quins punts de la gràfica de la funció $f(x) = x^3 - x^2 + x$ la recta tangent té pendent 2?

63. Considera la funció $f(x) = \dfrac{x-2}{x+2}$. Troba els valors de la variable x en cada cas i interpreta geomètricament el que obtinguis.

a) $f'(x) = 1$
b) $f'(x) = 4$
c) $f'(x) = 0$
d) $f'(x) = \dfrac{1}{4}$

64. Troba el valor de k perquè la funció $f(x) = \dfrac{kx-5}{2x+3}$ compleixi que $f'(-1) = 19$.

65. Troba els valors de a i b perquè les funcions $f(x)$ i $g(x)$ tinguin la mateixa recta tangent a $x = 3$.

$$f(x) = ax^2 - 1 \qquad g(x) = x^2 + 3x + b$$

SABER FER

Calcular la recta normal a una corba

▶ Determina l'equació de la recta normal a la gràfica de la funció $f(x) = \ln x^2$ en el punt $x = e$.

PRIMER. Determinem la derivada de la funció.

$$f'(x) = \frac{1}{x^2} \cdot 2x = \frac{2}{x}$$

SEGON. Calculem la recta tangent a la funció en el punt demanat.

$$y - f(a) = f'(a) \cdot (x - a)$$

$$x = e \rightarrow y - f(e) = f'(e) \cdot (x - e)$$

$$f(e) = \ln e^2 = 2 \qquad f'(e) = \frac{2}{e}$$

La recta tangent és: $y - 2 = \dfrac{2}{e}(x - e)$

TERCER. La recta normal a la funció en el punt $x = a$ és la recta perpendicular a la recta tangent en aquest punt.

$$y - b = m \cdot (x - a) \xrightarrow{\text{Perpendicular}} y - b = -\frac{1}{m} \cdot (x - a)$$

$$y - 2 = \frac{2}{e}(x - e) \xrightarrow{\text{Perpendicular}} y - 2 = -\frac{e}{2}(x - e)$$

La recta normal és:

$$y - 2 = -\frac{e}{2}(x - e) \rightarrow y = -\frac{e}{2} \cdot x + \frac{e^2}{2} + 2$$

66. Determina l'equació de la recta normal de cada funció $f(x)$ en el punt indicat.

a) $f(x) = x^2 - 2x$ a $x = 2$
b) $f(x) = 2 - x^2$ a $x = 3$
c) $f(x) = x^3$ a $x = 1$
d) $f(x) = \dfrac{1}{x}$ a $x = -1$

67. Determina l'equació de la recta normal a la gràfica de $f(x) = x^2$ que sigui paral·lela a la recta $y = 2x - 1$.

68. Esbrina les equacions de les rectes perpendiculars que apareixen a la gràfica.

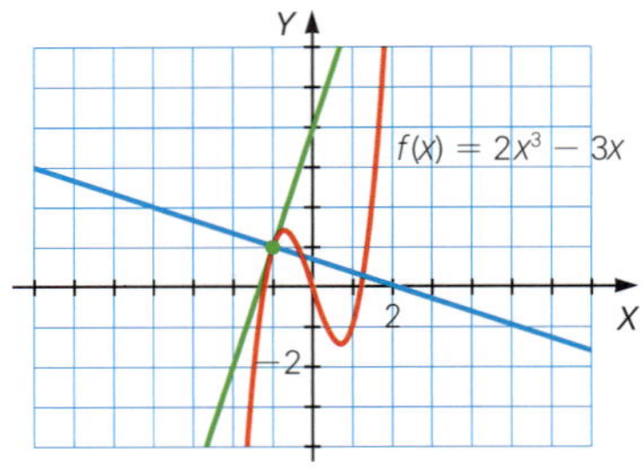

69. Troba la recta tangent i la recta normal a les funcions en els punts indicats.

a) $f(x) = 2^{3x-8}$ a $x = 3$
b) $f(x) = x^2 \ln(x + 3)$ a $x = -2$
c) $f(x) = (3x - 5)^6$ a $x = 2$

70. Determina la recta tangent i la recta normal a les funcions en els punts indicats.

a) $f(x) = \sqrt{2x + 6}$ a $x = 5$
b) $f(x) = \sin(2x + \pi)$ a $x = 0$
c) $f(x) = \text{tg}\,\dfrac{\pi - x}{2}$ a $x = \pi$
d) $f(x) = \ln(x^2 + 1)$ a $x = 0$

Càlcul de derivades

71. Aplica la derivada de la suma a la funció $f(x) = 3x^4 - 2x^2 - 7x + 5$ per calcular el següent:

a) La funció derivada.
b) La derivada en els punts d'abscissa $x = -2$, $x = 0$ i $x = 1$.

72. Considerant la funció $f(x) = 3x^4 - 5x^3 + x - 6$, calcula el següent:

a) $f'(x)$
b) $f'(3)$, $f'(-2)$ i $f'(0)$
c) $f'(4 - 8)$ i $f'(4) - f'(8)$. Són iguals?

73. Calcula la derivada d'aquestes funcions:

a) $f(x) = -3x^3 + 5x^2 - x + 5$
b) $f(x) = -2(x^4 - 9x^2) + x$
c) $f(x) = x(2 + x^2) + 3$
d) $f(x) = x^6 - 10x^2 - x^{-3}$

74. Fes servir les regles de derivació per calcular la funció derivada de les funcions següents:

a) $f(x) = 5x^4 + 3x^3 - 7x^2 + 12x - 1$

b) $f(x) = \dfrac{3x^2 - 5x}{x + 1}$

c) $f(x) = \dfrac{-3x^2 + 8x - 9}{2}$

75. Aplica la derivada del producte a la funció $f(x) = (5x^2 - 3x) \cdot (x^4 - 2x + 5)$ per calcular el següent:

a) La funció derivada.

b) La derivada en els punts d'abscissa -3, 0 i 2.

76. Fes servir les regles de derivació per calcular la funció derivada de les funcions següents:

a) $f(x) = (3x^2 - 1) \cdot 4x$

b) $f(x) = (-3x^2 + x - 1) \cdot \left(\dfrac{2x - 3}{3}\right)$

c) $f(x) = 2x \cdot (5x - 3) \cdot (x^2 - 3x + 1)$

77. Aplica la regla del quocient a la funció $f(x) = \dfrac{3x - 1}{x^2 - 5x}$ per calcular el següent:

a) La funció derivada.

b) La derivada en els punts d'abscissa -1, 1 i 2.

78. Fes servir les regles de derivació per calcular la funció derivada de les funcions següents:

a) $f(x) = \dfrac{7x^3 - 2x + 4}{x - 2}$

b) $f(x) = \dfrac{6x^4}{7x^2 - x + 3}$

c) $f(x) = \dfrac{4}{x^2 - 1}$

d) $f(x) = \dfrac{x^2 + 3 - x}{2x^2 - x}$

79. Efectua la derivada de la funció següent:

$$f(x) = \frac{x - 1}{x + 1} + \frac{x + 1}{x - 1}$$

80. Calcula la derivada de les funcions següents:

a) $f(x) = \sqrt[3]{x^7}$

b) $f(x) = \sqrt{x^3} - 3\sqrt[5]{x}$

c) $f(x) = \sqrt[5]{x} \cdot (1 - \sqrt{x})$

d) $f(x) = \dfrac{\sqrt{x}}{1 - \sqrt[3]{x}}$

81. Calcula la derivada de les funcions que apareixen a continuació:

a) $f(x) = \dfrac{x^2 - 4x}{5x + 2} - \sqrt{x}$

b) $f(x) = \dfrac{x - 3}{x - 1} \cdot \dfrac{x + 5}{x - 2}$

c) $f(x) = \dfrac{x^2 - 3x - 1}{2x^2 - x} + \dfrac{\sqrt{x + 5}}{x}$

82. Calcula la derivada d'aquesta funció:

$$f(x) = \sqrt{\frac{2x^2 + x - 3}{x^2 - 1}} + \left(\frac{1}{x}\right)^2$$

83. Calcula la derivada de les funcions exponencials i logarítmiques següents:

a) $f(x) = \ln x + e^x$

b) $f(x) = x^2 \log x - 1$

c) $f(x) = (x^2 + 3)\log_2 x$

d) $f(x) = \dfrac{\ln x + 4}{e^x}$

e) $f(x) = \dfrac{\ln x}{e^x} + 4$

f) $f(x) = 5e^x - 3^x$

84. Deriva les funcions trigonomètriques següents:

a) $f(x) = \sin x \cos x$

b) $f(x) = \dfrac{\cos x}{x^2}$

c) $f(x) = \sec x \operatorname{cosec} x$

d) $f(x) = x \operatorname{tg} x$

e) $f(x) = x \arccos x$

f) $f(x) = \dfrac{1}{\operatorname{tg} x}$

85. Calcula la derivada de les funcions trigonomètriques següents:

a) $f(x) = 2x + \arcsin x + \arccos x$

b) $f(x) = (1 + x^2) \operatorname{arc\,tg} x$

c) $f(x) = \ln x \cdot \operatorname{tg} x$

d) $f(x) = e^x \sin x$

e) $f(x) = \dfrac{\cos x}{2 - x}$

86. Calcula les sis primeres derivades de les funcions $f(x) = \sin x$ i $g(x) = \cos x$.

87. Determina les tres primeres derivades de cada una de les funcions següents:

a) $f(x) = x^4 + 7x^3$

b) $f(x) = \sqrt{x^3 - 4x}$

c) $f(x) = \sin x^2$

d) $f(x) = e^{2x}$

88. Calcula les derivades primera, segona i tercera d'aquestes funcions:

a) $f(x) = x^3 + 2x^2 + x - 1$

b) $f(x) = \sqrt{x - 2}$

c) $f(x) = \ln 2x$

d) $f(x) = e^{\sin x + \cos x}$

89. Troba els valors on s'anul·la la derivada segona de les funcions següents:

a) $f(x) = -3x^3 + 4x^2 - 3x + 1$

b) $f(x) = \ln(x^2 + 2)$

90. Donada $f(x) = \dfrac{x^2}{x + 3}$, troba el valor de x en cada cas.

a) $f'(x) = 0$

b) $f''(x) = 0$

91. Calcula la derivada n-èsima, $f^n(x)$, d'aquesta funció:

$$f(x) = \frac{2}{x - 1}$$

92. Escriu les funcions elementals que componen aquestes funcions i troba'n les derivades:

a) $f(x) = \ln(2x^2)$

b) $f(x) = \log_3(x^2 - 1)$

c) $f(x) = 10^{x+3}$

d) $f(x) = e^{3x}$

e) $f(x) = \cos(3x - 1)$

f) $f(x) = \sin(x^2 - 3)$

ACTIVITATS

93. Escriu les funcions que componen les funcions següents i troba'n les derivades:

a) $f(x) = \log_3 (2x + 1)$
b) $f(x) = (3x^2 - 3x + 1)^4$
c) $f(x) = \sin \sqrt{x}$
d) $f(x) = \text{arc tg}\, e^x$
e) $f(x) = 2^{3x-4}$
f) $f(x) = \sqrt[4]{x^2 - 1}$
g) $f(x) = \cos \ln x$
h) $f(x) = 3^{\cos x}$

94. Aplica la regla de la cadena per calcular les derivades d'aquestes funcions exponencials i logarítmiques:

a) $f(x) = \ln \dfrac{x^3}{2x + 1}$
b) $f(x) = e^x \ln x$
c) $f(x) = e^{\frac{3x^2-1}{x}}$
d) $f(x) = \dfrac{e^{4x+1}}{1 + x^4}$
e) $f(x) = \log_2 \dfrac{2x^2}{x - 7}$
f) $f(x) = 3^{\ln (x^4+2)}$
g) $f(x) = \dfrac{\ln x^3}{e^{-x^2-x}}$
h) $f(x) = \ln \dfrac{e^{3x} + e^x}{e^{\frac{1}{x}}}$

95. Aplica la regla de la cadena per calcular les derivades de funcions trigonomètriques següents:

a) $f(x) = \sin 3x^2$
b) $f(x) = \cos (x^2 + 1)$
c) $f(x) = \text{tg}\, (x^2 - 3x)$
d) $f(x) = \sin \sqrt{x^2 + 3x}$
e) $f(x) = \cos \dfrac{x - 1}{x}$
f) $f(x) = \text{tg}\, \sqrt{x - 1}$
g) $f(x) = -\sin \dfrac{x}{-x^4 + x - 1}$
h) $f(x) = \text{tg}\, \dfrac{2}{\sqrt{1 - x}}$

96. Troba la derivada d'aquestes funcions:

a) $f(x) = (2x + 1)^3 \cdot 3^x$
b) $f(x) = \sqrt{\dfrac{x^2 - 3}{x^3}}$
c) $f(x) = \dfrac{x^2 - 3}{\sqrt{x^3}}$
d) $f(x) = \dfrac{2x - 3}{e^x}$
e) $f(x) = \dfrac{\sqrt{x^2 - 3}}{x^3}$
f) $f(x) = x^2 - \dfrac{3}{\sqrt{x^3}}$

97. Aplica la regla de la cadena per calcular les derivades de funcions potencials següents:

a) $f(x) = (3x^4 - 2x + 1)^5$
b) $f(x) = \left(\dfrac{x}{1 - x^3}\right)^5$
c) $f(x) = \left(\sqrt[3]{x^3 - 1}\right)^5$
d) $f(x) = (1 + 2e^x)^4$
e) $f(x) = \ln^4 (x^2 - 1)^3$
f) $f(x) = (1 - 3e^x)^6$
g) $f(x) = \sin^2 x^2$
h) $f(x) = \cos^3 (x^2 - 7x + 1)$
i) $f(x) = \text{tg}^2 (x^3 - 8)$
j) $f(x) = \left(\sin \dfrac{1}{x} + \cos \dfrac{1}{x}\right)^3$

98. Aplica la regla de la cadena per determinar la funció derivada d'aquestes funcions:

a) $f(x) = \ln \text{tg}\, x$
b) $f(x) = \sqrt{\cos x}$
c) $f(x) = \log_2 x^2$
d) $f(x) = \sin (\cos x)$
e) $f(x) = \text{arc tg}\, x^2$
f) $f(x) = \text{tg} \ln x$
g) $f(x) = \cos \sqrt{x}$
h) $f(x) = \log_2 x^2$
i) $f(x) = \cos (\sin x)$
j) $f(x) = \text{arc tg}^2\, x$

99. Deriva les funcions següents:

a) $f(x) = e^{(\sqrt{x}+1)^2}$
b) $f(x) = \ln\left(\dfrac{x^2 - 1}{e^{2x}}\right)$
c) $f(x) = \sqrt{2e^x + \log_2 3x}$
d) $f(x) = [\ln(\ln x)]^2$
e) $f(x) = 3 \sin x^2 + 2 \sin^2 x$
f) $f(x) = \sec (x^3 + 1)^2$
g) $f(x) = -\cos(\sin(\text{tg}\, x^2))$
h) $f(x) = \ln \dfrac{\sin x^2}{\cos 2x}$
i) $f(x) = e^{2x} \cdot \cos x^2$
j) $f(x) = \sqrt[3]{\cos^2 x^3}$

100. Aplica la regla de la cadena per calcular la derivada d'aquestes funcions:

a) $f(x) = \left(\dfrac{2x^4}{5} - \dfrac{3x^3}{2} - \dfrac{x^2}{3} + \dfrac{x}{2} + \dfrac{2}{3}\right)^5$

b) $f(x) = \sqrt{\sin^3 x - \cos^2(3x - 1) + \text{tg}\, \dfrac{-3}{x^2 + 2}}$

c) $f(x) = \text{tg}^4\left(\dfrac{\sqrt{4x^2 + 10x - 1}}{x - 16}\right)$

d) $f(x) = \ln\left(\dfrac{\sin^2 x + \cos^2 x}{\sin^2 x - \cos^2 x} + \text{tg}^2 x\right)$

e) $f(x) = \left(\dfrac{\sqrt[3]{-3x^2 + 10x - 1}}{\sqrt{x^4 - 4}}\right)^{x^2+4}$

101. Troba els coeficients i els exponents desconeguts perquè es verifiqui que les funcions i les seves derivades es corresponen.

a) $f(x) = x^3 + ax^2 + bx + 6$
$f'(x) = 3x^2 + 4x - 3$

b) $g(x) = a \ln x + bx$
$g'(x) = \dfrac{3}{x} - 5$

c) $h(x) = \dfrac{a^x}{x^b}$
$h'(x) = a^x\left(\dfrac{\ln 2}{x} - \dfrac{1}{x^2}\right)$

d) $i(x) = \dfrac{x}{\sqrt[b]{x}}$
$i'(x) = \dfrac{2}{3\sqrt[b]{x}}$

102. Deriva les funcions trigonomètriques inverses següents:

a) $f(x) = \text{arc sin}\, x^2$
b) $f(x) = \text{arc cos}\, (2x - 1)^2$
c) $f(x) = \text{arc tg}\, \sqrt{x}$
d) $f(x) = \text{arc sin} \dfrac{2x}{x - 1}$
e) $f(x) = \text{arc cos}\, e^{2x}$
f) $f(x) = \text{arc tg} \ln x$

103. Calcula les derivades de les funcions següents:

a) $f(x) = (x^2 + 1)^{3x}$
b) $f(x) = x^{3x^2-7x-1}$
c) $f(x) = (3x^2 + 1)^{\ln x}$
d) $f(x) = \sin^x x^2$
e) $f(x) = \cos^{3x} 2x$
f) $f(x) = \left(\sqrt[5]{-x^3 - 15}\right)^{x^2}$
g) $f(x) = (-x^{10} + 3x^5 - 1)^{\sin x}$
h) $f(x) = e^{-5x^3+4x-1}$

SABER FER

Calcular el valor de diversos paràmetres d'una funció coneixent-ne algunes característiques

▶ Donada la funció $f(x) = ax^2 + bx + 2$, determina a i b sabent que la gràfica de $f(x)$ passa pel punt (1, 0) i que la recta tangent a $f(x)$ a $x = 1$ té com a pendent -1.

PRIMER. Apliquem les condicions que compleix la funció.

La funció passa per (1, 0):

$$f(x) = ax^2 + bx + 2 \xrightarrow{\text{Passa per } (1,0)} f(1) = a \cdot 1^2 + b \cdot 1 + 2 = 0 \to a + b + 2 = 0$$

La tangent a $x = 1$ és -1:

$$f'(x) = 2ax + b \xrightarrow{f'(1) = -1} f'(1) = 2a \cdot 1 + b = -1$$

SEGON. Resolem el sistema d'equacions que en resulta.

$$\left.\begin{array}{l} a + b + 2 = 0 \\ 2a + b = -1 \end{array}\right\} \xrightarrow{\cdot(-2)} \left.\begin{array}{r} -2a - 2b = 4 \\ 2a + b = -1 \end{array}\right\} \quad \overline{-b = 3} \to b = -3$$

$$a + b + 2 = 0 \xrightarrow{b=-3} a - 3 + 2 = 0 \to a = 1$$

La funció és $f(x) = x^2 - 3x + 2$.

104. Calcula a, b i c en la funció $f(x) = ax^2 + bx + c$, sabent que la seva gràfica passa per (0, −3) i (2, 5), i que la recta tangent a $x = -1$ és horitzontal.

105. Quina és l'equació d'una paràbola que passa pel punt (0, 9) i en el punt (2, 9) té com a recta tangent $y - 6x + 3 = 0$?

106. Determina els valors de a, b i c perquè la funció $f(x) = x^3 + ax^2 + bx + c$ passi per l'origen de coordenades, la seva recta tangent a $x = 1$ tingui pendent 3 i la segona derivada a $x = -1$ sigui nul·la.

107. Determina els valors de a, b i c perquè la funció $f(x) = x^3 + ax^2 + bx + c$ passi per (3, 0) i les rectes tangents a la seva gràfica a $x = 2$ i $x = 4$ siguin paral·leles a l'eix X.

108. Calcula a, b i c en la funció $f(x) = ax^4 + bx + c$, sabent que la seva gràfica passa per (1, −1), la recta tangent a $x = 1$ és horitzontal i la recta tangent a $x = 0$ és paral·lela a la recta $y = 4x$.

109. Determina els valors de a, b i c perquè la funció $f(x) = 2x^3 + ax^2 + bx + c$ passi per (1, 6) i les rectes tangents a la gràfica a $x = 1$ i $x = 2$ siguin horitzontals.

Problemes amb derivades

110. Raona si hi ha algun punt en què la tangent a la gràfica de la corba $f(x)$ sigui horitzontal.

a) $f(x) = \dfrac{x-2}{x-3}$

b) $f(x) = \dfrac{x^2-2}{x-3}$

c) $f(x) = \dfrac{3x}{x-3}$

d) $f(x) = \dfrac{-x}{x^2+1}$

111. Indica si alguna de les rectes tangents de les funcions següents són paral·leles a la recta $r: y - 2x + 3 = 0$.

a) $f(x) = x^3 - x + 7$

b) $f(x) = x^2 + 4x + 3$

c) $f(x) = \ln x^2$

d) $f(x) = \dfrac{1}{x+3}$

112. Troba, en cada cas, els punts en què la tangent a la corba $f(x)$ és paral·lela a la bisectriu del primer i el tercer quadrant.

a) $f(x) = x^2 - 3x + 1$

b) $f(x) = \dfrac{x}{1-x}$

c) $f(x) = x^3 - x^2$

d) $f(x) = x \ln x$

113. Troba, en cada cas, els punts en què la tangent a la corba $f(x)$ és paral·lela a la bisectriu del segon i el quart quadrant.

a) $f(x) = \dfrac{1}{x}$

b) $f(x) = x^3 + 2x^2$

c) $f(x) = 2x^3 - 3x^2 + 5$

d) $f(x) = -\dfrac{1}{1-2x}$

114. Considera la funció $f(x) = \ln x$. Calcula els punts de la corba en què la recta tangent té el mateix pendent que les rectes següents:

a) $r: y - x = 2$

b) $s: 4y = 3 - x$

c) $t: y + x - 1 = 0$

d) $u: 2y - x = -4$

115. Considera la funció $f(x) = \dfrac{2}{x+3}$.

a) Escriu les equacions de les rectes tangents a la gràfica de la funció el pendent de les quals sigui $\dfrac{-1}{2}$.

b) És la gràfica de $f(x)$ tangent en algun punt a la recta $y + 2x + 2 = 0$? És únic aquest punt?

116. La recta que té com a equació $y = 9x - 14$ és tangent a la funció $y = x^3 - 3x + k$. Determina en quin punt són tangents i troba el valor de k.
Hi ha una sola solució? La funció té dos punts en què la tangent és horitzontal. Troba'ls i escriu l'equació d'aquestes rectes.

117. Indica en quins dels parells de funcions següents les gràfiques són tangents en algun punt:

a) $f(x) = x^2 + 3x + 2$
$g(x) = 3x + 2$

b) $f(x) = e^x$
$g(x) = x$

c) $f(x) = \ln x$
$g(x) = x - 1$

d) $f(x) = \cos x$
$g(x) = x^2 + 1$

ACTIVITATS

118. Busca l'expressió algebraica d'una funció que passa per (2, 5), sabent que la seva derivada és:

$$f'(x) = 2x^2 + 6x - 3$$

119. La recta tangent a una funció $f(x)$ en el punt d'abscissa $x = 2$ és $y = 5x - 7$. Troba el valor de la funció i de la seva derivada en el punt d'abscissa 2.

120. La recta $y = ax + b$ passa per (1, 6) i (2, 8) i és tangent a la corba $g(x)$ a $x = 0$. Troba el valor de $g(0)$ i $g'(0)$.

121. La funció derivada d'una paràbola és una recta que passa pels punts $\left(1, \frac{1}{2}\right)$ i $\left(-1, -\frac{11}{2}\right)$.
Troba l'abscissa del vèrtex d'aquesta paràbola.

122. Si tracem la recta tangent i la recta normal a la funció $f(x) = x^3 - 12x^2 + 42x - 40$, en el punt (3, 5) es forma, amb els semieixos positius de coordenades, un quadrilàter. Determina'n l'àrea.

123. Considera la corba $f_1(x) = \sqrt{5 - x}$ i la recta d'equació $f_2(x) = ax$. Calcula el valor de a perquè la recta tangent a $f_1(x)$ sigui:

a) Perpendicular a $f_2(x)$ a $x = 1$.

b) Paral·lela a $f_2(x)$ a $x = -4$.

124. Quant ha de valer a perquè la funció $f(x) = x \ln x - ax$ tingui, en el punt d'abscissa e, una recta tangent paral·lela a la bisectriu del primer quadrant?

125. Considera la circumferència d'equació $x^2 + y^2 = 20$. Escriu l'equació de la recta tangent en el punt d'abscissa $x = 4$.

126. Considera la funció $f(x) = x^2 - 4x + 6$.

a) Calcula les equacions de les rectes tangents a la seva gràfica paral·leles a les bisectrius dels quadrants.

b) Troba el punt de tall entre les rectes i el de cada una amb l'eix de coordenades X.

c) Determina l'àrea del triangle que té com a vèrtexs els punts trobats anteriorment.

127. Considera la funció $f(x) = x^3 + 3x^2 + 4$.

a) Calcula els punts en què la gràfica de la funció té recta tangent horitzontal.

b) Escriu l'equació de la recta que passa per aquests punts.

c) Troba els punts de la corba que tenen per recta tangent una paral·lela a aquesta recta.

128. Considera la funció $f(x) = \dfrac{2x - 9}{x - 3}$.

a) Calcula els punts de tall d'aquesta funció amb els eixos de coordenades.

b) Escriu l'equació de la recta tangent a la corba en cada un d'aquests punts.

c) Troba l'àrea dels triangles que determinen aquestes rectes amb els eixos de coordenades.

➔ SABER FER

Calcular la velocitat d'un mòbil

▶ Llancem cap avall una pilota des d'una certa altura. L'espai recorregut està determinat per l'equació $s(t) = 10t + \frac{1}{2} \cdot 9{,}8t^2$, en què s és l'espai que recorre la pilota i t, el temps transcorregut des que l'hem llançada.

a) Determina la velocitat mitjana que assoleix la pilota des que la llancem fins que passen 2 segons.

b) Calcula la velocitat de la pilota en l'instant $t = 4$.

PRIMER. La velocitat mitjana en un interval coincideix amb la taxa de variació mitjana en aquest interval.

$$T.V.M.([0, 2]) = \frac{s(2) - s(0)}{2 - 0} =$$

$$= \frac{\left(10 \cdot 2 + \frac{1}{2} \cdot 9{,}8 \cdot 2^2\right) - \left(10 \cdot 0 + \frac{1}{2} \cdot 9{,}8 \cdot 0^2\right)}{2} =$$

$$= \frac{49{,}6}{2} = 24{,}8 \text{ m/s}$$

SEGON. La velocitat en un instant en concret coincideix amb el valor que pren la derivada de la funció en aquest instant.

$$s'(t) = 10 + 9{,}8t \rightarrow s'(4) = 10 + 9{,}8 \cdot 4 = 49{,}2 \text{ m/s}$$

129. Llancem verticalment una pilota cap amunt amb una velocitat inicial de 49 m/s des de la part superior d'un edifici de 39 m d'altura. La seva altura $h(t)$ sobre el terra després de t segons està determinada per $h(t) = 39 + 49t - 4{,}9t^2$. Determina la velocitat mitjana de la pilota en cada un dels intervals següents:

a) [0, 1] b) [4, 6] c) [11, 13]

Què podem concloure respecte al moviment de la pilota?

130. L'espai recorregut per un objecte, en metres, en un temps, t, s'expressa amb aquesta fórmula:

$$e(t) = 4t^2 + 2t + 1$$

a) Quin espai ha recorregut al cap de 4 segons? I al cap de 7 segons?

b) Quina és la velocitat mitjana que ha mantingut entre els 4 i els 7 segons?

131. L'espai, en metres, que recorre un mòbil en funció del temps, en segons, es descriu amb l'expressió:

$$e(t) = \frac{2}{3}t^2 + t$$

Calcula la velocitat instantània del mòbil passats 3 segons.

Per aprofundir

Reflexiona sobre la teoria

132. Escull la resposta adequada. (Concurs de Primavera)

La inclinació més accentuada de la funció $f(x) = \sin x$ en un dels seus punts és:	1	2	3	4	$\frac{\pi}{2}$
La recta tangent a $f(x) = x^3 - 2x^2 + 1$ a (1, 0), a més de tocar la corba a (1, 0), també la talla a:	(0, 1)	(−1, −4)	(2, 1)	(3, 10)	(−2, −11)
Quina de les rectes següents és tangent a $f(x) = x^2 - 3x + 1$?	$y = x + 1$	$y = 2x + 3$	$y = 3x - 8$	$y = -3x$	$y = 3x - 1$
Si $f(x) = \frac{1}{x}$ llavors la derivada n-èsima de la funció és:	$\frac{n!}{x^{n+1}}$	$\frac{n!}{x^{n+1}}$	$(-1)^n \cdot \frac{n!}{x^{n+1}}$	$-\frac{n!}{x^{n+1}}$	$\frac{(-1)^n}{x^{n+1}}$

133. Busca l'expressió algebraica d'una funció que passa per (2, 5), sabent que té com a derivada:

$$f'(x) = 2x^2 + 6x - 3$$

134. Si $f(x)$ i $g(x)$ són funcions inverses, és a dir, $(g \circ f)(x) = x$, es verifica que $(g' \circ f')(x) = x$?

135. A partir de $f(x) = \text{arc tg}\,\frac{\sin x}{1 + \cos x}$, estudia si $f(x)$ i $f'(x)$ són constants.

136. Verifica que si un polinomi té una arrel doble, també ho és de la seva derivada.

Resol l'equació $12x^3 - 16x^2 + 7x - 1 = 0$ sabent que una de les seves arrels és doble.

CLAU

Escriu el polinomi $P(x)$ de la forma:

$$(x - a)^2 \cdot Q(x)$$

Pensa una mica més

137. Demostra que la recta tangent a una circumferència en un punt és perpendicular al radi de la circumferència en qüestió en aquest punt.

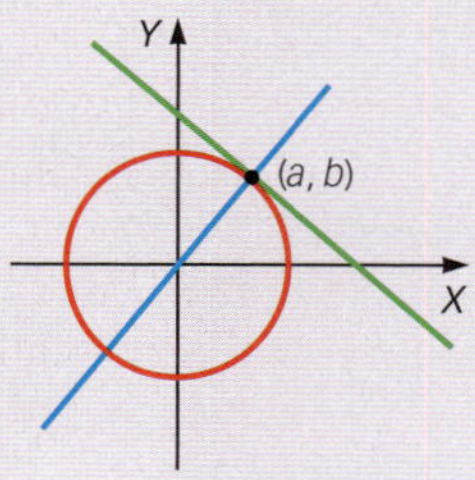

CLAU

Dues rectes són perpendiculars quan els seus pendents són l'oposat de l'invers de l'altre, és a dir, tenen pendents m i $\frac{-1}{m}$.

138. Demostra que una funció que no és contínua en un punt no pot ser derivable en aquest punt.

CLAU

Estudia el límit següent:

$$\lim_{h \to 0} \frac{f(x_0 - h) - f(x_0)}{h}$$

Olimpíades matemàtiques

139. Per trobar la derivada de la funció implícita has de suposar que y és una funció derivable respecte a x i aplicar-hi la regla de la cadena.

Fes servir aquesta tècnica per calcular la derivada de les funcions implícites que apareixen tot seguit:

a) $y^3 - 2xy^2 = 3x^3y$

b) $3xy + y^3 = 2x$

140. Demostra que l'equació de la recta tangent a la corba $x^{\frac{1}{2}} + y^{\frac{1}{2}} = a^{\frac{1}{2}}$, en què a és un nombre real positiu, en el punt $P(x_0, y_0)$, es pot escriure de la manera següent:

$$\frac{x}{x_0^{\frac{1}{2}}} + \frac{y}{y_0^{\frac{1}{2}}} = a^{\frac{1}{2}}$$

(Premi extraordinari de Batxillerat)

CLAU

Deriva implícitament la funció per poder calcular el pendent de la recta tangent en el punt (x_0, y_0).

MATEMÀTIQUES A LA TEVA VIDA

PER A QUÈ SERVEIXEN LES DERIVADES?

Per comprendre el concepte de cost marginal en economia

Els economistes anomenen les derivades o les taxes de canvi *raons o taxes marginals*. En una operació de manufactura, el cost total de producció, $C(x)$, és una funció del nombre d'unitats produïdes, x, i la raó de canvi del cost total respecte al nivell de producció s'anomena *cost marginal de producció*, que correspon a la derivada de $C(x)$ respecte de x, és a dir, $\frac{dC(x)}{dx}$.

El cost marginal és un concepte fonamental en la teoria microeconòmica, perquè es fa servir per determinar la producció de les empreses i els preus dels productes. El cost marginal depèn de la tecnologia utilitzada en la producció i dels preus de les entrades.

Per exemple, si $C(x)$ representa els diners necessaris per produir x unitats d'un medicament en una setmana, $\frac{dC(x)}{dx}$ és el cost marginal de produir més medicaments per setmana quan el nivell de producció és x unitats del medicament per setmana.

Els economistes sovint fan servir una funció cúbica per al cost:

$$C(x) = ax^3 + bx^2$$

En què a representa costos fixos independents de les unitats produïdes, com l'arrendament, l'administració, la capitalització de l'equip, i b representa els costos variables, com els impostos, el cost de la matèria primera i de la mà d'obra, que depenen de la quantitat d'unitats produïdes.

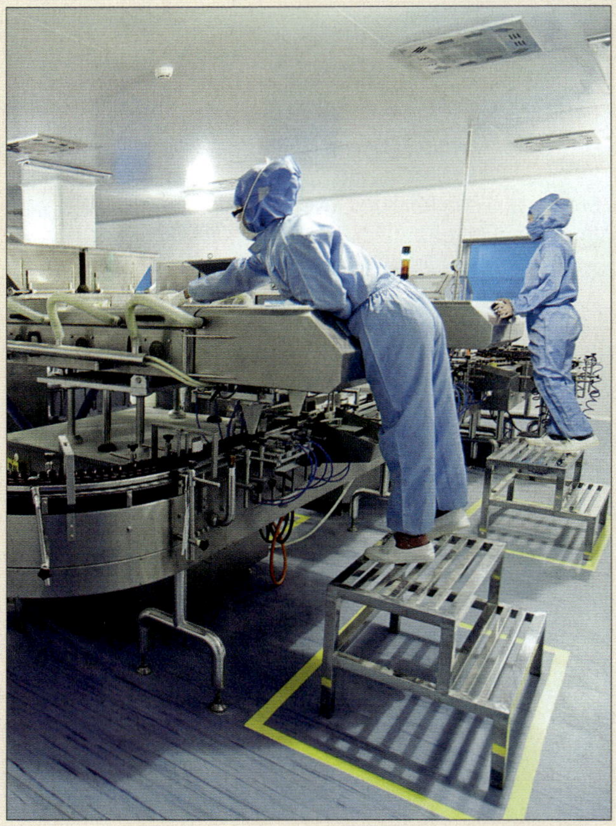

LLEGEIX I COMPRÈN

1. Què és el cost marginal de la producció de què es parla en el text?
2. Explica què és el terme *entrada*, que també apareix en el text anterior.

INTERPRETA

3. Per què es pot considerar el cost marginal de producció com una derivada?

REFLEXIONA

4. Tenint en compte la funció de cost, quin signe creus que tindrà el paràmetre a?

APLICA

5. Troba la funció del cost marginal en l'exemple de la manufactura de medicaments si a i b són nombres reals.
6. Quin tipus de funció és el cost marginal?

8 Aplicacions de la derivada. Representació de funcions

CONTINGUTS

Estudi del creixement i el decreixement amb derivades

Estudi de la concavitat i la convexitat amb derivades

Representació gràfica de funcions polinòmiques i racionals

De ben segur que alguna vegada has anat a un parc d'atraccions; és fantàstic, diversió a cabassos.

Em crida molt l'atenció la muntanya russa, és un entreteniment que no deixa a ningú indiferent; a algunes persones els horroritza, perquè no suporten els canvis bruscos de velocitat i d'acceleració: ara sembla que s'atura, en un instant es desplaça amb una velocitat endimoniada que t'enfonsa força al seient, i de cop i volta dues voltes i una pujada extrema que et llancen cap endavant per la força de la frenada...

Realment, la muntanya russa és un artefacte que provoca una veritable explosió d'adrenalina.

Les formes que fa, capritxoses fins a l'extrem, deixen captivat, i s'han de tenir en compte moltes variables per construir una muntanya russa, des dels seients i els elements de seguretat instal·lats a les vagonetes fins als rails que es retorcen i provoquen un viatge fantàstic. Però...

Com es dissenya el recorregut d'una muntanya russa?

1 Creixement i decreixement

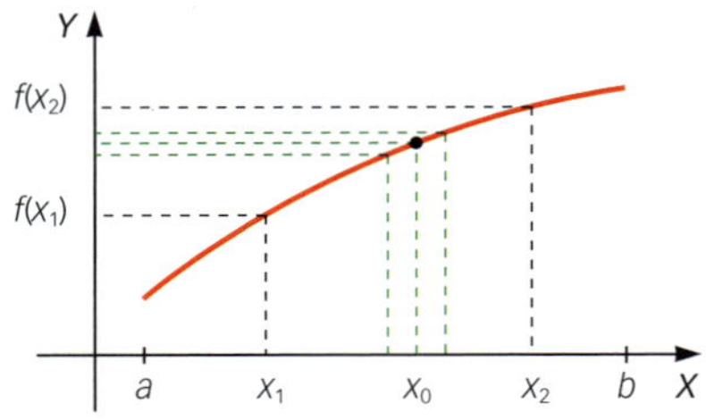

Una funció f és **creixent en un interval** (a, b) si per a qualsevol parell de valors x_1, x_2 de l'interval, en què $x_1 < x_2$, es compleix que $f(x_1) < f(x_2)$.

Una funció f és **creixent en un punt** x_0 si hi ha un interval centrat a x_0, $(x_0 - h, x_0 + h)$, per al qual la funció és creixent.

Una funció f és **decreixent en un interval** (a, b) si per a qualsevol parell de valors x_1, x_2 de l'interval, en què $x_1 < x_2$, es compleix que $f(x_1) > f(x_2)$.

Una funció f és **decreixent en un punt** si hi ha un interval centrat a x_0, $(x_0 - h, x_0 + h)$, per al qual la funció és decreixent.

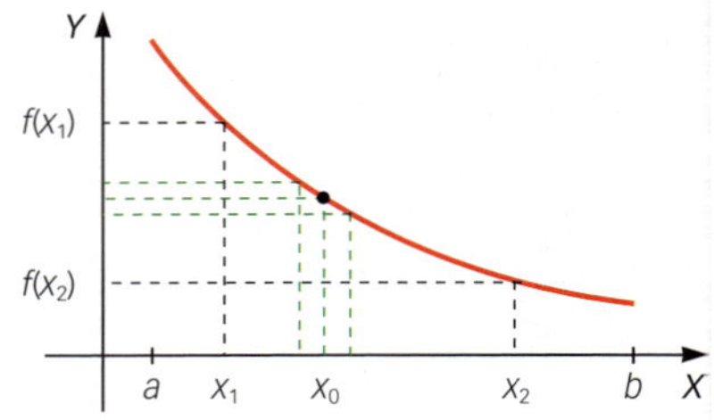

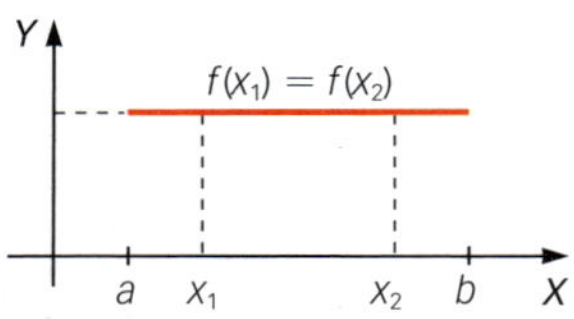

Una funció f és constant en un interval (a, b) si per a qualsevol parell de valors de l'interval es compleix que $f(x_1) = f(x_2)$.

No ho oblidis

- Una funció té un **màxim relatiu** a x_0 si la funció, en aquest punt, passa de ser creixent a decreixent.

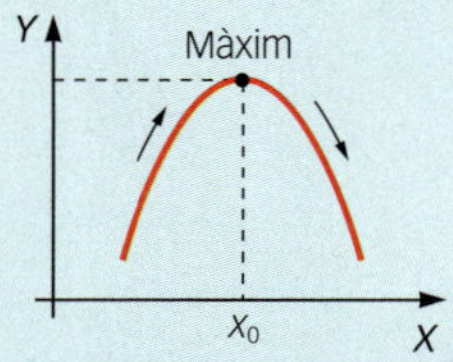

- Una funció té un **mínim relatiu** en x_0 si la funció, en aquest punt, passa de ser decreixent a creixent.

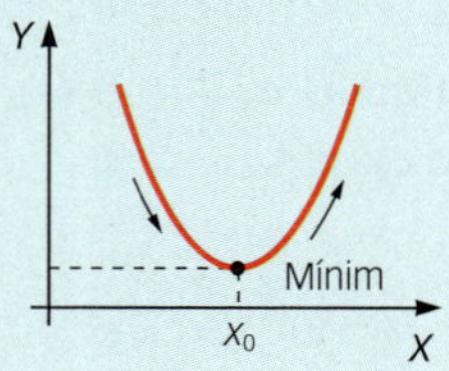

1.1. Màxims i mínims

Una funció f presenta un **màxim relatiu en un punt** x_0 si hi ha un interval centrat a x_0, $(x_0 - h, x_0 + h)$, tal que per a qualsevol punt x de l'interval es compleix que $f(x) < f(x_0)$.

Una funció f presenta un **màxim absolut en un punt** x_0 si per a qualsevol valor x del domini de la funció diferent de x_0 es compleix que $f(x) < f(x_0)$.

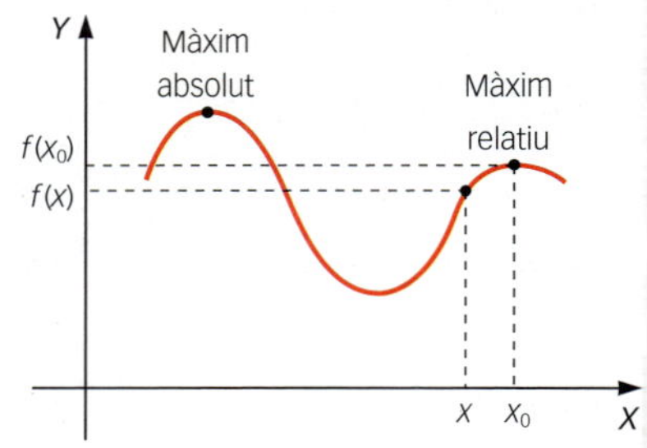

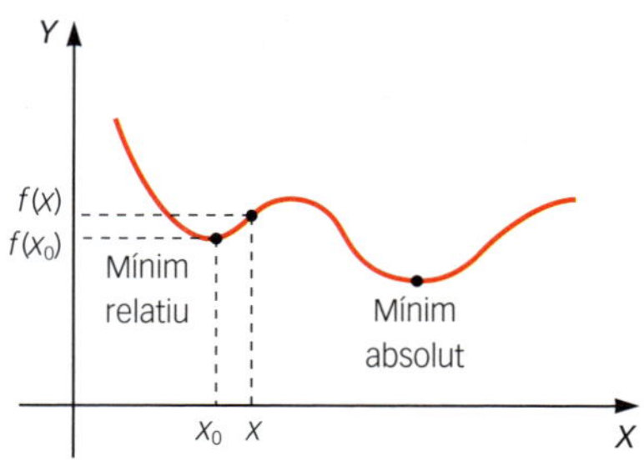

Una funció f presenta un **mínim relatiu en un punt** x_0 si hi ha un interval centrat a x_0, $(x_0 - h, x_0 + h)$, tal que per a qualsevol punt x de l'interval es compleix que $f(x) > f(x_0)$.

Una funció f presenta un **mínim absolut en un punt** x_0 si per a qualsevol valor x del domini de la funció diferent de x_0 es compleix que $f(x) > f(x_0)$.

ACTIVITATS

1. Dibuixa la gràfica d'una funció creixent a $(-\infty, -2] \cup (4, \infty]$ i decreixent en la resta.

2. Dibuixa la gràfica d'una funció amb dos màxims i un mínim i cinc punts de tall amb els eixos X i Y.

3. Dibuixa la gràfica de $f(x) = x^2$. A partir de la gràfica, troba els intervals de creixement i decreixement d'aquestes:

a) $f(x) = (x - 1)^2$

b) $f(x) = (x + 2)^2$

c) $f(x) = x^2 + 1$

d) $f(x) = x^2 - 3$

1.2. Creixement i derivada primera

- Una **funció** és **creixent** en un punt $x = a$ quan la derivada de la funció en aquest punt és positiva.

$$f'(a) > 0 \rightarrow f(x) \text{ és creixent a } x = a.$$

- Una **funció** és **decreixent** en un punt $x = a$ quan la derivada de la funció en aquest punt és negativa.

$$f'(a) < 0 \rightarrow f(x) \text{ és decreixent a } x = a.$$

Si la derivada d'una funció és $f'(x) > 0$, la gràfica de $f(x)$ té una tangent amb un pendent positiu, i si la derivada d'una funció és $f'(x) < 0$, la gràfica de $f(x)$ té una tangent amb un pendent negatiu.

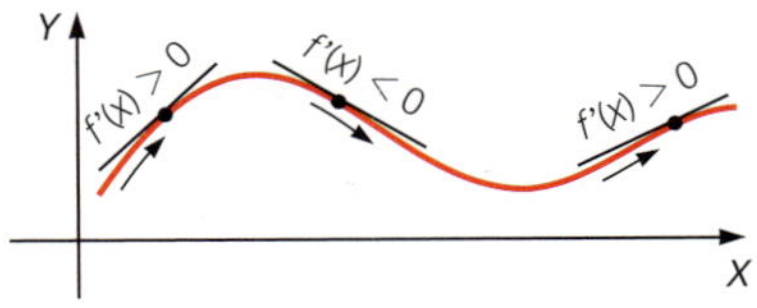

Si una funció $f(x)$ presenta un **màxim** o un **mínim** a $x = a$, es compleix que **$f'(a) = 0$**.

Si la funció f presenta un màxim o un mínim d'abscissa x, la recta tangent en aquest punt és horitzontal i, per tant, el seu pendent és zero, és a dir, $f'(x) = 0$.

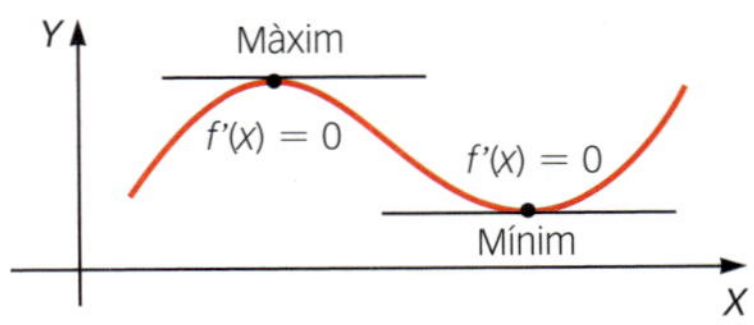

Atenció

No tots els punts on la derivada s'anul·la són màxims o mínims.

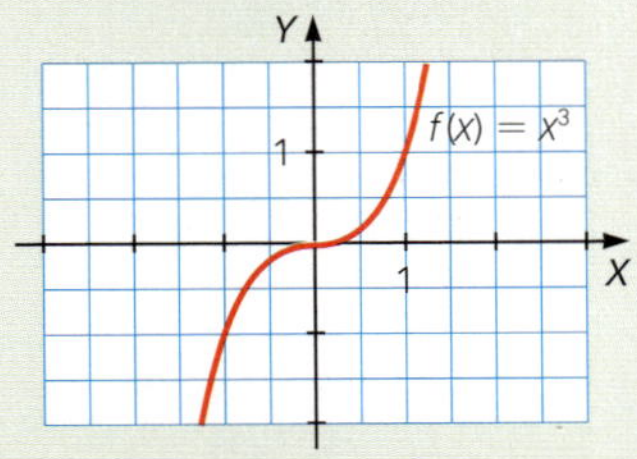

En aquesta funció $f'(0) = 0$ i no és ni un màxim ni un mínim.

SABER FER

Determinar el creixement i el decreixement d'una funció

▶ Estudia el creixement i el decreixement de la funció $f(x) = x^3 - 3x^2 + 1$.

PRIMER. Trobem la funció derivada de $f(x)$.

$$f'(x) = 3x^2 - 6x$$

SEGON. Resolem l'equació $f'(x) = 0$ per determinar els possibles màxims i mínims de la funció.

$$f'(x) = 0 \rightarrow 3x^2 - 6x = 0 \rightarrow x = 0, x = 2$$

TERCER. Determinem els intervals de creixement i decreixement de $f(x)$, estudiant el signe en cada un dels intervals que proporcionen les solucions de l'equació, és a dir, resolem les inequacions $f'(x) > 0$ i $f'(x) < 0$.

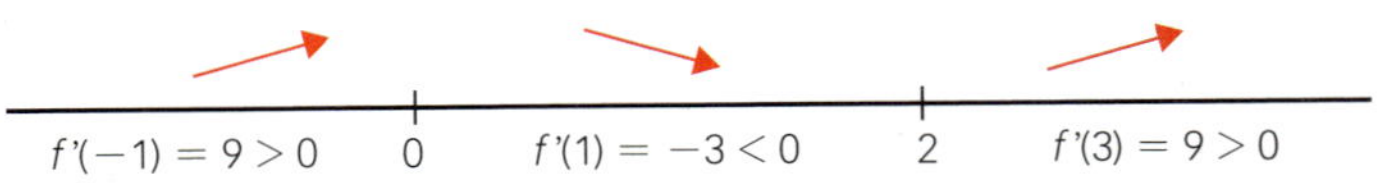

La funció és creixent en els intervals $(-\infty, 0)$ i $(2, +\infty)$ i decreixent en l'interval $(0, 2)$.

- Creixent a l'esquerra de 0 i decreixent a la dreta → $x = 0$ Màxim
- Decreixent a l'esquerra de 2 i creixent a la dreta → $x = 2$ Mínim

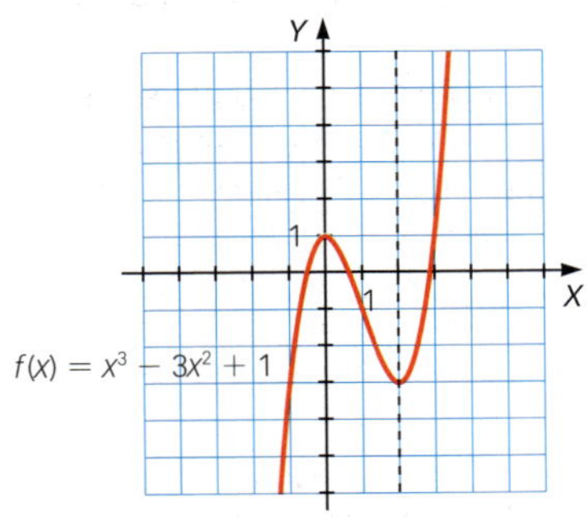

ACTIVITATS

4. Estudia el creixement i el decreixement de les funcions:

a) $f(x) = 2x^2 + 4x - 3$ b) $f(x) = -x^2 + 6x + 2$

5. Troba els màxims i els mínims d'aquestes funcions:

a) $f(x) = x^3 - 3x^2$ b) $f(x) = 2x^3 - 3x^2 - 36x + 1$

No ho oblidis

Si $f'(a) = 0$ i $f''(a) = 0$, no es pot decidir si hi ha màxim o mínim a $x = a$ amb aquest mètode.

1.3. Creixement i derivada segona

- Una funció té un **mínim** en un punt $x = a$ si la derivada s'anul·la i la derivada segona és positiva en aquest punt.

$$f'(a) = 0 \text{ i } f''(a) > 0 \rightarrow f(a) \text{ té un mínim a } x = a.$$

- Una funció té un **màxim** en un punt $x = a$ si la derivada s'anul·la i la derivada segona és negativa en aquest punt.

$$f'(a) = 0 \text{ i } f''(a) < 0 \rightarrow f(a) \text{ té un màxim a } x = a.$$

SABER FER

Determinar els màxims i els mínims d'una funció fent servir la derivada segona

▶ Determina els màxims i els mínims de la funció $f(x) = \frac{4x}{x^2+4}$ fent servir la derivada segona.

PRIMER. Calculem la derivada de la funció.

$$f'(x) = \frac{4(x^2+4) - 2x \cdot 4x}{(x^2+4)^2} = \frac{-4x^2+16}{(x^2+4)^2}$$

SEGON. Resolem l'equació $f'(x) = 0$ per determinar els possibles màxims i mínims de la funció.

$$f'(x) = 0 \rightarrow \frac{-4x^2+16}{(x^2+4)^2} = 0 \rightarrow -4x^2 + 16 = 0 \rightarrow x = \pm 2$$

TERCER. Calculem la segona derivada de la funció.

$$f''(x) = \frac{-8x(x^2+4)^2 - 2(x^2+4) \cdot 2x(-4x^2+16)}{(x^2+4)^4} =$$

$$= \frac{-8x^3 - 32x + 16x^2 - 64x}{(x^2+4)^3} =$$

$$= \frac{8x^3 - 96x}{(x^2+4)^3}$$

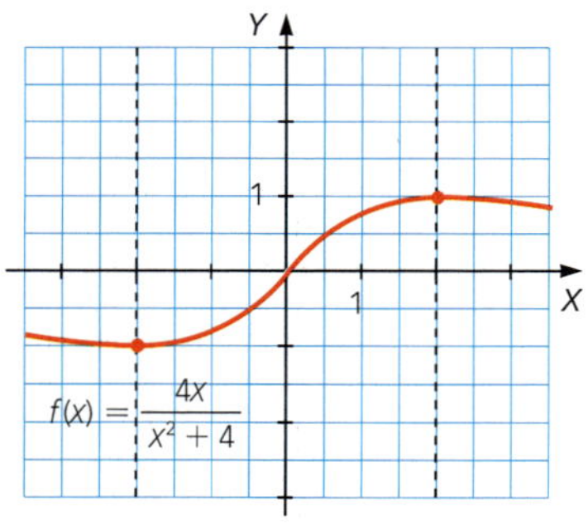

QUART. Determinem el signe de la segona derivada en els punts que anul·len la primera derivada. Si és positiva és un mínim; si és negativa, un màxim, i si és 0 no és ni màxim ni mínim.

Per a $x = 2$: $f''(2) = \frac{8 \cdot 2^3 - 96 \cdot 2}{(2^2+4)^3} < 0 \rightarrow$ Màxim a $x = 2$

Per a $x = -2$: $f''(-2) = \frac{8 \cdot (-2)^3 - 96 \cdot (-2)}{[(-2)^2+4]^3} > 0 \rightarrow$ Mínim a $x = -2$

CINQUÈ. Calculem la segona coordenada dels punts.

Per a $x = 2$: $f(2) = \frac{4 \cdot 2}{2^2+4} = 1 \rightarrow$ Màxim a $(2, 1)$

Per a $x = -2$: $f(-2) = \frac{4 \cdot (-2)}{(-2)^2+4} = -1 \rightarrow$ Mínim a $(-2, -1)$

ACTIVITATS

6. Troba els màxims i els mínims d'aquestes funcions fent servir la segona derivada:

a) $f(x) = x^4 - 4x^2 + 2$

b) $f(x) = x^3 - 3x^2 + 7$

c) $f(x) = x^2 + 9x$

d) $f(x) = 2x^3 + 9x^2 - 4x$

7. Considera la funció racional següent:

$$f(x) = \frac{x^2}{x+1}$$

Estudia'n el creixement i troba'n els màxims i mínims.

2 Concavitat i convexitat

- Una **funció** és **còncava** en un punt $x = a$ si la derivada segona de la funció en aquest punt és positiva.

  $f''(a) > 0 \rightarrow f(x)$ és còncava a $x = a$.

- Una **funció** és **convexa** en un punt $x = a$ si la derivada segona de la funció en aquest punt és negativa.

  $f''(a) < 0 \rightarrow f(x)$ és convexa a $x = a$.

- Una funció $f(x)$ presenta un **punt d'inflexió** a $x = a$ si es compleix que $f''(a) = 0$ i si canvia el sentit de la curvatura en el punt.

S'escriu així

Quan estudiem la convexitat i la concavitat d'una funció diem que analitzem la **curvatura** de la funció.

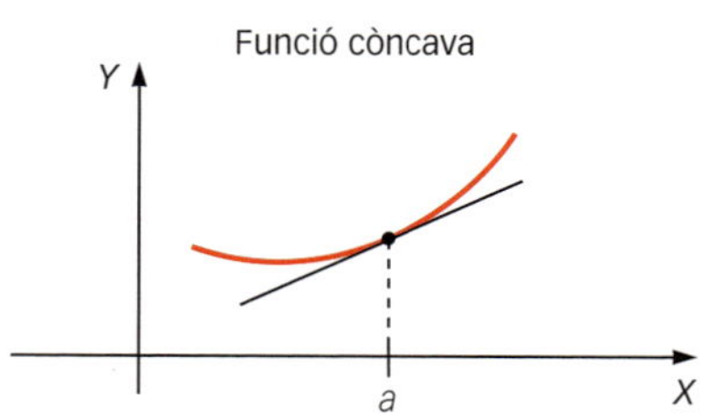

Recta tangent a *a* per sota de la gràfica

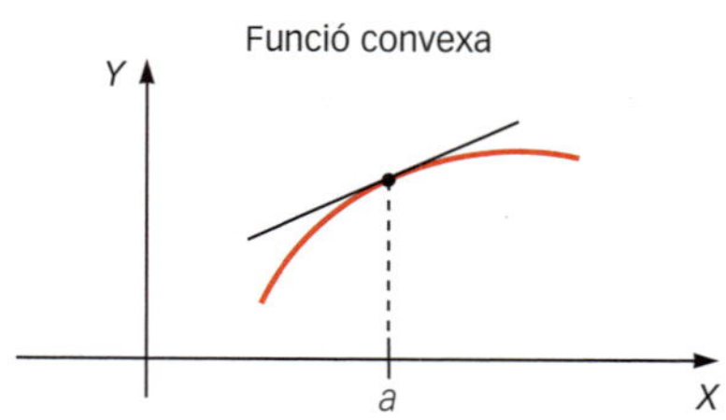

Recta tangent a *a* per sobre de la gràfica

SABER FER

Determinar la concavitat i la convexitat d'una funció

▶ Estudia la concavitat i la convexitat de la funció $f(x) = x^3 - 9x$, i troba'n els punts d'inflexió.

PRIMER. Resolem l'equació $f''(x) = 0$ per determinar els possibles punts d'inflexió de la funció i assegurem que la solució es troba en el domini.

$f'(x) = 3x^2 - 9$

$f''(x) = 6x \rightarrow 6x = 0 \rightarrow x = 0$, que es troba en $\text{Dom } f = \mathbb{R}$

SEGON. Analitzem el signe de $f''(x)$ en cada un dels intervals que es formen i determinem els intervals de concavitat i convexitat de la funció.

$f''(-1) < 0$ | 0 | $f''(1) > 0$

La funció és convexa a $(-\infty, 0)$ i és còncava a $(0, +\infty)$.

$f(x)$ convexa a l'esquerra de $x = 0$ i còncava a la dreta $\rightarrow x = 0$ punt d'inflexió

TERCER. Calculem les coordenades dels punts d'inflexió.

$x = 0 \rightarrow f(0) = 0^2 - 9 \cdot 0 = 0$

La funció té un punt d'inflexió a $P(0, 0)$.

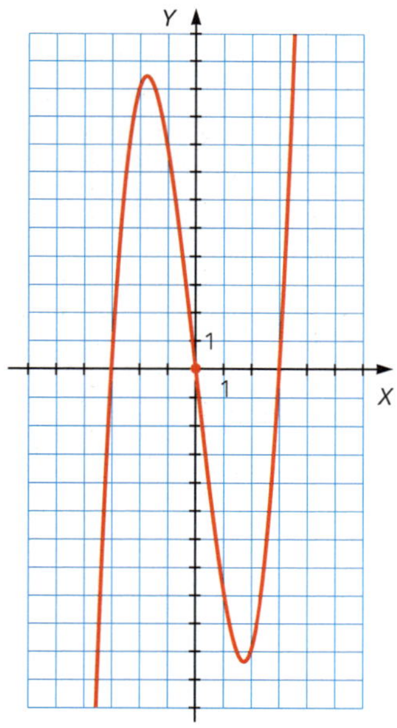

ACTIVITATS

8. Decideix on són còncaves i on són convexes aquestes funcions:

a) $f(x) = 7x^3 - x^2 - x + 2$

b) $f(x) = \dfrac{x^2}{x^2 + 1}$

9. Troba els intervals de concavitat i convexitat de les funcions següents, i comprova'n el resultat gràficament:

a) $f(x) = -x^2 - x + 4$

b) $f(x) = -x - 5x^2$

3 Representació gràfica de funcions

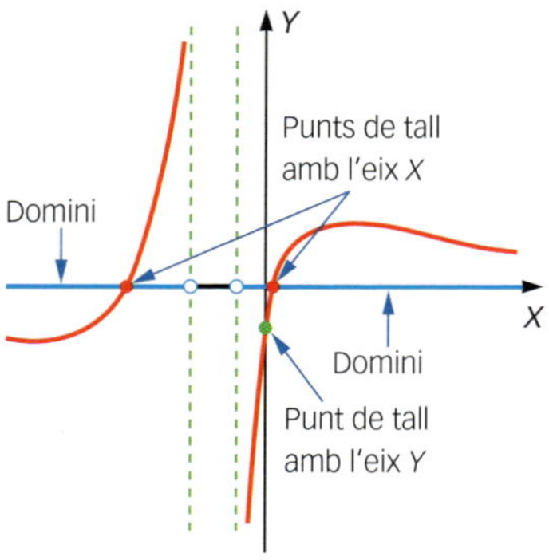

Per representar gràficament una funció n'estudiarem aquestes característiques:

1. **Domini d'una funció**. Valors per als quals la funció està definida.

2. **Punts de tall amb els eixos**.
   - **Punts de tall** amb l'**eix X**: són els punts del tipus $(x, 0)$. Les seves abscisses s'obtenen resolent l'equació $f(x) = 0$.
   - **Punt de tall** amb l'**eix Y**: és el punt $(0, f(0))$ si $f(x)$ està definida a $x = 0$.

3. **Asímptotes i branques infinites**.
   - **Asímptotes verticals**: $x = c$ és una asímptota vertical de la funció $f(x)$ si $\lim_{x \to c} f(x) = \infty$.

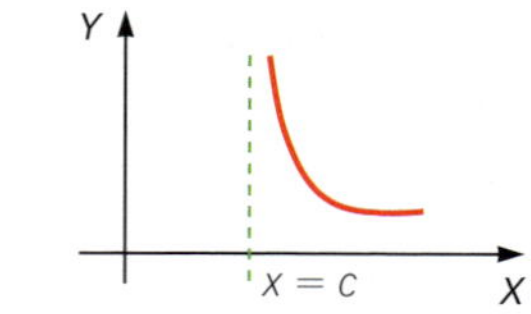

   - **Asímptotes horitzontals**: $y = k$ és una asímptota horitzontal de la funció $f(x)$ si $\lim_{x \to \infty} f(x) = k$.

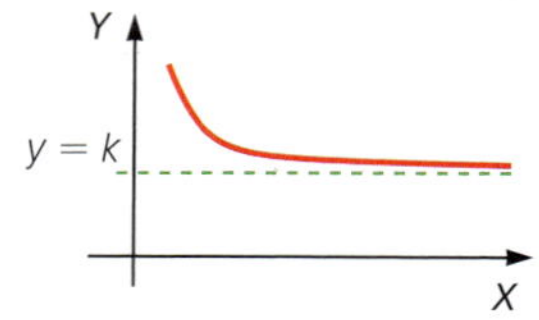

   - **Asímptotes obliqües**: $y = mx + n$ és una asímptota obliqua de la funció $f(x)$ si:

$$\lim_{x \to \infty} \frac{f(x)}{x} = m \neq 0$$

$$\text{i } \lim_{x \to \infty} [f(x) - mx] = n$$

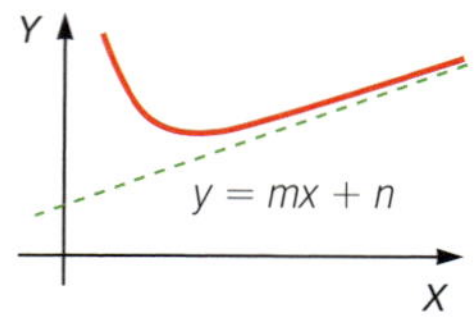

   - **Branques parabòliques**.

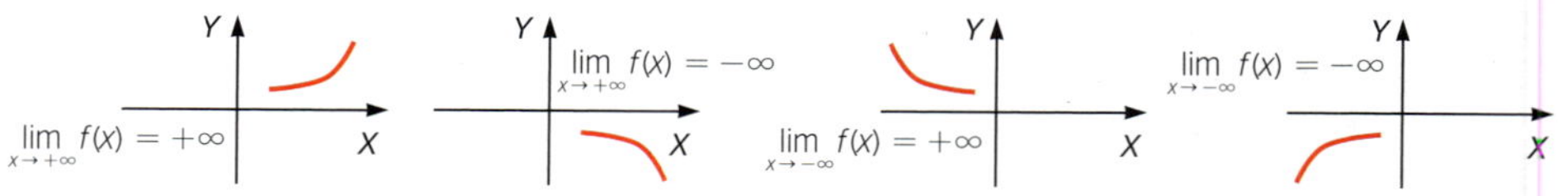

No ho oblidis

Una funció té branques parabòliques si no té asímptotes horitzontals ni asímptotes obliqües.

4. **Creixement i decreixement**.
   - $f'(a) > 0 \rightarrow$ Creixent a $x = a$.
   - $f'(a) < 0 \rightarrow$ Decreixent a $x = a$.
   - $f'(a) = 0 \rightarrow \begin{cases} \text{Màxim a } x = a \text{ si la funció passa de creixent a decreixent.} \\ \text{Mínim a } x = a \text{ si la funció passa de decreixent a creixent.} \end{cases}$

5. **Concavitat i convexitat**.
   - $f''(a) > 0 \rightarrow$ Còncava a $x = a$.
   - $f''(a) < 0 \rightarrow$ Convexa a $x = a$.
   - $f''(a) = 0 \rightarrow$ Punt d'inflexió a $x = a$ si la funció passa de còncava a convexa, o viceversa.

ACTIVITATS

10. Dibuixa la gràfica d'una funció sempre creixent que no tingui asímptotes.

11. Dibuixa la gràfica d'una funció sempre decreixent que tingui una asímptota vertical i una altra d'horitzontal.

12. Dibuixa la gràfica d'una funció sempre positiva amb un màxim a (4, 6).

13. Dibuixa la gràfica d'una funció que tingui el domini $[-5, 5]$, passi per l'origen i tal que $\lim_{x \to -5} f(x) = \infty$ i $\lim_{x \to 5} f(x) = -\infty$.

➔ SABER FER

Representar una funció coneixent-ne algunes característiques

▶ Representa gràficament una funció que compleixi totes les condicions que es descriuen a continuació.

- El seu domini és $\mathbb{R} - \{1\}$.
- Talla l'eix X en els punts $(0, 0)$, $(-4, 0)$ i $(2, 0)$.
  Talla l'eix Y en el punt $(0, 0)$.
- Té una asímptota vertical en el punt $x = 1$.
  No té asímptotes horitzontals.
  Té una asímptota obliqua a $y = \frac{x}{2} + 3$.
  No té branques parabòliques.
- És creixent en els intervals $(-\infty, -1)$ i $(1, +\infty)$.
  És decreixent en l'interval $(-1, 1)$.
  Té un màxim en el punt $(-1, 1)$.
- És convexa en tot el seu domini.

PRIMER. Representem a sobre dels eixos de coordenades les asímptotes i els punts de tall amb els eixos de la funció.

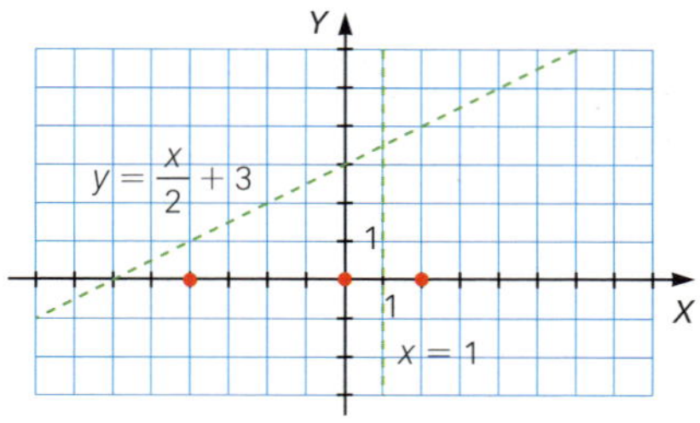

SEGON. Representem els màxims i els mínims. Tenint en compte el creixement i el decreixement de la funció, analitzem com la gràfica s'aproxima a les asímptotes. Hem de tenir en compte la curvatura de la funció.

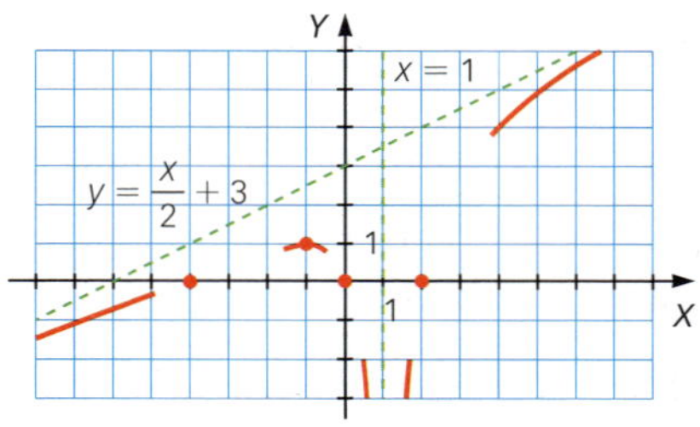

TERCER. Dibuixem la gràfica de la funció unint els punts i els diferents traços que s'han efectuat tenint sempre en compte la curvatura de la funció.

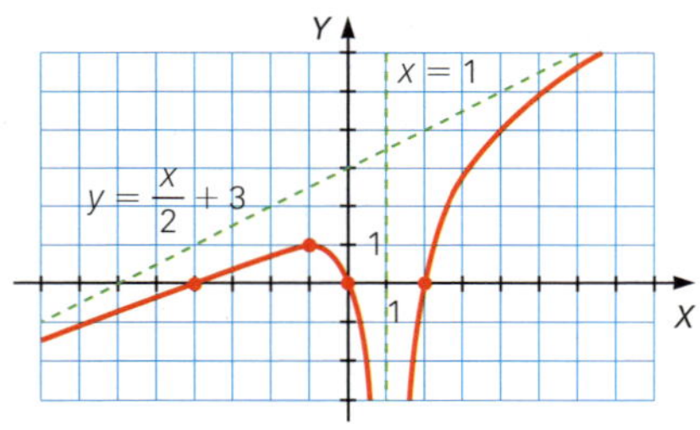

ACTIVITATS

14. Representa gràficament una funció que compleixi totes les condicions que es descriuen a continuació:

- El seu domini és $\mathbb{R} - \{3\}$.
- Talla els eixos en el punt $(0, 0)$.
- Té una asímptota vertical en el punt $x = 3$ i una d'horitzontal d'altura $y = 1$.
- És sempre decreixent.
- És convexa a $(-\infty, 3)$ i còncava a $(3, +\infty)$.
- Té un únic punt d'inflexió.

15. Representa gràficament una funció que compleixi totes les condicions que es descriuen a continuació:

- El seu domini és $\mathbb{R}$.
- Talla l'eix X en el punt $(-2, 0)$ i l'eix Y en el punt $(0, 1)$.
- Té dues asímptotes horitzontals, $y = 3$ i $y = -2$.
- És sempre creixent.
- És còncava a $(-\infty, 1)$ i convexa a $(1, +\infty)$.
- Té un punt d'inflexió a $(-1, 0)$.

4 Representació de funcions polinòmiques

4.1. Estudi de la funció

Recorda

Les funcions polinòmiques són simètriques respecte de l'eix Y, si només tenen termes de grau parell, i simètriques respecte de l'origen, si només tenen termes de grau imparell.

Per representar gràficament una funció polinòmica del tipus $f(x) = P(x)$, en què $P(x)$ és un polinomi, n'estudiarem les característiques que es descriuen a continuació.

1. **Domini de la funció**.

   Els polinomis estan definits per a qualsevol nombre real i, per tant, el domini d'una funció polinòmica és $\mathbb{R}$.

2. **Punts de tall amb els eixos**.

   - **Punts de tall** amb l'**eix *X***: per calcular l'abscissa d'aquests punts necessitem resoldre l'equació $P(x) = 0$. El grau de $P(x)$ indica el nombre màxim de punts de tall amb l'eix X que pot tenir la funció.
   - **Punt de tall** amb l'**eix *Y***: el seu únic punt de tall amb l'eix Y és el punt $(0, f(0))$.

3. **Asímptotes i branques infinites**.

   No tenen asímptotes; per tant, tenen branques infinites.

4. **Creixement i decreixement**.

   Si l'equació $f'(x) = 0$ no té solució, la funció és sempre creixent o decreixent i no té ni màxims ni mínims.

4.2. Representació gràfica

- La gràfica d'una funció polinòmica de primer grau, $f(x) = ax + b$, és una recta.
- La gràfica d'una funció polinòmica de segon grau, $f(x) = ax^2 + bx + c$, és una paràbola.
- Per representar gràficament una funció polinòmica de grau més gran que 2 ens hem de fixar en la situació dels seus màxims i mínims, si en té, i en les seves branques infinites.

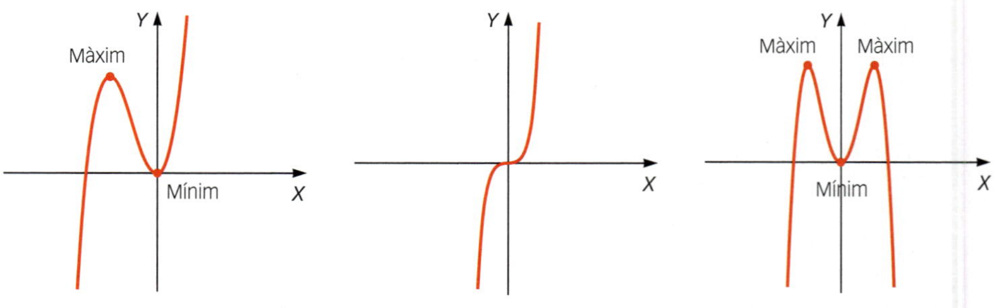

$f(x) = x^3 + 3x^2$ $f(x) = x^5 + x^3$ $f(x) = -x^4 + 4x^2$

ACTIVITATS

16. Dibuixa la gràfica d'una funció que té com a domini $\mathbb{R}$, que passa per $(-2, -1)$ i $(2, 3)$, és creixent a $(-\infty, 0]$, decreixent a $(0, \infty)$ i té un màxim a $(0, 6)$.

17. Dibuixa la gràfica d'una funció amb domini $\mathbb{R}$, que té com a punts de tall $(0, 4)$ i $(6, 0)$, i tal que $\lim_{x \to -\infty} f(x) = \infty$ i $\lim_{x \to \infty} f(x) = -\infty$.

SABER FER

Representar funcions polinòmiques

▶ Representa gràficament la funció $f(x) = x^3 - 2x^2 - 4x + 8$.

PRIMER. Determinem el domini de $f(x)$.

$\text{Dom } f = \mathbb{R}$

SEGON. Calculem els punts de tall amb els eixos de coordenades.

- Punts de tall amb l'eix X.

$$f(x) = 0 \rightarrow x^3 - 2x^2 - 4x + 8 = 0$$
$$(x^2 - 4)(x - 2) = 0 \rightarrow x = -2,\ x = 2$$

Els punts de tall amb l'eix X són $(-2, 0)$ i $(2, 0)$.

- Punt de tall amb l'eix Y.

$$x = 0 \rightarrow f(0) = 0^3 - 2 \cdot 0^2 - 4 \cdot 0 + 8 = 8$$

El punt de tall amb l'eix Y és $(0, 8)$.

TERCER. Determinem les asímptotes i les branques infinites de la funció.

Com que és una funció polinòmica, $f(x)$ no té asímptotes; només té branques infinites.

$$\lim_{x \to +\infty} (x^3 - 2x^2 - 4x + 8) = +\infty \qquad \lim_{x \to -\infty} (x^3 - 2x^2 - 4x + 8) = -\infty$$

QUART. Estudiem el creixement i el decreixement de la funció. Per fer-ho, hem d'estudiar els punts en què s'anul·la la derivada de la funció.

$$f'(x) = 3x^2 - 4x - 4$$
$$f'(x) = 0 \rightarrow x = 2,\ x = -\frac{2}{3}$$

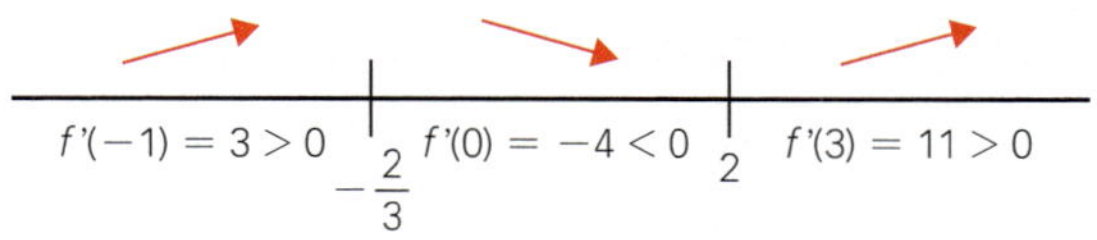

La funció és creixent a $\left(-\infty, -\frac{2}{3}\right)$ i $(2, +\infty)$; i decreixent a $\left(-\frac{2}{3}, 2\right)$.

- Creixent a l'esquerra de $-\frac{2}{3}$ i decreixent a la dreta $\rightarrow x = -\frac{2}{3}$ Màxim

$$x = -\frac{2}{3} \rightarrow f\left(-\frac{2}{3}\right) = \left(-\frac{2}{3}\right)^3 - 2\left(-\frac{2}{3}\right)^2 - 4\left(-\frac{2}{3}\right) + 8 = \frac{256}{27} \rightarrow \left(-\frac{2}{3}, \frac{256}{27}\right) \text{ Màxim}$$

- Decreixent a l'esquerra de 2 i creixent a la dreta $\rightarrow x = 2$ Mínim

$$x = 2 \rightarrow f(2) = 2^3 - 2 \cdot 2^2 - 4 \cdot 2 + 8 = 0 \rightarrow (2, 0) \text{ Mínim}$$

CINQUÈ. Estudiem la concavitat i la convexitat de la funció, fent $f''(x) = 0$.

$$f''(x) = 6x - 4 = 0 \rightarrow x = \frac{2}{3}$$

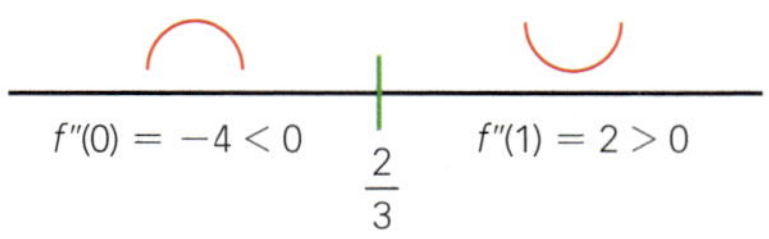

$f(x)$ és convexa a $\left(-\infty, \frac{2}{3}\right)$ i còncava a $\left(\frac{2}{3}, +\infty\right) \rightarrow x = \frac{2}{3}$ és un punt d'inflexió.

$$f\left(\frac{2}{3}\right) = \frac{128}{27} \rightarrow \left(\frac{2}{3}, \frac{128}{27}\right) \text{ és un punt d'inflexió.}$$

SISÈ. Dibuixem la gràfica de la funció a partir de les dades obtingudes.

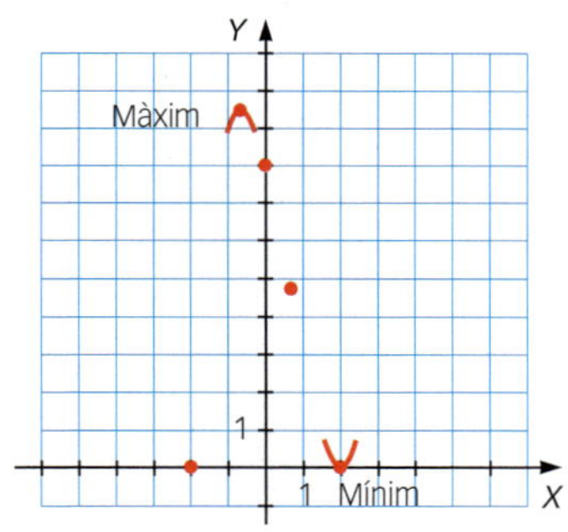

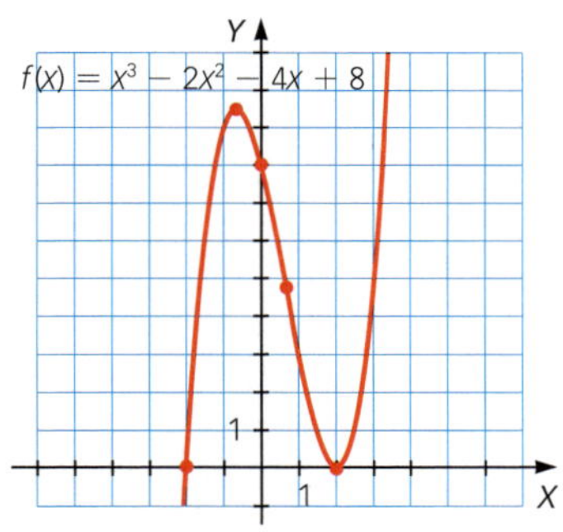

ACTIVITATS

18. Representa gràficament aquestes funcions:

a) $f(x) = x^3 - 3x^2 + 2$ b) $f(x) = x^3 - 3x^2 + 2x$

19. Representa gràficament aquestes funcions:

a) $f(x) = x^3 - 4x$ b) $f(x) = x^3 - 6x$

5 Representació de funcions racionals

5.1. Estudi de la funció

Per representar gràficament una funció racional del tipus $f(x) = \frac{P(x)}{Q(x)}$, en què $P(x)$ i $Q(x)$ són polinomis, n'estudiarem les característiques següents.

1. **Domini de la funció**.

   No estan definides en els punts en què el denominador s'anul·la. El domini és $\mathbb{R}$ menys els punts que són solució de l'equació $Q(x) = 0$.

2. **Punts de tall amb els eixos**.

   - **Punts de tall** amb l'**eix *X***: les abscisses d'aquests punts són les solucions de l'equació $P(x) = 0$ que pertanyen al domini.
   - **Punt de tall** amb l'**eix *Y***: si $x = 0$ pertany al domini, el seu únic punt de tall amb l'eix Y és el punt $(0, f(0))$.

Recorda

Una funció té branques parabòliques si no té asímptotes horitzontals ni asímptotes obliqües.

3. **Asímptotes i branques infinites**.

   - **Asímptotes verticals**: la funció té asímptotes verticals en els punts en què s'anul·la el denominador, és a dir, les solucions de $Q(x) = 0$.
   - **Asímptotes horitzontals**:

     Si grau $P(x) <$ grau$Q(x) \rightarrow$ Asímptota horitzontal a $y = 0$.

     Si grau $P(x) =$ grau $Q(x) \rightarrow$ Asímptota horitzontal a $y = k$, $k \neq 0$.

     Si grau $P(x) >$ grau$Q(x) \rightarrow$ No hi ha asímptotes horitzontals.
   - **Asímptotes obliqües**: n'hi ha si grau $P(x) =$ grau $Q(x) + 1$.

4. **Creixement i decreixement**.

   Hi ha màxims o mínims si té solució l'equació en què igualem a 0 el numerador de $f'(x)$.

5.2. Representació gràfica

Per representar gràficament una funció racional se n'han de conèixer les asímptotes i la posició de la gràfica respecte a elles.

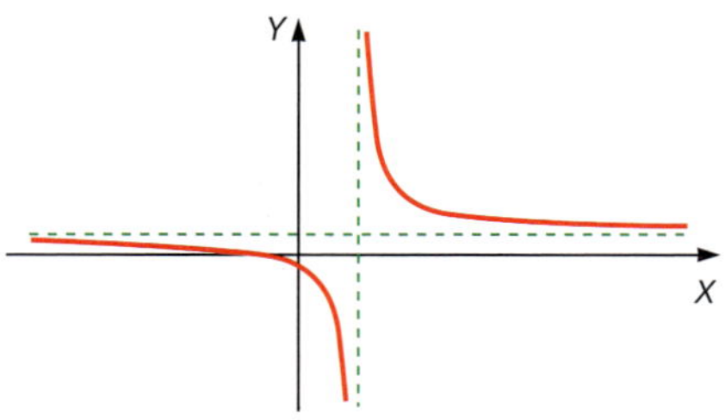

$f(x) = \frac{x+1}{2x-3}$

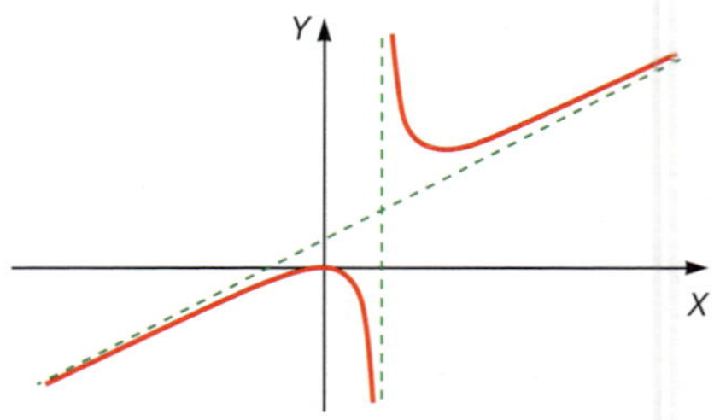

$f(x) = \frac{x^2}{2x-3}$

ACTIVITATS

20. Determina quantes i quines són les asímptotes d'aquestes funcions:

a) $f(x) = \frac{3x}{x-2}$ b) $f(x) = \frac{x^2}{x^2-1}$

21. Determina les asímptotes obliqües de les funcions següents:

a) $f(x) = \frac{x^2}{x+1}$ b) $f(x) = x + \frac{x}{2-x}$

SABER FER

Representar funcions racionals

▶ Representa gràficament la funció $f(x) = \dfrac{x^2 + 3x}{x - 1}$.

PRIMER. Determinem el domini de $f(x)$.

$x - 1 = 0 \rightarrow x = 1$ Dom $f = \mathbb{R} - \{1\}$

SEGON. Calculem els punts de tall amb els eixos de coordenades.

- Punts de tall amb l'eix X.

$$f(x) = \frac{x^2 + 3x}{x - 1} = 0 \rightarrow x = 0,\ x = -3 \rightarrow \text{Talla l'eix } X \text{ a } (-3, 0) \text{ i } (0, 0)$$

- Punts de tall amb l'eix Y.

$$x = 0 \rightarrow f(0) = \frac{0^2 + 3 \cdot 0}{0 - 1} = 0 \rightarrow \text{Talla l'eix } Y \text{ a } (0, 0)$$

TERCER. Determinem les asímptotes i les branques infinites de la funció.

- Asímptotes verticals: $\lim\limits_{x \to 1} \dfrac{x^2 + 3x}{x - 1} = \infty \rightarrow$ Asímptota vertical a $x = 1$.
- Asímptotes horitzontals: no en té.
- Asímptotes obliqües: $\lim\limits_{x \to \infty} \dfrac{f(x)}{x} = \lim\limits_{x \to \infty} \dfrac{x^2 + 3x}{x(x - 1)} = 1 \neq 0 \rightarrow m = 1$

$$\lim_{x \to \infty} [f(x) - mx] = \lim_{x \to \infty} \left[\frac{x^2 + 3x}{x - 1} - x\right] = \lim_{x \to \infty} \frac{4x}{x - 1} = 4$$

Té una asímptota obliqua a $y = x + 4$.

- Branques infinites: no en té perquè té una asímptota obliqua.

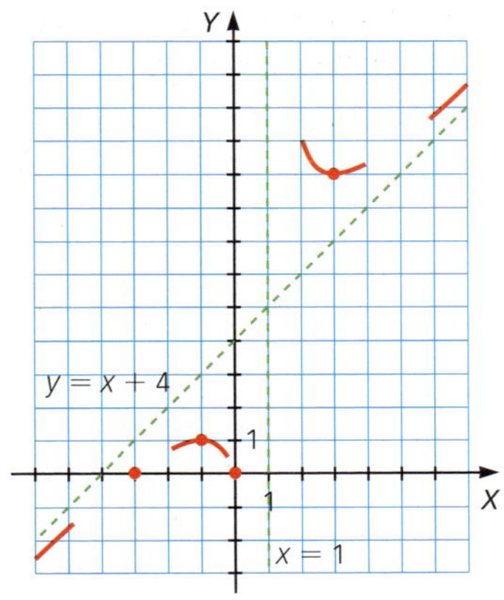

QUART. Estudiem el creixement i el decreixement de la funció.

$$f'(x) = \frac{x^2 - 2x - 3}{(x - 1)^2} = 0 \rightarrow x^2 - 2x - 3 = 0 \rightarrow x = -1,\ x = 3$$

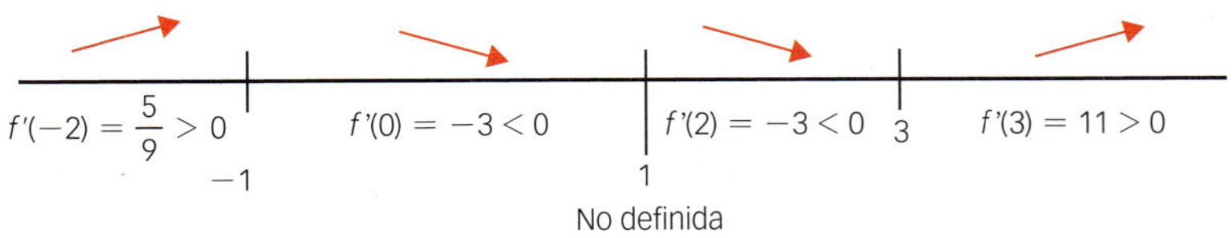

La funció és creixent en els intervals $(-\infty, -1)$ i $(3, +\infty)$, i decreixent en els intervals $(-1, 1)$ i $(1, 3)$. Té un màxim a $(-1, 1)$ i un mínim a $(3, 9)$.

CINQUÈ. Estudiem la concavitat i la convexitat de la funció.

$$f''(x) = \frac{8}{(x - 1)^3} \rightarrow f''(x) \neq 0$$

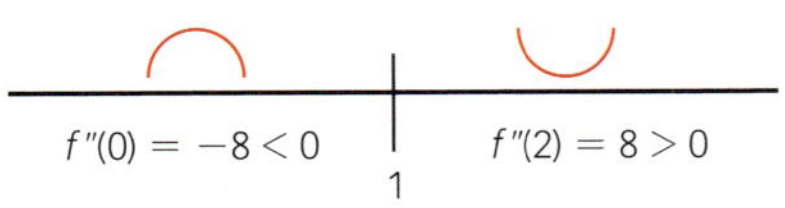

La funció és convexa a $(-\infty, 1)$ i còncava a $(1, +\infty)$. Com que a $x = 1$ no està definida, no té punts d'inflexió.

SISÈ. Dibuixem la gràfica de la funció partint de les dades que hem obtingut.

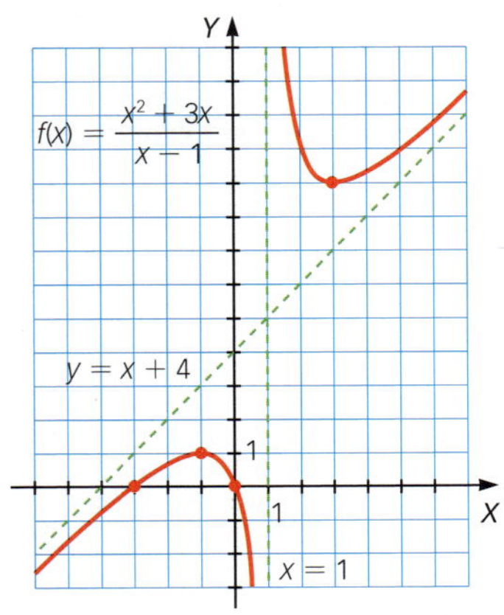

ACTIVITATS

22. Representa la funció $f(x) = \dfrac{x + 4}{2x - 3}$.

23. Representa la funció $f(x) = x - \dfrac{x + 4}{x - 3}$.

Creixement i decreixement d'una funció

Estudiar el creixement i el decreixement en una funció definida a trossos

Estudia el creixement i el decreixement de la funció $f(x) = \begin{cases} x^3 - 27x & \text{si } x < 2 \\ \dfrac{x+1}{x^2} & \text{si } x \geq 2 \end{cases}$.

PRIMER. Calculem la derivada de cada tram de la funció.

$$f'(x) = \begin{cases} 3x^2 - 27 & \text{si } x < 2 \\ \dfrac{x^2 - 2x(x+1)}{x^4} & \text{si } x \geq 2 \end{cases} \rightarrow f'(x) = \begin{cases} 3x^2 - 27 & \text{si } x < 2 \\ \dfrac{-x-2}{x^3} & \text{si } x > 2 \end{cases}$$

SEGON. Resolem l'equació $f'(x) = 0$ igualant cada tram de la funció derivada a 0. Dels punts obtinguts, rebutgem els que no pertanyin a l'interval de la definició.

$$f'(x) = 0 \rightarrow \begin{cases} 3x^2 - 27 = 0 & \text{si } x < 2 \\ \dfrac{-x-2}{x^3} = 0 & \text{si } x > 2 \end{cases}$$

Si $x < 2 \rightarrow 3x^2 - 27 = 0 \rightarrow x = \pm 3$. Com que $x < 2$, només prenem el punt $x = -3$.

Si $x > 2 \rightarrow \dfrac{-x-2}{x^3} = 0 \rightarrow x = -2$. Com que $x \geq 2$, no hi ha cap punt que anul·li la derivada en aquest tram.

TERCER. Estudiem el creixement i el decreixement en cada un dels intervals que determinen els punts que hem trobat i el punt en què la funció canvia d'expressió algebraica.

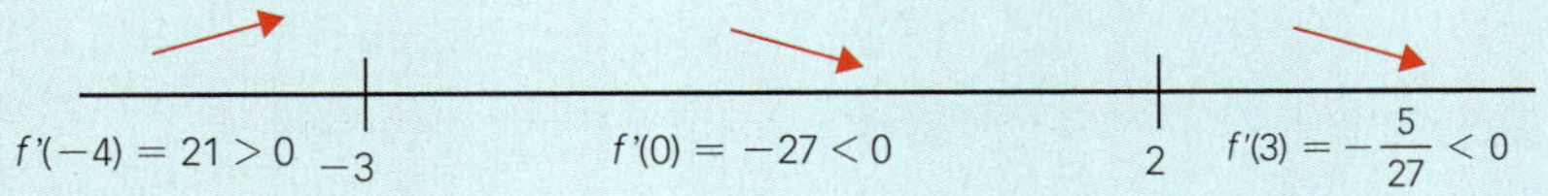

La funció creix en l'interval $(-\infty, -3)$ i decreix en els intervals $(-3, 2)$ i $(2, +\infty)$.

PRACTICA

24. Estudia el creixement i el decreixement de $f(x)$.

$$f(x) = \begin{cases} x^2 + 2x & \text{si } x < -2 \\ 1 + \dfrac{1}{x^2} & \text{si } x \geq -2 \end{cases}$$

Creixement i decreixement d'una funció

Resoldre problemes mitjançant l'estudi del creixement d'una funció

Un estudi ha estimat que l'afluència de públic a un gran centre comercial es pot mesurar mitjançant la funció $f(x) = x^3 - 36x^2 + 324x$, en què x és la quantitat d'hores que fa que el centre comercial està obert. Si el centre comercial es manté obert cada dia durant 12 hores, des de les 8 del matí fins a les 8 de la tarda, calcula el període diari en què l'afluència de públic augmenta.

PRIMER. Estudiem el creixement i el decreixement de la funció.

$$f'(x) = 3x^2 - 72x + 324$$
$$f'(x) = 0 \rightarrow 3x^2 - 72x + 324 = 0 \rightarrow x = 6, \ x = 18$$

Com que el centre comercial es manté obert durant 12 hores, només ens quedem $x = 6$.

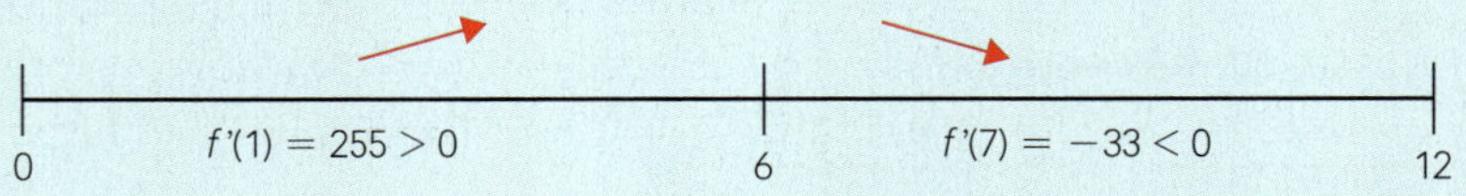

La funció creix en l'interval $(0, 6)$ i decreix en l'interval $(6, 12)$.

SEGON. Interpretem la solució.

L'afluència de públic augmenta durant les 6 primeres hores, des de l'obertura, $x = 0$, fins a les 14:00 h, en què arriba al màxim.

PRACTICA

25. La funció $g(x) = 100 + 5x + x^2$ proporciona la despesa en euros d'una empresa per fabricar x unitats. Si cada unitat té un preu de venda de 30 €, calcula la funció benefici i quantes unitats s'han de produir perquè arribi al màxim.

Creixement i decreixement d'una funció

Determinar els paràmetres d'una funció de la qual es coneixen un màxim o un mínim

Determina *a* i *b* en la funció $f(x) = x^2 + ax + b$ sabent que té un màxim en el punt (1, 8).

PRIMER. Calculem la derivada de la funció.

$$f'(x) = 2x + a$$

SEGON. Imposem la condició del màxim o el mínim que ens proporciona l'enunciat.

Com que $f(x)$ té un màxim a $x = 1$:

$$f'(1) = 0 \rightarrow 2 \cdot 1 + a = 0 \rightarrow a = -2$$

Com que $f(x)$ passa pel màxim, (1, 8), llavors:

$$f(1) = 8 \xrightarrow{a=-2} 1^2 - 2 \cdot 1 + b = 8 \rightarrow b = 9$$

La funció és $f(x) = x^2 - 2x + 9$.

PRACTICA

26. Troba el valor de *a* perquè a $x = 2$ hi hagi un mínim per a $f(x) = x^2 + ax + a$.

Creixement i decreixement d'una funció

Estudiar el creixement i el decreixement en una funció a partir de la gràfica de la derivada

Estudia el creixement i el decreixement de la funció $f(x)$ sabent que aquesta és la gràfica de la seva derivada.

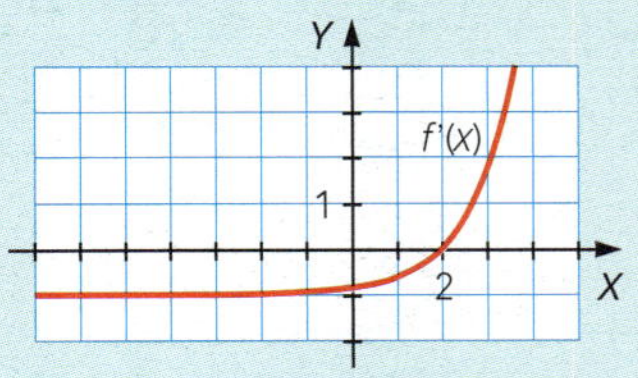

PRIMER. Estudiem els intervals en què la gràfica de la derivada és positiva i negativa.

$f'(x) < 0$ en l'interval $(-\infty, 2) \rightarrow f(x)$ decreix.

$f'(x) > 0$ en l'interval $(2, +\infty) \rightarrow f(x)$ creix.

SEGON. Estudiem els punts en què la derivada és 0.

$f'(2) = 0 \rightarrow f(x)$ té un màxim o un mínim a $x = 2$. Com que la funció decreix a l'esquerra de $x = 2$ i creix a la seva dreta, $f(x)$ té un mínim a $x = 2$.

PRACTICA

27. Esbrina com són les funcions en què la derivada es representa amb una recta de pendent 3.

Creixement i decreixement d'una funció

Determinar una funció coneixent algun punt per on passa i un màxim o un mínim

Troba l'equació de la paràbola que passa pel punt (−1, 0) i que té un màxim a (1, 8).

PRIMER. Determinem l'expressió de la funció.

Una paràbola és una funció del tipus $f(x) = ax^2 + bx + c$.

SEGON. Imposem les condicions de l'enunciat.

Com que $f(x)$ té un màxim a $x = 1$, $f'(1) = 0$:

$$f'(x) = 2ax + b \rightarrow f'(1) = 2a \cdot 1 + b = 0 \rightarrow b = -2a$$

Com que $f(x)$ passa pels punts (−1, 0) i (1, 8):

$$f(-1) = 0 \rightarrow a(-1)^2 - 2a(-1) + c = 0 \rightarrow c = -3a$$

$$f(1) = 8 \rightarrow a \cdot 1^2 - 2a \cdot 1 - 3a = 8 \rightarrow a = -2$$

$$b = -2a = 4,\ c = -3a = 6 \rightarrow f(x) = -2x^2 + 4x + 6$$

PRACTICA

28. Troba l'equació de la paràbola que té com a vèrtex (3, −8), sabent que talla l'eix *Y* a (0, 1).

Creixement i decreixement d'una funció

Representar la derivada d'una funció a partir de la gràfica de la funció en qüestió

Representa gràficament la derivada d'aquesta funció.

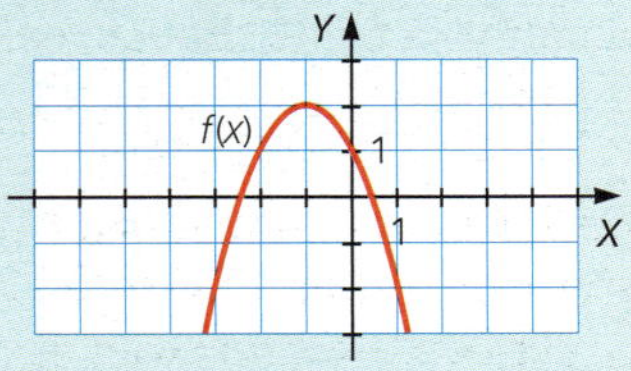

PRIMER. Estudiem els intervals en què la funció creix i decreix.

$f(x)$ creix en l'interval $(-\infty, -1) \rightarrow f'(x)$ és positiva.

$f(x)$ decreix en l'interval $(-1, +\infty) \rightarrow f'(x)$ és negativa.

SEGON. Estudiem els punts en què la funció té un màxim o un mínim.

$f(x)$ té un màxim en $x = -1 \rightarrow f'(-1) = 0$.

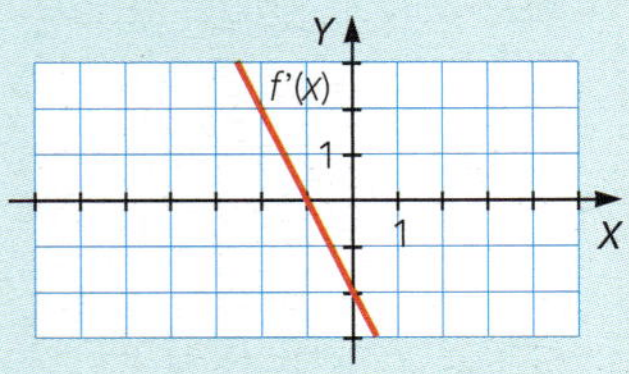

PRACTICA

29. Representa la derivada de $f(x) = x^3 - x^2 + x - 2$.

➔ SABER FER

Concavitat i convexitat

Determinar la concavitat i la convexitat d'una funció definida a trossos

Estudia la concavitat i la convexitat de la funció $f(x) = \begin{cases} x^3 - 27x & \text{si } x < 2 \\ \dfrac{x+1}{x^2} & \text{si } x \geq 2 \end{cases}$

PRIMER. Calculem la derivada primera en cada tram de la funció.

$$f'(x) = \begin{cases} 3x^2 - 27 & \text{si } x < 2 \\ \dfrac{x^2 - 2x(x+1)}{x^4} & \text{si } x > 2 \end{cases} \rightarrow f'(x) = \begin{cases} 3x^2 - 27 & \text{si } x < 2 \\ \dfrac{-x-2}{x^3} & \text{si } x > 2 \end{cases}$$

SEGON. Calculem la derivada segona en cada tram.

$$f''(x) = \begin{cases} 6x & \text{si } x < 2 \\ \dfrac{-x^3 - 3x^2(-x-2)}{x^6} & \text{si } x > 2 \end{cases} \rightarrow f''(x) = \begin{cases} 6x & \text{si } x < 2 \\ \dfrac{2x+6}{x^4} & \text{si } x > 2 \end{cases}$$

TERCER. Resolem l'equació $f''(x) = 0$ igualant cada tram de la funció derivada a 0.
Dels punts obtinguts, rebutgem els que no pertanyin a l'interval de la definició.

Si $x < 2 \rightarrow 6x = 0 \rightarrow x = 0$, que pertany a l'interval $(-\infty, 2)$.

Si $x > 2 \rightarrow \dfrac{2x+6}{x^4} = 0 \rightarrow 2x + 6 = 0 \rightarrow x = \dfrac{-6}{2} = -3$, que no pertany a l'interval $(2, \infty)$.

QUART. Estudiem la concavitat i la convexitat en cada un dels intervals que determinen els punts trobats, els punts de discontinuïtat i en què la funció canvia d'expressió algebraica.

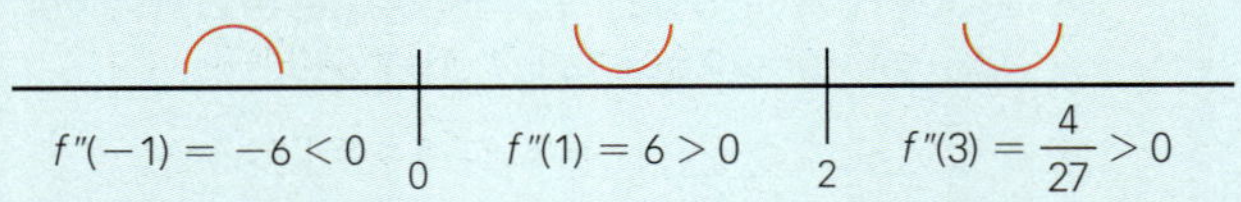

La funció és còncava a $(-\infty, 0)$ i convexa a $(0, \infty)$.

PRACTICA

30. Estudia la concavitat i la convexitat de la funció:

$$f(x) = \begin{cases} x^2 + 2x & \text{si } x < -2 \\ 1 + \dfrac{1}{x^2} & \text{si } x \geq -2 \end{cases}$$

Concavitat i convexitat

Estudiar la concavitat i la convexitat en un punt a partir de la representació gràfica de la funció

Estudia la concavitat i la convexitat de la funció següent en els punts $x = 1$, $x = 2$ i $x = 3$.

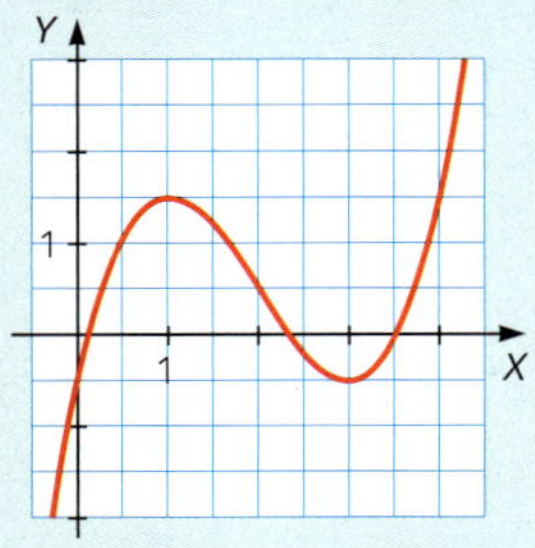

PRIMER. Tracem una recta tangent a la gràfica en els punts considerats.

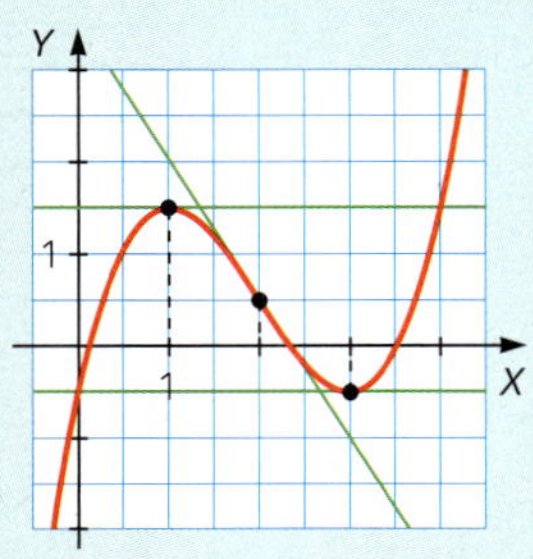

SEGON. Analitzem el resultat:

- Si la recta tangent queda per sobre de la gràfica, llavors la funció és còncava en el punt considerat.
  A $x = 3$ la funció és còncava.
- Si la recta tangent queda per sota de la gràfica, llavors la funció és convexa en el punt considerat.
  A $x = 1$ la funció és convexa.
- Si la recta tangent travessa la gràfica, llavors la funció no és ni còncava ni convexa en aquest punt.
  A $x = 0$ la funció no és còncava ni convexa.

PRACTICA

31. Estudia la concavitat o la convexitat en els punts $x = -1$, $x = 1$ i $x = 2$.

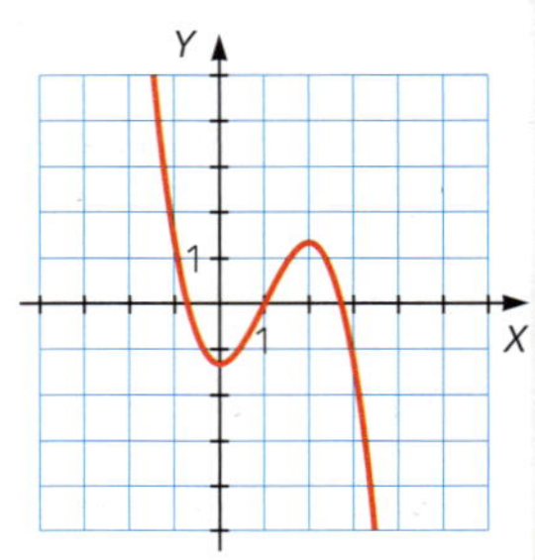

Representació de funcions

Estudiar la posició de la gràfica respecte d'una asímptota horitzontal

Determina si la funció $f(x) = \dfrac{2x^2+6}{x^2-1}$ té asímptotes horitzontals i estudia'n la posició.

PRIMER. Determinem si la funció té asímptotes horitzontals.

$$\lim_{x\to\infty} \frac{2x^2+6}{x^2-1} = 2 \rightarrow \text{Hi ha una asímptota horitzontal a } y = 2.$$

SEGON. Per determinar la situació de la gràfica respecte de l'asímptota per la dreta donem valors molt grans a x i estudiem el valor de la funció.

Per a $x = 1000 \rightarrow f(1\,000) = \dfrac{2\cdot 1\,000^2+6}{1\,000^2-1} > 2$

Per la dreta, la gràfica està situada per sobre de l'asímptota.

TERCER. Per determinar la situació de la gràfica respecte de l'asímptota per l'esquerra donem valors molt petits a x i estudiem el valor de la funció.

Per a $x = -1000 \rightarrow f(-1\,000) = \dfrac{2\cdot(-1\,000)^2+6}{(-1\,000)^2-1} > 2$

Per l'esquerra, la gràfica està situada per sobre de l'asímptota.

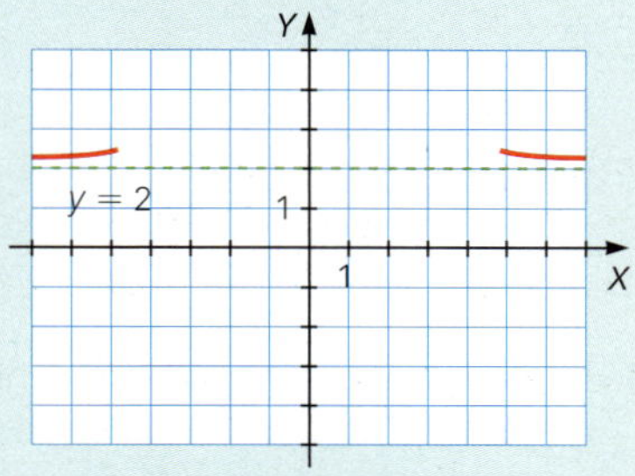

PRACTICA

32. Determina si la funció $f(x) = \dfrac{2-x^2}{x^2-1}$ té asímptotes horitzontals i estudia'n la posició.

33. Calcula les asímptotes horitzontals de la funció $f(x) = \dfrac{x^3}{2x^3+3x^2+2}$ i estudia'n la posició.

Representació de funcions

Estudiar la posició de la gràfica respecte d'una asímptota vertical

Determina si la funció $f(x) = \dfrac{3x^2-4x+2}{x-1}$ té asímptotes verticals i estudia'n la posició.

PRIMER. Determinem si la funció té asímptotes verticals.

El denominador de la funció s'anul·la per a $x = 1$.

$$\lim_{x\to 1} \frac{3x^2-4x+2}{x-1} = \infty \rightarrow \text{Asímptota vertical a } x = 1.$$

SEGON. Per determinar la situació de la gràfica respecte de l'asímptota per la dreta donem valors a x molt propers per la dreta al punt per on passa l'asímptota.

Per a $x = 1{,}01 \rightarrow f(1{,}01) = \dfrac{3(1{,}01)^2-4\cdot 1{,}01+2}{1{,}01-1} > 0 \rightarrow \lim\limits_{x\to 1^+} \dfrac{3x^2-4x+2}{x-1} = +\infty$

TERCER. Per determinar la situació de la gràfica respecte de l'asímptota per l'esquerra donem valors a x molt propers per l'esquerra al punt per on passa l'asímptota.

Per a $x = 0{,}99 \rightarrow f(0{,}99) = \dfrac{3(0{,}99)^2-4\cdot 0{,}99+2}{0{,}99-1} < 0 \rightarrow \lim\limits_{x\to 1^-} \dfrac{3x^2-4x+2}{x-1} = -\infty$

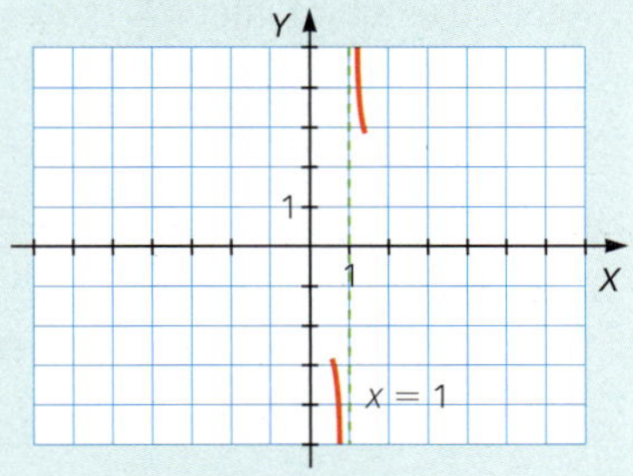

PRACTICA

34. Determina si la funció $f(x) = \dfrac{x+1}{x^2-4}$ té asímptotes verticals i estudia'n la posició.

35. Calcula les asímptotes verticals de la funció $f(x) = \dfrac{3x-2}{x^2-x-6}$ i estudia'n la posició.

Creixement. Màxims i mínims

36. Decideix si aquestes funcions creixen o decreixen en els punts que s'indiquen:

a) $f(x) = -2x^3 + 3x^2 - x + 1$ a $x = 1$

b) $f(x) = \dfrac{2x^2 - 3x + 1}{x}$ a $x = -2$

c) $f(x) = 2^x + 3\ln x - 8$ a $x = 4$

d) $f(x) = 2x + 3\sqrt{x}$ a $x = 9$

37. Digues si les funcions següents creixen o decreixen en els punts que s'indiquen.

a) $f(x) = \sin x$ a $x = \pi$

b) $f(x) = \sin x + \operatorname{tg} x$ a $x = 0$

c) $f(x) = \dfrac{1 + \sin x}{x^2 - 1}$ a $x = \dfrac{\pi}{2}$

d) $f(x) = \sin^2 x + \cos^2 x$ a $x = 0$

38. Indica els intervals de creixement i decreixement d'aquestes funcions. Hi ha algun màxim o mínim?

a) $f(x) = x^2 - 4x + 1$

b) $f(x) = -x^2 + 4$

c) $f(x) = 2x^2 - 8x$

d) $f(x) = -3x - x^2$

e) $f(x) = x^2 - 6x + 5$

f) $f(x) = 3x^2 - 2x$

39. Estudia els intervals de creixement i decreixement de les funcions següents, i troba'n els possibles màxims o mínims.

a) $f(x) = x^3 - 6x^2 + 9x + 1$

b) $f(x) = x^3 - 3x^2 - 9x + 1$

c) $f(x) = x^3 - 3x$

d) $f(x) = 2x^3 + 3x^2 - 36x + 8$

e) $f(x) = 2x^3 + 3x^2 + 6x - 12$

40. Determina els intervals de creixement i decreixement d'aquestes funcions:

a) $f(x) = x^4 - 4x$

b) $f(x) = 9x^4 - 2x^3 - 6x^2$

c) $f(x) = \dfrac{3x^4}{4} - x^3 - 3x^2 + 6$

d) $f(x) = x^4 - 2x^2$

41. Estudia el creixement d'aquestes funcions:

a) $f(x) = x^3$ b) $f(x) = x^4$ c) $f(x) = \sqrt{x}$

42. Analitza en quins intervals creix i en quins decreix cada una de les funcions següents:

a) $f(x) = 3\sin 2x$

b) $f(x) = 2^{x+1}$

c) $f(x) = e^{2x-1}$

d) $f(x) = \left(\dfrac{1}{4}\right)^x + 5$

43. Estudia els intervals de creixement i decreixement de les funcions següents:

a) $f(x) = \ln x$

b) $f(x) = \ln(x^2 + 1)$

c) $f(x) = \log_2(x^3 + 1)$

d) $f(x) = \log_2 \dfrac{1}{x}$

e) $f(x) = \ln\left(\dfrac{1}{x^2 + 1}\right)$

f) $f(x) = \ln\left(\dfrac{x - 1}{x^2 - 1}\right)$

44. Determina els intervals en què les funcions següents són creixents o decreixents:

a) $f(x) = \begin{cases} x - 3 & \text{si } x \leq 1 \\ 3 - 2x & \text{si } x > 1 \end{cases}$

b) $f(x) = \begin{cases} 2x + 4 & \text{si } x < 0 \\ 3x^2 + 5x - 2 & \text{si } x \geq 0 \end{cases}$

c) $f(x) = \begin{cases} x^3 & \text{si } x \leq 0 \\ \dfrac{x^2}{2} + 3 & \text{si } x > 0 \end{cases}$

d) $f(x) = \begin{cases} x^2 + 2x - 9 & \text{si } x \leq 2 \\ 8 - 3x & \text{si } x > 2 \end{cases}$

45. Analitza en quins intervals creix i en quins decreix cada una de les funcions següents:

a) $f(x) = \dfrac{x^2}{x^2 + 1}$

b) $f(x) = \dfrac{x + 2}{x + 3}$

c) $f(x) = \dfrac{2x}{x + 1}$

d) $f(x) = \dfrac{x + 2}{x - 2}$

46. És cert que la funció $f(x) = x^3$ sempre és creixent? Què passa a l'origen de coordenades?

47. Estudia el creixement i el decreixement de les funcions següents en els punts que s'indiquen:

a) $f(x) = |3x + 2|$ a $x = 1$ i $x = -4$

b) $f(x) = |-x + 3|$ a $x = 0$ i $x = 5$

c) $f(x) = |-(x - 3)|$ a $x = -1$ i $x = 2$

d) $f(x) = \left|\dfrac{3x}{2} + 1\right|$ a $x = -2$ i $x = 0$

48. Estudia el creixement i el decreixement de les funcions següents en els punts que s'indiquen:

a) $f(x) = |x^2 - 3|$ a $x = -3, x = -1$ i $x = 4$

b) $f(x) = |-x^2 + 3x|$ a $x = -2, x = 2$ i $x = 6$

c) $f(x) = \left|\dfrac{x + 7}{4}\right|$ a $x = -10, x = -5$ i $x = 1$

49. Determina els intervals de creixement i decreixement de les funcions que apareixen a continuació:

a) $f(x) = |x^2 - x - 5|$

b) $f(x) = \left|\dfrac{1}{x}\right|$

c) $f(x) = \left|\dfrac{x}{x^2 + 1}\right|$

d) $f(x) = -\sqrt{|x|}$

e) $f(x) = |\ln x|$

f) $f(x) = \ln(|x| + 1)$

50. Determina els màxims i els mínims de les funcions següents fent servir la segona derivada:

a) $f(x) = \dfrac{x^2 - 3x + 3}{x - 1}$

b) $f(x) = \dfrac{x^2}{2 - x}$

c) $f(x) = \dfrac{x^2 + 9}{x}$

d) $f(x) = \dfrac{x^3}{x^2 + 4}$

e) $f(x) = \dfrac{x^2 + 2x + 2}{x + 1}$

f) $f(x) = \dfrac{8x}{x^2 + 1}$

51. Troba els màxims i els mínims d'aquestes funcions fent servir la derivada segona:

a) $f(x) = 3x + 2$

b) $f(x) = \dfrac{5 - 2x}{4}$

c) $f(x) = 2x^3 - 6x$

d) $f(x) = 2x^2 - 12x + 5$

e) $f(x) = 2x^4 - 4x^2$

f) $f(x) = x^4 - 2x^3$

52. Calcula, fent servir la derivada, l'expressió algebraica de les coordenades del vèrtex d'una paràbola genèrica, del tipus $f(x) = ax^2 + bx + c$.

53. Esbrina els valors de a, b i c perquè la paràbola $f(x) = ax^2 + bx + c$ tingui el vèrtex en el punt $(-1, -8)$ i talli l'eix Y a $(0, -5)$.

54. Busca el vèrtex de cada una de les paràboles següents tenint en compte que la tangent a la corba hi és horitzontal. Indica si es tracta d'una màxim o d'un mínim.

a) $f(x) = 3x^2 - 6x + 5$

b) $f(x) = -2x^2 + 6x + 9$

c) $f(x) = x^2 + 2x - 5$

d) $f(x) = -x^2 + 4x$

e) $f(x) = 3x^2 + x + 9$

f) $f(x) = \dfrac{x^2 + 4x + 3}{2}$

55. Troba els valors de a i b perquè la funció $f(x) = x^3 + ax + b$ tingui un mínim a $(1, 5)$.

56. Calcula el valor de a, b i c a la funció $f(x) = ax^3 + bx^2 + x + c$, sabent que la seva gràfica passa per $(-1, 9)$ i en els punts d'abscissa $x = 0$ i $x = -2$ té tangent horitzontal.

57. Determina els valors de a, b i c perquè la funció $f(x) = ax^3 + bx + c$ passi pel punt $(2, 6)$ i tingui un mínim a $(1, 2)$.

58. Calcula a, b i c perquè la funció $f(x) = ax^3 + bx^2 + cx + d$ tingui dos punts de tall amb l'eix de les X a $x = -4$ i $x = -3$, i dos punts de tangent horitzontal a $x = -4$ i $x = \dfrac{-10}{3}$. Indica si aquests dos últims punts són màxims o mínims.

59. Estudia el creixement, el decreixement i els màxims i els mínims d'aquesta funció:

$$f(x) = \sqrt{2x^3 - \frac{13}{2}x^2 - 5x}$$

60. Calcula els valors de a, b i c perquè la funció $f(x) = x^3 + ax^2 + b$ tingui un màxim en un punt en què talla l'eix X i un mínim en el punt de tall amb l'eix Y, i que compleixi que $a + b = -1$.

61. Indica quins han de ser els valors de a, b, c i d perquè la funció $f(x) = ax^3 + bx^2 + cx + d$ compleixi el següent:

- Que tingui un màxim en el vèrtex de la paràbola $g(x) = x^2 + 12x + 202$.
- Que tingui un mínim en el vèrtex de la paràbola $h(x) = -2x^2 + 8x - 98$.

62. Determina els punts de les gràfiques d'aquestes funcions que tenen una tangent horitzontal:

a) $f(x) = 3x^2 - 15x + 13$

b) $f(x) = 2x^3 + 3x^2 - 36x + 8$

c) $f(x) = 2x^3 + 3x^2 + 6x - 12$

d) $f(x) = \dfrac{x^2 + 2x + 2}{x + 1}$

e) $f(x) = \dfrac{x + 2}{x - 2}$

63. En quins punts de les gràfiques d'aquestes funcions la tangent és horitzontal? Decideix si són màxims o mínims.

a) $f(x) = \dfrac{x^2 - 3x + 3}{x - 1}$

b) $f(x) = \dfrac{x^2}{2 - x}$

c) $f(x) = \dfrac{x^2 + 9}{x}$

d) $f(x) = \dfrac{x^3}{x^2 + 4}$

64. Indica tota la informació que sigui possible sobre el punt $x = a$ de la funció $f(x)$ en cada cas.

a) $\begin{cases} f'(a) = 0 \\ f''(a) \text{ és negativa} \end{cases}$

b) $\begin{cases} f(a) = 0 \\ f'(a) = 0 \end{cases}$

c) $\begin{cases} f'(a) = 0 \\ f(a) = 3 \\ f(x) \leq 3 \text{ sempre} \end{cases}$

d) $\begin{cases} f'(a) = 0 \\ f''(a) = 4 \end{cases}$

e) $\begin{cases} f'(a) = 0 \\ f''(a) = 0 \end{cases}$

f) $\begin{cases} f'(a) = 0 \\ f'(x) > 0 \text{ per a } x < a \\ f'(x) < 0 \text{ per a } x > a \end{cases}$

65. Indica els intervals de creixement i decreixement, els màxims i els mínims, així com els seus valors, de les funcions següents:

a)

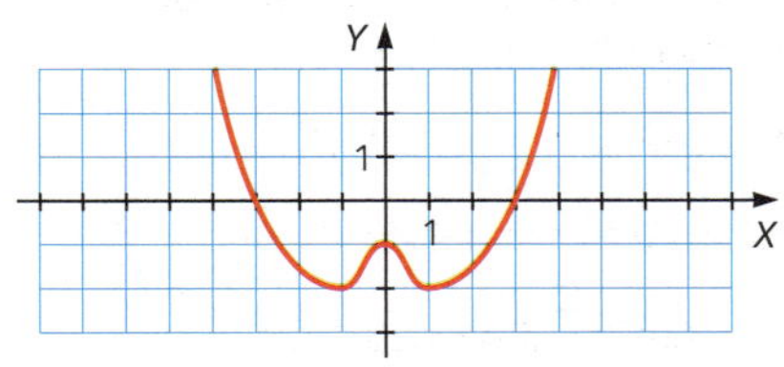

b)

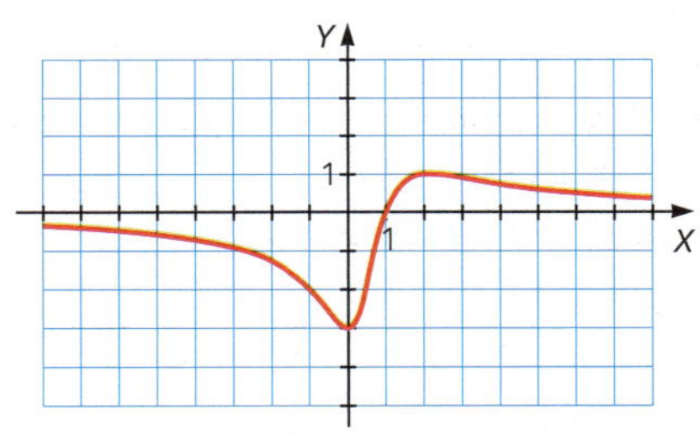

c)

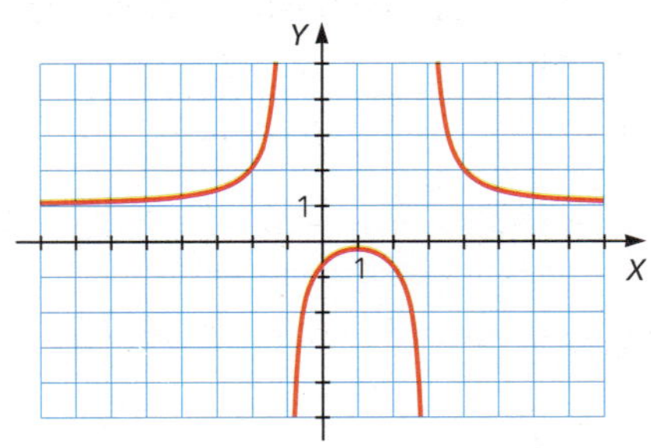

ACTIVITATS

66. Calcula els valors que s'indiquen per a la funció $f(x) = x^4 - 2x^3 - 3x^2 + 4x + 4$ i fes-los servir per deduir tota la informació que es pugui.

a) $f'(-1)$, $f'(-1{,}5)$, $f'(-0{,}5)$, $f(-1)$

b) $f'(0{,}5)$, $f(0{,}5)$, $f'(0{,}25)$, $f(1)$

c) $f(2)$, $f'(2)$, $f'(1{,}5)$, $f'(2{,}5)$

67. Troba els màxims i els mínims d'aquestes funcions:

a) $f(x) = (x - 1)^2 \cdot (x + 3)^2$

b) $f(x) = (x - 2)^2 \cdot (x - 1)^2$

c) $f(x) = (x + 2)^2 \cdot (x - 1)^2$

SABER FER

Resoldre problemes d'optimització

El nombre de persones infectades per un bacteri a partir del primer dia que es detecta una malaltia es pot calcular amb la funció:

$$f(x) = (x - 5)[(x - 5)^2 - 36(x - 5) + 225] + 15(x - 5) + 1856$$

en què x representa el nombre de dies transcorreguts des que s'ha detectat la infecció. Determina el dia en què hi haurà menys contagis.

PRIMER. Calculem la derivada de la funció.

$$f(x) = (x - 5)[(x - 5)^2 - 36(x - 5) + 225] + 15(x - 5) + 1856 = (x - 5)[x^2 - 46x + 430] + 15x + 1781 = x^3 - 51x^2 + 675x - 369$$

$$f'(x) = 3x^2 - 102x + 675$$

SEGON. Trobem els valors en què s'anul·la la derivada.

$$f'(x) = 0 \rightarrow 3x^2 - 102x + 675 = 0 \rightarrow x = 9, x = 25$$

TERCER. Calculem la derivada segona.

$$f'(x) = 3x^2 - 102x + 675 \rightarrow f''(x) = 6x - 102$$

QUART. Establim quins punts dels que anul·len la derivada són màxims i quins són mínims.

Per a $x = 9 \rightarrow f''(9) = 6 \cdot 9 - 102 < 0 \rightarrow$ Màxim

Per a $x = 25 \rightarrow f''(25) = 6 \cdot 25 - 102 > 0 \rightarrow$ Mínim

CINQUÈ. Determinem el punt que representa el màxim o el mínim, segons el que demani l'enunciat, i interpretem la solució.

El problema demana «el dia en què hi haurà menys contagis», és a dir, el punt en què $f(x)$ tingui el seu mínim.

El mínim es troba a $x = 25$ i, per tant:

$$f(25) = 25^3 - 51 \cdot 25^2 + 675 \cdot 25 - 369 = 256$$

Tenim el mínim de la funció en el punt (25, 256). És a dir, el dia en què hi haurà menys contagis serà el 25 a partir del dia en què es detecti la infecció, en el qual només s'infectaran 256 persones.

68. Descompon el nombre 20 en dos sumands tals que la suma dels seus quadrats sigui mínima.

69. Troba el nombre positiu que fa mínima la suma d'ell mateix i el quàdruple del seu invers.

70. De tots els triangles rectangles en què els catets sumen 10, quin té l'àrea més gran?

71. D'entre tots els triangles rectangles d'hipotenusa 10, troba el que tingui una àrea més gran.

72. En construir el marc d'un panell publicitari rectangular de 12 metres quadrats, el metre lineal de tram horitzontal costa 1,50 €, mentre que el de tram vertical costa 2 €.

a) Determina les dimensions del panell perquè el cost sigui mínim.

b) Quant costa el marc?

73. Disposem de 200 m de tela metàl·lica i volem tancar un recinte format per un rectangle i dos semicercles, tal com indica la figura.

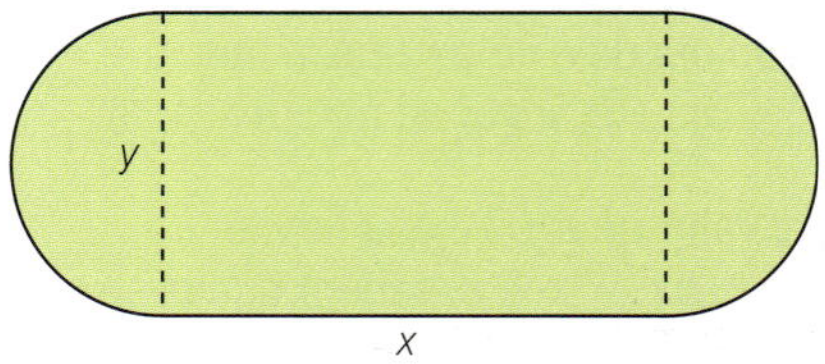

Determina les dimensions de x i y perquè l'àrea tancada sigui màxima.

74. Una empresa decideix llançar una campanya de propaganda d'un dels seus productes editant un text que ocupa 18 cm^2 en fulls rectangulars impresos en una cara, amb marges superior i inferior de 2 cm i laterals d'1 cm.

Calcula les dimensions del full perquè el consum de paper sigui mínim.

75. Volem tancar l'àrea més gran possible dins d'una tanca rectangular de 500 m de perímetre.

a) Quines són les longituds d'aquest rectangle?

b) Quines serien les dimensions del rectangle si un dels costats queda limitat per un riu i no cal fer servir la tanca?

76. El perímetre de la figura és 5 m. Calcula les mesures x i y perquè l'àrea tancada sigui màxima.

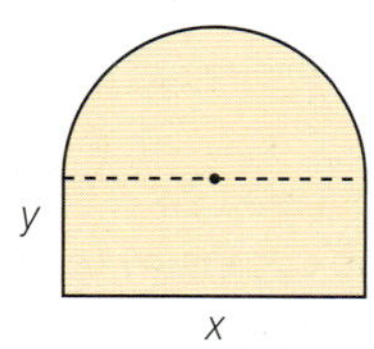

77. Troba els punts de la corba $y^2 = 2x$, que té una distància mínima al punt (6, 0).

78. Troba, entre totes les rectes que passen pel punt (2, 3), la que determina el triangle d'àrea mínima limitat per aquesta recta i la part positiva dels eixos X i Y.

Representació de funcions

79. Representa gràficament una funció que compleixi les condicions següents:

- El seu domini és $\mathbb{R}$ i no té asímptotes.
- Creix a $(-\infty, 0) \cup (2, +\infty)$ i decreix a $(0, 2)$.
- En els punts d'abscissa $x = 0$ i $x = 2$ la tangent a la corba és horitzontal.

80. Representa gràficament una funció que compleixi les característiques següents:

- El seu domini és $\mathbb{R}$.
- Sempre creix i no té asímptotes.
- Talla l'eix Y a $(0, -8)$. A més, en el punt $(2, 0)$ té tangent horitzontal i $f''(2) = 0$.

81. Representa gràficament una funció que compleixi les característiques següents:

- El seu domini és $\mathbb{R}$.
- Té una asímptota horitzontal a $y = 3$.
- Talla únicament els eixos a $(0, 0)$, punt en què té un mínim.
- Decreix a $(-\infty, 0)$ i creix a $(0, +\infty)$.

82. Representa gràficament una funció que compleixi les característiques següents:

- El seu domini és $\mathbb{R} - \{-3\}$.
- Té dues asímptotes, una de vertical a $x = -3$ i una altra d'horitzontal a $y = -1$.
- Sempre creix.
- Talla els eixos a $(-6, 0)$ i $(0, -4)$.

83. Representa gràficament una funció que compleixi les característiques següents:

- El seu domini és $\mathbb{R}$.
- Talla els eixos a $(-1, 0)$, $(-2, 0)$ i $(0, 0)$.
- Creix a $\left(\frac{-3}{2}, \frac{-1}{2}\right)$ i decreix en la resta.
- $\left(\frac{-1}{2}, \frac{1}{2}\right)$ és un màxim i $\left(\frac{-3}{2}, \frac{-1}{2}\right)$, un mínim.

84. Representa una funció amb aquestes característiques:

- El seu domini és $\mathbb{R} - \{-3, 3\}$.
- Té asímptotes verticals a $x = -3$ i $x = 3$.
- $f'(x) < 0$ en tot el domini.

85. Representa gràficament una funció que tingui les característiques següents:

- El seu domini és $\mathbb{R} - \{0\}$.
- Té una asímptota vertical a $x = 0$.
- Té una asímptota obliqua a $y = x$.
- $f'(x) > 0$ en els intervals $(-\infty, -2)$ i a $(0, +\infty)$, $f'(x) < 0$ en l'interval $(-2, 0)$ i $f'(-2) = 0$.

86. A partir de la funció:

$$f(x) = 4x^3 + 15x^2 - 18x + 10$$

a) Determina els màxims i mínims de la funció.

b) Calcula $\lim_{x \to -\infty} f(x)$ i $\lim_{x \to +\infty} f(x)$.

c) Fes un esbós de la gràfica de la funció.

87. A partir de la funció $f(x) = x^3 + 6x^2 - 36x + 29$, resol.

a) Determina'n el domini.

b) Troba'n les asímptotes.

c) Té punts de tall amb els eixos? Quins són?

d) Determina'n els intervals de creixement i decreixement.

e) Troba'n els màxims i els mínims.

f) Representa la funció.

88. Representa gràficament les funcions següents fent un estudi sobre el seu creixement, decreixement, màxims i mínims, i concavitat i convexitat:

a) $f(x) = \frac{2}{3}x^3 + \frac{3}{2}x^2 - 2x - 1$

b) $f(x) = x^3 - x$

c) $f(x) = x^3 - x^2$

d) $f(x) = x^3 - 2x^2$

e) $f(x) = x^3 - 3x^2$

89. Representa gràficament les funcions fent un estudi sobre el seu creixement, decreixement, màxims i mínims, i concavitat i convexitat.

a) $f(x) = x^3 - x^2 - 2x$

b) $f(x) = x^3 - x^2 - x + 2$

c) $f(x) = \frac{1}{3}x^3 - 2x^2 + 3x - 1$

90. Estudia i representa les funcions polinòmiques.

a) $f(x) = 3x^4 - 4x^3 - 36x^2 + 10$

b) $f(x) = x^3 - 6x^2 + 12x - 5$

c) $f(x) = 3x^4 - 4x^3 - 48x^2 + 144x + 212$

91. Donada la funció $f(x) = \frac{3x - 2}{x + 4}$, resol.

a) Determina'n el domini.

b) Troba'n les asímptotes.

c) Troba'n els intervals de creixement i decreixement.

d) Calcula'n els màxims i els mínims.

e) Estudia'n la concavitat i la convexitat.

f) Representa la funció.

92. Troba els màxims i els mínims de la funció:

$$f(x) = \frac{x}{x - 4}$$

Determina les equacions de les seves asímptotes i la posició de la corba respecte d'elles. Fes també un esbós de la gràfica de la funció.

ACTIVITATS

93. Calcula les asímptotes d'aquestes funcions i fes-ne la representació gràfica:

a) $f(x) = \dfrac{x+3}{x-4}$ b) $f(x) = \dfrac{6x}{x-4}$ c) $f(x) = \dfrac{x^2-1}{x^2+1}$

94. A partir de la funció:

$$f(x) = \frac{x^3}{1-x^2}$$

a) Troba els màxims i els mínims de la funció.

b) Determina les equacions de les seves asímptotes i la posició de la corba respecte d'elles.

c) Fes un esbós de la gràfica de la funció.

95. Estudia la posició de la gràfica d'aquestes funcions respecte de les asímptotes i representa-les gràficament:

a) $f(x) = \dfrac{x^2+2}{x-3}$ c) $f(x) = \dfrac{x^2}{x-1}$

b) $f(x) = \dfrac{x^2-2}{x-3}$ d) $f(x) = \dfrac{x^2}{x^2+1}$

96. Estudia i representa aquestes funcions racionals:

a) $f(x) = \dfrac{5x+1}{x-2}$ c) $f(x) = \dfrac{x^2}{2-x}$

b) $f(x) = \dfrac{x^2-2x+1}{x-3}$ d) $f(x) = \dfrac{2x^2+2x-4}{x^2+x-6}$

97. Representa aquestes funcions racionals i analitza'n les característiques:

a) $f(x) = \dfrac{x}{x^2-3x-4}$ d) $f(x) = \dfrac{x^2+4x+2}{x^2}$

b) $f(x) = \dfrac{x^2+2x+3}{x^2+2x+1}$ e) $f(x) = \dfrac{2x}{x^2+x-6}$

c) $f(x) = \dfrac{x+5}{x^2-3x-4}$ f) $f(x) = \dfrac{x-3}{(x+1)(x-1)}$

98. Estudia i representa les funcions següents:

a) $f(x) = \dfrac{x^4+2x^2+1}{x^2-1}$ c) $f(x) = \dfrac{x^2-1}{x^3+1}$

b) $f(x) = \dfrac{x^2-3x+2}{x^3-1}$ d) $f(x) = \dfrac{x^2+1}{x^3+1}$

99. Relaciona cada una de les característiques següents amb la funció que les compleix:

- El seu màxim és $(0, -1)$.
- Té dues asímptotes verticals.
- La tangent és horitzontal per a $x = 1$ i $x = -1$.
- El seu màxim és $(1, 4)$.
- Sempre és creixent.

$f(x) = \dfrac{x^3+x^2+x}{10}$ $i(x) = \dfrac{x^2+1}{x-3}$

$g(x) = x^4 - 2x^2 - 1$ $j(x) = \dfrac{x^2+1}{x^2-2}$

$h(x) = -x^3 + 3x + 2$ $k(x) = -x^2 - 2x - 1$

SABER FER

Representar funcions exponencials

▶ Representa gràficament la funció $f(x) = 2e^{-x}$.

PRIMER. Determinem el domini de la funció.

El domini de les funcions exponencials coincideix amb el domini del seu exponent.

Com que l'exponent és un polinomi, Dom $f = \mathbb{R}$.

SEGON. Calculem els punts de tall amb els eixos.

- Punts de tall amb l'eix X: no en té.
- Punt de tall amb l'eix Y: $f(0) = 2 \rightarrow$ Punt $(0, 2)$

TERCER. Determinem les asímptotes i les branques infinites de la funció.

- Asímptotes horitzontals.

$$\lim_{x\to-\infty} e^{-x} = +\infty \qquad \lim_{x\to+\infty} e^{-x} = 0$$

Té una asímptota horitzontal a $y = 0$ quan x tendeix a $+\infty$.

- Asímptotes verticals: no en té.

QUART. Estudiem el creixement i el decreixement de la funció.

$$f(x) = 2e^{-x} \rightarrow f'(x) = 2\cdot(-1)\cdot e^{-x} = -2e^{-x}$$

La derivada no s'anul·la per a cap valor de x i, per tant, no té màxims ni mínims.

$$f'(0) = -2 < 0 \rightarrow \text{Sempre és decreixent.}$$

CINQUÈ. N'estudiem la concavitat i la convexitat.

$$f'(x) = -2e^{-x} \rightarrow f''(x) = (-2)\cdot(-1)\, e^{-x} = 2e^{-x}$$

La derivada segona no s'anul·la per a cap valor de x i, per tant, la funció sempre és còncava o convexa.

$$f''(0) = 2e^0 = 2 > 0 \rightarrow \text{Sempre és còncava.}$$

SISÈ. Dibuixem la gràfica de la funció a partir de les dades obtingudes.

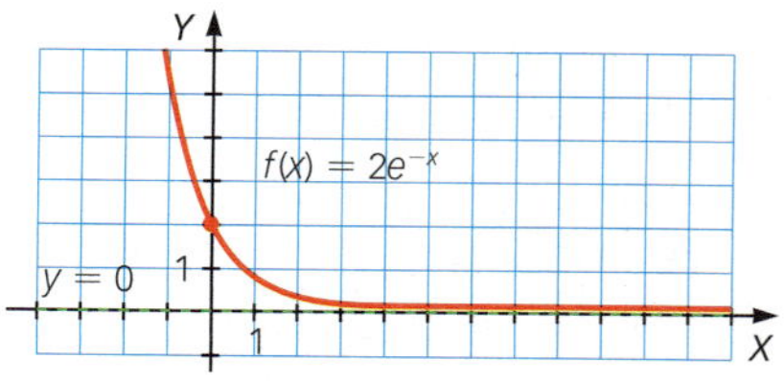

100. Estudia i representa les funcions següents:

a) $f(x) = 1 + e^{x+3}$ c) $f(x) = 3\cdot e^{1-x}$

b) $f(x) = \dfrac{e^{2x}}{2}$ d) $f(x) = \dfrac{3-e^x}{2}$

101. Estudia i representa les funcions següents:

a) $f(x) = \dfrac{2}{5}\cdot 2^{x+2}$ c) $f(x) = 4 + \left(\dfrac{1}{3}\right)^{x-1}$

b) $f(x) = 3\cdot\left(\dfrac{1}{2}\right)^{x+1}$ d) $f(x) = \left(\dfrac{1}{4}\right)^{2-x}$

SABER FER

Representar funcions logarítmiques

Representa gràficament la funció $f(x) = \ln(x - 2)$.

PRIMER. Determinem el domini de la funció. La funció logarítmica està definida quan el seu argument és més gran que zero.

$$x - 2 > 0 \rightarrow x > 2 \rightarrow \text{Dom } f = (2, +\infty)$$

SEGON. Calculem els punts de tall amb els eixos.

- Punts de tall amb l'eix X.

$$y = 0 \rightarrow \ln(x - 2) = 0 \rightarrow x - 2 = 1 \rightarrow x = 3$$

Talla l'eix X en el punt (3, 0).

- Punt de tall amb l'eix Y: no en té.

TERCER. Determinem les asímptotes i les branques infinites de la funció.

- Asímptotes horitzontals: no en té.
- Asímptotes verticals: $\lim_{x \to 2^+} \ln(x - 2) = -\infty$

Té una asímptota vertical a $x = 2$.

QUART. Estudiem el creixement i el decreixement de la funció.

$$f(x) = \ln(x - 2) \rightarrow f'(x) = \frac{1}{x - 2}$$

$f'(x)$ no s'anul·la mai $\rightarrow$ $f(x)$ no té màxims ni mínims.

$$f'(3) = 1 > 0 \rightarrow \text{Sempre és creixent.}$$

CINQUÈ. N'estudiem la concavitat i la convexitat.

$$f'(x) = \frac{1}{x - 2} \rightarrow f''(x) = \frac{-1}{(x - 2)^2}$$

$f''(x)$ no s'anul·la per a cap valor de x $\rightarrow$ $f(x)$ sempre és còncava o convexa.

$$f''(0) = -\frac{1}{4} < 0 \rightarrow \text{Sempre és convexa.}$$

SISÈ. Dibuixem la gràfica de la funció a partir de les dades obtingudes.

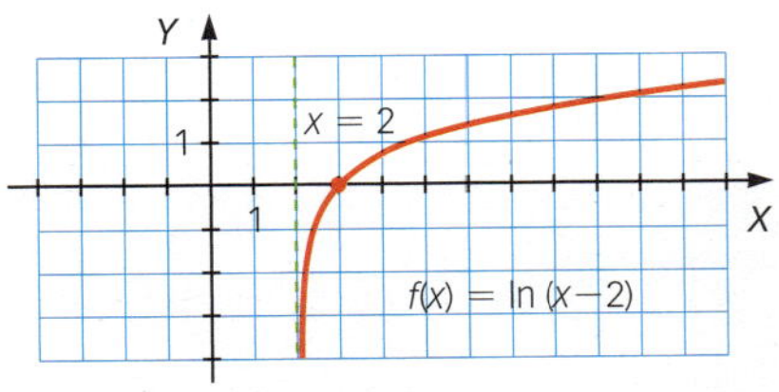

102. Estudia i representa les funcions següents:

a) $f(x) = \log_3(2x)$

b) $f(x) = \log_2(x + 1)$

c) $f(x) = \log_{\frac{1}{3}} x$

d) $f(x) = \log_5(x - 1)$

e) $f(x) = \ln\left(\frac{1}{x}\right)$

f) $f(x) = \ln\left(\frac{1}{x^2 + 1}\right)$

Problemes amb funcions i derivades

103. S'ha estimat que la despesa d'electricitat d'una empresa, de 8 a 17 hores, segueix la funció

$$E(t) = 0{,}01t^3 - 0{,}36t^2 + 4{,}05t - 10$$

en què t pertany a l'interval (8, 17).

a) Quin és el consum elèctric al cap de 10 hores? I al cap de 16 hores?

b) En quin moment del dia és màxim el consum? I quan és mínim?

c) Determina les hores del dia en què el consum s'incrementa.

104. Els beneficis de dues empreses en concret, A i B, estan determinats per les funcions f_A i f_B, en què x es mesura en anys.

$$f_A(x) = \frac{75x}{x^2 + 100} \qquad f_B(x) = \frac{100x + 4}{x^2 + 150}$$

Fes l'estudi de les qüestions que es plantegen a continuació:

a) Durant quant de temps obtenen guanys?

b) Quins són els seus beneficis màxims i quan es produeixen?

c) Quina de les dues comença a notar abans un descens en els beneficis?

d) En algun moment tenen pèrdues?

105. Un banc ofereix als seus clients un pla en què el seu capital s'incrementaria segons la funció $f(x) = 0{,}0001x^4 - 0{,}04x^2$, en què x es mesura en milers d'euros. Fes un estudi per determinar a partir de quina quantitat és rendible aquesta operació, si el banc els posa un límit de 50 000 € d'inversió.

106. La temperatura, en graus centígrads, al llarg d'una freda nit d'hivern en una localitat va variar d'acord amb la funció $f(t) = \frac{t^2 - 5t - 6}{2}$, en què $t \in [0, 8]$ és el temps mesurat en hores.

a) Quina temperatura hi havia a la una de la matinada? I a les cinc?

b) A quina hora estaven a 0 °C? I a −3 °C?

c) En quin interval de temps la temperatura descendia? I en quin ascendia?

d) En quin període de temps la temperatura va ser negativa? I en quin va ser positiva?

e) Quina va ser la temperatura màxima? I la mínima?

f) Fes una gràfica que il·lustri la variació de temperatura en aquestes vuit hores.

107. Una empresa que va treure al mercat un dispositiu tecnològic nou va determinar que la quantitat d'unitats venudes durant els primers 60 dies s'ajustava a l'expressió $f(d) = 100 + 15d - \frac{d^2}{4}$, en què d és el temps mesurat en dies. Calcula el següent:

a) En quin interval de temps van augmentar les vendes? En quin van disminuir?

b) Quants dispositius va vendre el primer dia que van sortir a la venda?

c) Quin altre dia va vendre les mateixes unitats que el primer?

d) Quin dia va vendre més unitats? Quantes?

e) Quins dies es van vendre 300 unitats?

108. El nombre de visitants que van a una exposició fotogràfica durant les dues setmanes que dura ha variat segons la funció

$$N(t) = -t^3 + 24t^2 - 11t + 570 \quad \text{si } 1 \le t \le 14$$

en què t representa el dia.

a) Quants visitants hi va haver el dia de la inauguració?

b) I el dia de clausura?

c) Quin dia hi va haver l'assistència màxima de visitants? I l'assistència mínima?

d) Quins van ser els valors màxim i mínim del nombre de visitants?

109. Les despeses de manteniment de la maquinària d'una empresa determinada en milers d'euros, $G(x)$, estan determinades en funció del temps, x, mesurat en mesos, que fa que la maquinària està en funcionament. L'expressió de $G(x)$ és:

$$G(x) = \begin{cases} -\frac{2x}{15} + 3 & \text{si } 0 \le x \le 15 \\ \frac{6x - 60}{x + 15} & \text{si } x > 15 \end{cases}$$

a) Calcula els intervals de creixement i decreixement de la funció.

b) Què passa a mesura que va passant el temps?

c) Té algun màxim o mínim la funció?

d) Fes un estudi per determinar a partir de quina quantitat és rendible la inversió.

110. Determina quina de les dues funcions creix més ràpidament en el punt $x = 1$ i troba la representació gràfica que ho mostri millor.

$$f(x) = x - 4 - \frac{2x}{x + 2}$$

$$g(x) = x + 2 - \frac{x}{x - 3}$$

111. Un investigador està provant l'acció d'un medicament sobre un bacteri. Ha comprovat que el nombre de bacteris, N, varia amb el temps, t, una vegada que s'ha subministrat el medicament, segons la funció següent:

$$N(t) = 20t^3 - 510t^2 + 3600t + 2000$$

a) Quants bacteris hi havia en el moment de subministrar el medicament? I al cap de 10 hores?

b) En aquest moment, el nombre de bacteris està creixent o disminuint?

c) Quin és el moment en què l'acció del producte és més gran?

d) En quin moment comença a notar-se l'efecte del medicament?

e) I en quin moment comença a perdre el seu efecte el medicament?

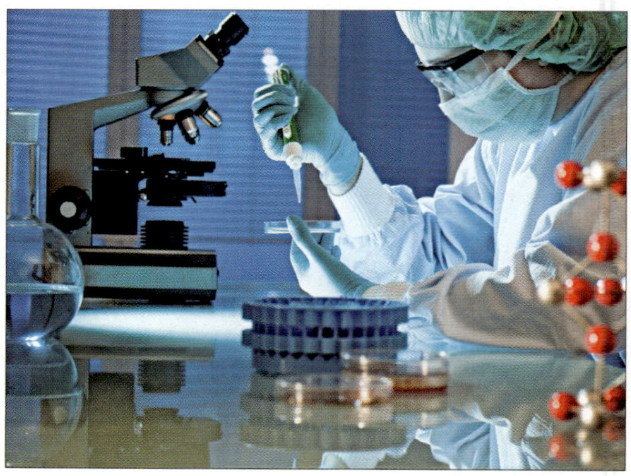

Per aprofundir

Reflexiona sobre la teoria

112. Escull la resposta adequada. (Concurs de Primavera)

El valor mínim de $f(x) = (x - 5)^3 \cdot (x - 1)$ és:	-27	-8	$-\frac{75}{8}$	-3	0
Si m i n són enters, amb $1 \leq m < n$, quantes solucions positives té l'equació $x^n - x^m - 1 = 0$?	Cap	n	Una	$n - m$	Qualsevol nombre de solucions
De tots els quadrilàters inscrits en una circumferència que verifiquen que els seus costats, de longituds 6 i 8 cm, formen un angle recte, quina és, en cm², l'àrea del que té una àrea més gran?	48	48,5	49	50	52
Quin és el valor mínim que pot prendre $f(x) = \sqrt{8x - x^2} - \sqrt{14x - x^2 - 48}$?	$\sqrt{7} - 1$	3	$2\sqrt{3}$	4	$\sqrt{55} - \sqrt{5}$

113. Si la gràfica d'una funció $f'(x)$ és la següent, representa de manera aproximada la funció $f(x)$.

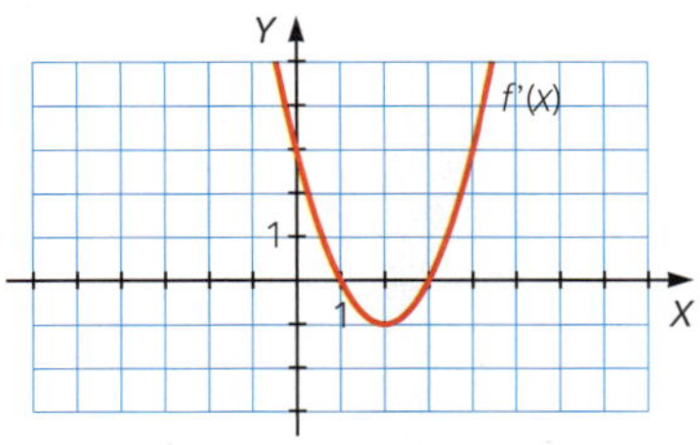

114. Donada la gràfica de la funció $f(x)$, representa la funció $f'(x)$ de manera aproximada.

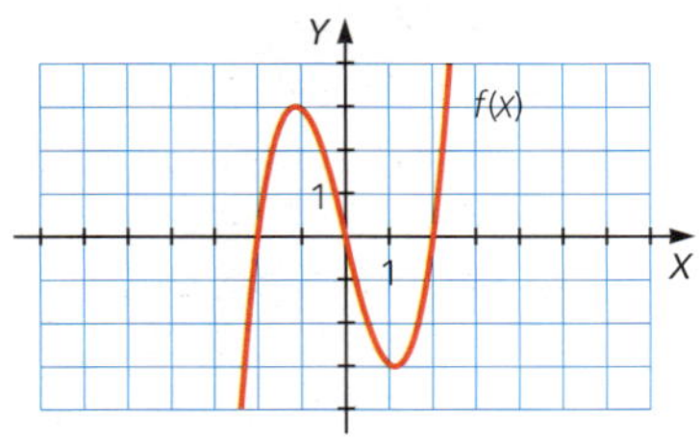

Pensa una mica més

115. Calcula l'altura i el volum del cilindre regular recte de volum màxim que pot inscriure's en una esfera de 3 cm de radi.

CLAU

El volum d'un cilindre és $V = \pi \cdot r \cdot R^2$.

Aplica el teorema de Pitàgores amb el radi de l'esfera, R, el radi de la base del cilindre, r, i l'altura del cilindre, h.

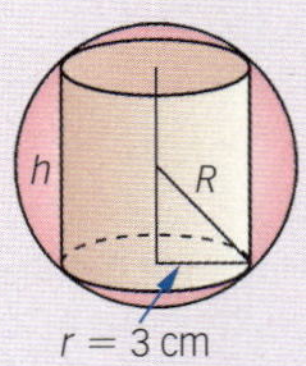

116. Les pèrdues o guanys d'una empresa, expressats en centenars de milers d'euros, quan han transcorregut t anys, segueixen la funció $f(t) = \dfrac{2t - 4}{t + 2}$.

a) Determina l'any en què l'empresa deixa de tenir pèrdues.

b) És decreixent la funció que expressa els guanys?

c) Hi ha límit per als guanys? En cas afirmatiu, quin és aquest límit?

Olimpíades matemàtiques

117. Dibuixa la gràfica de la funció que apareix a continuació:

$$f(x) = \frac{2ax^2}{x^2 - a^2} \text{ en què } a \in (0, +\infty)$$

118. A partir de la funció:

$$f(x) = ax^3 + bx^2 + cx$$

Determina els valors de a, b i c perquè la representació gràfica de la funció $f(x)$ en el punt d'abscissa $x = 3$ compleixi el següent:

- Té una inflexió.
- La seva tangent és la recta $x - 4y + 1 = 0$.

Quan hagis trobat els valors de a, b i c, dibuixa la gràfica de la funció que en resulti.

(Olimpíades de Batxillerat. Fase Nacional)

119. Sabem que la funció real $f(t)$ és monòtona creixent en l'interval $-8 < t < 8$.

Considerem la funció:

$$g(x) = f(2x - x^2)$$

En quin interval de valors de x es pot assegurar que $g(x)$ és monòtona creixent?

(Olimpíades de Batxillerat. Fase Nacional)

MATEMÀTIQUES A LA TEVA VIDA

PER A QUÈ SERVEIXEN LES DERIVADES?

Per dissenyar una muntanya russa

La sobreacceleració –coneguda també com a *jerk* en anglès – mesura la variació de l'acceleració d'un mòbil respecte del temps. És a dir, la sobreacceleració és una funció que permet determinar els canvis d'acceleració en un moviment i es calcula derivant l'acceleració respecte del temps.

La sobreacceleració, que anomenarem $J(t)$, és una funció que mesura la variació instantània de l'acceleració, $a(t)$.

$$J(t) = \frac{da}{dt} \rightarrow J(t) = a'(t)$$

Per comprendre el significat de sobreacceleració et pots imaginar que vas assegut en un avió que es mou a una velocitat constant. Encara que la nau vagi a una velocitat altíssima, no te n'adonaràs si no és que el pilot decideix frenar o accelerar. En el moment en què el pilot decideixi accelerar, però, sentiràs com t'enfonses al seient. A més, si l'avió es mou sempre amb l'acceleració constant, la sensació d'enfonsar-te al seient és la mateixa.

Si l'acceleració disminueix lentament, nosaltres deixem d'enfonsar-nos al seient, i si l'acceleració es frena bruscament, el nostre cos tendirà a anar cap endavant de la mateixa manera.

El concepte de sobreacceleració s'aplica, entre altres coses, per dissenyar la curvatura d'una carretera o via fèrria. També s'aplica en el disseny de les muntanyes russes, en les quals és necessari determinar la força de l'estrebada que sentim quan es fan canvis bruscos en la magnitud o en la direcció del desplaçament i, per tant, en l'acceleració.

LLEGEIX I COMPRÈN

1. Explica amb les teves paraules el concepte de sobreacceleració o *jerk*.
2. Proposa alguns exemples en què es vegi el concepte de sobreacceleració.

INTERPRETA

3. Si la funció $s(t)$ defineix la posició d'un mòbil en cada instant t, la velocitat es defineix com la derivada de la posició, $v(t) = s'(t)$, i l'acceleració, $a(t)$, com la derivada de la velocitat $a(t) = v'(t)$.

   Quina és l'expressió de la sobreacceleració a partir de la funció posició $s(t)$?

REFLEXIONA

4. Si la sobreacceleració és zero, què en podem dir, de l'acceleració? Valora totes les possibilitats que puguin haver-hi.

APLICA

5. L'equació que determina la posició instantània d'un mòbil és:

$$s(t) = -3t^2 - 2t + 62$$

   a) Calcula la funció velocitat $v(t)$.
   b) Troba l'acceleració instantània $a(t)$.
   c) Quina és la sobreacceleració que té el mòbil?

9 Estadística unidimensional

CONTINGUTS

- Variables estadístiques unidimensionals
- Taules de freqüències
- Gràfics estadístics
- Mesures de centralització
- Mesures de posició
- Mesures de dispersió
- Anàlisi de les mesures

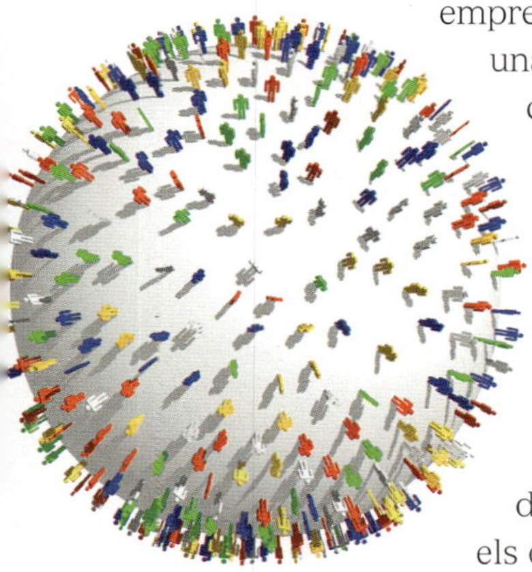

Cada cop és més freqüent fer una planificació exhaustiva abans de començar una aventura empresarial, un control de despeses rigorós, una campanya de màrqueting que doni a conèixer els nostres productes i, per descomptat, prèviament un estudi de mercat que ens informi de la viabilitat del projecte.

L'estudi de mercat sol encarregar-se a empreses especialitzades que, per mitjà d'eines estadístiques, comproven la necessitat o el grau d'acceptació del nostre producte entre els clients potencials.

No obstant això, si en comptes de voler muntar un negoci en un lloc concret es tracta de la implantació a escala nacional d'una gran empresa o multinacional, l'estudi necessari es fa molt més complex, perquè intenta arribar a tota la població d'un país.

Els països solen tenir un organisme encarregat d'efectuar estadístiques globals per conèixer dades diverses, com ara els gustos, les opinions, els graus de satisfacció, el nivell cultural, etc. Però...

Com es fan els estudis per analitzar les dades referents a la població d'un país?

1 Variable estadística unidimensional

Un estudi estadístic queda determinat per les seves quatre fases d'actuació:

1. **Recopilar** dades.
2. **Ordenar** les dades recollides.
3. **Analitzar** les dades.
4. **Interpretar** els resultats.

Així, l'**estadística** es defineix com la ciència encarregada de recopilar i ordenar dades relatives a diversos fenòmens per analitzar-les i interpretar-les posteriorment.

- **Població** és el conjunt d'elements sobre el qual es realitza un estudi estadístic.
- **Mostra** és la part de la població que estudiem. La seva mida és el nombre d'elements que la formen.
- **Individu** és cada un dels elements de la població o la mostra.

Una **variable estadística unidimensional** resulta quan s'estudia una característica dels individus d'una població. La variable unidimensional X queda determinada per les dades $x_1, x_2, ..., x_n$.

Les variables es poden classificar en:

- **Qualitatives:** els valors que agafen són qualitats.
- **Quantitatives:** els valors són nombres. Poden ser:
  - **Discretes.** En cada interval, la variable només pot agafar un nombre finit de valors. contable (llibres, cotxes)
  - **Contínues.** La variable pot agafar tants valors com vulguem per petit que sigui l'interval. Incontables (distàncies, mesures...)

EXEMPLE

1 **Volem fer un estudi estadístic per determinar el percentatge de persones casades en una ciutat que té 122 594 habitants. Com que preguntar a totes les persones és molt costós, només preguntem als 2 325 habitantes d'un dels barris i estenem les conclusions a tota la població.**

A la ciutat hi ha 122 594 habitants; el conjunt de tots ells és la població de l'estudi i cada un d'ells és un individu. Preguntem a 2 325 d'aquests habitants; aquest conjunt és una mostra de la població.

ACTIVITATS

1. En una revista llegim que el pastor alemany té una alçada mitjana de 55 cm. Creus que han mesurat tots els pastors alemanys del planeta? Explica com creus que han arribat a aquesta conclusió.

2. Analitza si té sentit escollir una mostra per realitzar un estudi estadístic sobre l'alçada d'un grup de 10 alumnes.

3. Indica el tipus de variable estadística que estem estudiant en cada un dels casos següents:

a) El nombre de llibres que llegeix cada un dels companys de la teva classe.

b) El color de la samarreta dels clubs esportius d'una ciutat.

c) La distància a la feina dels veïns d'un edifici.

Taules de freqüències

Per organitzar les dades d'una variable estadística unidimensional fem servir les **taules de freqüències**. A les taules ordenem les dades en la primera columna i les seves freqüències en les columnes següents. Quan el nombre de dades de l'estudi és gran, organitzem les dades en intervals que anomenem **classes**.

SABER FER

Construir una taula agrupant les dades en intervals

En una enquesta sobre hàbits alimentaris, hem preguntat a 24 persones pel seu pes, en quilograms, i hem obtingut aquestes respostes:

61 39 80 45 57 66 77 39   57 59 54 58 69 73 81 72   69 41 53 52 63 43 68 49

Elabora una taula de freqüències agrupant les dades en intervals de la mateixa longitud. Quin percentatge de persones pesen menys de 57 kg?

PRIMER. Calculem el nombre d'intervals en què s'agrupen aquestes dades per mitjà d'una aproximació de l'arrel quadrada del nombre de dades.

$$\sqrt{N} = \sqrt{24} = 4{,}9 \approx 5 \rightarrow \text{Hem de considerar 5 intervals.}$$

SEGON. Trobem l'amplitud de cada interval mitjançant el quocient de la diferència entre el valor màxim, *Màx*, i el mínim, *Mín*, i el nombre d'intervals.

$$\frac{Màx - Mín}{\sqrt{N}} = \frac{81 - 39}{\sqrt{24}} = 8{,}57$$

El primer nombre enter més gran que aquest quocient, 9, és l'amplitud dels intervals, començant pel valor mínim, 39 kg.

TERCER. Determinem els intervals i elaborem la taula.

Quan completem la taula, convé indicar també les marques de classe, és a dir, els punts mitjans de cada interval, per calcular les diferents mesures estadístiques.

Pes	x_i	f_i	$h_i = \frac{f_i}{N}$	$F_i = \sum_{j=1}^{i} f_j$	$H_i = \sum_{j=1}^{i} \frac{f_j}{N}$
[39, 48)	43,5	5	0,21	5	0,21
[48, 57)	52,5	4	0,17	9	0,38
[57, 66)	61,5	6	0,25	15	0,63
[66, 75)	70,5	6	0,25	21	0,88
[75, 84)	79,5	3	0,12	24	1
Total		$N = 24$	1		

El percentatge de persones que pesen menys de 57 kg correspon als intervals [39, 48) i [48, 57) amb freqüència relativa acumulada 0,38; el 38 % del total.

Atenció

Per determinar el percentatge d'una dada hem de partir de la freqüència relativa o relativa acumulada corresponent i multiplicar-la per 100.

ACTIVITATS

4. En una classe amb 30 alumnes fem una enquesta sobre el nombre d'aplicacions per a l'*smartphone* que han comprat en l'últim mes, i n'hem obtingut aquestes respostes:

5 2 3 1 6   6 2 0 1 3   0 1 1 2 3

2 0 1 1 3   3 2 1 3 1   5 2 1 4 3

Organitza aquestes dades en una taula freqüències.

5. Completa la taula de freqüències de l'estatura del grup de persones que apareix a continuació:

Estatura (cm)	[165, 175)	[175, 185)	[185, 195)
Nre. de persones	40	85	25

Quin percentatge de persones mesura entre 165 i 175 cm?

2 Gràfics estadístics

Per organitzar i interpretar les dades obtingudes en un estudi estadístic fem servir, principalment, aquests gràfics estadístics.

Diagrama de barres

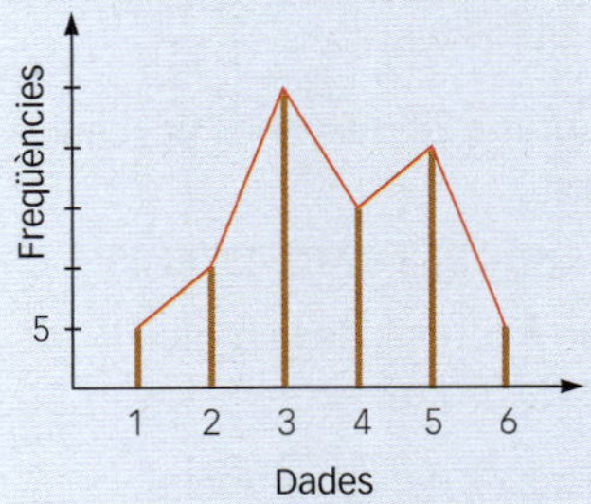

En l'eix d'abscisses s'escriuen les dades de la variable i en l'eix d'ordenades, les freqüències. Sobre cada valor s'alça una barra que té una altura igual a la freqüència.

Histograma

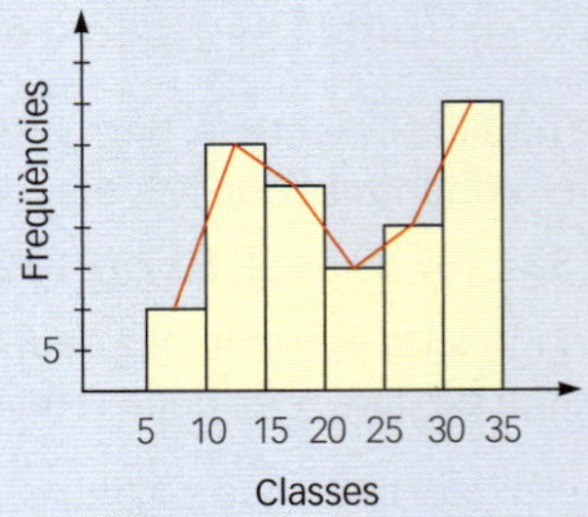

Es divideix l'eix d'abscisses en intervals i s'alça un rectangle en cada tram, que té una altura igual a la freqüència assignada a l'interval.

Diagrama de sectors

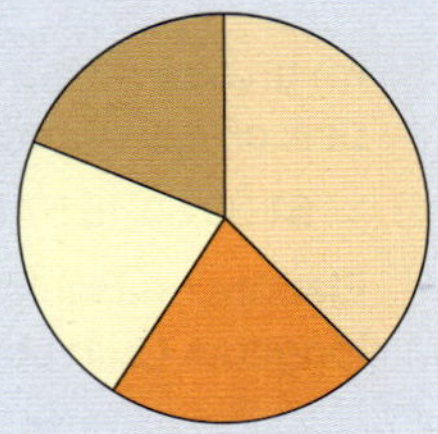

El cercle es divideix en tants sectors com dades tingui la variable, i la seva amplitud serà proporcional a la freqüència de la dada.

ALTRES GRÀFICS ESTADÍSTICS

Pictograma

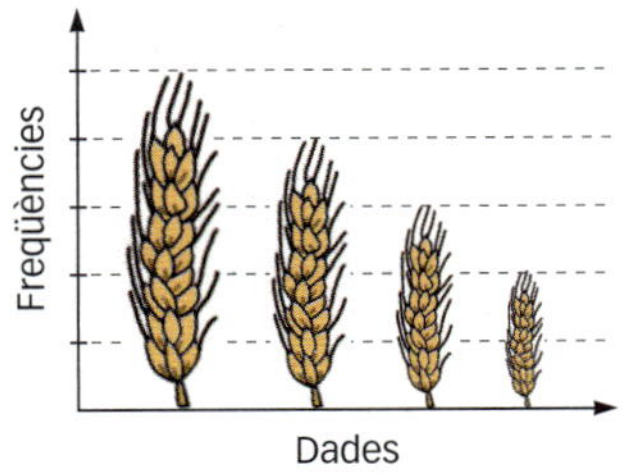

Histograma de freqüències acumulades

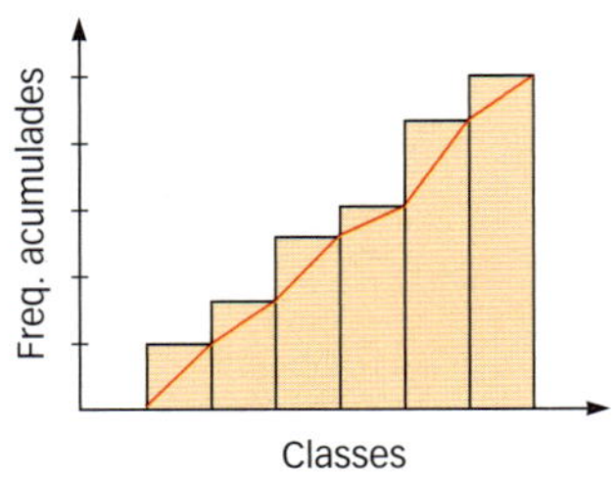

Diagrama de barres adossades

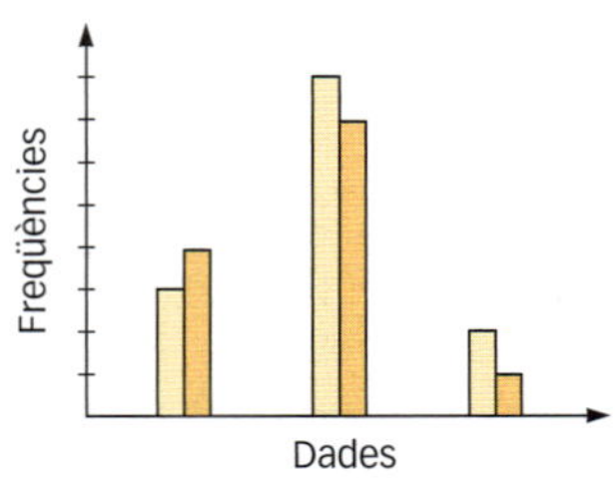

Com podem observar, en el diagrama de barres s'han unit els extrems superiors de les barres, i en l'histograma, els punts mitjans dels costats superiors dels rectangles. En fer això apareix un nou gràfic que s'anomena **polígon de freqüències**.

Si utilitzem les freqüències acumulades, obtenim l'histograma de freqüències acumulades i el seu polígon de freqüències s'aconsegueix unint els vèrtexs superiors drets de cada rectangle.

El gràfic més adequat per representar les dades obtingudes dependrà del tipus de variable que estudiem.

- **Qualitativa.** Diagrama de barres o diagrama de sectors.
- **Quantitativa discreta.** Diagrama de barres, polígon de freqüències o diagrama de sectors.
- **Quantitativa contínua.** Histograma o polígon de freqüències.

En algunes ocasions volem representar dades corresponents a diferents períodes de temps, o a diverses qualitats. Així, quan és necessari comparar situacions podem construir **diagrames de barres adossades**. En aquest tipus de gràfics representem dades de diferents variables per poder analitzar-los de manera conjunta.

ACTIVITATS

6. En el poliesportiu del barri s'ha format un equip juvenil d'atletisme. Els membres d'aquest equip tenen les edats següents:

16 17 14 16 13   15 15 17 17 14

16 16 16 14 15   13 15 16 14 15

Representa aquestes dades en un gràfic que consideris apropiat fent servir les seves freqüències relatives.

7. Sobre un total de 722 703 cotxes, els cinc models més venuts el 2013 són els següents:

Representa'ls com consideris més adequat.

Model	Unitats
Citroën C4	23 837
Renault Mégane	23 310
Seat Ibiza	23 141
Nissan Qashqai	20 372
Volkswagen Polo	20 283

SABER FER

Fer un histograma i el seu polígon de freqüències

▶ Elabora l'histograma, l'histograma de freqüències acumulades i els seus polígons respectius de freqüències per a les dades de la taula següent:

Intervals	[5, 10)	[10, 15)	[15, 20)	[20, 25)	[25, 30)	[30, 35)
f_i	20	45	60	54	41	15
F_i	20	65	125	179	220	235

PRIMER. Tracem els eixos de coordenades i marquem a l'eix horitzontal els extrems dels intervals i a l'eix vertical, les freqüències.

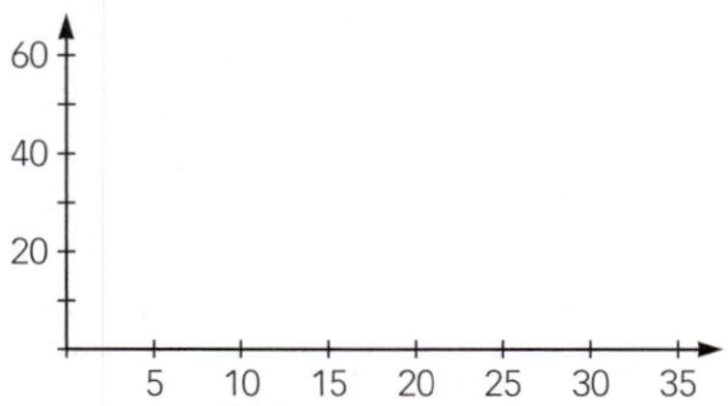

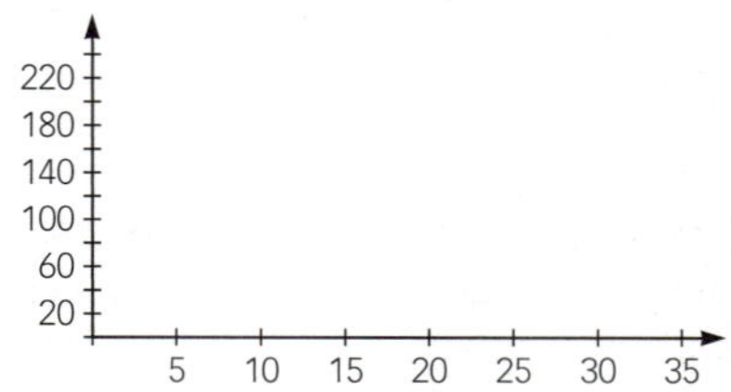

SEGON. Dibuixem, sobre l'eix horitzontal, rectangles que tenen de base l'amplitud de cada interval i en què l'altura és la freqüència corresponent. D'aquesta manera es fa l'histograma.

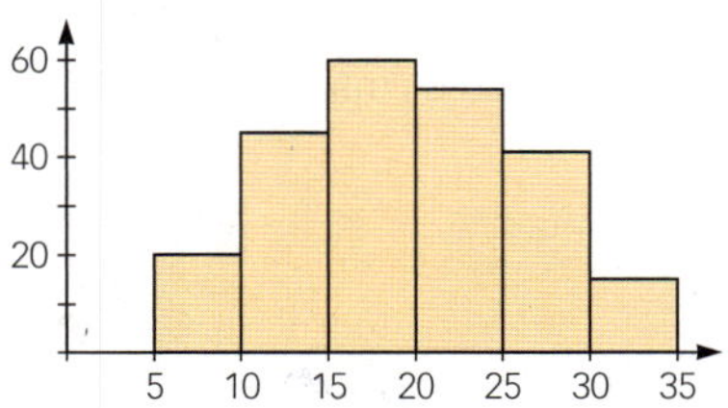

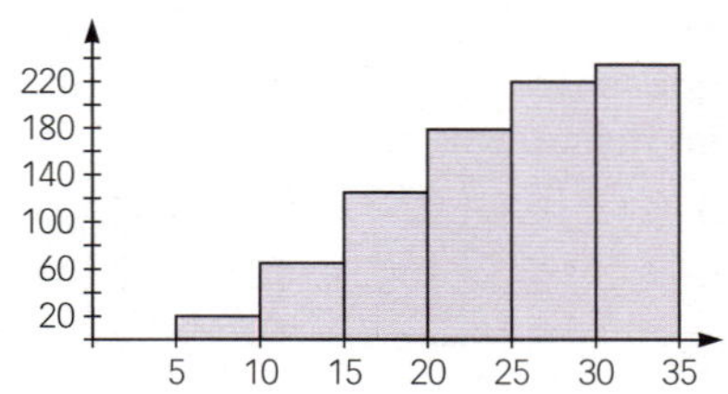

TERCER. Distingim el tipus de freqüència per realitzar el polígon de freqüències.

- Si les freqüències no són acumulades, unim amb una línia poligonal els punts mitjans de les bases superiors dels rectangles.
- Si les freqüències són acumulades, unim amb una línia poligonal els vèrtexs del cantó superior dret dels rectangles.

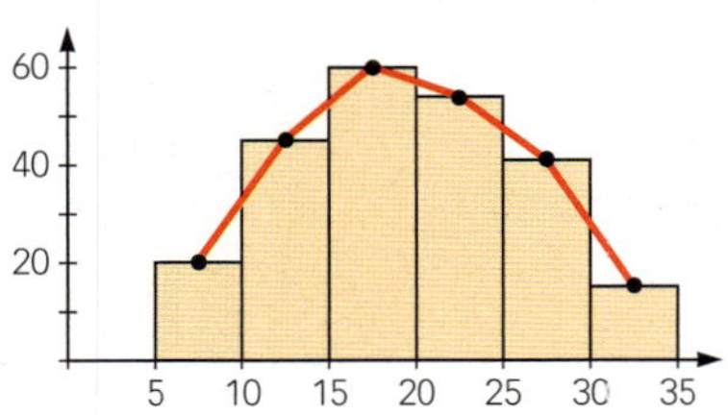

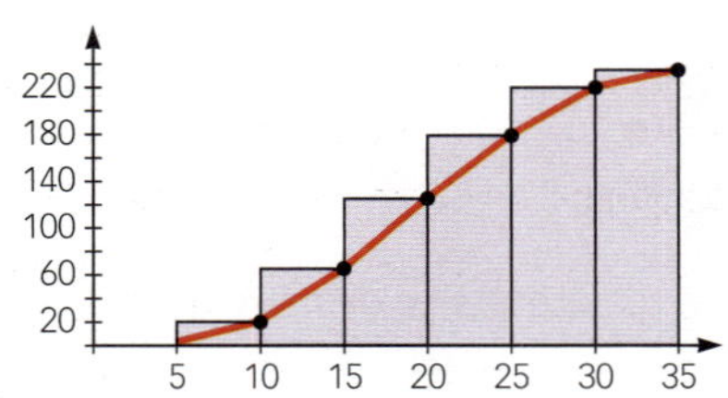

ACTIVITATS

8. Completa la taula de freqüències i dibuixa'n l'histograma i el polígon de freqüències.

Pes	[50, 60)	[60, 70)	[70, 80)	[80, 90)
f_i	25	30	15	5

9. El nombre de vegades que van anar al cine 20 persones va ser:

12	15	33	8	19	7	16	11	6	21
24	25	14	9	31	26	15	9	10	11

Agrupa les dades en intervals d'amplitud 5 i dibuixa'n un histograma.

3 Mesures de centralització

Les **mesures de centralització** són valors que ens ajuden a resumir la informació de la mostra.

3.1. Mesures en variables discretes

Atenció

En variables discretes, n és el nombre de dades diferents, mentre que N representa el nombre total de dades.

La **mitjana aritmètica**, $\overline{x}$, és el quocient de la suma de totes les dades multiplicades per la seva freqüència entre el nombre total de dades.

$$\overline{x} = \frac{\sum_{i=1}^{n} f_i \cdot x_i}{N}$$

La **moda**, ***Mo***, és la dada o les dades que apareixen amb una freqüència més gran.

La **mediana**, ***Me***, és el valor que ocupa la posició central de les dades, després d'ordenar-les, o la mitjana de les dades centrals, si el nombre de dades és parell.

EXEMPLE

2 En una enquesta realitzada a 100 parelles se'ls pregunta el nombre de fills que tenen, i se n'obtenen els resultats de la taula. Calcula i interpreta les mesures de centralització.

Nre. de fills	f_i	F_i
0	40	40
1	30	70
2	20	90
3	10	100

Moda: la freqüència més gran és 40, que correspon a 0 fills → $Mo = 0$ fills

El més freqüent entre les parelles enquestades és no tenir fills.

Mediana: com que hi ha 100 dades, ens hem de fixar en el primer valor que compleix que $F_i > 50$. Així, els dos valors centrals són 1 → $Me = 1$ fill

Hi ha tantes parelles amb 1 o més fills com parelles amb 1 fill o menys.

Mitjana: $\overline{x} = \dfrac{40 \cdot 0 + 30 \cdot 1 + 20 \cdot 2 + 10 \cdot 3}{100} = 1$ fill

Les parelles tenen de mitjana 1 fill.

ACTIVITATS

10. Una enquesta feta a 10 pilots, en la qual se'ls pregunta sobre el seu nombre de vols setmanals, mostra les dades següents:

Nre. de vols	0	1	2	3
Nre. de pilots	2	4	3	1

Calcula i interpreta les mesures de centralització.

11. A partir d'aquestes dades relatives al nombre d'hores d'estudi setmanals d'un grup de 25 alumnes, construeix la taula de freqüències sense agrupar les dades en intervals i calcula'n les mesures de centralització.

2 2 1 0 1   4 3 2 2 4   0 1 1 3 1

2 2 3 4 5   1 1 1 0 3   4 0 0 2 3

Interpreta els resultats obtinguts.

3.2. Mesures en variables contínues

Per calcular les mesures estadístiques de variables contínues fem servir les marques de classe dels intervals, que són els seus punts mitjans.

- **Mitjana:** considerem com x_i les marques de classe de cada interval.
- **Interval modal:** és l'interval amb una freqüència més gran.

  Moda = marca de classe de l'interval modal
- **Interval de la mediana:** és l'interval on es troba la posició central de les dades.

  Mediana = marca de classe de l'interval de la mediana

SABER FER

Calcular mesures de centralització en variables contínues

▶ **Calcula i interpreta la moda, la mediana i la mitjana per a les dades d'aquesta enquesta sobre hàbits alimentaris.**

Pes (kg)	[39, 48)	[48, 57)	[57, 66)	[66, 75)	[75, 84)
f_i	5	4	6	6	3

PRIMER. Trobem les marques de classe de cada interval, x_i, completem la taula amb les freqüències absolutes acumulades i amb el producte de la marca de classe per la freqüència corresponent.

Pes (kg)	x_i	f_i	F_i	$f_i \cdot x_i$
[39, 48)	43,5	5	5	217,5
[48, 57)	52,5	4	9	210
[57, 66)	61,5	6	15	369
[66, 75)	70,5	6	21	423
[75, 84)	79,5	3	24	238,5
Total		$N = \sum_{i=1}^{n} f_i = 24$		$\sum_{i=1}^{n} f_i \cdot x_i = 1\,458$

SEGON. Calculem les mesures de centralització aplicant les definicions corresponents.

Mitjana $\longrightarrow \overline{x} = \dfrac{\sum_{i=1}^{5} f_i \cdot x_i}{24} = \dfrac{217{,}5 + 210 + 369 + 423 + 238{,}5}{24} = \dfrac{1\,458}{24} = 60{,}75$ kg

Mediana $\rightarrow$ La primera freqüència acumulada tal que $F_i > \dfrac{N}{2}$ és $F_3 = 15$, que correspon a l'interval de la mediana [57, 66).

Moda $\longrightarrow$ La freqüència més gran és 6, que correspon a [57, 66) i [66, 75), que són els dos intervals de la mediana.

La majoria de la gent pesa entre 55 i 75 kg, mentre que el pes mitjà és de 60,75 kg, valor que pertany a l'interval de la mitjana.

Atenció

En variables contínues, n és el nombre d'intervals o classes diferents, mentre que N representa el nombre total de dades.

No ho oblidis

Quan la variable és contínua, si necessitem que la mediana o la moda tinguin un valor concret, en lloc d'agafar un interval considerem la marca de classe com a valor aproximat.

ACTIVITATS

12. Busca les mesures de centralització d'aquestes dades:

Dades	[1, 3)	[3, 5)	[5, 7)	[7, 9)	[9, 11)
f_i	3	7	8	4	3

13. Troba les mesures de centralització d'aquestes dades:

Dades	[0, 4)	[4, 8)	[8, 12)	[12, 16)	[16, 20)
f_i	5	2	1	4	6

4 Mesures de posició

Atenció

- El segon quartil, Q_2, coincideix amb la mediana i amb el percentil 50, P_{50}.
- Els quartils Q_1 i Q_3 coincideixen amb els percentils P_{25} i P_{75}, respectivament.

Les **mesures de posició** són valors de la variable que informen del lloc que ocupa una dada dins del conjunt ordenat de dades.

- Els **quartils**, Q_1, Q_2 i Q_3, són mesures que divideixen el conjunt de dades ordenades en quatre parts iguals, de tal manera que en cada part hi ha el 25% de les dades recollides en l'estudi.
- Els **percentils** o **centils**, P_k, són mesures que divideixen el conjunt de dades en 100 parts iguals, de tal manera que en cada part hi ha l'1 % de les dades.

Per calcular aquestes mesures treballem amb les freqüències acumulades i, per tant, la variable ha de ser quantitativa. Quan la variable estadística és contínua, agafem com a valor del quartil o percentil la corresponent marca de classe.

EXEMPLE

3 Hem fet una enquesta de satisfacció a la sortida d'una sessió de cine i hem presentat els resultats a la taula.

Grau de satisfacció	f_i
Gens satisfet = 0	10
Poc satisfet = 1	12
Satisfet = 2	33
Molt satisfet = 3	25
Genial = 4	20

Troba i interpreta els quartils i el percentil 90.

Calculem les freqüències acumulades F_i.

$F_1 = 10 \quad F_2 = 22 \quad F_3 = 55 \quad F_4 = 80 \quad F_5 = 100$

$Q_1 \rightarrow$ El 25% de 100 és 25 i, de les freqüències acumulades, la primera que és més gran que 25 és $F_3 = 55 > 25 \rightarrow Q_1 = 2$

$Q_2 \rightarrow$ El 50% de 100 és 50 i, de les freqüències acumulades, la primera que és més gran que 50 és $F_3 = 55 > 50 \rightarrow Q_2 = 2$

$Q_3 \rightarrow$ El 75% de 100 és 75 i, de les freqüències acumulades, la primera que és més gran que 75 és $F_4 = 80 > 75 \rightarrow Q_3 = 3$

$P_{90} \rightarrow$ El 90% de 100 és 90 i, de les freqüències acumulades, la primera que és més gran que 90 és $F_5 = 100 > 90 \rightarrow P_{90} = 4$

Podem deduir que el 25% dels enquestats presenta un grau de satisfacció més petit o igual que 2, igual que el 50% dels enquestats; per tant, almenys un 25% està satisfet. El 75% no arriba a genial però com que $P_{90} = 4$, almenys el 10% de la gent s'ho va passar genial.

ACTIVITATS

14. Calcula i interpreta els quartils de les notes següents a l'examen de Matemàtiques.

Notes	1	2	3	4	5	6	7	8	9	10
Nre. alumnes	3	6	9	8	11	13	15	11	9	5

15. Observa els pesos d'alguns nadons quan neixen i troba els percentils P_{27}, P_{50} i P_{90}.

Pes (kg)	[2, 2,5)	[2,5, 3)	[3, 3,5)	[3,5, 4)	[4, 4,5)
Nre. nadons	3	6	9	8	11

5 Mesures de dispersió

Distància entre valors màxims i mínims.

Les **mesures de dispersió** ens permeten conèixer el grau d'agrupament de les dades al voltant de les mesures de centralització.

Mesura	Càlcul
Rang o recorregut: és la diferència entre el valor més gran i el més petit de la variable.	$R = Màx - Mín$
Desviació mitjana: és la mitjana aritmètica dels valors absoluts de les desviacions de cada dada.	$DM = \frac{\sum_{i=1}^{n} f_i \cdot \lvert x_i - \overline{x} \rvert}{N}$
Variància: és la mitjana dels quadrats de les desviacions. Variància petita = Dades properes a la mitjana	$\sigma^2 = \frac{\sum_{i=1}^{n} f_i \cdot (x_i - \overline{x})^2}{N} = \frac{\sum_{i=1}^{n} f_i \cdot x_i^2}{N} - \overline{x}^2$
Desviació típica: és l'arrel quadrada positiva de la variància.	$\sigma = \sqrt{\frac{\sum_{i=1}^{n} f_i \cdot (x_i - \overline{x})^2}{N}}$
Coeficient de variació: és el quocient entre la desviació típica i la mitjana.	$CV = \frac{\sigma}{\overline{x}}$

Recorda

La desviació d'una dada és la seva diferència amb la mitjana.

La desviació de x_i és $(x_i - \overline{x})$.

EXEMPLE

4 Les taules mostren la despesa setmanal en oci de dos grups, *A* i *B*, d'estudiants. Calcula i interpreta les mesures de dispersió de cada grup.

Despesa (€)	x_i	f_i	$f_i \cdot (x_i - \overline{x})^2$
[0, 6)	3	7	567
[6, 12)	9	7	63
[12, 18)	15	7	63
[18, 24)	21	7	567
Total		28	1260

Despesa (€)	x_i	f_i	$f_i \cdot (x_i - \overline{x})^2$
[4, 8)	6	5	180
[8, 12)	10	5	20
[12, 16)	14	20	20
Total		30	280

$$\overline{x}_A = \frac{7 \cdot 3 + 7 \cdot 9 + 7 \cdot 15 + 7 \cdot 21}{28} = 12$$

$$\sigma_A^2 = \frac{1260}{28} = 45 \rightarrow \sigma = 6{,}71$$

$$CV_A = \frac{6{,}71}{12} = 0{,}56$$

$$\overline{x}_B = \frac{5 \cdot 6 + 5 \cdot 10 + 20 \cdot 14}{30} = 12$$

$$\sigma_B^2 = \frac{280}{30} = 9{,}33 \rightarrow \sigma = 3{,}05$$

$$CV_B = \frac{3{,}05}{12} = 0{,}25$$

La mitjana en els dos grups és 12 €, però les mesures de dispersió indiquen que el valor de la mitjana és més representatiu dels estudiants del primer grup que dels del segon grup.

No ho oblidis

Com més petites siguin les mesures de dispersió, més centrades estan les dades al voltant de la mitjana.

ACTIVITATS

16. Calcula les mesures de dispersió d'aquestes dades:

Dades (x_i)	1	2	3	4	5
Freq. (f_i)	1	5	7	2	1

17. Calcula les mesures de dispersió d'aquestes dades:

Dades (x_i)	[0, 5)	[5, 10)	[10, 15)	[15, 20)
Freq. (f_i)	5	6	4	2

6 Anàlisi de les mesures estadístiques

Les mesures estadístiques ens proporcionen més informació quan les analitzem conjuntament.

EXEMPLE

5 Els temps de reacció, en centèsimes de segon, a un estímul sonor de 30 persones estan reflectits a la taula següent. Analitza les mesures estadístiques.

Temps de reacció	x_i	f_i	F_i	$f_i \cdot x_i$	$f_i \cdot x_i^2$	$f_i \cdot \|x_i - \overline{x}\|$
[0, 10)	5	1	1	5	25	18,8
[10, 20)	15	21	22	315	4 725	184,8
[20, 30)	25	15	37	375	9 375	18
[30, 40)	35	9	46	315	11 025	100,8
[40, 50)	45	4	50	180	8 100	84,8
Total		50		1 190	33 250	407,2

Les mesures de centralització són:

- Mitjana: $\overline{x} = \dfrac{\sum_{i=1}^{n} f_i \cdot x_i}{N} = \dfrac{1190}{50} = 23{,}8$
- Interval de la mediana: [20, 30) → $Me = 25$
- Interval modal: [10, 20) → $Mo = 15$

I les mesures de dispersió són:

- Rang: $R = Màx - Mín = 50 - 0 = 50$
- Desviació mitjana: $DM = \dfrac{\sum_{i=1}^{n} f_i \cdot |x_i - \overline{x}|}{N} = \dfrac{407{,}2}{50} = 8{,}144$
- Variància: $\sigma^2 = \dfrac{\sum_{i=1}^{n} f_i \cdot x_i^2}{N} - \overline{x}^2 = \dfrac{33\,250}{50} - 23{,}8^2 = 98{,}56$
- Desviació típica: $\sigma = \sqrt{\sigma^2} = \sqrt{98{,}56} = 9{,}93$
- Coeficient de variació: $CV = \dfrac{\sigma}{\overline{x}} = \dfrac{9{,}93}{23{,}8} = 0{,}42 = 42\,\%$

El rang i la desviació mitjana no aporten informació rellevant.

La variància i la desviació típica sí, perquè si les comparem amb la mitjana veiem que són grans, igual que el coeficient de variació.

Podem deduir que les dades presenten una agrupació relativament petita respecte de les mesures de centralització.

ACTIVITATS

18. Després de fer un estudi estadístic obtenim les dades següents:

1 9 8 1 2 9 7 5 10 1

Calcula les mesures de centralització i de dispersió d'aquestes dades. Quines conclusions pots extreure si compares les mesures que has calculat conjuntament?

19. La taula següent mostra l'antiguitat dels vehicles matriculats en un municipi.

Antiguitat (anys)	[0, 4)	[4, 8)	[8, 10)	[10, 12)
Nre. de vehicles	346	521	382	151

Troba i analitza les mesures estadístiques.

Les mesures estadístiques més utilitzades són la mitjana aritmètica, $\overline{x}$, i la desviació típica, σ, i quan les estudiem conjuntament podem obtenir més informació sobre la mostra.

En moltes ocasions en un conjunt de dades es compleix que:

- En l'interval $(\overline{x} - \sigma, \overline{x} + \sigma)$ es troba aproximadament el 68 % de les dades.
- En l'interval $(\overline{x} - 2\sigma, \overline{x} + 2\sigma)$ es troba el 95 % de les dades.
- En l'interval $(\overline{x} - 3\sigma, \overline{x} + 3\sigma)$ es troba el 99 % de les dades.

Una **dada** és **atípica** si està fora d'aquests intervals.

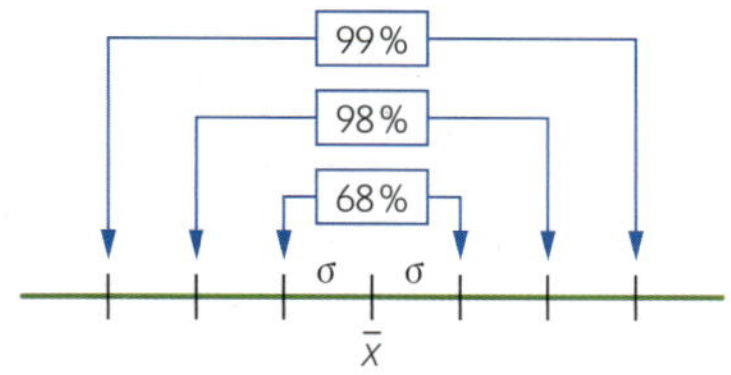

SABER FER

Estudiar conjuntament la mitjana i la desviació típica

▶ Estudia la concentració de les dades recollides per a un estudi estadístic sobre la distància recorreguda per anar al lloc de treball.

Distància (km)	[0, 10)	[10, 25)	[25, 50)	[50, 100)	[100, 200)
f_i	20	23	30	22	5

PRIMER. Completem la taula de freqüències.

Distància (km)	x_i	f_i	x_i^2	$f_i \cdot x_i$	$f_i \cdot x_i^2$
[0, 10)	5	20	25	100	500
[10, 25)	17,5	23	306,25	402,5	7 043,75
[25, 50)	37,5	30	1 406,25	1 125	42 187,5
[50, 100)	75	22	5625	1 650	123 750
[100, 200)	150	5	22 500	750	112 500
Total		100		4 027,5	285 981,25

SEGON. Calculem la mitjana i la desviació típica.

$$\overline{x} = \frac{\sum_{i=1}^{n} f_i \cdot x_i}{N} = \frac{4\,027,5}{100} = 40,275 \text{ km}$$

$$\sigma = \sqrt{\frac{\sum_{i=1}^{n} f_i \cdot x_i^2}{N} - \overline{x}^2} = \sqrt{\frac{285\,981,25}{100} - 40,275^2} = 35,18 \text{ km}$$

TERCER. Extraiem conclusions de la mitjana i la desviació típica.

La desviació típica és gran respecte de la mitjana; això pot ser per la dispersió de les dades o per l'existència de dades atípiques.

QUART. Estudiem l'existència de dades atípiques.

$(\overline{x} - 2\sigma, \overline{x} + 2\sigma) = (-30,085; 110,635)$ $\qquad$ $(\overline{x} - 3\sigma, \overline{x} + 3\sigma) = (-65,265; 145,815)$

Les dades de l'interval [100, 200) es podrien considerar atípiques.

Atenció

De vegades, segons el nombre de dades que continguin, els intervals de la taula de freqüències poden tenir una amplitud diferent.

Calculadora

El Mode STAT permet treballar amb variables estadístiques a la calculadora.

ACTIVITATS

20. Estudia la dispersió de les dades.

Intervals	[0, 5)	[5, 15)	[15, 35)	[35, 65)
Percentatge	22	50	25	3

21. Digues en quina de les mostres les dades estan més concentrades i si hi ha alguna dada atípica.

Mostra *A*: 8 6 9 6 2 3 6 7

Mostra *B*: 11 13 15 13 11 12 13 22

➔ SABER FER

Taules de freqüències

Elaborar una taula d'una variable discreta quan el nombre de dades és gran

Anotem l'edat de pacients que han passat per la unitat d'urgències d'un hospital.

5	39	56	7	45	66	8	64	28	32
23	60	42	5	63	13	18	62	9	18
64	31	84	77	81	85	19	50	60	60
7	55	44	16	10	20	54	38	35	76
38	59	84	18	47	20	58	54	47	41
55	20	23	10	45	50	3	54	39	48
79	28	33	47	9	35	48	85	80	10
57	47	12	52	78	49	8	14	62	30
42	26	59	53	54	59	19	60	0	29
82	74	49	24	34	71	41	4	4	25

Organitza les dades en una taula de freqüències agrupant-les prèviament en intervals.

PRIMER. Calculem el nombre d'intervals on podem agrupar les dades aproximant l'arrel quadrada del nombre de dades.

$$\sqrt{N} = \sqrt{100} = 10 \rightarrow 10 \text{ intervals}$$

SEGON. L'amplitud de cada interval serà el quocient del valor màxim, *Màx*, menys el valor mínim, *Mín*, entre l'arrel quadrada del nombre total de dades.

$$\frac{Màx - Mín}{\sqrt{N}} = \frac{85 - 0}{\sqrt{100}} = 8{,}5$$

El primer nombre enter més gran que aquest quocient serà l'amplitud dels intervals, és a dir, agafem intervals d'amplitud 9, començant pel valor mínim, 0 anys.

TERCER. Determinem els intervals, la seva marca de classe, x_i, i elaborem la taula.

Edat (anys)	x_i	f_i	h_i	F_i	H_i
[0, 9)	4,5	10	0,1	10	0,1
[9, 18)	13,5	9	0,09	19	0,19
[18, 27)	22,5	13	0,13	32	0,32
[27, 36)	31,5	10	0,1	42	0,42
[36, 45)	40,5	9	0,09	51	0,51
[45, 54)	49,5	14	0,14	65	0,65
[54, 63)	58,5	18	0,18	83	0,83
[63, 72)	67,5	5	0,05	88	0,88
[72, 81)	76,5	6	0,06	94	0,94
[81, 90)	85,5	6	0,06	100	1

PRACTICA

22. Organitza les dades en una taula de freqüències, agrupant-les en intervals.

61	72	63	80	45	57	66	77	39	57	43	42	61	70	34
69	68	49	39	54	58	69	73	41	53	81	52	40	45	45

Gràfics estadístics

Construir un diagrama de barres adossades

Una empresa editora treu a la venda dos diaris, *News* i *Money*. Per ajustar la tirada elabora la taula de vendes següent (en milers d'exemplars) dels dos diaris cada dia de la setmana.

	News	*Money*
Dilluns	24	42
Dimarts	25	38
Dimecres	12	50
Dijous	36	30
Divendres	25	44
Dissabte	42	58
Diumenge	68	92

Fes el diagrama de barres adossades i interpreta'l.

PRIMER. Fem el diagrama de barres corresponent a les dades d'una de les variables.

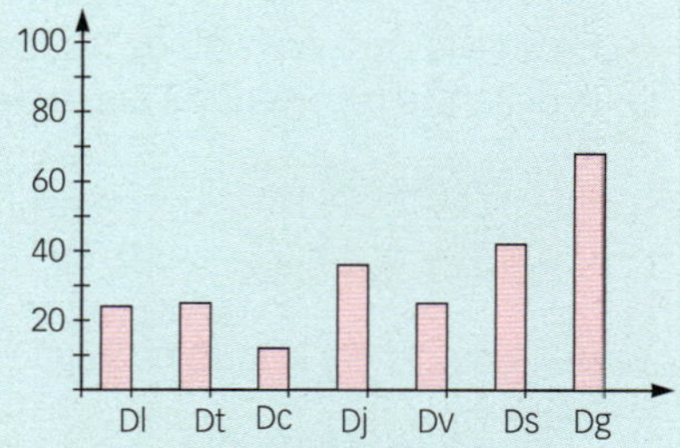

SEGON. Fem el diagrama de barres de les dades de l'altra variable sobre els mateixos eixos de coordenades i mantenint-hi l'escala.

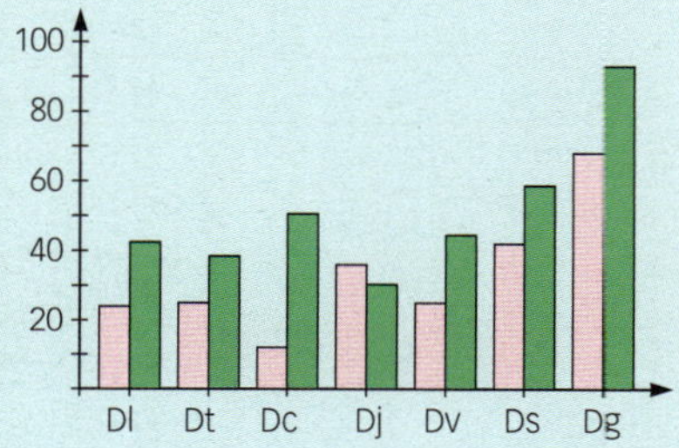

Aquest diagrama reflecteix les diferències de vendes diàries; per exemple, excepte el dijous, *Money* ven més que *News*.

PRACTICA

23. En un estudi sobre el comerç exterior, la taula recull les dades obtingudes, en milions d'euros, en importacions i exportacions durant un any.

	Exportacions	Importacions
Aliments i beguda	18 678	14 029,5
Automòbils	19 346,5	18 491,7
Altres béns de consum	21 571,6	34 466,3
Productes d'agricultura	695,5	4 317,3
Productes energètics	5 302	31 957,9
Productes industrials	73 109,8	100 808,1
Maquinària	6 297,5	16 061,4
Transport	7 540,3	7 568,3
Altres béns de capital	1 017,9	3 671,2

Construeix un diagrama de barres adossades i interpreta'l.

Gràfics estadístics

Interpretar piràmides de població

Les piràmides de població són diagrames de barres en què es representa l'estructura de la població per intervals d'edats i percentatge de cada sexe.

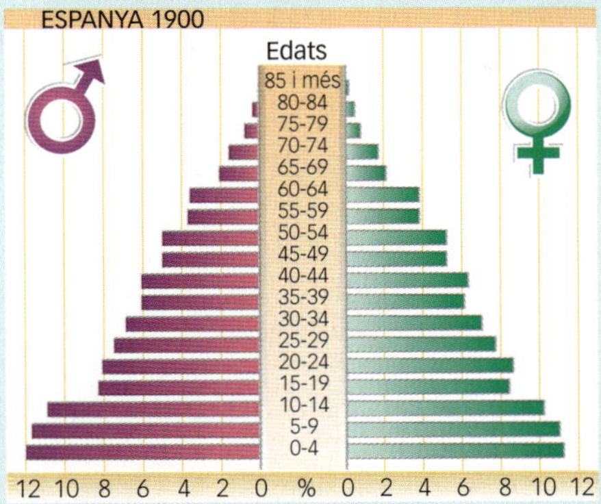

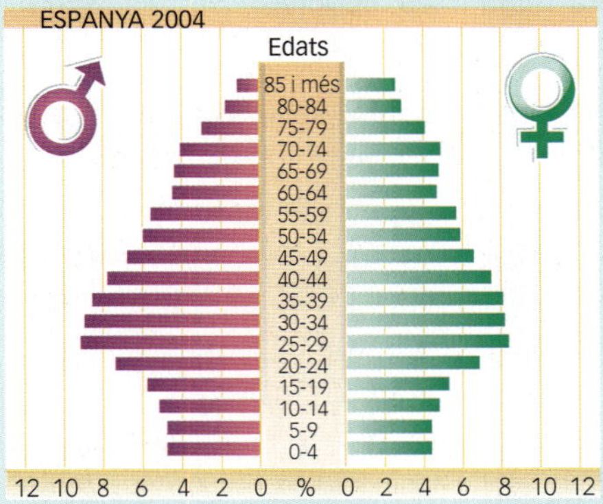

A partir de les piràmides, descriu com ha canviat la població de l'Estat espanyol durant l'últim segle.

PRIMER. Analitzem la simetria de les piràmides per comparar els grups que formen la variable. A la piràmide de població del 2004 observem, per exemple, que el percentatge de dones d'edat més avançada és superior al d'homes.

SEGON. Estudiem la forma global de les piràmides. D'aquesta manera detectem salts que indiquen una evolució anormal de la població, o podem comparar dues piràmides de població.

Per exemple, la piràmide del 1900 presenta un salt important a partir del grup de 10-14 anys; d'altra banda, la piràmide de població del 1900 correspon a una població jove, perquè el percentatge més elevat de persones es troba en els primers anys d'edat. En canvi, la piràmide de població del 2004 comença a ser invertida, i això significa que la natalitat està disminuint, perquè es tracta d'una població vella.

PRACTICA

24. Dibuixa i analitza la piràmide de població de l'any 2013.

Edat	Homes	Dones
0-4	1 250 261	1 172 504
5-9	1 256 481	1 184 050
10-14	1 146 098	1 080 604
15-19	1 114 480	1 051 130
20-24	1 241 695	1 201 940
25-29	1 456 221	1 443 412
30-34	1 873 020	1 811 758
35-39	2 093 321	1 983 801
40-44	1 968 657	1 886 012
45-49	1 849 194	1 818 983
50-54	1 636 317	1 648 642
55-59	1 375 659	1 419 284
60-64	1 215 561	1 286 727
65-69	1 078 145	1 190 748
70-74	789 593	924 047
75-79	747 102	979 003
80-84	544 043	825 164
85 i més	381 844	802 321

Mesures estadístiques

Analitzar dades mitjançant mesures de posició

Estudia la simetria d'aquestes dades.

x_i	0	1	2	3	4	5	6	7	8	9
f_i	1	1	1	2	3	5	9	10	15	3
F_i	1	2	3	5	8	13	22	32	47	50

PRIMER. Calculem la mediana i els quartils. $Me = 7$ $Q_1 = 5$ $Q_3 = 8$

SEGON. Representem les mesures calculades en una recta i dibuixem un rectangle d'amplada compresa entre Q_1 i Q_3, traçant una línia que passi per la mediana.

Aquest gràfic s'anomena diagrama de caixa.

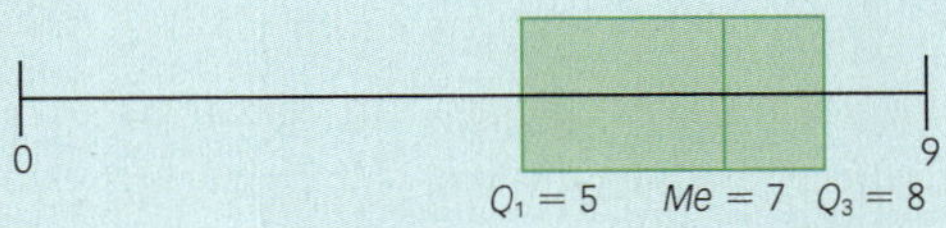

TERCER. Interpretem el resultat.

Les dades més grans que la mediana s'agrupen en un interval d'amplitud petita, mentre que la resta tendeix a separar-se'n; les dades presenten una asimetria per la dreta.

PRACTICA

25. Estudia la simetria de les dades.

x_i	1	2	3	4	5	6	7	8
f_i	1	1	1	2	3	5	9	10

variança baixa = notes semblants a les de la mitja

SABER FER

Mesures estadístiques amb calculadora

Treballar l'estadística unidimensional amb calculadora

Per estudiar el funcionament d'un hospital s'ha pres nota del nombre d'operacions realitzades en una de les seves sales d'operacions al dia, durant un mes. Determina'n les mesures estadístiques amb la calculadora.

Nre. d'operacions	1	2	3	4	5
Nre. de dies	4	7	12	6	2

PRIMER. Establim el Mode Estadística a la calculadora. Encara que és freqüent el mode SD, pot variar segons el model de calculadora; a les calculadores modernes el mode és MODE STAT.

SEGON. Introduïm les dades de la variable, així com la freqüència de cada una. Per introduir les dades fem servir les tecles SHIFT STAT i després seleccionem DATA. Llavors apareix una taula amb dues columnes; a la primera introduïm les dades de la variable i a la segona, la freqüència de cada dada.

TERCER. La calculadora troba directament la mitjana i la desviació típica, prement l'opció corresponent en cada cas.

$n = 31$ $\quad \sum x = 88$ $\quad \sum x^2 = 286$ $\quad \overline{x} = 2,839$ $\quad \sigma = 1,081$

QUART. Calculem la mediana, la moda i el coeficient de variació. $Me = 3$ $\quad Mo = 3$ $\quad CV = \frac{\sigma}{\overline{x}} = 0,381$

PRACTICA

26. Determina les mesures estadístiques, fent servir la calculadora, de la taula que mostra la despesa en aigua dels veïns d'un edifici.

Nre. de veïns	3	5	7	10	3	1
Despesa (€)	[20,25)	[25,30)	[30, 35)	[35, 40)	[40,45)	[45, 50)

Mesures estadístiques

Interpretar les mesures estadístiques en una variable unidimensional

Aquestes són les mesures estadístiques d'un estudi sobre el nombre d'operaciones fetes en una sala d'operacions al dia, durant un mes. Interpreta-les.

$\overline{x} = 2,839$ $\quad Me = 3$ $\quad Mo = 3$ $\quad \sigma = 1,081$ $\quad CV = 0,381$

PRIMER. Comparem la mitjana amb la mediana i la moda.

La mitjana, $\overline{x} = 2,839$, indica que la quantitat mitjana d'operacions realitzades a la sala d'operacions es troba entre 2 i 3. A més, el més habitual és que tinguin lloc 3 operacions, $Mo = 3$ i, tal com també indica la mediana, $Me = 3$, més de la meitat dels dies el nombre d'operacions ha estat 3.

SEGON. Estudiem el coeficient de variació.

$CV = 0,381$ és un valor no gaire petit; això és degut als valors extrems, perquè l'1 apareix 4 vegades i el 5, 2 vegades.

TERCER. Estudiem les tres mesures centrals conjuntament.

La mitjana, la mediana i la moda tenen valors molt similars, fet que dóna validesa a les tres mesures.

PRACTICA

27. Interpreta aquestes mesures estadístiques de les notes d'una classe: $\overline{x} = 5,7$; $Me = 4$; $Mo = 4$; $\sigma = 1,70$.

↳ nota que surt més vegades

↳ mateixa quantitat que treu >4 que de la que treu <4. Més 50% suspen

Mesures estadístiques

Interpretar la mitjana i la desviació típica conjuntament

Un equip de bàsquet necessita un aler. S'han escollit 2 jugadors que, en els últims 5 partits, han anotat aquests punts. Quin escolliries?

Jugador *A*: 16, 14, 13, 13, 14 Jugador *B*: 25, 10, 8, 6, 21

PRIMER. Calculem la mitjana i la desviació típica.

$$\text{Jugador } A \rightarrow \begin{cases} \overline{x}_A = 14 \\ \sigma_A = 1,09 \end{cases} \qquad \text{Jugador } B \rightarrow \begin{cases} \overline{x}_B = 14 \\ \sigma_B = 7,56 \end{cases}$$

SEGON. Analitzem els resultats anteriors.

Com que les mitjanes són iguals, si l'entrenador volgués un jugador regular, escolliria l'*A* (un σ petit indica dades similars). Si volgués un jugador que pogués actuar de revulsiu, escolliria el *B*, perquè alterna partits molt bons amb d'altres de pitjors (un σ gran indica dades molt diferents).

PRACTICA

28. Les dades mostren les precipitacions, en ℓ/m², en dues ciutats durant les últimes 6 setmanes.

Ciutat A	25	32	22	20	12	19
Ciutat B	2	5	100	0	0	30

A i B pertanyen a la mateixa zona climàtica? Per què?

Desviació típica

Estadística amb l'ordinador

Calcular mesures estadístiques a l'ordinador

La taula mostra les notes en un examen de Matemàtiques. Completa-la i calcula la mitjana, la variància i la desviació típica, amb l'ajuda de l'ordinador.

Notes	Nre. alumnes
[0, 2)	2
[2, 4)	3
[4, 6)	7
[6, 8)	9
[8, 10)	4

PRIMER. Copiem la taula en un full de càlcul i hi afegim les columnes necessàries per a la resta de freqüències i per obtenir les mesures estadístiques.

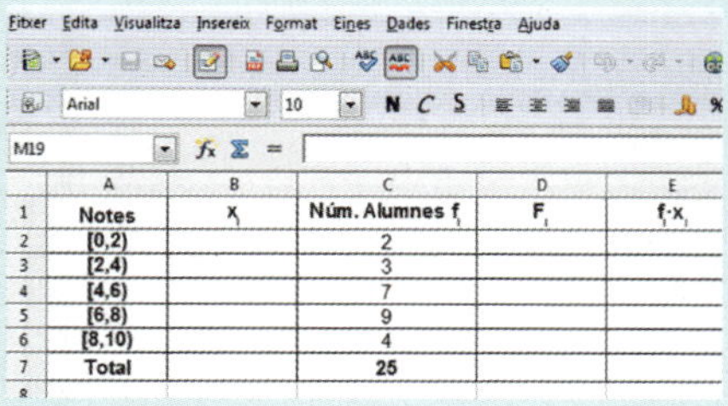

	A	B	C	D	E
1	Notes	x_i	Núm. Alumnes f_i	F_i	$f_i \cdot x_i$
2	[0,2)		2		
3	[2,4)		3		
4	[4,6)		7		
5	[6,8)		9		
6	[8,10)		4		
7	Total		25		

SEGON. Completem la taula. Escrivim les marques de classe a la **columna B**.

Per a les freqüències acumulades escrivim a la cel·la **C2** l'expressió =SUMA(C$2:C2) i ho copiem a la resta de la columna.

Per completar la **columna E** i la **columna F** escrivim a E2 i F2 les expressions =C2*B2 i =C2*B2^2 respectivament i ho copiem a la resta de la columna.

La **fila 7** s'emplena seleccionant les tres caselles i clicant a la icona Σ.

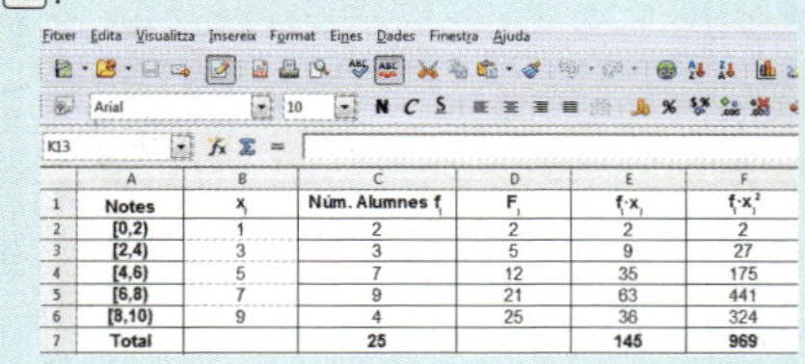

	A	B	C	D	E	F
1	Notes	x_i	Núm. Alumnes f_i	F_i	$f_i \cdot x_i$	$f_i \cdot x_i^2$
2	[0,2)	1	2	2	2	2
3	[2,4)	3	3	5	9	27
4	[4,6)	5	7	12	35	175
5	[6,8)	7	9	21	63	441
6	[8,10)	9	4	25	36	324
7	Total		25		145	969

TERCER. Calculem les mesures estadístiques.

- A la cel·la **I3** hi escrivim =E7/C7
- A la cel·la **I4** hi escrivim =F7/C7−I3^2
- A la cel·la **I5** hi escrivim =ARREL(I4)

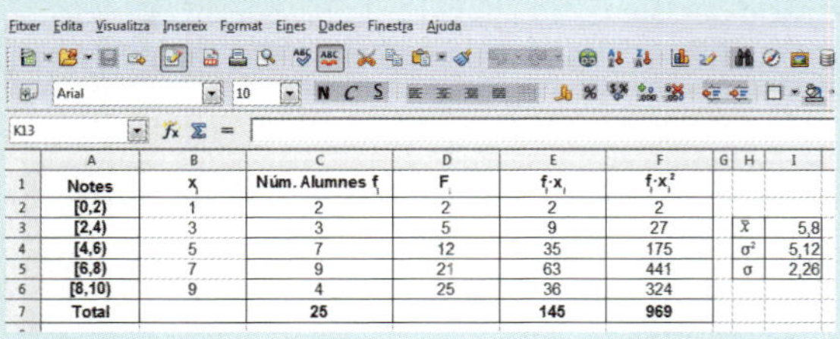

	A	B	C	D	E	F	G	H	I
1	Notes	x_i	Núm. Alumnes f_i	F	$f_i \cdot x_i$	$f_i \cdot x_i^2$			
2	[0,2)	1	2	2	2	2			
3	[2,4)	3	3	5	9	27		$\bar{x}$	5,8
4	[4,6)	5	7	12	35	175		σ^2	5,12
5	[6,8)	7	9	21	63	441		σ	2,26
6	[8,10)	9	4	25	36	324			
7	Total		25		145	969			

PRACTICA

29. Completa la taula i calcula les mesures estadístiques.

Dades (x_i)	[0, 2)	[2, 4)	[4, 6)	[6, 8)	[8, 10)
Freq. (f_i)	5	2	8	8	2

Estadística amb l'ordinador

Fer gràfics estadístics a l'ordinador

Fes un histograma amb les notes de l'examen de Matemàtiques que hi ha recollides en aquesta taula.

Notes	N. alumnes
[0, 2)	2
[2, 4)	3
[4, 6)	7
[6, 8)	9
[8, 10)	4

PRIMER. Copiem la taula en un full de càlcul i seleccionem les cel·les que hi ha ocupades.

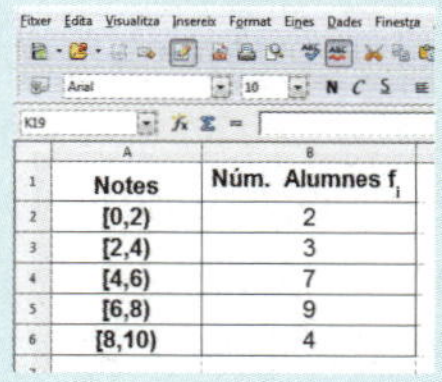

	A	B
1	Notes	Núm. Alumnes f_i
2	[0,2)	2
3	[2,4)	3
4	[4,6)	7
5	[6,8)	9
6	[8,10)	4

SEGON. Cliquem amb el cursor a sobre de la icona del gràfic per escollir el gràfic. En aquest cas, per dibuixar un histograma escollim Columna.

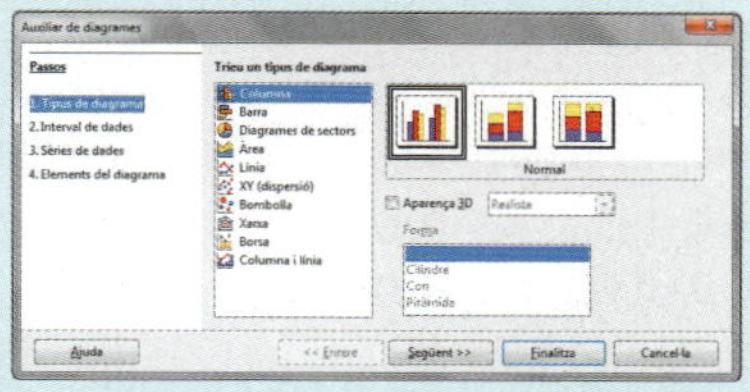

TERCER. Cliquem a **Següent** fins que arribem al quart pas, 4. Elements de gràfics, en què desmarquem l'opció **Mostrar llegenda** i seleccionem **Finalitzar**.

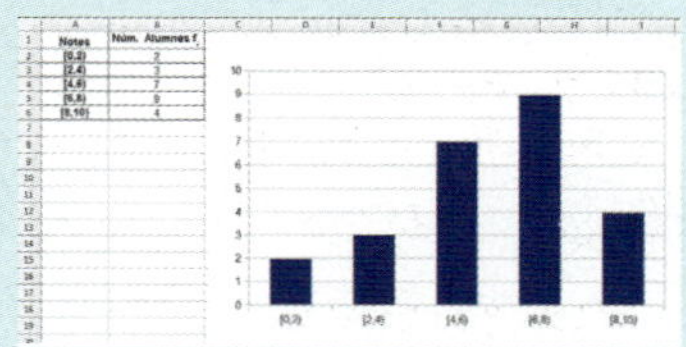

QUART. Col·loquem el cursor a sobre d'una de les barres i premem el botó dret del ratolí. A continuació, seleccionem Format de sèries de dades..., i substituïm **100%** per **0%** a **configuració/espai**, perquè les barres estiguin enganxades. Després cliquem a **Acceptar** i apareix el gràfic que volíem.

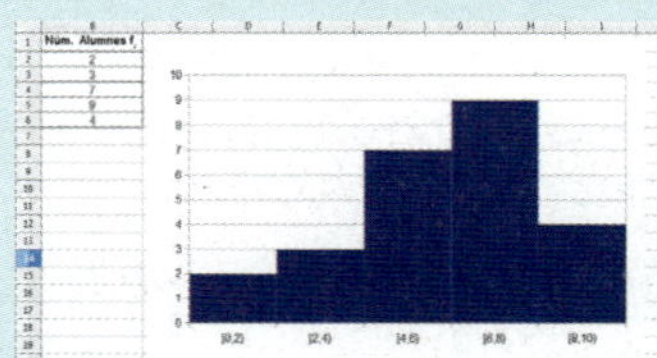

PRACTICA

30. Fes un histograma amb aquestes dades:

Dades (x_i)	[0, 2)	[2, 4)	[4, 6)	[6, 8)	[8, 10)
Freq. (f_i)	5	2	8	8	2

ACTIVITATS

Variables estadístiques, taules i gràfics

31. Volem fer un estudi sobre pràctica esportiva en els alumnes d'ESO del nostre institut i preguntar-los quants dies al mes fan alguna activitat esportiva.

a) Quina mostra escolliries per fer l'estudi?
b) De quina mida és la mostra?
c) Quina és la població?

32. Indica el tipus de variable estadística que estem estudiant i raona, en cada cas, què seria més aconsellable: estudiar una mostra o la població.

a) Els diners gastats en una setmana pels teus amics.
b) La talla de pantalons dels habitants de la teva ciutat.
c) El color d'ulls dels membres de la teva família.
d) La temperatura a les 12 del migdia d'avui de tots els pobles de la teva província.
e) L'estatura de tots els soldats de l'exèrcit.
f) El nivell de colesterol a la sang de tots els espanyols.
g) L'edat de tots els alumnes d'una escola.

33. L'entrenador d'un club de futbol ha anotat el nombre de targetes vermelles que van tenir al llarg de la temporada els integrants de la plantilla, i en va obtenir aquestes dades:

0, 2, 4, 1, 5, 0, 0, 2, 1, 1, 3, 4, 1, 1, 0,
1, 2, 0, 1, 2, 4, 0, 1, 2, 2

a) Organitza els resultats en una taula de freqüències.
b) Quin significat té en aquest cas la columna de les freqüències acumulades?

34. S'han perdut algunes dades d'aquesta taula amb les comarques de naixement d'un grup de persones. Podries completar-la?

Comarca	f_i	h_i	Percentatge
Garraf			20 %
Osona		0,15	
Berguedà	21		
Maresme			10 %
Montsià		0,2	
Total	60		

35. Completa la taula relativa a la marca de telèfon mòbil d'un grup d'alumnes.

Marca	f_i	h_i	Percentatge
Apple			16 %
Samsung	12	0,48	
LG	3		
Sony			20 %
Shen Wai		0,04	
Total			

Mesures estadístiques

36. Determina la moda, la mediana i la mitjana aritmètica a les sèries de dades següents:

a) 7, 9, 7, 9, 7, 9, 7, 9
b) 2, 4, 8, 4, 5, 5, 7
c) 12, 2, 6, 5, 9, 5, 3
d) 3, 5, 9, 5, 6, 6, 9, 5
e) 6, 6, 5, 5, 4, 8, 4, 2

37. Per a una mostra de 572 conductors d'autobús es registra el nombre d'accidents en què s'han vist implicats durant 4 anys.

Nombre d'accidents	0	1	2	3	4	5	6	7	8	9
Nombre de conductors	121	156	130	60	57	23	12	9	3	1

a) Fes una taula de freqüències.
b) Calcula les mesures de centralització.
c) Troba els valors de les mesures de dispersió.

38. El nombre de germans que tenen un grupd'alumnes de 1r de Batxillerat, exclosos ells, s'ha recollit a la taula següent:

Nre. de germans	0	1	2	3	4	5	6
f_i	7	12	6	3	1	0	1

Troba les mesures de centralització.

SABER FER

Afegir o suprimir dades per obtenir una mesura estadística determinada

▶ Afegeix una dada a aquest conjunt perquè la mitjana augmenti 2 unitats i la mediana no variï.

1 3 4 4 5 5 6 8 9

PRIMER. Calculem la mitjana.

$$N = 9 \rightarrow \overline{x} = \frac{45}{9} = 5$$

SEGON. Multipliquem la mitjana que volem obtenir pel nou nombre de dades i restem $\sum_{i=1}^{n} f_i \cdot x_i$ al resultat per trobar la nova dada.

$N = 10 \rightarrow 10 \cdot (5 + 2) = 70$

$70 - 45 = 25 \rightarrow$ La dada demanada és $x = 25$.

39. Afegeix una dada a aquest conjunt perquè la mitjana sigui 6. Varia la mediana?

3 3 3 4 4 4 5 5 5 6 6 6 7 7 7

40. En una enquesta es va preguntar pel nombre de televisors en funcionament que hi ha a les cases. Les respostes estan recollides a la taula. Calcula les mesures de centralització: mitjana, mediana i moda.

Nre. de televisors	0	1	2	3
f_i	2	8	12	3

41. A la taula següent apareix informació sobre les edats dels socis infantils i juvenils d'un club de natació:

Edat (anys)	[5,8)	[8,11)	[11,14)	[14,17)	[17,20)
f_i	36	23	30	27	24

a) Troba la mitjana aritmètica.
b) Calcula la mediana.
c) Busca la moda.

SABER FER

Variar la mitjana d'un conjunt de dades en sumar una quantitat fixa a totes les dades

▶ Considera el conjunt de dades:

x_i	1	2	3	4	5
f_i	2	1	3	2	2

Suma a cada dada una quantitat fixa perquè la mitjana sigui 5.

PRIMER. Calculem la mitjana de les dades.

$$\bar{x} = \frac{\sum_{i=1}^{5} f_i \cdot x_i}{N} = \frac{31}{10} = 3{,}1$$

SEGON. Calculem la diferència de la mesura calculada amb la nova mitjana; aquesta és la quantitat que sumarem a cada dada.

$$5 - 3{,}1 = 1{,}9$$

TERCER. Comprovem el resultat.

Les noves dades són les següents:

$x_i + 1{,}9$	$1 + 1{,}9 = 2{,}9$	3,9	4,9	5,9	6,9
f_i	2	1	3	2	2

$$\bar{x} = \frac{\sum_{i=1}^{5} f_i \cdot (x_i + 1{,}9)}{N} = \frac{\sum_{i=1}^{5} f_i \cdot x_i + 1{,}9 \sum_{i=1}^{5} f_i}{N} =$$

$$= \frac{\sum_{i=1}^{5} f_i \cdot x_i}{N} + 1{,}9 \cdot \frac{\sum_{i=1}^{5} f_i}{N} = \bar{x} + 1{,}9 = 3{,}1 + 1{,}9 = 5$$

42. A partir de les dades següents, troba la quantitat tal que sumada o restada a cada dada faci que la mitjana sigui 1:

x_i	1	2	3	4	5
f_i	2	1	3	2	2

43. En un gimnàs aquest any han ingressat 160 socis nous. Les seves edats es distribueixen com podem veure a la taula següent.

Determina els percentils 30, 40, 60, 80 i 90.

Edat	18	19	20	21	22	23	24
f_i	22	36	40	24	16	12	10

44. El tutor de 1r A ha fet una relació dels alumnes del grup reunits pel nombre de suspensos que han tingut a la primera avaluació.

Nre. de suspensos	0	1	2	3	5	Total
f_i	12	9	6	4	1	32

Calcula.

a) La mitjana aritmètica.
b) La desviació mitjana.
c) La variància.
d) La desviació típica.

45. Les marques, en centímetres, dels saltadors d'alçada d'un equip juvenil són les següents:

192 178 186 202 199 181 188 185 179 194

Determina.

a) La mitjana aritmètica.
b) La desviació mitjana.
c) La variància.
d) La desviació típica.

46. Un supermercat està fent un estudi de mercat per adequar la seva oferta als gustos dels clients.

Avui ha controlat el nombre d'articles diferents que portaven al carro els clients quan passaven per la caixa. Han resumit les dades de la manera següent:

Articles	Clients
[0, 5)	28
[5, 10)	44
[10, 15)	30
[15, 20)	7
[20, 25)	3
[25, 30)	2

a) Troba el nombre mitjà d'articles diferents que porta cada carro que surt de les caixes del supermercat.
b) Calcula'n també les mesures de dispersió.
c) Interpreta els resultats obtinguts.

47. El seleccionador nacional de bàsquet femení està valorant la inclusió a l'equip d'una jugadora. Ha estudiat els seus últims deu partits i s'ha apuntat el nombre de minuts jugats i els punts anotats. Els pots veure a la taula.

Nre. de partits	Minuts jugats	Punts anotats
1	32	26
2	30	15
3	34	23
4	27	11
5	12	2
6	26	20
7	30	21
8	34	13
9	32	27
10	33	18

a) Calcula la mitjana aritmètica i la desviació típica de cada una de les variables estudiades.

b) Determina el coeficient de variació a les dues variables per estimar quina de les dues és més dispersa.

48. Una empresa realitza un estudi sobre el salari anual dels seus treballadors, i n'ha recollit els resultats a la taula següent:

Salari (en milers d'€)	[10, 15)	[15, 20)	[20, 25)	[25, 30)	[30, 35)	[35, 40)
Nre. de treballadors	21	32	85	90	25	5

a) Calcula les mesures de centralització.

b) Troba les mesures dispersió.

49. Analitza, fent servir les mesures de centralització i les de dispersió, els salaris mensuals d'aquestes dues empreses:

Empresa A		Empresa B	
Salaris	Nombre d'empleats	Salaris	Nombre d'empleats
[600, 1 000)	15	[600, 1 000)	10
[1 000, 1 400)	20	[1 000, 1 400)	30
[1 400, 1 800)	30	[1 400, 1 800)	35
[1 800, 2 000)	20	[1 800, 2 000)	24
[2 000, 2 400)	15	[2 000, 2 400)	10

Problemes amb estadística

50. La Maria treballa com a operadora telefònica a una empresa de telefonia, LEMON. Li han encarregat que faci una enquesta a tots els clients que atengui. Només els fa tres preguntes:

X) Quant de temps ha passat des que ha marcat el nostre número d'atenció al client fins que hem resolt el seu problema?

Y) Valoració personal del servei ofert. MB (molt bé), B (bé), R (regular), M (malament) i MM (molt malament).

Z) Nombre d'anys que fa que està abonat a l'empresa de telefonia LEMON.

L'operadora ha resumit les dades dels 40 últims enquestats en una taula per passar-les al departament de màrqueting.

X	Y	Z	X	Y	Z
12	R	1	1	B	3
5	B	4	12	MB	3
18	M	3	6	MB	2
3	MB	3	7	M	3
2	MB	2	23	MM	4
7	MM	1	15	MB	7
6	M	3	4	M	5
11	B	4	21	R	4
2	MB	5	7	B	4
22	MM	6	2	B	6
4	B	1	6	B	3
7	B	4	13	B	2
9	R	2	9	R	9
10	R	3	18	M	2
18	R	3	10	R	4
5	B	3	11	R	2
12	MB	2	2	B	4
2	MB	4	5	MB	6
7	MB	4	13	B	7
5	B	5	4	B	5

a) Agafa cada una de les variables i fes-ne un recompte (si hi ha molts valors diferents, agrupa'ls en classes).

b) Confecciona amb cada una la seva taula de freqüències.

c) Fes en cada cas el gràfic que et sembli més adequat.

d) Determina'n, si és possible, les mesures de centralització.

e) Busca, a cada una, els quartils inferior i superior.

f) Troba, si és possible, les mesures de dispersió de cada una de les tres sèries.

g) Decideix quina variable és més dispersa, si la primera o la tercera.

51. El 15 % dels científics d'un centre d'investigació parla només en anglès. Un 48 % pot parlar en dos idiomes diferents. N'hi ha un 28 % que és capaç de comunicar-se en tres llengües diferents i la resta parla quatre o més idiomes.

Fes una taula de freqüències amb aquestes dades. Hi ha algun tipus de freqüència que respongui a la pregunta de quants científics del centre parlen menys de tres llengües? Raona la resposta.

52. Calcula la mitjana aritmètica, la desviació típica i el coeficient de variació de les dades d'aquesta sèrie.

21 34 28 26 24 25 20 30

a) Escriu una altra sèrie estadística que tingui el doble de mitjana que l'anterior i un coeficient de variació més petit.

b) Escriu una altra sèrie en què la mitjana sigui la meitat de la primera i el coeficient de variació sigui més gran.

53. El seleccionador nacional de bàsquet estudia amb molt de compte les característiques de tots els seus jugadors. A la taula següent hi havia reflectides el nombre de faltes personals comeses pel jugador X en els seus últims 50 partits.

Faltes personals	5	4	3	2	1	0	Total
Partits	4	6		14		1	50

Tal com veus, s'han perdut un parell de dades. Podries recuperar-les sabent que el nombre mitjà de faltes personals del jugador X era de 2,62?

54. Les notes obtingudes per en Dani a Matemàtiques durant aquest trimestre són 4, 7, 9, 7 i 5.

a) Calcula la mitjana aritmètica, la moda i la mediana d'aquesta sèrie.

b) Encara li falta fer un altre examen. Quina nota hi hauria de treure perquè la nota mitjana acabés sent 6,5?

c) Quines condicions hauria de complir aquesta nota que falta perquè la nova sèrie tingués la mateixa mediana?

d) Quines condicions hauria de complir aquesta nota que falta perquè la nova sèrie tingués la mateixa moda?

55. Un entrenador d'atletisme ha format dos grups de corredors de 100 metres llisos, un de femení i un altre de masculí. La mitjana de les marques de l'equip masculí és de 12,42 segons, amb una desviació típica d'1,2 segons. La mitjana de l'equip femení és de 13,04 segons, amb una desviació típica d'1,05.
Al club d'atletisme s'incorpora una parella: ell té una marca de 13,03 segons i ella, de 13,24 segons.
Si només pot escollir un dels atletes, quin dels dos té una marca millor a la seva categoria?

56. En Gerard s'està preparant per participar a la seva primera mitja marató. Cada dia surt a entrenar-se i anota la distància recorreguda. Avui, que és divendres, acaba de completar el seu entrenament i està pensant en el que hauria de córrer durant el cap de setmana. Les seves anotacions han estat les que es mostren a la taula.

Dia de la setm.	Dl	Dt	Dc	Dj	Dv	Ds	Dg
Distància	12	18	15	20	19		

a) Quines són la mitjana aritmètica i la desviació típica de la sèrie setmanal?

b) Afegeix dues possibles distànies per recórrer dissabte i diumenge de manera que es mantingui la mateixa mitjana aritmètica però que en disminueixi la desviació típica.

c) Quines dues distàncies podria anotar per fer dissabte i diumenge de manera que es mantingui la mitjana aritmètica i n'augmenti la desviació típica?

d) Seria possible afegir dues distàncies dissabte i diumenge i que augmenti la mitjana aritmètica però no la desviació típica?

e) Podries fer el mateix afegint-n'hi unes altres dues i que disminueixi la mitjana aritmètica sense augmentar-ne la desviació típica?

57. Un grup de persones participa a l'assaig clínic d'un medicament. Per fer-ho es vigila el seu nivell de colesterol a la sang. Els resultats de l'última anàlisi han estat els que es recullen a la taula.

Nivell de colesterol	f_i
[160, 180)	6
[180, 200)	14
[200, 220)	32
[220, 240)	40
[240, 260)	28

a) Calcula la mitjana aritmètica i la desviació típica corresponent a aquestes dades.

b) L'equip mèdic vol seleccionar un interval de nivells de colesterol que contingui un 95 % de les persones i estigui centrat a la mitjana, és a dir, que sigui del tipus $(\overline{x} - 2\sigma, \overline{x} + 2\sigma)$. Quins seran els extrems d'aquest interval?

58. L'Andreu, la Beatriu, la Carme i en Dani són quatre amics jubilats. Els quatre treballaven junts com a estadístics a l'Institut d'Estadística de Catalunya. Els agrada trobar-se i es diverteixen proposant problemes.

–Com sabeu, curiosament tots tenim el mateix nombre de néts. Avui he donat una propina a cada un dels meus –comença en Dani–. Com que tenen edats molt diferents, he donat una quantitat diferent a cadascú.

–Sense saber el que els has donat, però sabent que no ets gaire generós, jo donaré quatre euros més que tu a cada un dels meus néts –diu la Carme.

–Doncs jo a cada un dels meus néts li donaré la quarta part del que els ha donat en Dani als seus, que jo sé que no és un garrepa –afirma la Beatriu, una mica enfadada amb la seva amiga.

–Com que jo també crec que en Dani és un pèl ronyós, els donaré quatre vegades més que ell a cada un dels meus néts –respon l'Andreu, que és el més fanfarró de tots.

–Està bé. Farem càlculs i l'estadística posarà cada un al seu lloc –afirma en Dani una mica emmurriat–. Em pregunto, si anomeno «m» la mitjana de les propines que jo he donat i «s» la desviació típica, quines seran les mitjanes aritmètiques i les desviacions típiques de les quantitats que donareu cada un de vosaltres?

Pots posar una mica de pau entre els amics fent tu els càlculs?

Pista. Posa una sèrie exemple per a en Dani i fes els càlculs. Després construeix les sèries dels altres i torna a efectuar els càlculs. Fes una hipòtesi general i intenta trobar una demostració per a la teva hipòtesi.

59. El tutor d'un curs compara les notes de dues alumnes, la Maria i l'Ester. Mira-les a la taula següent:

Notes a Matemàtiques						
Maria	3	8	9	3	8	8
Ester	5	7	8	6	7	6

Notes a Llengua catalana						
Maria	4	6	6	5	4	5
Ester	7	8	9	7	9	8

a) Calcula les mitjanes aritmètiques i les desviacions típiques de les dues matèries per a cada una de les noies. Explica el que passa.

b) Qui té les notes més disperses? Quina mitjana has calculat per donar suport a les teves afirmacions?

60. Als participants en un curs de busseig se'ls ha mesurat el temps que resisteixen sense respirar. El resum dels resultats es presenta a la taula.

Temps (s)	Nre. de bussejadors
[40, 52)	10
[52, 56)	28
[56, 64)	25
[64, 76)	44
[76, 88)	11
[88, 100)	7

a) Completa la taula de freqüències afegint-hi columnes per a la freqüència acumulada, la freqüència relativa i el percentatge.

b) Representa les dades fent servir el gràfic estadístic que et sembli més adequat a la naturalesa de les dades.

c) Troba les mesures de centralització.

d) Determina també les mesures de dispersió de la sèrie.

e) A l'escola de busseig afirmen que el 80 % de les persones aguanten més d'un minut sense respirar. En aquest grup, quin percentatge compleix el que diuen?

f) També afirmen que un 5 % es mantenen durant més d'un minut i mig sense respirar. Això és cert en aquest grup?

61. A un laboratori han arribat 24 ampolles d'aigua, 12 ampolles d'1 litre i 12 ampolles de mig litre, per analitzar-ne el contingut en sals.

S'han obtingut les dades següents, expressades en mg.

- Ampolles d'1 litre:

46 25 27 30 48 40
27 44 37 62 56 29

- Ampolles de mig litre:

76 75 49 59 33 52
54 45 66 69 34 53

a) Classifica la variable estadística de concentració de sals.

b) És convenient agafar intervals per fer-ne una taula?

Per aprofundir

Reflexiona sobre la teoria

62. Escull la resposta adequada. (Concurs de Primavera)

La mitjana de les edats de tots els membres d'una família composta per pare, mare i diversos fills és 20 anys. Si el pare té 48 anys i la mitjana de les edats de la mare i de tots els fills és 16, quants fills tenen?	2	3	4	5	6
La suma de 49 nombres enters consecutius és 7^5. Quina n'és la mediana?	7	7^2	7^3	7^4	7^5
En una prova esportiva del meu institut, estudiants de 3r ESO, 4t ESO i 1r Batxillerat han obtingut una puntuació mitjana de 12, 15 i 10, respectivament. Si hi van participar el doble d'estudiants de 3r que de 4t i el doble de 4t que de 1r Batxillerat, quina és la puntuació mitjana dels participants?	12	$\frac{37}{3}$	$\frac{88}{7}$	13	145
El pes mitjà de les patates que hi havia en una bossa va apujar-se al doble quan a les quatre patates s'hi va afegir una patata immensa. Quin és el quocient entre el pes d'aquesta grossa patata i la suma dels pesos de les quatre patates que hi havia?	$\frac{3}{2}$	6	$\frac{8}{3}$	2	1

63. Tenim 120 dades que hem classificat en tres grups i volem representar-les per mitjà d'un diagrama de sectors. Analitzant els diversos grups hem arribat a aquestes conclusions:

- Sector 1: representa el primer conjunt de dades, i comprèn el 60 % del diagrama.
- Sector 2: compost pel segon grup de dades, està representat per un angle de 90°.
- Sector 3: representa el tercer grup de dades.

Construeix el diagrama i calcula el nombre de dades que conté cada sector.

64. Tenim una variable estadística que té una mitjana aritmètica de *m* i una desviació típica de *d*. Investiga què passa amb els dos paràmetres si:

a) Sumem 4 a tots els nombres.

b) Restem 4 a tots els nombres.

c) Multipliquem per 4 tots els nombres.

d) Dividim entre 4 tots els nombres.

(Posa una sèrie d'exemples i efectua els càlculs. Fes una hipòtesi general i intenta trobar la demostració a la teva hipòtesi.)

Pensa una mica més

65. S'ha fet un estudi del professorat de Batxillerat a nivell nacional. Aquest estudi indica que entre els docents menors de 40 anys hi ha més dones que homes; en concret, estan en la relació 11 a 10.

És a dir, per cada 11 dones que exerceixen la docència en aquesta etapa educativa, hi ha 10 homes que també desenvolupen la seva funció educadora en aquests nivells.

Si l'edat mitjana de les professores és de 34 anys i la dels professors és de 32 anys, quina és la mitjana d'edat dels docents menors de 40 anys a Batxillerat?

CLAU

Considera que el nombre de professores és 11*n* i, per tant, el de professors és 10*n*, en què *n* és un nombre natural.

Olimpíades matemàtiques

66. Les puntuacions mitjanes en un concurs dels nois i les noies per separat, i els nois i les noies conjuntament, de dos centres A i B, sobre una puntuació màxima de 150 punts, són les que s'indiquen a la taula següent.

	A	B	A i B
Nois	71	81	79
Noies	76	90	
Nois i noies	74	84	

Quina va ser la mitjana de les noies dels dos centres a la vegada?

67. La mitjana d'un conjunt de 12 dades és 6, i la mitjana d'un altre conjunt amb 13 dades és 5,5. Quina seria la mitjana si unissim totes les dades en un únic conjunt de 25 dades?

MATEMÀTIQUES A LA TEVA VIDA

PER A QUÈ SERVEIX L'ESTADÍSTICA?

Per analitzar diferents dades sobre la població d'un país

En finalitzar l'any, l'organisme encarregat d'elaborar les dades estadístiques d'un país va entregar els resultats d'una enquesta d'hàbits culturals que va revelar dades sobre el que llegeixen, quant llegeixen i per què llegeixen els habitants del país; va mostrar avanços assolits gràcies als esforços de diverses entitats, com els plans de lectura a les biblioteques, exposicions, plans educatius a les escoles, etc.

L'enquesta cultural va ser realitzada amb una mostra de 8 275 persones en 2 415 cases en 14 municipis del país. La població objetiu de l'enquesta estava formada pels residents del país de més de 4 anys que viuen a les cases particulars de tots els municipis del país. El principal objectiu era caracteritzar pràctiques i escenaris de consum de béns i serveis culturals de la població.

Entre les variables que es van estudiar hi havia el consum de béns culturals, com ara pel·lícules, llibres, música gravada, revistes, ràdio i diaris. En el cas de la preferència per la lectura de llibres, es va indagar sobre la quantitat de llibres llegits.

El diagrama següent mostra els resultats en aquest aspecte, incloent-hi com a llibres els textos escolars i complementaris del procés curricular.

Percentatge de persones de 12 i més anys que van llegir llibres en els últims 12 mesos, per sexe i segons la quantitat de llibres.

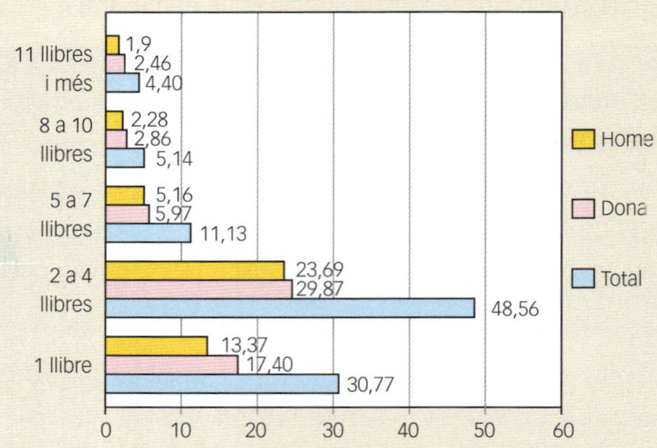

LLEGEIX I COMPRÈN

1. Quin va ser el principal objetiu de l'enquesta?

INTERPRETA

2. Descriu la mostra que es va agafar per a l'estudi.

REFLEXIONA

3. En vista dels resultats, creus que una empresa que decidís vendre llibres hauria de tenir una orientació cap al públic femení?

APLICA

4. Classifica les variables estadístiques que apareixen en el text.
5. Elabora una taula de freqüències fent servir les dades que estan representades en el diagrama que apareix en el text.
6. Troba les freqüències només per a homes i només per a dones.
7. Determina la mitjana de la quantitat de llibres llegits per les persones enquestades.

10 Estadística bidimensional

CONTINGUTS

Variable estadística bidimensional

Taules de doble entrada, marginals i condicionades

Diagrama de dispersió

Taules de contingència

Correlació

Rectes de regressió

Estimació de resultats

Estadística amb calculadora

La crisi econòmica que hem patit a partir del 2010 i la impossibilitat de trobar feina ha fet que cada vegada un nombre més gran de persones s'hagi plantejat l'autoocupació com a opció de futur.

Moltes persones han optat per traslladar la seva residència a l'entorn rural, on el cost de la vida és més baix que a la ciutat, i muntar el seu propi negoci. Aquests negocis són variats:

- Negocis agrícoles o ramaders clàssics.
- Agricultura ecològica.
- Explotacions micològiques.
- Productes gurmet, com ara melmelades, formatges o conserves fent servir productes propis o de temporada.
- Granges escola i campaments d'estiu on s'ensenyen principalment idiomes en un entorn natural.
- Cases rurals.
- Hotels rurals amb activitats com ara caça, pesca, excursions pel camp…

No obstant això, abans de muntar cap negoci és indispensable pensar en les variables que puguin fer malbé el nostre somni i valorar com hi afecta l'estacionalitat.

Com es reconeix la dependència entre les variables?

global 3

1 Variable estadística bidimensional

Una **variable estadística bidimensional** resulta quan s'estudien dues característiques diferents dels individus d'una població, i està formada per dues variables estadístiques unidimensionals. La variable bidimensional (X, Y) queda determinada pels parells de dades (x_1, y_1), (x_2, y_2), …, (x_n, y_n).

EXEMPLE

1 **Volem fer un estudi sobre el nombre de persones que viuen a la mateixa llar i el nombre de vehicles que tenen. Quines variables estadístiques estudiarem? Què representaria el parell de dades (3, 1)?**

$X \rightarrow$ Nombre de persones per llar $\qquad Y \rightarrow$ Nombre de vehicles a cada llar

Per a cada persona enquestada hi ha un parell de dades: (x_1, y_1), (x_2, y_2), …, (x_n, y_n). Aquest conjunt correspon a la variable estadística bidimensional (X, Y).

Així, el parell (3, 1) indica les llars formades per 3 membres i que tenen 1 cotxe.

1.1. Taules de doble entrada

Taula de doble entrada

Y \ X	x_1	x_2	…	x_n
y_1	f_{11}	f_{21}	…	f_{n1}
y_2	f_{12}	f_{22}	…	f_{n2}
…	…	…	…	…
y_m	f_{1m}	f_{2m}	…	f_{nm}

Per organitzar les dades en les variables bidimensionals es fan servir les **taules de doble entrada**.

En aquestes taules establim dues entrades, una per a les dades de cada variable, i col·loquem les freqüències absolutes de cada parell de dades a les caselles centrals.

EXEMPLE

2 **Aquesta taula mostra el nombre de persones per llar, *X*, i el nombre de cotxes que tenen a cada llar en qüestió, *Y*.**

Y \ X	1	2	3	4	Total
1	7	10	11	16	44
2	0	2	6	7	15
3	0	0	1	5	6
Total	7	12	18	28	65

a) Quantes llars estan formades per 3 membres?

b) A quantes llars tenen 2 cotxes?

c) Quantes llars estan formades per 4 membres i tenen 2 cotxes?

a) De les enquestades, 18 llars estan formades per 3 membres.

b) Hi ha 15 llars en què es tenen 2 cotxes.

c) De les llars formades per 4 membres, en 7 tenen 2 cotxes.

ACTIVITATS

1. Considera aquestes variables bidimensionals, i escriu-ne les variables unidimensionals corresponents i tres parells de valors que les determinin:

a) Edat i sexe dels assistents a un concert.

b) Mida d'un arxiu informàtic i temps que es tarda a copiar-lo.

c) Pes i talla de peus dels alumnes d'una classe.

2. En una classe amb 24 alumnes s'ha fet un estudi sobre el nombre d'hores diàries d'estudi, *X*, i el nombre de suspensos, *Y*, i se n'han obtingut aquests resultats:

(2, 1) (0, 7) (1, 3) (3, 1) (3, 0) (1, 2) (1, 1) (2, 0)
(3, 0) (2, 7) (1, 0) (2, 1) (3, 1) (1, 4) (1, 2) (2, 1)
(2, 0) (3, 1) (2, 2) (1, 0) (1, 2) (2, 1) (0, 6) (2, 0)

Ordena aquestes dades en una taula de doble entrada.

global

1.2. Taules de freqüències marginals

Les **taules de freqüències marginals** s'obtenen quan s'estudia per separat cada una de les variables que formen la variable bidimensional.

EXEMPLE

3 Determina les taules de freqüència marginals d'aquesta taula de doble entrada.

Y \ X	1	2	3	4	Total
1	7	10	11	16	44
2	0	2	6	7	15
3	0	0	1	5	6
Total	7	12	18	28	65

Considerem els valors de les variables X i Y per separat, i les seves freqüències.

Taula de freqüències marginals de X

X	1	2	3	4	Total
Freq.	7	12	18	28	65

Taula de freqüències marginals de Y

Y	1	2	3	Total
Freq.	44	15	6	65

Atenció

Les freqüències marginals d'una variable bidimensional són les freqüències de les variables unidimensionals corresponents.

1.3. Taules de freqüències condicionades

Les **taules de freqüències condicionades** s'obtenen quan s'estudia una variable imposant una condició a sobre dels valors de l'altra variable.

EXEMPLE

4 La taula de doble entrada recull dades relatives al color de cabells, X, i al color dels ulls, Y, d'una mostra.

Y \ X	Morens	Castanys	Pèl-rojos	Rossos	Total
Blaus	2	1	0	6	9
Verds	3	8	3	7	21
Marrons	15	12	6	5	38
Negres	14	6	1	1	22
Total	34	27	10	19	90

a) Determina la taula de freqüència de la variable Y, condicionada a X = Morens.

b) Escriu la taula de freqüència per a la variable X, condicionada a Y = Verds.

a) Considerem els valors de la variable Y d'individus morens.

Y/X = Morens	Blaus	Verds	Marrons	Negres	Total
Freqüència	2	3	15	14	34

b) Considerem els valors de X d'individus amb els ulls verds.

X/Y = Verds	Morens	Castanys	Pèl-rojos	Rossos	Total
Freqüència	3	8	3	7	21

S'escriu així

$Y/X = x_i$ → La variable Y condicionada al fet que la variable X prengui el valor x_i.

$X/Y = y_j$ → La variable X condicionada al fet que la variable Y prengui el valor y_j.

ACTIVITATS

3. Construeix una taula de doble entrada i les taules de freqüències marginals d'aquestes dades:

(1, 2) (1, 3) (1, 1) (2, 2) (3, 1) (1, 1) (3, 3) (2, 1) (2, 1) (3, 2)

4. Amb la taula de doble entrada de l'activitat anterior, realitza les taules condicionades següents:

a) $Y/X = 1$ b) $X/Y = 3$

2 Gràfics estadístics de variables bidimensionals

Diagrama de dispersió

S'anomena **diagrama de dispersió** o **núvol de punts** el gràfic que s'obté quan es representen, en uns eixos de coordenades, els N parells de dades que pren la variable bidimensional.

EXEMPLE

5 Aquesta taula reflecteix les notes d'una avaluació d'un grup d'alumnes en Física i Matemàtiques. Dibuixa'n el diagrama de dispersió.

Física (*F*)	6	7	9	6	4
Matemàtiques (*M*)	7	8	8	6	3
Física (*F*)	7	3	8	4	5
Matemàtiques (*M*)	7	4	7	5	5

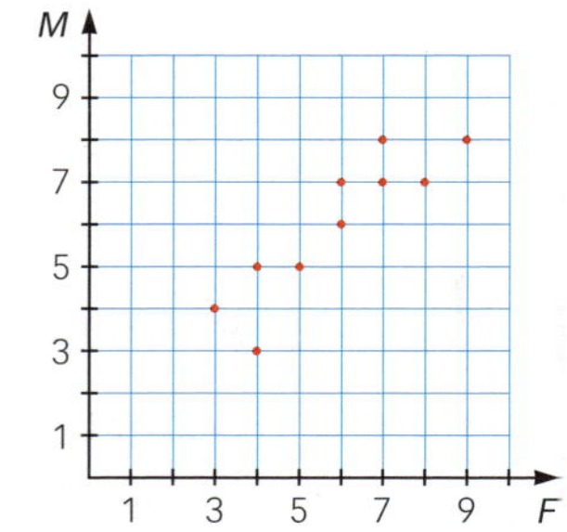

Es representa amb un punt cada dada de la variable; la primera coordenada és la *nota obtinguda a Física* i la segona, la *nota obtinguda a Matemàtiques*.

Quan els parells de dades es repeteixen, és a dir, la seva freqüència és més gran que 1, normalment es modifica la mida dels punts que els representen de manera proporcional a la seva freqüència.

EXEMPLE

6 Aquesta taula reflecteix el nombre d'encerts a 4 preguntes de Ciències, *X*, i 2 d'Actualitat, *Y*, d'un grup de gent. Dibuixa'n el diagrama de dispersió.

Y \ *X*	0	1	2	3	4
0	0	3	0	2	1
1	3	0	1	1	3
2	2	1	0	2	1

Dibuixem en uns eixos cartesians els parells de valors com si tots tinguessin la mateixa freqüència i després dupliquem la mida dels que tenen freqüència 2: (0, 2), (3, 0) i (3, 2). Per acabar, tripliquem la mida dels que tenen freqüència 3: (0, 1), (1, 0) i (4, 1).

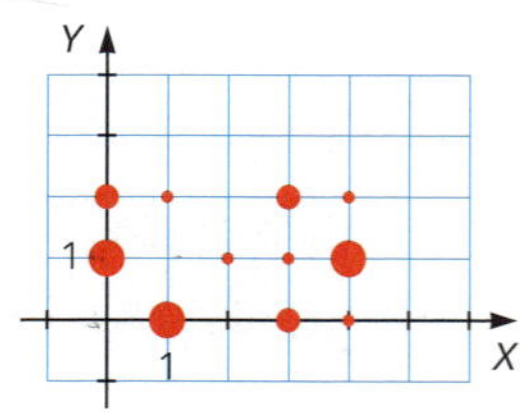

ACTIVITATS

5. Construeix la taula de doble entrada i les seves taules marginals per a les dades següents, (*X*, *Y*):

(16, 5) (17, 4) (18, 6) (16, 6) (14, 8)
(17, 3) (14, 5) (13, 4) (14, 8) (15, 8)

Representa el diagrama de dispersió de la variable estadística bidimensional anterior.

6. Fes un diagrama de dispersió tenint en compte la freqüència de cada parell de dades.

Y \ *X*	1	2	3	4	5
2	0	0	1	2	1
4	0	2	1	3	3
6	1	0	2	3	4

3 Dependència entre variables

Quan estudiem una variable bidimensional ens pot interessar saber si les variables unidimensionals que la formen presenten algun tipus de relació entre si.

3.1. Dependència en variables quantitatives

La dependència en variables quantitatives es decideix comprovant si el seu núvol de punts s'ajusta una recta, lineal, o a una corba, no lineal.

Dependència lineal

Si els punts segueixen, encara que sigui de manera aproximada, una configuració rectilínia, direm que hi ha **dependència lineal** entre si. A més, pot ser:

Dependència lineal exacta, si els valors de la variable s'ajusten completament a una recta.

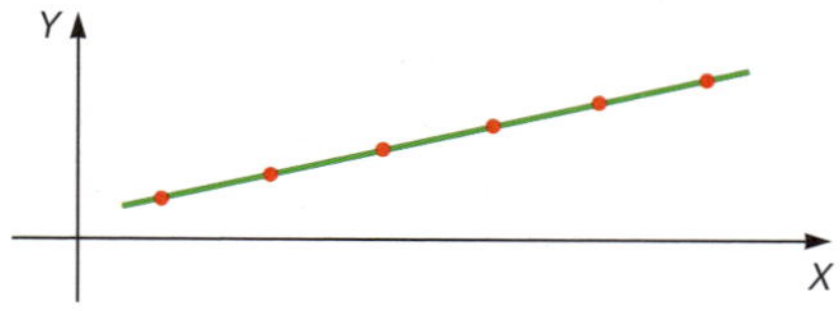

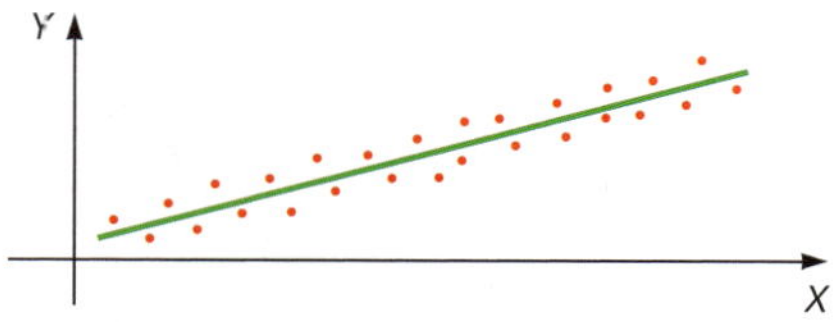

Dependència lineal forta, si els valors no s'ajusten a una recta, però s'hi troben molt propers. En aquest cas, el núvol de punts és estret.

Dependència lineal dèbil, si els punts es troben allunyats de la recta que es pot traçar entre ells. El núvol de punts és més ample.

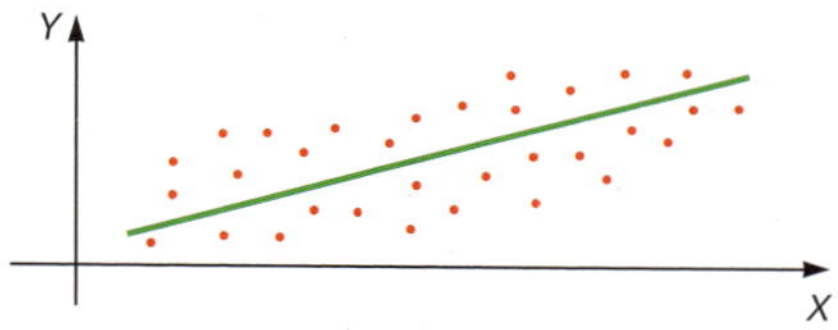

La dependència pot ser **positiva** o **negativa**, segons quin sigui el signe del pendent de la recta a la qual s'acosten els valors de la variable.

No ho oblidis

El núvol de punts es pot ajustar també a una funció que no sigui una recta. Aquesta mena de dependència s'anomena **dependència no lineal**.

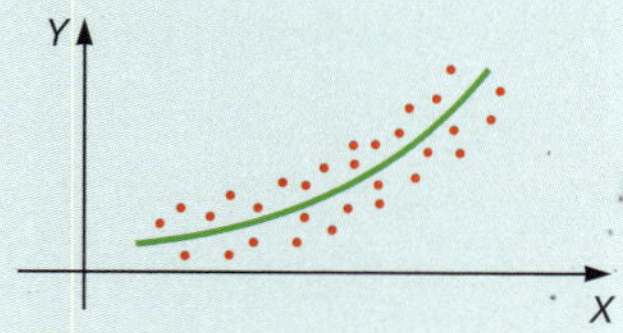

Dependència positiva

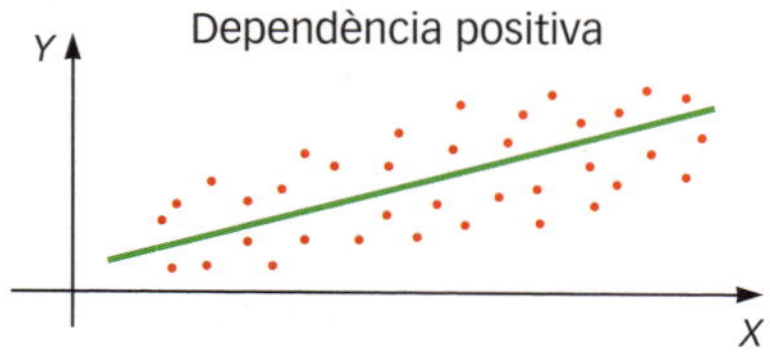

Dependència negativa

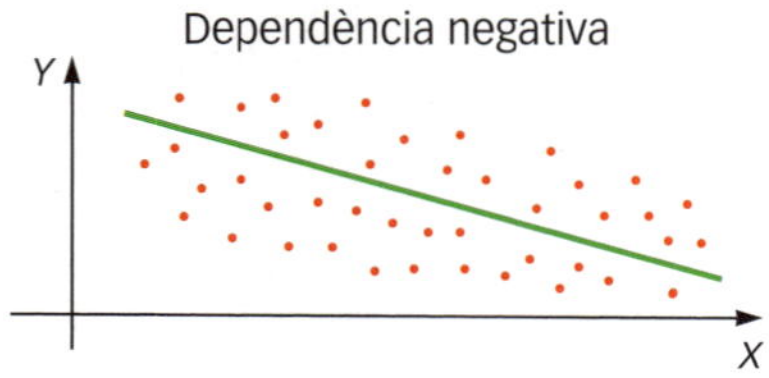

EXEMPLE

7 Decideix si les variables representades en aquests diagrames de dispersió presenten algun tipus de dependència.

a)

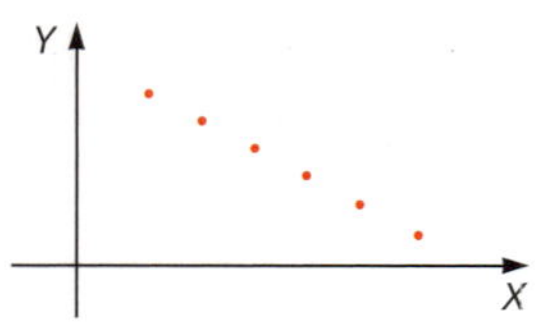

b)

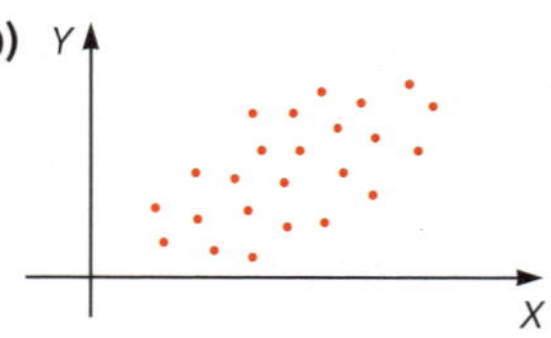

a) El núvol de punts s'ajusta completament a una recta que té un pendent negatiu: hi ha dependència lineal exacta i negativa entre les variables.

b) El núvol de punts s'aproxima poc a una recta i quan *X* creix, *Y* també ho fa: hi ha dependència lineal dèbil i positiva entre les variables.

ACTIVITATS

7. Representa el núvol de punts i analitza'n la dependència.

X	2	4	4	3	2	5	1
Y	2	2	1	3	3	0	3

8. Fes el núvol de punts i analitza'n la dependència.

X	2	4	4	3	2	5	1
Y	4	2	3	0	2	4	1

Recorda

Una taula de contingència és el mateix que una taula de doble entrada.

3.2. Dependència en variables qualitatives

La dependència de les variables d'una variable estadística bidimensional es comprova per mitjà de la disposició i les relacions de les freqüències a la taula de contingència i les freqüències marginals i condicionades.

Y \ X	A_1	A_2	…	A_n	Total
B_1	f_{11}	f_{21}	…	f_{n1}	$\sum_{i=1}^{n} f_{i1}$
B_2	f_{12}	f_{22}	…	f_{n2}	$\sum_{i=1}^{n} f_{i2}$
…	…	…	…	…	…
B_n	f_{1m}	f_{2m}	…	f_{nm}	$\sum_{i=1}^{n} f_{im}$
Total	$\sum_{j=1}^{m} f_{1j}$	$\sum_{j=1}^{m} f_{2j}$	…	$\sum_{j=1}^{m} f_{nj}$	$N=\sum_{i=1}^{n}\sum_{j=1}^{m} f_{ij}$

Les variables són independents si cada taula de freqüències condicionada és proporcional a la seva taula de freqüència marginal, és a dir, si els nombres de cada una de les files són proporcionals als de la fila dels totals i els nombres de cada una de les columnes són proporcionals als de la columna dels totals.

SABER FER

Estudiar la dependència mitjançant taules de contingència

▶ Volem estudiar si el gènere dels estudiants, *X*, influeix a l'hora de cursar carreres de ciències o de lletres, *Y*.

Y \ X	Home	Dona	Total
Ciències	28	42	70
Lletres	52	78	130
Total	80	120	200

PRIMER. Calculem les taules marginals i les condicionades.

$Y/X = H$	f_i
C	28
L	52
Total	80

$Y/X = D$	f_i
C	42
L	78
Total	120

Y	f_i
Ciències	70
Lletres	130
Total	200

$X/Y = C$	H	D	Total
f_i	28	42	70

$X/Y = L$	H	D	Total
f_i	52	78	130

X	H	D	Total
f_i	80	120	200

SEGON. Comprovem si les files i les columnes són proporcionals entre si.

$$\frac{28}{70}=\frac{52}{130}=\frac{80}{200} \qquad \frac{42}{70}=\frac{78}{130}=\frac{120}{200} \qquad \frac{28}{80}=\frac{42}{120}=\frac{70}{200} \qquad \frac{52}{80}=\frac{78}{120}=\frac{130}{200}$$

Sí que ho són; per tant, el gènere i el tipus de carrera escollida són independents.

Atenció

Per comprovar que les freqüències són proporcionals n'hi ha prou veient que cada freqüència és el producte dels marginals dividit entre el total.

$$f_{hk} = \frac{\sum_{i=1}^{n} f_{ik} \sum_{j=1}^{m} f_{hj}}{N}$$

$$f_{21} = 42 = \frac{70 \cdot 120}{200}$$

ACTIVITATS

9. Tenir mascota, *X*, influeix per aprovar Matemàtiques, *Y*?

Y \ X	Sí	No
Aprovat	10	15
Suspens	30	45

10. Completa la taula següent al teu quadern de manera que siguin independents:

Y \ X	A	B	Total
C			175
D			325
Total	200	300	

4 Correlació

La dependència lineal entre les variables d'una variable bidimensional es pot mesurar quantitativament mitjançant la correlació.

4.1. Covariància

La **covariància**, σ_{XY}, és una mesura de la variable (X, Y) que serveix per determinar la dependència lineal entre les variables X i Y.

$$\sigma_{XY} = \frac{1}{N}\sum_{i=1}^{N}(x_i - \overline{x})(y_i - \overline{y}) = \frac{\sum_{i=1}^{N} x_i \cdot y_i}{N} - \overline{x} \cdot \overline{y}$$

SABER FER

Calcular la covariància

▶ Calcula la covariància d'aquestes dades.

Y \ X	1	2	3	4	Total
1	7	10	11	16	44
2	0	2	6	7	15
3	0	0	1	5	6
Total	7	12	18	28	65

PRIMER. A partir de les taules marginals, determinem la mitjana de cada una de les variables.

$\overline{x} = 3{,}031$ $\qquad \overline{y} = 1{,}415$

SEGON. Trobem la covariància amb les dades de cada variable i les seves freqüències.

$$\sigma_{XY} = \frac{\sum_{j=1}^{m}\sum_{i=1}^{n} f_{ij} \cdot x_i \cdot y_j}{N} - \overline{x} \cdot \overline{y} = \frac{293}{65} - 3{,}031 \cdot 1{,}415 = 4{,}508 - 4{,}289 = 0{,}219$$

4.2. Coeficient de correlació

El **coeficient de correlació**, r, és una mesura de la variable (X, Y) que determina el grau de dependència lineal entre les variables X i Y.
El calculem fent servir aquesta expressió:

$$r = \frac{\sigma_{XY}}{\sigma_X \cdot \sigma_Y} \text{ i compleix que } -1 \leq r \leq 1$$

en què σ_{XY} és la covariància de la variable (X, Y), σ_X és la desviació típica de X i σ_Y, la desviació típica de Y.

No ho oblidis

La covariància varia si canviem les unitats de les variables, mentre que el coeficient de correlació no depèn de les unitats.

ACTIVITATS

11. Determina la covariància d'aquesta variable:

X	8	10	11	9	13	12	9	14
Y	20	18	16	22	10	10	21	9

12. Calcula la covariància d'aquesta variable:

X	10	11	12	13	14	15	16
Y	20	25	32	30	33	34	34

Interpretació del coeficient de correlació

El coeficient de correlació, r, indica l'aproximació de les dades de la variable a una recta:

- Com més s'acosti a 1 o a -1, la dependència serà més forta.
- Com més s'acosti a 0, la dependència serà més dèbil.
- Si $r > 0$, la dependència serà positiva, i si $r < 0$, serà negativa.
- Si $r = 1$ o $r = -1$, la dependència és lineal exacta.

Atenció

Com que σ_X i σ_Y són sempre positius, el signe del coeficient de correlació està determinat pel signe de σ_{XY}.

- Si $\sigma_{XY} < 0$, la dependència és negativa.
- Si $\sigma_{XY} > 0$, la dependència és positiva.

Dependència lineal forta positiva

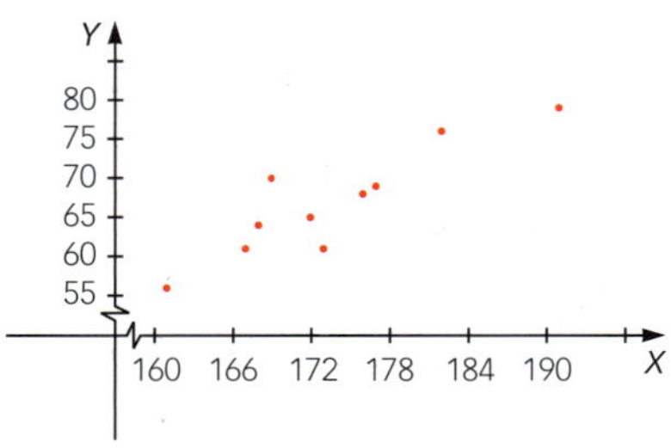

Dependència lineal dèbil positiva

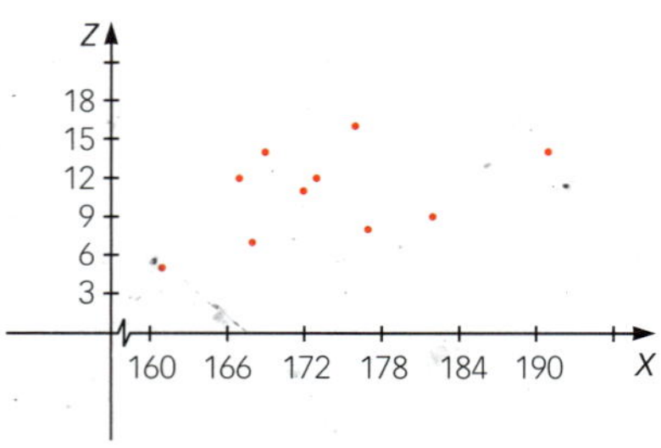

SABER FER

Calcular i interpretar el coeficient de correlació

▶ Volem determinar si hi ha cap relació entre l'alçada d'un grup de persones i el seu pes o el nombre de llibres que llegeix anualment. Per fer-ho, els hem fet una enquesta i n'hem obtingut aquestes dades.

Alçada (cm)	176	182	167	172	169	191	177	161	173	168
Pes (kg)	68	76	61	65	70	79	69	56	61	64
Nre. de llibres llegits	16	9	12	11	14	14	8	5	12	7

En vista d'aquestes dades, creus que hi ha cap relació entre l'alçada i el pes d'aquests individus? I entre l'alçada i el nombre de llibres que llegeixen anualment?

PRIMER. Calculem les desviacions típiques de cada una de les variables.

$X \rightarrow$ Alçada $\quad \overline{x} = 173{,}6$ cm $\quad \sigma_X = 8{,}05$

$Y \rightarrow$ Pes $\quad \overline{y} = 66{,}9$ kg $\quad \sigma_Y = 6{,}67$

$Z \rightarrow$ Llibres llegits $\quad \overline{z} = 10{,}8$ llibres $\quad \sigma_Z = 3{,}31$

SEGON. Calculem la covariància i el coeficient de correlació.

$\sigma_{XY} = 48{,}16 \qquad \sigma_{XZ} = 11{,}42$

$$r_{XY} = \frac{\sigma_{XY}}{\sigma_X \cdot \sigma_Y} = 0{,}897 \qquad r_{XZ} = \frac{\sigma_{XZ}}{\sigma_X \cdot \sigma_Z} = 0{,}428$$

TERCER. Interpretem el valor obtingut per al coeficient de correlació.

Per comparar les variables X i Y s'ha d'interpretar $r_{XY} = 0{,}897$.

- Com que r_{XY} és proper a 1, hi ha dependència lineal forta entre les variables; és a dir, l'alçada i el pes en una persona d'aquest grup estan molt relacionats.
- Com que $r_{XY} > 0$, la dependència és positiva; és a dir, a mesura que augmenta l'alçada d'una persona d'aquest grup, també ho fa el seu pes.

Per comparar les variables X i Z s'ha d'interpretar $r_{XZ} = 0{,}428$.

- Com que r_{XZ} s'acosta a 0, hi ha dependència lineal dèbil entre les variables; és a dir, l'alçada d'una persona i el nombre de llibres que llegeix anualment tenen molt poca relació.

ACTIVITATS

13. Representa el diagrama de dispersió i troba el coeficient de correlació d'aquesta variable:

X	39	43	40	40	42	41	42	38	39	44
Y	167	184	177	168	185	173	180	164	170	194

Quina relació pots descriure entre les dues?

14. La taula mostra la renda per capita en milers d'euros, X, i l'esperança de vida en anys, Y, a 8 països.

X	12	40	34	6	30	42	2	15	9
Y	65	79	75	63	74	82	60	62	62

Quina relació pots descriure entre les dues?

5 Rectes de regressió

5.1. Recta de regressió de *Y* sobre *X*

De les possibles rectes que podem ajustar al diagrama de dispersió escollim la que fa mínima la suma de les distàncies entre les ordenades de cada punt i les de la recta. Aquesta recta l'anomenem **recta de regressió de *Y* sobre *X*.**

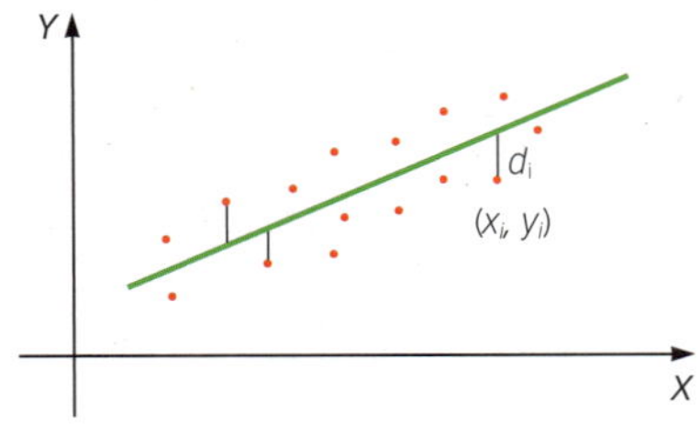

d_i és la distància entre l'ordenada d'un punt i la de la recta.

La recta de regressió de *Y* sobre *X* és una recta que s'ajusta a les dades d'una variable bidimensional. La seva equació és:

$$y - \overline{y} = \frac{\sigma_{XY}}{\sigma_X^2}(x - \overline{x}) \quad \text{o} \quad \frac{y - \overline{y}}{\sigma_y} = r \cdot \frac{x - \overline{x}}{\sigma_x}$$

SABER FER

Determinar i representar la recta de regressió

▶ Volem determinar com influeix la velocitat en els accidents de trànsit. Per fer-ho, hem pres nota del nombre de vehicles que circulen a una velocitat més gran que 120 km/h en una autovia i els accidents que s'hi produeixen.

Nre. de vehicles	7	15	18	20
Nre. d'accidents	4	8	10	13

Troba la recta de regressió i representa-la amb el diagrama de dispersió.

PRIMER. Construïm una taula de freqüències amb les columnes necessàries per calcular les mesures estadístiques.

	x_i	y_i	x_i^2	y_i^2	$x_i \cdot y_i$
	7	4	49	16	28
	15	8	225	64	120
	18	10	324	100	180
	20	13	400	169	260
Totals	60	35	998	349	588

SEGON. Calculem la mitjana de cada variable, la variància de *X* i la covariància.

$$\overline{x} = \frac{60}{4} = 15 \qquad \overline{y} = \frac{35}{4} = 8{,}75 \qquad \sigma_X^2 = \frac{998}{4} - 15^2 = 24{,}5$$

$$\sigma_{XY} = \frac{588}{4} - 15 \cdot 8{,}75 = 15{,}75$$

TERCER. Determinem la recta de regressió de *Y* sobre *X* a partir de la seva equació.

$$y - \overline{y} = \frac{\sigma_{XY}}{\sigma_X^2}(x - \overline{x}) \rightarrow y - 8{,}75 = \frac{15{,}75}{24{,}5}(x - 15) \rightarrow y = 0{,}643x - 0{,}893$$

QUART. Representem el diagrama de dispersió i la recta de regressió obtinguda.

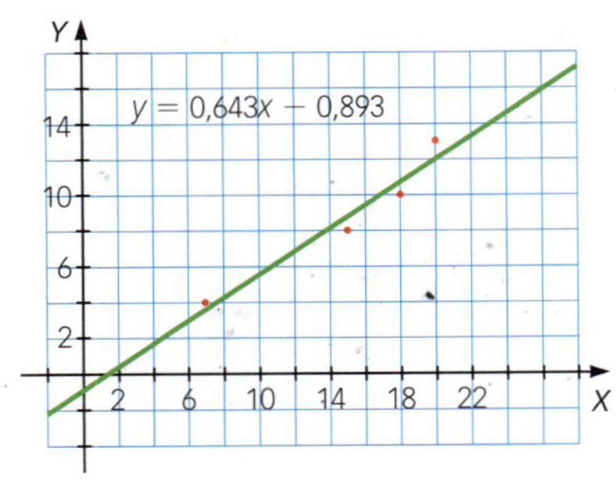

No ho oblidis

La recta de regressió sempre passa pel punt $(\overline{x}, \overline{y})$. Aquest punt l'anomenem **centre de gravetat** del núvol de punts.

ACTIVITATS

15. Troba la recta de regressió de *Y* sobre *X* i representa-la juntament amb el diagrama de dispersió d'aquesta taula:

X	1	5	7	10	12	16
Y	3	16	18	33	35	48

16. Representa el diagrama de dispersió i determina la recta de regressió de *Y* sobre *X* d'aquesta taula:

X	39	40	40	42	43	38	39	44	42	40
Y	167	168	180	164	177	154	185	195	183	172

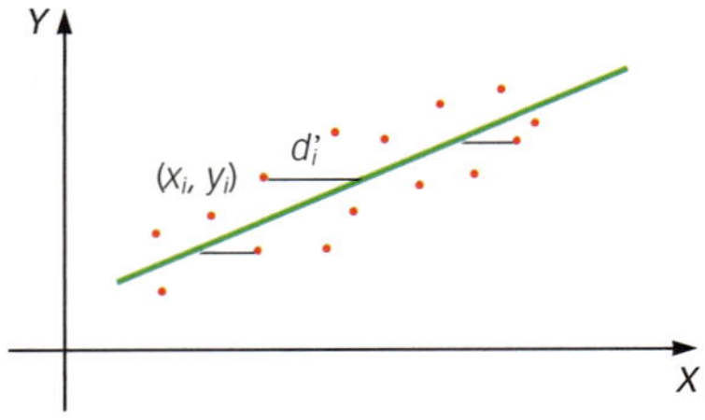

d_i' és la distància entre l'abscissa d'un punt i la de la recta.

5.2. Recta de regressió de *X* sobre *Y*

Si per ajustar la recta als punts del diagrama de dispersió fem mínima la suma de les distàncies entre les abscisses de cada punt i les de la recta, obtenim la **recta de regressió de *X* sobre *Y*.**

L'equació de la recta de regressió de *X* sobre *Y* és:

$$x - \overline{x} = \frac{\sigma_{XY}}{\sigma_Y^2}(y - \overline{y}) \quad \text{o} \quad \frac{x - \overline{x}}{\sigma_X} = r \cdot \frac{y - \overline{y}}{\sigma_Y}$$

EXEMPLE

8 Determina la recta de regressió de *X* sobre *Y* sabent que $\overline{x} = 15$; $\overline{y} = 8{,}75$; $\sigma_X^2 = 24{,}5$; $\sigma_Y^2 = 10{,}688$ i $\sigma_{XY} = 15{,}75$.

Com que coneixem totes les mesures estadístiques que necessitem, determinem la recta de regressió de *X* sobre *Y* a partir de la seva equació.

$$x - \overline{x} = \frac{\sigma_{XY}}{\sigma_Y^2}(y - \overline{y}) \rightarrow x - 15 = \frac{15{,}75}{10{,}688}(y - 8{,}75) \rightarrow$$

$$\rightarrow x = 1{,}474y + 2{,}106$$

No ho oblidis

Les dues rectes de regressió es tallen en el punt $(\overline{x}, \overline{y})$.

5.3. Posicions relatives de les dues rectes de regressió

- Si $r = 1$ o $r = -1$, és a dir, si la dependència entre les dues variables és lineal exacta, les dues rectes són coincidents.

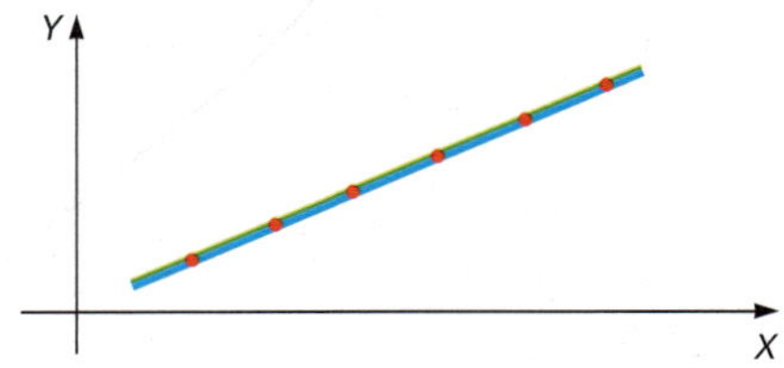

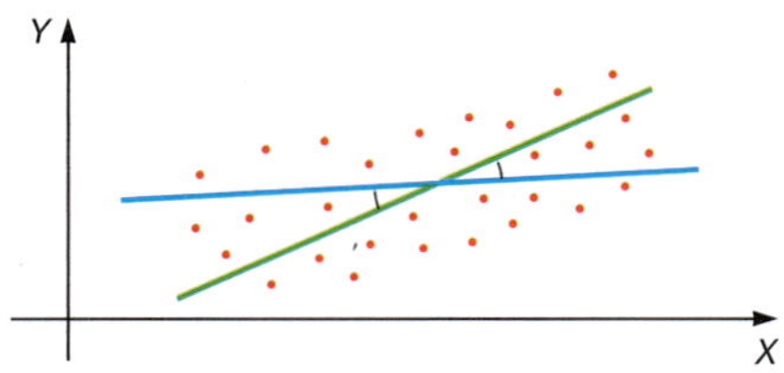

- En general, com més s'acosti *r* a 1 o −1, és a dir, com més forta sigui la dependència, més petit serà l'angle que formen aquestes rectes.

- Si la dependència és dèbil, és a dir, si *r* s'acosta a 0, les dues rectes formaran un angle que s'aproximarà als 90°. Com més s'aproximi *r* a 0, més s'acostarà l'angle als 90°.

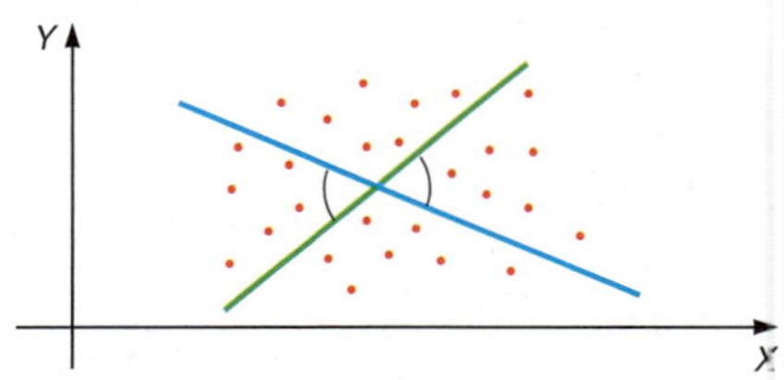

ACTIVITATS

17. Determina les dues rectes de regressió i indica la relació que hi ha entre les variables següents:

a)

X	10	10	13	15	12
Y	6	5	2	3	5

b)

X	8	10	11	12	16	13	12	17	13	13
Y	15	10	15	10	20	15	10	25	10	15

18. La taula següent mostra el temps que han tardat 6 atletes a fer una carrera i les hores d'entrenament que hi van dedicar durant l'últim mes:

Temps	11,03	12,91	10,98	11,26	11,12	11,13
Hores d'entrenament	175	35	201	150	190	100

Determina les dues rectes de regressió i indica la relació que hi ha entre les variables.

global 3

6 Estimació de resultats

Les rectes de regressió permeten obtenir, de manera aproximada, els valors d'una de les variables, coneguts els valors de l'altra. Aquests valors s'anomenen **estimacions** de la variable.

Per fer estimacions de resultats hem de tenir en compte que:

- Si volem estimar y a partir d'un valor de x, farem servir la recta de regressió de Y sobre X. En cas contrari, per estimar x a partir d'un valor de y, farem servir la recta de regressió de X sobre Y.
- L'estimació serà més fiable si el coeficient de correlació pren valors pròxims a 1 o -1. Si el coeficient de correlació és una valor proper a 0, les estimacions no tenen validesa.
- Les estimacions han de fer-se a dins de l'interval de valors obtinguts en l'estudi estadístic, o que hi siguin propers.

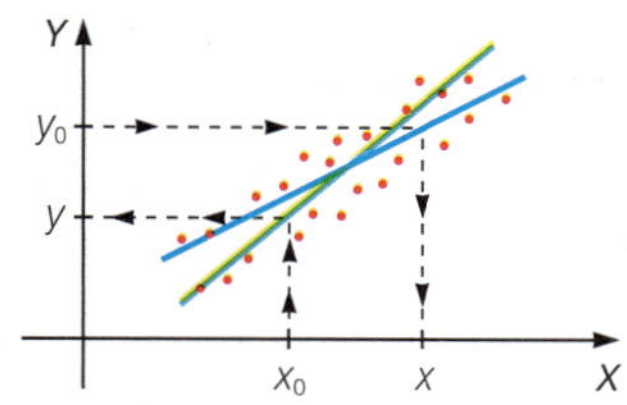

Coneguda x_0 podem trobar y; i a partir de y_0 és possible calcular x.

SABER FER

Estimar valors fent servir la recta de regressió

La taula mostra el nombre de vehicles que circulen a una velocitat més gran que 120 km/h en una autovia i els accidents que s'hi produeixen.

a) Fes una estimació del nombre d'accidents que pot haver-hi en aquesta autovia si 11 vehicles circulen a més de 120 km/h.

Nre. de vehicles	7	15	18	20
Nre. d'accidents	4	8	10	13

b) Si s'han produït 15 accidents, quants vehicles creus que circulaven a més de 120 km/h?

PRIMER. Definim les variables.

$X \rightarrow$ Nre. de vehicles que circulen a més de 120 km/h
$Y \rightarrow$ Nre. d'accidents que es produeixen

SEGON. Calculem la recta de regressió que necessitem, hi substituïm el valor conegut i interpretem la solució.

a) En aquest cas necessitem la recta de regressió de Y sobre X:

$$y = 0{,}643x - 0{,}893 \xrightarrow{x\,=\,11} y = 0{,}643 \cdot 11 - 0{,}893 = 6{,}18$$

Si 11 vehicles circulen a més de 120 km/h, hi pot haver entre 6 i 7 accidents.

b) Recta de regressió de X sobre Y:

$$x = 1{,}474y + 2{,}106 \xrightarrow{y\,=\,15} x = 1{,}474 \cdot 15 + 2{,}106 = 24{,}216$$

Si s'han produït 15 accidents, poden haver-se comptat entre 24 i 25 vehicles circulant a més de 120 km/h.

No ho oblidis

Les estimacions sempre es fan de manera aproximada, perquè el grau de fiabilitat depèn de la dependència entre les variables.

ACTIVITATS

19. En un estudi estadístic, el coeficient de correlació entre dues variables X i Y és $-0{,}8$. Sabem que $\bar{x} = 20$, $\sigma_X = 4$; $\bar{y} = 8$ i $\sigma_Y = 1$.

a) Determina les dues rectes de regressió, representa-les i analitza la correlació que hi ha entre les variables.

b) Si $x = 30$, quina és l'estimació de y?

20. La taula mostra el pes, X, i la alçada, Y, de 10 persones. Estima el pes d'una altra persona que mesura 1,90 m.

X	85	65	80	56	60	67	78	65	60	92
Y	1,80	1,61	1,71	1,57	1,65	1,73	1,79	1,67	1,59	1,83

➔ SABER FER

Variables bidimensionals

Treballar l'estadística bidimensional amb calculadora

En una ciutat s'han registrat aquestes temperatures i precipitacions durant els sis primers mesos de l'any.

Estudia la correlació que hi ha entre les dues variables.

Temperatura (ºC)	11	14,3	14,7	15,7	19,6	23,3
Precipitacions (mm)	46,9	0	13,7	113,4	44,3	1,2

PRIMER. Establim el Mode de Regressió Lineal a la calculadora; encara que el mode tradicional és el LR, això varia a les calculadores modernes, en què passa a ser el Mode estadístic i després s'ha d'escollir el model de regressió lineal.

MODE STAT ▶ $A+BX$

SEGON. Introduïm les dades de la variable, així com la freqüència de cada una. En acabar els passos anteriors apareix una taula amb tres columnes; a la primera anotem les dades de la variable X, a la segona, les de la variable Y i a la tercera, les seves freqüències.

TERCER. La calculadora troba directament la mitjana i la desviació típica, si premem la tecla corresponent en cada cas.

$\overline{x} = 16{,}43$ $\sum x = 98{,}6$ $\sum x^2 = 1\,715{,}12$ $\sigma_X = 3{,}97$

$\overline{y} = 36{,}58$ $\sum y = 219{,}5$ $\sum y^2 = 17\,210{,}79$ $\sigma_Y = 39{,}12$ $\sum xy = 3\,393{,}91$

QUART. Determinem el coeficient de correlació.

El coeficient de correlació, $r = -0{,}23$, és un valor pròxim a 0; per tant, la correlació entre les variables és gairebé nul·la.

PRACTICA

21. Fes servir la calculadora per estudiar la correlació entre aquestes dues variables estadístiques.

X	2	3	5	7	1	4	2	8	10	1	9	8
Y	−2	0	−11	−16	1	−2	1	−16	−25	0	−21	−17

Variables bidimensionals

Agrupar dades de variables bidimensionals en intervals

Volem fer un estudi sobre l'ús que es fa d'Internet per comprar productes. Els resultats obtinguts han estat els següents:

- **Edat:**

  26 27 18 25 57 26 31 40 28 19 32 26
  25 36 27 42 46 38 42 20 35 28 39 53

- **Nombre de compres en els tres últims mesos:**

  17 29 22 26 20 18 13 11 23 31 16 5
  16 26 14 10 6 34 16 12 7 24 19 11

Els parells de punts estan a la mateixa posició: (26, 17); (27, 29) ...

Agrupa les edats en quatre intervals de la mateixa amplitud i el nombre de compres realitzades en intervals d'amplitud 10.

PRIMER. Determinem els intervals per agrupar les dades.

Com que les edats van de 18 a 57 anys, podem fer la divisió següent en quatre intervals:

[18, 28) [28, 38) [38, 48) [48, 58)

Com que el nombre de compres va de 5 a 34, podem fer la divisió següent en intervals d'amplitud 10:

[5, 15) [15, 25) [25, 35)

SEGON. Fem la taula de freqüències.

Y \ X	[18, 28)	[28, 38)	[38, 48)	[48, 58)
[5, 15)	3	2	3	1
[15, 25)	4	3	2	1
[25, 35)	3	1	1	0

PRACTICA

22. Una empresa vol fer un estudi estadístic sobre la seva despesa en publicitat (X, en milers d'euros) i les vendes de productes que llancen al mercat (Y, en milers d'unitats).

(20, 23) (17, 20) (11, 24) (24, 4) (23, 27) (3, 21) (15, 19) (21, 1) (19, 7) (12, 12) (19, 24) (7, 7) (21, 8) (12, 19) (11, 25)
(8, 13) (17, 14) (2, 21) (9, 2) (21, 11) (3, 14) (12, 18) (21, 1) (8, 12) (12, 12) (6, 29) (12, 19) (14, 21) (3, 12) (15, 15)

Agrupa la despesa en publicitat i les vendes de productes en intervals amb la mateixa amplitud 10.

Variables bidimensionals

Construir les taules de freqüències marginals a partir de la taula de doble entrada

La taula mostra les dades d'un estudi sobre compres per Internet.

Y \ X	[18, 28)	[28, 38)	[38, 48)	[48, 58)	Total
[5, 15)	3	2	3	1	9
[15, 25)	4	3	2	1	10
[25, 35)	3	1	1	0	5
Total	10	6	6	2	24

Construeix la taula de freqüències marginals de cada una de les variables.

PRIMER. Considerem les dades de la variable *X* i com a freqüències agafem els totals corresponents.

X	[18, 28)	[28, 38)	[38, 48)	[48, 58)
Freqüències	10	6	6	2

SEGON. Considerem les dades de la variable *Y* i com a freqüències agafem els totals corresponents.

Y	[5, 15)	[15, 25)	[25, 35)
Freqüències	9	10	5

PRACTICA

23. La taula que apareix a continuació mostra un estudi estadístic en què s'analitza la relació entre les variables *X* i *Y*.

Y \ X	[0, 5)	[5, 10)	[10, 15)	[15, 20)	[20, 25)
[0, 5)	0	1	0	0	3
[5, 10)	0	1	0	1	1
[10, 15)	2	2	2	1	1
[15, 20)	0	0	3	2	0
[20, 25)	2	0	2	2	1
[25, 30)	0	1	1	0	1
[30, 35)	1	3	0	1	1
[35, 40)	2	2	0	2	0

Construeix les taules de freqüències marginals de cada una de les variables.

Variables bidimensionals

Interpretar una taula de doble entrada

Per fer un estudi sobre l'ús que es fa d'Internet per comprar productes s'ha dut a terme una enquesta i s'ha fet aquesta taula, en què *X* recull l'edat de les persones enquestades i *Y*, el nombre de compres que fan per Internet durant 3 mesos.

Y \ X	[18, 28)	[28, 38)	[38, 48)	[48, 58)	Total
[5, 15)	3	2	3	1	9
[15, 25)	4	3	2	1	10
[25, 35)	3	1	1	0	5
Total	10	6	6	2	24

a) Quantes persones enquestades tenen menys de 38 anys?

b) Quantes persones enquestades tenen una edat superior als 48 anys?

c) Quantes persones han fet 15 o més compres en els tres últims mesos?

d) Quantes persones han dut a terme entre 5 i 15 compres?

PRIMER. Per extreure conclusions sobre la variable *X* observem les cel·les de la fila dels totals.

a) S'ha fet l'enquesta a 10 + 6 = 16 persones de menys de 38 anys.

b) S'ha fet l'enquesta a 2 persones de més de 48 anys.

SEGON. Per extreure conclusions sobre la variable *Y* observem les cel·les de la columna dels totals.

c) Han fet 15 o més compres 10 + 5 = 15 persones.

d) 9 persones han fet entre 5 i 15 compres.

PRACTICA

24. Els resultats d'un estudi sobre la relació de dues variables estadístiques *X* i *Y* són els següents:

Y \ X	[10, 12)	[12, 14)	[14, 16)	[16, 18)	[18, 20)
[0, 100)	12	3	5	11	7
[100, 200)	12	9	7	12	9
[200, 300)	15	1	12	5	6
[300, 400)	9	0	15	72	21

a) Quantes dades hi ha en què *X* sigui més petit que 16?

b) Quants valors de *Y* són més petits que 100?

c) Quantes dades hi ha en què *X* tingui entre 12 i 18?

SABER FER

Rectes de regressió

Calcular la recta de regressió amb la calculadora

En una ciutat s'han registrat aquestes temperatures i precipitacions durant els sis primers mesos de l'any.

Determina la recta de regressió amb la calculadora.

Temperatura (°C)	11	14,3	14,7	15,7	19,6	23,3
Precipitacions (mm)	46,9	0	13,7	113,4	44,3	1,2

PRIMER. Establim el Mode de Regressió Lineal a la calculadora; encara que el mode tradicional és el LR, això varia a les calculadores modernes, en què passa a ser el Mode estadístic i després s'ha d'escollir el model de regressió lineal.

MODE STAT ▶ $A+BX$

SEGON. Introduïm les dades de la variable, així com la freqüència de cada una. En acabar els passos anteriors apareix una taula amb tres columnes; a la primera anotem les dades de la variable X, a la segona, les de la variable Y i a la tercera, les seves freqüències.

TERCER. Trobem els coeficients de la recta de regressió. La calculadora presenta aquesta recta de la forma $y = A + BX$.

En aquest cas, els coeficients són $A = 73{,}54$ i $B = -2{,}25$.

PRACTICA

25. Un agricultor vol relacionar la quantitat d'aigua (en m^3) i la collita de blat obtinguda (en tones). Per fer-ho, ha anotat les dades de les últimes 5 collites.

Determina la recta de regressió fent servir la calculadora.

Aigua (m^3)	4	7	12	6	14
Tones de blat	17,9	24,3	38,5	22,5	50,1

26. Estudia la correlació entre aquestes variables fent servir la calculadora.

Determina la recta de regressió i raona si té sentit estimar el valor de Y si la variable X agafa el valor 18.

X	14	16	17	14	15	12	13	13	14	16
Y	32	34	36	34	32	34	31	36	38	32

Rectes de regressió

Determinar la mitjana d'una de les variables a partir de la recta de regressió

S'ha fet un estudi sobre temperatures i precipitacions durant sis mesos. Amb les dades recollides s'ha obtingut que la precipitació mitjana ha estat de 36,58 mm.

La recta de regressió que relaciona la temperatura, X, amb les precipitacions, Y, és:

$$y = 73{,}54 - 2{,}25x$$

Quina és la temperatura mitjana obtinguda?

PRIMER. Aïllem x a la recta de regressió.

$$y = 73{,}54 - 2{,}25x \rightarrow x = \frac{y - 73{,}54}{-2{,}25}$$

SEGON. Determinem el valor de la mitjana per a la variable X a partir de la mitjana de Y.

$$\text{Com que } \overline{y} = 36{,}58 \rightarrow \overline{x} = \frac{36{,}58 - 73{,}54}{-2{,}25} = 16{,}43$$

PRACTICA

27. La recta de regressió que relaciona dues variables estadístiques és $y = 3{,}2x - 1{,}7$. Si tenim que $\overline{y} = 2{,}34$, quin és el valor de $\overline{x}$?

Rectes de regressió

Determinar i interpretar el signe del coeficient de correlació a partir de la recta de regressió

Un estudi sobre temperatures i precipitacions obté que, durant sis mesos, la temperatura mitjana ha estat 16,43 °C, amb una desviació típica de 3,97.

A més, la recta de regressió que relaciona la temperatura, X, amb les precipitacions, Y, és:

$$y = 73{,}54 - 2{,}25x$$

Es pot afirmar que com més elevada sigui la temperatura menys precipitacions hi haurà?

PRIMER. Estudiem el pendent de la recta per determinar el signe de la covariància.

$$-2{,}25 = \frac{\sigma_{XY}}{\sigma_X^2} \rightarrow \text{Com que } \sigma_X^2 > 0,\ \sigma_{XY} < 0$$

SEGON. Determinem el signe del coeficient de correlació, r.

Com que σ_{XY} és negativa, r també serà negatiu. Així, com més elevada sigui la temperatura, menys precipitacions hi haurà.

PRACTICA

28. La recta de regressió que relaciona dues variables és $y = 3{,}2x - 1{,}7$. Si sabem que $\overline{x} = 2{,}87$, es pot afirmar que com més gran sigui X més gran serà Y?

Estadística bidimensional amb ordinador

Dibuixar gràfics estadístics bidimensionals amb ordinador

Hem preguntat pel pes i l'alçada a 20 persones, i n'hem obtingut els resultats següents:

Alçada (m)	1,5	1,67	1,78	1,71	1,83	1,9	1,57	1,65	1,63	1,65
Pes (kg)	46	54	78	73	80	83	50	56	52	58

Alçada (m)	1,73	1,77	1,56	1,68	1,75	1,62	1,63	1,75	1,85	1,77
Pes (kg)	65	77	58	58	70	56	61	57	64	72

Fes un diagrama de dispersió i avalua si hi ha dependència entre les variables.

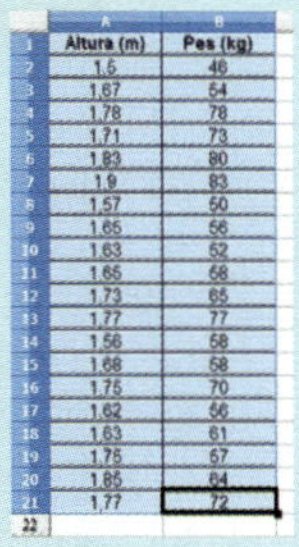

PRIMER. Copiem les dades en un full de càlcul i seleccionem les cel·les que ocupen.

SEGON. Cliquem sobre la icona per escollir el gràfic. En aquest cas, per dibuixar un histograma triem *XY (dispersió)*.

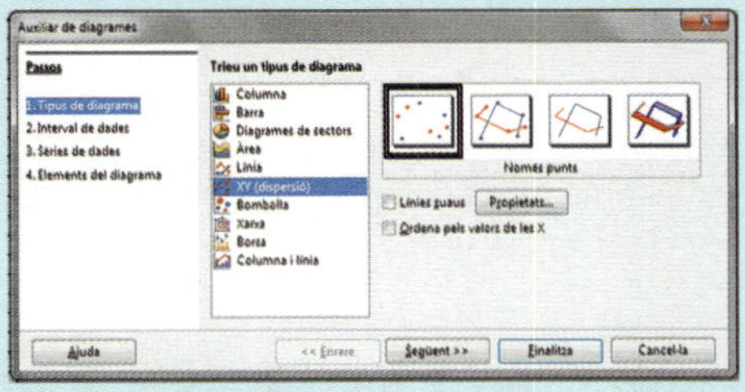

TERCER. Cliquem a *Finalitzar* i apareix el núvol de punts.

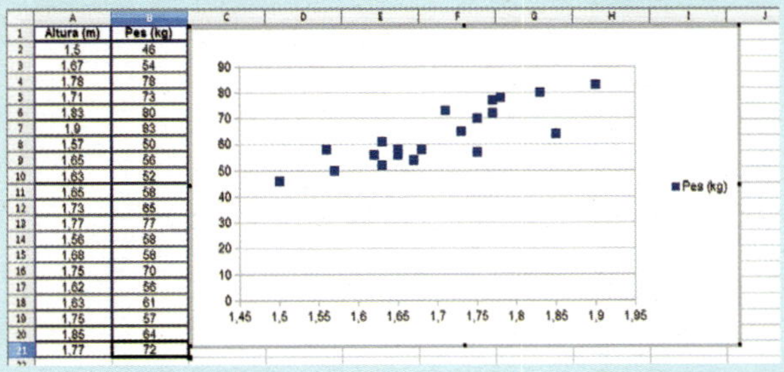

QUART. Analitzem la forma del núvol de punts per detectar la dependència de les variables.

En aquest cas, la forma és més o menys una recta; per tant, és dependència lineal positiva.

PRACTICA

29. Dibuixa el núvol de punts i analitza'n la dependència.

X	1	3	5	7	9
Y	2	2	4	7	8

Estadística bidimensional amb ordinador

Fer una recta de regressió amb ordinador

Comprova la dependència lineal i calcula la recta de regressió del pes sobre l'altura.

Alçada (m)	1,5	1,67	1,78	1,71	1,83	1,9	1,57	1,65	1,63	1,65
Pes (kg)	46	54	78	73	80	83	50	56	52	58

Alçada (m)	1,73	1,77	1,56	1,68	1,75	1,62	1,63	1,75	1,85	1,77
Pes (kg)	65	77	58	58	70	56	61	57	64	72

PRIMER. En el programa de dibuix GeoGebra seleccionem l'opció **Vista/Full De Càlcul** i hi copiem les dades.

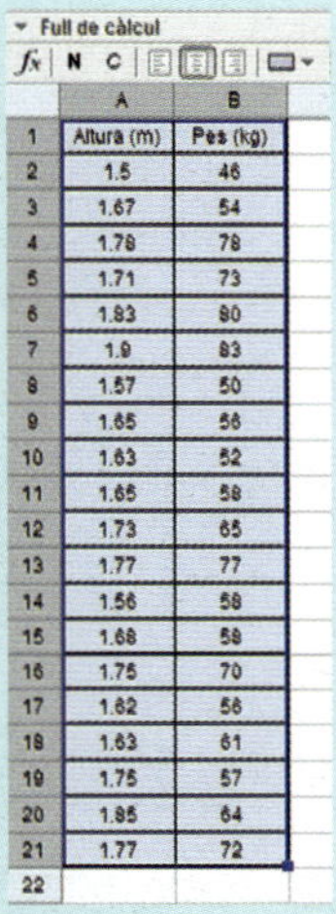

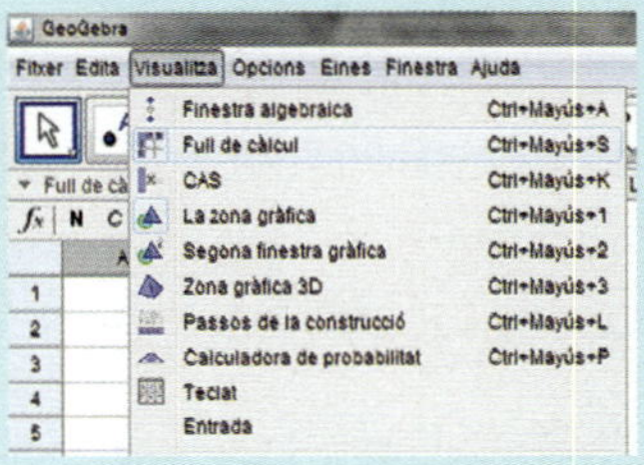

SEGON. Seleccionem les dues columnes, cliquem a **Anàlisi d'una variable** fins que aparegui el menú desplegable, i hi escollim l'opció **Anàlisi de regressió bivariant**.

TERCER. Cliquem a **Analitza** i estudiem la dependència de les variables en el diagrama que apareix.

Com que hi apreciem dependència lineal, a **Model de Regressió** seleccionem **Lineal** i apareix la recta de regressió i la seva expressió algebraica, $y = 87{,}79x - 85{,}84$.

Si volem calcular el pes esperat per a una alçada en concret, només hem d'introduir el valor en el quadre **Avalua** i prémer la tecla **Retorn**.

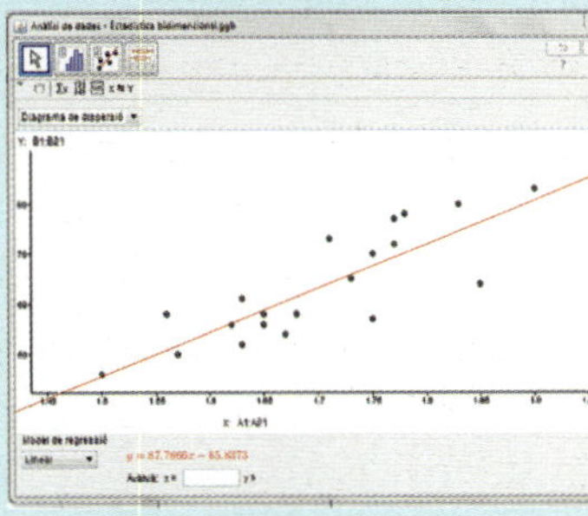

Així, el pes esperat d'una persona que faci 1,61 m d'alçada és 55,4992 kg.

PRACTICA

30. Calcula la recta de regressió i el valor esperat per a $x = 4$.

X	1	3	5	7	9
Y	2	2	4	7	8

ACTIVITATS

Variable estadística bidimensional

31. Representa el núvol de punts associat a aquestes variables bidimensionals i decideix si hi ha dependència entre les variables que les formen; si és així, indica de quin tipus és.

a) (2, 2) (3, 6) (5, 10) (6, 14) (8, 19) (9, 23) (10, 25)

b) (5, 2) (6, 0) (8, −2) (10, −7) (11, −9) (13, −13) (15, −17)

c) (120, 60) (122, 75) (126, 60) (128, 90) (130, 50) (132, 100) (136, 70)

32. Representa el núvol de punts associat a aquestes variables bidimensionals i decideix si hi ha dependència entre les variables que les formen.

En cas afirmatiu, classifica-la.

a)

A	6	8	9	11	13	15	16	18
B	8	13	13	16	21	26	28	33

b)

C	1	3	6	7	10	13	17	18
D	25	21	18	20	12	15	8	6

c)

E	110	112	115	116	118	120	121	124
F	40	45	35	40	60	70	45	33

d)

G	26	24	23	22	18	15	14	12
H	8	12	14	7	10	11	9	13

33. Troba les freqüències marginals associades a aquestes taules de doble entrada i calcula les mesures estadístiques de cada variable per separat.

a)

Y \ *X*	1	2	3	4
1	2	4	3	3
2	1	1	1	3
3	1	0	1	2
4	4	3	3	3

b)

Y \ *X*	[0, 2)	[2, 4)	[4, 6)	[6, 8)
10	10	13	5	8
20	8	4	3	9
30	5	5	7	9
40	13	12	11	12
50	4	5	7	11
60	3	6	9	11

c)

Y \ *X*	1	2	3	4	5	6	7	8	9	10
[0, 10)	1	5	6	4	8	5	2	1	3	4
[10, 20)	2	5	4	1	8	3	6	9	5	4
[20, 30)	0	2	1	5	4	7	8	3	2	1
[30, 40)	2	2	3	7	7	3	5	4	9	4

SABER FER

Representar variables bidimensionals

Estudiem la relació que hi ha entre l'antiguitat, *X*, dels treballadors d'una empresa i el nombre de productes defectuosos, *Y*, que han elaborat aquest últim any. Els resultats es recullen en aquesta taula de doble entrada.

Y \ *X*	1	2	3	4	**Total**
3	10	5	5	0	20
4	20	10	15	5	50
Total	30	15	20	5	70

Representa les dades en un gràfic que reflecteixi la freqüència de cada una de les dades.

PRIMER. Interpretem la taula de doble entrada.

Cada cel·la representa el nombre de treballadors que compleix les dues condicions. Per exemple, hi ha 20 treballadors que fa 1 any que treballen a l'empresa i que han elaborat 4 productes defectuosos aquest últim any.

Així, quan fem el diagrama de dispersió hi hem de reflectir que el parell de valors (1, 4) apareix 20 vegades.

SEGON. Dibuixem el núvol de punts tenint en compte la freqüència de les dades. Les dades se solen representar amb punts de gruix diferent depenent de la seva freqüència, que s'indica entre parèntesis.

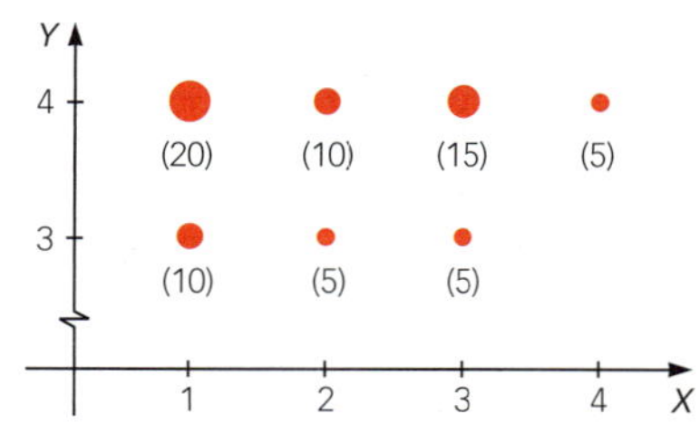

També podem representar la distribució a l'espai, dibuixant paral·lelepípedes de volums proporcionals a les freqüències.
Aquest gràfic s'anomena **estereograma**.

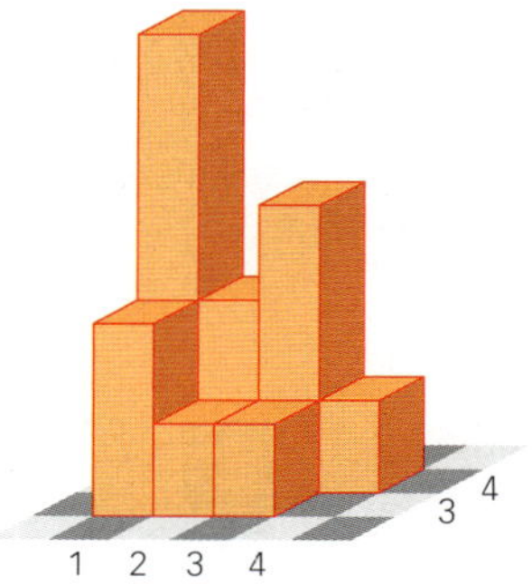

34. Les notes a Llengua i Anglès dels 30 alumnes d'una classe a l'última avaluació han estat les següents:

Llengua:	3 7 8 7 5	2 5 9 5 4	3 5 3 6 3
	8 5 7 7 6	2 4 9 4 9	7 6 7 1 7
Anglès:	2 6 10 6 4	2 5 9 5 5	2 4 1 5 1
	10 4 7 8 4	2 5 9 5 9	8 5 7 0 7

a) Construeix la taula de doble entrada amb aquestes dades.

b) Fes-ne el diagrama de dispersió.

35. Construeix la taula de doble entrada corresponent a partir del diagrama de dispersió, tenint en compte la freqüència de les dades que figuren entre parèntesis.

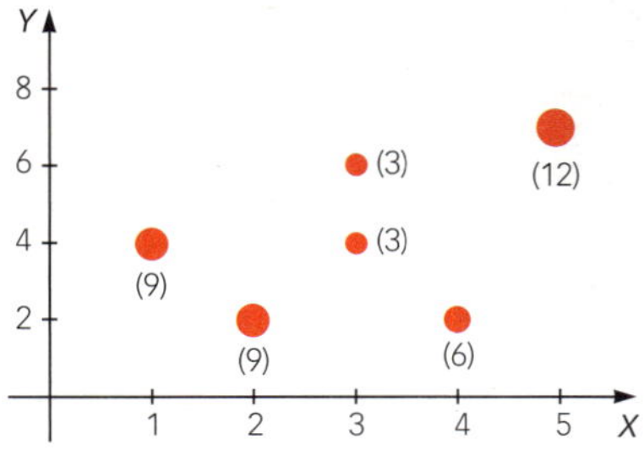

36. A partir d'aquests diagrames de dispersió, construeix les seves corresponents taules de doble entrada.

a)

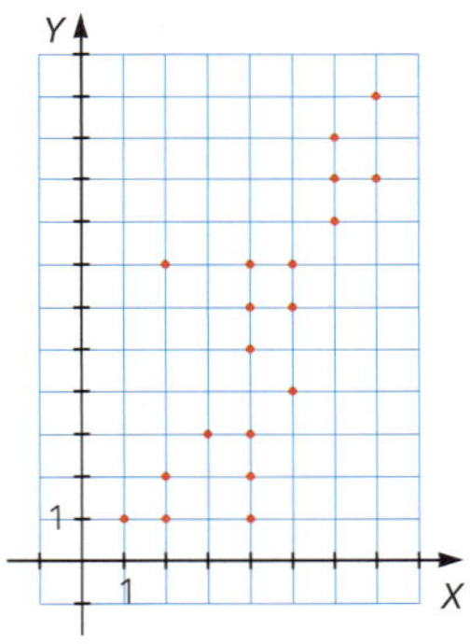

b)

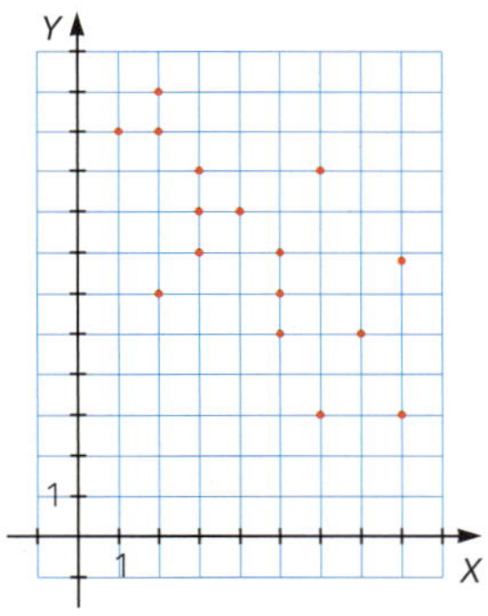

37. A partir dels diagrames de dispersió, decideix si hi ha o no dependència lineal entre les variables i, quan calgui, si és forta o dèbil, i si és positiva o negativa.

a)

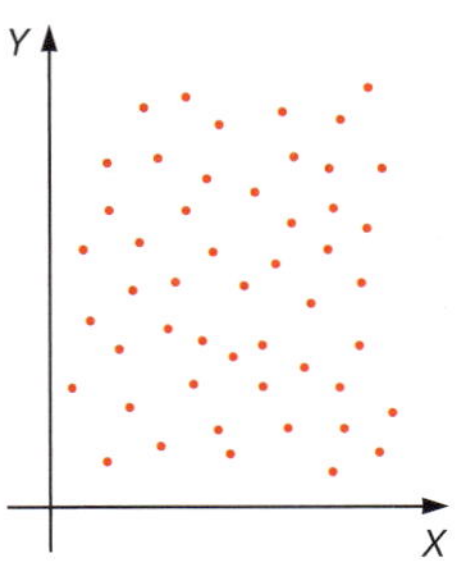

c)

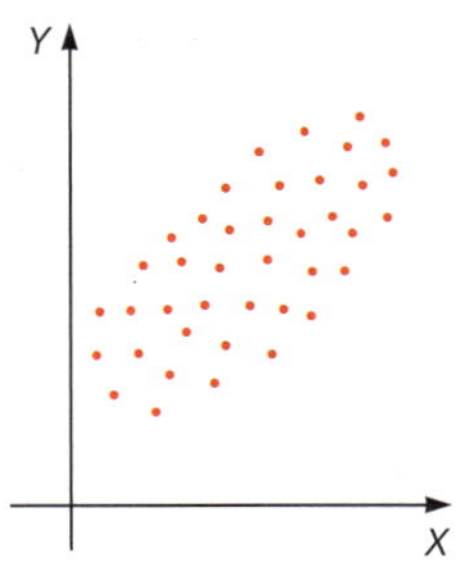

b)

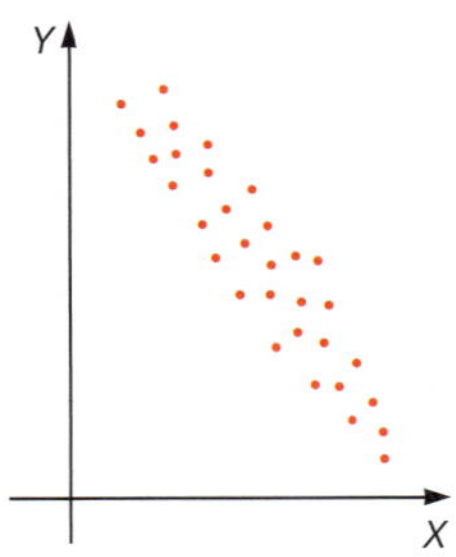

d)

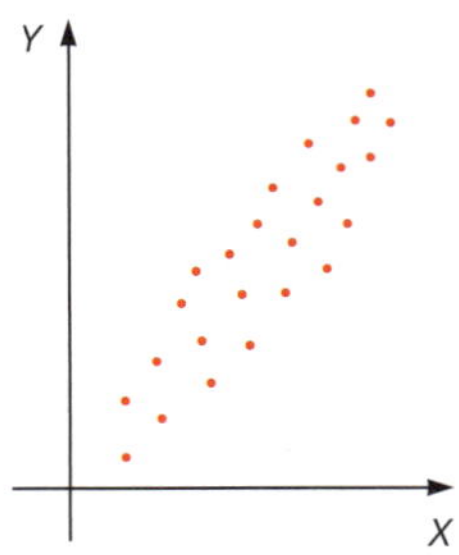

38. Volem fer un estudi per determinar la influència de la velocitat del vent en la permanència d'una plaga en un tipus de planta. Per fer-ho, vam registrar la velocitat en metres per segon, *X*, i el temps en hores, *Y*. La taula mostra els valors ordenats de manera ascendent respecte del valor de *X*.

X	0,00	0,06	0,50	0,55	0,75	0,75	0,79	1,00	1,04	1,22
Y	0,2	1,8	1,3	0,6	0,5	0,6	3,9	3,3	5,3	5,7

Fes-ne el diagrama de dispersió, indica si hi ha dependència entre les variables i, en cas afirmatiu, indica de quin tipus és.

39. La taula mostra el nombre de quadres que han pintat els alumnes d'un taller sobre paisatges i bodegons.

Bodegons \ Paisatges	4	5	6	7	8
4	2	1	0	0	0
5	4	4	3	0	1
6	2	5	4	2	0
8	0	0	3	2	1

a) Determina les taules de freqüències marginals de paisatges i bodegons.

b) Calcula les mitjanes i les desviacions típiques de cada una de les variables.

c) Fes el diagrama de dispersió corresponent a la variable bidimensional.

d) A partir del diagrama de dispersió, indica si hi ha cap dependència entre les variables.

40. La taula següent mostra els ingressos familiars mensuals d'una família en centenars d'euros, *X*, i els metres quadrats del domicili familiar, *Y*.

Y \ *X*	[0,5)	[5, 10)	[10,15)	[15,20)	[20,25)
[0, 50)	20	18	2	1	0
[50, 100)	25	40	30	2	1
[100, 200)	5	10	15	25	3
[200, 250)	0	5	15	20	8
[250, 300)	0	1	2	7	10

a) Indica les distribucions marginals de les variables.

b) Troba les mitjanes i les desviacions típiques de cada una de les variables.

c) Fes el diagrama de dispersió corresponent a la variable bidimensional.

d) A partir del diagrama de dispersió, indica si hi ha cap dependència entre les variables.

Correlació

41. Calcula la covariància i el coeficient de correlació per a les variables bidimensionals indicades en aquestes taules.

P	0	1	2	3	4	5	6	7
Q	20	18	17	15	12	10	7	4

R	90	80	70	60	50	40	30
S	−5	−7	−8	−11	−13	−16	−17

42. Troba la covariància i el coeficient de correlació corresponents a aquestes variables estadístiques.

T	−12	−14	−15	−16	−18	−20	−22
U	8	5	3	12	20	10	6

V	2,4	2,8	3,2	3,6	4	4,4	4,8	5,2
W	100	150	220	270	340	400	460	520

43. Una companyia d'assegurances vol relacionar el nombre de vehicles que circulen per una autopista determinada a més de 115 km/h, *X*, i el nombre d'accidents que hi tenen lloc, *Y*.

Durant una setmana va obtenir els resultats següents:

Nre. vehicles	150	180	100	80	200	170	400
Nre. accidents	5	7	2	1	9	6	15

a) Troba les mitjanes i les desviacions típiques de les variables, el nombre de vehicles i el nombre d'accidents.

b) Calcula la covariància de la variable bidimensional.

c) Troba el coeficient de correlació i interpreta'n el valor.

44. S'ha fet una enquesta a 30 treballadors d'una empresa. Entre les dades recollides consta el salari anual, en milers d'euros, i els anys d'educació. En fer el diagrama de dispersió s'obté el núvol de punts següent:

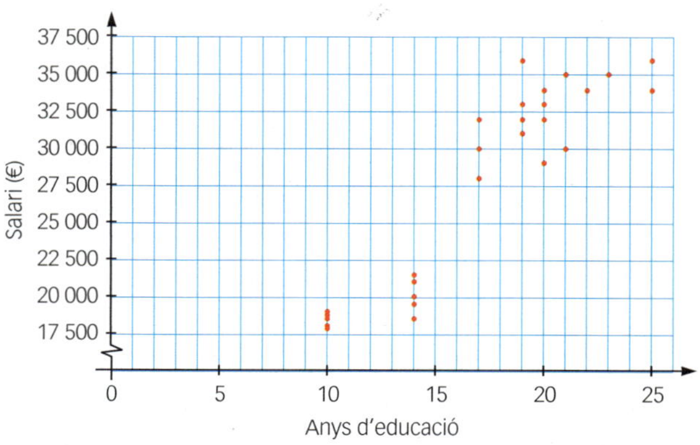

Analitza, justificant la resposta, com ha de ser el signe de la covariància i el del coeficient de correlació.

45. Agafem 6 mostres de sèrum i anotem en una taula el temps que feia que estaven preparades i el nombre de bacteris trobats en un mil·lilitre.

Nre. d'hores (*X*)	1	1	1	2	3	3
Nre. de bacteris (*Y*)	10	21	23	35	54	60

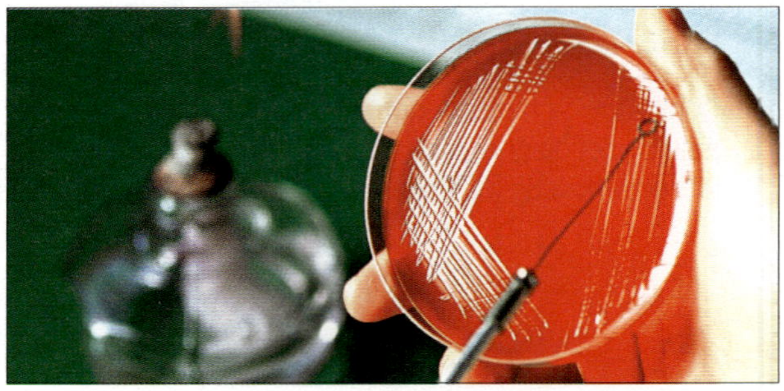

a) Troba el valor de les mitjanes i les desviacions típiques de les variables, el nombre d'hores i el de bacteris.

b) Calcula la covariància de la variable bidimensional.

c) Troba el coeficient de correlació i interpreta'n el valor.

46. En una classe es fa una enquesta sobre la quantitat de treballs fets i el grau de satisfacció, de l'1 al 5, amb el professor de l'assignatura.

		Treballs fets					
		1	2	3	4	5	**Total**
Satisfacció amb el professor	1	3	2	1	0	2	8
	2	5	4	1	2	2	14
	3	2	2	8	2	3	17
	4	1	3	4	6	1	15
	5	0	1	3	7	9	20
	Total	11	12	17	17	17	74

Analitza, justificant la resposta, com ha de ser el signe de la covariància i el del coeficient de correlació.

47. Relaciona cada diagrama de dispersió amb el coeficient de correlació.

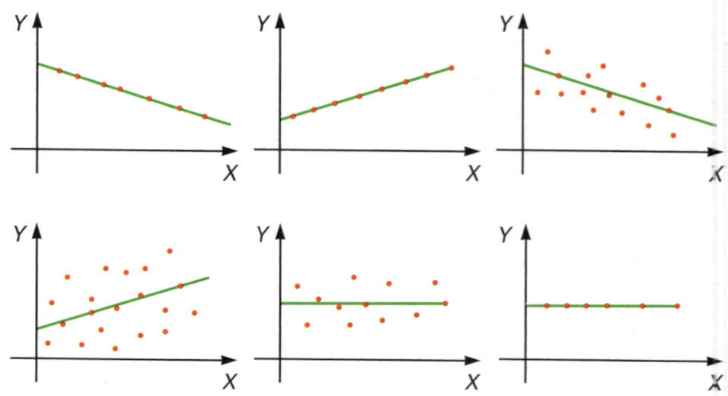

a) 0 b) 0,3 c) −1 d) 1 e) 0 f) −0,6

Recta de regressió

48. Traça a mà alçada, i sense fer càlculs, la recta de regressió de les variables bidimensionals següents.

a)
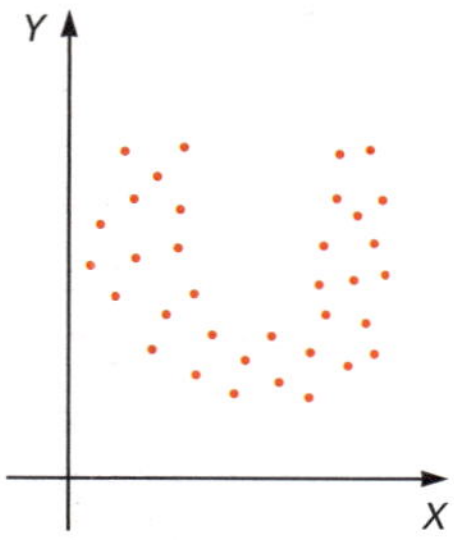

c)
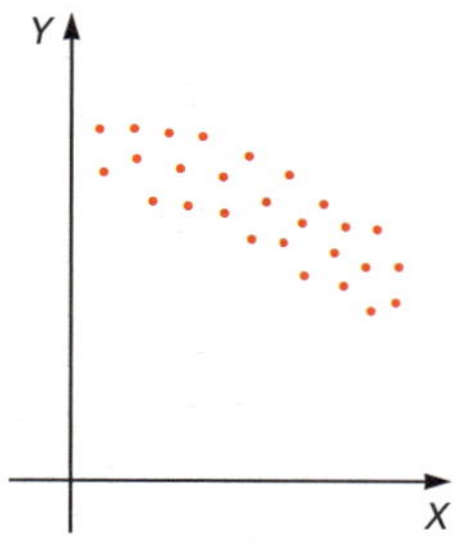

b)
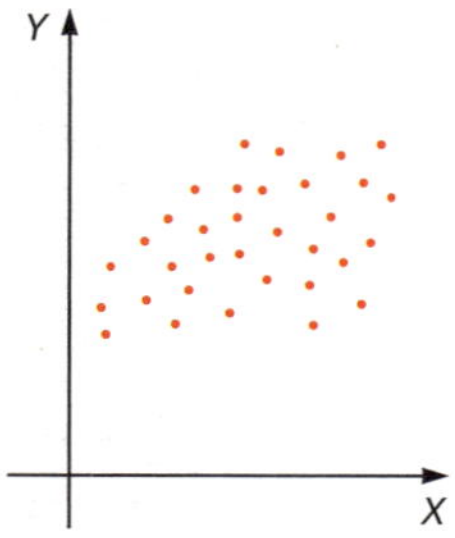

d)
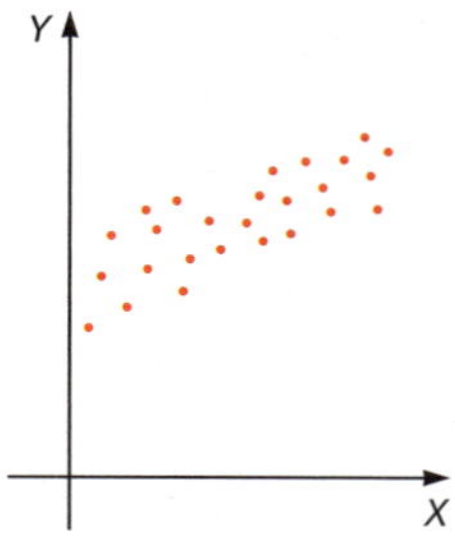

49. Determina la recta de regressió de *Y* sobre *X* i la recta de regressió de *X* sobre *Y* corresponents a aquestes taules.

a)

X	0	3	5	6	7
Y	2	−7	−14	−16	−9

b)

X	7,5	8	9	10	10,5	12	13
Y	20	20,5	23	24	25	27	28

50. Troba cinc punts de la recta $y = 4x + 6$.

a) Calcula el coeficient de correlació corresponent i explica el resultat.

b) Troba les dues rectes de regressió.

51. Sabent que $\overline{x} = 3$, $\sigma_X^2 = 6$, $\sigma_Y^2 = 8$ i que la recta de regressió de *Y* sobre *X* és $y = 4 - 0{,}68x$, troba la recta de regressió de *X* sobre *Y*.

52. Sabent que $\overline{x} = 3{,}2$; $\overline{y} = 1{,}2$ i que la recta de regressió passa pel punt (3,9; 3,8), troba la recta de regressió de *Y* sobre *X*.

53. S'està estudiant la relació entre el nombre de mesos que fa que una persona està apuntada a un centre esportiu i el nivell de satisfacció amb les instal·lacions del centre, mesurat del 0 al 10. Per fer-ho, s'escullen 10 persones a l'atzar i s'anoten els resultats següents:

Mesos	8	7	10	3	6	13	4	10	12	5
Satisfacció	6	6	8	4	5	8	3	8	9	4

a) Troba el valor del coeficient de correlació.

b) Calcula la recta de regressió.

SABER FER

Calcular el coeficient de correlació en taules de doble entrada agrupades en intervals

Aquesta taula mostra les dades apuntades sobre els ingressos mensuals, en milers d'euros, de 25 famílies, *X*, i la superfície del domicili que habiten, en metres quadrats, *Y*. Estudia la correlació existent entre les dues variables.

Y \ X	[1 000, 2 000)	[2 000, 3 000)	[3 000, 4 000)	Total
[40, 70)	3	0	0	3
[70, 100)	4	2	0	6
[100, 130)	2	3	4	9
[130, 160)	0	2	5	7
Total	9	9	7	25

PRIMER. Fem les taules de freqüències marginals, i trobem la marca de classe.

Ingressos (X)	[1 000, 2 000)	[2 000, 3 000)	[3 000, 4 000)
x_i	1 500	2 500	3 500
Freqüències	9	9	7

Superfície (Y)	[40, 70)	[70, 100)	[100, 130)	[130, 160)
y_j	55	85	115	145
Freqüències	3	6	9	7

SEGON. Trobem les mitjanes i les desviacions típiques de cada una de les variables.

$\overline{x} = 2\,500$ € $\sigma_X = 848{,}53$

$\overline{y} = 109$ m² $\sigma_Y = 29{,}39$

TERCER. Calculem la covariància.

$$\sum_{i=1}^{3}\sum_{j=1}^{4} x_i \cdot y_j \cdot f_{ij} = 7\,262\,500$$

$$\sigma_{XY} = \frac{\sum_{i=1}^{3}\sum_{j=1}^{4} x_i \cdot y_j \cdot f_{ij}}{25} - \overline{x} \cdot \overline{y} = 18\,000$$

QUART. Determinem el coeficient de correlació.

$$r = \frac{\sigma_{XY}}{\sigma_X \cdot \sigma_Y} = 0{,}721$$

CINQUÈ. Interpretem el coeficient de correlació.

Com que el coeficient de correlació és pròxim a 1, podem afirmar que hi ha certa relació entre els ingressos mensuals d'una família, *X*, i la superfície del seu domicili, *Y*.

54. Una companyia discogràfica ha recopilat informació sobre 42 dels seus grups musicals, el nombre de concerts i les vendes de discos, en milers, i n'ha obtingut la taula següent.

Nre. de discos \ Concerts	[0, 15)	[15, 30)	[30, 45)	[45, 60)
[0,5)	1	3	2	1
[5,10)	2	1	4	1
[10, 15)	2	2	2	6
[15, 30)	1	2	5	7

Busca la recta de regressió i explica si hi ha, o no, dependència lineal.

55. Una confraria de pescadors registra la quantitat de sardines que arriben al port, en quilograms, i el preu de la subhasta a la llotja, en euros el quilo; n'han obtingut els resultats següents:

X (kg)	1 000	1 200	1 250	1 500	1 400	1 350	1 550
Y (€/kg)	1,80	1,68	1,65	1,32	1,44	1,50	1,20

a) Troba el coeficient de correlació lineal i interpreta'n el valor.

b) Escriu l'equació de la recta de regressió.

c) Estima quin seria el preu de les sardines si un dia se'n pesquessin 1 300 quilograms.

56. Un equip de basquetbol ha publicat l'estadística següent:

- Nombre de jugadors: 10
- Estatures: $\overline{x} = 1{,}96$ cm, $\sigma_x = 7{,}06$
- Pesos: $\overline{y} = 90{,}1$ kg, $\sigma_y = 6{,}92$
- Covariància: $\sigma_{xy} = 36{,}7$

a) Troba el coeficient de correlació.

b) Calcula la recta de regressió de Y sobre X.

c) Si l'equip fitxa un jugador que mesura 205 cm, quin és el pes que s'hauria d'esperar que tingués? Justifica la resposta.

57. La Maria i en Dídac viuen al mateix carrer, però en voreres oposades. Els dos tenen un termòmetre al seu balcó i, com que la Maria creu que el seu està espatllat, decideixen apuntar-se la temperatura exterior, en °C, durant una setmana i a la mateixa hora del dia.

Han anotat els resultats en una taula.

Dídac	22	24	25	27	18	20	21
Maria	18	20	18	17	20	21	16

a) Creus que les dues variables estan relacionades? I opines que haurien d'estar-ho?

b) Raona si amb aquestes dades es pot obtenir alguna conclusió sobre el termòmetre de la Maria.

58. Tenim dues variables bidimensionals representades per aquests núvols de punts:

(I)

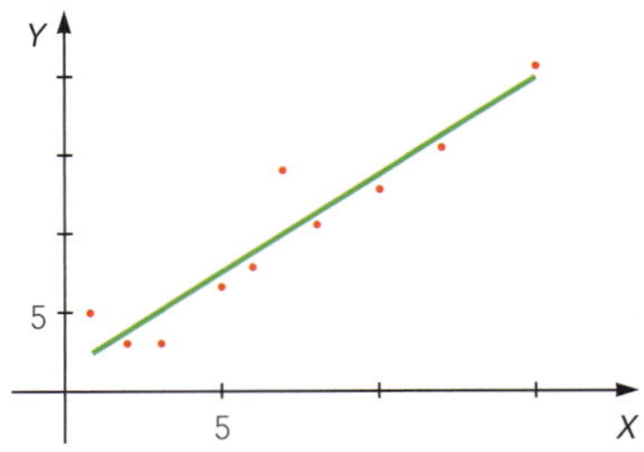

(II)

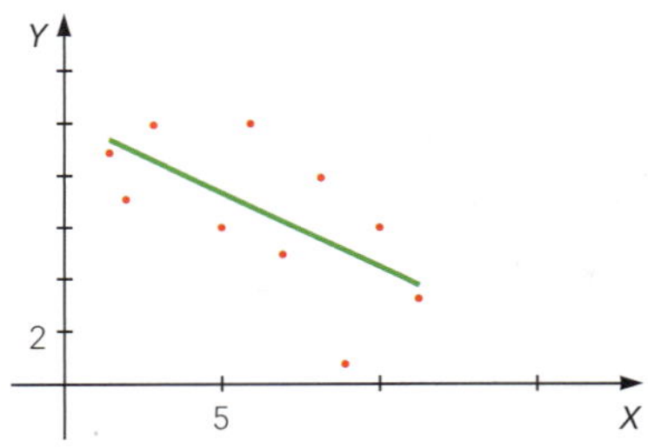

a) Escull els coeficients de correlació dels dos i raona-ho.

$-0{,}92 \qquad 0{,}95 \qquad 0{,}6 \qquad -0{,}65$

b) Quines són les equacions de les dues rectes de regressió corresponents? Justifica la resposta.

$y = 3x + 0{,}2 \qquad y = -0{,}6x + 10$

$y = 1{,}3x + 0{,}9 \qquad y = -2x + 12{,}6$

Problemes amb variables bidimensionals

59. Tenim la variable bidimensional següent:

X	3	5	8	9	10	12	15
Y	2	3	7	4	8	5	8

Investiga què passa amb la covariància i el coeficient de correlació en cada cas.

a) Sumem 10 a tots els valors de la variable X.

b) Sumem 10 a tots els valors de X i de Y.

c) Multipliquem per 4 tots els valors de la variable X.

d) Multipliquem per 4 tots els valors de X i de Y.

60. Una empresa de missatgeria ha anotat el termini d'entrega, en hores, que anunciava en els seus enviaments i el termini real d'entrega, també en hores; n'han obtingut la taula següent:

Termini anunciat	6	12	6	24	18	6	12	48
Termini real	5	8	5,5	19	12	6	9,5	29

a) Representa les dades en un núvol de punts.

b) Dibuixa aproximadament la recta de regressió.

c) Calcula el coeficient de correlació.

d) Troba la recta de regressió, dibuixa-la i compara-la amb el valor obtingut a l'aproximació.

61. Volem estudiar la repercussió que té la pluja en el nombre de visites a un parc d'atraccions. Per fer-ho s'observen, durant els últims deu anys, el nombre de dies de pluja durant la temporada en què està obert, X, i el nombre de visites durant la temporada, Y.

X	9	13	15	16	19	20	21	22	23	18
Y	41	40	39	37	34	31	30	27	25	35

a) Calcula el coeficient de correlació i interpreta el valor obtingut.

b) Troba la recta de regressió que explica el nombre de visitants en funció dels dies de pluja.

c) Quina és la previsió de visites de cara a l'any següent si es prediu que serà un any poc plujós amb només 12 dies de pluja a la temporada en què estarà obert?

d) Determina la recta de regressió de X sobre Y.

e) Representa el núvol de punts i les dues rectes de regressió en els mateixos eixos.

62. La taula següent mostra les dades obtingudes en preguntar pels ingressos familiars mensuals, X, en euros, i pels metres quadrats dels seus domicilis, Y:

X \ Y	[30, 50)	[50, 70)	[70, 90)	[90, 110)	[110, 130)
[0,500)	20	18	2	1	0
[500, 1 000)	25	40	30	2	1
[1 000, 1 500)	5	10	15	25	3
[1 500, 2 000)	0	5	15	20	8
[2 000, 2 500)	0	1	2	7	10

a) Calcula les distribucions marginals.

b) Calcula la covariància, el coeficient de correlació i les dues rectes de regressió.

63. Una marca de bicicletes de competició ofereix la comparativa següent entre el preu i el pes de les seves bicicletes:

Pes (kg)	6,45	6,50	6,70	7,35	7,15	7,25
Preu (€)	6 000	4 700	4 200	3 300	2 700	2 600

Troba la covariància i el coeficient de correlació. Com és la relació entre les dues variables?

64. Les notes en idiomes, Francès i Anglès, de 10 estudiants escollits a l'atzar d'un centre escolar han estat les següents:

Anglès	9	6	3	6	7	6	9	8	10	6
Francès	8	6	4	3	8	7	8	7	10	5

a) Representa el núvol de punts corresponent a aquesta distribució. Quina hipòtesi es pot fer en vista de la representació?

b) Troba els paràmetres de la recta de regressió Y/X i la de X/Y i interpreta els coeficients calculats.

c) Representa les dues rectes de regressió juntament amb el núvol de punts.

d) Per a un alumne que hagi obtingut un 4 a Anglès, quina nota se li pronostica a Francès?

e) Per a un alumne que ha tingut un 9 a Francès, quina nota se li pronostica a Anglès?

65. Un inversor borsari vol predir l'evolució que tindrà l'Índex de la Borsa de Madrid (IBEX).

Ha arribat a la conclusió que el que passa amb l'IBEX un dia és el que li passa a la cotització de l'empresa AW&B el dia anterior.

Investiga si això és correcte, a partir de les seves cotitzacions durant una setmana i els valors assolits per l'IBEX el dia següent.

Dia	1r	2n	3r	4t	5è	6è	7è
AW&B	21,8	23,4	19,6	19,4	18,4	19,9	19,2

Dia	2n	3r	4t	5è	6è	7è	8è
IBEX	12 560	12 720	11 580	11 420	10 930	11 450	11 480

a) Quina cotització tindrà AW&B el dia anterior en què l'IBEX assoleixi els 14 000 punts?

b) Si un dia AW&B té una cotització de 24 €, quin valor podem esperar que tingui l'IBEX el dia següent?

66. S'està estudiant imposar un impost a les empreses químiques que sigui proporcional a les seves emissions de sofre a l'atmosfera. S'ha experimentat amb diversos procediments per mesurar aquestes emissions, però no se n'ha trobat cap de fiable. Finalment, s'ha decidit investigar algun mètode indirecte.

Es creu que l'emissió de sofre pot estar relacionada amb el consum elèctric, amb el consum d'aigua o amb el volum de les xemeneies de les fàbriques. Per valorar-ho s'ha fet un estudi en un medi controlat. Els resultats es poden veure a la taula.

Quantitat de sofre (t)	2,3	1,8	1	0,4	0,6	3	0,5
Consum elèctric (kWh)	1 400	1 250	1 850	600	300	3 400	400
Consum d'aigua (L)	100	230	45	50	10	540	22
Volum de les xemeneies (m^3)	18	16	12	5	6	21	4

Quina de les variables estadístiques es relaciona d'una manera més evident amb les emissions de sofre? Justifica-ho.

67. S'ha realitzat un test de memòria, X, i un altre test d'atenció, Y, a diversos alumnes, amb aquests resultats:

Y \ X	[0, 10)	[10, 20)	[20, 30)	[30, 40)	[40, 50)
[0, 10)					
[10, 20)	Beatriu	Jesús	Marta		
[20, 30)		Daniel	Maria Ester	Miquel	
[30, 40)			Elena	Jacint Carme	Agnès
[40, 50)				Dídac	

a) Calcula la covariància i el coeficient de correlació.

b) Determina les dues rectes de regressió.

c) Si és factible, estima quina puntuació obtindrà un alumne que ha tret 33 en atenció.

d) Si és factible, estima quina puntuació obtindrà un alumne que ha aconseguit 27 en memòria.

68. Per a una distribució bidimensional coneixem les dades següents:

$$r = 0{,}7 \qquad \sigma_X = 1{,}2 \qquad \overline{Y} = 4$$

Recta de regressió de X sobre Y: $x = 0{,}44y + 0{,}6$

Calcula els valors següents:

a) La mitjana de X.

b) La recta de regressió de Y/X.

c) La variància de X.

d) La covariància de X i Y.

69. Troba el coeficient de correlació de la variable bidimensional que tenen aquestes rectes de regressió:

Recta de Y sobre X: $2x - y - 1 = 0$

Recta de X sobre Y: $9x - 4y - 9 = 0$

a) Troba la mitjana aritmètica de cada una de les variables.

b) Podries calcular la desviació típica de Y sabent que la de la variable X és $\sqrt{2}$?

70. A les Olimpíades de Londres del 2012, Espanya va jugar la final de basquetbol. Les estadístiques dels jugadors d'Espanya van ser les següents:

Jugador	AL	MJ	AS	RB	PT
Rudy Fernández	1,95	36	0	5	14
Pau Gasol	2,15	33	3	8	24
Juan C. Navarro	1,92	33	1	2	21
Marc Gasol	2,15	18	1	1	17
José M. Calderón	1,91	16	0	0	0
Serge Ibaka	2,08	23	0	0	12
Sergio Llull	1,90	17	2	9	5
Sergio Rodríguez	1,91	14	3	0	7
Felipe Reyes	2,06	7	0	2	0
Víctor Sada	1,93	1	0	2	0
Fernando San Emeterio	1,99	1	0	0	0
Víctor Claver	2,05	1	0	0	0

a) Representa el núvol de punts de la variable punts marcats (PT) enfront de l'alçada dels jugadors (AL).

b) Calcula la recta de regressió de la variable alçada dels jugadors (AL) enfront dels punts marcats (PT).

c) És raonable pensar que l'alçada explica els punts marcats. Justifica la resposta.

d) Representa el núvol de punts de la variable punts marcats (PT) enfront dels minuts jugats (MJ).

e) Calcula la recta de regressió de la variable minuts jugats (MJ) enfront dels punts marcats (PT).

f) És raonable pensar que el nombre de minuts explica els punts marcats. Justifica la resposta.

Per aprofundir

Reflexiona sobre la teoria

71. Escull la resposta adequada. (Concurs de Primavera)

A la primera fase d'un concurs de matemàtiques, la mitjana de les puntuacions va ser de 76 sobre 100. La nota mitjana dels estudiants que es van classificar per a la segona fase va ser de 83 i la mitjana dels que no es van classificar va ser de 55. Quin percentatge dels estudiants es va classificar per a la segona fase?	44 %	66 %	68 %	72 %	75 %
En una ciutat, el quocient entre el nombre de dones i el d'homes és 11/10. Si la mitjana de les edats de les dones és 34 anys i la mitjana de les edats dels homes és 32 anys, la mitjana de les edats de tota la població, en anys, és:	$\frac{329}{10}$	$\frac{692}{21}$	33	$\frac{694}{21}$	$\frac{331}{10}$
En un centre es va fer la mateixa prova del Concurs de Primavera a un grup d'alumnes molt bons d'ESO i a tots els de Batxillerat. La mitjana global va ser de 84 punts. Els d'ESO, que eren només el 10 %, van obtenir tots la mateixa puntuació, i la mitjana dels de Batxillerat va ser 83 punts. Quina va ser la puntuació de cada estudiant d'ESO?	85	88	93	94	98

72. Troba la relació existent entre el coeficient de correlació lineal d'una distribució bidimensional i els pendents de les seves rectes de regressió.

73. Discuteix si és possible que la recta de regressió de X sobre Y i la recta de regressió de Y sobre X siguin paral·leles. I perpendiculars?

Pensa una mica més

74. En dos estudis estadístics realitzats sobre les dades d'una variable bidimensional, les rectes de regressió van ser les següents:

En el primer estudi, la recta de regressió de Y sobre X és: $8x - 3y - 61 = 0$ i la de X sobre Y és: $x - y + 18 = 0$.

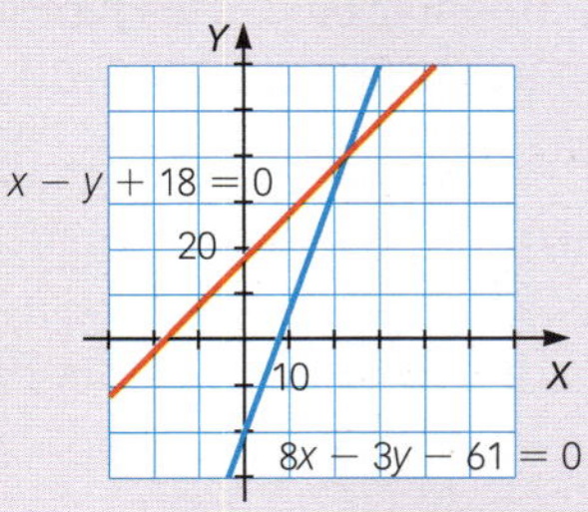

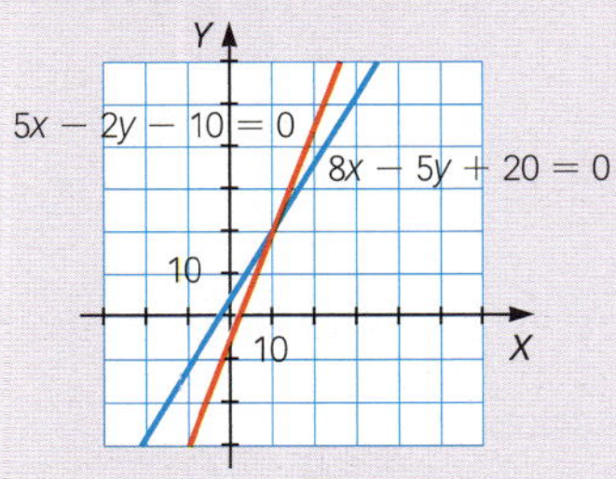

I a l'altre estudi, les rectes de regressió són, respectivament: $8x - 5y + 20 = 0$ $5x - 2y - 10 = 0$

Si sabem que $\overline{x} = 23$, $\overline{y} = 41$ i $r = 0{,}8$, comprova quin dels dos estudis és vàlid.

CLAU

Necessites saber quin és el punt de tall de les dues rectes.

Olimpíades matemàtiques

75. Tenim dues variables estadístiques, X i Y. Sabem que:

- La recta de regressió de Y sobre X passa pels punts (1, 3) i (2, 5).
- La recta de regressió de X sobre Y té un pendent 3 i la seva ordenada a l'origen és 2.
- La variància de Y és 3.

Calcula les mesures estadístiques de cada una de les variables i el coeficient de correlació.

76. Investiga sobre com varia el coeficient de correlació entre dues variables estadístiques quan multipliquem les dades relatives a una d'elles per una quantitat constant, k.

I si multipliquem les dues per la mateixa constant?

Què passaria si multipliquem cada variable per una constant diferent?

CLAU

Comprova el que passa, en cada cas, amb la covariància i les desviacions típiques, tenint en compte que $r = \frac{\sigma_{XY}}{\sigma_X \cdot \sigma_Y}$.

MATEMÀTIQUES A LA TEVA VIDA

PER A QUÈ SERVEIX L'ESTADÍSTICA BIDIMENSIONAL?

Per reconèixer i estudiar la dependència entre variables estadístiques

La direcció d'un hotel rural, de categoria superior, planifica cada temporada segons les estadístiques d'elaboració pròpia que aconsegueix dels seus clients.

Han presentat en gràfics les dades recollides els últims anys entre els seus clients.

- El primer gràfic mostra que les dades tenen una forta relació amb la temporada en què ens trobem; això s'anomena **estacionalitat**.

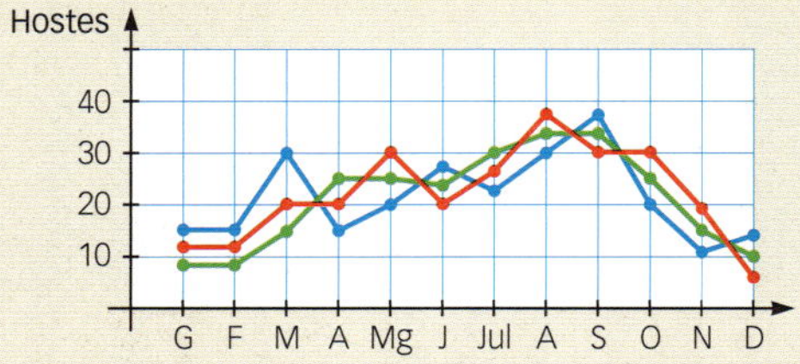

- El segon gràfic mostra que la relació entre l'edat i els diners en activitats contractades a través de l'hotel és gran, encara que no és lineal.

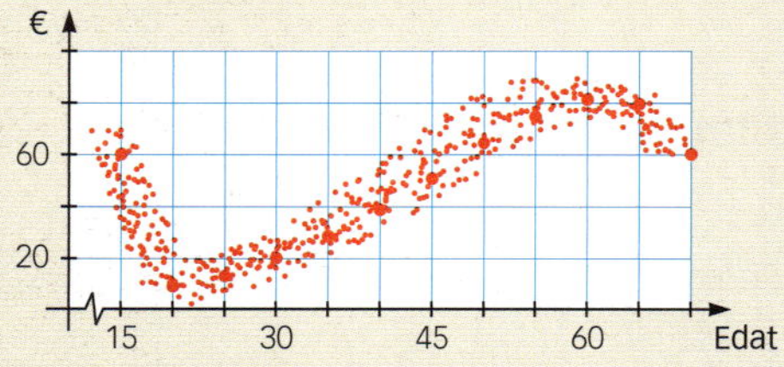

- El tercer gràfic mostra la variació entre l'ocupació i el dia de la setmana que considerem.

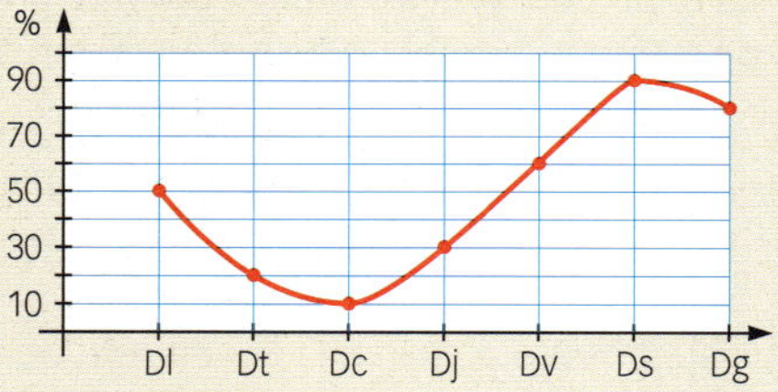

Les anàlisis de les dades fan que l'hotel confeccioni un menú per estacions, perquè el tipus d'activitat que fan els seus clients va des de les esquiades a la temporada d'hivern, als passejos a cavall per les arbredes pròximes a l'estiu, passant per excursions a peu que solen fer a la primavera i a la tardor, a més de rutes gastronòmiques.

Entre les decisions preses després d'examinar les dades hi ha les següents:

1. Augmentar un 20 % la plantilla durant els mesos d'estiu.
2. Potenciar els serveis de cap de setmana per mitjà d'una empresa de treball temporal.
3. Dirigir la publicitat sobre les activitats pròpies de l'hotel que apareix a la premsa, ràdio o Internet al grup de persones de més de 50 anys.
4. Fomentar l'ús de les piragües i els esports aquàtics al llac proper, si fos necessari patrocinant competicions.

Amb aquestes mesures pretenen ajustar el personal a les necessitats del servei a l'hotel, potenciar el grau de satisfacció dels clients i intentar obrir una nova línia de mercat a les temporades de menys ocupació de l'hotel.

LLEGEIX I COMPRÈN

1. Explica què entens per estacionalitat.

INTERPRETA

2. En quin dels gràfics estadístics que apareixen en el text es veu la dependència de dues variables? Com es veu?

3. Quin tipus de gràfics estadístics apareixen en el text?

REFLEXIONA

4. Posa un exemple d'estacionalitat.

APLICA

5. Uns quants dies l'any, al març o a l'abril, l'ocupació hotelera es dispara, encara que no sempre en els mateixos dies. Raona per què creus que passa això.

6. Posa un exemple en què tingui lloc un fenomen d'estacionalitat.

11 Probabilitat

CONTINGUTS

- **Experiments aleatoris**
- **Esdeveniments i operacions**
- **Probabilitat d'un esdeveniment**
- **Probabilitat condicionada**
- **Taules de contingència**

A les nostres ciutats i pobles hi sol haver zones de caràcter lúdic, com els parcs, els passeigs, les àrees de pícnic i els clubs socials, on es poden realitzar múltiples activitats, com ara passejar, anar amb bicicleta, quedar amb els amics per fer activitats esportives o jugar a jocs de taula.

Entre els jocs de taula que se solen practicar en aquests llocs destaquen els escacs i les dames, que es juguen en taules que tenen un escaquer pintat a la superfície.

Uns altres jocs, practicats generalment per gent gran, són els jocs de cartes i el dòmino; aquest últim és originari de la Xina.

El «dòmino» xinès té més fitxes i les seves regles no són exactament iguals que les de l'europeu; d'això se'n van encarregar els italians el segle XVIII. La base de la seva puntuació és equivalent a la de la tirada de dos daus, considerant també la puntuació zero, però...

Per què té 28 fitxes, el dòmino?

1 Experiments aleatoris

No ho oblidis

Quan sabem el resultat de l'experiment abans de fer-lo, diem que és un experiment determinista.

Un **experiment aleatori** és aquell del qual no podem predir el resultat, és a dir, que depèn de la sort o l'atzar.

L'**espai mostral** d'un experiment aleatori està format per tots els possibles resultats que es poden produir en realitzar-lo i s'indica amb $\boldsymbol{E}$.

EXEMPLE

1 Decideix si aquests experiments són aleatoris. En cas afirmatiu, escriu-ne l'espai mostral.

a) Mesurar la temperatura de fusió del gel.

b) Llançar una moneda i anotar-ne el resultat.

a) En les mateixes condicions físiques, cada vegada que realitzem l'experiment, el resultat serà sempre el mateix: la temperatura de fusió del gel és 0 °C. No és un experiment aleatori.

b) Sabem els possibles resultats, cara i creu; tot i això, no podem predir el resultat que obtindrem després del llançament. És un experiment aleatori. L'espai mostral és E = {cara, creu}.

1.1. Mètodes de comptatge. Diagrama d'arbre

Els mètodes de comptatge són estratègies utilitzades per determinar l'espai mostral d'un experiment aleatori.

El **diagrama d'arbre** és un mètode gràfic de comptatge que consisteix a marcar, com si fossin branques d'un arbre, els possibles resultats d'un experiment aleatori. L'espai mostral s'obté a les branques finals.

SABER FER

Determinar l'espai mostral amb un diagrama d'arbre

▶ Escollint a l'atzar un primer plat (pasta o llegums) i un segon plat (peix, carn o ous) de la carta d'un restaurant, quins són els possibles menús?

PRIMER. Fixem la primera possibilitat d'elecció.

En aquest cas, escollir el primer plat: pasta o llegums.

SEGON. Hi afegim la resta de possibilitats i escrivim els resultats finals.

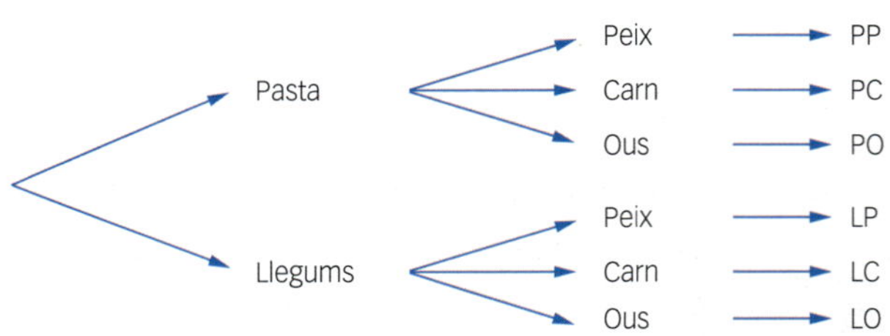

ACTIVITATS

1. En Pau tria a l'atzar entre les seves samarretes (vermella, blava o verda) i els seus pantalons (negres o blancs). Escriu les diferents possibilitats que té de vestir-se.

2. Per berenar, uns amics escullen a l'atzar un entrepà, de pernil, xoriç, formatge o truita, i un refresc, de taronja, llimona o cola. Escriu-ne l'espai mostral.

1.2. Variacions, permutacions i combinacions

- Les **variacions de *n* elements agafats de *m* en *m*, $V_{n,m}$,** es fan servir per comptar els diferents grups de *m* elements que es poden formar en conjunts de *n* elements ($m < n$). Els elements no es poden repetir i influeix l'ordre en què els col·loquem.

$$V_{n,m} = \frac{n!}{(n-m)!}$$

- Les **variacions amb repetició de *n* elements agafats de *m* en *m*, $VR_{n,m}$,** són variacions en les quals els elements es poden repetir:

$$VR_{n,m} = n^m$$

- Les **permutacions, P_n,** són variacions en les quals $m = n$.

$$P_n = V_{n,n} = n!$$

EXEMPLES

2 De quantes maneres diferents es pot formar el pòdium d'una carrera de 100 metres llisos en la qual corren 8 atletes?

S'han de formar grups de 3 elements amb 8 atletes. En aquest cas, influeix l'ordre i els elements no es poden repetir → $V_{8,3} = \frac{8!}{(8-3)!} = \frac{8 \cdot 7 \cdot 6 \cdot \cancel{5!}}{\cancel{5!}} = 336$

3 Quantes travesses diferents es poden fer?

S'han de formar grups de 14 elements amb 3 elements diferents. En aquest cas, influeix l'ordre i els elements es poden repetir → $V_{3,14} = 3^{14} = 4\,782\,969$

4 De quantes maneres diferents es poden asseure 3 persones en un banc?

S'han de formar grups de 3 persones amb 3 persones → $P_3 = 3! = 6$

Les **combinacions de *n* elements agafats de *m* en *m*, $C_{n,m}$,** es fan servir per comptar el nombre de grups diferents que es poden formar amb *m* elements diferents, escollits d'un conjunt de *n* elements. No influeix l'ordre i cap element pot estar repetit.

$$C_{n,m} = \binom{n}{m} = \frac{n!}{m! \cdot (n-m)!}$$

EXEMPLE

5 Quantes combinacions de 4 lletres es poden fer amb les lletres de MIQUEL?

Les combinacions possibles de 6 lletres, agafades de 4 en 4, són:

$$C_{6,4} = \binom{6}{4} = \frac{6!}{4! \cdot (6-4)!} = \frac{6 \cdot 5 \cdot \cancel{4!}}{\cancel{4!} \cdot 2!} = 15$$

ACTIVITATS

3. Quants nombres de cinc xifres es poden escriure amb els dígits de l'1 al 9 sense que es repeteixi cap xifra? I si es repeteixen les xifres?

4. Quants gelats de tres sabors diferents es poden servir en una gelateria que disposa de 12 sabors diferents?

2 Esdeveniments. Operacions amb esdeveniments

- Un **esdeveniment elemental** és cada un dels possibles resultats de l'espai mostral.
- Un **esdeveniment compost** és el que està format per dos o més esdeveniments elementals.
- Un **esdeveniment** és **segur** quan passa sempre, i un **esdeveniment** és **impossible** quan no passa mai.

Atenció

Qualsevol esdeveniment compost es pot expressar com una unió dels elementals.

EXEMPLE

6 Una urna conté 4 boles blaves, 1 de negra i 2 de verdes. Considerem l'experiment aleatori d'agafar una bola a l'atzar i anotar-ne el color.

a) Descriu l'espai mostral i defineix-ne els esdeveniments elementals.

b) Escriu dos esdeveniments compostos.

c) Escriu un esdeveniment segur i un esdeveniment impossible.

a) $E = \{B, N, V\}$, i els seus esdeveniments elementals són $\{B\}$, $\{N\}$ i $\{V\}$.

b) A = «Treure bola blava o verda» $= \{B, V\}$
B = «Treure bola negra o verda» $= \{N, V\}$

c) Esdeveniment segur: C = «Treure bola blava, negra o verda»
Esdeveniment impossible: D = «Treure bola vermella»

Operacions amb esdeveniments

S'escriu així

«Que passi A o B» → $A \cup B$

«Que passin A i B» → $A \cap B$

- La **unió de dos esdeveniments**, A i B, és un altre esdeveniment format pels esdeveniments elementals que hi ha a A o a B, i s'escriu $A \cup B$.
- La **intersecció de dos esdeveniments**, A i B, és un altre esdeveniment format pels esdeveniments comuns de A i de B, i s'escriu $A \cap B$.

EXEMPLE

7 Si llancem un dau, expressa com a unió o intersecció aquests esdeveniments.

a) A = «Obtenir xifra parell o més gran que 3» $= \{2, 4, 6\} \cup \{4, 5, 6\} = \{2, 4, 5, 6\}$

b) B = «Obtenir múltiple de 2 o divisor de 4» $= \{2, 4, 6\} \cup \{1, 2, 4\} = \{2, 4, 6\}$

c) C = «Obtenir xifra parell i més gran que 3» $= \{2, 4, 6\} \cap \{4, 5, 6\} = \{4, 6\}$

d) D = «Obtenir múltiple de 2 i divisor de 4» $= \{2, 4, 6\} \cap \{1, 2, 4\} = \{2, 4\}$

ACTIVITATS

5. En una fruitera hi ha taronges, pomes, plàtans i prunes. Escollim una peça a l'atzar i anotem quina fruita és.

a) Escriu-ne l'espai mostral associat, un esdeveniment segur i un altre d'impossible.

b) Troba i descriu dos esdeveniments compostos.

6. Girem una ruleta dividida en 12 sectors numerats de l'1 al 12 i anotem el nombre en el qual s'ha aturat. Expressa com a unió o intersecció aquests esdeveniments.

a) A = «Obtenir xifra múltiple de 3 o de 7»

b) B = «Obtenir xifra múltiple de 2 i de 3»

Si la intersecció de dos esdeveniments és l'esdeveniment impossible, és a dir, $A \cap B = \emptyset$, diem que són **esdeveniments incompatibles**. En cas contrari, diem que són compatibles.

Atenció

Els esdeveniments incompatibles no poden passar alhora.

Els esdeveniments elementals són incompatibles entre si.

EXEMPLE

8 Si llancem un dau i anotem la puntuació obtinguda, decideix si aquests esdeveniments són compatibles o incompatibles:

A = «Obtenir xifra imparell» $= \{1, 3, 5\}$

B = «Obtenir múltiple de 3» $= \{3, 6\}$

C = «Obtenir múltiple de 2» $= \{2, 4, 6\}$

Els esdeveniments A i B són compatibles, perquè $A \cap B = \{3\}$.

Els esdeveniments A i C són incompatibles, perquè $A \cap C = \emptyset$.

Els esdeveniments B i C són compatibles, perquè $B \cap C = \{6\}$.

L'**esdeveniment contrari** o **complementari** d'un esdeveniment A és un altre esdeveniment, que escrivim com a $\overline{A}$, format per tots els esdeveniments elementals de l'espai mostral que no són a A.

La **diferència de dos esdeveniments**, $A - B$, és la intersecció del primer esdeveniment amb el contrari del segon: $A - B = A \cap \overline{B}$.

Atenció

La unió d'un esdeveniment i el seu contrari és l'espai mostral.

$A \cup \overline{A} = E$

La intersecció d'un esdeveniment i el seu contrari és el conjunt buit.

$A \cap \overline{A} = \emptyset$

Propietats de les operacions amb esdeveniments

- El contrari de la unió és la intersecció dels contraris: $\overline{A \cup B} = \overline{A} \cap \overline{B}$
- El contrari de la intersecció és la unió dels contraris: $\overline{A \cap B} = \overline{A} \cup \overline{B}$
- El contrari de l'esdeveniment contrari coincideix amb l'esdeveniment de partida: $\overline{\overline{A}} = A$

EXEMPLE

9 En llançar un dau, considerem els esdeveniments A = «Obtenir xifra imparell» i B = «Obtenir múltiple de 3». Comprova que es compleix el següent:

a) $A - B = A \cap \overline{B}$ **b)** $\overline{A \cup B} = \overline{A} \cap \overline{B}$ **c)** $\overline{A \cap B} = \overline{A} \cup \overline{B}$ **d)** $\overline{\overline{A}} = A$

$A = \{1, 3, 5\} \rightarrow \overline{A} = \{2, 4, 6\}$ $\quad A \cup B = \{1, 3, 5, 6\}$

$B = \{3, 6\} \rightarrow \overline{B} = \{1, 2, 4, 5\}$ $\quad A \cap B = \{3\}$

a) $A - B = \{1, 5\}$ $\quad A \cap \overline{B} = \{1, 3, 5\} \cap \{1, 2, 4, 5\} = \{1, 5\}$

b) $\overline{A \cup B} = \{2, 4\}$ $\quad \overline{A} \cap \overline{B} = \{2, 4, 6\} \cap \{1, 2, 4, 5\} = \{2, 4\}$

c) $\overline{A \cap B} = \{1, 2, 4, 5, 6\}$ $\quad \overline{A} \cup \overline{B} = \{2, 4, 6\} \cup \{1, 2, 4, 5\} = \{1, 2, 4, 5, 6\}$

d) $\overline{\overline{A}} = \{1, 3, 5\} = A$

ACTIVITATS

7. Traiem una carta de la baralla espanyola. Raona si els esdeveniments A, B, C i D són compatibles o incompatibles.

A = «Treure un as»

B = «Treure bastos»

C = «Treure un cavall»

D = «Treure una figura»

8. De postres, podem escollir pomes vermelles o verdes, prunes vermelles, peres verdes o grogues, o plàtans. Tenim els esdeveniments A = «Escollir fruita vermella», B = «Escollir poma» i C = «Escollir plàtan o pera».

a) Troba $\overline{A}, \overline{B}, \overline{C}, A - B, B - C, A \cap \overline{B}$ i $A \cap \overline{C}$.

b) Comprova que $\overline{A \cup B} = \overline{A} \cap \overline{B}$ i que $\overline{A \cap B} = \overline{A} \cup \overline{B}$.

3 Freqüència i probabilitat

En realitzar un experiment aleatori, la **freqüència relativa d'un esdeveniment** és el quocient entre el nombre de vegades que es produeix aquest esdeveniment i el nombre de vegades que s'ha realitzat l'experiment.

EXEMPLE

10 **Llancem una moneda 100 vegades i ens surt cara 42 vegades. Quina és la freqüència relativa de l'esdeveniment $A =$ «Sortir cara»? I la freqüència relativa de l'esdeveniment $B =$ «Sortir creu»?**

La freqüència relativa de l'esdeveniment A és $f(A) = \frac{42}{100} = 0{,}42$.

La freqüència relativa de l'esdeveniment B és $f(B) = \frac{58}{100} = 0{,}58$.

La probabilitat es pot definir com el nombre cap al qual tendeixen les freqüències relatives d'un esdeveniment quan repetim l'experiment aleatori un nombre elevat de vegades.

Aquesta propietat es coneix com la **llei dels grans nombres**.

EXEMPLE

11 **Calcula la probabilitat que hi ha que llancem una moneda i surti cara.**

La taula mostra les cares obtingudes després de fer l'experiment diverses vegades.

Nre. de llançaments	Nre. de cares	Freqüència relativa
10	6	0,6
100	52	0,52
1 000	489	0,489
10 000	5 009	0,5009

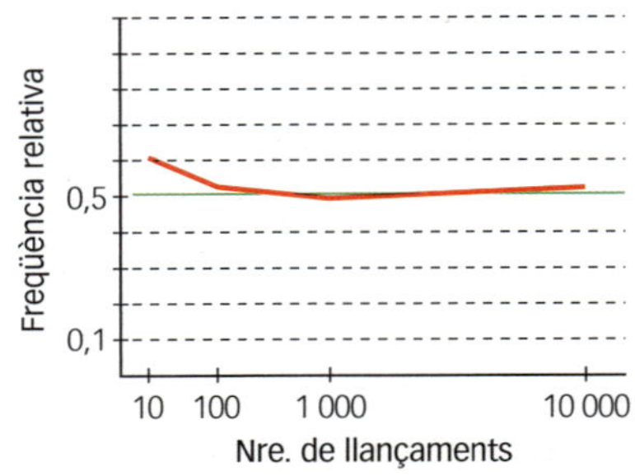

En representar en una gràfica els resultats, comprovem que les freqüències relatives s'apropen a 0,5. Així, la probabilitat d'obtenir cara és 0,5.

ACTIVITATS

9. Quatre amics llancen 100 vegades cadascú una moneda i n'anoten els resultats. Raona si la moneda està o no trucada i calcula la freqüència relativa i la probabilitat de l'esdeveniment «Sortir cara».

	Amic 1	Amic 2	Amic 3	Amic 4
Cara	70	68	69	72
Creu	30	32	31	28

10. A partir de les dades de la taula, calcula la probabilitat que surti 2 en llançar un dau.

Nre. de llançaments	«Sortir 2»
100	20
5	80
1 000	168
10 000	1 660

4 Propietats de la probabilitat

La probabilitat té les propietats següents:

- La probabilitat de qualsevol esdeveniment sempre és més gran o igual que 0 i més petita o igual que 1.
$$0 \leq P(A) \leq 1$$
- La probabilitat de l'esdeveniment segur és 1 i la probabilitat de l'esdeveniment impossible és 0.
$$P(E) = 1 \qquad P(\emptyset) = 0$$
- La probabilitat de qualsevol esdeveniment és igual a 1 menys la probabilitat del seu contrari.
$$P(A) = 1 - P(\overline{A})$$
- Quan dos esdeveniments són incompatibles, la probabilitat de la seva unió és la suma de les seves probabilitats.
$$P(A \cup B) = P(A) + P(B)$$
- Per a dos esdeveniments qualssevol, A i B, es verifica sempre que la probabilitat de la seva unió és igual a la suma de les seves probabilitats menys la de la intersecció.
$$P(A \cup B) = P(A) + P(B) - P(A \cap B)$$

EXEMPLE

12 **La probabilitat que una persona faci servir ulleres és 0,6; la probabilitat que tingui els ulls clars és 0,6 i la probabilitat que faci servir ulleres i tingui els ulls clars és 0,52. Calcula la probabilitat que, escollida una persona a l'atzar:**

a) No faci servir ulleres.

b) Faci servir ulleres o tingui els ulls clars.

c) No faci servir ulleres o no tingui els ulls clars.

Considerem els esdeveniments següents:

A = «Fer servir ulleres»

B = «Tenir ulls clars»

$A \cap B$ = «Fer servir ulleres i tenir ulls clars»

Escrivim les probabilitats conegudes.

$$P(A) = 0{,}6 \qquad P(B) = 0{,}6 \qquad P(A \cap B) = 0{,}52$$

a) «No fer servir ulleres» = $\overline{A}$

$$P(\overline{A}) = 1 - P(A) = 1 - 0{,}6 = 0{,}4$$

b) «Fer servir ulleres o tenir ulls clars» = $A \cup B$

$$P(A \cup B) = P(A) + P(B) - P(A \cap B) = 0{,}6 + 0{,}6 - 0{,}52 = 0{,}68$$

c) «No fer servir ulleres o no tenir ulls clars» = $\overline{A} \cup \overline{B}$

$$P(\overline{A} \cup \overline{B}) = P(\overline{A \cap B}) = 1 - P(A \cap B) = 1 - 0{,}52 = 0{,}48$$

$$\overline{A} \cup \overline{B} = \overline{A \cap B}$$

ACTIVITATS

11. Dels esdeveniments A i B d'un experiment aleatori se sap que $P(A) = \frac{2}{5}$, $P(B) = \frac{1}{3}$ i $P(\overline{A} \cap \overline{B}) = \frac{1}{3}$. Calcula:

a) $P(A \cup B)$ b) $P(A \cap B)$ c) $P(\overline{A} \cup \overline{B})$

12. Dels esdeveniments A i B d'un experiment aleatori se sap que $P(A) = 0{,}4$; $P(B) = 0{,}3$ i $P(A \cap B) = 0{,}1$. Calcula:

a) $P(A \cup B)$ b) $P(\overline{A} \cup \overline{B})$ c) $P(\overline{A} \cap \overline{B})$

5 Regla de Laplace

Un **experiment** és **regular** quan tots els esdeveniments elementals tenen la mateixa probabilitat, és a dir, són esdeveniments equiprobables.

No ho oblidis

Per aplicar la regla de Laplace els esdeveniments elementals han de ser equiprobables.

Regla de Laplace. En un experiment aleatori regular, la probabilitat d'un esdeveniment A es pot calcular d'aquesta manera:

$$P(A) = \frac{\text{nre. de casos favorables a } A}{\text{nre. de casos possibles}}$$

SABER FER

Calcular probabilitats fent servir la regla de Laplace

▶ **Una urna conté 5 boles blaves, 2 de vermelles i 3 de verdes. Si traiem una bola a l'atzar, quina és la probabilitat que sigui verda?**

PRIMER. Comprovem si l'experiment és regular.

Hi ha la mateixa probabilitat de treure qualsevol bola, així que és un experiment regular.

SEGON. Determinem el nombre de casos possibles, és a dir, el nombre d'esdeveniments elementals que hi ha a l'espai mostral i el de casos favorables a l'esdeveniment; en altres paraules, els esdeveniments elementals que formen l'esdeveniment.

Casos possibles ⟶ Nombre de boles que hi ha a l'urna = 10

Casos favorables → Nombre de boles verdes = 3

TERCER. Apliquem la regla de Laplace per calcular la probabilitat.

$$P(\text{«Treure bola verda»}) = \frac{\text{nre. de casos favorables}}{\text{nre. de casos possibles}} = \frac{3}{10} = 0{,}3$$

Atenció

A la regla de Laplace, el nombre de casos favorables és el nombre d'esdeveniments elementals que conté l'esdeveniment, i el nombre de casos possibles és el total d'esdeveniments elementals.

Els mètodes de comptatge ens ajuden a determinar el nombre de casos possibles d'un experiment aleatori.

EXEMPLE

13 **Troba la probabilitat d'encertar els 6 nombres del sorteig de la Loteria Primitiva.**

A la Loteria Primitiva es treuen 6 boles d'una urna que conté 49 boles amb la mateixa probabilitat de sortir, així que és un experiment regular i s'hi pot aplicar la regla de Laplace.

El nombre de casos possibles és les combinacions de 49 elements, agafats de 6 en 6, perquè no hi influeix l'ordre ni es poden repetir els elements.

$$P(\text{«Premi»}) = \frac{\text{nre. de casos favorables}}{\text{nre. de casos possibles}} = \frac{1}{C_{49,6}} = \frac{1}{13\,983\,816} = 0{,}0000000715$$

ACTIVITATS

13. Traiem una carta de la baralla espanyola. Calcula la probabilitat que sigui:

a) Una espasa.

b) Una figura.

c) Una figura de bastos.

d) Un as d'oros o copes.

14. D'una urna amb vuit boles numerades de l'1 al 8 n'extraiem dues consecutivament i anotem el nombre de dues xifres que es forma amb els seus dígits.

Calcula la probabilitat que el nombre sigui múltiple de 5.

6 Probabilitat condicionada

La probabilitat d'un esdeveniment B, quan sabem que ha passat un altre esdeveniment A, s'anomena **probabilitat condicionada**.

S'escriu $P(B/A)$ i els llegeix «probabilitat de B condicionat a A».

En calcular probabilitats condicionades amb l'ajuda de la regla de Laplace hem de tenir en compte que el nou espai mostral, E', coincideix amb l'esdeveniment A.

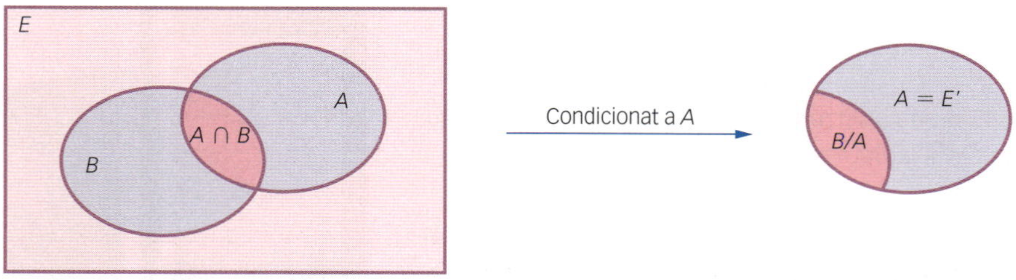

$$P(B) = \frac{\text{nre. de casos en } B}{\text{nre. de casos en } E} \xrightarrow{\text{Condicionat a } A} P(B/A) = \frac{\text{nre. de casos de } B \text{ en } E'}{\text{nre. de casos en } E'} = \frac{\text{nre. de casos en } A \cap B}{\text{nre. de casos en } A}$$

EXEMPLE

14 **En un estudi sobre malalties cardíaques s'ha arribat a la conclusió que poden ocasionar-se per diferents factors. Analitzant possibles factors de risc s'ha establert que la probabilitat de patir hipertensió arterial és del 0,2 i de patir els dos mals és del 0,05. Si s'escull una persona a l'atzar, quina és la probabilitat que pateixi alguna malaltia cardíaca sabent que presenta problemes d'hipertensió?**

L'experiment és regular, perquè qualsevol persona té la mateixa probabilitat de ser escollida. Així, podem fer servir la regla de Laplace.

Considerem aquests esdeveniments:

A = «Patir hipertensió arterial» → $P(A) = 0{,}2$

B = «Patir alguna malaltia cardíaca»

$A \cap B$ = «Patir hipertensió arterial i malaltia cardíaca» → $P(A \cap B) = 0{,}05$

$$P(B/A) = \frac{\text{nre. de persones amb els dos mals}}{\text{nre. de persones amb hipertensió}} = \frac{0{,}05}{0{,}2} = 0{,}25$$

Atenció

La probabilitat condicionada es pot calcular com:

$$P(B/A) = \frac{P(A \cap B)}{P(A)}$$

ACTIVITATS

15. Enquestades 30 persones sobre les seves preferències a l'hora d'escollir el lloc per passar les vacances, s'obtenen aquests resultats: 17 prefereixen la platja, 8, la muntanya i 5 reparteixen les seves vacances entre els dos llocs. Escollida una persona a l'atzar entre aquestes 30, calcula la probabilitat que:

a) Passi les vacances a la platja, sabent que també en gaudeix a la muntanya.

b) Passi les vacances a la platja, sabent que no les reparteix amb la muntanya.

16. Escollim a l'atzar una bola de color i numerada de la caixa que té la composició mostrada a la taula. Calcula les probabilitats que es demanen.

	Vermell	Blau	Blanc
Numerada amb 1	2	4	1
Numerada amb 2	3	2	3

a) P(1/«Vermell») b) P(2/«Blau») c) P(2/«Blanc»)

7 Taules de contingència

Un mètode per calcular probabilitats condicionades o d'esdeveniments compostos és organitzar les dades en una taula de doble entrada que s'anomena **taula de contingència**.

SABER FER

Elaborar una taula de contingència i fer-la servir per calcular probabilitats

S'ha fet un estudi sobre l'ús de les noves tecnologies entre els joves, per a la qual cosa s'ha preguntat a 43 nois i a 57 noies.
D'entre els joves enquestats, 30 nois i 45 noies utilitzen habitualment l'ordinador i la resta fan servir tauletes tàctils.

Elabora una taula de contingència i calcula la probabilitat que en escollir un dels joves a l'atzar:

a) Faci servir habitualment tauleta.

b) Sigui noia, sabent que fa servir tauleta.

c) Faci servir ordinador, sabent que és noi.

PRIMER. Organitzem les dades en una taula de doble entrada completant les cel·les que falten, de manera que les sumes de les files i les columnes tinguin com a resultat els totals corresponents.

$57 - 45 = 12$ $\quad 43 - 30 = 13$

$45 + 30 = 75$ $\quad 12 + 13 = 25$

	Noies	Nois	**Total**
Ordinador	45	30	75
Tauleta	12	13	25
Total	57	43	100

SEGON. Comprovem que l'experiment és regular per saber si podem fer servir la regla de Laplace.

L'experiment és regular, perquè qualsevol persona té la mateixa probabilitat de ser escollida.

TERCER. Definim els esdeveniments coneguts.

A = «Ser noia»

B = «Ser noi»

C = «Fer servir l'ordinador»

D = «Fer servir tauleta »

QUART. Calculem les probabilitats demanades.

a) $P(D) = \dfrac{\text{nre. de persones amb tauletes}}{\text{nre. de persones total}} = \dfrac{25}{100} = 0{,}25$

Quan calculem probabilitats condicionades l'espai mostral es redueix al grup d'individus corresponent.

b) $P(A/D) = \dfrac{\text{nre. de noies amb tauletes}}{\text{nre. de persones amb tauletes}} = \dfrac{12}{25} = 0{,}48$

c) $P(C/B) = \dfrac{\text{nre. de nois amb ordinadors}}{\text{nre. de nois}} = \dfrac{30}{43} = 0{,}698$

ACTIVITATS

17. En una enquesta es pregunta si es viu o no a la mateixa localitat on es treballa.

	Homes	Dones	**Total**
Viu on treballa	10	20	30
No viu on treballa	15	10	25
Total	25	30	55

Preguntant a una de les persones enquestades escollida a l'atzar, calcula la probabilitat que:

a) Visqui on treballa.

b) Sabent que és dona, no visqui on treballa.

c) Visqui on treballa, sabent que és home.

18. Copia al teu quadern i completa la taula següent en què es mostra el nombre de nois i noies que practiquen un esport habitualment i els que no ho fan:

	Noi	Noia	**Total**
Practica esport	10		
No practica esport		6	
Total		14	30

Escollida una persona a l'atzar en aquest grup, calcula la probabilitat que sigui noia i no practiqui un esport de manera habitual.

8 Dependència i independència d'esdeveniments

Dos esdeveniments, A i B, són **dependentes** quan el fet que en passi un influeix perquè passi l'altre. Si A i B són dependents es compleix que:

$$P(A \cap B) = P(A) \cdot P(B/A) = P(B) \cdot P(A/B)$$

Aquesta manera de calcular la probabilitat de la intersecció de dos esdeveniments s'anomena **regla del producte**.

EXEMPLE

15 **En una cafeteria hi ha 12 homes i 10 dones. D'ells, 7 homes i 4 dones estan prenent cafè. Escollida una persona a l'atzar, calcula la probabilitat que sigui dona i estigui prenent cafè.**

Com que es tracta d'esdeveniments dependents, considerem els següents:

A = «Ser dona» → $P(A) = \frac{10}{22} = 0{,}455$

B/A = «Prendre cafè, sabent que és dona» → $P(B/A) = \frac{4}{10} = 0{,}4$

$A \cap B$ = «Ser dona i prendre cafè» → $P(A \cap B) = \frac{10}{22} \cdot \frac{4}{10} = 0{,}182$

Dos esdeveniments, A i B, són **independents** quan que en passi un no influeix perquè passi l'altre.

Si A i B són independents es compleix que $P(B) = P(B/A)$, per tant:

$$P(A \cap B) = P(A) \cdot P(B)$$

Atenció

No confonguis esdeveniments independents amb esdeveniments incompatibles.

Independents:

$P(A \cap B) = P(A) \cdot P(B)$

Incompatibles:

$A \cap B = \varnothing \rightarrow P(A \cap B) = 0$

EXEMPLE

16 **Si traiem, amb reemplaçament, dues cartes d'una baralla espanyola, calcula la probabilitat que les dues siguin de copes.**

Es tracta d'esdeveniments independents perquè, com que és una extracció amb reemplaçament, es torna la primera carta a la baralla.

A = «Treure copes a la primera extracció» ⟶ $P(A) = \frac{10}{40} = 0{,}25$

B = «Treure copes a la segona extracció» ⟶ $P(B) = \frac{10}{40} = 0{,}25$

$A \cap B$ = «Treure copes a les dues extraccions → $P(A \cap B) = \frac{10}{40} \cdot \frac{10}{40} = 0{,}0625$

ACTIVITATS

19. En un grup de 15 homes i 18 dones, 6 homes i 4 dones parlen dos idiomes estrangers. Si escollim una persona del grup a l'atzar, calcula la probabilitat que sigui dona i no parli dos idiomes estrangers.

20. En un grup de Batxillerat format per 20 nois i 12 noies, 9 nois i 7 noies van a classe en transport públic. Calcula la probabilitat que un alumne qualsevol sigui noi i faci servir el transport públic.

SABER FER

Mètodes de comptatge

Calcular el nombre de possibilitats fent servir mètodes de comptatge

Calcula el nombre de possibilitats.

a) En escollir 3 models de telèfon de 7 possibles.

b) En emplenar una travessa de 14 partits.

c) En col·locar 6 plantes a 6 testos.

d) En escollir claus de tres lletres amb les lletres que formen la paraula CALOR.

PRIMER. Comprovem si hi influeix l'ordre, és a dir, si dos grups amb els mateixos elements són diferents. Quan l'ordre no influeix en el nombre de possibilitats, ho calculem fent servir combinacions.

a) L'ordre no hi influeix. Es tracta de combinacions de 7 elements agafats de 3 en 3.

$$C_{7,3} = \binom{7}{3} = \frac{7!}{3! \cdot (7-3)!} = 35$$

Hi ha 35 possibilitats diferents d'escollir 3 telèfons de 7.

SEGON. Quan hi influeix l'ordre, comprovem si els elements es poden repetir. En cas afirmatiu, el nombre de possibilitats es calcula fent servir variacions amb repetició.

b) Tenim 3 possibles elements i volem fer grups de 14, així doncs, han de repetir-se. Es tracta de variacions amb repetició de 3 elements agafats de 14 en 14.

$$VR_{3,14} = 3^{14} = 4\,782\,969$$

Hi ha 4 782 969 travesses diferents.

TERCER. Quan hi influeix l'ordre i no es repeteixen els elements, comprovem si hi intervenen tots els elements, és a dir, si els grups tenen el nombre màxim d'elements. En aquest cas, les possibilitats es calculen fent servir permutacions.

c) Hi intervenen tots els elements; per tant, es tracta de permutacions de 6 elements.

$$P_6 = 6! = 720$$

Hi ha 720 maneres diferents de col·locar 6 plantes a 6 testos.

QUART. Si no hi intervenen totes les possibilitats, fem servir variacions sense repetició.

d) No hi intervenen tots els elements, perquè les claus estan formades per 3 lletres amb les 5 que formen la paraula CALOR; per tant, es tracta de variacions de 5 elements agafats de 3 en 3.

$$V_{5,3} = \frac{5!}{(5-3)!} = 60$$

Es poden formar 60 claus diferents.

PRACTICA

21. Calcula el nombre de possibilitats:

a) En barrejar 2 colors diferents tenint 5 pots de pintura de diferents colors.

b) En escriure els nombres de tres xifres iguals o diferents amb els dígits 1, 2, 3, 4 i 5.

Esdeveniments

Calcular el nombre total d'esdeveniments si el nombre d'esdeveniments elementals és finit

Troba el nombre total d'esdeveniments de l'experiment que consisteix a llançar un dau.

PRIMER. Trobem el nombre d'esdeveniments elementals.

$E = \{1, 2, 3, 4, 5, 6\} \rightarrow$ Hi ha 6 esdeveniments elementals.

SEGON. Determinem els esdeveniments que contenen exactament 1, 2, 3, ..., n esdeveniments elementals.

$0 \rightarrow 1 \rightarrow \{\varnothing\}$

$1 \rightarrow C_{6,1} = \binom{6}{1} = 6$ $\qquad 4 \rightarrow C_{6,4} = \binom{6}{4} = 15$

$2 \rightarrow C_{6,2} = \binom{6}{2} = 15$ $\qquad 5 \rightarrow C_{6,5} = \binom{6}{5} = 6$

$3 \rightarrow C_{6,3} = \binom{6}{3} = 20$ $\qquad 6 \rightarrow 1 \rightarrow \{E\}$

TERCER. Sumem totes les quantitats.

Per les propietats de les combinacions sabem que:

$$\binom{n}{0} + \binom{n}{1} + \ldots + \binom{n}{n} = 2^n$$

$$1 + 6 + 15 + 20 + 15 + 6 + 1 = 2^6 = 64$$

PRACTICA

22. Troba el nombre total d'esdeveniments de l'experiment que consisteix a escollir una bola d'una bossa en la qual hi ha cinc boles de colors diferents i anotar-ne el color.

23. Fes l'activitat anterior sabent que a l'interior de la bossa només hi ha boles de tres colors diferents.

Espai mostral

Trobar l'espai mostral d'un experiment amb una taula de doble entrada

Llancem una moneda i un dau i anotem els resultats obtinguts. Descriu l'espai mostral associat a aquest experiment aleatori.

PRIMER. Calculem els espais mostrals dels experiments més simples.

«Llançar una moneda» = {C, +}

«Llançar un dau» = {1, 2, 3, 4, 5, 6}

SEGON. Fem una taula de doble entrada i hi anotem els esdeveniments elementals de cada experiment.

	1	2	3	3	5	6
C	C1	C2	C3	C4	C5	C6
+	+1	+2	+3	+4	+5	+6

TERCER. El conjunt de les caselles interiors forma l'espai mostral.

E = {C1, C2, C3, C4, C5, C6, +1, +2, +3, +4, +5, +6}

PRACTICA

24. Troba l'espai mostral de l'experiment que consisteix a llançar un dau i treure una bola d'una bossa en la qual hi ha boles vermelles i negres.

25. Treus a l'atzar un llapis de color d'un estoig que en té dos de blaus, un de verd i un de vermell, i escrius el teu nom en un tros de paper tret sense mirar d'una bossa de tela que conté paper normal i reciclat. Determina l'espai mostral d'aquest experiment.

Freqüència i probabilitat

Calcular probabilitats experimentalment

En un sac tenim barrejats 50 kg de mongetes blanques i de vermelles. Explica com es calcula la probabilitat que, en treure'n una del sac, sigui vermella.

PRIMER. Fem l'experiment moltes vegades i apuntem els resultats obtinguts.

Traiem mostres de mongetes i anotem quantes són vermelles.

Nre. de mongetes	Nre. de mongetes vermelles (f_i)	Freqüència relativa (h_i)
10	3	0,3
100	32	0,32
1000	316	0,316

SEGON. Observem la tendència de les freqüències relatives en augmentar el nombre d'observacions, perquè s'aniran apropant al veritable valor de la probabilitat.

Les freqüències relatives tendeixen a 0,3; per tant, assignem la probabilitat a l'esdeveniment «Treure mongeta vermella».

P(«Treure mongeta vermella») = 0,3

PRACTICA

26. En una urna no transparent hi ha targetes de colors diferents, entre d'altres, de color blanc. Amb les dades de la taula, digues quina probabilitat assignaries a l'esdeveniment «Treure una targeta de color blanc».

Targetes tretes	10	50	75	100	300	500
Targetes blanques	2	9	15	21	62	95

Propietats de la probabilitat

Calcular probabilitats fent servir les seves propietats

A una competició de natació han assistit un 65 % de menors de 30 anys, el 53 % són noies i el 88 % són noies o són menors de 30 anys.

Calcula la probabilitat d'aquests esdeveniments.

a) Ser noia i menor de 30 anys. **b)** Ser noi.

PRIMER. Expressem l'enunciat en termes d'esdeveniments i de la seva probabilitat.

A = «Ser menor de 30 anys» → $P(A) = 0,65$

B = «Ser noia» → $P(B) = 0,53$

$A \cup B$ = «Ser menor de 30 anys o noia» → $P(A \cup B) = 0,88$

SEGON. Escrivim cada esdeveniment en funció de A i B.

a) Ser noia i menor de 30 anys = $A \cap B$ b) Ser noi = $\overline{B}$

TERCER. Calculem la probabilitat aplicant les propietats.

a) $0,88 = 0,65 + 0,53 - P(A \cap B) \rightarrow P(A \cap B) = 0,3$

El 30 % són noies menors de 30 anys.

b) $P(\overline{B}) = 1 - P(B) = 1 - 0,53 = 0,47$ → El 47 % són nois.

PRACTICA

27. La probabilitat que tingui lloc el contrari d'un esdeveniment A és $\frac{1}{3}$, la probabilitat d'un esdeveniment B és $\frac{3}{4}$ i la probabilitat que passin a la vegada els esdeveniments A i B és $\frac{5}{8}$. Determina la probabilitat que no es verifiqui A i no es verifiqui B.

SABER FER

Probabilitat condicionada

Resoldre problemes de probabilitat amb esdeveniments compostos

En un hospital, el 35 % dels malalts pateix de la malaltia A; el 20 %, de la malaltia B, i el 10 %, de les dues malalties. Escollim un pacient a l'atzar.

a) Troba la probabilitat que no estigui malalt.

b) Si pateix de la malaltia B, quina és la probabilitat que no pateixi de la malaltia A?

PRIMER. Definim els esdeveniments i la seva probabilitat.

A = «Patir de la malaltia A»

B = «Patir de la malaltia B»

$A \cap B$ = «Patir de les dues malalties»

$P(A) = 0{,}35 \quad P(B) = 0{,}2 \quad P(A \cap B) = 0{,}1$

SEGON. Organitzem les dades en una taula i calculem les probabilitats que es demanen.

	B	$\overline{B}$	
A	10	25	35
$\overline{A}$	10	55	65
	20	80	100

a) $P(\overline{A} \cap \overline{B}) = \dfrac{55}{100} = 0{,}55$

b) $P(\overline{A}/B) = \dfrac{10}{20} = 0{,}5$

PRACTICA

28. En un centre escolar el 40 % dels alumnes pertany al grup de teatre, el 70 % escriu en el diari escolar i el 30 % fa les dues activitats. Escollit un alumne a l'atzar, troba la probabilitat que:

a) No faci cap de les dues activitats.

b) Si escriu en el diari escolar, no faci teatre.

Regla del producte

Calcular la probabilitat de la intersecció d'esdeveniments amb un diagrama d'arbre

En un poliesportiu hi ha 16 nois i 12 noies. D'aquests, 8 nois i 10 noies assisteixen a classe de natació. Escull una persona a l'atzar i calcula la probabilitat que sigui noi i practiqui natació.

PRIMER. Construïm un diagrama d'arbre, i posem a cada branca les probabilitats corresponents.

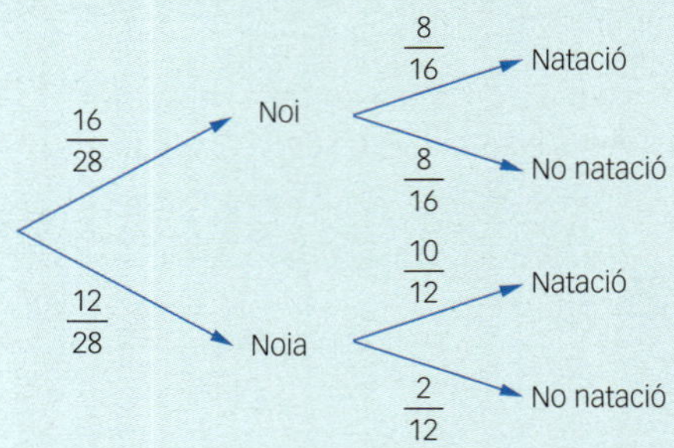

SEGON. Escollim la branca de l'arbre necessària per calcular la probabilitat demanada i hi apliquem la regla del producte.

$$P(\text{«Noi»} \cap \text{«Natació»}) = \frac{16}{28} \cdot \frac{8}{16} = 0{,}286$$

PRACTICA

29. Llancem un dau. Si surt un múltiple de tres llancem una moneda i, en cas contrari, traiem una carta de la baralla espanyola i anotem el coll al qual pertany. Calcula la probabilitat:

a) D'obtenir un múltiple de tres i creu.

b) D'obtenir un no múltiple de tres i bastos.

Regla del producte

Fer servir la regla del producte en experiments amb reemplaçament

Un experiment consisteix a treure quatre cartes, amb reemplaçament, d'una baralla. Calcula la probabilitat que la primera sigui d'oros; la segona, de copes; la tercera, un rei i la quarta, un cavall.

PRIMER. Descomponem l'esdeveniment en d'altres de més simples.

A = «Obtenir oros a la primera carta»

B = «Obtenir copes a la segona carta»

C = «Obtenir un rei a la tercera carta»

D = «Obtenir un cavall a la quarta carta»

L'esdeveniment que s'ha de calcular és la intersecció dels quatre anteriors: $A \cap B \cap C \cap D$

SEGON. Apliquem la regla del producte tenint en compte si els esdeveniments són independents o no. En cas afirmatiu, calculem la probabilitat de cada esdeveniment per aplicar-hi la regla del producte.

Com que hi ha reemplaçament, el que passa en una extracció no afecta la resta; són esdeveniments independents. Per tant:

$$P(A \cap B \cap C \cap D) = P(A) \cdot P(B) \cdot P(C) \cdot P(D) =$$
$$= \frac{10}{40} \cdot \frac{10}{40} \cdot \frac{4}{40} \cdot \frac{4}{40} = \frac{1600}{2\,560\,000} = 0{,}0006$$

PRACTICA

30. Traiem tres boles d'una bossa que conté 4 boles vermelles, 7 de blaves i 9 de blanques, amb reemplaçament de la primera i la segona boles. Calcula la probabilitat d'obtenir la sèrie blava-vermella-blanca.

Regla del producte

Calcular probabilitats d'esdeveniments compostos

Un cine disposa de tres sales. A la taula es mostra la capacitat de cada una de les sales i el percentatge de butaques venudes per Internet de cada una.

En anar a la taquilla, si s'escull una butaca a l'atzar, quina és la probabilitat que s'hagi venut per Internet?

	Sala 1	Sala 2	Sala 3
Capacitat	125	90	160
Butaques per Internet	17 %	28 %	12 %

PRIMER. Trobem amb un diagrama d'arbre les probabilitats dels esdeveniments de l'espai mostral.

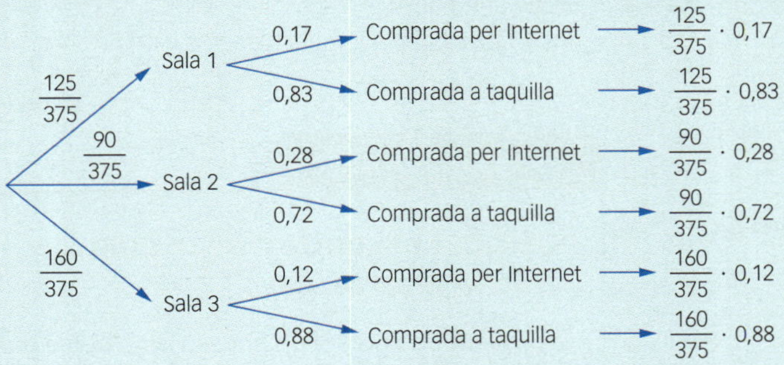

SEGON. Sumem les quantitats que corresponen a probabilitats de l'esdeveniment.

$$P(\text{Comprada per Internet}) = P(\text{I}) = \frac{125}{375} \cdot 0{,}17 + \frac{90}{375} \cdot 0{,}28 + \frac{160}{375} \cdot 0{,}12 = 0{,}175$$

La probabilitat d'escollir una butaca venuda per Internet és del 17,5 %.

PRACTICA

31. L'estoig E_1 conté 4 bolígrafs blaus i 2 de negres. L'estoig E_2 conté 3 bolígrafs blaus, 1 de negre i 1 de vermell. Llancem una moneda a l'aire. Si surt cara traiem un bolígraf de l'estoig E_1, i si surt creu, de l'estoig E_2. Troba la probabilitat que surti un bolígraf negre.

Regla del producte

Calcular probabilitats condicionades d'esdeveniments compostos

Un cine disposa de tres sales. A la taula es mostra la capacitat de cada una de les sales i el percentatge de butaques venudes per Internet de cada una.

Si escollim una butaca a l'atzar i està venuda per Internet, quina és la probabilitat que sigui de la sala 1?

	Sala 1	Sala 2	Sala 3
Capacitat	125	90	160
Butaques per Internet	17 %	28 %	12 %

PRIMER. Trobem amb un diagrama d'arbre les probabilitats dels esdeveniments de l'espai mostral.

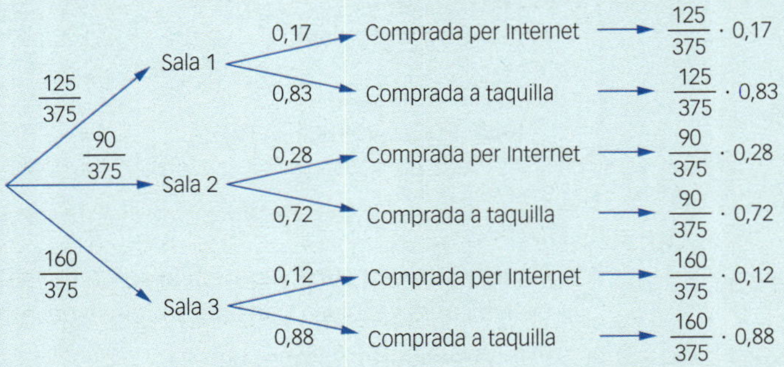

SEGON. Apliquem la definició de probabilitat condicionada i substituïm les dades conegudes.

$$P(\text{Sala 1/Comprada per Internet}) = P(S_1/\text{I}) = \frac{P(S_1 \cap \text{I})}{P(\text{I})} = \frac{\frac{125}{375} \cdot 0{,}17}{0.175} = 0{,}324$$

La probabilitat que una butaca venuda per Internet sigui de la sala 1 és del 32,4 %.

PRACTICA

32. L'estoig E_1 conté 4 bolígrafs blaus i 2 de negres. L'estoig E_2 conté 3 bolígrafs blaus, 1 de negre i 1 de vermell. Llancem una moneda a l'aire. Si surt cara traiem un bolígraf de l'estoig E_1, i si surt creu, de l'estoig E_2. Sabent que el bolígraf escollit és negre, troba la probabilitat que sigui de l'estoig E_2.

Experiments aleatoris, mètodes de comptatge i esdeveniments

33. Per a cada un dels experiments que es detallen, indica si són aleatoris o no.

a) Mesurar la longitud d'una carretera.

b) Llançar un dau i anotar la suma dels punts de les cares visibles.

c) Calcular el preu final d'una compra.

d) Pesar una ampolla d'aigua de 2 litres.

e) Treure una bola d'una bossa que conté 6 boles de diferents colors.

f) Treure una carta de la baralla espanyola i anotar el coll al qual pertany.

34. Descriu l'espai mostral per als experiments aleatoris de l'activitat anterior.

35. Calcula quantes possibilitats hi ha:

a) D'escollir 5 nens d'un grup de 12.

b) De col·locar 8 llibres diferents en una prestatgeria.

c) De formar combinacions de 6 lletres amb les lletres de la paraula MÒNICA.

d) D'escriure nombres de 5 xifres amb els dígits 1, 2, 3.

e) De formar combinacions de 4 lletres amb les lletres de la paraula RAMON.

f) D'escriure nombres de 2 xifres amb els dígits del nombre 235.

36. Amb 4 pots de pintura: groga, verda, vermella i marró, quantes barreges de dos colors pots fer?

37. De quantes maneres poden arribar 4 nedadors a la meta?

38. De quantes maneres podem col·locar-nos 2 anells diferents en una mà, de manera que no siguin en el mateix dit?

39. Escriu l'espai mostral dels experiments compostos següents:

a) Llancem 3 monedes i anotem el nombre de cares obtingudes següents:

b) Llancem 2 daus cúbics, un de vermell i un altre de blau, i anotem els parells de resultats.

c) Llancem 2 daus cúbics, un de vermell i un altre de blau, i anotem la suma de les puntuacions.

d) Traiem 2 peces de fruita d'una fruitera en la qual hi ha pomes, taronges i peres.

e) Traiem 2 boles d'una bossa que conté boles blanques, negres, vermelles i verdes.

f) Traiem 3 caramels d'una capsa que té caramels de maduixa, llimona i taronja.

40. Considerem l'experiment que consisteix a llançar un dau amb 12 cares numerades de l'1 al 12 i els esdeveniments següents:

A = «Sortir nombre parell»

B = «Sortir nombre múltiple de 3»

C = «Sortir nombre múltiple de 5»

D = «Sortir nombre més gran o igual que 6»

E = «Sortir nombre més petit que 5»

a) Descriu els esdeveniments indicant els esdeveniments elementals que els componen.

b) Quins són incompatibles dos a dos?

c) Calcula $A - B$, $\overline{A} \cup F$, $\overline{C} \cap A$.

SABER FER

Calcular el contrari de la unió o de la intersecció

Traiem una bola d'una bossa amb boles de color vermell, blau, blanc, negre i verd. Amb els esdeveniments:

A = «Treure una bola de color blau o negre»

B = «Treure una bola de color blanc o negre»

Comprova les igualtats següents:

a) $\overline{A \cup B} = \overline{A} \cap \overline{B}$ **b)** $\overline{A \cap B} = \overline{A} \cup \overline{B}$

PRIMER. Descrivim amb esdeveniments elementals els esdeveniments que intervenen en les igualtats.

A = {blau, negre}, $\overline{A}$ = {vermell, blanc, verd}

B = {blanc, negre}, $\overline{B}$ = {vermell, verd, blau,}

$A \cup B$ = {blau, blanc, negre}, $\overline{A \cup B}$ = {vermell, verd,}

$A \cap B$ = {negre}, $\overline{A \cup B}$ = {blanc, blau, vermell, verd}

SEGON. Comprovem que els dos membres de la igualtat són equivalents.

a) $\overline{A \cup B} = \overline{A} \cap \overline{B}$

{vermell, verd} =

{vermell, verd, blanc} ∩ {vermell, verd, blau}

b) $\overline{A \cap B} = \overline{A} \cup \overline{B}$

{blanc, blau, vermell, verd} =

= {vermell, verd, blanc} ∪ {vermell, verd, blau}

41. Llancem un dau cúbic, anotem la suma de les puntuacions de les cares visibles i considerem els esdeveniments:

A = «Sortir nombre parell»

B = «Sortir nombre més gran que 16»

C = «Sortir nombre múltiple de 3»

a) Descriu els esdeveniments indicant els esdeveniments elementals que els componen.

b) Calcula $(A \cup \overline{B}) \cap C$.

c) Comprova aquestes propietats:

$\overline{A \cup B} = \overline{A} \cap \overline{B}$ $\overline{A \cap B} = \overline{A} \cup \overline{B}$

SABER FER

Expressar esdeveniments utilitzant les seves operacions

▶ Per fer una estadística en un centre escolar s'ha segmentat els alumnes respecte al nivell educatiu, Secundària o Batxillerat, i per sexe, noi o noia.

Considerem els esdeveniments següents:

A = «Ser noia»

B = «Estudiar Batxillerat»

Descriu els esdeveniments que hi puguis formar.

PRIMER. Escrivim els esdeveniments que es poden formar en operar-hi.

Esdeveniments: $\overline{A}$ i $\overline{B}$ — Intersecció: $A \cap B$, $A \cap \overline{B}$

Unió: $A \cup B$, $A \cup \overline{A}$ — Diferència: $A - B$, $B - A$

SEGON. Expressem en llenguatge ordinari el que indica cada esdeveniment.

Complementari: NO — Intersecció: I

Unió: O — Diferència: I NO

$\overline{A}$ = «NO ser noia»

$\overline{B}$ = «NO estudiar Batxillerat»

$A \cup B$ = «Ser noia O estudiar Batxillerat»

$A \cup \overline{A}$ = «Ser noia O NO ser noia» = E

$A \cap B$ = «Ser noia I estudiar Batxillerat»

$A \cap \overline{B}$ = «Ser noia I NO estudiar Batxillerat»

$A - B$ = «Ser noia I NO estudiar Batxillerat»

$B - A$ = «Estudiar Batxillerat I NO ser noia»

42. Hem segmentat la població de certa província respecte al lloc de residència, zona urbana o zona rural, i per edat, majors de 18 anys i menors de 18 anys.

Descriu els esdeveniments que puguis formar amb els esdeveniments següents:

A = «Ser major de 18 anys»

B = «Viure en una zona urbana»

43. Traiem una carta de la baralla espanyola. Considera aquests esdeveniments:

A = «Treure un as»

B = «Treure bastos»

C = «Treure un cavall»

R = «Treure un rei»

F = «Treure una figura»

Descriu els esdeveniments següents indicant els esdeveniments elementals que els componen.

a) $A \cap B$ — b) $\overline{B} \cap C$ — c) $B \cap F$ — d) $A \cup R \cup F$ — e) $\overline{C} \cap F$ — f) $(C \cup R) \cap \overline{F}$

44. Fem girar una ruleta segmentada en 18 sectors numerats de l'1 al 18, esperem que s'aturi i anotem el nombre en què s'ha parat. Expressa com a unió o intersecció els esdeveniments següents:

A = «Aturar-se en un nombre múltiple de 3 o de 5»

B = «Aturar-se en un nombre més gran que 15 o més petit que 5»

C = «Aturar-se en un nombre múltiple de 3 i de 4»

D = «Aturar-se en un nombre parell i divisor de 18»

45. Un experiment consisteix a treure una bola d'una urna amb 4 boles vermelles, numerades de l'1 al 4; 5 de blaves, numerades de l'1 al 5, i 3 de negres, numerades de l'1 al 3.

R = «Treure bola vermella»

A = «Treure bola blava»

N = «Treure bola negra»

I = «Treure nombre imparell»

P = «Treure nombre parell»

Descriu aquests esdeveniments:

a) $R \cup P$ — b) $I \cup P$ — c) $\overline{P} \cap N$ — d) $R \cap I$ — e) $\overline{N}$ — f) $\overline{R \cup A}$

Propietats de la probabilitat

46. En un experiment aleatori sabem que:

$P(A) = 0,6 \qquad P(B) = 0,5 \qquad P(A \cap B) = 0,2$

Calcula les probabilitats següents:

a) $P(\overline{A})$ — b) $P(A \cup B)$ — c) $P(\overline{A} \cup \overline{B})$ — d) $P(A - B)$ — e) $P(\overline{B} - A)$ — f) $P(\overline{A} \cap \overline{B})$

47. Si A i B són incompatibles, amb $P(A) = 0,6$ i $P(A \cup B) = 0,9$; calcula el següent:

a) $P(B)$ — b) $P(A - B)$ — c) $P(\overline{A} \cap B)$

48. Determina $P(A \cup B)$, $P(\overline{A} \cup \overline{B})$ i $P(\overline{A} \cap \overline{B})$, si:

$P(A) = 0,6 \qquad P(B) = 0,5 \qquad P(A \cap B) = 0,3$

49. Troba $P(A)$, $P(B)$ i $P(\overline{A} \cap B)$, si:

$P(A \cup B) = 0,8 \qquad P(\overline{B}) = 0,6 \qquad P(A \cap B) = 0,3$

50. Poden haver-hi dos esdeveniments tals que $P(A) = 0,6$; $P(B) = 0,8$ i $P(\overline{A} \cup \overline{B}) = 0,7$?

51. Poden haver-hi dos esdeveniments tals que $P(A) = 0,3$; $P(B) = 0,6$ i $P(A \cap B) = 0,3$? Com són?

52. És possible trobar dos esdeveniments tals que $P(A) = 0,5$; $P(B) = 0,2$ i $P(\overline{A} \cap \overline{B}) = 0,6$?

53. Si $P(A) = 0,7$ i $P(B) = 0,4$; poden A i B ser esdeveniments incompatibles?

54. Sabem que $P(A \cup B) = P(A) - P(A \cap B)$.

a) Decideix com són els esdeveniments A i B.

b) Calcula $P(A \cup B)$ i $P(A \cap B)$.

55. Si $E = \{S_1, S_2, S_3, S_4\}$ és l'espai mostral d'un experiment aleatori:

a) Pot passar que $P(S_1) = \frac{1}{5}$, $P(S_2) = \frac{2}{3}$, $P(S_3) = \frac{1}{4}$ i $P(S_4) = \frac{1}{6}$?

b) I que $P(S_1) = \frac{1}{5}$, $P(S_2) = \frac{1}{3}$, $P(S_3) = \frac{1}{4}$ i $P(S_4) = \frac{1}{6}$?

Justifica les respostes.

56. Després d'un estudi de certa població, es conclou que en escollir a l'atzar una persona d'aquesta població la probabilitat que estigui a favor de l'obertura dels comerços en dies festius és 0,8; la que estigui a favor d'una llei reguladora de l'horari comercial és 0,4 i la que estigui a favor de les dues qüestions és 0,3. Escollida una persona d'aquesta població, calcula:

a) La probabilitat que estigui a favor de l'obertura dels comerços en dies festius o que hi hagi una llei reguladora de l'horari comercial.

b) La probabilitat que ni estigui a favor de l'obertura dels comerços en dies festius ni del fet que hi hagi una llei reguladora de l'horari comercial.

57. Feta una enquesta entre els habitants d'una ciutat, es conclou que el 40 % llegeix habitualment el diari, el 30 % llegeix revistes culturals i el 20 % llegeix els dos tipus de publicacions. Escollit a l'atzar un ciutadà d'aquest lloc, quina és la probabilitat que llegeixi el diari o llegeixi revistes culturals?

58. En cert centre escolar, després d'un estudi dels resultats acadèmics, es conclou que la probabilitat que un alumne aprovi Llengua catalana és 0,7, la probabilitat d'aprovar Llengua estrangera és 0,6 i la probabilitat d'aprovar les dues matèries és 0,5. Escollit un alumne d'aquest centre escolar:

a) Quina és la probabilitat que aprovi almenys una de les dues matèries?

b) Quina és la probabilitat que n'aprovi només una de les dues?

c) Quina és la probabilitat que no n'aprovi cap?

Càlcul de probabilitats

59. Traiem una carta de la baralla espanyola. Calcula la probabilitat que:

a) Sigui bastos o una espasa.

b) Sigui bastos o un rei.

c) Sigui una figura o un cavall

d) Sigui una copa o una figura.

60. Considera l'experiment d'escollir a l'atzar una peça de fruita d'una fruitera en la qual hi ha 4 pomes vermelles, 6 taronges, 3 pomes verdes, 5 peres verdes, 2 plàtans i 1 pera groga. Calcula la probabilitat d'escollir:

a) Una peça de color vermell.

b) Una peça de color verd.

c) Una peça que no sigui verda ni vermella.

d) Una peça que no sigui groga.

61. Traiem una bola d'una urna amb set boles vermelles numerades de l'1 al 7, quatre boles blaves numerades del 8 a l'11 i tres boles verdes numerades del 12 al 14. Calcula la probabilitat que:

a) La bola sigui vermella.

b) La bola sigui vermella o verda.

c) El nombre de la bola sigui múltiple de 5.

d) El nombre de la bola sigui més gran que 8 però més petit que 13.

e) El nombre de la bola sigui parell i la bola, de color verd.

f) El nombre de la bola sigui imparell i la bola, de color blau o verd.

62. Llancem a l'aire dos daus, un de blau i un altre de vermell, i anotem els parells de resultats. Calcula la probabilitat que:

a) Els resultats dels dos daus siguin iguals.

b) Els resultats dels dos daus siguin parells.

c) El primer resultat sigui més petit que el segon.

63. Considera l'experiment que consisteix a llançar dos daus, un de vermell i un altre de blau, i anotar la suma de les puntuacions obtingudes. Calcula la probabilitat que:

a) La suma sigui 7.

b) La suma sigui un nombre múltiple de 3.

c) La suma sigui més petita o igual que 9.

d) La suma no sigui més gran que 4.

64. Tenim un moneder amb quatre monedes de 0,20 €, sis monedes de 0,50 €, dues monedes d'1 € i tres monedes de 2 €. Traiem una moneda a l'atzar. Calcula la probabilitat que el seu valor:

a) Sigui superior a 0,50 €.

b) Sigui inferior a 2 €.

c) Estigui comprès entre 0,10 i 0,80 €.

SABER FER

Trobar la probabilitat d'esdeveniments no equiprobables

En un dau, la probabilitat de sortir 5 és el triple que la de sortir qualsevol dels altres nombres. Quina probabilitat hi ha que en llançar el dau surti 2?

PRIMER. La suma de totes les probabilitats dels esdeveniments elementals és 1.

Si anomenem x la probabilitat que surti 1, 2, 3, 4 o 6, la probabilitat que surti 5 serà $3x$.

$$P(1) = P(2) = P(3) = P(4) = P(6) = x$$
$$P(5) = 3x$$
$$P(1) + P(2) + P(3) + P(4) + P(5) + P(6) = 1$$

SEGON. Resolem l'equació que en resulta.

$$x + x + x + x + 3x + x = 1$$
$$8x = 1 \rightarrow x = 0{,}125$$

Així, la probabilitat que surti 2 és 0,125.

65. Calcula el valor de x si en un dau tenim que:

$$P(1) = P(2) = P(3) = \frac{1}{7}$$
$$P(4) = P(5) = P(6) = x$$

66. S'ha trucat un dau cúbic, de manera que les puntuacions que són nombres primers tenen el doble de probabilitat de sortir que les que no ho són. Quina és la probabilitat de cada una de les puntuacions? Quina és la probabilitat d'obtenir una puntuació parell?

67. En un dau trucat tenim les probabilitats següents:

$$P(1) = P(2) = P(3) = P(6) = 0{,}1$$
$$P(4) = a \qquad P(5) = b \qquad P(4) = 2P(5)$$

Calcula a i b.

Probabilitat condicionada

68. En l'experiment que consisteix a llançar dos daus, un de vermell i un de blau, i considerar els parells de puntuacions, si tenim els esdeveniments:

A = «Les dues puntuacions són iguals»

B = «Les dues puntuacions són imparells»

C = «Les dues puntuacions són múltiples de 3»

Calcula aquestes probabilitats:

a) $P(A/B)$ b) $P(C/B)$ c) $P(C/A)$

69. De totes les famílies que tenen tres fills, considerem aquelles en les quals hi ha, almenys, dues nenes. Quina és la probabilitat que l'altre fill sigui nen?

SABER FER

Calcular una probabilitat condicionada

Escollim a l'atzar un dels 100 primers nombres naturals. Calcula la probabilitat que sigui un quadrat perfecte, sabent que és un múltiple de 5.

PRIMER. Determinem el tipus d'esdeveniment del qual volem calcular la probabilitat.

A = «Escollir un quadrat perfecte»

B = «Escollir un múltiple de 5»

Sabem que ha passat l'esdeveniment B. Per tant, s'ha de calcular la probabilitat $P(A/B)$.

SEGON. Calculem la probabilitat demanada fent servir la probabilitat de A i $A \cap B$.

$$A = \{1, 4, 9, 16, 25, 36, 49, 64, 81, 100\} \rightarrow P(A) = \frac{1}{10}$$
$$A \cap B = \{25, 100\} \rightarrow P(A \cap B) = \frac{1}{50}$$

Amb la qual cosa tenim:

$$P(A/B) = \frac{P(A \cap B)}{P(A)} = \frac{1}{5}$$

70. En l'experiment que consisteix a llançar dos daus, un de vermell i un de blau, calcula la probabilitat que:

a) Una de les puntuacions sigui imparell, sabent que la suma de les dues puntuacions és 9.

b) Una de les puntuacions sigui parell, sabent que la suma de les dues puntuacions és 7.

c) La suma de les puntuacions sigui 7, sabent que la seva diferència és 3.

71. En l'experiment que consisteix a treure una carta de la baralla espanyola, calcula la probabilitat de treure un rei, sabent que s'ha obtingut una figura.

72. En una urna hi ha 50 targetes numerades de l'1 al 50. Calcula la probabilitat que en treure una targeta a l'atzar estigui numerada amb un quadrat perfecte, si sabem que ha sortit un múltiple de 3.

73. Calcula $P(A \cup B)$, sabent que $P(A) = 0{,}3$; $P(B) = 0{,}5$ i $P(A/B) = 0{,}2$.

74. El metge d'una empresa té una taula en la qual distribueix els treballadors segons el sexe i la seva condició de fumadors, però s'ha perdut una dada. Completa-la en el teu quadern sabent que «Ser dona» i «Ser fumador» són esdeveniments independents.

	Fumador	No fumador
Dona	30	45
Home	80	

Regla del producte

75. En un estoig hi ha 9 llapis de color blau, 5 de color vermell, 3 de color verd i 1 de color morat. N'escollim tres a l'atzar (amb reemplaçament). Calcula la probabilitat que:

a) Siguin tres de color verd.
b) Siguin tres de color morat.
c) Siguin un de blau i dos de verds.
d) Siguin de color diferent.
e) Almenys n'hi hagi un de color vermell.

SABER FER

Utilitzar la regla del producte en experiments sense reemplaçament

▶ **Considerem l'experiment que consisteix a agafar a l'atzar tres fruites d'una fruitera i menjar-se-les. A la fruitera hi ha 4 taronges, 2 pomes i 6 plàtans. Calcula la probabilitat d'agafar primer una taronja, segon un plàtan i tercer una poma.**

PRIMER. Descomponem l'esdeveniment principal en esdeveniments més simples.

A_1 = «Agafar una taronja en primer lloc»

B_2 = «Agafar un plàtan en segon lloc»

C_3 = «Agafar una poma en tercer lloc»

L'esdeveniment del qual volem calcular la probabilitat és $A_1 \cap B_2 \cap C_3$.

SEGON. Aplica la regla del producte als esdeveniments, començant per l'últim.

$$P(A_1 \cap B_2 \cap C_3) = P((A_1 \cap B_2) \cap C_3) =$$
$$= P(A_1 \cap B_2) \cdot P(C_3/(A_1 \cap B_2)) =$$
$$= P(A_1) \cdot P(B_2/A_1) \cdot P(C_3/(A_1 \cap B_2))$$

TERCER. Calculem la probabilitat de cada factor per trobar la de l'esdeveniment corresponent.

$$P(A_1 \cap B_2 \cap C_3) = \frac{4}{12} \cdot \frac{6}{11} \cdot \frac{2}{10} = \frac{2}{55}$$

76. En una bossa hi ha 8 caramels de maduixa, 4 de menta i 6 de llimona. Una nena escull a l'atzar un caramel de la bossa i, després de menjar-se'l, escull a l'atzar un segon caramel de la mateixa bossa. Calcula la probabilitat que:

a) Els dos caramels siguin de maduixa.
b) Els dos caramels siguin del mateix gust.
c) Els dos caramels siguin de gust diferent.
d) El segon sigui de menta.
e) El segon no sigui de maduixa.
f) Almenys un hagi estat de llimona.

77. Fem l'experiment que consisteix a treure tres monedes (sense reemplaçament) d'un moneder que conté 5 monedes de 0,50 €, 7 monedes d'1 € i 3 de 2 €.

Calcula la probabilitat que:

a) Siguin la primera d'1 €, la segona de 0,50 € i la tercera de 2 €.
b) Siguin iguals les dues primeres, i la tercera, diferent.
c) Siguin tres monedes del mateix valor.

78. A la nevera d'en Josep hi ha 5 refrescos de cola, 8 de taronja i 2 de llimona. Primer n'agafa un a l'atzar. En el cas que sigui de llimona o cola, repeteix agafant-se un segon refresc escollit també a l'atzar. Calcula la probabilitat que:

a) Es prengui dos refrescos de llimona.
b) Se'n prengui primer un de cola i després un de taronja.
c) Se'n prengui un de cola i un altre de llimona.
d) Es prengui dos refrescos.
e) Es prengui dos refrescos del mateix gust.
f) Se'n prengui un de taronja i un altre de llimona.

79. Fes l'activitat anterior suposant que només hi ha un refresc de llimona.

80. Es fan dos grups amb les cartes d'una baralla espanyola: G_1 amb les copes i G_2 amb la resta. Es llança un dau i si el resultat és un nombre més petit o igual que 4 s'escull a l'atzar una carta de G_2, si surt més gran que 4 se n'escull una de G_1. Calcula la probabilitat que:

a) Surti una figura.
b) Surti un as.
c) Surti un cavall, sabent que en tirar el dau ha sortit un 6.

81. En un restaurant hi ha 26 homes, 20 dones i 3 nens. D'ells, 15 homes, 8 dones i 1 nen mengen «a la carta», mentre que la resta ho fa amb el «menú del dia». S'escull una persona a l'atzar. Calcula la probabilitat que sigui home i s'estigui menjant un menú del dia.

82. En un hospital de tres plantes, el 50 % dels malalts que estan ingressats ocupen la primera planta, el 30 % ocupa la segona planta i la resta és a la tercera planta. Són homes el 62 % dels malalts de la primera planta, el 44 % dels de la segona planta i el 35 % dels de la tercera planta. Escollit a l'atzar un malalt d'aquest hospital, determina la probabilitat que sigui:

a) Un home.

b) Una dona de la segona planta.

c) Un home de la primera planta o una dona de la tercera planta.

83. Llancem una moneda. Si surt cara, escollim a l'atzar un nombre de l'1 al 10; si surt creu, llancem un dau. Calcula la probabilitat que el nombre que s'obtingui sigui:

a) Un nombre parell.

b) Un múltiple de 3.

c) Un múltiple de 5.

84. A la pila de cartes M_1 hi ha 5 cartes d'oros i 6 de bastos, i a la pila M_2 hi ha 7 cartes d'oros, 3 de bastos i 2 d'espases. Traiem una carta de M_1 i la posem a M_2. A continuació traiem una carta de M_2. Calcula la probabilitat que:

a) Surti una carta d'oros.

b) Surti una carta d'espases.

c) Surti una carta d'oros després de passar-ne una de bastos.

d) Surti una carta de bastos després de passar-ne una d'oros.

85. Tenim dues caixes. A la caixa C_1 hi ha 9 fitxes vermelles i 5 fitxes negres. A la caixa C_2 hi ha 6 fitxes vermelles, 3 fitxes negres i 2 de blanques. Llancem dues monedes a l'aire. Si surten dues cares, traiem una fitxa de C_1; si no, la traiem de C_2. Calcula la probabilitat que:

a) La fitxa sigui vermella.

b) La fitxa sigui blanca.

c) Hagin sortit dues cares en llançar les monedes, sabent que la fitxa que ha sortit és negra.

86. A la capsa C_1 hi ha un dau de quatre cares, a la capsa C_2 hi ha un dau cúbic i a la capsa C_3 hi ha un dau de vuit cares. Escollim a l'atzar una de les capses i llancem el dau que conté. Calcula la probabilitat que:

a) Surti un 4.

b) Surti un nombre parell.

c) Surti un nombre més gran que 5.

d) El dau sigui de la capsa C_1, sabent que ha sortit un 4.

e) El dau sigui de la capsa C_2, sabent que ha sortit un 6.

87. A l'urna U_1 hi ha 4 boles vermelles i 5 de negres, i a l'urna U_2 hi ha 6 boles vermelles i 3 de negres. Traiem una bola de U_1 i la posem a U_2. Després traiem a l'atzar una bola de U_2. Calcula la probabilitat que:

a) Surti una bola vermella.

b) Surti una bola negra després d'haver-ne tret una de vermella a la primera urna.

c) La bola treta de U_1 sigui negra, sabent que la que ha sortit de l'urna U_2 també és negra.

88. Tenim tres bosses, B_1, B_2 i B_3. El seu contingut és el següent:

B_1: 4 boles blanques i 3 de negres.

B_2: 2 boles blanques i 5 de negres.

B_3: 5 boles blanques i 4 de negres.

Llancem un dau. Si surt 1, 2 o 3, traiem una bola de B_1; si surt 4 o 5, la traiem de B_2; si surt 6, la traiem de B_3. Sabent que la bola treta és blanca, calcula la probabilitat que sigui de la bossa B_2.

89. En un cine hi ha tres sales. A la sala A estan projectant una pel·lícula i hi ha 240 espectadors. A la sala B hi ha 180 butaques ocupades i a la sala C hi ha 80 persones. Se sap que la pel·lícula de la sala A agrada al 40 % dels espectadors, mentre que les pel·lícules de les altres sales tenen un 50 % i un 90 % d'acceptació.

A la sortida de les tres pel·lícules s'escull un espectador a l'atzar.

a) Quina és la probabilitat que la pel·lícula li hagi agradat?

b) Quina és la probabilitat que li hagi agradat si ha estat a la sala C?

c) I quina és la probabilitat que surti de la sala C si sabem que la pel·lícula li ha agradat?

90. El 60 % dels productes d'una marca es fabrica a la seva fàbrica de Portugal; el 30 % es fabrica a l'Estat espanyol, i la resta, a la fàbrica d'Andorra. L'1 % dels productes fabricats a Portugal presenta algun defecte de fabricació, mentre que a l'Estat espanyol i a Andorra aquests percentatges són del 0,5 i el 3 %, respectivament.

a) Determina la probabilitat que un producte resulti defectuós.

b) Si comprem un producte i resulta defectuós, quina és la probabilitat que procedeixi d'Andorra?

91. El 60 % dels habitants adults d'un poble és votant del partit QW i la resta vota el partit SZ. S'ha organitzat un referèndum. El 35 % dels votants de QW està a favor de la proposta, mentre que el 90 % dels votants de SZ també està disposat a donar-hi suport.

a) Si es realitza la votació, quina és la probabilitat que la proposta del referèndum sigui aprovada?

b) Escollim a l'atzar un votant dels que van votar afirmativament. Quina és la probabilitat que aquesta persona sigui votant de QW?

Problemes de probabilitat

92. Els metges d'un hospital fan guàrdies tres dies a la setmana.

a) Calcula la probabilitat que un metge faci guàrdia el dilluns, el dimarts i el dimecres.

b) Quina és la probabilitat que lliuri el cap de setmana (dissabte i diumenge)?

c) I que estigui de guàrdia tres dies alterns, és a dir, amb un dia de descans entre la primera i la segona guàrdia, i un altre dia de descans entre la segona i la tercera?

93. Un examen de tipus test consta de dues preguntes per a les quals s'ofereixen quatre possibles respostes, de les quals només una és correcta. Si es respon a l'atzar, quina és la probabilitat d'encertar les dues preguntes? I de no encertar-ne cap? Soluciona-ho considerant que l'examen consta de quatre preguntes.

94. Quina és la probabilitat de tenir 15 encerts en una travessa de futbol composta per 15 partits? I de tenir 14 encerts?

95. L'1 % dels exemplars d'una varietat europea de peix presenta una malformació congènita consistent en l'absència de l'aleta dorsal. Aquest defecte és present en el 3 % dels peixos de la varietat africana. En un viver de peixos, el 80 % dels exemplars és de procedència europea i la resta, africana.

a) Quina és la probabilitat que un peix del viver no tingui aleta dorsal?

b) Si el viver té aproximadament dos milions d'exemplars de peixos, quants d'aquests peixos no tindran aleta dorsal?

96. Esbrina la relació que han de complir x, y, z i t perquè A i P siguin esdeveniments independents.

	A	B
P	x	y
Q	z	t

97. Calcula:

a) Quina és la probabilitat que es trobin dos amics i hagin nascut el mateix dia de la setmana?

b) I si es troben tres amics, quina és la probabilitat que hi hagi, com a mínim, dos amics que hagin nascut el mateix dia de la setmana?

c) Quants amics s'han d'ajuntar per poder assegurar, amb més del 50 % de probabilitat, que hi hagi dos amics, almenys, que hagin nascut el mateix dia de la setmana?

98. En un joc es llança una moneda a l'aire i, si surt cara, perd un punt la Beatriu i el guanya en Jesús; si surt creu, passa el contrari. Entre els dos acorden que només s'hi pot jugar si disposen de punts per perdre.

a) Quina és la probabilitat que en Jesús hagi de deixar de jugar al tercer llançament?

b) I quina és la probabilitat que, després de llançar la moneda quatre vegades, en Jesús tingui només un punt?

Per aprofundir

Reflexiona sobre la teoria

99. Escull la resposta adequada. (Concurs de Primavera)

Seleccionats dos nombres reals de l'interval $[-20, 10]$, quina és la probabilitat que el seu producte sigui positiu?	$\frac{1}{9}$	$\frac{1}{3}$	$\frac{4}{9}$	$\frac{5}{9}$	$\frac{2}{3}$
L'Anna, la Beatriu i en Carles llancen un dau. L'Anna guanya si treu 1, 2 o 3; la Beatriu guanya si treu 4 o 5 i en Carles guanya si treu 6. El dau va passant de l'Anna a la Beatriu, de la Beatriu a en Carles, d'en Carles a l'Anna..., fins que algú guanyi. Quina és la probabilitat que guanyi en Carles?	$\frac{1}{18}$	$\frac{1}{13}$	$\frac{1}{11}$	$\frac{1}{8}$	$\frac{1}{6}$
Quina és la probabilitat que llancem dos daus i apareguin a la cara superior nombres consecutius?	$0{,}1\widehat{4}$	0,17	$0{,}2\widehat{7}$	$0{,}\widehat{3}$	0,5
Una bossa conté 3 boles vermelles i 2 de blanques. Traiem les boles, sense mirar, una a una. Quina és la probabilitat que en algun moment només quedin boles blanques?	$\frac{2}{5}$	$\frac{3}{10}$	$\frac{1}{2}$	$\frac{3}{5}$	$\frac{7}{10}$
A l'interior del triangle equilàter *ABC* escollim un punt *P*. Quina és la probabilitat que l'àrea del triangle *ABP* sigui més gran que l'àrea del triangle *ACP* i que l'àrea del triangle *BCP*?	$\frac{1}{6}$	$\frac{1}{4}$	$\frac{1}{3}$	$\frac{1}{2}$	$\frac{2}{3}$

100. A l'equació de segon grau $x^2 + ax + b = 0$, els coeficients, a i b, són els possibles resultats en llançar dos daus.

Calcula la probabilitat que l'equació no tingui solució real.

101. A l'equació de segon grau $x^2 + ax + b = 0$, els coeficients, a i b, són dos nombres reals escollits a l'atzar en l'interval $[0, 1]$.

Calcula la probabilitat que tingui dues solucions reals diferents.

Pensa una mica més

102. Un semàfor té el cicle següent: durant 30 segons es manté en verd, després es queda en groc 3 segons i, finalment, en vermell durant 30 segons més. L'Alícia es queda durant 3 segons observant el semàfor des de la finestra de casa seva. Quina és la probabilitat que el semàfor canviï de color durant aquests 3 segons?

103. En un equip de futbol tenim 11 jugadors, les samarretes dels quals estan numerades de l'1 a l'11. N'escollim 6 a l'atzar. Quina és la probabilitat que la suma dels nombres de les seves samarretes sigui imparell?

Olimpíades matemàtiques

104. Quin és el nombre mínim de persones necessàries perquè la probabilitat que almenys dues d'elles compleixin anys el mateix dia sigui superior al 50%? Agafa l'any amb 365 dies.

> Calcula la probabilitat de l'esdeveniment contrari, és a dir, que no coincideixi cap dels aniversaris.

105. Tres esportistes disputen entre si una sèrie de proves atlètiques, fins que algun d'ells obtingui 3 victòries i guanyi. Quin és el nombre més probable de proves realitzades?

(V Certamen El Nombre d'Or)

106. En una classe que no té més de 16 estudiants, la probabilitat que en escollir-ne dos resulti que tots dos han aprovat l'últim examen de Matemàtiques és $\frac{1}{2}$. Quants estudiants hi ha a la classe i quants van aprovar aquest examen?

(Concurs Puig Adam)

MATEMÀTIQUES A LA TEVA VIDA

PER A QUÈ SERVEIX LA PROBABILITAT?

Per comprendre el disseny del joc del dòmino

El dòmino és un joc de taula en el qual es fan servir unes fitxes rectangulars, generalment blanques, dividides en dues parts quadrades, cada una de les quals pot portar un seguit de punts de l'u al sis, o no portar-ne cap. El dòmino consta de 28 fitxes, i a cada una s'hi representa un parell de valors.

Les fitxes amb el mateix nombre de punts a tots dos quadrats es coneixen com a dobles; les fitxes amb un dels quadrats sense punts s'anomenen blanques; les que tenen un punt es coneixen com a uns, i la resta són dosos, tresos, quatres, cincs i sisos.

El nom de *dòmino* és d'origen francès; malgrat això, el joc va sortir fa aproximadament mil anys a la Xina. A mitjan segle XVIII els italians van introduir la versió de 28 fitxes per tot Europa i avui dia és un joc molt popular a l'Amèrica Llatina, especialment als països del Carib.

Per entendre per què en el dòmino hi ha 28 fitxes s'ha de recórrer a una combinatòria, perquè és necessari determinar quantes fitxes de dues parts quadrades fan falta per combinar cada nombre de 0 fins a 6, posant un nombre a cada part.

Com que de 0 a 6 hi ha set nombres i en volem seleccionar dos, hi apliquem la combinació de set elements agafats de dos en dos.

$$C_{7,2} = \frac{7!}{2!(7-2)!} = \frac{7!}{2!\cdot 5!} = \frac{7\cdot 6}{2} = 21$$

A més, com que aquesta combinatòria admet repeticions, hi hem de sumar les set fitxes parells (0, 0), (1, 1), ..., (6, 6). Per tant:

$$C_{7,2} + 7 = 21 + 7 = 28$$

Per aquesta raó el dòmino té 28 fitxes.

LLEGEIX I COMPRÈN

1. Quina és l'aportació dels italians al dòmino?

INTERPRETA

2. Es pot dir que el dòmino és un joc de probabilitats? Raona la resposta.

REFLEXIONA

3. Si les puntuacions anessin des de zero fins a tres, quantes fitxes farien falta?

APLICA

4. Calcula la probabilitat que s'obtingui la blanca doble quan s'escull a l'atzar una fitxa de dòmino.

5. Si escollim a l'atzar una fitxa de dòmino, calcula la probabilitat que la suma dels seus punts sigui més gran que 6.

6. Escollida una fitxa de dòmino, calcula la probabilitat que aquesta fitxa tingui un 3 sabent que la suma total dels seus punts és més gran que 6.

12 Distribucions binomial i normal

CONTINGUTS

Variables aleatòries

Distribucions discretes

Distribució binomial

Distribucions contínues

Distribució normal

En tots els procediments industrials o de fabricació mecanitzada de qualsevol tipus de producte, les peces elaborades passen un control de qualitat.

Aquest procés, el control de qualitat, es porta a terme per assegurar que les peces fabricades compleixen uns estàndards que fixa el fabricant per assegurar-ne la qualitat.

Per exemple, si una màquina ha de produir pastilles d'un medicament determinat, el control de qualitat avaluarà, entre altres, d'aspectes com ara la forma i la mida de les pastilles o la quantitat de compost actiu i d'excipient que tingui el medicament.

Evidentment, és fàcil imaginar que no analitzaran totes les pastilles.

De la mateixa manera, si d'un model de bombeta asseguren que funcionarà de mitjana 2 000 hores, no poden encendre totes les bombetes fabricades fins que es fonguin per comprovar-ho; aleshores...

Com es porta a terme el control de qualitat en un procés industrial?

1 Variables aleatòries

Una **variable aleatòria** és una funció que, a cada esdeveniment elemental d'un experiment aleatori, hi fa correspondre un nombre.

Fixa-t'hi

A cada esdeveniment elemental hi fem correspondre un nombre, però a un mateix nombre hi poden correspondre diversos esdeveniments elementals.

SABER FER

Com definim una variable aleatòria a partir d'un experiment

▶ **Tenim 3 capses, cadascuna de les quals amb una bola vermella i una de blanca. Defineix una variable aleatòria sobre l'experiment que consisteix a extreure una bola de cada capsa, i calcula la probabilitat d'obtenir cada valor.**

PRIMER. Descrivim l'espai mostral de l'experiment aleatori.

Si V = «Treure bola vermella» i B = «Treure bola blanca»:

$$E = \{VVV, VVB, VBV, BVV, VBB, BVB, BBV, BBB\}$$

SEGON. Definim la variable aleatòria assignant un nombre a cada esdeveniment elemental.

La funció X, que determina el nombre de boles blanques que hi ha en cada esdeveniment elemental, és una variable aleatòria.

$X(VVV) = 0$ $\quad X(VBV) = 1$ $\quad X(VBB) = 2$ $\quad X(BBV) = 2$

$X(VVB) = 1$ $\quad X(BVV) = 1$ $\quad X(BVB) = 2$ $\quad X(BBB) = 3$

TERCER. Calculem la probabilitat que la variable aleatòria adopti cada valor.

$\{X = 0\} = \{VVV\}$ $\qquad P(X = 0) = \frac{1}{8} = 0{,}125$

$\{X = 1\} = \{VVB, VBV, BVV\}$ $\qquad P(X = 1) = \frac{3}{8} = 0{,}375$

$\{X = 2\} = \{VBB, BVB, BBV\}$ $\qquad P(X = 2) = \frac{3}{8} = 0{,}375$

$\{X = 3\} = \{BBB\}$ $\qquad P(X = 3) = \frac{1}{8} = 0{,}125$

QUART. Representem les dades de la variable aleatòria amb taules o gràfics.

X	$P(X = x_i)$	$P(X \leq x_i)$
0	0,125	0,125
1	0,375	0,5
2	0,375	0,875
3	0,125	1
Total	1	

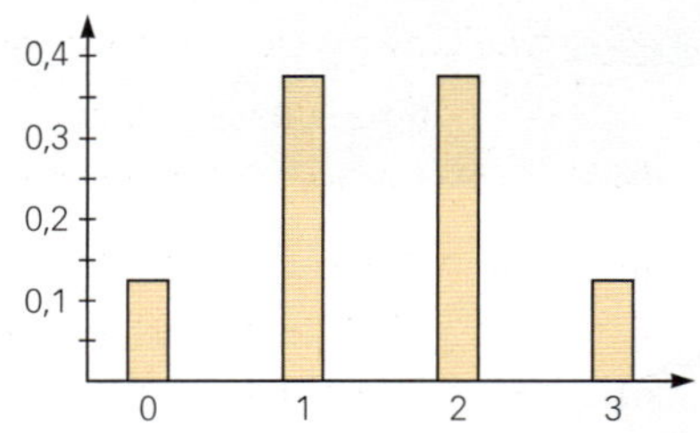

No te n'oblidis

En una variable estadística, la taula i el gràfic depenen de les dades de la mostra.

En canvi, la taula i el gràfic d'una variable aleatòria no varien, sempre són iguals.

ACTIVITATS

1. Tirem dos daus de 6 cares.

a) Determina si la funció que assigna a cada esdeveniment elemental la suma de les puntuacions és una variable aleatòria.

b) Elabora'n la taula de valors i representa-la gràficament.

2. Considerem l'experiment aleatori que consisteix a tirar un dau i una moneda.

a) Calcula l'espai mostral i la probabilitat de cada esdeveniment elemental.

b) Defineix dues variables aleatòries i representa-les.

1.1 Paràmetres

Els paràmetres més habituals d'una variable aleatòria són la mitjana, la variància i la desviació típica. Aquests paràmetres es calculen com les mesures estadístiques.

Mitjana μ

$$\mu = \sum_{i=1}^{n} p_i x_i = p_1 \cdot x_1 + p_2 \cdot x_2 + ... + p_n \cdot x_n$$

Variància σ^2

$$\sigma^2 = \sum_{i=1}^{n} p_i (x_i - \mu)^2 = \sum_{i=1}^{n} p_i x_i^2 - \mu^2$$

Desviació típica σ

$$\sigma = \sqrt{\sum_{i=1}^{n} p_i (x_i - \mu)^2} = \sqrt{\sum_{i=1}^{n} p_i x_i^2 - \mu^2}$$

X	$P(X = x_i)$
x_1	$P(X = x_1) = p_1$
x_2	$P(X = x_2) = p_2$
x_3	$P(X = x_3) = p_3$
...	...
x_n	$P(X = x_n) = p_n$
Total	1

Ho escrivim així

La mitjana, μ, d'una variable aleatòria s'anomena també *esperança matemàtica*, $E(X)$, de la variable.

$$\mu = E(X)$$

EXEMPLE

1 Calcula la mitjana i la desviació típica de la variable aleatòria, X, que compta el nombre de cares quan tirem 3 monedes.

Mitjana: $\mu = \sum p_i x_i = 0{,}125 \cdot 0 + 0{,}375 \cdot 1 + 0{,}375 \cdot 2 + 0{,}125 \cdot 3 = 1{,}5$

Desviació típica: $\sigma = \sqrt{\sum p_i x_i^2 - 1{,}5^2} = \sqrt{0{,}75} = 0{,}866$

No te n'oblidis

Fins ara, en les variables estadístiques es calculaven les mesures, que depenien de la mostra.

En les variables aleatòries, aquestes mesures les determina la població i, per això, per diferenciar-les de les anteriors les anomenem *paràmetres*.

1.2 Classificació de variables aleatòries

Les variables aleatòries, considerant els valors que adopten, poden ser:

- **Discretes,** quan, entre dos valors donats, només adopta un nombre finit de valors.
- **Contínues,** quan, entre cada dos valors, el nombre de valors que pot adoptar és infinit.

EXEMPLE

2 Classifica les variables aleatòries següents:

a) X = «Suma de punts quan tirem 2 daus»

b) X = «Estatura, en cm, d'una persona escollida a l'atzar»

a) $X = \{2, 3, 4, 5, 6, 7, 8, 9, 10, 11, 12\}$. Per tant, la variable és discreta, ja que entre cada dos valors hi ha un nombre finit de valors.

b) Entre dues estatures qualssevol sempre podem trobar infinits valors. Per tant, és una variable contínua.

ACTIVITATS

3. En una bossa hi ha 5 boles vermelles i 3 boles blaves. Es porta a terme l'experiment que consisteix a extreure 3 boles i apuntar la quantitat de boles blaves que surten.

Construeix una taula amb la distribució de probabilitat d'aquest experiment, i calcula'n la mitjana i la desviació típica.

4. Un dau trucat té la distribució de probabilitat que indica la taula. Troba el valor que falta, i la mitjana i la desviació típica.

X = «Puntuació»	1	2	4	5	6
$P(X = x_i)$	0,1	0,12	0,2	0,3	0,15

2 Distribucions discretes

La manera d'assignar les probabilitats a cada valor que adopta la variable aleatòria, X, s'anomena **distribució de probabilitat**.

Una **distribució discreta** queda determinada si coneixem qualsevol de les funcions següents:

- La **funció de probabilitat**, $f(x)$: assigna a cada valor la seva probabilitat.

$$f(x_i) = P(X = x_i) \xrightarrow{\text{Verifica}} \begin{cases} f(x_i) \geq 0 \\ \sum_{i=1}^{n} f(x_i) = 1 \end{cases}$$

- La **funció de distribució**, $F(x)$: assigna a cada valor la probabilitat que la variable adopti valors més petits o iguals que aquest valor.

$$F(x_i) = P(X \leq x_i) = \sum_{j=1}^{i} P(X = x_j) \xrightarrow{\text{Verifica}} \begin{cases} F(x_i) = \sum_{j=1}^{i} f(x_j) \\ \text{Discontínua de salt finit} \end{cases}$$

Funció de probabilitat

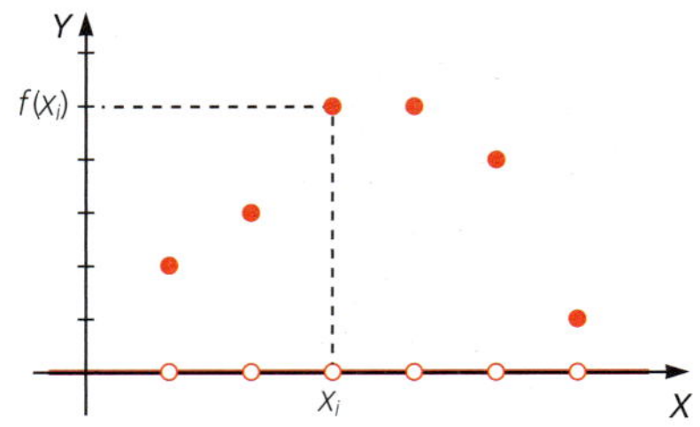

Funció de distribució

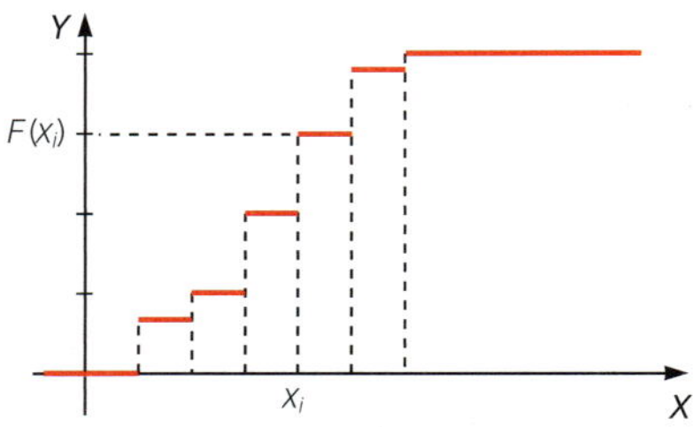

Fixa-t'hi

La funció de distribució és constant en cada interval $[x_i, x_{i+1})$ i presenta un salt en cada valor x_i, d'altura $f(x_i)$.

➔ SABER FER

Com calculem la funció de probabilitat i la funció de distribució d'una variable aleatòria discreta

▶ **Considerem la variable aleatòria X, que compta el nombre de boles blanques quan extraiem 2 boles, sense devolució, d'una bossa amb 3 boles blanques i 2 de vermelles. Calcula'n les funcions de probabilitat i de distribució.**

PRIMER. Determinem l'espai mostral i comprovem que la variable aleatòria definida és discreta.

$$E = \{V_1V_2, V_1B_1, V_1B_2, V_1B_3, V_2B_1, V_2B_2, V_2B_3, B_1B_2, B_1B_3, B_2B_3\}$$

Quan extraiem 2 boles, pot ser que cap sigui blanca, que ho sigui una o bé totes dues. Així, la variable només adopta un nombre finit de valors. Per tant, és discreta.

SEGON. Calculem les probabilitats dels esdeveniments elementals.

$$P(X = 0) = \frac{1}{10} = 0{,}1 \qquad P(X = 1) = \frac{6}{10} = 0{,}6 \qquad P(X = 2) = \frac{3}{10} = 0{,}3$$

$$P(X \leq 0) = 0{,}1 \qquad P(X \leq 1) = 0{,}7 \qquad P(X \leq 2) = 1$$

TERCER. Escrivim les funcions de probabilitat, $f(x)$, i de distribució, $F(x)$, i les representem.

$$f(x) = \begin{cases} 0{,}1 & \text{si } x = 0 \\ 0{,}6 & \text{si } x = 1 \\ 0{,}3 & \text{si } x = 2 \\ 0 & \text{a la resta de valors} \end{cases} \qquad F(x) = \begin{cases} 0 & \text{si } -\infty < x < 0 \\ 0{,}1 & \text{si } 0 \leq x < 1 \\ 0{,}7 & \text{si } 1 \leq x < 2 \\ 1 & \text{si } 2 \leq x < +\infty \end{cases}$$

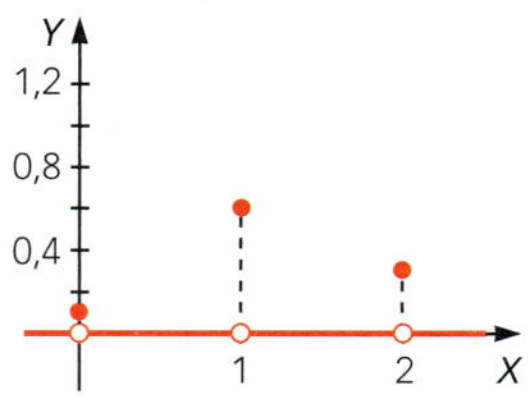

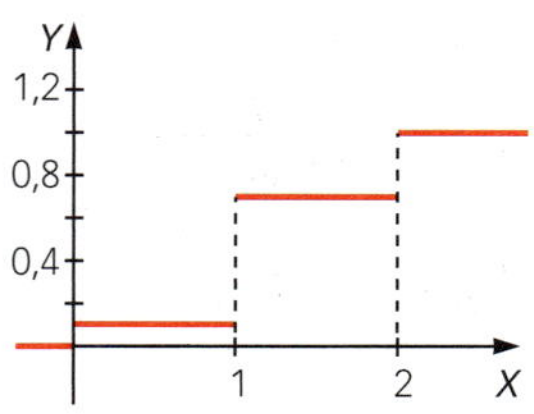

ACTIVITATS

5. En l'experiment aleatori que consisteix a tirar 3 monedes enlaire, considerem la variable aleatòria X, que associa a cada esdeveniment elemental la quantitat de cares que obtenim. Calcula i representa les funcions de probabilitat i de distribució.

6. Aquesta és la gràfica d'una funció de distribució. Troba i representa la funció de probabilitat.

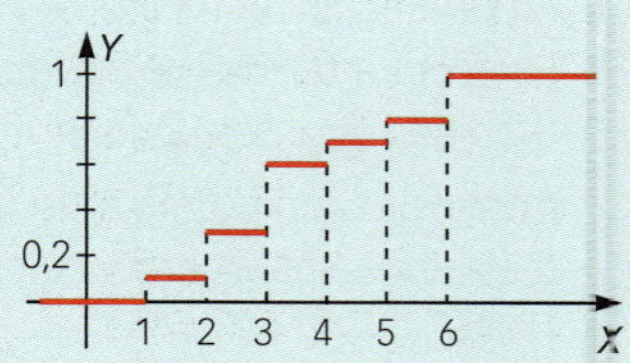

3 Distribució binomial

Una variable aleatòria, X, segueix una **distribució** de probabilitat **binomial**, i ho escrivim $X \equiv B(n, p)$, quan:

- La variable compta el nombre de vegades que té lloc un esdeveniment, A, quan es fa l'experiment aleatori n vegades.
- Depèn de dos paràmetres, n i p.
  n = nombre de vegades que es fa l'experiment
  p = probabilitat que tingui lloc l'esdeveniment A
- Les n vegades que es fa l'experiment són independents, és a dir, el que passi una de les vegades no influeix en la resta d'experiments.
- Té com a funció de probabilitat:

$$f(x_i) = P(X = x_i) = \binom{n}{i} p^i (1-p)^{n-i}$$

Ho escrivim així

Quan una variable aleatòria X segueix una distribució de probabilitat coneguda utilitzem el signe $\equiv$.

Si X segueix una distribució binomial de paràmetres n i p, escrivim $X \equiv B(n, p)$.

SABER FER

Com determinem si una variable aleatòria segueix una distribució binomial i com en trobem la funció de distribució

Un model d'avió té capacitat per a 260 passatgers. Amb tot, la companyia aèria a la qual pertany ha decidit vendre més bitllets que seients hi ha a l'avió. La probabilitat que un passatger es presenti a l'aeroport el dia del vol és del 95%. Si un dia la companyia ha venut 280 bitllets, quina és la probabilitat que aquell dia s'hi presentin 270 passatgers?

PRIMER. Determinem la variable aleatòria i comprovem que és discreta.

La variable compta la quantitat de persones que compren un bitllet d'avió i es presenten per agafar el vol. Es tracta d'una variable discreta.

SEGON. Definim l'experiment i comptem quantes vegades el fem.

Comprar un bitllet d'avió → $n = 280$

TERCER. Identifiquem l'esdeveniment, en calculem la probabilitat i comprovem que es tracta d'experiments independents.

A = «Presentar-se a l'aeroport» $\qquad p = P(A) = 0{,}95$

Que una persona es presenti a l'aeroport no influeix en el fet que se n'hi presenti una altra; per tant, les n vegades que fem l'experiment són independents.

La variable segueix una distribució binomial: $X \equiv B(280;\ 0{,}95)$

QUART. Trobem la funció de probabilitat per calcular la probabilitat que ens demanen.

$$P(X = 270) = \binom{280}{270} \cdot 0{,}95^{270} \cdot 0{,}05^{280-270} = 0{,}066$$

Fixa-t'hi

Si X segueix una distribució binomial $B(n, p)$, aleshores:

Mitjana: $\mu = np$

Variància: $\sigma^2 = np(1-p)$

Fixa-t'hi

El nombre combinatori $\binom{n}{m}$ es calcula així:

$$\binom{n}{m} = \frac{n!}{m! \cdot (n-m)!}$$

$$\binom{280}{270} = \frac{280!}{270! \cdot (280-270)!}$$

ACTIVITATS

7. Comprova si la variable aleatòria que compta quantes vegades que surt un 5 quan tirem 4 vegades un dau de 6 cares segueix una distribució binomial.

8. Tirem 3 vegades un dau de 4 cares i considerem la variable aleatòria que compta quantes vegades surt un 3. Identifica quina distribució $B(n, p)$ segueix aquesta variable i calcula'n la mitjana i la variància a partir de la distribució de probabilitat. Comprova que es compleix que $\mu = np$ i $\sigma^2 = npq$.

3.1 Càlcul de probabilitats a $B(n, p)$

Hi ha moltes situacions de la vida quotidiana que es resolen per mitjà d'una distribució binomial, $B(n, p)$.

Recorda

De vegades és més senzill calcular la probabilitat de l'esdeveniment contrari.

$$P(A) = 1 - P(\overline{A})$$

SABER FER

Com calculem probabilitats en variables aleatòries que segueixen una distribució binomial

▶ **Un examen de tipus test consta de 10 preguntes, cadascuna de les quals té 4 possibles respostes i només 1 de les 4 és correcta. Si contestem a l'atzar, calcula les probabilitats següents:**

a) Encertar 7 respostes.
b) Aprovar l'examen.
c) Treure excel·lent.
d) No arribar a notable.

PRIMER. Definim la variable aleatòria discreta que utilitzarem.

X = «Nombre d'encerts en l'examen»

SEGON. Calculem els paràmetres de la distribució.

n → el nombre de vegades que fem l'experiment, és a dir, les preguntes que es contesten a l'atzar, 10 → $n = 10$

p → la probabilitat d'obtenir un encert quan contestem a l'atzar → $p = P(\text{«Encertar la pregunta»}) = \frac{1}{4} = 0{,}25$

Aleshores tenim que $X \equiv B(10, 0{,}25)$.

TERCER. Escrivim cadascun dels esdeveniments d'acord amb els valors de la variable aleatòria.

a) Encertar 7 respostes → $X = 7$
b) Aprovar l'examen → $X \geq 5$
c) Treure excel·lent → $X \geq 9$
d) No arribar a notable → $X < 7$

QUART. Calculem les probabilitats que ens demanen mitjançant la funció de probabilitat.

$$P(X = x_i) = \binom{10}{i} \cdot 0{,}25^i \cdot 0{,}75^{10-i}$$

a) $P(X = 7) = \binom{10}{7} \cdot 0{,}25^7 \cdot 0{,}75^{10-7} = 0{,}0030899048$

b) $P(X \geq 5) = \sum_{i=5}^{10} \binom{10}{i} \cdot 0{,}25^i \cdot 0{,}75^{10-i} = 0{,}0781269073$

c) $P(X \geq 9) = \sum_{i=9}^{10} \binom{10}{i} \cdot 0{,}25^i \cdot 0{,}75^{10-i} = 0{,}0000295639$

d) $P(X < 7) = P(X \leq 6) = \sum_{i=0}^{6} \binom{10}{i} \cdot 0{,}25^i \cdot 0{,}75^{10-i} = 0{,}9964942932$

ACTIVITATS

9. Considerem una variable aleatòria qualsevol, X, que segueix una distribució binomial $B(8, 0{,}6)$.

Calcula les diferents probabilitats que tens a continuació:

a) $P(X = 4)$
b) $P(X < 2)$
c) $P(X \geq 6)$
d) $P(3 \leq X \leq 5)$
e) $P(X \leq 7)$
f) $P(0 < X < 8)$

10. En un laboratori d'anàlisis clíniques saben que el 98 % de les proves de diabetis que fan resulten negatives. Si han rebut 10 mostres per analitzar:

a) Determina la probabilitat que hi hagi 2 persones a les quals la prova els surti positiva.
b) Quina és la probabilitat que la prova resulti positiva a més d'1 persona?

3.2 Càlcul de probabilitats mitjançant taules a $B(n, p)$

Per determinar probabilitats en una distribució binomial s'acostumen a utilitzar taules, en les quals les probabilitats d'aquest tipus de variables aleatòries ja estan calculades.

SABER FER

Com calculem probabilitats en variables aleatòries que segueixen una distribució binomial per mitjà de taules

▶ **Un examen tipus test consta de 8 preguntes, cadascuna de les quals té 5 possibles respostes i només 1 és correcta. Si contestem a l'atzar, calcula les probabilitats següents:**

a) Encertar 7 respostes.

b) Aprovar l'examen.

c) Fallar totes les respostes.

d) Encertar menys de 6 respostes.

PRIMER. Calculem els paràmetres de la distribució.

La variable estadística, X, segueix una distribució binomial $X \equiv B(8, 0{,}2)$.

$$n = 8$$

$$p = P(\text{«Encertar la pregunta»}) = \frac{1}{5} = 0{,}2$$

SEGON. Per utilitzar les taules hem d'analitzar tres dades:

n = nombre d'experiments

p = probabilitat d'encertar

r = nombre d'encerts

El paràmetre n marca el bloc de files de la taula on hem de mirar.

En aquest cas, com que $n = 8$, busquem en el bloc allà on apareix $n = 8$.

TERCER. En el bloc indicat, busquem la columna que correspon al segon paràmetre, p.

En aquest cas, $p = 0{,}2$; per tant, dins del bloc amb $n = 8$ seleccionem la columna en què apareix $p = 0{,}2$.

QUART. L'últim paràmetre, r, indica la probabilitat que hem de calcular.

a) $P(X = 7) = 0{,}0001$

b) $P(X \geq 4) = P(X = 4) + P(X = 5) + P(X = 6) + P(X = 7) + P(X = 8) =$
$= 0{,}0459 + 0{,}0092 + 0{,}0011 + 0{,}0001 + 0{,}0000 = 0{,}0563$

c) Fallar totes les respostes equival a $X = 0$.

$P(X = 0) = 0{,}1678$

d) $P(X < 6) = P(X = 0) + P(X = 1) + P(X = 2) + P(X = 3) + P(X = 4) + P(X = 5) =$
$= 0{,}1678 + 0{,}3355 + 0{,}2936 + 0{,}1468 + 0{,}0459 + 0{,}0092 = 0{,}9988$

		p				
n	r	0,05	0,10	0,15	0,20	0,25
8	0	0,6634	0,4305	0,2725	0,1678	0,1001
	1	0,2793	0,3826	0,3847	0,3355	0,2670
	2	0,0515	0,1488	0,2376	0,2936	0,3115
	3	0,0054	0,0331	0,0839	0,1468	0,2076
	4	0,0004	0,0046	0,0815	0,0459	0,0865
	5	0,0000	0,0004	0,0026	0,0092	0,0231
	6		0,0000	0,0002	0,0011	0,0038
	7			0,0000	**0,0001**	0,0004
	8				0,0000	0,0000

Fixa-t'hi

Quan a la taula de probabilitat apareix 0,0000 significa que la probabilitat és més petita que un deumil·lèsim.

ACTIVITATS

11. Considerem la variable aleatòria que compta la quantitat de boles blanques que obtenim quan extraiem tres vegades una bola d'un recipient que conté 2 boles blanques i 3 de vermelles, i, després d'apuntar-ne el color, retornem la bola al recipient. Per mitjà de la taula de la distribució, calcula la probabilitat que hàgim apuntat 2 boles blanques.

12. Si considerem el mateix experiment de l'activitat anterior, determina:

a) La probabilitat que totes les boles que extraguem siguin del mateix color.

b) La probabilitat d'extreure alguna bola que sigui de color vermell.

4 Distribucions contínues

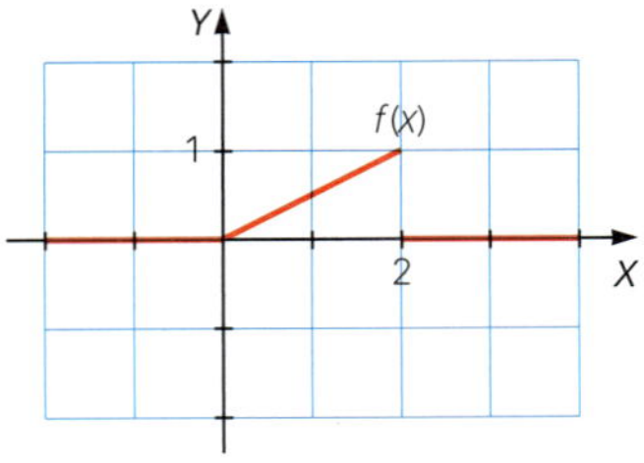

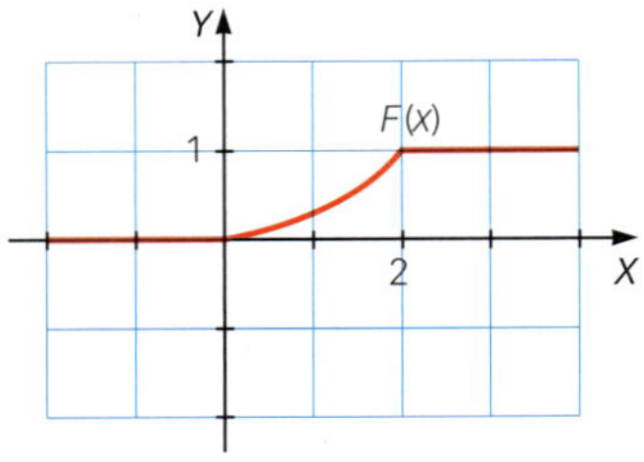

Quan una variable aleatòria és contínua, la seva distribució de probabilitat també és contínua. Una **distribució contínua** queda determinada si coneixem qualsevol de les funcions següents:

- La **funció de densitat**, $f(x)$, és una funció que compleix que $f(x) \geq 0$ per a qualsevol valor de x.
  L'àrea inclosa entre la funció i l'eix d'abscisses és 1.
- La **funció de distribució**, $F(x)$, assigna a cada valor la probabilitat que la variable adopti valors més petits o iguals que aquest valor.

  $$F(x) = P(X \leq x)$$

  Té com a recorregut $\text{Im } F = [0, 1]$ i és una funció creixent.

Recorda

Si la variable aleatòria és contínua, la probabilitat que sigui igual a un valor és nul·la.

$$P(X = x_i) = 0$$

SABER FER

Com calculem la funció de distribució d'una variable aleatòria contínua

▶ Calcula la funció de distribució que correspon a aquesta funció de densitat.

$$f(x) = \begin{cases} \dfrac{x}{2} & \text{si } 0 \leq x \leq 2 \\ 0 & \text{a la resta} \end{cases}$$

PRIMER. Representem la funció de densitat.

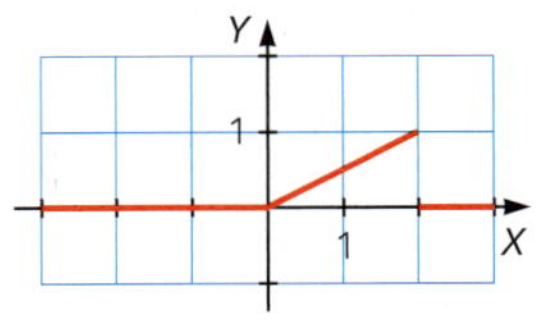

Fins a $x = 0$ és la recta $y = 0$.

Des de $x = 0$ fins a $x = 2$ és la recta $y = \dfrac{x}{2}$.

Des de $x = 2$ en endavant és la recta $x = 0$.

SEGON. Calculem la funció de distribució com l'àrea entre la funció i l'eix X des de $-\infty$ fins a x, en funció de l'interval on es trobi x.

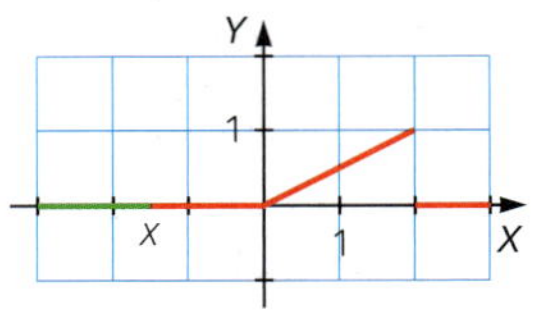

Si $x \in (-\infty, 0)$, l'àrea és 0 → $A = 0$

Si $x \in [0, 2]$, l'àrea és $A = \dfrac{x \cdot \dfrac{x}{2}}{2} = \dfrac{x^2}{4}$

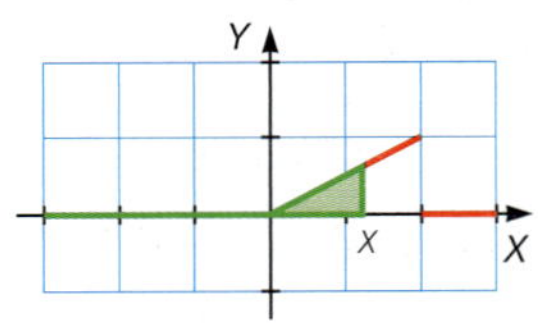

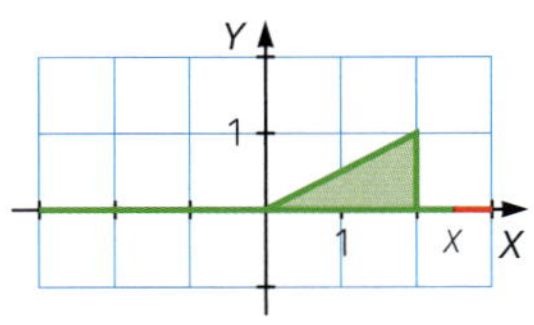

Si $x \in (2, +\infty)$, l'àrea és $A = \dfrac{2 \cdot 1}{2} = 1$

La funció de distribució és $F(x) = \begin{cases} 0 & \text{si } x < 0 \\ \dfrac{x^2}{4} & \text{si } 0 \leq x \leq 2 \\ 1 & \text{si } 2 < x \end{cases}$

ACTIVITATS

13. Determina el valor de k perquè la funció següent sigui de densitat i troba la funció de distribució associada:

$$f(x) = \begin{cases} kx & \text{si } 0 \leq x \leq 2 \\ 0 & \text{a la resta} \end{cases}$$

14. Calcula la funció de distribució d'aquesta funció de densitat:

$$f(x) = \begin{cases} 0 & \text{si } -\infty < x < 0 \\ 1 & \text{si } 0 \leq x \leq 1 \\ 0 & \text{si } 1 < x < +\infty \end{cases}$$

5 Distribució normal

Una variable aleatòria, X, segueix una **distribució** de probabilitat **normal**, i ho escrivim $X \equiv N(\mu, \sigma)$, quan:

- És una variable aleatòria contínua.
- Depèn de dos paràmetres, μ i σ.
  μ = mitjana de la variable aleatòria
  σ = desviació típica de la variable aleatòria
- La seva funció de densitat és simètrica respecte de la mitjana.

Distribució normal

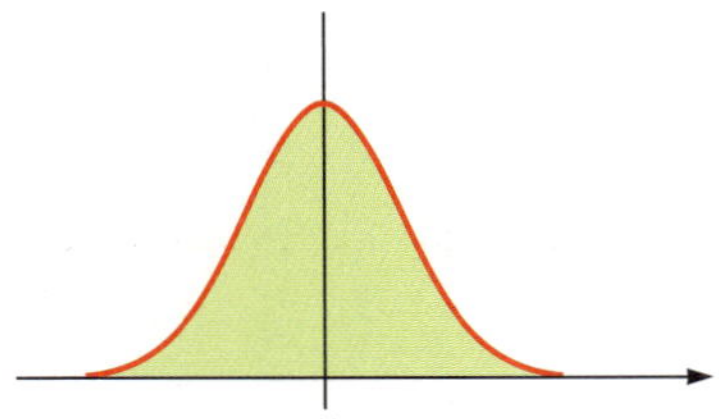

La més important de totes les distribucions normals és la que té mitjana $\mu = 0$ i desviació típica $\sigma = 1$, i s'indica $Z \equiv N(0, 1)$.

Com que la mitjana és 0, aleshores la funció és simètrica respecte de l'eix Y.

5.1 Tipificació

Per **tipificar un valor** d'una variable aleatòria X, primer hi restem la mitjana de la variable i dividim el resultat entre la desviació típica.

$$X \xrightarrow{\text{Tipificar}} \frac{X - \mu}{\sigma}$$

Amb el procés de tipificació aconseguim transformar una variable en una altra variable que té mitjana $\mu = 0$ i desviació típica $\sigma = 1$.

Recorda

Si tipifiquem podem comparar elements que pertanyen a diferents poblacions.

EXEMPLE

3 **Segons diferents anàlisis, moblar una casa costa de mitjana en una ciutat 7 500 €, amb una desviació típica de 150 €. En una altra ciutat, en canvi, el cost mitjà és de 8 000 €, amb una desviació típica de 250 €. Si a una família els donen a la primera ciutat un pressupost de 7 600 €, i a una altra família, a la segona ciutat, de 8 100 €, a quina de les dues els fan una oferta millor?**

Primera ciutat → $N(7\,500, 150)$ Segona ciutat → $N(8\,000, 250)$

Si comparem els pressupostos, la primera família rep una oferta millor → $7\,600 < 8\,100$.

I si comparem els dos pressupostos amb el cost mitjà a cada ciutat, tots dos serien iguals, perquè estan 100 € per sobre de la mitjana.

Amb tot, si tipifiquem els pressupostos i els comparem:

$$7\,600 \xrightarrow{\text{Tipificar}} \frac{7\,600 - 7\,500}{150} = 0{,}667 \qquad 8\,100 \xrightarrow{\text{Tipificar}} \frac{8\,100 - 8\,000}{250} = 0{,}4$$

Això indica que a la segona família els fan la millor oferta a la seva ciutat.

ACTIVITATS

15. Els ebenistes tenen un salari mitjà de 1 280 €, amb una desviació típica de 200 €; i els lampistes, de 1 060 €, amb una desviació típica de 180 €. Si a un ebenista li ofereixen un sou de 1 320 €, i a un lampista, un de 1 100 €, a quin dels dos li fan una oferta millor?

16. Compara les dades de les distribucions següents:

$x_1 = 2$ (amb $\mu = 1$, $\sigma = 2$)

$x_2 = 1$ (amb $\mu = 2$, $\sigma = 1$)

$x_3 = 1{,}5$ (amb $\mu = 1{,}5$, $\sigma = 1{,}5$)

5.2 Càlcul de probabilitats mitjançant taules de $N(0, 1)$

Per calcular probabilitats en una variable aleatòria que es distribueix segons una normal $N(\mu, \sigma)$, tipifiquem la variable i després utilitzem la taula de probabilitats de Z, la distribució normal $N(0, 1)$.

➔ SABER FER

Com calculem probabilitats per mitjà de taules en variables aleatòries que segueixen una distribució normal

▶ El temps de recuperació, en dies, d'una grip segueix una distribució normal de mitjana 7 i desviació típica 3. Calcula:

a) La probabilitat que una persona trigui menys de 6 dies a recuperar-se.

b) La probabilitat que, si escollim una persona a l'atzar, es recuperi en més de 10 dies.

PRIMER. Definim la variable aleatòria i escrivim les probabilitats que ens demanen en funció d'aquesta variable.

La variable aleatòria X és el temps de recuperació de la grip d'una persona escollida a l'atzar: $X \equiv N(7, 3)$.

Les probabilitats que ens demanen són: a) $P(X < 6)$ b) $P(X \geq 10)$

SEGON. Tipifiquem la variable per fer servir la taula de probabilitats de la distribució normal $Z \equiv N(0, 1)$.

a) $P(X < 5) = P\left(\dfrac{X-7}{3} < \dfrac{6-7}{3}\right) = P(Z < -0{,}33)$

b) $P(X \geq 10) = P\left(\dfrac{X-7}{3} \geq \dfrac{10-7}{3}\right) = P(Z \geq 1)$

TERCER. La taula de probabilitats de la distribució normal $Z \equiv N(0, 1)$ mesura la probabilitat que sigui més petita o igual que un nombre determinat, $P(Z \leq a)$, i tan sols hi apareixen nombres positius. Per això transformem la probabilitat i els valors fins que els puguem trobar a la taula.

a) $P(Z < -0{,}33) = P(Z > 0{,}33) = 1 - P(Z \leq 0{,}33)$ b) $P(Z \geq 1) = 1 - P(Z < 1)$

z	0,00	0,01	0,02	0,03	0,04
0,0	0,5000	0,5040	0,5080	0,5120	0,5160
0,1	0,5398	0,5438	0,5478	0,5517	0,5557
0,2	0,5793	0,5832	0,5871	0,5910	0,5948
0,3	0,6179	0,6217	0,6255	0,6293	0,6331
0,4	0,6554	0,6591	0,6628	0,6664	0,6700
0,5	0,6915	0,6950	0,6985	0,7019	0,7054
0,6	0,7257	0,7291	0,7324	0,7357	0,7389
0,7	0,7580	0,7611	0,7642	0,7673	0,7704
0,8	0,7881	0,7910	0,7939	0,7967	0,7995
0,9	0,8159	0,8186	0,8212	0,8238	0,8264
1,0	0,8413	0,8438	0,8461	0,8485	0,8508
1,1	0,8643	0,8665	0,8686	0,8708	0,8729

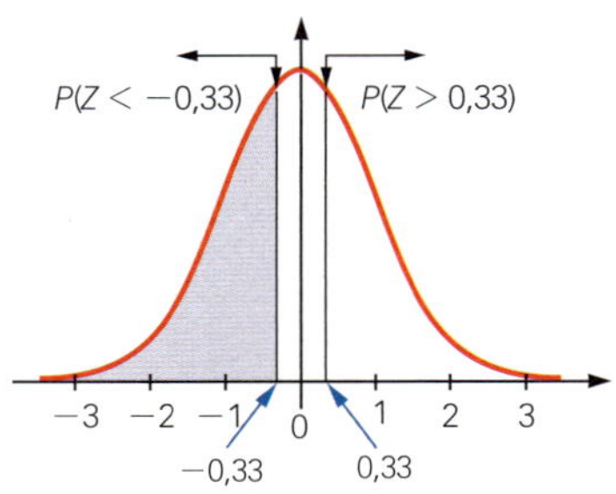

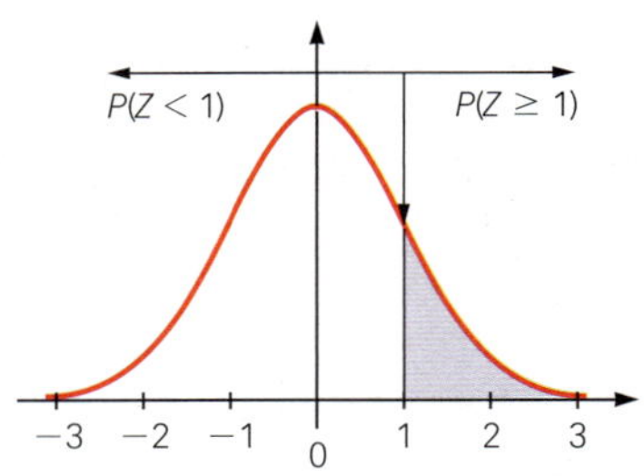

QUART. Busquem a la taula: fins al primer decimal és a la primera fila i el segon decimal es troba a la primera columna. La probabilitat és igual al nombre que hi ha a la intersecció d'aquests dos nombres.

a) $P(Z < -0{,}33) = 1 - P(Z \leq 0{,}33) = 1 - 0{,}6293 = 0{,}3707$

b) $P(Z \geq 1) = 1 - P(Z < 1) = 1 - 0{,}8413 = 0{,}1587$

ACTIVITATS

17. Si la variable aleatòria X segueix una distribució normal $X \equiv N(5, 2)$, calcula les probabilitats següents:

a) $P(X < 2)$ c) $P(X \leq 4)$ e) $P(X < 7)$

b) $P(X > 3)$ d) $P(X \geq 6)$ f) $P(X \leq 8)$

18. El nivell de colesterol en una persona adulta sana segueix una distribució normal $N(192,12)$. Calcula la probabilitat que una persona adulta sana tingui un nivell de colesterol:

a) Superior a 200 unitats. b) Entre 180 i 220 unitats.

6 Aproximació de la binomial

Quan n és suficientment gran, la distribució binomial es pot aproximar per una normal de mitjana $\mu = np$ i desviació típica $\sigma = \sqrt{np(1-p)}$.

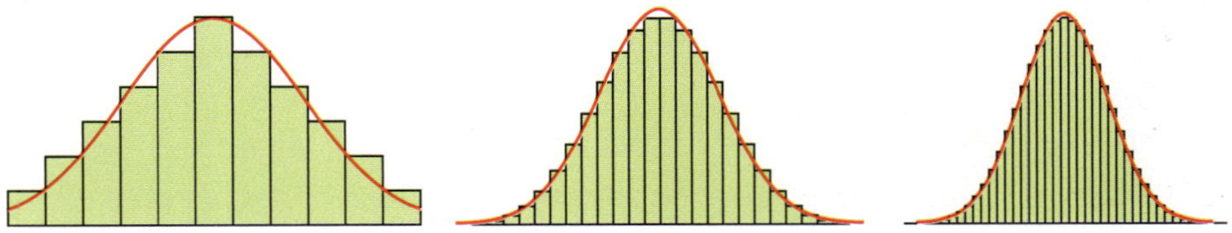

Com més gran és n, millor s'aproxima la distribució binomial a la normal.

En la pràctica es considera que l'aproximació és bona quan es verifica que $np > 5$ i $n(1-p) > 5$.

SABER FER

Com calculem probabilitats en una variable aleatòria binomial aproximant-la a una normal

Un model d'avió té capacitat per a 260 passatgers. Amb tot, la companyia aèria a la qual pertany ha decidit vendre més bitllets que seients hi ha a l'avió. La probabilitat que un passatger es presenti a l'aeroport el dia del vol és del 95%. Si un dia la companyia ha venut 280 bitllets, quina és la probabilitat que aquell dia s'hi presentin 270 passatgers?

PRIMER. Decidim si la variable aleatòria segueix una distribució binomial i si $n > 8$.

En aquest cas, $X \equiv B(280; 0{,}95) \rightarrow n = 280 > 8$.

SEGON. Comprovem si es pot aproximar per una distribució normal.

$np = 280 \cdot 0{,}95 = 266 > 5 \qquad n(1-p) = 280 \cdot 0{,}05 = 14 > 5$

TERCER. Calculem els paràmetres de la distribució normal a la qual s'aproxima.

$$\left.\begin{array}{l}\mu = np = 280 \cdot 0{,}95 = 266 \\ \sigma = \sqrt{np(1-p)} = 3{,}65\end{array}\right\} \rightarrow X \equiv B(280; 0{,}95) \approx N(266; 3{,}65)$$

QUART. Determinem els esdeveniments i en calculem les probabilitats que ens demanen tipificant la variable i amb la taula de distribució de la normal $Z \equiv N(0, 1)$.

Presentar-se 270 passatgers $\rightarrow X = 270$

$$P(X = 270) = P\left(270 - \frac{1}{2} < X < 270 + \frac{1}{2}\right) = P(269{,}5 < X < 270{,}5) =$$

$$= P(X < 270{,}5) - P(X \leq 269{,}5) = P\left(Z < \frac{270{,}5 - 266}{3{,}65}\right) - P\left(Z \leq \frac{269{,}5 - 266}{3{,}65}\right) =$$

$$= P(Z < 1{,}23) - P(Z < 0{,}96) = 0{,}8907 - 0{,}8315 = 0{,}06$$

El valor que obtenim és molt pròxim al que resulta amb la fórmula de la distribució binomial.

Fixa-t'hi

Quan $n > 8$, no podem trobar les probabilitats a les taules de la binomial; per tant, hem de comprovar si la variable s'ha d'intentar aproximar per una normal.

Fixa-t'hi

Quan passem d'una distribució binomial a una de normal, un valor de la binomial es converteix en un interval a la normal.

$$a \rightarrow \left(a - \frac{1}{2}, a + \frac{1}{2}\right)$$

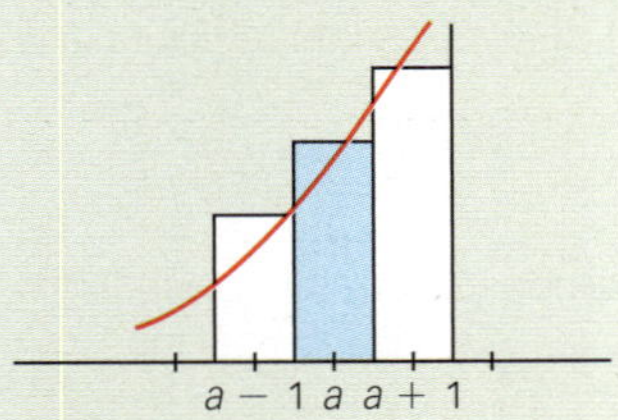

$$P(X = a) = P\left(a - \frac{1}{2} < X < a + \frac{1}{2}\right)$$

ACTIVITATS

19. Una fàbrica elabora 2 000 circuits electrònics al dia i la probabilitat que en surti un de defectuós és de l'1%. Quina és la probabilitat que fabriquin més de 50 circuits defectuosos en un dia? I menys de 25?

20. El 10% de les persones d'una població afirmen que no escolten mai la ràdio. Escollides 100 persones a l'atzar, quina és la probabilitat que almenys 14 persones no escoltin mai la ràdio? I que siguin exactament 14?

Distribució binomial

Com calculem els paràmetres d'una variable aleatòria que segueix una distribució binomial

La probabilitat d'encertar el blanc en una diana de dards és $\frac{2}{5}$. Determina quin tipus de distribució segueix la variable que compta el nombre de blancs aconseguits en 8 tirades i quina és la mitjana i la variància. Calcula la probabilitat d'encertar 3 vegades en el blanc.

PRIMER. Determinem la variable aleatòria i comprovem que és discreta.

X = «Nombre de blancs aconseguits en les 8 tirades»

Es tracta d'una variable discreta.

SEGON. Definim l'experiment i comptem quantes vegades es porta a terme.

L'experiment consisteix a llançar un dard a la diana i es repeteix 8 vegades.

TERCER. Identifiquem l'esdeveniment, en calculem la probabilitat i comprovem que es tracta d'experiments independents.

$$A = \text{«Fer blanc a la diana»} \rightarrow p = P(A) = \frac{2}{5} = 0{,}4$$

La variable segueix una distribució binomial $\rightarrow X \equiv B(8; 0{,}4)$

QUART. Trobem la funció de probabilitat per calcular la probabilitat que ens demanen.

$$P(X = 3) = \binom{8}{3} \cdot 0{,}4^3 \cdot 0{,}6^{8-3} = 0{,}2787$$

CINQUÈ. Determinem la mitjana i la variància de la variable.

$$\mu = np = 8 \cdot 0{,}4 = 3{,}2$$
$$\sigma^2 = np(1-p) = 8 \cdot 0{,}4 \cdot 0{,}6 = 1{,}92$$

PRACTICA

21. Un estudi mèdic assegura que 1 de cada 8 nens té gingivitis. Escollits 7 nens a l'atzar, determina:

a) Quin tipus de distribució segueix la variable que compta la quantitat de nens que presenten la malaltia.

b) La probabilitat que hi hagi exactament 2 nens amb la malaltia.

c) La probabilitat que cap nen tingui la malaltia.

d) La mitjana i la variància de la variable.

Distribucions contínues

Com determinem un paràmetre perquè una funció sigui funció de densitat

Calcula la funció de distribució d'una variable aleatòria contínua, *X*, amb la funció de densitat següent:

$$f(x) = \begin{cases} k & \text{si } 0 \le x \le 4 \\ 0 & \text{a la resta} \end{cases}$$

PRIMER. Representem la funció i utilitzem la definició de funció de densitat per determinar el paràmetre. L'àrea inclosa entre la funció i l'eix d'abscisses és 1.

$$4 \cdot k = 1 \rightarrow k = \frac{1}{4}$$

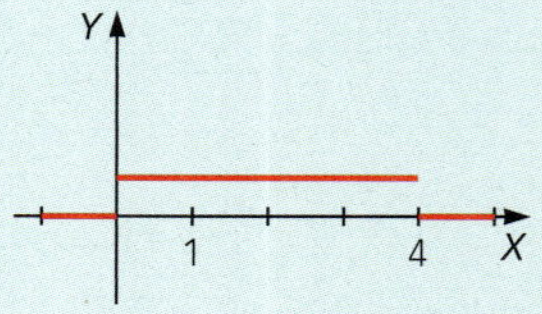

SEGON. Determinem la funció de distribució en cada interval.

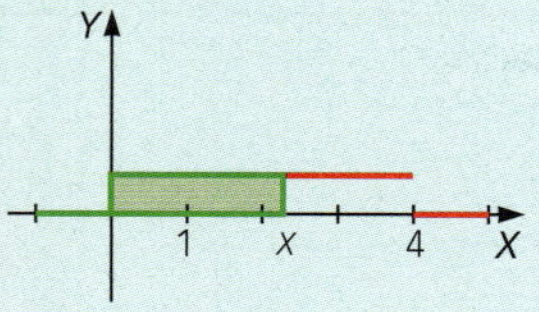

$$\left.\begin{array}{l} \text{Per a } x \in (-\infty, 0) \rightarrow F(x) = 0 \\ \text{Per a } x \in [0, 4) \rightarrow F(x) = x \cdot \frac{1}{4} = \frac{x}{4} \\ \text{Per a } x \in [4, +\infty) \rightarrow F(x) = 1 \end{array}\right\} \rightarrow F(x) = \begin{cases} 0 & \text{si } x < 0 \\ \frac{x}{4} & \text{si } 0 \le x < 4 \\ 1 & \text{si } x \ge 4 \end{cases}$$

PRACTICA

22. Calcula la funció de distribució d'una variable aleatòria contínua amb aquesta funció de densitat:

$$f(x) = \begin{cases} kx + 1 & \text{si } 0 \le x \le 3 \\ 0 & \text{a la resta} \end{cases}$$

23. Determina la funció de distribució d'una variable aleatòria contínua amb aquesta funció de densitat:

$$f(x) = \begin{cases} k & \text{si } 1 \le x \le 3 \\ 0 & \text{a la resta} \end{cases}$$

Distribució normal

Com calculem la probabilitat que $Z \equiv N(0, 1)$ sigui més gran que un valor positiu

Calcula $P(Z \geq 1{,}95)$.

PRIMER. Transformem el signe de la desigualtat de manera que en puguem trobar la probabilitat a la taula de la distribució normal $Z \equiv N(0, 1)$.

$$P(Z \geq 1{,}95) = 1 - P(Z < 1{,}95)$$

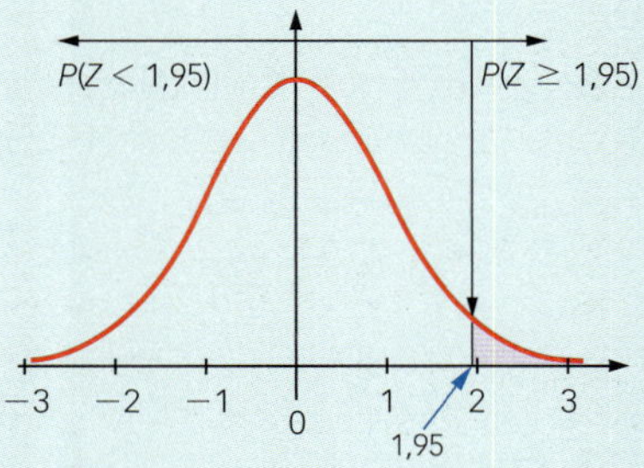

SEGON. Busquem el valor de Z a la taula de la normal i calculem la probabilitat que ens demanen.

$$P(Z \geq 1{,}95) = 1 - P(Z \leq 1{,}95) = 1 - 0{,}9744 = 0{,}0256$$

PRACTICA

24. Calcula les probabilitats següents:

a) $P(Z \geq 0{,}7)$ b) $P(Z \geq 1{,}73)$ c) $P(Z \geq 2{,}03)$

Distribució normal

Com calculem la probabilitat que $Z \equiv N(0, 1)$ estigui entre dos valors

Calcula $P(1 \leq Z \leq 1{,}85)$.

PRIMER. Transformem l'expressió en una resta de probabilitats.

$$P(1 \leq Z \leq 1{,}85) = P(Z \leq 1{,}85) - P(Z \leq 1)$$

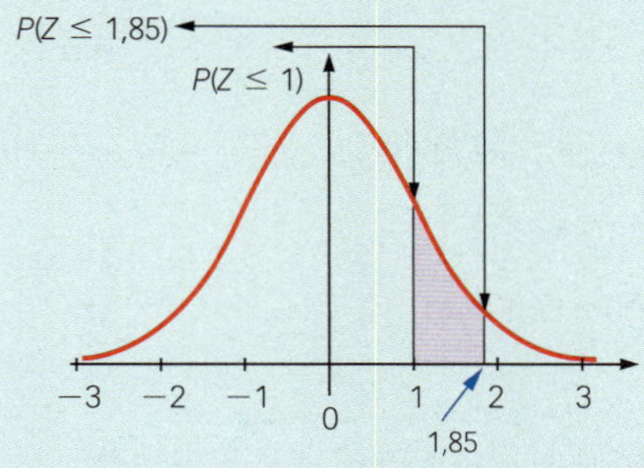

SEGON. Transformem els valors, si convé, per buscar la probabilitat a la taula i trobar la probabilitat que ens demanen.

$$P(1 \leq Z \leq 1{,}85) = P(Z \leq 1{,}85) - P(Z \leq 1) = 0{,}9678 - 0{,}8413 = 0{,}1265$$

PRACTICA

25. Determina aquestes probabilitats:

a) $P(0{,}2 \leq Z \leq 0{,}9)$ b) $P(-1{,}9 \leq Z \leq -1{,}2)$

Distribució normal

Com calculem la probabilitat que $Z \equiv N(0, 1)$ sigui més petit o igual que un valor negatiu

Calcula les probabilitats següents: a) $P(Z \leq -0{,}25)$ b) $P(Z \geq -0{,}25)$

PRIMER. Transformem el valor negatiu en positiu mitjançant la propietat de simetria de la distribució normal $Z \equiv N(0, 1)$.

a) $P(Z \leq -0{,}25) = P(Z \geq 0{,}25)$

b) $P(Z \geq -0{,}25) = 1 - P(Z < -0{,}25) = 1 - P(Z > 0{,}25)$

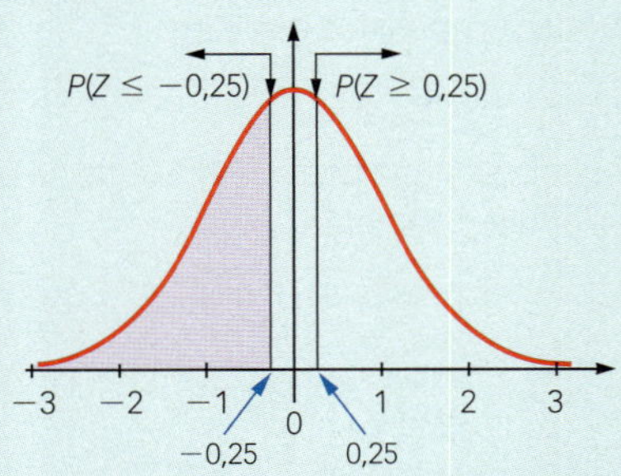

Més petit que un valor negatiu

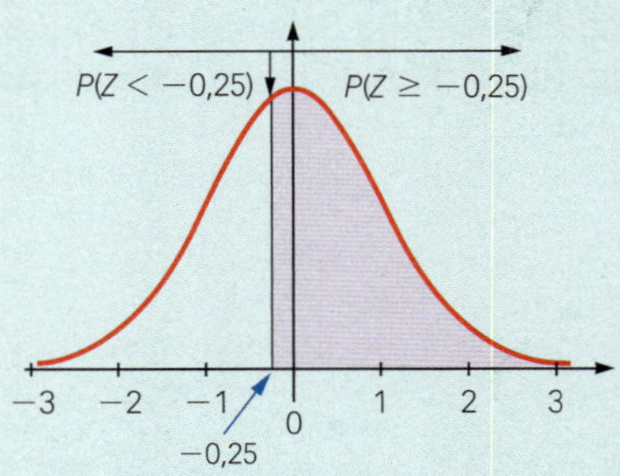

Més gran que un valor negatiu

SEGON. Busquem el valor $Z = 0{,}25$ a la taula de la normal i calculem la probabilitat que ens demanen.

a) $P(Z \leq -0{,}25) = P(Z \geq 0{,}25) = 1 - P(Z < 0{,}25) = 1 - 0{,}5987 = 0{,}4013$

b) $P(Z \geq -0{,}25) = 1 - P(Z < -0{,}25) = 1 - P(Z > 0{,}25) = 1 - [1 - P(Z \leq 0{,}25)] = P(Z \leq 0{,}25) = 0{,}5987$

PRACTICA

26. Calcula aquestes probabilitats: a) $P(Z \leq -1{,}3)$ b) $P(Z \geq -1{,}3)$ c) $P(Z \geq -1{,}82)$ d) $P(Z \leq -1{,}82)$

Distribució normal

Com calculem un punt si en coneixem la probabilitat

Troba els valors *a* i *b* perquè es compleixi cadascuna de les expressions següents:

a) $P(Z < a) = 0{,}975$ **b)** $P(Z < b) = 0{,}1587$

PRIMER. Transformem les probabilitats per poder-les buscar a la taula. Les probabilitats han de ser més grans que 0,5.

a) El valor apareix a la taula; per tant, no cal fer cap transformació.

b) Com que $P(Z < b) = 0{,}1587 < 0{,}5$, es transforma de la manera següent:

$$P(Z < -b) = 1 - 0{,}1587 = 0{,}8413$$

SEGON. Busquem la probabilitat dins de la taula. Si no apareix, considerem el valor que resulti més aproximat.

Adoptem el valor que correspon a aquesta probabilitat i calculem el valor que ens demanen.

a) $p = 0{,}975 \rightarrow z = 1{,}96 \rightarrow a = 1{,}96$

b) $p = 0{,}8413 \rightarrow z = 1 \rightarrow -b = 1 \rightarrow b = -1$

PRACTICA

27. Troba *a* en les expressions següents:

a) $P(Z < a) = 0{,}8907$ c) $P(Z < a) = 0{,}49$

b) $P(Z < b) = 0{,}3446$ d) $P(Z > a) = 0{,}1$

Distribució normal

Com tipifiquem una variable aleatòria

Les qualificacions d'un grup d'alumnes presenten una mitjana de 4 amb una desviació típica de 0,5. Si escollim un alumne a l'atzar, calcula la probabilitat:

a) Que hagi obtingut una nota igual o més alta que 5.

b) Que hagi obtingut una nota més baixa que 3,25.

PRIMER. Definim la variable aleatòria i determinem la distribució normal que segueix.

La variable aleatòria *X* és la qualificació d'un alumne escollit a l'atzar. *X* segueix una distribució normal $N(4; 0{,}5)$.

Les probabilitats que ens demanen són:

a) $P(X \geq 5)$ b) $P(X < 3{,}25)$

SEGON. Restem la mitjana a la variable i dividim el resultat entre la desviació típica. Així, transformem la variable en una altra que segueix una distribució $N(0, 1)$.

a) $$P(X \geq 5) = P\left(\frac{X-4}{0{,}5} \geq \frac{5-4}{0{,}5}\right) = P(Z \geq 2) = 1 - P(Z < 2) = 1 - 0{,}9772 = 0{,}0228$$

b) $$P(X < 3{,}25) = P\left(\frac{X-4}{0{,}5} < \frac{3{,}25-4}{0{,}5}\right) = P(Z < -1{,}5) = 1 - P(Z \leq 1{,}5) = 1 - 0{,}9332 = 0{,}0668$$

PRACTICA

28. Considera la variable aleatòria que segueix una distribució $N(12; 0{,}6)$. Calcula $P(11{,}2 \leq X \leq 12{,}5)$.

Distribució normal

Com calculem un dels paràmetres, coneguts l'altre paràmetre i una probabilitat

Un estudi afirma que el pes mitjà dels nadons és 2,8 kg i que només el 20 % sobrepassen els 3 kg. Quina és la desviació típica d'aquesta variable aleatòria?

PRIMER. Identifiquem els paràmetres de la normal i escrivim la dada coneguda de probabilitat.

X = «Pes dels nadons»

$\mu = 2{,}8$ i σ és desconegut

$P(X > 3) = 0{,}2$

SEGON. Tipifiquem la dada de la probabilitat.

$$P(X > 3) = 0{,}2 = P\left(Z > \frac{3-2{,}8}{\sigma}\right)$$

TERCER. Transformem l'expressió, si fos necessari, per buscar la probabilitat dins de la taula de la distribució normal.

$$0{,}2 = P\left(Z > \frac{3-2{,}8}{\sigma}\right) \rightarrow P\left(Z \leq \frac{3-2{,}8}{\sigma}\right) = 0{,}8$$

QUART. Busquem el valor que correspon a aquesta probabilitat i calculem el valor del paràmetre.

A la taula, el valor més pròxim a 0,8 és 0,7995, que correspon a $z = 0{,}84$.

Per tant:

$$\frac{3-2{,}8}{\sigma} = 0{,}84 \rightarrow \sigma = \frac{3-2{,}8}{0{,}84} = 0{,}238$$

PRACTICA

29. El diàmetre mitjà de les peces que produeixen en una fàbrica és de 45 mm. Calcula'n la desviació típica si sabem que la probabilitat que una peça tingui el diàmetre més gran de 50 mm és igual a 0,006.

Distribució normal

Com calculem la mitjana i la desviació típica, conegudes dues probabilitats

En unes oposicions, el 35 % de les persones que s'hi van presentar van obtenir una qualificació superior a 6, i el 40 %, inferior a 4. Si les notes segueixen una distribució normal, determina'n la mitjana i la desviació típica.

PRIMER. Escrivim les dades considerant la probabilitat.

$X =$ «Qualificació obtinguda» $\rightarrow$ Segueix una distribució $N(\mu, \sigma)$. $\quad P(X > 6) = 0{,}35 \quad P(X < 4) = 0{,}4$

SEGON. Tipifiquem les dades que hem obtingut i transformem les expressions, si fos necessari, per buscar les probabilitats a la taula de la distribució normal.

$$P(X > 6) = 0{,}35 = P\left(Z > \frac{6-\mu}{\sigma}\right) \rightarrow P\left(Z \leq \frac{6-\mu}{\sigma}\right) = 0{,}65 \qquad P(X < 4) = 0{,}4 = P\left(Z < \frac{4-\mu}{\sigma}\right) \rightarrow P\left(Z \leq \frac{-(4-\mu)}{\sigma}\right) = 0{,}6$$

TERCER. Busquem els valors que corresponen a aquestes probabilitats.

$$p = 0{,}65 \rightarrow z = 0{,}39 \rightarrow \frac{6-\mu}{\sigma} = 0{,}39 \qquad p = 0{,}6 \rightarrow z = 0{,}25 \rightarrow \frac{-(4-\mu)}{\sigma} = 0{,}25$$

QUART. Formem un sistema d'equacions i el resolem per trobar la mitjana i la desviació típica.

$$\left.\begin{array}{l} \dfrac{6-\mu}{\sigma} = 0{,}39 \\ \dfrac{-(4-\mu)}{\sigma} = 0{,}25 \end{array}\right\} \rightarrow \mu = 4{,}78125 \text{ i } \sigma = 3{,}125$$

PRACTICA

30. Han avaluat un examen de 0 a 20 punts, de manera que el 67% de les persones que s'hi han presentat han obtingut puntuacions iguals o inferiors a 12,2, mentre que el 9% han aconseguit puntuacions superiors a 16,7. Si sabem que la distribució de les puntuacions és normal, calcula'n la mitjana i la desviació típica.

Aproximació de la binomial

Com calculem probabilitats en variables aleatòries que segueixen una distribució binomial amb *n* gran

Per accedir a una plaça d'executiu, els aspirants han de fer un test de 100 preguntes amb 5 possibles respostes. Si un d'ells contesta a l'atzar, quina és la probabilitat que encerti més de 25 preguntes? I menys de 30?

PRIMER. Identifiquem els paràmetres de la distribució binomial.

$$\left.\begin{array}{l} X = \text{«Respostes encertades de les 100 preguntes»} \\ P(\text{«Encertar una pregunta»}) = 0{,}2 \end{array}\right\} \rightarrow X \equiv B(100; 0{,}2)$$

SEGON. Comprovem si es compleixen les condicions per poder aproximar la distribució binomial a una de normal.

$$\left.\begin{array}{l} np = 100 \cdot 0{,}2 = 20 > 5 \\ n(1-p) = 100 \cdot 0{,}8 = 80 > 5 \end{array}\right\} \rightarrow \begin{array}{l} X \text{ es pot aproximar per una normal } N\left(np, \sqrt{np(1-p)}\right). \\ X \equiv B(100; 0{,}2) \approx X_N \equiv N(20, 4) \end{array}$$

TERCER. Calculem les probabilitats que ens demanen tenint en compte que passem d'una variable discreta a una variable contínua; per tant, $P(a < X < b) = P(a + 0{,}5 \leq X_N \leq b - 0{,}5)$.

$$P(X > 25) = P(X_N \geq 25{,}5) = 1 - P(X_N < 25{,}5) = 1 - P\left(Z < \frac{25{,}5-20}{4}\right) = 1 - P(Z < 1{,}38) = 1 - 0{,}9162 = 0{,}0838$$

$$P(X < 30) = P(X_N \leq 29{,}5) = P\left(Z \leq \frac{29{,}5-20}{4}\right) = P(Z \leq 2{,}38) = 0{,}9913$$

PRACTICA

31. La probabilitat que un ciclista punxi una roda en una cursa és de 0,15. Si participen en la cursa 70 ciclistes, quina és la probabilitat que hi hagi entre 15 i 18 punxades?

Variables aleatòries

32. Determina i representa les funcions de probabilitat i de distribució de cadascun dels experiments aleatoris que tens a continuació:

a) Experiment aleatori:
Extreure, sense devolució, 3 boles d'una bossa que conté 4 boles blanques i 3 de blaves.
Variable aleatòria:
X = «Nombre de boles blanques obtingudes»

b) Experiment aleatori:
Menjar, l'un darrere l'altre, 2 caramels escollits a l'atzar entre 2 de maduixa, 4 de taronja i 1 de menta.
Variable aleatòria:
X = «Nombre de caramels de taronja menjats»

c) Experiment aleatori:
Escollim a l'atzar una família amb 4 fills.
Variable aleatòria:
X = «Nombre de fills nois en aquesta família» (considerem que la probabilitat de néixer noi és la mateixa que la de néixer noia)

33. Quines de les taules de probabilitats que tens a continuació s'ajusten a funcions de probabilitat? Determina la funció de distribució de la que sigui funció de probabilitat.

a)

X	x_1	x_2	x_3
$P(X = x_i)$	$\frac{2}{3}$	$\frac{1}{6}$	$\frac{1}{5}$

b)

X	x_1	x_2	x_3	x_4
$P(X = x_i)$	$\frac{1}{2}$	$\frac{3}{25}$	$\frac{2}{7}$	$\frac{2}{25}$

c)

X	x_1	x_2	x_3	x_4
$P(X = x_i)$	$\frac{1}{4}$	$\frac{2}{6}$	$\frac{1}{2}$	$\frac{1}{12}$

d)

X	x_1	x_2	x_3	x_4	x_5
$P(X = x_i)$	0,2	0,1	0,1	0,2	0,4

34. A la bossa B_1 hi ha quatre boles numerades de l'1 al 4, i a la bossa B_2 hi ha vuit boles numerades del 5 al 12. Tirem un dau: si surt 1 o 2, extraiem una bola de la bossa B_1; si surt 3, 4, 5 o 6, extraiem una bola de la bossa B_2.

a) Descriu la distribució de probabilitat de la variable aleatòria que assigna a cada esdeveniment el nombre de la bola que hem extret.

b) Determina la funció de probabilitat, la funció de distribució i els paràmetres mitjana, variància i desviació típica d'aquesta variable.

35. A la taula següent es mostren les probabilitats que corresponen als valors que adopta una variable aleatòria X:

X	1	2	3	4	5
$P(X = x_i)$	0,4	0,08	0,12	0,25	0,15

Comprova que es tracta de la seva funció de probabilitat, calcula'n la funció de distribució i fes-ne les representacions gràfiques.

36. Amb les dades de l'activitat anterior, calcula les probabilitats següents:

a) $P(X > 3)$
b) $P(X \leq 2)$
c) $P(2 < X \leq 4)$
d) $P(\mu - \sigma < X < \mu + \sigma)$

37. Considera la taula següent, que estableix una correspondència entre els valors que adopta una variable aleatòria X a les seves probabilitats:

X	4	5	6	7
$P(X = x_i)$	0,6	0,2	0,15	0,05

a) Comprova que correspon a una distribució de probabilitat.

b) Calcula'n la funció de distribució.

c) Determina'n la mitjana i la desviació típica.

38. Amb la distribució de l'activitat anterior, determina les probabilitats següents:

a) $P(X > 4)$
b) $P(X < 6)$
c) $P(4 \leq X < 7)$
d) $P(\mu - \sigma < X < \mu + \sigma)$

39. En una capsa hi ha 7 fitxes blanques, 5 fitxes vermelles i 2 fitxes grogues. Extraiem tres fitxes a l'atzar i les retornem a la capsa després d'haver apuntat el nombre de fitxes vermelles que han sortit.

a) Troba la funció de probabilitat i la de distribució de la variable aleatòria que compta el nombre de fitxes vermelles.

b) Calcula la probabilitat que ens surti, com a mínim, una fitxa vermella.

c) Determina la mitjana i la desviació típica de la variable aleatòria.

40. En l'experiment aleatori que consisteix a escollir a l'atzar una fitxa de dòmino, considera les variables que tens a continuació:

X = «Puntuació més alta de les dues que té la fitxa»
Y = «Diferència en valor absolut de les dues puntuacions que té la fitxa»

a) Troba'n la funció de probabilitat.

b) Determina la mitjana i la desviació típica per a cadascuna de les variables.

c) Calcula $P(X < 4)$.

d) Calcula $P(Y \geq 5)$.

41. En l'experiment aleatori que consisteix a tirar dos daus, considera la variable aleatòria que a cada esdeveniment elemental fa correspondre la suma de les puntuacions que han sortit en cadascun dels daus.

a) Determina'n la funció de probabilitat, la mitjana i la desviació típica.

b) Calcula $P(X > 9)$.

c) Calcula $P(X \leq 5)$.

42. A la bossa B_1 hi ha quatre boles numerades de l'1 al 4 i a la bossa B_2 hi ha cinc boles numerades de l'1 al 5. Extraiem a l'atzar una bola de cada bossa. Considera la variable següent:

$X =$ «Resultat de multiplicar els nombres de les boles que extraiem»

Calcula'n la funció de probabilitat i determina la probabilitat d'obtenir un resultat més gran que 12.

Distribució binomial

43. Indica les variables aleatòries que segueixen una distribució binomial.

a) Tenim 3 fitxes blanques i 5 fitxes blaves en una bossa. Extraiem 4 fitxes i comptem la quantitat de fitxes que són blanques.

b) En la situació anterior, extraiem 1 fitxa, n'apuntem el color i la retornem a la bossa. Repetim l'experiment tres vegades i apuntem la quantitat de fitxes de color blanc.

c) Tirem un dau 10 vegades i apuntem quants cops surt el nombre 1.

d) Tirem un dau i, si surt un nombre parell, tornem a tirar el mateix dau; però, si surt imparell, tirem un dau amb forma de tetraedre i cares numerades de l'1 al 4, i comptem quantes vegades surt el nombre 3.

e) En una població, el 10% dels habitants tenen els ulls de color blau. Escollim a l'atzar 20 persones d'aquesta població i apuntem la quantitat d'habitants que tenen els ulls blaus.

44. Construeix una taula amb les probabilitats corresponents a una variable aleatòria X que compta la quantitat de vegades que té lloc un esdeveniment A, que té una probabilitat de 0,25, quan fem l'experiment 4 vegades.

45. Completa les taules següents i calcula la mitjana i la desviació típica en cada cas:

a)

$X \equiv B(3, 0{,}9)$	0	1	2	3
$P(X = x_i)$				

b)

$X \equiv B(5, 0{,}15)$	0	1	2	3	4	5
$P(X = x_i)$						

46. En les situacions següents, determina les variables aleatòries que segueixen una distribució binomial. Indica els paràmetres i l'esdeveniment destacat de l'experiment.

a) Un arquer professional aconsegueix anotar 10 punts en el 97% dels casos. Fa entrenaments de 50 llançaments i apunta quantes puntuacions fa de 10.

b) El 12% dels cargols que fabrica una màquina són defectuosos. Escullen 5 cargols per portar a terme les sessions de control.

c) Tirem un dau 10 vegades i apuntem la quantitat de vegades que surt el nombre 6.

d) Escollim una família de 7 fills i comptem quants són nois.

e) El 70% dels habitants d'una població tenen néts; la resta, no. Escollim a l'atzar 20 persones i apuntem si són avis o no.

f) La probabilitat que un estudiant que ingressa a la universitat es tituli en el període mínim de temps és de 0,3. Escollim 30 estudiants a l'atzar que han acabat la carrera i els preguntem el temps que van trigar fins que van obtenir el títol.

47. Calcula les probabilitats que s'indiquen per a les distribucions binomials següents:

a) Si X és una variable $B(4, 0{,}3)$:
$P(X = 0)$ $\quad P(X < 2)$ $\quad P(X \geq 3)$

b) Si X és una variable $B(8, 0{,}75)$:
$P(X = 7)$ $\quad P(X \leq 4)$ $\quad P(X > 6)$

c) Si X és una variable $B(10, 0{,}42)$:
$P(X = 8)$ $\quad P(X \leq 1)$ $\quad P(X < 10)$

48. Fes la taula de distribució d'una variable aleatòria X que segueix una distribució binominal $B(5, 0{,}8)$.

X	0	1	2	3	4	5
$P(X = x_i)$						

Comprova que es verifica que $\mu = np$ i $\sigma = \sqrt{np(1-p)}$.

49. El 2‰ de les piles que es fabriquen arriben descarregades al procés d'envasament. Si escollim 12 piles a l'atzar, calcula la probabilitat que hi hagi més de 2 piles descarregades.

50. Tirem una moneda enlaire 8 vegades. Determina la probabilitat que surtin com a màxim 5 cares.

51. En una fàbrica d'aixetes, els controls de qualitat detecten l'aparició d'un defecte amb una probabilitat de 0,06. Que una aixeta tingui un defecte és independent que les altres en tinguin o no. Si escollim en un control 9 aixetes a l'atzar, calcula la probabilitat que:

a) Almenys una de les aixetes tingui un defecte.

b) Cap aixeta tingui defectes.

52. En una classe de 1r de Batxillerat hi ha la mateixa quantitat de noies que de nois. Si escollim 6 estudiants a l'atzar, calcula la probabilitat que:

a) Hi hagi tres nois, almenys.

b) No hi hagi cap noia.

c) Hi hagi exactament 3 noies.

53. Fes l'activitat anterior suposant que en el grup hi ha el triple de nois que de noies.

54. El 80 % dels malalts tractats amb un medicament determinat milloren fins que es guareixen del tot. Si escollim 20 malalts que tracten amb aquest medicament, calcula la probabilitat que més de la meitat, però menys de les tres quartes parts, es guareixin completament.

55. Tirem enlaire 4 dards. Ordena de més petita a més gran les possibilitats següents:

a) Que surti 2 vegades la cara 5.

b) Que surti més de 2 vegades la cara 5.

c) Que surti 1 vegada, com a mínim, la cara 5.

56. La probabilitat que un jugador de bàsquet determinat anoti una cistella de tres punts és 0,4. Calcula la probabilitat que, després de fer 5 llançaments:

a) Anoti, exactament, 4 cistelles.

b) Anoti més de 3 cistelles.

c) Anoti 2 cistelles, com a molt.

d) No anoti cap cistella.

57. De cada 100 enquestats, 13 escullen NS/NC com a resposta.

Si escollim 15 enquestats a l'atzar, calcula les probabilitats següents:

a) Com a mínim 10 responguin NS/NC.

b) Exactament 3 no responguin NS/NC.

58. Una de cada 12 revisions tècniques de vehicles l'avaluen com a «no apte».

Si al llarg d'un dia revisen un total de 35 vehicles, calcula la probabilitat que:

a) 3 vehicles siguin «no aptes».

b) Cap vehicle sigui avaluat com a «no apte».

c) Almenys 5 vehicles els hagin avaluat.

Distribucions contínues

59. Comprova si les funcions següents són funcions de densitat:

a) $f(x) = \begin{cases} 0{,}5 & \text{si } x \in [-1,\ 1] \\ 0 & \text{a la resta} \end{cases}$

b) $f(x) = \begin{cases} 5 & \text{si } x \in \left[3, \dfrac{16}{5}\right] \\ 0 & \text{a la resta} \end{cases}$

60. Determina el valor de k per a cada funció $f(x)$ perquè sigui una funció de densitat, i troba la funció de distribució corresponent.

a) $f(x) = \begin{cases} 0 & \text{si } x < 0 \\ k & \text{si } 0 \leq x < 1 \\ 4k & \text{si } 1 \leq x \leq 2 \\ 0 & \text{si } x > 2 \end{cases}$

b) $f(x) = \begin{cases} 0 & \text{si } x < 0 \\ \dfrac{x+1}{4} & \text{si } 0 \leq x \leq k \\ 0 & \text{si } x > k \end{cases}$

c) $f(x) = \begin{cases} -0{,}5x + k & \text{si } x \in [-1, 1] \\ 0 & \text{si } x \notin [-1, 1] \end{cases}$

61. Comprova que $f(x)$ és una funció de densitat, troba'n la funció de distribució i calcula les probabilitats que estan indicades.

$$f(x) = \begin{cases} \dfrac{1}{6} & \text{si } x \in [2, 8] \\ 0 & \text{a la resta} \end{cases}$$

a) $P(X < 3)$ b) $P(3 \leq X \leq 5)$ c) $P(x > 6)$

62. Comprova que $f(x)$ és una funció de densitat, calcula'n la funció de distribució i determina les probabilitats que tens indicades.

$$f(x) = \begin{cases} \dfrac{x}{10} & \text{si } x \in [4, 6] \\ 0 & \text{a la resta} \end{cases}$$

a) $P(X < 4{,}5)$ b) $P(4{,}5 \leq X \leq 5)$ c) $P(X > 5)$

63. La funció de distribució d'una variable aleatòria contínua és la següent:

$$F(x) = \begin{cases} 0 & \text{si } x < 0 \\ \dfrac{x^3}{8} & \text{si } 0 \leq x \leq 2 \\ 0 & \text{si } x > 2 \end{cases}$$

Determina aquestes probabilitats:

a) $P(0{,}5 < X < 1{,}5)$
b) $P(1 < X < 2)$
c) $P(X < 1{,}5)$
d) $P(X > 1{,}2)$

64. A continuació tens la funció de distribució d'una variable aleatòria contínua:

$$F(x) = \begin{cases} 0 & \text{si } x < 1 \\ \dfrac{x-1}{3} & \text{si } 1 \leq x \leq 4 \\ 1 & \text{si } x > 4 \end{cases}$$

Calcula les probabilitats següents:

a) $P(2 \leq X \leq 3)$
b) $P(X \leq 3)$
c) $P(1{,}5 \leq X \leq 2{,}5)$
d) $P(X > 2)$

65. Una variable aleatòria té la funció de distribució següent:

$$F(x) = \begin{cases} 0 & \text{si } x \in (-\infty, 3) \\ \dfrac{x^2 + x - 12}{8} & \text{si } x \in [3, 4] \\ 1 & \text{si } x \in (4, +\infty) \end{cases}$$

Calcula aquestes probabilitats:

a) $P(3 \leq X \leq 4)$
b) $P(3{,}5 \leq X < 3{,}6)$
c) $P(X \leq 3{,}5)$
d) $P(X > 3{,}8)$

Distribució normal

66. Calcula les probabilitats que hi ha a continuació per a la distribució $N(0, 1)$:

a) $P(Z < 0{,}6)$
b) $P(Z \leq 0{,}92)$
c) $P(Z < 1{,}3)$
d) $P(Z \leq 2{,}4)$
e) $P(Z < 1{,}23)$
f) $P(Z \leq 2{,}01)$
g) $P(Z \leq 0{,}07)$
h) $P(Z < 0{,}31)$

67. En la distribució $N(0, 1)$, calcula les probabilitats que tens a continuació:

a) $P(Z \geq 0{,}68)$
b) $P(Z > 0{,}9)$
c) $P(Z > 1{,}5)$
d) $P(Z \geq 2)$
e) $P(Z = 1{,}2)$
f) $P(Z > 1{,}6)$
g) $P(Z > 0{,}03)$
h) $P(Z \geq 2{,}21)$

68. Calcula el valor de les probabilitats següents de la distribució $N(0, 1)$:

a) $P(Z \leq -0{,}4)$
b) $P(Z \leq -1{,}62)$
c) $P(Z < -2{,}3)$
d) $P(Z = -2{,}05)$
e) $P(Z < -2{,}5)$
f) $P(Z \leq -1{,}76)$
g) $P(Z < -0{,}13)$
h) $P(Z \leq -1{,}07)$

69. En la distribució $N(0, 1)$, calcula les probabilitats que es mostren a continuació:

a) $P(Z > -1{,}27)$
b) $P(Z \geq -2{,}02)$
c) $P(Z > -1{,}35)$
d) $P(Z \geq -2)$
e) $P(Z = -0{,}2)$
f) $P(Z \geq -1{,}04)$
g) $P(Z > -0{,}09)$
h) $P(Z \geq -2{,}31)$

70. Troba cadascuna de les probabilitats següents de la distribució $N(0, 1)$:

a) $P(Z > 1{,}11)$
b) $P(Z \leq -0{,}93)$
c) $P(Z \geq 2{,}29)$
d) $P(Z = 0)$
e) $P(Z < -0{,}33)$
f) $P(Z > 0{,}45)$
g) $P(Z \leq -1)$
h) $P(Z \geq -2{,}11)$

71. Donada la distribució $N(0, 1)$, calcula les probabilitats següents:

a) $P\left(Z \leq \dfrac{1}{2}\right)$
b) $P\left(Z \geq -\dfrac{3}{4}\right)$
c) $P\left(Z > \dfrac{7}{3}\right)$
d) $P\left(Z < -\dfrac{10}{6}\right)$
e) $P\left(Z \leq \dfrac{4}{7}\right)$
f) $P\left(Z \geq \dfrac{5}{2}\right)$

72. En la distribució $N(0, 1)$, calcula les probabilitats indicades a continuació:

a) $P(0{,}4 < Z \leq 1{,}8)$
b) $P(-0{,}6 \leq Z \leq 0{,}93)$
c) $P(-1{,}51 \leq Z < -0{,}64)$

73. En la distribució $N(0, 1)$, calcula les probabilitats que tens a continuació:

a) $P(-1{,}8 < Z \leq 1{,}8)$
b) $P(-2{,}06 \leq Z \leq 2{,}06)$
c) $P(-1{,}51 \leq Z < 1{,}51)$

74. Determina el valor de k perquè es verifiquin les igualtats en la distribució $N(0, 1)$.

a) $P(Z < k) = 0{,}9599$
b) $P(Z > k) = 0{,}9375$
c) $P(Z > k) = 0{,}3085$
d) $P(Z < k) = 0{,}0256$
e) $P(Z \leq k) = 0{,}4364$
f) $P(Z > k) = 0{,}5557$

75. Calcula a, b, c..., perquè en una distribució normal $N(108, 16)$ es compleixi que:

a) $P(X < a) = 0{,}8849$
b) $P(X < b) = 0{,}9972$
c) $P(X < c) = 0{,}3632$
d) $P(X \geq d) = 0{,}0495$
e) $P(X \geq e) = 0{,}5987$
f) $P(X \leq f) = 0{,}7717$

76. Troba el valor de k perquè es verifiquin les igualtats en la distribució $N(0, 1)$.

a) $P(-k < Z < k) = 0{,}8414$
b) $P(-k < Z < k) = 0{,}0398$
c) $P(-k < Z < k) = 0{,}383$
d) $P(-k < Z < k) = 0{,}4448$
e) $P(-k < Z < k) = 0{,}8664$

SABER FER

Com determinem els extrems de l'interval simètric respecte de la mitjana, μ, que conté un percentatge de les observacions de la distribució $N(\mu, \sigma)$

▶ Calcula els extrems de l'interval simètric que conté el 80 % de les observacions en la distribució $N(5, 2)$.

PRIMER. Plantegem el problema escrivint les dades en funció de la probabilitat.

$$P(-a \leq Z \leq a) = 0{,}8$$

SEGON. Transformem les probabilitats per poder-les buscar a la taula.

$$P(-a \leq Z \leq a) = P(Z \leq a) - P(Z \leq -a) = = P(Z \leq a) - [1 - P(Z \leq a)] = = 2P(Z \leq a) - 1$$

D'on obtenim:

$$2P(Z \leq a) - 1 = 0{,}8 \rightarrow P(Z \leq a) = \frac{0{,}8 + 1}{2} = 0{,}9$$

TERCER. Busquem a la taula de la $N(0, 1)$ el valor que correspon a aquesta probabilitat.

$$P(Z \leq a) = 0{,}9 \rightarrow a = 1{,}28$$

QUART. Del procés de tipificació obtenim l'expressió de X.

$$Z = \frac{X - \mu}{\sigma} \rightarrow X = \mu + Z\sigma$$

CINQUÈ. Calculem els extrems $-a$ i a de l'interval que ens demanen.

Per a $Z = -a \rightarrow x_1 = \mu - a\sigma = 5 - 1{,}28 \cdot 2 = 2{,}44$

Per a $Z = a \longrightarrow x_2 = \mu + a\sigma = 5 + 1{,}28 \cdot 2 = 7{,}56$

Per tant, l'interval simètric que ens demanen és (2,44, 7,56).

77. Determina els extrems de l'interval simètric respecte de la mitjana μ que conté el percentatge indicat següent de les observacions de cadascuna de les distribucions $N(\mu, \sigma)$:

a) Conté el 90 % per a $N(15, 3)$.
b) Conté el 68 % per a $N(48, 7)$.
c) Conté el 84 % per a $N(70, 15)$.

78. Troba el valor de k perquè es compleixin les igualtats en la distribució $N(0, 1)$.

a) $P(k < Z < 2k) = 0{,}0761$
b) $P(-k < Z < 3k) = 0{,}1574$
c) $P(-2k < Z < k) = 0{,}9318$
d) $P(-5k < Z < -2k) = 0{,}1891$

79. En la distribució $N(25, 4)$, calcula les probabilitats que tens a continuació:

a) $P(X < 22)$
b) $P(X \geq 27{,}3)$
c) $P(X \leq 28{,}4)$
d) $P(X \geq 18{,}04)$
e) $P(24 < X \leq 30)$
f) $P(20 \leq X < 23)$
g) $P(21 \leq X < 26)$
h) $P(26 \leq X \leq 27)$

80. En la distribució $N(80, 11)$, determina les probabilitats que figuren a continuació:

a) $P(X < 86)$
b) $P(X \geq 88)$
c) $P(X \leq 75)$
d) $P(X \geq 68)$
e) $P(67 < X \leq 77)$
f) $P(76 \leq X < 85)$
g) $P(70 \leq X \leq 72)$
h) $P(83 \geq X > 80)$

81. Calcula, en els casos següents, μ i σ d'una distribució $N(\mu, \sigma)$ si sabem que:

a) $P(X \leq 22) = 0{,}6915$
$P(X < 8) = 0{,}9938$

b) $P(X > 25) = 0{,}1056$
$P(X > 4{,}8) = 0{,}9332$

82. L'alçada d'un grup de persones segueix una distribució normal amb una mitjana de 165 cm i una desviació típica de 12 cm. Calcula la probabilitat que una persona escollida a l'atzar:

a) Faci més de 170 cm.
b) Faci menys de 168 cm.
c) Faci entre 159 cm i 172 cm.

83. Les puntuacions que han obtingut els alumnes de 1r de Batxillerat en la matèria de Matemàtiques segueixen una distribució normal, en què:

$$P(X \leq 3) = 0{,}1762 \qquad P(X > 9) = 0{,}0075$$

Determina la mitjana i la desviació típica de la distribució normal.

84. El pes dels esportistes d'un club de natació segueix una distribució amb la mitjana igual a 75 kg i la desviació típica igual a 4 kg. Calcula la probabilitat que un esportista escollit a l'atzar:

a) Pesi menys de 72 kg però més de 70 kg.
b) Pesi entre 78 kg i 80 kg.
c) Pesi, almenys, 81 kg.

85. El pes dels llobarros de piscifactoria, mesurat en grams, està distribuït segons una normal $N(900, 200)$. Cada dia n'extreuen 100 exemplars destinats al consum.

a) Calcula el nombre de llobarros que pesen més de 980 g.

b) Determina el percentatge dels que pesen entre 750 g i 1 100 g.

c) Completa a la llibreta:
«Els 20 llobarros més petits pesen menys de...»

d) Completa a la llibreta:
«La quarta part formada pels més grans pesen més de...»

86. El temps de vida de les bombetes d'una empresa, mesurat en hores, està distribuït segons una normal $N(5\,000, 120)$. Calcula quin percentatge de les bombetes:

a) Durarà més de 5 200 hores.

b) Durarà entre 5 040 i 5 070 hores.

c) Durarà entre 5 145 i 5 230 hores.

87. Sabem que el 93,7 % de les camises d'una marca es fabriquen en un temps de menys de 7 hores. Si el temps de fabricació es distribueix amb una mitjana de 6,5 hores, calcula'n la desviació típica.

88. En una ciutat la temperatura màxima en el mes de juliol segueix una distribució normal de mitjana 32 °C i una desviació típica de 4 °C. Calcula quants dies se superen els 37 °C i quants no se superen els 35 °C.

89. El pes de les pomes es distribueix normalment amb una mitjana de 175 g i una desviació típica de 25 g. Un majorista ha comprat 15 000 kg de pomes.

a) Quina quantitat de pomes esperen que pesin menys de 168 g?

b) Quin percentatge pesarà entre 170 g i 180 g?

c) Si en volen fer dos grups, un amb les que pesen menys de 160 g i l'altre amb la resta, quants quilos hi haurà a cada grup?

d) Si, al contrari, un dels grups està format per la quarta part de les pomes que pesen més, a partir de quin pes s'ha de fer la separació?

SABER FER

Com aproximem una distribució binomial a una distribució normal i com calculem probabilitats

▶ **El 86 % dels membres d'un club passen les vacances a la platja. Calcula la probabilitat que, d'un grup de 60 membres del club, 50 d'aquests membres o menys passin les vacances a la platja.**

PRIMER. Identifiquem els paràmetres de la distribució binomial.

La variable X compta el nombre de membres del club que aniran a la platja a passar les vacances, i 0,86 és la probabilitat que un dels membres d'aquest club vagi a la platja.

$$X \equiv B(60; 0{,}86)$$

SEGON. Comprovem si es compleixen les condicions perquè puguem aproximar la distribució binomial a una de normal.

$$n \cdot p = 60 \cdot 0{,}86 = 51{,}6 > 5$$

$$n(1 - p) = 60 \cdot 0{,}14 = 8{,}4 > 5$$

Podem aproximar $X \equiv B(60; 0{,}86) \approx X_N \equiv N(51{,}6; 2{,}69)$.

TERCER. Calculem la probabilitat que ens demanen tenint en comptes que estem passant d'una variable discreta a una variable contínua.

$$P(a \le X \le b) = P(a - 0{,}5 \le X_N \le b + 0{,}5)$$

$$P(X \le 50) = P(X_N \le 50{,}5) = P\left(Z \le \frac{50{,}5 - 51{,}6}{2{,}69}\right) =$$

$$= P(Z \le -0{,}41) = 1 - P(Z < 0{,}41) =$$

$$= 1 - 0{,}6591 = 0{,}3409$$

90. Una màquina que fabrica discos compactes aconsegueix fabricar el 90 % d'unitats sense error. Si escollim a l'atzar 100 discos sortits d'aquesta màquina, calcula les probabilitats següents:

a) Que hi hagi 2 discos defectuosos.

b) Que hi hagi més d'1 disc defectuós.

91. Un examen de tipus test consta de 50 preguntes amb 3 possibles respostes, de les quals només 1 resposta és correcta. Si es fa l'examen contestant a l'atzar, calcula les probabilitats següents:

a) La probabilitat que es contestin correctament més de 4 preguntes.

b) La probabilitat que es contestin correctament menys de 10 preguntes.

c) La probabilitat que es pugui aprovar l'examen (per aconseguir-ho, cal respondre correctament 25 preguntes o més).

92. En un laboratori d'anàlisis clíniques saben que el 70% de les proves d'anèmia que fan resulten negatives. Si han rebut 60 mostres per analitzar, contesta:

a) Quina és la probabilitat que hi hagi menys de 5 persones a les quals la prova els surti positiva?

b) Quina és la probabilitat que la prova resulti positiva a 1 persona o més?

93. Estan experimentant una vacuna nova per a la malària que resulta efectiva en el 60% dels casos. Si escullen a l'atzar 200 persones, calcula les probabilitats següents:

a) Que en aquest grup la vacuna sigui efectiva per a 30 persones.

b) Que la vacuna sigui efectiva per a més de 80 persones però menys de 120 persones.

c) Que la vacuna sigui efectiva en 90 persones o menys.

94. Les companyies d'assegurances han calculat que 1 vehicle de cada 5 té un accident l'any. Si escullen a l'atzar 40 vehicles, determina:

a) La probabilitat que aquest any 10 d'aquests vehicles tinguin un accident.

b) La probabilitat que siguin entre 10 i 12 vehicles, tots dos nombres inclosos.

c) Quina és la probabilitat que aquest any tinguin un accident més de 15 cotxes?

Problemes amb distribucions de probabilitat

95. Un fabricant de cadenes per a rellotges ha estudiat que el contorn del canell dels homes segueix una distribució amb la mitjana igual a 20,5 cm i la desviació típica igual a 1,5 cm.

a) Quin percentatge de la població té un contorn de canell de més de 23 cm?

b) Si fabriquen cadenes que facin entre 17 cm i 22 cm, quin percentatge de la població les podrà utilitzar?

c) A l'empresa volen reduir despeses fabricant menys varietats de longituds de cadenes. Troba un interval $(20{,}5 - a; 20{,}5 + a)$ en el qual s'incloguin el 95% dels homes.

96. Tan sols el 10% dels bitllets d'una tómbola tenen premi. Determina què és més fàcil, obtenir dos premis comprant 10 bitllets o aconseguir un premi comprant 3 bitllets.

97. Entre els jocs a) i b) següents, escull el que tinguis més probabilitat de guanyar:

a) Es tiren 2 daus i guanyes si la suma és més gran que 9.

b) Es tiren 10 monedes i guanyes si surten més de 6 cares.

98. Se sap que el 98,61% dels cargols que fabrica una empresa tenen un diàmetre més petit que 3,398 mm. Si el diàmetre dels cargols es distribueix segons una normal de mitjana igual a 3,2 mm, determina'n la desviació típica.

99. La distribució d'edats dels membres d'una associació segueix una llei normal $N(\mu, \sigma)$. Si sabem que el 94,52% tenen menys de 32 anys i que el 21,19% tenen menys de 20 anys, calcula'n la mitjana i la desviació típica.

100. Dos amics juguen al parxís. Un d'ells assegura que ha tirat el dau 30 vegades i que no li ha sortit cap 5. L'altre amic assegura que això és impossible. És realment impossible? Quina és la probabilitat que passi això?

101. En un institut han comprat 150 ordinadors per a 4 aules d'informàtica. La durada de la bateria permet una mitjana de treball de 180 minuts, amb una desviació típica de 25 minuts.

a) Calcula la probabilitat que la bateria d'un dels ordinadors duri només 2 hores.

b) Quants ordinadors tindran una bateria que duri més de 200 minuts?

c) Quina és la probabilitat que 110 d'aquests ordinadors continuïn treballant al cap de 180 minuts?

102. El pes dels nadons es distribueix segons una distribució normal de mitjana μ i desviació típica σ. Si les últimes dades publicades asseguren que els percentils 75 i 90 d'aquesta distribució són 3,2 kg i 3,5 kg, respectivament:

a) Calcula la probabilitat que un nadó pesi menys de 2,5 kg.

b) Determina la probabilitat que un nadó pesi més de 4 kg.

c) Quin és el percentil 10?

d) Calcula la mediana de la distribució.

103. El salari dels treballadors d'una empresa segueix una distribució normal de mitjana 1 500 €. Si el sou d'un tècnic de categoria 3 és de 960 €, i el 75% dels treballadors de l'empresa cobren més que ell:

a) Calcula la probabilitat que el salari d'un treballador escollit a l'atzar sigui superior a 1 600 €.

b) El salari més alt és el dels directius. Si aquesta categoria representa el 5% de la plantilla de l'empresa, quin salari mínim tenen?

104. En una granja de gallines classifiquen els ous pel pes, en grams, segons les categories incloses a la taula següent:

Categoria	S	M	L	XL
Pes	< 53	$[53, 63)$	$[63, 73)$	≥ 73

El pes dels ous de les gallines d'aquesta granja segueix una distribució $N(62, 8)$. Calcula els percentatges d'ous que obtenen de cada categoria.

Per aprofundir

Reflexiona sobre la teoria

105. Escull la resposta adequada. (Concurs de Primavera)

Una moneda està trucada, de manera que la probabilitat d'obtenir cara quan la tirem és més petita que $\frac{1}{2}$. Si la probabilitat d'obtenir el mateix nombre de cares que de creus quan la tirem 4 vegades és $\frac{1}{6}$, quina és la probabilitat d'obtenir cara?	$\frac{\sqrt{15}-3}{6}$	$\frac{6-\sqrt{6\sqrt{6}+2}}{12}$	$\frac{\sqrt{2}-1}{2}$	$\frac{3-\sqrt{3}}{6}$	$\frac{\sqrt{3}-1}{2}$
En una capsa hi ha 1 001 boles blanques i 1 001 boles negres. Si P_1 és la probabilitat que si agafem 2 boles siguin del mateix color, P_2 és la probabilitat que siguin de colors diferents, $P_2 - P_1$ és igual a:	0	$\frac{1}{2\,002}$	$\frac{1}{2\,001}$	$\frac{2}{2\,001}$	$\frac{1}{1\,000}$
En una classe de 25 estudiants n'hi ha 7 d'esquerrans. Si escollim a l'atzar 2 estudiants, quina és la probabilitat que tots dos siguin esquerrans?	$\frac{7}{15}$	$\frac{21}{50}$	$\frac{7}{100}$	$\frac{18}{25}$	$\frac{7}{25}$
Tirem enlaire una moneda 5 vegades. Quina és la probabilitat d'obtenir com a mínim 2 cares?	$\frac{3}{16}$	$\frac{1}{4}$	$\frac{7}{16}$	$\frac{13}{16}$	$\frac{37}{32}$

106. La probabilitat que un rellotge sigui defectuós és del 4%. Determina la probabilitat que en un lot de 1 000 rellotges n'hi hagi menys de 10 de defectuosos.

CLAU
Per calcular-ne la probabilitat has d'utilitzar l'aproximació a la normal.

107. En una distribució normal, el 3% dels valors són inferiors a 19 i el 5% són superiors a 28,6. Calcula $P(X < 18)$.

CLAU
Planteja un sistema d'equacions per calcular la mitjana i la desviació típica de la distribució normal.

Pensa una mica més

108. Les boles d'un coixinet se sotmeten a un control de qualitat que consisteix a eliminar les que passen per un forat de diàmetre d i les que no passen per un altre forat de diàmetre D, amb $d < D$. Calcula la probabilitat d'eliminar una bola si sabem que la mitjana del diàmetre segueix aquesta distribució normal:

$$N\left(\frac{D+d}{2}; 0{,}3 \cdot (D-d)\right)$$

CLAU
Calcula la probabilitat que el diàmetre sigui més petit que d o més gran que D. Per fer-ho, has de tipificar i desenvolupar l'expressió fins que no depengui dels valors d i D.

Olimpíades matemàtiques

109. La freqüència d'encert en el llançament de triples d'un jugador de bàsquet en els últims 30 partits és del 60%. Quantes vegades ha de llançar a cistella perquè, amb una probabilitat del 90%, com a mínim, faci triple almenys una vegada?

(Premi extraordinari de Batxillerat)

110. Una urna conté els vots que s'han emès per elegir dos candidats, A i B. Se sap que al candidat A l'han votat 6 persones i que el candidat B ha obtingut 9 vots. Determina la probabilitat que, quan es faci l'escrutini, sempre vagi guanyant el candidat B.

(Olimpíada de Batxillerat. Fase nacional)

CLAU
Forma una taula amb la probabilitat de cadascun dels casos en què el candidat B va guanyant.

MATEMÀTIQUES A LA TEVA VIDA

PER A QUÈ SERVEIXEN LES DISTRIBUCIONS DE PROBABILITAT?

Per portar a terme el control de qualitat en un procés de fabricació industrial

Encara que la màquina que s'encarrega de fabricar un cert producte sigui molt precisa, les peces que produeix no són totes iguals.

Si la màquina fabrica cargols, no tots pesen el mateix, no tenen la mateixa llargada ni són igual de gruixuts; potser a simple vista ens semblen tots iguals, però si n'escollim tan sols dos probablement seran diferents.

Per controlar que els cargols que es produeixen són correctes, és a dir, que es posen a la venda amb les especificacions que diu el fabricant i que demana el comprador, s'utilitza un procés estadístic que rep el nom de *control de qualitat*.

Aquest procés consisteix a extreure de manera aleatòria una mostra de cargols de cada partida fabricada, es comprova si aquests cargols compleixen els estàndards i els resultats que s'obtenen s'extrapolen a tota la partida. Així, si la mostra ofereix per terme mitjà unes dades incorrectes, es retira tota la partida i es torna a calibrar la màquina que fabrica els cargols.

Habitualment aquestes característiques que estudiem segueixen una distribució normal, amb la mitjana, μ, especificada pel fabricant i amb una desviació típica més baixa a mesura que el control de qualitat que s'hi exerceix és més alt.

Per exemple, si una màquina fabrica cargols amb una longitud especificada de 35 mm, la variable estadística que dóna la mida dels cargols segueix una distribució normal de mitjana $\mu = 35$ mm. La desviació típica acostuma a ser una dada que no varia i es calcula mitjançant estudis previs. Per a aquesta distribució, una desviació típica de $\sigma = 0{,}2$ mm és força bona; de fet, se suposa que el 95 % dels cargols han de fer entre 34,6 mm i 35,4 mm.

LLEGEIX I COMPRÈN

1. En què consisteix el control de qualitat?

2. Quina distribució estadística apareix en el text?

INTERPRETA

3. Quina és la variància de la distribució que hi ha en el text?

REFLEXIONA

4. Si considerem que un cargol és defectuós quan fa menys de 34,5 mm o més de 35,5 mm, descriu la variable estadística que compta la quantitat de cargols defectuosos d'una mostra de *n* cargols.

APLICA

5. Quina és la probabilitat que, quan escollin un cargol a l'atzar, resulti que és defectuós?

6. Quants cargols defectuosos s'espera que es trobaran en una mostra de 1 000 cargols quan la màquina que els fabrica està ben calibrada?

7. Quina probabilitat hi ha que un cargol tingui una mida inclosa entre 34,9 mm i 35,1 mm?

8. Si la quantitat màxima de cargols defectuosos en una mostra fos de l'1 %, quines en serien les mides mínima i màxima perquè es poguessin considerar correctes?

ANNEXOS

- Taules de límits de successions i de funcions
- Taules de derivades de funcions
- Taula de la distribució binomial
- Taula de la distribució normal

LÍMITS DE SUCCESSIONS

Potències	n^k	$\lim\limits_{n\to\infty} n^k = \begin{cases} +\infty & \text{si } k > 0 \\ 1 & \text{si } k = 0 \\ 0 & \text{si } k < 0 \end{cases}$
	k^n	$\lim\limits_{n\to\infty} k^n = \begin{cases} +\infty & \text{si } k > 1 \\ 0 & \text{si } -1 < k < 1 \\ \text{No existeix} & \text{si } k < -1 \end{cases}$
Polinomis	$a_k n^k + a_{k-1} n^{k-1} + \dots + a_1 n + a_0$	$\lim\limits_{n\to\infty} (a_k n^k + a_{k-1} n^{k-1} + \dots + a_1 n + a_0) = \lim\limits_{n\to\infty} a_k n^k = a_k \lim\limits_{n\to\infty} n^k$
Quocient de polinomis	$\dfrac{a_k n^k + a_{k-1} n^{k-1} + \dots + a_1 n + a_0}{b_p n^p + b_{p-1} n^{p-1} + \dots + b_1 n + b_0}$	$\lim\limits_{n\to\infty} \dfrac{a_k n^k + a_{k-1} n^{k-1} + \dots + a_1 n + a_0}{b_p n^p + b_{p-1} n^{p-1} + \dots + b_1 n + b_0} = \lim\limits_{n\to\infty} \dfrac{a_k n^k}{b_p n^p} = \begin{cases} 0 & \text{si } k < p \\ \dfrac{a_k}{b_p} & \text{si } k = p \\ \pm\infty & \text{si } k > p \end{cases}$
Suma de successions	$a_n + b_n$	$\lim\limits_{n\to\infty} (a_n + b_n) = \lim\limits_{n\to\infty} a_n + \lim\limits_{n\to\infty} b_n$
Producte de successions	$a_n \cdot b_n$	$\lim\limits_{n\to\infty} (a_n \cdot b_n) = \lim\limits_{n\to\infty} a_n \cdot \lim\limits_{n\to\infty} b_n$
Quocient de successions	$\dfrac{a_n}{b_n}$	$\lim\limits_{n\to\infty} \left(\dfrac{a_n}{b_n}\right) = \dfrac{\lim\limits_{n\to\infty} a_n}{\lim\limits_{n\to\infty} b_n}$
Arrel de successions	$\sqrt[p]{a_n}$	$\lim\limits_{n\to\infty} \sqrt[p]{a_n} = \sqrt[p]{\lim\limits_{n\to\infty} a_n}$
Logaritme de successions	$\log_b a_n$ $\ln a_n$	$\lim\limits_{n\to\infty} \log_b a_n = \log_b \lim\limits_{n\to\infty} a_n$ $\lim\limits_{n\to\infty} \ln a_n = \ln \lim\limits_{n\to\infty} a_n$
Potència de successions	$a_n^{b_n}$	$\lim\limits_{n\to\infty} a_n^{b_n} = \left(\lim\limits_{n\to\infty} a_n\right)^{\lim\limits_{n\to\infty} b_n}$

LÍMITS DE FUNCIONS

A l'infinit					
$\lim\limits_{x\to+\infty} f(x) = L$	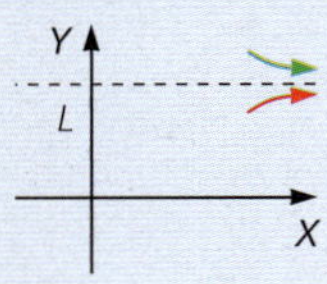	$\lim\limits_{x\to+\infty} f(x) = -\infty$	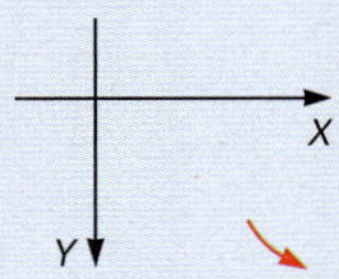	$\lim\limits_{x\to-\infty} f(x) = +\infty$	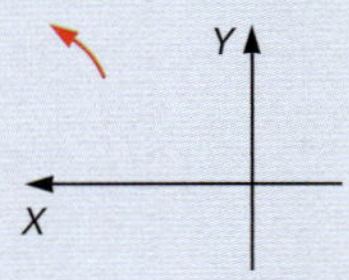
$\lim\limits_{x\to+\infty} f(x) = +\infty$	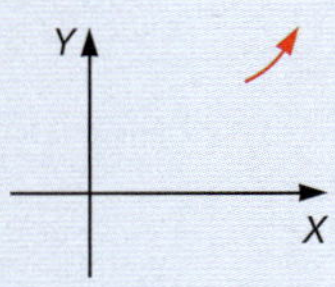	$\lim\limits_{x\to-\infty} f(x) = L$	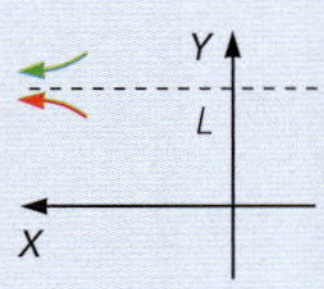	$\lim\limits_{x\to-\infty} f(x) = -\infty$	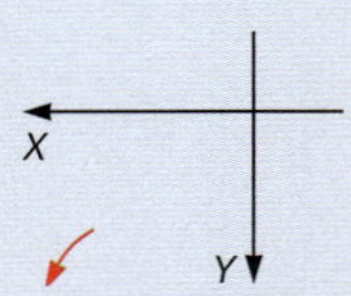
En un punt, límits laterals					
$\lim\limits_{x\to c^-} f(x) = L$	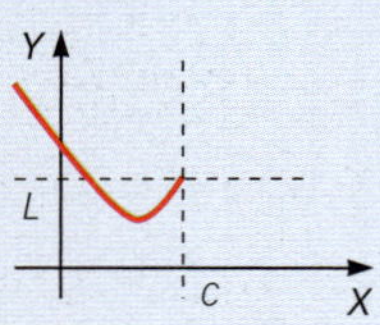	$\lim\limits_{x\to c^-} f(x) = +\infty$ o $\lim\limits_{x\to c^+} f(x) = +\infty$	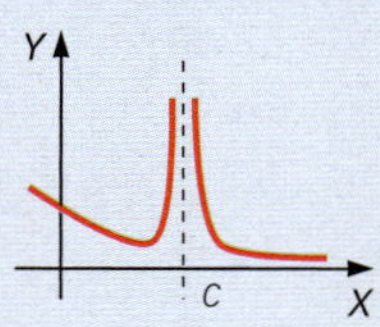	$\lim\limits_{x\to c} f(x) = L$ quan els límits laterals coincideixen $\lim\limits_{x\to c^-} f(x) = \lim\limits_{x\to c^+} f(x) = L$	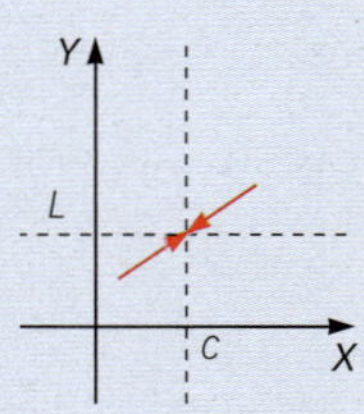
$\lim\limits_{x\to c^+} f(x) = L$	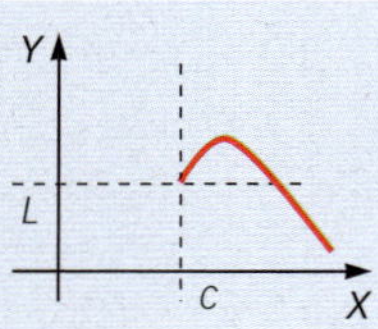	$\lim\limits_{x\to c^-} f(x) = -\infty$ o $\lim\limits_{x\to c^+} f(x) = -\infty$	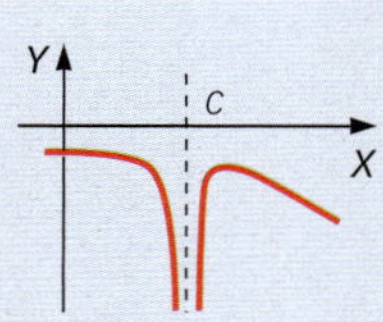		

DERIVADES

DEFINICIONS		
Taxa de variació mitjana en l'interval $[a, b]$	$T.V.M. ([a, b])$	$\frac{f(b) - f(a)}{b - a}$
Derivada de $f(x)$ a $x = a$	$f'(a)$	$\lim_{h \to 0} \frac{f(a + h) - f(a)}{h}$

DERIVADES DE FUNCIONS ELEMENTALS		
Tipus	Funció	Derivada
Funció constant	$f(x) = c$	$f'(x) = 0$
Funció identitat	$f(x) = x$	$f'(x) = 1$
Funció potencial	$f(x) = x^n$	$f'(x) = nx^{n-1}$
Funció exponencial	$f(x) = a^x$ $f(x) = e^x$	$f'(x) = a^x \ln a$ $f'(x) = e^x$
Funció logarítmica	$f(x) = \log_a x$ $f(x) = \ln x$	$f'(x) = \frac{1}{x \ln a}$ $f'(x) = \frac{1}{x}$
Funció sinus	$f(x) = \sin x$	$f'(x) = \cos x$
Funció cosinus	$f(x) = \cos x$	$f'(x) = -\sin x$
Funció tangent	$f(x) = \text{tg}\, x$	$f'(x) = 1 + \text{tg}^2\, x = \frac{1}{\cos^2 x}$
Funció arc sinus	$f(x) = \text{arc sin}\, x$	$f'(x) = \frac{1}{\sqrt{1 - x^2}}$
Funció arc cosinus	$f(x) = \text{arc cos}\, x$	$f'(x) = -\frac{1}{\sqrt{1 - x^2}}$
Funció arc tangent	$f(x) = \text{arc tg}\, x$	$f'(x) = \frac{1}{1 + x^2}$

OPERACIONS AMB DERIVADES		
	Funció	Derivada
Suma i resta de funcions	$f(x) \pm g(x)$	$[f(x) \pm g(x)]' = f'(x) \pm g'(x)$
Producte d'un nombre per una funció	$kf(x)$	$[kf(x)]' = kf'(x)$
Producte de funcions	$f(x) \cdot g(x)$	$[f(x) \cdot g(x)]' = f'(x)g(x) + f(x)g'(x)$
Quocient de funcions	$\frac{f(x)}{g(x)}$	$\left[\frac{f(x)}{g(x)}\right]' = \frac{f'(x)g(x) - f(x)g'(x)}{g(x)^2}$
Funció f composta amb g (Regla de la cadena)	$g \circ f(x)$	$[g \circ f(x)]' = g'(f(x)) \cdot f'(x)$

Polidori Shelly
Lord Byron
Mery

TAULA DE LA DISTRIBUCIÓ BINOMIAL *B*(*n*, *p*)

$$P(X = r) = \binom{n}{r} p^r (1 - p)^{n-r}$$

		p									
n	***r***	**0,05**	**0,10**	**0,15**	**0,20**	**0,25**	**0,30**	**0,35**	**0,40**	**0,45**	**0,50**
1	**0**	0,9500	0,9000	0,8500	0,8001	0,7500	0,7000	0,6500	0,6000	0,5500	0,5000
	1	0,0500	0,1000	0,1500	0,2000	0,2500	0,3000	0,3500	0,4001	0,4500	0,5000
2	**0**	0,9025	0,8100	0,7225	0,6400	0,5625	0,4900	0,4225	0,3600	0,3025	0,2500
	1	0,0950	0,1800	0,2550	0,3200	0,3750	0,4200	0,4550	0,4800	0,4950	0,5000
	2	0,0025	0,0100	0,0225	0,0400	0,0625	0,0900	0,1225	0,1600	0,2025	0,2500
3	**0**	0,8574	0,7290	0,6141	0,5120	0,4219	0,3430	0,2746	0,2160	0,1664	0,1250
	1	0,1354	0,2430	0,3251	0,3840	0,4219	0,4410	0,4436	0,4320	0,4084	0,3750
	2	0,0071	0,0270	0,0574	0,0960	0,1406	0,1890	0,2389	0,2880	0,3341	0,3750
	3	0,0001	0,0010	0,0034	0,0080	0,0156	0,0270	0,0429	0,0640	0,0911	0,1250
4	**0**	0,8145	0,6561	0,5220	0,4096	0,3164	0,2401	0,1785	0,1296	0,0915	0,0625
	1	0,1715	0,2916	0,3685	0,4096	0,4219	0,4116	0,3845	0,3456	0,2995	0,2500
	2	0,0135	0,0486	0,0975	0,1536	0,2109	0,2646	0,3105	0,3456	0,3675	0,3750
	3	0,0005	0,0036	0,0115	0,0256	0,0469	0,0756	0,1115	0,1536	0,2005	0,2500
	4	0,0000	0,0001	0,0005	0,0016	0,0039	0,0081	0,0150	0,0256	0,0410	0,0625
5	**0**	0,7738	0,5905	0,4437	0,3277	0,2373	0,1681	0,1160	0,0778	0,0503	0,0312
	1	0,2036	0,3280	0,3915	0,4096	0,3955	0,3602	0,3124	0,2592	0,2059	0,1562
	2	0,0214	0,0729	0,1382	0,2048	0,2637	0,3087	0,3364	0,3456	0,3369	0,3125
	3	0,0011	0,0081	0,0244	0,0512	0,0879	0,1323	0,1811	0,2304	0,2757	0,3125
	4	0,0000	0,0004	0,0022	0,0064	0,0146	0,0284	0,0488	0,0768	0,1128	0,1562
	5	0,0000	0,0000	0,0001	0,0003	0,0010	0,0024	0,0053	0,0102	0,0185	0,0312
6	**0**	0,7351	0,5314	0,3771	0,2621	0,1780	0,1176	0,0754	0,0467	0,0277	0,0156
	1	0,2321	0,3543	0,3993	0,3932	0,3560	0,3025	0,2437	0,1866	0,1359	0,0938
	2	0,0305	0,0984	0,1762	0,2458	0,2966	0,3241	0,3280	0,3110	0,2780	0,2344
	3	0,0021	0,0146	0,0415	0,0819	0,1318	0,1852	0,2355	0,2765	0,3032	0,3125
	4	0,0001	0,0012	0,0055	0,0154	0,0330	0,0595	0,0951	0,1382	0,1861	0,2344
	5	0,0000	0,0001	0,0004	0,0015	0,0044	0,0102	0,0205	0,0369	0,0609	0,0938
	6		0,0000	0,0000	0,0001	0,0002	0,0007	0,0018	0,0041	0,0083	0,0156
7	**0**	0,6983	0,4783	0,3206	0,2097	0,1335	0,0824	0,0490	0,0280	0,0152	0,0078
	1	0,2573	0,3720	0,3960	0,3670	0,3115	0,2471	0,1848	0,1306	0,0872	0,0547
	2	0,0406	0,1240	0,2097	0,2753	0,3115	0,3177	0,2985	0,2613	0,2140	0,1641
	3	0,0036	0,0230	0,0617	0,1147	0,1730	0,2269	0,2679	0,2903	0,2918	0,2734
	4	0,0002	0,0026	0,0109	0,0287	0,0577	0,0972	0,1442	0,1935	0,2388	0,2734
	5	0,0000	0,0002	0,0012	0,0043	0,0115	0,0250	0,0466	0,0774	0,1172	0,1641
	6		0,0000	0,0001	0,0004	0,0013	0,0036	0,0084	0,0172	0,0320	0,0547
	7			0,0000	0,0000	0,0001	0,0002	0,0006	0,0016	0,0037	0,0078
8	**0**	0,6634	0,4305	0,2725	0,1678	0,1001	0,0576	0,0319	0,0168	0,0084	0,0039
	1	0,2793	0,3826	0,3847	0,3355	0,2670	0,1977	0,1373	0,0896	0,0548	0,0312
	2	0,0515	0,1488	0,2376	0,2936	0,3115	0,2965	0,2587	0,2090	0,1569	0,1094
	3	0,0054	0,0331	0,0839	0,1468	0,2076	0,2541	0,2786	0,2787	0,2568	0,2188
	4	0,0004	0,0046	0,0815	0,0459	0,0865	0,1361	0,1875	0,2322	0,2627	0,2734
	5	0,0000	0,0004	0,0026	0,0092	0,0231	0,0467	0,0808	0,1239	0,1719	0,2188
	6		0,0000	0,0002	0,0011	0,0038	0,0100	0,0217	0,0413	0,0703	0,1094
	7			0,0000	0,0001	0,0004	0,0012	0,0033	0,0079	0,0164	0,0312
	8				0,0000	0,0000	0,0001	0,0002	0,0007	0,0017	0,0039

TAULA DE LA DISTRIBUCIÓ NORMAL *N*(0, 1)

$$F(a) = P(Z \leq a)$$

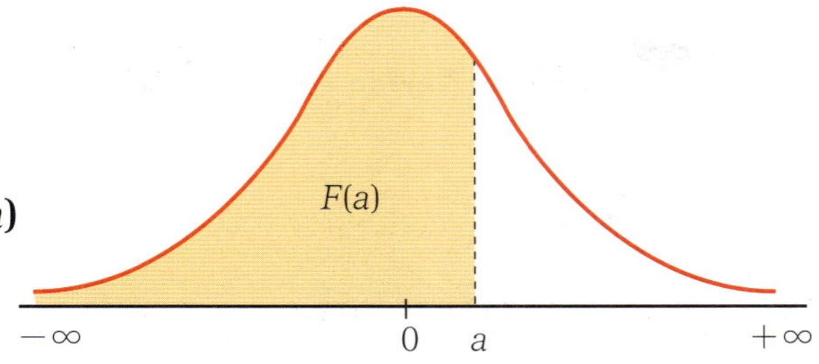

a	0,00	0,01	0,02	0,03	0,04	0,05	0,06	0,07	0,08	0,09
0,0	0,5000	0,5040	0,5080	0,5120	0,5160	0,5199	0,5239	0,5279	0,5319	0,5359
0,1	0,5398	0,5438	0,5478	0,5517	0,5557	0,5596	0,5636	0,5675	0,5714	0,5753
0,2	0,5793	0,5832	0,5871	0,5910	0,5948	0,5987	0,6026	0,6064	0,6103	0,6141
0,3	0,6179	0,6217	0,6255	0,6293	0,6331	0,6368	0,6406	0,6443	0,6480	0,6517
0,4	0,6554	0,6591	0,6628	0,6664	0,6700	0,6736	0,6772	0,6808	0,6844	0,6879
0,5	0,6915	0,6950	0,6985	0,7019	0,7054	0,7088	0,7123	0,7157	0,7190	0,7224
0,6	0,7257	0,7291	0,7324	0,7357	0,7389	0,7422	0,7454	0,7486	0,7517	0,7549
0,7	0,7580	0,7611	0,7642	0,7673	0,7704	0,7734	0,7764	0,7794	0,7823	0,7852
0,8	0,7881	0,7910	0,7939	0,7967	0,7995	0,8023	0,8051	0,8078	0,8106	0,8133
0,9	0,8159	0,8186	0,8212	0,8238	0,8264	0,8289	0,8315	0,8340	0,8365	0,8389
1,0	0,8413	0,8438	0,8461	0,8485	0,8508	0,8531	0,8554	0,8577	0,8599	0,8621
1,1	0,8643	0,8665	0,8686	0,8708	0,8729	0,8749	0,8770	0,8790	0,8810	0,8830
1,2	0,8849	0,8869	0,8888	0,8907	0,8925	0,8944	0,8962	0,8980	0,8997	0,9015
1,3	0,9032	0,9049	0,9066	0,9082	0,9099	0,9115	0,9131	0,9147	0,9162	0,9177
1,4	0,9192	0,9207	0,9222	0,9236	0,9251	0,9265	0,9279	0,9292	0,9306	0,9319
1,5	0,9332	0,9345	0,9357	0,9370	0,9382	0,9394	0,9406	0,9418	0,9429	0,9441
1,6	0,9452	0,9463	0,9474	0,9484	0,9495	0,9505	0,9515	0,9525	0,9535	0,9545
1,7	0,9554	0,9564	0,9573	0,9582	0,9591	0,9599	0,9608	0,9616	0,9625	0,9633
1,8	0,9641	0,9649	0,9656	0,9664	0,9671	0,9678	0,9686	0,9693	0,9699	0,9706
1,9	0,9713	0,9719	0,9726	0,9732	0,9738	0,9744	0,9750	0,9756	0,9761	0,9767
2,0	0,9772	0,9778	0,9783	0,9788	0,9793	0,9798	0,9803	0,9808	0,9812	0,9817
2,1	0,9821	0,9826	0,9830	0,9834	0,9838	0,9842	0,9846	0,9850	0,9854	0,9857
2,2	0,9861	0,9864	0,9868	0,9871	0,9875	0,9878	0,9881	0,9884	0,9887	0,9890
2,3	0,9893	0,9896	0,9898	0,9901	0,9904	0,9906	0,9909	0,9911	0,9913	0,9916
2,4	0,9918	0,9920	0,9922	0,9925	0,9927	0,9929	0,9931	0,9932	0,9934	0,9936
2,5	0,9938	0,9940	0,9941	0,9943	0,9945	0,9946	0,9948	0,9949	0,9951	0,9952
2,6	0,9953	0,9955	0,9956	0,9957	0,9959	0,9960	0,9961	0,9962	0,9963	0,9964
2,7	0,9965	0,9966	0,9967	0,9968	0,9969	0,9970	0,9971	0,9972	0,9973	0,9974
2,8	0,9974	0,9975	0,9976	0,9977	0,9977	0,9978	0,9979	0,9979	0,9980	0,9981
2,9	0,9981	0,9982	0,9982	0,9983	0,9984	0,9984	0,9985	0,9985	0,9986	0,9986
3,0	0,9987	0,9987	0,9987	0,9988	0,9988	0,9989	0,9989	0,9989	0,9990	0,9990
3,1	0,9990	0,9991	0,9991	0,9991	0,9992	0,9992	0,9992	0,9992	0,9993	0,9993
3,2	0,9993	0,9993	0,9994	0,9994	0,9994	0,9994	0,9994	0,9995	0,9995	0,9995
3,3	0,9995	0,9995	0,9995	0,9996	0,9996	0,9996	0,9996	0,9996	0,9996	0,9997
3,4	0,9997	0,9997	0,9997	0,9997	0,9997	0,9997	0,9997	0,9997	0,9997	0,9998
3,5	0,9998	0,9998	0,9998	0,9998	0,9998	0,9998	0,9998	0,9998	0,9998	0,9998
3,6	0,9998	0,9998	0,9999	0,9999	0,9999	0,9999	0,9999	0,9999	0,9999	0,9999
3,7	0,9999	0,9999	0,9999	0,9999	0,9999	0,9999	0,9999	0,9999	0,9999	0,9999
3,8	0,9999	0,9999	0,9999	0,9999	0,9999	0,9999	0,9999	0,9999	0,9999	0,9999
3,9	1,0000	1,0000	1,0000	1,0000	1,0000	1,0000	1,0000	1,0000	1,0000	1,0000

Direcció d'art: **José Crespo**

Projecte gràfic: **Carrió/Sánchez/Lacasta**
Il·lustració: **Enrique Cordero, José María Valera**

Cap de projecte gràfic: **Rosa Marín**
Coordinació d'il·lustració: **Carlos Aguilera**
Cap de desenvolupament de projecte gràfic: **Javier Tejeda**
Desenvolupament gràfic: **Raúl de Andrés**

Direcció tècnica: **Jorge Mira**
Subdirecció tècnica: **José Luis Verdasco**

Coordinació tècnica: **Alejandro Retana, Jesús Muela**
Confecció i muntatge: **Eduard Cánovas**

Correcció: **Agnès Pérez Massegú, Anna Rius**
Documentació i selecció fotogràfica: **Nieves Marinas**

Fotografies: A. Viñas; C. Suárez; J. C. Muñoz; J. Jaime; J. V. Resino; M. Blanco; Michele di Piccione; ORONOZ; Prats i Camps; S. Cid; S. Enríquez; S. Padura; T. Arias; X. S. Lobato; A. G. E. FOTOSTOCK/Pixtal, Jeremy Hoare, SuperStock; CENTRAL STOCK; CONTIFOTO/SYGMA/Bismini; DIGITALVISION; EFE/Franck Robichon, Jorge Zapata; GARCÍA-PELAYO/Juancho; GETTY IMAGES SALES SPAIN/Tinkstock/ Ivonne Wierink-van Wetten, Photos.com Plus, Thinkstock; HIGHRES PRESS STOCK/AbleStock.com; ISTOCKPHOTO/Getty Images Sales Spain; BEETHOVEN-HAUS, BONN; BNF; Cortesa d'Apple; MATTON-BILD; Samsung; SERIDEC PHOTOIMAGENES CD; ARXIU SANTILLANA

Frederic Mompou, 11
08005 Barcelona
Printed in Spain

ISBN: 978-84-9047-229-3
CP: 413176
Dipòsit legal: M-13806-2015